INFINITESIMALRECHNUNG

Ein Lehr- und Arbeitsbuch von

KARL WÖRLE · JOHANNES KRATZ

DR. KARL-AUGUST KEIL

Ausgabe für
mathematisch-naturwissenschaftliche Gymnasien

BAYERISCHER SCHULBUCH-VERLAG MÜNCHEN

MATHEMATIK FÜR GYMNASIEN

Bearbeitet von

Studiendirektor Dr. Helmut Dittmann · Studiendirektor Hans Honsberg · Oberstudiendirektor Franz Jehle · Studiendirektor Dr. Karl-August Keil · Oberstudiendirektor Johannes Kratz · Oberstudiendirektor Dr. Josef Mall · Studiendirektor Herbert Möller · Studiendirektor Paul Mühlbauer · Ministerialrat Dr. Konrad Schmittlein · Studiendirektor Dr. Helmut Titze · Studiendirektor Karl Wörle · Professor Dr. Herbert Zeitler

Bildquellen:
Tafel I: Dr. Keil. Tafel II: IBM Deutschland, Sindelfingen. Tafel III: Newton, Leibniz, Bernoulli – Deutsches Museum, München. Pascal – Archiv für Kunst und Geschichte, Berlin. Tafel IV: Euler, Hilbert – Archiv für Kunst und Geschichte, Berlin. Riemann – Deutsches Museum, München. Wiener – dpa, Frankfurt.

1981

13. Auflage, 1. Nachdruck

© Bayerischer Schulbuch-Verlag, Hubertusstraße 4, München 19
Textzeichnungen: Herbert Jahr
Gesamtherstellung: Sellier Druck GmbH, Freising
ISBN 3-7627-3254-X

VORWORT

Das vorliegende Lehrbuch der Infinitesimalrechnung will ebenso wie die bisher erschienenen Bände des Mathematischen Unterrichtswerkes in erster Linie ein Arbeitsbuch sein, das dem Lernenden die gedankliche Verarbeitung des im Unterricht behandelten Stoffes ermöglicht. Aus diesem Grunde wurde auf eine breite und ausführliche Darstellung sowie auf eine große Zahl durchgerechneter Beispiele und erläuternder Abbildungen Wert gelegt.

In stofflicher und methodischer Hinsicht sucht das Buch den Forderungen nach echter Vertiefung des Mathematikunterrichts bei gleichzeitiger Stoffbeschränkung zu entsprechen und damit dem besonderen Arbeitsstil der Oberstufe gerecht zu werden. So werden zum Beispiel die für das Verständnis der infinitesimalen Betrachtungsweise unerläßlichen Voraussetzungen wesentlich eingehender besprochen als dies bisher im allgemeinen üblich war, andererseits aber manche Anwendungsgebiete, wie etwa die Taylorsche Reihenentwicklung, die Rentenrechnung oder die Schwerpunktsformeln, übergangen. Eine Vielzahl von Ergänzungen und Ausblicken, die auch im Druck hervorgehoben sind, sollen dabei über den planmäßigen Lehrstoff hinaus zum selbständigen Weiterdenken anregen sowie übergeordnete Zusammenhänge und Querverbindungen zu anderen Fachgebieten aufzeigen. Dies gilt insbesondere für die geschichtlichen Hinweise und philosophischen Ausblicke, die unter anderem auch im Rahmen von Referaten oder Studientagen ausgebaut und vertieft werden können.

Soweit wie möglich treten moderne mathematische Bezeichnungsweisen und Begriffsbildungen in den Vordergrund. Vor allem wird von der Sprache der Mengenlehre, die schon in den Mittelstufenbänden immer wieder anklingt, häufig Gebrauch gemacht und ihre Symbolschrift verwendet. Desgleichen ermöglicht der Abbildungsgedanke, der den ganzen Geometrieunterricht durchzieht, eine allgemeingültige Fassung des Funktionsbegriffs im Sinne der reellen Analysis.

Um den Grenzwertbegriff mathematisch einwandfrei behandeln zu können, werden einige Grundeigenschaften der reellen Zahlen vorangestellt. Außerdem sollen die Kapitel über endliche arithmetische und geometrische Folgen und Reihen das Verständnis für unendliche Prozesse vorbereiten. Dies gilt auch für die Beispiele und Aufgaben aus der Zinseszinsrechnung, die das Problem der stetigen Verzinsung anschaulich nahelegen. Den Ausgangspunkt für den Begriff der Nullfolge und die allgemeine Grenzwertrechnung bildet die Größenabschätzung der Glieder einer unendlichen geometrischen Folge. Dabei wird die Bernoullische Ungleichung wirksam verwendet.

In der Integralrechnung wurde besonderer Wert gelegt auf eine klare und eindeutige Unterscheidung der Begriffe „Integralfunktion" und „Stammfunktion", um alle Unstimmigkeiten auszuschalten, die durch eine in der Fachliteratur meist übliche Gleichsetzung dieser Begriffe entstehen können. Auch der Begriff der Umkehrfunktion wird deutlich von dem der umgekehrten Zuordnung unterschieden.

Das umfangreiche Übungsmaterial, in das auch viele Reifeprüfungsaufgaben eingearbeitet sind, ist so ausgewählt und angeordnet, daß sich der Schwierigkeitsgrad schrittweise steigert und die Reihenfolge des dargebotenen Stoffes gewahrt bleibt. Daneben werden in vermischten Aufgaben auch größere Stoffzusammenhänge der Einübung und Wiederholung zugänglich gemacht. Schließlich geben zahlreiche Aufgaben aus der Praxis, vor allem aus der Physik, die Möglichkeit, auf die vielgestaltigen Anwendungen der Infinitesimalrechnung im täglichen Leben einzugehen.

Die Verfasser

Einsatzpunkte für bsv-Lehrprogramme

§§ 6–8   GRENZWERTE · Infinitesimalrechnung
Alfred Walther
ISBN 3-7627-3118-7

§ 8   VOM DENKEN IN ZINSESZINSEN
Waldemar Hofmann
ISBN 3-7627-0897-5

§§ 12–13   DIE ABLEITUNG (in Vorbereitung)
E. Hans Schwab
ISBN 3-7627-3119-5

§§ 14–18   DIE RATIONALEN FUNKTIONEN
Waldemar Hofmann
ISBN 3-7627-3177-2

§§ 16–17   DIE GANZEN RATIONALEN FUNKTIONEN
KURVENDISKUSSION (in Vorbereitung)
Friedrich Freyberger
ISBN 3-7627-3138-1

Ab § 17   WIRTSCHAFTSMATHEMATIK
Anwendung der Differentialrechnung
Hartmut Wiedling
ISBN 3-7627-3035-0

§§ 20, 36   KETTENREGEL UND MITTELWERTSATZ DER
DIFFERENTIALRECHNUNG (in Vorbereitung)
Waldemar Hofmann
ISBN 3-7627-3137-3

§§ 38–42   DIE UMKEHRFUNKTION
Waldemar Hofmann
ISBN 3-7627-3120-9

§§ 45–46   TECHNIK DES INTEGRIERENS
Helmut Loy
ISBN 3-7627-3082-2

INHALTSVERZEICHNIS

Zahlenfolgen und Reihen

§ 1. Zur Einführung 9
   A. Die Folge der natürlichen Zahlen S. 9 — B. Das Prinzip der vollständigen Induktion S. 10 — C. Einige Grundbegriffe über allgemeine Folgen reeller Zahlen S. 14 — D. Von der Zahlenfolge zur Reihe S. 14 — E. Die Menge der reellen Zahlen S. 15

§ 2. Arithmetische Zahlenfolgen und Reihen 20
   A. Das Bildungsgesetz einer arithmetischen Folge S. 20 — B. Der Summenwert einer arithmetischen Reihe S. 21 — C. Potenzsummen S. 24

§ 3. Geometrische Zahlenfolgen und Reihen 26
   A. Das Bildungsgesetz einer geometrischen Folge S. 26 — B. Der Summenwert einer endlichen geometrischen Reihe S. 29 — Unterhaltsames und Merkwürdiges S. 32

§ 4. Zinseszinsrechnung 33
   A. Einfache Zinsen S. 33 — B. Zinseszinsen S. 33 — C. Unterjährliche Zinsverrechnung S. 35

§ 5. Der Binomische Lehrsatz 38
   A. Die Reihenentwicklung von $(a+b)^n$ S. 38 — B. Die allgemeine Berechnung der Binomialkoeffizienten S. 40

Einführung in die Grenzwertrechnung

§ 6. Grenzbetrachtungen an geometrischen Reihen 42
   A. Die unendliche geometrische Reihe S. 42 — B. Unendliche periodische Dezimalbrüche als geometrische Reihen S. 46 — Mathematisch-philosophische Ausblicke: Der Wettlauf des Achilles mit der Schildkröte S. 50

§ 7. Der Grenzwert allgemeiner Zahlenfolgen 51
   A. Zahlenfolgen mit dem Grenzwert Null S. 51 — B. Zahlenfolgen mit beliebigem Grenzwert S. 53

§ 8. Ein wichtiger Grenzwert: Die Eulersche Zahl e 59
   A. Das Problem der stetigen Verzinsung S. 59 — Die Konvergenz von $k'_n = \left(1 + \dfrac{1}{n}\right)^n$ S. 60 — Ergänzungen und Ausblicke: Einiges über divergente Zahlenfolgen S. 63

Von den Funktionen

§ 9. Der Begriff der Funktion 64
   A. Einführende Beispiele S. 64 — B. Die Funktion als eindeutige Abbildung von Mengen S. 66 — C. Grundbegriffe der Mengenlehre S. 71

§ 10. Der Grenzwert von Funktionen 74
   A. Das Verhalten einer Funktion am Rande ihres Definitionsbereichs S. 74 — B. Grenzbetrachtungen an Funktionen innerhalb ihres Definitionsbereichs S. 78

§ 11. Abschließende Betrachtungen zur Grenzwertbestimmung bei Funktionen . . 82
   A. Der Grenzwert $\lim\limits_{x \to 0} \dfrac{\sin x}{x}$ S. 82 — B. Stetigkeit der Funktionen $y = \sin x$ und $y = \cos x$ — C. Zusammenstellung der wichtigsten Verfahren zur Grenzwertbestimmung bei Funktionen S. 84

Einführung in die Differentialrechnung

§ 12. Die Ableitung einer Funktion 87
   A. Geometrische Überlegungen S. 87 — B. Der Begriff der Differenzierbarkeit einer Funktion $f(x)$ an der Stelle x_0 S. 90

Inhaltsverzeichnis

§ 13. Die Ableitungsfunktion. Höhere Ableitungen 96
    A. Die Ableitung einer gebietsweise differenzierbaren Funktion S. 96 — B. Grundlegende Ableitungsregeln S. 99 — C. Höhere Ableitungen einer Funktion S. 100 — Aus der Physik: Die 1. und 2. Ableitung der Weg-Zeit-Funktion — Die Bestimmung der Weg-Zeit-Funktion aus ihren Ableitungen S. 102

Die ganze rationale Funktion

§ 14. Definition und Eigenschaften der ganzen rationalen Funktion 105
    A. Definition der ganzen rationalen Funktion S. 105 — B. Eigenschaften der ganzen rationalen Funktion S. 106

§ 15. Die Differentiation der ganzen rationalen Funktion 113
    A. Produktregel S. 113 — B. Ableitung der Potenzfunktion $y = x^n$ S. 114 — C. Ableitung der ganzen rationalen Funktion S. 114 — D. Höhere Ableitungen S. 115 — Angewandte Mathematik: Das Hornersche Schema S. 116

§ 16. Einführungsbeispiel zur Kurvendiskussion 118

§ 17. Definitionen und Kriterien zur Kurvendiskussion 121
    A. Symmetrieeigenschaften S. 121 — B. Steigen und Fallen S. 121 — C. Extremwerte S. 123 — D. Krümmungsverhalten S. 124 — E. Wendepunkte S. 124 — F. Zusammenfassung S. 125 — G. Beispiel einer Kurvendiskussion S. 126 — Aus der Physik: Aus Optik und Mechanik S. 132

§ 18. Ganze rationale Funktionen mit vorgegebenen Eigenschaften 132
    Angewandte Mathematik: Elektronische Rechenanlagen S. 134

§ 19. Extremwertaufgaben mit Nebenbedingungen 136
    Extremwertaufgaben ohne Infinitesimalrechnung S. 142

§ 20. Der Mittelwertsatz der Differentialrechnung 143
    A. Der Satz von Rolle S. 143 — B. Verallgemeinerung S. 144 — C. Anwendung des Mittelwertsatzes zur Grenzwertbestimmung S. 145

§ 21. Weitere Anwendungen des Mittelwertsatzes 147
    A. Funktionswerte in der Nachbarschaft eines bekannten Wertes S. 147 — B. Fehlerabschätzungen S. 148 — C. Das Krümmungsverhalten einer Kurve S. 149

Einführung in die Integralrechnung

§ 22. Flächenmessung durch Grenzprozesse 151
    A. Allgemeine Überlegungen S. 151 — B. Durchführung dreier Beispiele S. 153

§ 23. Das bestimmte Integral 157
    A. Definition des Integrals mit Hilfe der fortgesetzten Intervallhalbierung S. 157 — B. Allgemeine Fassung der Integraldefinition S. 159 — C. Aufhebung von Beschränkungen. Ergänzungen S. 161

§ 24. Eigenschaften des bestimmten Integrals 163
    A. Lehrsätze S. 163 — B. Integral und Flächeninhalt S. 165 — Aus der Physik: Das Arbeitsintegral — Energie einer gespannten Feder S. 168

§ 25. Die Integralfunktion 170
    A. Das Integral als Funktion der oberen Grenze S. 170 — B. Die Ableitung einer Integralfunktion S. 170

§ 26. Die Stammfunktion 172
    A. Begriff und Eigenschaften S. 172 — B. Berechnung des bestimmten Integrals mit Hilfe einer Stammfunktion S. 174 — C. Rückschau und Ausblick S. 175

§ 27. Das unbestimmte Integral 176
    A. Begriff des unbestimmten Integrals S. 176 — B. Integrationsformeln S. 177 — C. Integrationsregeln S. 178 — D. Berechnung bestimmter Integrale S. 178

§ 28. Vermischte Aufgaben zur Integralrechnung 180
Aus der Geschichte der Infinitesimalrechnung S. 185

§ 29. Graphische Integration 188
A. Richtungsfeld. Begriff der Differentialgleichung S. 188 — B. Graphische Bestimmung einer Stammfunktion S. 189 — Ergänzungen und Ausblicke: Oberfläche einer rotierenden Flüssigkeit — Zur Lösung einer Differentialgleichung S. 191

Die gebrochene rationale Funktion

§ 30. Definition und Eigenschaften der gebrochenen rationalen Funktion 193
A. Definition S. 193 — B. Definitionsbereich und Stetigkeit S. 193 — C. Verhalten im Unendlichen S. 195

§ 31. Die Differentiation der gebrochenen rationalen Funktion 197
A. Die Differentiation der reziproken Funktion S. 197 — B. Die Quotientenregel S. 198

§ 32. Der Graph der gebrochenen rationalen Funktion 199
A. Asymptoten S. 199 — B. Kurvendiskussion der gebrochenen rationalen Funktion S. 201 — Aus Physik und Technik: Anwendung einer Kurvendiskussion auf Optik, Elektrizitätslehre und Astronautik S. 206

§ 33. Zur Integration der gebrochenen rationalen Funktion 208
A. Die Integration der Potenz mit negativem Exponenten S. 208 — B. Uneigentliche Integrale 1. Art S. 209 — Angewandte Mathematik: Die Analogrechenmaschine — Der Schuß ins Weltall S. 210

Die trigonometrischen Funktionen

§ 34. Eigenschaften und Graphen der trigonometrischen Funktionen 213
A. Zusammenstellung einiger Grundeigenschaften S. 213 — B. Die Funktion $y = a \sin b (x + c) + d$ S. 214 — C. Die Funktion $y = A \sin x + B \cos x$ S. 216

§ 35. Die Ableitung der trigonometrischen Funktionen 217

§ 36. Zusammengesetzte Funktionen 219
A. Begriff der zusammengesetzten Funktion S. 219 — B. Differentiation der zusammengesetzten Funktion S. 221 — Aus der Physik: Harmonische Schwingungen S. 224

§ 37. Die Grundintegrale der trigonometrischen Funktionen 227
Unterhaltsames und Merkwürdiges S. 229

Die Umkehrfunktion

§ 38. Definition und Eigenschaften der Umkehrfunktion 230
A. Die eindeutige Umkehrung einer Funktion S. 230 — B. Grundlegende Sätze S. 231 — C. Definition der Umkehrfunktion S. 232 — Aus der Physik: Ein Problem der speziellen Relativitätstheorie S. 235

§ 39. Die Wurzelfunktion 236
A. Die Umkehrung der Funktion $y = x^n$ S. 236 — B. Die Differentiation der Wurzelfunktion S. 238 — C. Integration der Wurzelfunktion S. 241 — D. Uneigentliche Integrale 2. Art S. 241 — Aus der Physik: Das Brechungsgesetz S. 243

§ 40. Algebraische Funktionen 243
A. Begriff der algebraischen Funktion S. 243 — B. Implizite Differentiation S. 246

§ 41. Diskussion der algebraischen Kurven 248
A. Einführungsbeispiel S. 248 — B. Signierungsverfahren S. 251 — C. Weiteres Beispiel einer Kurvendiskussion S. 252

§ 42. Die Umkehrfunktionen der trigonometrischen Funktionen 256
A. Definition der Arcusfunktionen S. 256 — B. Differentiationsregeln der Arcusfunktionen und neue Integrationsregeln S. 260 — Ergänzungen und Ausblicke: Merkwürdige Mathematik — Die arctan-Reihe S. 263

Inhaltsverzeichnis

Logarithmus- und Exponentialfunktion

§ 43. Das Integral $\int \frac{dx}{x}$ 265

A. Untersuchung der Funktion $L(x) = \int_1^x \frac{dt}{t}$ S. 265 — B. Der natürliche Logarithmus S. 269 — C. Der allgemeine Logarithmus S. 271 — D. Die logarithmische Differentiation S. 272 — E. Eine wichtige Integralformel S. 273 — Ergänzungen und Ausblicke: Aus Integraltafeln — Die logarithmische Reihe S. 277

§ 44. Die Exponentialfunktion 278

A. Die Umkehrfunktion $E(x)$ der Funktion $L(x)$ S. 278 — B. Die allgemeine Exponentialfunktion S. 280 — C. Kontinuierliches Wachstum S. 280 — Aus der Physik: Aus- und Einschalten eines Gleichstroms S. 286 — Wechselstrom in einem Kreis mit Widerstand und Selbstinduktion S. 287

Integrationsverfahren

§ 45. Die Integration durch Substitution 288

A. Integrale des Typs $\int f(z)\, z'\, dx$ mit $z = g(x)$ S. 288 — B. Umkehrung des Verfahrens S. 289

§ 46. Die partielle Integration 295

Ergänzungen und Ausblicke: Größenabschätzung durch Integration S. 298 — Zwei bemerkenswerte Grenzwerte S. 299 — Die Reihenentwicklung der Exponentialfunktion S. 300 — Die Sinus- und Kosinusreihe S. 301

Anwendung der Infinitesimalrechnung auf die Geometrie

§ 47. Raummessung durch Integration 303

A. Rauminhalt eines Rotationskörpers S. 303 — B. Rauminhalt eines Körpers mit bekannter Querschnittsfunktion S. 305 — C. Das Cavalierische Prinzip S. 305

§ 48. Weitere geometrische Anwendungen 308

A. Die Länge eines Kurvenbogens S. 308 — B. Die Krümmung S. 311 — C. Die Mantelfläche eines Rotationskörpers S. 316

§ 49. Kurvengleichungen in Parameterdarstellung 318

A. Begriff der Parameterdarstellung S. 318 — B. Differentiation von Funktionen in Parameterdarstellung S. 319 — C. Die Integration von Funktionen in Parameterdarstellung S. 322 — Aus Physik und Astronomie: Das Zykloidenpendel S. 324 — Das zweite Keplersche Gesetz S. 326

*

§ 50. Ausblick auf die Mathematik der Gegenwart 327

A. Probleme und Zielsetzungen der modernen Mathematik S. 327 — B. Philosophische Ausblicke S. 329

Sach- und Namenregister 333

Tafel I: Differentiation und Integration am Oszillographen .... nach S. 112
Tafel II: Großrechenanlage IBM 7090 .... vor S. 113
Tafel III: Porträts von Newton, Leibniz, Pascal, Bernoulli .... nach S. 192
Tafel IV: Porträts von Euler, Riemann, Hilbert, Wiener .... vor S. 193

Zahlenfolgen und Reihen

§ 1. ZUR EINFÜHRUNG

A. Die Folge der natürlichen Zahlen

Die einfachsten Denkgegenstände der Arithmetik sind die natürlichen Zahlen Sie bilden das Fundament unseres Zahlengebäudes, dessen Aufbau wir im Algebraunterricht kennengelernt haben. Die Gesamtheit aller natürlichen Zahlen nennen wir die *natürliche Zahlenmenge* ℕ. Die einzelnen natürlichen Zahlen heißen die *Elemente* dieser Menge. Zu ihrer Kennzeichnung dienen die folgenden Vereinbarungen:

Fundamentalsatz der natürlichen Zahlen

1. 1 ist eine natürliche Zahl.
2. Zu jeder natürlichen Zahl n existiert genau ein Nachfolger n', der ebenfalls der natürlichen Zahlenmenge angehört.
3. Es gibt keine natürliche Zahl, deren Nachfolger 1 ist.
4. Die Nachfolger zweier verschiedener natürlicher Zahlen sind voneinander verschieden.
5. Eine Menge von natürlichen Zahlen enthält alle natürlichen Zahlen, wenn 1 zur Menge gehört und mit einer natürlichen Zahl n stets auch der Nachfolger n' zur Menge gehört.

Die vorstehenden Sätze über die natürlichen Zahlen, die man auch die *Peanoschen Axiome*[1] nennt, stellen die grundlegenden Denkforderungen dar, die die Mathematik an den Begriff „natürliche Zahl" knüpft. Sie spielen in der Zahlentheorie und in der Grundlagenforschung eine wichtige Rolle.

Aufgrund des Fundamentalsatzes der natürlichen Zahlen stellen wir fest:

I. *Die natürliche Zahlenmenge hat unendlich viele verschiedene Elemente.*

> **Beweis:**
> Zunächst folgt aus Zi. 1, daß es wenigstens eine natürliche Zahl, nämlich die Zahl 1, gibt. Diese hat nach Zi. 2 einen Nachfolger, der wegen Zi. 3 von der Zahl 1 verschieden ist, womit die Existenz von mindestens zwei natürlichen Zahlen gesichert ist. Der Nachfolger dieser 2. natürlichen Zahl kann aber weder 1 sein (Satz 3) noch diese Zahl selbst, weil wegen Zi. 4 der Nachfolger von 1 und der Nachfolger der 2. natürlichen Zahl verschiedene Zahlen sind. Folglich muß es mindestens 3 natürliche Zahlen geben. Wegen Satz 2 lassen sich für die neue Zahl dieselben Schlüsse wiederholen. Sie zeigen, daß der Nachfolger jeder neu hinzukommenden natürlichen Zahl die schon vorhandene Zahlenmenge erweitert. Es gibt also zwar eine erste, aber keine letzte natürliche Zahl.

In entsprechender Weise kann man folgern:

II. *Die Elemente der natürlichen Zahlenmenge lassen sich in einer bestimmten Reihenfolge anordnen, wobei schrittweise alle natürlichen Zahlen erfaßt werden.*

---

[1] Der Italiener *Guiseppe Peano* (1858—1932) hat sich um die Grundlegung der Zahlen besondere Verdienste erworben.

§ 1 Zur Einführung

Beginnen wir mit der Zahl 1 und schreiben dann ihren Nachfolger, dann dessen Nachfolger usw. nacheinander an, so erhalten wir in der Ziffernschreibweise unseres Zahlensystems die Zahlenfolge

$$1;\ 2;\ 3;\ \ldots;\ \nu;\ \nu+1;\ \ldots$$

Sie wird die *Folge der natürlichen Zahlen* genannt, wobei die Zahl ν das allgemeine Glied dieser Folge darstellt.

B. Das Prinzip der vollständigen Induktion

a) Berechne nacheinander die folgenden Stammbruchsummen:

$$\frac{1}{1\cdot 2} + \frac{1}{2\cdot 3};\quad \frac{1}{1\cdot 2} + \frac{1}{2\cdot 3} + \frac{1}{3\cdot 4};\quad \frac{1}{1\cdot 2} + \frac{1}{2\cdot 3} + \frac{1}{3\cdot 4} + \frac{1}{4\cdot 5};\quad usw.$$

und bringe das Ergebnis jeweils auf die einfachste Form! Welcher Zusammenhang zwischen den natürlichen Zahlen des letzten Summanden und dem Summenwert ergibt sich in den berechneten Fällen?

b) Welcher Summenwert läßt sich aufgrund der Ergebnisse in a) für die folgende Summe vermuten:

$$\frac{1}{1\cdot 2} + \frac{1}{2\cdot 3} + \frac{1}{3\cdot 4} + \ldots + \frac{1}{n(n+1)}$$

Für welche natürlichen Zahlen trifft diese Vermutung sicher zu? Wie kann sie allgemein begründet werden?

Unter den Peanoschen Axiomen kommt dem 5. Grundsatz eine besondere Bedeutung zu. Denn auf diesen Satz gründet sich ein wichtiges Schlußverfahren zur Begründung allgemeingültiger Beziehungen mit natürlichen Zahlen, wie die folgenden Beispiele zeigen.

1. Beispiel: Man beweise den Satz: Für jede natürliche Zahl n gilt:

$$1 + 2 + 3 + \ldots + n = \frac{n(n+1)}{2}$$

Beweis:

Bezeichnen wir die Menge derjenigen natürlichen Zahlen, die den Satz erfüllen, als die *Erfüllungsmenge*[1]) dieses Satzes, so muß gezeigt werden, daß die Erfüllungsmenge mit der natürlichen Zahlenmenge ℕ identisch ist. Dies geschieht nach dem 5. Peanoschen Axiom in zwei Schritten.

1. Schritt: *Nachweis für $n = 1$*
Setzen wir in der linken und rechten Seite der Formel $n = 1$ ein, so gilt:
Linke Seite (Abk.: l.S.): 1;   rechte Seite (Abk.: r.S.): $\frac{1}{2}(1+1) = 1$.
Daraus folgt: Die Zahl 1 gehört zur Erfüllungsmenge.

2. Schritt: *Schluß von n_0 auf $n_0 + 1$*
Induktionsannahme: $n = n_0$ gehört zur Erfüllungsmenge
Behauptung: Auch $n' = n_0 + 1$ gehört zur Erfüllungsmenge
Begründung: Aufgrund der Voraussetzung ergibt sich: $1 + 2 + \ldots + n_0 = \frac{n_0(n_0+1)}{2}$.
Folglich gilt für $n' = n_0 + 1$:

l.S.: $1 + 2 + \ldots + n_0 + (n_0+1) = \frac{n_0(n_0+1)}{2} + (n_0+1) = \frac{(n_0+1)(n_0+2)}{2}$

r.S.: $\frac{(n_0+1)(n_0+2)}{2}$

---

[1]) Vgl. Titze, Algebra I, § 32 B!

Die Übereinstimmung von linker und rechter Seite besagt: Gehört n_0 zur Erfüllungsmenge des Satzes, so trifft dies auch für den Nachfolger $n_0 + 1$ zu.

Wie die beiden Beweisschritte zeigen, genügt die Erfüllungsmenge des Satzes den Bedingungen des 5. Peanoschen Axioms. Sie ist daher mit der natürlichen Zahlenmenge identisch, oder mit anderen Worten: Die Summenformel gilt für jede natürliche Zahl.

Anmerkung: Wird im 1. Schritt der Nachweis nicht für 1 sondern für eine andere feste natürliche Zahl k geführt, so darf für den Fall, daß der Schluß von n_0 auf $n_0 + 1$ berechtigt ist, der allgemeine Satz nur für die natürlichen Zahlen $n \geq k$ als erwiesen angesehen werden.

2. Beispiel: Man zeige, daß die Zahl $9^n - 1$ für jede natürliche Zahl n durch 8 teilbar ist.

Beweis:

1. Schritt: *Nachweis für n = 1*

Es gilt $(9^1 - 1) : 8 = 8 : 8 = 1$, d. h.: $n = 1$ gehört zur Erfüllungsmenge der Teilbarkeitsregel.

2. Schritt: *Schluß von n_0 auf $n_0 + 1$*

Induktionsannahme: $n = n_0$ gehört zur Erfüllungsmenge, d. h. $9^{n_0} - 1$ ist durch 8 teilbar, so daß der Quotient $(9^{n_0} - 1) : 8$ eine natürliche Zahl ist, die wir mit k_0 bezeichnen wollen. Setzen wir $9^{n_0} = 8 k_0 + 1$ in den Rechenausdruck für den Nachfolger $n_0 + 1$ ein, so ergibt sich:

$$(9^{n_0 + 1} - 1) : 8 = ([8 k_0 + 1] \cdot 9 - 1) : 8 = (72 k_0 + 8) : 8 = 9 k_0 + 1,$$

also wieder eine natürliche Zahl. Das heißt aber: Ist die Teilbarkeitsregel für $n = n_0$ erfüllt, trifft dies auch für $n' = n_0 + 1$ zu.
Aus dem Ergebnis der beiden Beweisschritte folgt die Gültigkeit des Satzes für alle natürlichen Zahlen.

Das hier angewandte Schlußverfahren wird das *Prinzip der vollständigen Induktion* genannt, weil es *induktiv*[1]), d. h. vom Einzelfall ausgehend, unter *vollständiger* Erfassung aller möglichen Einzelfälle ein allgemeines Gesetz begründet. Der Beweis ist jedoch nur dann zwingend, wenn *beide* Beweisschritte mit den Gültigkeitsbedingungen des 5. Peanoschen Axioms in Einklang stehen. Andernfalls ergeben sich falsche Schlußfolgerungen, wie die folgenden Gegenbeispiele zeigen.

1. Gegenbeispiel:

Nach Leonhard Euler liefert der Rechenausdruck $p = n^2 - n + 41$ für $n = 1; 2; 3; \ldots;$ 40 nacheinander die Primzahlen $p = 41; 43; 47; \ldots;$ 1601. Der naheliegende Schluß, daß p für jede natürliche Zahl n eine Primzahl ist, wird jedoch für $n = 41$ widerlegt, denn hierbei ergibt sich $p = 41^2$. Die Primzahlbeziehung ist demnach nur für einzelne natürliche Zahlen richtig und gilt nicht allgemein. Wir sprechen in einem solchen Fall von einer *unvollständigen Induktion*.

2. Gegenbeispiel:

Wir betrachten die offensichtlich (vgl. 1. Beispiel!) falsche Beziehung: $1 + 2 + 3 + \ldots + n = \frac{n}{2}(n + 1) + 3$ und nehmen an, sie sei für $n = n_0$ richtig. Dann gilt für $n' = n_0 + 1$:

l. S.: $1 + 2 + 3 + \ldots + n_0 + (n_0 + 1) = \frac{n_0}{2}(n_0 + 1) + 3 + (n_0 + 1) = \frac{(n_0 + 1)}{2}(n_0 + 2) + 3$

r. S.: $\frac{(n_0 + 1)}{2}(n_0 + 2) + 3$

---

[1]) Vom lat. Wort *inducere*, hineinführen.

§ 1 Zur Einführung

D. h.: Der Schluß von n_0 auf $n_0 + 1$ ist berechtigt. Er besagt jedoch nur: Wenn es eine Zahl n_0 gibt, die zur Erfüllungsmenge der Formel gehört, so gehört auch der Nachfolger $n_0 + 1$ dieser Menge an. Da aber der Nachweis für einen festen Zahlenwert (1. Beweisschritt) fehlt, können wir über die Elemente der Erfüllungsmenge im allgemeinen keine Aussage machen. Im vorliegenden Fall wissen wir allerdings aufgrund des 1. Beispiels, daß die Formel für jede natürliche Zahl *falsch* ist, so daß wir von einer *leeren* Erfüllungsmenge sprechen.

Zusammenfassend stellen wir fest:

1. Jede Verallgemeinerung durch unvollständige Induktion ist ungewiß.
2. Der Schluß von n_0 auf $n_0 + 1$ verliert seinen Sinn, wenn der Nachweis für $n = 1$ oder einen anderen speziellen Zahlenwert fehlt oder nicht erbracht werden kann.
3. Widerspricht der Schluß von n_0 auf $n_0 + 1$ der Vermutung, dann hat der in Frage stehende Satz mit Sicherheit keine Allgemeingültigkeit.

Anmerkung: Wie schon oben angedeutet, ist der induktive Schluß dadurch gekennzeichnet, daß er eine Einzelaussage (Spezialfall) verallgemeinert. Demgegenüber spricht man von einem *deduktiven Schluß* oder einer *Deduktion*[1]), wenn ein allgemeines Gesetz auf einen Sonderfall innerhalb seines Geltungsbereichs angewandt wird. Um die beiden Schlußverfahren miteinander zu vergleichen, betrachten wir das folgende *Beispiel:*

Allgemeines Gesetz		Einzelaussage
Für jedes Paar positiv reeller Zahlen a, b mit $a \neq b$ gilt: $$\sqrt{a\,b} < \frac{a+b}{2}$$	Deduktion $\longrightarrow$ ($a = 2$; $b = 4{,}5$) $\longleftarrow$ Induktion ($2 = a$; $4{,}5 = b$)	Für die positiv reellen Zahlen 2 und 4,5 gilt: $$\sqrt{2 \cdot 4{,}5} < \frac{2 + 4{,}5}{2}$$

Während der deduktive Schluß bei richtiger Anwendung zwingende Gewißheit vermittelt, haben induktive Schlußfolgerungen immer nur einen höchst ungewissen Grad von Wahrscheinlichkeit, sofern ihre Richtigkeit nicht in *jedem* möglichen Einzelfall überprüft werden kann. Aus diesem Grunde können z. B. alle auf experimentellem Wege gefundenen physikalischen Gesetze keinen absoluten Gültigkeitsanspruch erheben. Denn sie beruhen stets auf einer unvollständigen Induktion. In der Mathematik dagegen gelingt es, mit dem Prinzip der vollständigen Induktion unendlich viele Einzelfälle in einem einfachen Denkvorgang auf einmal restlos zu erfassen.

AUFGABEN

1. Zeige mit Hilfe des Fundamentalsatzes der natürlichen Zahlen: *Haben zwei natürliche Zahlen den gleichen Nachfolger, dann sind sie gleich.*
2. Aufgrund geometrischer Überlegungen kann man zeigen, daß der Würfel sowie das Tetraeder, Oktaeder, Dodekaeder und Ikosaeder jeweils einer Kugel (Umkugel) einbeschrieben werden können[2]). Ist der Schluß berechtigt, daß *alle* regulären Körper eine Umkugel haben? Von welcher Art ist dieser Induktionsschluß?
3. Was folgt für den Schluß von n_0 auf $n_0 + 1$, wenn eine mathematische Beziehung mit natürlichen Zahlen nur für endlich viele natürliche Zahlen erfüllt ist?

---

[1]) Vom lat. Wort *deducere*, ableiten.
[1]) Vgl. Kratz-Wörle, Geometrie II, Abb. 127!

4. Beweise durch vollständige Induktion die Gültigkeit der folgenden Summenformeln für alle natürlichen Zahlen n:

a) $\dfrac{1}{1\cdot 2} + \dfrac{1}{2\cdot 3} + \dfrac{1}{3\cdot 4} + \ldots + \dfrac{1}{n(n+1)} = \dfrac{n}{n+1}$;

b) $\dfrac{1}{k(k+1)} + \dfrac{1}{(k+1)(k+2)} + \dfrac{1}{(k+2)(k+3)} + \ldots + \dfrac{1}{(k+n-1)(k+n)} = \dfrac{n}{k(k+n)}$;

c) $2^0 + 2^1 + 2^2 + \ldots + 2^n = 2^{n+1} - 1$;

d) $1\cdot 2 + 2\cdot 3 + 3\cdot 4 + \ldots + n(n+1) = \dfrac{n(n+1)(n+2)}{3}$;

e) $1\cdot 2\cdot 3 + 2\cdot 3\cdot 4 + 3\cdot 4\cdot 5 + \ldots + n(n+1)(n+2) = \dfrac{n(n+1)(n+2)(n+3)}{4}$;

f) $1^2 + 2^2 + 3^2 + \ldots + n^2 = \dfrac{n(n+1)(2n+1)}{6}$;

g) $1^3 + 2^3 + 3^3 + \ldots + n^3 = \dfrac{n^2(n+1)^2}{4}$.

5. Man zeige durch vollständige Induktion, daß die Summe der ungeraden natürlichen Zahlen von 1 bis $2n-1$ gleich n^2 ist.

6. Beweise den Satz, daß die Winkelsumme eines konvexen n-Ecks $(n-2)\cdot 180°$ beträgt, durch vollständige Induktion! Welche natürlichen Zahlen n gehören nicht zur Erfüllungsmenge dieses Satzes?

7. Beweise mit Hilfe der vollständigen Induktion, daß für jede natürliche Zahl n der Rechenausdruck $n^3 + (n+1)^3 + (n+2)^3$ durch 3 teilbar ist!

8. Prüfe mit Hilfe des Prinzips der vollständigen Induktion, ob die folgenden Beziehungen für *alle* natürlichen Zahlen erfüllt sind oder suche eine Zahl n, für die die Bedingung nicht gilt:

a) $\dfrac{1}{2} + \dfrac{2}{3} + \dfrac{3}{4} + \ldots + \dfrac{n}{n+1} = \dfrac{5n^2 - 9n + 5}{n(n+1)}$;

b) $\sin\alpha + \sin 2\alpha + \sin 3\alpha + \ldots + \sin n\alpha = n\cdot \sin\left(\dfrac{n+1}{2}\alpha\right)\cos\left(\dfrac{n-1}{2}\alpha\right)$;

c) $\dfrac{1^2}{1\cdot 3} + \dfrac{2^2}{3\cdot 5} + \dfrac{3^2}{5\cdot 7} + \ldots + \dfrac{n^2}{(2n-1)(2n+1)} = \dfrac{n(n+1)}{2(2n+1)}$.

9. Zeige für die folgenden Formeln, daß der Schluß von n_0 auf $n_0 + 1$ gelingt, obwohl sich keine natürliche Zahl angeben läßt, die diese Beziehungen erfüllt:

a) $1 + \dfrac{1}{2} + \dfrac{1}{2^2} + \ldots + \dfrac{1}{2^{n-1}} = \dfrac{5}{2} - \dfrac{1}{2^{n-1}}$;

b) $\dfrac{1}{1\cdot 3} + \dfrac{1}{3\cdot 5} + \dfrac{1}{5\cdot 7} + \ldots + \dfrac{1}{(2n-1)(2n+1)} = \dfrac{3n+1}{2n+1}$.

Versuche die Formeln richtigzustellen!

§ 1 Zur Einführung

C. Einige Grundbegriffe über allgemeine Folgen reeller Zahlen

a) Berechne den 15. Summanden in der Formel der Aufgabe 4e!
b) Schreibe die Folge der Summenwerte in den Aufgaben 4a, c und d jeweils von n = 1 bis zu n = 10 an!

In den Summenformeln der Aufgabe 4 werden die einzelnen Summanden nach einer bestimmten Rechenvorschrift gebildet. Diese ordnet jeder natürlichen Zahl $\nu \leq n$ als „Platzziffer" einen bestimmten, von ν abhängigen Zahlenwert zu. Eine entsprechende Zuordnung besteht zwischen der Anzahl n der Summanden und dem jeweiligen Summenwert. Verallgemeinernd stellen wir fest: Wird jeder Zahl ν aus der Folge der natürlichen Zahlen nach einer eindeutigen Rechenvorschrift ein reeller Zahlenwert a_ν zugeordnet, so bilden diese Zahlenwerte die Zahlenfolge

$$a_1;\quad a_2;\quad a_3;\quad \ldots;\quad a_\nu;\quad a_{\nu+1};\quad \ldots$$

Dabei bezeichnet a_ν das *allgemeine Glied* dieser Folge und $a_{\nu+1}$ dessen Nachfolger. Das *Bildungsgesetz* der Zahlenfolge ergibt sich im allgemeinen aus dem Rechenausdruck für a_ν oder aus dem Zusammenhang zwischen a_ν und $a_{\nu+1}$, wenn das Anfangsglied bekannt ist.

Beispiele:

1. Für $a_\nu = \dfrac{1}{\nu(\nu+1)}$ ergibt sich die Zahlenfolge $\dfrac{1}{1\cdot 2}$; $\dfrac{1}{2\cdot 3}$; $\dfrac{1}{3\cdot 4}$; ..., die wir bereits aus Abschnitt B kennen.

2. Ist $a_1 = 1$ und $a_{\nu+1} = a_\nu + \nu$, so entsteht die Zahlenfolge 1; 2; 4; 7; 11; 16; ... Aus dem Zusammenhang zwischen a_ν und $a_{\nu+1}$ läßt sich der Rechenausdruck für a_ν rekursiv erschließen. Es gilt:

$$a_\nu = (\nu-1) + a_{\nu-1} = (\nu-1) + (\nu-2) + a_{\nu-2} = \ldots \quad \text{oder}$$

$$a_\nu = 1 + (1 + 2 + 3 + \ldots + [\nu-1]) = 1 + \frac{(\nu-1)\nu}{2},$$

wie wir aufgrund des 1. Beispiels im Abschnitt B wissen. Dieser Rechenausdruck, der zuweilen auch durch Vermutung gefunden werden kann, wird leicht durch vollständige Induktion bestätigt.

Erfolgt die Zuordnung nur bis zu einer festen natürlichen Zahl n, so ist die Zahlenfolge *endlich*, andernfalls *unendlich*.

D. Von der Zahlenfolge zur Reihe

Werden die einzelnen Glieder einer endlichen Zahlenfolge addiert, entsteht eine endliche *Reihe*. Beispiele von endlichen Reihen haben wir im Abschnitt B kennengelernt. Für die aus der Zahlenfolge $a_1; a_2; a_3; \ldots; a_\nu; \ldots; a_n$ gebildeten Reihe $a_1 + a_2 + a_3 + \ldots + a_\nu + \ldots + a_n$ schreiben wir kurz $\sum\limits_{\nu=1}^{n} a_\nu$[1])

Beispiele:

a) $1^3 + 2^3 + 3^3 + \ldots + n^3 = \sum\limits_{\nu=1}^{n} \nu^3$

b) $\dfrac{1^2}{1\cdot 3} + \dfrac{2^2}{3\cdot 5} + \dfrac{3^2}{5\cdot 7} + \ldots + \dfrac{n^2}{(2n-1)(2n+1)} = \sum\limits_{\nu=1}^{n} \dfrac{\nu^2}{(2\nu-1)(2\nu+1)}$.

Für das Rechnen mit dem Summensymbol beachte Aufgabe 16!

---

[1]) Lies „Summe aller a_ν von $\nu = 1$ bis $\nu = n$"!

E. Die Menge der reellen Zahlen

Wie aus dem Algebraunterricht bekannt ist, sind die natürlichen Zahlen eine Teilmenge der rationalen Zahlen, die ihrerseits wieder einen Teilbereich im System der reellen Zahlen darstellen. Da die reellen Zahlen die Grundlage der Infinitesimalrechnung bilden, wollen wir ihre Haupteigenschaften zusammenstellen.

Anmerkung: Man kann diese Eigenschaften auch aus den Peanoschen Axiomen herleiten. Dabei muß man zuerst durch Definitionen die ganzen, die rationalen, die reellen Zahlen, die Grundrechnungsarten mit diesen Zahlen sowie die Relationen „größer" und „kleiner" festlegen.

1. Die Körpereigenschaften[1]) der reellen Zahlen

Je zwei reellen Zahlen a und b ist genau eine reelle Zahl $a + b$ als Summe und genau eine reelle Zahl $a\,b$ als Produkt zugeordnet. Dabei gelten folgende Gesetze:

	Addition	Multiplikation
I. Kommutatives Gesetz	$a + b = b + a$	$a \cdot b = b \cdot a$
II. Assoziatives Gesetz	$a + (b + c) = (a + b) + c$	$a\,(b\,c) = (a\,b)\,c$
III. Distributives Gesetz	$a\,(b + c) = a\,b + a\,c$	
IV. Erfüllungsgesetz	Für jedes Zahlenpaar a, b wird die Gleichung $a + x = b$ durch genau eine reelle Zahl x erfüllt. Wir schreiben $x = b - a$	Für jedes Zahlenpaar a, b mit $a \neq 0$ wird die Gleichung $a \cdot x = b$ durch genau eine reelle Zahl x erfüllt. Wir schreiben $x = \dfrac{b}{a}$

2. Die Anordnungseigenschaften der reellen Zahlen

Für je zwei reelle Zahlen a und b gilt immer genau eine der folgenden drei Relationen: $a < b$, $a = b$, $a > b$. Dabei gelten folgende Gesetze:

	Addition	Multiplikation
I. Transitives Gesetz	Aus $a < b$ und $b < c$ folgt $a < c$	
II. Monotoniegesetz	Aus $a < b$ folgt $a + c < b + c$ für jede reelle Zahl c	Aus $a < b$ folgt $a\,c < b\,c$ für jede reelle Zahl $c > 0$

Diese Gesetze gelten in entsprechender Weise für die Größer-Relation, wenn wir vereinbaren, daß $a > b$ gleichbedeutend mit $b < a$ ist.
Mit Hilfe der Körper- und Anordnungseigenschaften läßt sich das Rechnen mit reellen Zahlen, wie wir es in der Algebra gelernt haben, lückenlos begründen. Insbesondere lassen sich für Ungleichungen und absolute Beträge reeller Zahlen einige wichtige Fol-

---
[1]) Zum Begriff des Körpers siehe Titze, Algebra II, S. 58.

§ 1 Zur Einführung

gerungen ziehen, die in der Infinitesimalrechnung bei Größenabschätzungen von Bedeutung sind:

$$\text{Aus } a < b \text{ folgt } a c > b c \text{ für jede reelle Zahl } c < 0 \tag{1}$$

$$\text{Aus } 0 < a < b \text{ folgt } a^2 < b^2 \tag{2}$$

$$\text{Aus } a^2 < b^2 \text{ folgt } a < b \text{ für } a > 0 \text{ und } b > 0 \tag{3}$$

$$\text{Aus } a < b \text{ folgt } \frac{1}{a} > \frac{1}{b} \text{ für } a b > 0 \tag{4}$$

Um den *absoluten Betrag* einer Größe a zu kennzeichnen, schreiben wir kurz $|a|$ (lies: a absolut!) und meinen damit folgenden Sachverhalt:

$$|a| = \begin{cases} a & \text{für } a > 0 \\ -a & \text{,,} \quad a < 0 \\ 0 & \text{,,} \quad a = 0 \end{cases}$$

Der absolute Betrag einer Zahl ist demnach immer eine nichtnegative reelle Zahl. Es gelten die folgenden Rechenregeln (vgl. Aufgabe 20):

(5) $|a + b| \leq |a| + |b|$ (6) $|a - b| \geq |a| - |b|$ (7) $|a \cdot b| = |a| \cdot |b|$

3. Die Vollständigkeitseigenschaft [1]

Wir betrachten eine beliebige Menge reeller Zahlen x mit der Eigenschaft $x \leq K$, wobei K eine feste reelle Zahl sein soll. Eine solche Menge heißt *nach oben beschränkt* und die Zahl K eine *obere Schranke* der Menge.

Beispiel:
Die Menge der Flächenmaßzahlen aller dem Kreis mit Radius 1 einbeschriebenen Rechtecke stellt eine solche nach oben beschränkte Zahlenmenge dar. Die Flächenmaßzahl π des Einheitskreises ist eine obere Schranke dieser Menge.

Allgemein wird für die reellen Zahlen zusätzlich folgende Eigenschaft gefordert:

Jede nach oben beschränkte Menge reeller Zahlen hat eine kleinste obere Schranke.

Im oben angeführten Beispiel ergibt sich auf Grund elementargeometrischer Überlegungen als kleinste obere Schranke die Flächenmaßzahl 2, weil unter allen dem Einheitskreis einbeschriebenen Rechtecken das Quadrat die größte Fläche hat (warum?).

Wie Aufgabe 24f zeigt, braucht die kleinste obere Schranke einer gegebenen Zahlenmenge nicht selbst der Menge anzugehören. Im Algebraunterricht lernten wir bei der Intervallschachtelung für $\sqrt{2}$ eine Folge rationaler Zahlen kennen, deren kleinste obere Schranke $\sqrt{2}$, also keine rationale Zahl war (vgl. Titze Algebra II § 13 D). In jedem Fall aber ist die kleinste obere Schranke einer nach oben beschränkten reellen Zahlenmenge eine *reelle* Zahl.

Der soeben ausgesprochene Satz läßt in Verbindung mit den übrigen Eigenschaften der reellen Zahlen den Schluß zu, daß das System der reellen Zahlen durch keine neuen

---
[1]) Die Behandlung der Abschnitte E 3 und 4 kann bis § 6 zurückgestellt werden.

Zahlen so erweitert werden kann, daß *alle* Körper- und Anordnungseigenschaften ihre Gültigkeit beibehalten. Wir sprechen daher von der *Vollständigkeit des Systems der reellen Zahlen*[1]).

4. Die archimedische Eigenschaft[2])

Zu je zwei positiven reellen Zahlen a und b mit $a < b$ läßt sich stets eine natürliche Zahl n angeben, die die Ungleichung $n \cdot a > b$ erfüllt.

Dieser unmittelbar einleuchtende Satz gilt in seiner geometrischen Entsprechung als Axiom der Meßbarkeit stetiger Größen durch eine geeignete Maßeinheit. Er ist eine Folge der Vollständigkeitseigenschaft. Auf einen Beweis wollen wir jedoch verzichten.

Für $a = 1$ folgt unmittelbar: Die Menge der natürlichen Zahlen hat keine obere Schranke.

Anmerkung: Von diesem Satz werden wir bei späteren Grenzwertbetrachtungen an unendlichen Zahlenfolgen im allgemeinen stillschweigend Gebrauch machen.

AUFGABEN

10. Berechne das n-te Glied einer Zahlenfolge mit dem allgemeinen Glied a_ν für:

    a) $a_\nu = 1 + \dfrac{1}{\nu}$, $n = 7$;   b) $a_\nu = \nu^2 - 5$, $n = 2$;

    c) $a_\nu = \sin\left(\nu \dfrac{\pi}{4}\right)$, $n = 10$;   d) $a_\nu = \left(1 + \dfrac{1}{\nu}\right)^\nu$, $n = 4$.

11. Von den folgenden Zahlenfolgen sind jeweils die ersten vier Glieder bekannt. Wie lautet der Rechenausdruck für das allgemeine Glied a_ν? Beachte dabei, daß es unter Umständen mehrere Möglichkeiten geben kann!

    a) $1;\ \dfrac{1}{2};\ \dfrac{1}{3};\ \dfrac{1}{4};\ \ldots$ b) $\dfrac{1}{2};\ \dfrac{2}{3};\ \dfrac{3}{4};\ \dfrac{4}{5};\ \ldots$

    c) $\dfrac{1}{2};\ \dfrac{4}{3};\ \dfrac{9}{4};\ \dfrac{16}{5};\ \ldots$ d) $0;\ \dfrac{1}{3};\ \dfrac{2}{4};\ \dfrac{3}{5};\ \ldots$

    e) $1;\ -1;\ 1;\ -1;\ \ldots$ f) $1;\ -1;\ -3;\ -5;\ \ldots$

    g) $4;\ 2;\ 1;\ \dfrac{1}{2};\ \ldots$ h) $1;\ 3;\ 7;\ 15;\ \ldots$

12. Für eine Zahlenfolge gilt: $a_1 = 1$, $a_2 = 2$ sowie $a_{\nu+2} = a_\nu + a_{\nu+1}$. Wie lauten die ersten 10 Glieder dieser Folge?

13. Berechne für die folgenden Zahlenfolgen aufgrund des angegebenen Bildungsgesetzes die ersten 5 Glieder sowie den allgemeinen Rechenausdruck für a_ν! Überprüfe das Ergebnis mit Hilfe der vollständigen Induktion:

---

[1] Vgl. Schmittlein-Kratz, Lineare Algebra.
[2] Dieses Postulat wurde bereits vor *Archimedes* (285–212 v. Chr.) von dem griechischen Mathematiker *Eudoxus* um 350 v. Chr. ausgesprochen.

§ 1 Zur Einführung

a) $a_1 = 1$, $\quad a_{\nu+1} = a_\nu + 1$; b) $a_1 = 2$, $\quad a_{\nu+1} = -a_\nu$;

c) $a_1 = \dfrac{1}{2}$, $\quad a_{\nu+1} = \dfrac{a_\nu}{2}$; d) $a_1 = 3$, $\quad a_{\nu+1} = 2a_\nu$;

e) $a_1 = \dfrac{1}{2}$, $\quad a_{\nu+1} = a_\nu + \dfrac{1}{(\nu+1)(\nu+2)}\quad$ (beachte Aufgabe 4!).

14. Schreibe die Reihen der Aufgabe 4 in kurzer Form mit dem Summensymbol!

15. Schreibe die Folge der Summenwerte in nachstehenden Reihen an, wenn die Zahl n der Summanden von 1 bis 5 wächst:

a) $\displaystyle\sum_{\nu=1}^{n}(2\nu-1)$; b) $\displaystyle\sum_{\nu=1}^{n}\dfrac{1}{2^{\nu-1}}$; c) $\displaystyle\sum_{\nu=1}^{n}(-1)^{\nu-1}\cdot\nu^2$.

16. Beweise durch gliedweises Anschreiben folgende *Rechenregeln für endliche Reihen*:

a) $\displaystyle\sum_{\nu=1}^{n}a_\nu = n\cdot a$, falls $a_\nu = a$ für $\nu = 1, 2, 3, \ldots, n$;

b) $\displaystyle\sum_{\nu=1}^{n}k\,a_\nu = k\sum_{\nu=1}^{n}a_\nu$; c) $\displaystyle\sum_{\nu=1}^{n}(a_\nu + b_\nu) = \sum_{\nu=1}^{n}a_\nu + \sum_{\nu=1}^{n}b_\nu$;

d) $\displaystyle\sum_{\nu=1}^{n}(a_\nu - b_\nu) = \sum_{\nu=1}^{n}a_\nu - \sum_{\nu=1}^{n}b_\nu$; e) $\displaystyle\sum_{\nu=1}^{n}a_{\nu+1} - \sum_{\nu=1}^{n}a_\nu = a_{n+1} - a_1$.

17. Für das allgemeine Glied a_ν einer Zahlenfolge gilt:

a) $a_\nu = 2\nu - 1$; b) $a_\nu = \nu^2$; c) $a_\nu = \sqrt{\nu} + 2$

Für welche Platzziffern ν ist jeweils die folgende Ungleichung erfüllt: $10 < a_\nu < 20$?

18. Für welche natürlichen Zahlen $x \leq 10$ gelten die folgenden Ungleichungen:

a) $x + 3 < 4x - 3$; b) $x^2 - 3x + 2 > 0$; c) $\dfrac{x+1}{x} < 1{,}5$

19. Gegeben ist a) $a_\nu = \sin\nu\dfrac{\pi}{4}$; b) $a_\nu = \nu^2 - 2\nu - 8$.

Für welche Platzziffern $\nu \leq 10$ gilt $a_\nu \neq |a_\nu|$?

20. In welchen Fällen gilt in den Rechenregeln (5) und (6) zu § 1 E jeweils das Gleichheitszeichen?

21. Beweise durch vollständige Induktion:
$$|a_1 + a_2 + a_3 + \ldots + a_n| \leq |a_1| + |a_2| + |a_3| + \ldots + |a_n|.$$

22. Zeige, daß für jede reelle Zahl $a \neq 0$ gilt: $\left(\dfrac{a}{|a|} - 1\right)(|a| + a) = 0$.

23. Zeige mit Hilfe des archimedischen Axioms, daß der Kehrwert einer natürlichen Zahl kleiner werden kann als jede noch so kleine positive Zahl!

24. Gib die kleinste obere Schranke an für
   a) die Primzahlen unter 1000;
   b) die Menge der Flächenmaßzahlen aller Rechtecke mit dem festen Umfang u;
   c) die Umfänge aller einem Kreis mit Radius r umbeschriebenen regulären Vielecke der Dreiecksfolge[1]);
   d) die Folge der Zahlen $c_\nu = 2 \sin \nu \frac{\pi}{6}$ von $\nu = 1$ bis $\nu = 12$;
   e) die Zahlen von der Form $x^2 - 10x$ für $|x| \leq 10$;
   f) die Folge der Zahlen $a_\nu = 1 - \frac{1}{\nu}$ für $\nu = 1, 2, 3, \ldots$.

Vermischte Aufgaben

25. Forme $\sum_{\nu=1}^{n} (\nu + 1)\nu - \sum_{\nu=1}^{n} \nu(\nu - 1)$ nach den Regeln der Aufgabe 16c und d um und berechne dann den Wert der Differenz nach Aufgabe 16e! Vergleiche das Umformungsergebnis mit dem Wert der Differenz! Wie läßt sich auf diese Weise $\sum_{\nu=1}^{n} \nu$ in Abhängigkeit von n berechnen?

26. Zeige für die Glieder der Zahlenfolge in Aufgabe 12 durch vollständige Induktion die Gültigkeit der folgenden Summenformel:
$$\sum_{\nu=1}^{n} a_\nu = a_{n+2} - 2$$

27. Beweise durch vollständige Induktion die Gültigkeit nachstehender Ungleichungen für natürliche Zahlen:
   a) $2n^2 > (n+1)^2$ für $n \geq 3$;   b) $2^n > n^2$ für $n \geq 5$;
   c) $\sqrt{n} < \frac{n+1}{2}$ für $n \geq 2$.

28. Für welche Zahlen x sind folgende Ungleichungen erfüllt:
   a) $|x| \leq 2$;   b) $|x + 1| < 5$;   c) $0 < |x - 5| \leq 5$;   d) $x + |x| < 2$;
   e) $\frac{1 + |x|}{1 - |x|} < 2$;   f) $\left|\frac{x-1}{1+x}\right| < 1{,}5$;   g) $|x^2 + 2x - 1| < 2$.

29. Stelle von folgenden Zahlenmengen fest, ob sie, ebenso wie die reellen Zahlen, die Körpereigenschaften E 1 haben. Man nennt eine derartige Zahlenmenge einen Zahlenkörper. Gib, falls die Zahlenmengen keinen Körper bilden, ein Gesetz an, das nicht erfüllt ist!
   a) die natürlichen Zahlen   b) die rationalen Zahlen
   c) die ganzen Zahlen   d) die positiven rationalen Zahlen
   e) die Zahlen der Form $a + b\sqrt{2}$, wobei a und b rationale Zahlen sind.

30. Zeige an Beispielen, daß die Rechnungsart a^n weder das Kommutativ- noch das Assoziativgesetz erfüllt.

---

[1]) Die Vielecke entstehen aus dem gleichseitigen Dreieck durch fortgesetzte Eckenverdopplung.

§ 2. ARITHMETISCHE ZAHLENFOLGEN UND REIHEN

A. Das Bildungsgesetz einer arithmetischen Folge

Welcher Zusammenhang zwischen a_ν und $a_{\nu+1}$ ist aus den ersten Gliedern der nachstehend angegebenen Zahlenfolgen erkennbar?

a) 1; 3; 5; 7; 9; ... b) 1; $\frac{1}{2}$; 0; $-\frac{1}{2}$; -1; ...

Wie lauten jeweils die nächstfolgenden Zahlen sowie das allgemeine Glied a_ν?

Definition: Eine Zahlenfolge heißt eine *arithmetische Folge*, wenn die Differenz zweier aufeinanderfolgender Glieder immer den gleichen Wert hat.

Zwischen den Gliedern a_ν und $a_{\nu+1}$ einer arithmetischen Folge besteht demnach folgender Zusammenhang:

$$a_{\nu+1} - a_\nu = d \text{ (konstant)}$$

Für $d > 0$ sprechen wir von einer *steigenden*, für $d < 0$ von einer *fallenden* arithmetischen Folge. Der Fall $d = 0$ dagegen kennzeichnet eine Folge mit lauter gleichen Gliedern.

Auf Grund der Definition besteht für eine arithmetische Folge mit dem Anfangsglied a_1 und der konstanten Differenz d zweier aufeinanderfolgender Glieder die folgende Zuordnungsbeziehung zwischen ν und a_ν:

ν	1	2	3	4	...	n
a_ν	a_1	$a_1 + d$	$a_1 + 2d$	$a_1 + 3d$	...	$a_1 + (n-1)d$

Wie man auf Grund des Bildungsgesetzes leicht zeigen kann, ist jedes innere Glied (also nicht das Anfangs- und Endglied) einer arithmetischen Folge das *arithmetische Mittel* aus den beiden benachbarten Gliedern. Führe die allgemeine Begründung dieser Gesetzmäßigkeit, der die arithmetische Folge ihren Namen verdankt, selbst durch!

Werden die Glieder einer arithmetischen Folge auf der Zahlengeraden als Strecken mit dem Anfangspunkt 0 entsprechend ihrem Vorzeichen abgetragen, so bilden die Endpunkte dieser Strecken eine *arithmetische Punktfolge*. Sie hat die Eigenschaft, daß benachbarte Punkte gleich weit voneinander entfernt sind (Abb. 1).

Abb. 1

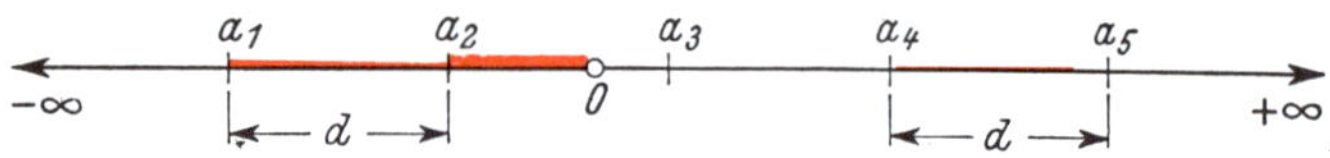

AUFGABEN

1. Berechne die ersten 10 Glieder einer arithmetischen Zahlenfolge mit dem Anfangsglied a_1 und der Differenz d für folgende Fälle:

   a) $a_1 = 5$, $d = 3$; b) $a_1 = -2{,}5$, $d = 0{,}5$; c) $a_1 = 0$, $d = -1$.

2. Berechne in den nachstehenden arithmetischen Zahlenfolgen jeweils das n-te Glied:

   a) 3; $-0{,}5$; -4; ... für $n = 7$; b) -10; $-3{,}2$; $3{,}6$; ... für $n = 20$.

Arithmetische Zahlenfolgen und Reihen § 2

3. Eine Uhr zeigt am 1. März um 12 Uhr mittags beim letzten Ton des Zeitzeichens genau 11 Uhr 59 Min. 35,5 Sek. an. Am 5. März wird zur gleichen Zeit 12 Uhr 17,5 Sek. abgelesen. Um wieviel Minuten und Sekunden geht die Uhr am 2. April um 12 Uhr mittags vor, wenn sich ihr Gang während des ganzen Zeitraums nicht ändert?

4. Von einer arithmetischen Zahlenfolge $a_1; a_2; a_3; \ldots; a_n$ sind $a_5 = 2$ und $a_9 = 8$ bekannt. Berechne a_1 und a_{10}!

5. Zeige für die lineare Funktion $y = 2x - 3$:

Durchlaufen die x-Werte eine arithmetische Folge, so bilden auch die zugehörigen y-Werte eine arithmetische Folge. Gilt auch die Umkehrung?

6. Gegeben sind die arithmetischen Folgen $a_1; a_2; a_3; \ldots; a_n$ und $b_1; b_2; b_3; \ldots; b_n$. Weise nach, daß die Folge:

$$a_1 + b_1 \cdot k; \quad a_2 + b_2 \cdot k; \quad a_3 + b_3 \cdot k; \ldots; \quad a_n + b_n \cdot k$$

ebenfalls eine arithmetische Folge ist, wobei k irgendeine reelle Zahl sein soll!

7. Bilde in der Zahlenfolge $a_1; a_2; a_3; \ldots$ mit $a_\nu = \nu^2$ die Folge der Differenzen zweier aufeinanderfolgender Glieder! Zeige, daß diese Differenzenfolge arithmetisch ist!

B. Der Summenwert einer arithmetischen Reihe

a) *Als der junge Gauß als Schüler einmal die Summe aller natürlichen Zahlen von 1 bis 100 ausrechnen mußte, soll er ohne langes Nachdenken sofort das Ergebnis 5050 genannt haben. Wie kam Gauß so schnell auf diesen Summenwert?*

b) *Abb. 2 veranschaulicht die Summe der natürlichen Zahlen von 1 bis n (in der Zeichnung ist $n = 10$ gewählt) durch die Flächensumme der schraffierten Einheitsquadrate im Quadrat mit der n-fachen Seitenlänge. Wie läßt sich auf diese Weise der Summenwert von $1 + 2 + 3 + \ldots + n$ bestimmen?*

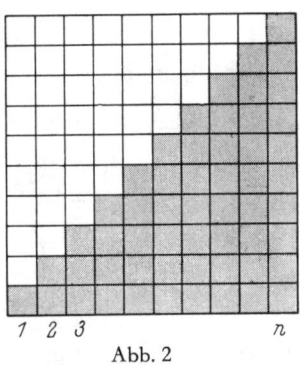

Abb. 2

1. Die Summe der natürlichen Zahlen von 1 bis n

Eine besonders einfache arithmetische Reihe ist die unausgerechnete Summe aller natürlichen Zahlen von 1 bis n. Ihr Wert S_n[1]) ist uns bereits aus § 1 bekannt, wo die Formel:

$$S_n = \sum_{\nu=1}^{n} \nu = \frac{n(n+1)}{2}$$

mittels vollständiger Induktion bestätigt wurde. Nunmehr wollen wir zwei Wege zur Herleitung dieser Beziehung kennenlernen.

---
[1]) Wir wollen in diesem Kapitel den Summenwert der Reihe $1 + 2 + 3 + \ldots + n$ stets mit S_n bezeichnen.

§ 2 Arithmetische Zahlenfolgen und Reihen

1. Verfahren:

Wir schreiben untereinander:

I. $1 + 2 + 3 + \ldots + n = S_n$

II. $n + (n-1) + (n-2) + \ldots + 1 = S_n$

Durch spaltenweises Addieren der Summanden von I und II ergibt sich:

$(n+1) + (n+1) + (n+1) + \ldots + (n+1) = 2 S_n$ oder $(n+1) n = 2 S_n$.

2. Verfahren:

Wir bilden die Summe $(1+1)^2 + (2+1)^2 + (3+1)^2 + \ldots + (n+1)^2 = \sum_{\nu=1}^{n} (\nu+1)^2$ und zerlegen die einzelnen Summanden nach der Formel $(\nu+1)^2 = \nu^2 + 2\nu + 1$.

Dann gilt auf Grund der Regeln in Aufgabe 16 zu § 1:

(1) $\sum_{\nu=1}^{n} (\nu+1)^2 = \sum_{\nu=1}^{n} \nu^2 + \sum_{\nu=1}^{n} 2\nu + n = \sum_{\nu=1}^{n} \nu^2 + 2 S_n + n$

(2) $\sum_{\nu=1}^{n} (\nu+1)^2 - \sum_{\nu=1}^{n} \nu^2 = (n+1)^2 - 1$

Durch Vergleich von (1) und (2) erhalten wir schließlich:

$(n+1)^2 - 1 = 2 S_n + n$ oder $2 S_n = n^2 + n = n(n+1)$

2. Die allgemeine Summenformel für arithmetische Reihen

Ist der Rechenausdruck für S_n bekannt, läßt sich leicht der Summenwert s_n einer allgemeinen arithmetischen Reihe $a_1 + a_2 + a_3 + \ldots + a_n = \sum_{\nu=1}^{n} a_\nu$ berechnen. Denn es gilt wegen $a_\nu = a_1 + (\nu - 1) \cdot d$ (siehe Abschnitt A!):

$$s_n = \sum_{\nu=1}^{n} [a_1 + (\nu-1) d] = n a_1 + \sum_{\nu=1}^{n} \nu d - n d = n a_1 + d S_n - d n.$$

Mit $S_n = \dfrac{n(n+1)}{2}$ ergibt sich nach kurzer Rechnung: $s_n = n \left[a_1 + \dfrac{d}{2}(n-1) \right]$ oder

$$\boxed{s_n = \sum_{\nu=1}^{n} a_\nu = \frac{n}{2}(a_1 + a_n)}$$

Lehrsatz: Der Summenwert einer arithmetischen Reihe mit n Gliedern ist gleich dem n-fachen arithmetischen Mittel aus dem ersten und letzten Glied.

3. Geometrische Veranschaulichung der Summenformel

Fassen wir die Glieder a_ν einer arithmetischen Reihe als Flächenmaßzahlen von Rechtecken auf, deren Seitenmaßzahlen 1 und a_ν betragen, dann können wir uns die Summen-

Arithmetische Zahlenfolgen und Reihen **§ 2**

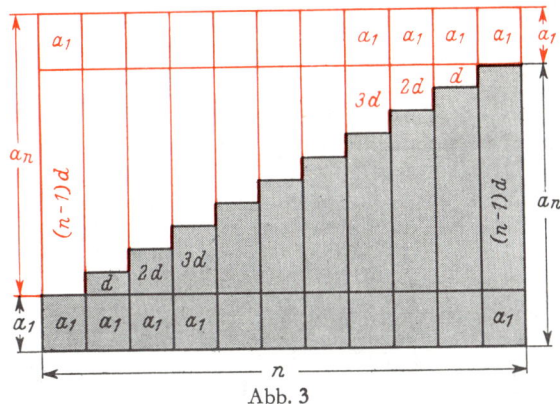

Abb. 3

formel leicht anhand der Abb. 3 veranschaulichen. Sie zeigt, daß die Summe aller dieser Rechtecksflächen (schraffierte Fläche) die halbe Fläche eines Rechtecks mit den Seitenmaßzahlen n und $(a_1 + a_n)$ ergibt.

AUFGABEN

8. Wie groß ist die Summe aller natürlichen Zahlen
   a) von 1 bis 500;   **b)** von 1 bis 1999;   **c)** von 1 bis $2n+1$?

9. Berechne die Summe aller natürlichen Zahlen von 17 bis 83!

10. Bestimme die Summe aller ungeraden natürlichen Zahlen von 1 bis $2n-1$!

11. Wie groß ist die Summe aller dreistelligen natürlichen Zahlen, die   **a)** durch 5; **b)** durch 9;   **c)** durch 13 teilbar sind?

12. Die Summe einer arithmetischen Reihe mit dem Anfangsglied 5 ist 1974, die Zahl der Glieder beträgt 42. Berechne das zweite und letzte Glied!

13. Eine arithmetische Reihe mit dem Anfangsglied 0,5 hat den Summenwert 1008. Aus wieviel Summanden besteht die Reihe, wenn jeder Summand um 2 größer als der vorhergehende ist?

14. In einem Amphitheater befinden sich in der untersten Reihe 78 Sitzplätze und in jeder folgenden Reihe um 8 Plätze mehr. Wie viele Sitzplätze hat das Theater, wenn 18 Sitzreihen vorhanden sind? Wie viele Personen finden in der obersten Reihe Platz?

15. Wie viele Glockenschläge macht eine Turmuhr in der Zeit von 2 Uhr nachts bis 12 Uhr mittags, wenn die Uhr die halben Stunden durch einen Glockenschlag anzeigt und jede volle Stunde durch 2 Glockenschläge einleitet?

16. Ein Auto legt bei konstanter Beschleunigung in den ersten 6 Sekunden 9 m zurück. Wie groß ist die Fahrstrecke nach 1 Minute, wenn der in jeder Sekunde zurückgelegte Weg von Sekunde zu Sekunde um 0,5 m anwächst?

§ 2 Arithmetische Zahlenfolgen und Reihen

C. Potenzsummen

Verallgemeinern wir das 2. Verfahren zur Berechnung von $S_n = \sum_{\nu=1}^{n} \nu$, so können wir damit auch die Summe der Quadrate aller natürlichen Zahlen von 1 bis n als geschlossenen Rechenausdruck bestimmen, wie folgende Rechnung zeigt:

Wir bilden $(1 + 1)^3 + (2 + 1)^3 + (3 + 1)^3 + \ldots + (n + 1)^3 = \sum_{\nu=1}^{n} (\nu + 1)^3$ und zerlegen die einzelnen Summanden nach der Formel

$$(\nu + 1)^3 = \nu^3 + 3\nu^2 + 3\nu + 1$$

Dann gilt unter Beachtung von Aufgabe 16 in § 1:

(1) $\sum_{\nu=1}^{n} (\nu + 1)^3 = \sum_{\nu=1}^{n} \nu^3 + \sum_{\nu=1}^{n} 3\nu^2 + \sum_{\nu=1}^{n} 3\nu + n = \sum_{\nu=1}^{n} \nu^3 + 3 \sum_{\nu=1}^{n} \nu^2 + 3 S_n + n$

(2) $\sum_{\nu=1}^{n} (\nu + 1)^3 - \sum_{\nu=1}^{n} \nu^3 = (n + 1)^3 - 1$

Durch Vergleich von (1) und (2) ergibt sich:

$(n + 1)^3 - 1 = 3 \sum_{\nu=1}^{n} \nu^2 + 3 S_n + n$ oder $3 \sum_{\nu=1}^{n} \nu^2 = (n + 1) \left[(n + 1)^2 - 1 - \frac{3}{2} n \right]$.

Daraus folgt:

$$\boxed{\sum_{\nu=1}^{n} \nu^2 = \frac{n(n + 1)(2n + 1)}{6}} \qquad (1)$$

In entsprechender Weise läßt sich die Summe der 3. Potenzen aller natürlichen Zahlen von 1 bis n unter Verwendung der Rechenausdrücke für $\sum_{\nu=1}^{n} \nu$ und $\sum_{\nu=1}^{n} \nu^2$ berechnen. Wir erhalten:

$$\boxed{\sum_{\nu=1}^{n} \nu^3 = \frac{n^2(n + 1)^2}{4}} \qquad (2)$$

Führe die Begründung selbst durch!

Anmerkung: Die Reihen $1^2 + 2^2 + 3^2 + \ldots + n^2$ und $1^3 + 2^3 + 3^3 + \ldots + n^3$ werden auch als *arithmetische Reihen höherer Ordnung* bezeichnet, weil ein gewisser Zusammenhang mit der einfachen arithmetischen Reihe besteht. Dieser tritt nicht nur bei der Berechnung des Summenwerts in Erscheinung, sondern zeigt sich auch, wenn man zu den einzelnen Reihengliedern die Differenzenfolge bildet. Vergleiche dazu Aufgabe 7 sowie die nachstehende Übersicht für die Folge $a_\nu = \nu^3$ mit $\nu = 1; 2; 3; \ldots$!

Die Tabelle auf der folgenden Seite zeigt, daß die 2. Differenzenfolge zur Folge $a_\nu = \nu^3$ eine arithmetische Folge mit der konstanten Glieddifferenz 6 ist. Die gegebene Folge wird daher eine arithmetische Folge 3. Ordnung genannt, weil ihre 3. Differenzenfolge konstant ist, während man bei den einfachen arithmetischen Folgen auch von arithmetischen Folgen 1. Ordnung spricht.

Arithmetische Zahlenfolgen und Reihen §2

ν	1	2	3	4	5	6	...	$\nu-1$	ν	$\nu+1$	...
$a_\nu = \nu^3$	1	8	27	64	125	216	...	$(\nu-1)^3$	ν^3	$(\nu+1)^3$	—
1. Differenzenfolge $a_\nu' = a_{\nu+1} - a_\nu$	7	19	37	61	91	...	...	$3\nu^2 - 3\nu + 1$	$3\nu^2 + 3\nu + 1$	...	...
2. Differenzenfolge $a_\nu'' = a'_{\nu+1} - a_\nu'$	12	18	24	30	...	...	...	6ν	$6(\nu+1)$	...	...
3. Differenzenfolge $a_\nu''' = a''_{\nu+1} - a_\nu''$	6	6	6	...	...	...	...	6	6	...	...

AUFGABEN

17. Berechne a) $1^2 + 2^2 + 3^2 + ... + 10^2$;   b) $1^2 + 2^2 + 3^2 + ... + (n-1)^2$;
    c) $1^3 + 2^3 + 3^3 + ... + 15^3$;   d) $1^3 + 2^3 + 3^3 + ... + (2n-1)^3$!

18. Berechne die Summe der Quadrate   a) aller geraden Zahlen von 2 bis 100;
    b) aller geraden Zahlen von 2 bis $2n$;   c) aller ungeraden Zahlen von 1 bis $2n-1$!

19. Bestimme den Summenwert der Reihe $1^2 - 2^2 + 3^2 - 4^2 + - ... + (2n-1)^2$!

20. Für welche natürlichen Zahlen n ist der Quotient $q_n = \dfrac{1^2 + 2^2 + 3^2 + ... + n^2}{1 + 2 + 3 + ... + n}$ eine ganze Zahl?

21. Berechne $\sum\limits_{\nu=1}^{n} \nu(\nu+1)(\nu+2)$ mit Hilfe bekannter Summenformeln!

Vermischte Aufgaben

22. Warum ist das Produkt $n(n+1)(2n+1)$ für jede natürliche Zahl n durch 6 teilbar?

23. Beweise die Beziehung: $\sqrt{1^3 + 2^3 + 3^3 + ... + n^3} = 1 + 2 + 3 + ... + n$!

24. Berechne $\sum\limits_{\nu=1}^{n} \nu^4$!

25. Arithmetische Folgen und Reihen beim freien Fall
    a) Zeige mit Hilfe der Weg-Zeit-Beziehung $s = \frac{1}{2} g t^2$ beim freien Fall, daß die in gleichen Zeiten zurückgelegten Fallwege eine arithmetische Folge bilden!
    b) Beweise: Wächst bei einer Bewegung der in den einzelnen Sekunden zurückgelegte Weg von Sekunde zu Sekunde um g Meter, so errechnet sich der Gesamtweg nach t Sekunden zu $s = \frac{1}{2} g t^2$, falls der Weg in der 1. Sekunde $\dfrac{g}{2}$ Meter beträgt.

§ 3 Geometrische Zahlenfolgen und Reihen

§ 3. GEOMETRISCHE ZAHLENFOLGEN UND REIHEN

A. Das Bildungsgesetz einer geometrischen Folge

a) Schreibe von den beiden Zahlenfolgen, die durch fortgesetztes Verdoppeln bzw. Halbieren der Zahl 1 entstehen, jeweils die ersten 5 Glieder an! Berechne in beiden Fällen a_n!

b) Welches Bildungsgesetz lassen die ersten Glieder der Folge

16; 24; 36; 54; 81; ...

erkennen? Berechne damit die nächsten beiden Glieder der Folge!

Definition: Eine Zahlenfolge heißt eine *geometrische Folge*, wenn der Quotient zweier aufeinanderfolgender Glieder immer den gleichen Wert hat.

Zwischen den Gliedern a_ν und $a_{\nu+1}$ einer geometrischen Folge besteht demnach folgender Zusammenhang:

$$\boxed{\frac{a_{\nu+1}}{a_\nu} = q \text{ (konstant)}}$$

Hierbei wird vorausgesetzt, daß a_1 und q von Null verschieden sind. Für $q > 1$ und $a > 0$ sprechen wir von einer *steigenden*, für $0 < q < 1$ von einer *fallenden* geometrischen Folge, während $q = 1$ eine Folge mit lauter gleichen Gliedern ergibt. Ist $q < 0$, erhalten wir eine sogenannte *alternierende* Folge. In ihr haben aufeinanderfolgende Glieder verschiedenes Vorzeichen. Ist insbesondere $q = -1$ und $a_1 = a$, entsteht die Folge: $a; -a; a; -a; \ldots$. Abb. 4 zeigt eine graphische Veranschaulichung der einzelnen Fälle.

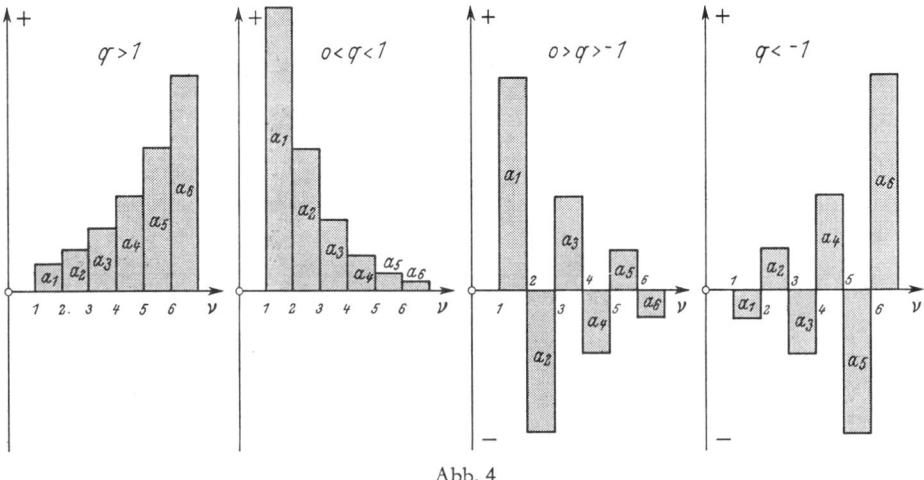

Abb. 4

Auf Grund der Definition besteht für eine geometrische Folge mit dem Anfangsglied $a_1 \neq 0$[1]) und dem konstanten Quotienten q zweier aufeinanderfolgender Glieder folgende Zuordnungsbeziehung zwischen ν und a_ν:

---
[1]) Dies wird im folgenden immer stillschweigend vorausgesetzt.

Geometrische Zahlenfolgen und Reihen § 3

ν	1	2	3	4	...	n
a_ν	a_1	$a_1 q$	$a_1 q^2$	$a_1 q^3$	...	$a_1 q^{n-1}$

Aus dem Bildungsgesetz folgt, daß jedes innere Glied (also nicht das Anfangs- und Endglied) einer geometrischen Folge dem Betrage nach das *geometrische Mittel* aus den beiden benachbarten Gliedern ist. Führe die Begründung selbst durch! Auf dieser Eigenschaft beruht der Name „geometrische Folge".

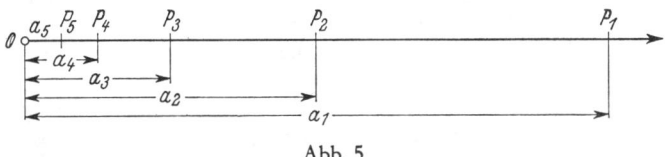

Abb. 5

Werden die Glieder einer geometrischen Folge auf der Zahlengeraden als Strecken mit dem Anfangspunkt 0 entsprechend ihrem Vorzeichen abgetragen, dann bilden die Endpunkte dieser Strecken eine *geometrische Punktfolge*. Abb. 5 zeigt dies für $q = \frac{1}{2}$.

AUFGABEN

1. Berechne die ersten 5 Glieder einer geometrischen Zahlenfolge mit dem Anfangsglied a_1 und dem Quotienten q für folgende Fälle:
    a) $a_1 = 2; q = 3;$ **b)** $a_1 = -1; q = 2;$ **c)** $a_1 = 10; q = \frac{1}{10};$ **d)** $a_1 = 4; q = -\frac{1}{2}$.

2. Berechne das n-te Glied der nachstehenden geometrischen Folgen:
    a) 1,5; 3; 6; ... für $n = 10;$ **b)** 2; 2,4; 2,88; ... für $n = 5;$
    c) $\frac{1}{2}; \frac{1}{\sqrt{2}}; 1; ...$ für $n = 8$.

3. Von einer geometrischen Zahlenfolge $a_1; a_2; a_3; ...$ ist bekannt: $a_3 = 4; a_5 = 8$. Berechne a_1 und a_6!

4. Interpolation bei geometrischen Folgen:
    a) Zwischen den Zahlen $a = 1$ und $b = 36$ sollen 3 Zahlen a_1, a_2, a_3 so eingeschaltet werden, daß die Folge $a; a_1; a_2; a_3; b$ eine geometrische ist.
    b) Die Zahlen a und b seien Anfangs- bzw. Endglied einer geometrischen Zahlenfolge mit n Gliedern. Drücke das ν-te Glied durch a und b aus!

5. Zeige: Ist $a_1; a_2; a_3; ...; a_n$ eine geometrische Folge, dann gilt dies auch für die Folgen:
    a) $a_1^2; a_2^2; a_3^2; ...; a_n^2;$ **b)** $\sqrt{a_1}; \sqrt{a_2}; \sqrt{a_3}; ...; \sqrt{a_n}$ $(a_\nu > 0)$.

6. Beweise: Sind die Folgen $a_1; a_2; a_3; ...; a_n$ und $b_1; b_2; b_3; ...; b_n$ jeweils geometrische Zahlenfolgen, dann gilt dies auch für die Folgen:
    a) $a_1 b_1; a_2 b_2; a_3 b_3; ... a_n b_n;$ **b)** $\frac{a_1}{b_1}; \frac{a_2}{b_2}; \frac{a_3}{b_3}; ... \frac{a_n}{b_n}$.

§ 3 Geometrische Zahlenfolgen und Reihen

7. Zeige für eine geometrische Zahlenfolge $a_1; a_2; a_3; \ldots; a_n$ mit $\frac{a_{\nu+1}}{a_\nu} = q$ die Gültigkeit der folgenden Formel:

$$a_\nu = \frac{q}{1+q^2}(a_{\nu+1} + a_{\nu-1}) \quad \text{für} \quad \nu = 2, 3, \ldots, n-1$$

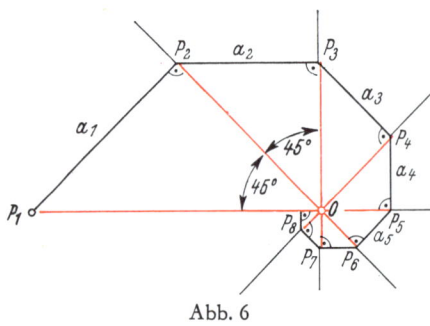

Abb. 6

8. In Abb. 6 sind durch O vier Geraden gezeichnet, die den Vollwinkel in 8 gleiche Teile teilen. Fällt man von einem beliebigen Punkt P_1 auf einer dieser Geraden das Lot auf eine Nachbargerade, erhält man auf dieser den Lotfußpunkt P_2. In entsprechender Weise findet man P_3, P_4 usw. Zeige, daß die Streckenlängen $a_1; a_2; a_3; \ldots$ sowie $OP_1; OP_2; OP_3; \ldots$ je eine geometrische Folge bilden!

9. Auf dem Zahlenstrahl durch O sind die Punkte P_1 und P_2 gegeben. Konstruiere einen weiteren Punkt P_3 auf diesem Strahl derart, daß

   a) $P_1; P_2; P_3;$ b) $P_1; P_3; P_2$ eine geometrische Punktfolge bilden!

10. Beweise den folgenden Satz über geometrische Punktfolgen:
    Jeder innere Punkt einer geometrischen Punktfolge teilt die Verbindungsstrecke seiner Nachbarpunkte im konstanten Verhältnis $1:q$.

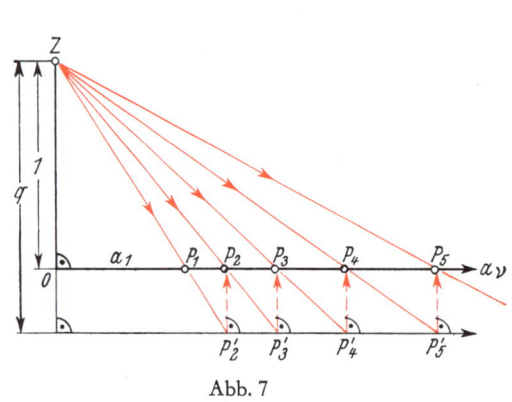

Abb. 7

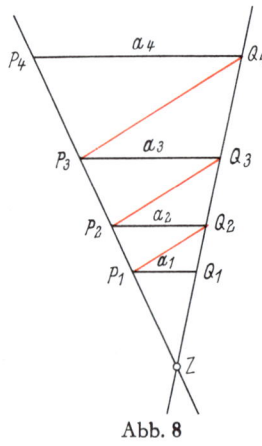

Abb. 8

11. Abb. 7 zeigt ein Verfahren zur Erzeugung einer geometrischen Punktfolge $P_1; P_2; P_3; \ldots; P_n$ für $q > 1$.

    a) Beschreibe und begründe die Konstruktion!

    b) Konstruiere in entsprechender Weise eine geometrische Punktfolge mit $0 < q < 1$ und dem gegebenen Anfangsglied a_1!

    c) Wie ist das angegebene Verfahren für die Konstruktion einer alternierenden geometrischen Punktfolge abzuwandeln?

28

Geometrische Zahlenfolgen und Reihen §3

12. In Abb. 8 gilt: $P_1Q_1 \parallel P_2Q_2 \parallel P_3Q_3 \parallel P_4Q_4$ sowie $P_1Q_2 \parallel P_2Q_3 \parallel P_3Q_4$. Welche geometrischen Punktfolgen treten in der Figur auf (Begründung)? Welche Strecken bilden hinsichtlich ihrer Länge eine geometrische Folge?

13. Geometrische Flächenfolgen
    Zeige, daß a) die Quadrate in Abb. 9, b) die Kreise in Abb. 10 eine geometrische Flächenfolge bestimmen! Welche geometrischen Punktfolgen ergeben sich in den beiden Figuren (Begründung)?

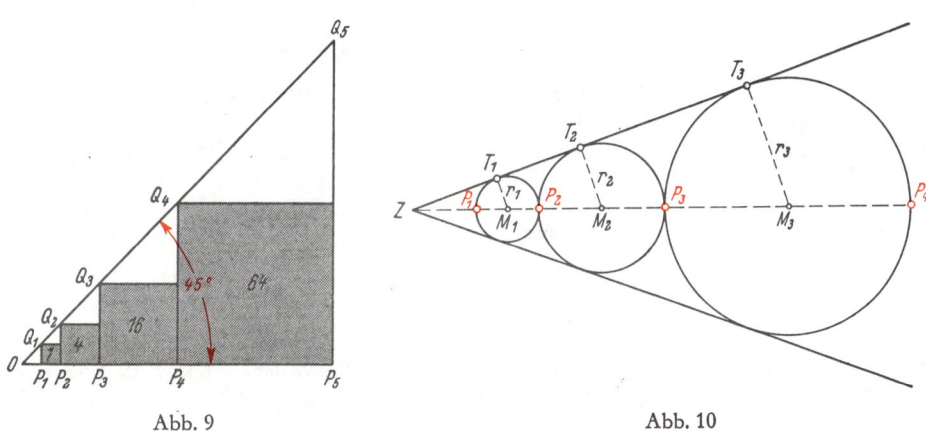

Abb. 9   Abb. 10

B. Der Summenwert einer endlichen geometrischen Reihe

Eine Frau erzählt beim Einkaufen innerhalb einer Viertelstunde 4 Bekannten eine wichtige Neuigkeit, die geheim bleiben soll. Wie viele Personen wissen nach $2\frac{1}{2}$ Stunden von dem Ereignis, wenn jeder, der davon erfährt, sein Wissen innerhalb der nächsten Viertelstunde 4 weiteren Personen anvertraut? Schreibe die gesuchte Personenzahl zuerst unausgerechnet als geometrische Reihe auf! Aus wieviel Gliedern besteht sie?

1. Die Herleitung der Summenformel

Werden die Glieder a_1; $a_1 q$; $a_1 q^2$; ...; $a_1 q^{n-1}$ einer endlichen geometrischen Folge addiert, so entsteht die *endliche geometrische Reihe*:

$$a_1 + a_1 q + a_1 q^2 + \ldots + a_1 q^{n-1} = a_1 (1 + q + q^2 + \ldots + q^{n-1}) = a_1 \sum_{\nu=1}^{n} q^{\nu-1}.$$

Beachte für die Anwendung des Summenzeichens, daß $1 = q^0$ gesetzt werden kann!

Um den Summenwert $s_n = \sum_{\nu=1}^{n} q^{\nu-1}$ zu berechnen, multiplizieren wir die Reihe gliedweise mit q und subtrahieren vom Ergebnis die ursprüngliche Reihe. Es ergibt sich:

I. $q \cdot s_n = q(1 + q + q^2 + \ldots + q^{n-2} + q^{n-1}) = q + q^2 + q^3 + \ldots + q^{n-1} + q^n$

II. $s_n = \phantom{q(1 + q + q^2 + \ldots + q^{n-2} + q^{n-1})=} 1 + q + q^2 + q^3 + \ldots + q^{n-1}$

$q \cdot s_n - s_n = s_n \cdot (q-1) = q^n - 1.$ Daraus folgt: $s_n = \dfrac{q^n - 1}{q - 1}.$

§ 3 Geometrische Zahlenfolgen und Reihen

Durch Multiplikation mit a_1 erhalten wir:

$$a_1 + a_1 q + a_1 q^2 + \ldots + a_1 q^{n-1} = a_1 \frac{q^n - 1}{q - 1}$$

Diese Formel gilt für jede reelle Zahl q, die von 0 und 1 verschieden ist. Für $q = -1$ erhält man bei geradzahligem n den Summenwert 0, bei ungeradzahligem n den Wert a_1, wie man durch direkte Rechnung bestätigen kann. Für $q = +1$ versagt die Formel; der Summenwert beträgt in diesem Fall $n \cdot a_1$.

2. Geometrische Veranschaulichung der Summenformel

Der Summenwert einer endlichen geometrischen Reihe läßt sich auch durch geometrische Überlegungen finden. Wir betrachten dazu die Abb. 11 und 12, in denen die Summenformel für $q > 1$ bzw. für $0 < q < 1$ auf Grund von Ähnlichkeitsbetrachtungen leicht abgelesen werden kann:

Ist $OP_1 = a_1$ und $P_1 Q_1 = q \cdot a_1$ mit $q = \tan \alpha$, dann gilt:

(1) $OP_n = a_1 + a_1 q + a_1 q^2 + \ldots + a_1 q^{n-1} = s_n$ (nach Konstr.)

(2) $P_n Q_n = P_n R_n + R_n Q_n = s_n - a_1 + a_1 q^n = q \cdot s_n$.

Beachte, daß $\triangle OP_n Q_n \sim \triangle OP_1 Q_1$ gilt, sowie die Gleichschenkligkeit des Dreiecks $P_1 P_n R_n$! Aus (2) folgt nach kleiner Umformung die Summenformel für s_n.

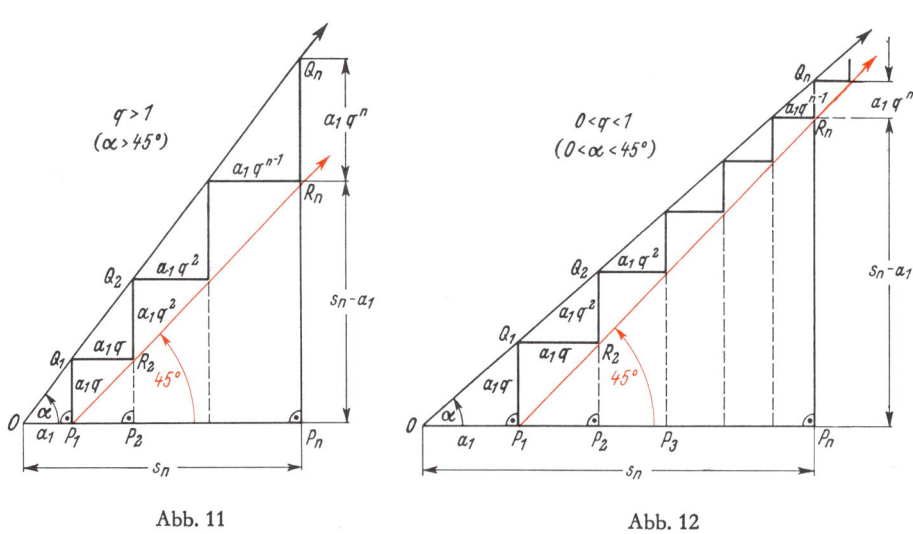

Abb. 11   Abb. 12

AUFGABEN

14. Berechne den Summenwert folgender geometrischer Reihen:

a) $1 + 4 + 16 + \ldots + 4^{10}$;   b) $4 + 2 + 1 + \ldots + \frac{1}{2^{17}}$;

c) $3 - \frac{3}{5} + \frac{3}{25} - + \ldots + \frac{3}{390625}$; d) $-2 + 4 - 8 + - \ldots + 4096$.

15. Wie lauten die Summenformeln für

   a) $\sum_{\nu=0}^{n} (-1)^\nu q^\nu$; b) $\sum_{\nu=1}^{n} q^{2\nu-1}$; c) $\sum_{\nu=1}^{2n-1} \frac{1}{q^\nu}$?

16. Wie groß ist die Summe der ersten n Glieder in den folgenden geometrischen Reihen:

   a) $2 - \frac{1}{2} + - \ldots$ für $n = 6$; b) $-\frac{1}{10} + \frac{1}{2} - + \ldots$ für $n = 7$.

17. Beweise für eine geometrische Reihe mit dem Anfangsglied a_1 und dem n-ten Glied $a_n = a_1 q^{n-1}$ die Gültigkeit der folgenden Formeln:

$$s_n = \frac{a_n q - a_1}{q - 1} \; ; \quad q = \frac{s_n - a_1}{s_n - a_n}.$$

18. In einer geometrischen Reihe mit dem Anfangsglied 1 ist das 3. Glied um 6 größer als das 2. Glied. Berechne die Summe der ersten 7 Glieder!

19. Drei Zahlen bilden eine geometrische Folge mit der Summe 19. Die mittlere Zahl ist 6. Wie lauten die beiden anderen Zahlen?

20. Denke dir die Figur in Abb. 9 nach rechts erweitert und berechne die Flächensumme der ersten 10 Quadrate!

21. Berechne die Gesamtlänge des in Abb. 6 dargestellten Streckenzuges mit $OP_1 = a$!

22. Im Winkelfeld eines 60°-Winkels liegen 5 Kreise, die sich gegenseitig berühren und die Schenkel des Winkels als gemeinsame Tangenten haben (vgl. Abb. 10!). Berechne die Gesamtfläche der Kreise für $r_1 = r$!

Vermischte Aufgaben

23. Beweise die Summenformel einer geometrischen Reihe durch vollständige Induktion!

24. Zeige: *Die Logarithmen einer geometrischen Zahlenfolge mit positiven Gliedern bilden eine arithmetische Zahlenfolge.*

25. In einer vierstelligen Tabelle für die Logarithmen der natürlichen Zahlen sollen zwischen den Zahlen 10 und 11 drei Zahlen so eingeschaltet werden, daß ihre Logarithmen mit denen von 10 und 11 eine arithmetische Folge bilden. Berechne die Zwischenwerte und ihre Logarithmen auf 4 geltende Ziffern ohne Verwendung einer Logarithmentafel (lg 11 = 1,0414)!

26. Berechne die Summe aller drei- und vierstelligen Potenzen von 2 auf möglichst einfache Weise!

Praktische Anwendungsaufgaben

27. Aus der Musikkunde
   Um die sogenannte gleichmäßig temperierte Tonleiter zu gewinnen, wird das Intervall einer Oktave in 12 gleich große Teilintervalle zerlegt. Dabei versteht man unter

§ 3 Geometrische Zahlenfolgen und Reihen

dem Intervall zweier Töne den Quotienten ihrer Schwingungszahlen; er hat im Falle der Oktave den Wert 2[1]).

a) Berechne die Größe eines Teilintervalls der gleichmäßig temperierten Tonleiter!

b) Welche Frequenz hat der 5. Zwischenton im Oktavintervall mit dem Grundton $a = 440$ Hz bei gleichmäßig temperierter Stimmung eines Klaviers?

28. Zur Verdünnung von Lösungen

Zu 1 Liter einer wässerigen 6 prozentigen Kochsalzlösung werden 0,5 Liter reines Wasser zugesetzt, und von der Mischung wird 0,5 Liter weggegossen. Mit der übrigbleibenden Lösung wird in gleicher Weise verfahren. Wie oft muß der geschilderte Mischvorgang wiederholt werden, damit eine Lösung mit weniger als 0,005% Salzgehalt entsteht?

29. Über die Wirkungsweise einer Luftpumpe

Um die Luft aus einem Glaskolben mit dem Innenvolumen V herauszupumpen, wird eine rotierende Saugpumpe angeschlossen, die innerhalb jeder *halben* Umdrehung das eingeschlossene Luftvolumen um $k = 10\%$ vergrößert.

a) Berechne unter Anwendung des Boyle-Mariotteschen Gesetzes den Innendruck im Glaskolben nach 10 vollen Umdrehungen, wenn als ursprünglicher Druck $p_0 = 1$ at angenommen und von einem „schädlichen Raum" abgesehen wird!

b) Wie lautet die Formel für den Enddruck p_n nach n vollen Umdrehungen unter Zugrundelegung allgemeiner Zahlenwerte V_1, k und p_0?

c) Nach wie vielen Umdrehungen beträgt für $k = 10\%$ der Enddruck im Kolben weniger als 1% des ursprünglichen Drucks p_0?

UNTERHALTSAMES UND MERKWÜRDIGES

1. Ein unerfüllbarer Wunsch

Der Erfinder des Schachspiels soll dem indischen König, der ihn fragte, welche Belohnung er sich wünsche, geantwortet haben: „Laß auf das erste der 64 Felder eines Schachbretts 1 Weizenkorn, auf das zweite Feld 2, auf das dritte Feld 4 Körner usw. legen"! Der König, dem diese Bitte äußerst bescheiden erschien, wollte den Wunsch sogleich erfüllen. Nach einigem Nachdenken mußte er jedoch feststellen, daß sämtliche Kornkammern seines Reiches nicht ausreichen würden, um die erforderliche Weizenkornmenge bereitzustellen.

a) Schätze die Gesamtzahl der Körner mit Hilfe der Logarithmentafel hinsichtlich der Stellenzahl ab!

b) Wie viele Zentnersäcke wären zu füllen, wenn wir von der Annahme ausgehen, daß etwa 18 Körner 1 p wiegen? Wie viele Wagen wären zum Transport der Säcke erforderlich, wenn auf einen Wagen 40 Säcke geladen werden können?

2. Veranschaulichung der Loschmidtschen Zahl

Wie wir auf Grund physikalischer und chemischer Untersuchungen wissen, befinden sich in jedem Grammol eines Stoffes $6{,}02 \cdot 10^{23}$ Moleküle (Loschmidtsche Zahl L). Um sich eine Vorstellung von

---

[1]) *Johann Sebastian Bach* (1685—1750) verwendete diese Tonleiter, die 1691 von dem Musiktheoretiker *Andreas Werckmeister* erfunden wurde, in seinem „Wohltemperierten Klavier".

der ungeheuren Größe dieser Zahl zu machen, denke man sich eine Bibliothek, in der die Gesamtzahl der gedruckten Buchstaben mit L übereinstimmt. Wir wollen dabei annehmen, daß die Bücher dieser Bibliothek zu beiden Seiten eines langen Ganges in jeweils 10 Lagen übereinander stehen. Setzen wir noch voraus, daß jedes Buch bei einer Dicke von 3 cm 1000 Druckseiten zu je 50 Zeilen mit 80 Buchstaben je Zeile besitze, so errechnet sich die Länge des Bibliotheksgangs zu $2{,}25 \cdot 10^{11}$ km. Für diese Strecke bräuchte ein Lichtstrahl etwa 8 Tage und 16,5 Stunden, obwohl er in jeder Sekunde 300 000 km zurücklegt.

Nachdem wir soeben eine kleine Vorstellung von der Größe der Loschmidtschen Zahl L gewonnen haben, wollen wir uns die Buchstaben in den Büchern einer Bibliothek mit der gesamten Buchstabenzahl L nach einer geometrischen Folge verteilt denken. Wir nehmen dabei an, daß das 1. Buch nur 1 Buchstaben, das 2. Buch 2, das 3. Buch 4 Buchstaben usw. enthält. Berechnen wir nunmehr die Gesamtzahl der Bücher, so stellt sich heraus, daß die ganze Bibliothek in weniger als 80 Bänden untergebracht werden kann. Dieses verblüffende Ergebnis zeigt das unvorstellbar schnelle Anwachsen einer geometrischen Folge.

§ 4. ZINSESZINSRECHNUNG

Die geometrischen Folgen finden Anwendung bei der Zinsberechnung.

a) Berechne den Zins von 2000 DM bei 5% in 3 Jahren unter der Annahme, daß die Zinsen jeweils am Jahresende abgehoben werden!

b) Berechne den Zins von 2000 DM bei 5% in 3 Jahren unter der Annahme, daß die Zinsen jeweils am Jahresende zum Kapital geschlagen werden!

A. Einfache Zinsen

Steht ein Kapital k DM bei $p\%$ Verzinsung n Jahre lang aus, so gilt für den Gesamtbetrag der jeweils am Jahresende auszuzahlenden Zinsen z DM:

$$\boxed{z = \frac{k \cdot p \cdot n}{100}} \quad \text{(Zinsformel)}$$

1. Beispiel: Bei 5% tragen 8000 DM in 20 Jahren $(80 \cdot 5 \cdot 20)$ DM = 8000 DM Zinsen.

Werden die Zinsen jeweils am Jahresende ausgezahlt, so liegt einfache Verzinsung vor.

B. Zinseszinsen

Werden die Zinsen am Jahresende zum Kapital geschlagen und wird der neue Zins jeweils aus dem um die Zinsen vergrößerten Kapital berechnet, so spricht man von Zinseszinsen.

Ist der Zinsfuß $p\%$, so beträgt der Jahreszins $\frac{k \cdot p}{100}$ DM. Das Kapital k DM wächst dann im Laufe eines Jahres auf k_1 DM an, wobei

$$k_1 = k\left(1 + \frac{p}{100}\right)$$

§ 4 Zineszinsrechnung

Wir setzen abkürzend

$$1 + \frac{p}{100} = q,$$

bezeichnen q als den *Zinsfaktor* und erhalten

nach 1 J: $k_1 = k \cdot q$

nach 2 J: $k_2 = k_1 \cdot q = k \cdot q^2$

nach 3 J: $k_3 = k_2 \cdot q = k \cdot q^3$

....

nach n J: $k_n = k_{n-1} \cdot q = k \cdot q^n$

Das Kapital k DM wächst also mit den Zinsen in n Jahren auf k_n DM an, wobei

$$\boxed{k_n = k \cdot q^n}$$ (Zinseszinsformel)

Der Faktor q^n ist ein echter Vermehrungsfaktor, da $q > 1$. Er hängt von p und n ab und heißt *Aufzinsungsfaktor*. Man erhält das Endkapital, indem man das Anfangskapital mit dem Aufzinsungsfaktor multipliziert[1]).

2. Beispiel:

Auf welchen Betrag wachsen 8000 DM in 20 Jahren bei 5% Zinseszinsen an?

Lösung:

Zinsfuß: 5%
Zinsfaktor: $q = 1,05$
Aufzinsungsfaktor für 20 Jahre: $1,05^{20} = 2,653$
Endkapital: $(8000 \cdot 2,653)$ DM = 21224 DM.

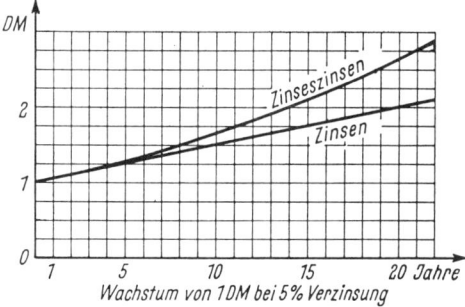
Wachstum von 1 DM bei 5% Verzinsung

Anmerkung:

Der Gesamtzins beträgt also 13224 DM, das sind 5224 DM *mehr* als bei einfacher Verzinsung (1. Beispiel). Vergleiche hierzu auch das nebenstehende Diagramm!

Die Aufzinsungsfaktoren für die häufig vorkommenden Zinssätze können Tabellen entnommen werden. Siehe z. B. Wörle-Mühlbauer, Vierstelliges mathematisches Tafelwerk (TW, S. 54)[2]). Dort sind auch die Logarithmen der Zinsfaktoren auf 6 Stellen angegeben, wodurch sich die Genauigkeit der Rechnung bei großem n erhöht. Letztere Tafel ist linear interpolierbar.

---

[1]) Unterscheide genau zwischen Zinsfaktor und Aufzinsungsfaktor. Der Zinsfaktor ist der Aufzinsungsfaktor für $n = 1$.
[2]) Im folgenden mit TW bezeichnet.

Zinseszinsrechnung § 4

AUFGABEN

1. Auf welche Summe wachsen k DM bei $p\%$ jährlicher Verzinsung in n Jahren an, wenn die Zinsen jährlich zum Kapital geschlagen werden und für das letzte, angebrochene Jahr (Aufg. f bis h) einfache Zinsen berechnet werden?

	a)	b)	c)	d)	e)	f)	g)	h)
k	1000	3000	20000	10000	7600	5000	1800	1350
p	5	3,5	4,5	2,7	$5\frac{1}{4}$	$3\frac{3}{4}$	$4\frac{1}{4}$	$3\frac{1}{3}$
n	4	9	15	50	28	$5\frac{1}{2}$	$10\frac{3}{4}$	$8\frac{11}{12}$

2. Berechne den augenblicklichen Wert („Barwert") einer in n Jahren fälligen Geldsumme in Höhe von K DM!

	a)	b)	c)	d)	e)	f)	g)	h)
K	2000	8575	12820	18330	25000	100000	50000	5000
p	3	4,5	5	5,8	6,2	5,7	3,25	3,75
n	8	15	25	10	4	9	7	20

3. Bei welchem Zinsfuß (1 Dez.)   a) wachsen 1000 DM in 20 Jahren auf 2557 DM an? b) wachsen 3344 DM in 10 Jahren auf 5000 DM an?   c) tragen 2000 DM in 32 Jahren 5016 DM Zins?

4. In wieviel Jahren   a) wachsen 4000 DM bei 4,75% auf 10120 DM an?   b) tragen 64380 DM bei 4,5% 35620 DM Zinsen?

C. Unterjährige Zinsverrechnung

Häufig kommt es vor, daß die Zinsen nicht am Ende eines Jahres, sondern halbjährlich, vierteljährlich oder in noch kürzeren Zeitabschnitten berechnet und zum Kapital geschlagen werden. Dann gilt bei einem Zinsfuß von $p\%$ und einer Unterteilung des Jahres in m gleiche Jahresabschnitte:

Für das Kapital k_1' DM am Ende des 1. Abschnitts: $k_1' = k + \dfrac{k \cdot p}{100 \cdot m} = k\left(1 + \dfrac{\frac{p}{m}}{100}\right)$

„ k_2' DM „ „ „ 2. „ : $k_2' = k\left(1 + \dfrac{\frac{p}{m}}{100}\right)^2$

„ k_3' DM „ „ „ 3. „ : $k_3' = k\left(1 + \dfrac{\frac{p}{m}}{100}\right)^3$

....

„ k_v' DM „ „ „ v. „ : $k_v' = k\left(1 + \dfrac{\frac{p}{m}}{100}\right)^v$

§ 4 Zinseszinsrechnung

Nach n Jahren sind $v = m \cdot n$ Jahresabschnitte vergangen. Folglich ist

$$k_{mn}' = k\left(1 + \frac{\frac{p}{m}}{100}\right)^{mn}$$

Die Zinseszinsformel behält also formal ihre Gültigkeit, wenn die Zahl der Jahre durch die Gesamtzahl der Jahresabschnitte und der Jahreszinsfuß $p\%$ durch den auf den Jahresabschnitt bezogenen, *relativen Zinsfuß* $\frac{p}{m}\%$ ersetzt wird.

3. Beispiel:
Auf welchen Betrag wachsen 1000 DM in 5 Jahren bei 6% an, wenn der Zins vierteljährlich ermittelt und zum Kapital geschlagen wird?

Lösung:
Jahreszinsfuß: 6%
Zahl der Jahresabschnitte: 4
relativer Zinsfuß: $6\% : 4 = 1,5\%$
Gesamtzahl der Jahresabschnitte: 20
Endkapital: $(1000 \cdot 1{,}015^{20})$ DM = 1347 DM
NR: $\lg k_{20}' = 3 + 20 \cdot 0{,}006466^{1)} = \overline{3{,}1293}$

Anmerkung: Wäre der Zins jährlich zum Kapital geschlagen worden, so hätte sich ergeben:

$$k_5 = 1000 \cdot 1{,}06^5 = 1338$$

Allgemein läßt sich sagen: Bei fortgesetzter Erhöhung der Zahl der Jahresabschnitte steigt der Zins. Er wächst jedoch nicht unbegrenzt. Wir werden auf diese wichtige Tatsache in einem späteren Kapitel nochmals zurückkommen.

AUFGABEN

5. 4000 DM stehen bei 4% 6 Jahre lang auf Zins. Berechne diesen bei
   a) halbjährlicher, b) vierteljährlicher, c) monatlicher Abrechnung!

6. Um wieviel ist der Gesamtzins von 5000 DM in 4 Jahren bei vierteljährlicher Zinsabrechnung höher als bei jährlicher? $p = 5$

Vermischte Aufgaben

7. Für einen Waldbestand, der auf 465 000 Festmeter (fm) veranschlagt ist, wird eine jährliche Wachstumsrate von 3,1% angenommen. Mit wieviel fm kann man in 20 Jahren rechnen (3 gelt. Ziffern)?

8. Die Bevölkerung eines Landes wird zu 68,0 Mill. Einwohnern angenommen. In den letzten Jahren war der durchschnittliche jährliche Zuwachs 2,8%. Mit welcher Einwohnerzahl kann man bei dieser Wachstumsquote in 10 Jahren rechnen (3 g.Z.)?

9. Jemand zahlte 1500 DM auf ein steuerbegünstigtes Sparkonto ein, das auf die Dauer von 7 Jahren gesperrt wurde. Die jährliche Verzinsung betrug anfänglich 4,25%, nach 3 Jahren 4,5%. Berechne den Kontostand nach Aufhebung der Sperre!

---
[1]) TW Seite 54!

10. Ein Wald fiel teilweise einem Flächenbrand zum Opfer. Der noch gesunde Holzbestand wird auf 61000 fm geschätzt. Vor 10 Jahren wurde eine Versicherung abgeschlossen. Damals war der Holzbestand auf 55000 fm veranschlagt worden. Wieviel % (0 Dez.) des Waldes wurden vernichtet und wie hoch ist der Schaden, wenn für den Festmeter 70 DM gerechnet werden? Wachstumsrate 3%.

11. Der Holzbestand eines Bergwaldes wird auf 95500 fm geschätzt. Die jährliche Wachstumsrate kann zu 3,5% angenommen werden. Auf wie viele Festmeter belief sich der Bestand vor 12 Jahren?

12. Bei welchem Zinsfuß (1 Dez.)
   a) verdoppelt sich ein Kapital in 10 Jahren?
   b) wächst ein Kapital von 2000 DM in 8 Jahren auf den gleichen Betrag an wie 3000 DM in 6 Jahren bei 5%?

13. Bei einer Volkszählung hatte eine Stadt im Jahre 1950 eine Einwohnerzahl von 850000, im Jahre 1960 eine von 1070000. Wie groß ist die jährliche Wachstumsquote? (1 Dez.)

14. Ein Kapital von 2500 DM wuchs bei 4% auf 5218 DM an. Wie viele Jahre, Monate und Tage stand es aus,
   a) wenn durchgehend Zinseszinsen gerechnet werden?
   b) wenn für den angefangenen Bruchteil des letzten Jahres einfache Zinsen gerechnet werden?

15. In wieviel Jahren (1 Dez.)
   a) verdreifacht sich ein Kapital bei 4%? (durchgehend Zinseszinsen)
   b) wachsen 51000 DM bei $4\tfrac{2}{3}$% auf denselben Betrag an wie 21000 DM bei 5,5% in 20 Jahren? (durchgehend Zinseszinsen)

16. Eine Stadt zählt heute 350000 Einwohner. Vor 10 Jahren hatte sie 300000 Einwohner. In wieviel Jahren wird sie unter gleichen Verhältnissen 400000 Einwohner zählen? (1 Dez.)

17. Ein Kapital von 1000 DM steht bei 5% 10 Jahre auf Zinsen. Auf welchen Betrag wächst es an, wenn die (einfachen) Zinsen nicht alle Jahre, sondern ausnahmsweise alle 2 Jahre berechnet und zum Kapital geschlagen werden?

18. In wie vielen Jahren wachsen 1500 DM bei einem Zinsfuß von 8% und vierteljährlicher Zinsabrechnung auf 3312 DM an?

19. Regelmäßige Einzahlungen
Zu Beginn eines Jahres und dann fortlaufend jeweils zu Beginn der folgenden Jahre werden 1000 DM (r DM) auf ein Sparkonto eingezahlt. Berechne den Kontostand am Ende des 5. (n-ten) Jahres bei 4% (p%) Verzinsung!

§ 5 Der binomische Lehrsatz

20. Kapitalvermehrung durch regelmäßige Einzahlungen
Auf einem Konto liegen zu Beginn eines Jahres 10 000 DM (k DM). Am Ende des Jahres und dann jeweils am Ende der folgenden Jahre werden 1000 DM (r DM) eingezahlt. Welches ist der Kontostand am Ende des 6. (n-ten) Jahres bei 5% (p%) Zins?

21. Kapitalverminderung durch regelmäßige Auszahlungen
a) Auf einem Konto liegen zu Beginn eines Jahres 10 000 DM (k DM). Am Ende des Jahres und dann jeweils am Ende der folgenden Jahre werden 1000 DM (r DM) abgehoben. Berechne den Kontostand am Ende des 7. (n-ten) Jahres bei 4,5% (p%) Zins!

b) Auf einem Einfamilienhaus lastet eine *1. Hypothek* in Höhe von 30 000 DM. Die jährliche Belastung durch Verzinsung und Tilgung dieser Schuld ist 7%, nämlich 6% Zins und 1% Tilgung. Wie viele Jahre (1 Dez.) dauert es, bis die Hypothek getilgt ist, wenn angenommen wird, daß der Beginn ihrer Laufzeit mit dem eines Jahres zusammenfällt und die erste Tilgungsrate am Ende dieses Jahres fällig ist? (durchgehend Zinseszinsen)

c) Welches ist die Laufzeit einer *2. Hypothek*, die mit 5% verzinst und mit 7% getilgt wird?

d) Eine 2. Hypothek in Höhe von 6000 DM soll bei 4,5% Verzinsung eine Laufzeit von 8 Jahren haben. Berechne den Tilgungssatz in % der Hypothekensumme sowie die jährliche Belastung (Annuität)!

§ 5. DER BINOMISCHE LEHRSATZ[1]

A. Die Reihenentwicklung von $(a + b)^n$

Entwickle die bei der Zinsformel in § 4 auftretenden Rechenausdrücke $\left(1 + \frac{p}{100}\right)^2$, $\left(1 + \frac{p}{100}\right)^3$ und $\left(1 + \frac{p}{100}\right)^4$ nach Potenzen von $\frac{p}{100}$!

Bei manchen mathematischen Betrachtungen (vgl. § 4!) treten Rechenausdrücke von der Form $(a + b)^n$ auf, wobei n eine natürliche Zahl ist, während a und b beliebige reelle Zahlen vertreten. Der Ausdruck $a + b$ heißt auch Binom. Seine ganzzahligen Potenzen wollen wir nun in eine Reihe entwickeln. Für $n = 2$ und $n = 3$ ist diese Entwicklung bereits von früher her bekannt. Mit ihrer Hilfe lassen sich die Potenzen $(a + b)^4$, $(a + b)^5$ usw. schrittweise berechnen. In der folgenden Übersicht sind die ersten fünf Formeln zusammengestellt, wobei die jeweils vorkommenden speziellen Zahlenfaktoren (Koeffizienten) besonders hervorgehoben sind:

$$(a + b)^1 = \underline{1}\,a + \underline{1}\,b$$
$$(a + b)^2 = \underline{1}\,a^2 + \underline{2}\,ab + \underline{1}\,b^2$$
$$(a + b)^3 = \underline{1}\,a^3 + \underline{3}\,a^2b + \underline{3}\,ab^2 + \underline{1}\,b^3$$
$$(a + b)^4 = \underline{1}\,a^4 + \underline{4}\,a^3b + \underline{6}\,a^2b^2 + \underline{4}\,ab^3 + \underline{1}\,b^4$$
$$(a + b)^5 = \underline{1}\,a^5 + \underline{5}\,a^4b + \underline{10}\,a^3b^2 + \underline{10}\,a^2b^3 + \underline{5}\,ab^4 + \underline{1}\,b^5$$

---

[1] Der binomische Lehrsatz kann ohne Schaden für den Aufbau der Infinitesimalrechnung übergangen werden. Nur die Bernoullische Ungleichung in Aufgabe 11 wird später benötigt.

Der binomische Lehrsatz § 5

Betrachten wir nur das Schema der Koeffizienten, so erhalten wir das sogenannte *Pascalsche Zahlendreieck*[1]). Es läßt eine wichtige Eigenschaft der *Binomialkoeffizienten* erkennen:

Die Summe zweier benachbarter Koeffizienten einer Zeile stimmt mit dem dazwischenliegenden Koeffizienten der nächsten Zeile überein.

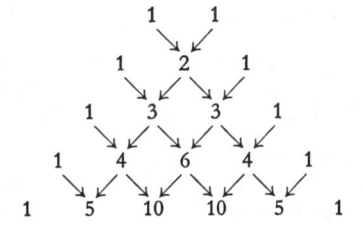

```
        1   1
         ↘ ↙
        1 2 1
       ↘ ↙ ↘ ↙
      1  3  3  1
     ↘ ↙ ↘ ↙ ↘ ↙
    1  4  6  4  1
   ↘ ↙ ↘ ↙ ↘ ↙ ↘ ↙
  1  5  10 10  5  1
```

Wir behaupten nun, daß dieses Gesetz Allgemeingültigkeit hat.

Beweis:

Die speziellen Beispiele legen es nahe, bei der Reihenentwicklung von $(a+b)^n$ die einzelnen Summanden in der Form $B_\nu(n) \cdot a^{n-\nu} b^\nu$ anzusetzen. Hierbei bedeuten die Faktoren $B_\nu(n)$ die jeweiligen Binomialkoeffizienten in Abhängigkeit vom Exponenten n des Binoms, wobei ν die Zahlenfolge $0; 1; 2; \ldots; n$ durchläuft. So ist z.B. $B_1(3) = 3$ und $B_2(5) = 10$, wie die Entwicklung von $(a+b)^3$ bzw. $(a+b)^5$ zeigt. Wir können dann für $n = n_0$ voraussetzen:

$$(a+b)^{n_0} = B_0(n_0) \cdot a^{n_0} + B_1(n_0) \cdot a^{n_0-1} b + B_2(n_0) \cdot a^{n_0-2} b^2 + \ldots + B_{n_0}(n_0) \cdot b^{n_0}$$

Daraus folgt für $n' = n_0 + 1$:

$$(a+b)^{n_0+1} = (a+b)^{n_0} (a+b)$$
$$= B_0(n_0) a^{n_0+1} + B_1(n_0) a^{n_0} b + B_2(n_0) a^{n_0-1} b^2 + \ldots + B_{n_0}(n_0) a \cdot b^{n_0}$$
$$+ B_0(n_0) a^{n_0} b + B_1(n_0) a^{n_0-1} b^2 + B_2(n_0) a^{n_0-2} b^3 + \ldots + B_{n_0}(n_0) b^{n_0+1}.$$

Durch Zusammenfassung gleicher Potenzen erhalten wir:

$$(a+b)^{n_0+1} = B_0(n_0) a^{n_0+1} + [B_0(n_0) + B_1(n_0)] a^{n_0} b + [B_1(n_0) + B_2(n_0)] a^{n_0-1} b^2$$
$$+ \ldots + B_{n_0}(n_0) b^{n_0+1}.$$

Setzen wir schließlich:

$$\begin{aligned} B_0(n_0) &= B_0(n_0+1) \\ B_0(n_0) + B_1(n_0) &= B_1(n_0+1) \\ B_1(n_0) + B_2(n_0) &= B_2(n_0+1) \\ &\cdots \\ B_{n_0}(n_0) &= B_{n_0+1}(n_0+1), \end{aligned} \qquad (1)$$

dann entspricht die Reihenentwicklung von $(a+b)^{n_0+1}$ derjenigen von $(a+b)^{n_0}$, wobei zwischen den Binomialkoeffizienten beider Reihen die Beziehungen der entsprechenden Zeilen des Pascalschen Zahlendreiecks bestehen.

Auf Grund der Bestätigung in den Fällen $n = 1; 2; \ldots$ gelten daher nach dem Prinzip der vollständigen Induktion die folgenden Formeln für jede natürliche Zahl $n \geq 1$:

$$(a+b)^n = \sum_{\nu=0}^{n} B_\nu(n) a^{n-\nu} b^\nu \qquad (2)$$

mit $B_0(n) = B_n(n) = 1$ und $B_\nu(n) + B_{\nu+1}(n) = B_{\nu+1}(n+1)$ für $\nu = 0; 1; \ldots; n-1$

---

[1]) Zu Ehren des französischen Mathematikers *Blaise Pascal* (1623—1662). Die hier gewählte Anordnung stammt allerdings von dem Italiener *Tartaglia* (um 1500—1557) und soll bereits in einer chinesischen Schrift, die um 1300 entdeckt wurde, enthalten sein.

§ 5 Der binomische Lehrsatz

B. Die allgemeine Berechnung der Binomialkoeffizienten

a) Berechne auf Grund von (2) die 6. und 7. Zeile des Pascalschen Zahlendreiecks!
b) Was ergibt sich für $B_1(n)$ bzw. $B_{n-1}(n)$? Begründe die Antwort durch vollständige Induktion!

Mit Hilfe des in (2) ausgesprochenen Bildungsgesetzes können die Binomialkoeffizienten zu einem bestimmten Exponenten n durch schrittweisen Aufbau des Pascalschen Zahlendreiecks berechnet werden. Darüber hinaus lassen sich die Zahlen $B_\nu(n)$ aber auch unmittelbar durch einen Rechenausdruck darstellen, was ihre Berechnung erheblich vereinfacht. Es gilt nämlich:

$$B_\nu(n) = \frac{n(n-1)(n-2)\ldots(n-\nu+1)}{1 \cdot 2 \cdot 3 \ldots \nu} \quad \text{für} \quad \nu = 1; 2; \ldots; n$$

Beweis:

Wie wir aus der Entwicklung von $(a+b)^1$ und $(a+b)^2$ wissen, ist die Koeffizientenformel für $n = 1$ bzw. $n = 2$ sicher richtig. Nehmen wir nun an, daß $n = n_0$ zur Erfüllungsmenge dieser Formel gehört, so folgt für $n' = n_0 + 1$ wegen (2):

$$\underline{B_\nu(n_0+1)} = B_{\nu-1}(n_0) + B_\nu(n_0) = \frac{n_0(n_0-1)\ldots(n_0-\nu+2)}{1 \cdot 2 \ldots (\nu-1)} + \frac{n_0(n_0-1)\ldots(n_0-\nu+1)}{1 \cdot 2 \ldots \nu} =$$

$$= \frac{n_0(n_0-1)\ldots(n_0-\nu+2)(\nu+n_0-\nu+1)}{1 \cdot 2 \ldots \nu} = \underline{\frac{(n_0+1)n_0(n_0-1)\ldots(n_0+1-\nu+1)}{1 \cdot 2 \ldots \nu}}$$

Daraus folgt: Mit n_0 gehört auch $n_0 + 1$ zur Erfüllungsmenge der Formel, womit nach dem Prinzip der vollständigen Induktion ihre Allgemeingültigkeit bewiesen ist.

Seit *Euler*[1]) hat sich für die Binomialkoeffizienten $B_\nu(n)$ die Schreibweise $\binom{n}{\nu}$ (lies: „n über ν") eingebürgert. Außerdem bezeichnet man das Produkt der ersten n natürlichen Zahlen mit $n!$ (lies „n Fakultät")[2]). Es gelten demnach folgende Definitionsformeln:

$$\boxed{1 \cdot 2 \cdot 3 \cdots n = n!} \tag{3}$$

sowie

$$\boxed{\binom{n}{\nu} = \begin{cases} 1 & \text{für } \nu = 0 \\ \dfrac{n(n-1)(n-2)\ldots(n-\nu+1)}{\nu!} & \text{für } \nu = 1; 2; \ldots; n \end{cases}} \tag{4}$$

Beispiele:

$12! = 479\,001\,600$; $20! = 2\,432\,902\,008\,176\,640\,000$.

$\binom{12}{5} = \dfrac{12 \cdot 11 \cdot 10 \cdot 9 \cdot 8}{1 \cdot 2 \cdot 3 \cdot 4 \cdot 5} = 11 \cdot 9 \cdot 8 = 792$.

Unter Berücksichtigung dieser symbolischen Schreibweise erhält der sogenannte *binomische Lehrsatz* die folgende formelmäßige Fassung:

$$\boxed{(a+b)^n = \binom{n}{0}a^n + \binom{n}{1}a^{n-1}b + \binom{n}{2}a^{n-2}b^2 + \ldots + \binom{n}{n}b^n = \sum_{\nu=0}^{n}\binom{n}{\nu}a^{n-\nu}b^\nu}$$

Wie lautet die Formel für $(a-b)^n$?

---

[1]) Der Schweizer Mathematiker Leonhard Euler lebte von 1707 bis 1783.
[2]) Vom lat. Wort *facultas*, Möglichkeit, Fülle. Die Bezeichnung soll darauf hinweisen, daß die Fakultäten mit wachsendem n stärker als die Potenzen mit dem Exponenten n zunehmen.

Der binomische Lehrsatz § 5

AUFGABEN

1. Entwickle die folgenden Binome in eine Reihe:
   a) $(2a + 3b)^4$;   b) $(4a - b)^5$;   c) $(p - q)^6$;   d) $(x + 2)^7$.

2. Berechne: a) $\left(x + \dfrac{1}{\sqrt{2}}\right)^4 + \left(x - \dfrac{1}{\sqrt{2}}\right)^4$;   b) $(\sqrt{y} + y)^6 - (\sqrt{y} - y)^6$.

3. Wie lautet das 7. Glied in der Reihenentwicklung von $\left(a + \dfrac{1}{a}\right)^{12}$?

4. Schreibe mit dem Summensymbol die Reihenentwicklung von $(1 - x)^{2n}$ an!

5. Berechne folgende Binomialkoeffizienten:
   a) $\binom{5}{3}$;   b) $\binom{6}{4}$;   c) $\binom{15}{2}$;   d) $\binom{15}{13}$;   e) $\binom{16}{15}$.

6. Beweise für $\nu = 1; 2; \ldots; n$ die Gültigkeit der folgenden Formel:

$$\boxed{\binom{n}{\nu} = \frac{n!}{\nu!\,(n-\nu)!}}$$

   Anmerkung: Damit die Formel auch für $\nu = 0$ gilt, wird $0! = 1$ definiert.

7. Beweise die folgende Eigenschaft der Binomialkoeffizienten:

$$\boxed{\binom{n}{\nu} = \binom{n}{n - \nu}}$$

   a) durch Anwendung der Formel in Aufgabe 6;   b) durch Vergleich der Reihenentwicklung von $(a + b)^n$ und $(b + a)^n$;   c) durch ausführliches Anschreiben des in Abschnitt B angegebenen Rechenausdrucks für die Binomialkoeffizienten!

8. Begründe: a) $\binom{n}{0} + \binom{n}{1} + \binom{n}{2} + \ldots + \binom{n}{n} = 2^n$;   b) $\displaystyle\sum_{\nu=0}^{n} (-1)^\nu \binom{n}{\nu} = 0$.

9. Zeige die Gültigkeit der Ungleichung: $\binom{n}{\nu} \cdot \dfrac{1}{n^\nu} \leq \dfrac{1}{2^{\nu-1}}$ für $\nu = 1; 2; \ldots; n$.

10. Entwickle $\left(1 + \dfrac{1}{n}\right)^n$ nach dem binomischen Lehrsatz und zeige durch Anwendung der Ungleichung in Aufgabe 9, daß für jede natürliche Zahl n gilt:

$$2 \leq \left(1 + \dfrac{1}{n}\right)^n < 3$$

11. **Die Bernoullische[1] Ungleichung**
    Beweise für jede reelle Zahl $x \geq -1$ die Gültigkeit der folgenden Ungleichung:

$$\boxed{(1 + x)^n \geq 1 + nx \quad \text{für jede natürliche Zahl } n}$$

   Hinweis: Führe den Beweis durch vollständige Induktion! Wann gilt das Gleichheitszeichen? Wo braucht man im Beweis die Voraussetzung $x \geq -1$?

---

[1] Jakob Bernoulli (1654—1705), gebürtiger Schweizer, gab sie 1689 bekannt. Die Ungleichung wird in § 6 benötigt.

Einführung in die Grenzwertrechnung

§ 6. GRENZBETRACHTUNGEN AN GEOMETRISCHEN REIHEN

A. Die unendliche geometrische Reihe

a) Zeichne die Strecke $AB = 10$ cm und bestimme nacheinander den Mittelpunkt T_1 von AB, den Mittelpunkt T_2 von T_1B, den Mittelpunkt T_3 von T_2B usw.! Von welcher Art ist die Folge der Streckenlängen AT_1; T_1T_2; T_2T_3; ...; $T_{n-1}T_n$? Gegen welche Grenzlänge strebt die Streckensumme $AT_1 + T_1T_2 + T_2T_3 + ... + T_{n-1}T_n$, wenn diese Teilung unbegrenzt fortgesetzt wird (Abb. 13)?

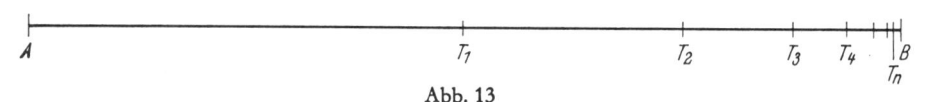

Abb. 13

b) Warum ist der Summenwert $s_n = 1 + \frac{1}{10} + \frac{1}{100} + ... + \frac{1}{10^{n-1}}$ für jede natürliche Zahl n kleiner als 1,2? Welche weiteren Zahlen, die kleiner sind als 1,2, grenzen den Summenwert nach oben ab?

1. Die Teilsummenfolge einer geometrischen Reihe

Berechnen wir für die geometrische Reihe

$$a_1 + a_1 q + a_1 q^2 + ... + a_1 q^{\nu-1} + ... + a_1 q^{n-1} \qquad (1)$$

die Summe s_ν der ersten ν Glieder, so erhalten wir auf Grund von § 3 B: $s_\nu = a_1 \frac{q^\nu - 1}{q - 1}$.
Durchläuft ν die Folge der natürlichen Zahlen von 1 bis n, so entsteht die Zahlenfolge s_1; s_2; s_3; ...; s_n. Wir nennen sie die *Teilsummenfolge der geometrischen Reihe* (1).

Beispiel:
Die Teilsummenfolge der geometrischen Reihe $1 + \frac{1}{2} + \frac{1}{4} + ... + \frac{1}{2^{n-1}}$ lautet:

$$s_1 = 1; \quad s_2 = 1\frac{1}{2}; \quad s_3 = 1\frac{3}{4}; \quad s_4 = 1\frac{7}{8}; \quad ...; \quad s_n = 2 - \frac{1}{2^{n-1}}$$

2. Der Grenzwert der Teilsummenfolge einer unendlichen geometrischen Reihe

Wir wollen nun unsere Betrachtungen an geometrischen Reihen erweitern, indem wir die Zahl n der Reihenglieder unbegrenzt anwachsen lassen. Wir erhalten dann die *unendliche geometrische Reihe*:

$$a_1 + a_1 q + a_1 q^2 + ... + a_1 q^{\nu-1} + ... \qquad (2)$$

Um die Bedeutung einer solchen „unendlichen Summe"[1]) festzulegen, gehen wir von der zugehörigen Teilsummenfolge aus, wobei sich folgende Fälle unterscheiden lassen:

1. Fall: $|q| < 1$. Dann gilt: Die absoluten Beträge der Reihenglieder werden mit wachsendem ν immer kleiner. Sie unterscheiden sich vom Wert 0 beliebig wenig, wenn nur ν groß genug gewählt wird. Man sagt: $|a_1 q^\nu|$ hat für $\nu \to \infty$ den *Grenzwert* 0.[2])

---
[1]) Beachte, daß die algebraischen Gesetze der Addition nur für endlich viele Summanden definiert sind!
[2]) Das Symbol ∞ hat nicht die Bedeutung einer Zahl. Es sollte daher auch nie mit einem Gleichheitszeichen verbunden werden.

Beweis:

Aus $|q| < 1$ folgt $|a_1 q| < |a_1|$ und damit $|a_1 q^2| < |a_1 q|$ usw. Die Beträge der einzelnen Summanden nehmen also mit wachsender Platzziffer ständig ab.

Um zu zeigen, daß $|a_1 q^\nu|$ für $|q| < 1$ dem Grenzwert 0 zustrebt, wenn ν über alle Grenzen wächst, setzen wir $|q| = \dfrac{1}{1+x}$ mit $x > 0$ und wenden die Bernoullische Ungleichung (§ 5, Aufg. 11) an. Es ergibt sich für jede natürliche Zahl ν:

$$0 < |a_1 q^\nu| = |a_1| \cdot |q^\nu| = \frac{|a_1|}{(1+x)^\nu} \leq \frac{|a_1|}{1+\nu x}, \quad \text{weil} \quad (1+x)^\nu \geq 1 + \nu x$$

Nach § 1, E 4 gibt es zu den reellen Zahlen x, N mit $0 < x < N$ stets eine natürliche Zahl n mit $nx > N$, wie groß auch N gewählt wird. Daraus folgt für alle $\nu \geq n$:

$$0 < |a_1 q^\nu| \leq \frac{|a_1|}{1+\nu x} < \frac{|a_1|}{1+N}$$

Der Bruch $\dfrac{|a_1|}{1+N}$ unterscheidet sich aber vom Wert 0 beliebig wenig, wenn nur N groß genug gewählt wird. Dies trifft dann erst recht für $|a_1 q^\nu|$ zu, w. z. b. w.

Beispiel: Wählt man $N = |a_1| \cdot 10^6$, ist $\dfrac{|a_1|}{1+N} < \dfrac{|a_1|}{N} = 0{,}000001$ und erst recht $|a_1 q^\nu| < 0{,}000001$

Für diesen Sachverhalt schreibt man kurz: $|a_1 q^\nu| \to 0$ mit $\nu \to \infty$, falls $|q| < 1$ oder:

$$\boxed{\lim_{\nu \to \infty} |a_1 q^\nu| = 0, \quad \text{falls} \quad |q| < 1}^{1)} \qquad (3)$$

Für das allgemeine Glied s_ν der zugehörigen Teilsummenfolge können wir schreiben:

$$s_\nu = a_1 \frac{q^\nu - 1}{q - 1} = a_1 \frac{1 - q^\nu}{1 - q} = \frac{a_1}{1-q} - \frac{a_1 q^\nu}{1-q}$$

Für $\nu \to \infty$ gilt dann wegen (3): $\dfrac{a_1 q^\nu}{1-q} \to 0$, so daß sich bei genügend hoher Platzziffer ν die Summe s_ν beliebig wenig von $\dfrac{a_1}{1-q}$ unterscheidet. Wir sagen: s_ν hat für $\nu \to \infty$ den *Grenzwert* $\dfrac{a_1}{1-q}$, schreiben

$$\boxed{\lim_{\nu \to \infty} s_\nu = \frac{a_1}{1-q}} \qquad (4)$$

und meinen damit, daß der Differenzbetrag $\left|\dfrac{a_1}{1-q} - s_\nu\right|$ beliebig klein gemacht werden kann, sofern ν groß genug gewählt wird. Die unendliche geometrische Reihe heißt in diesem Fall *konvergent*[2]). Sie hat den *Summenwert* $s = \dfrac{a_1}{1-q}$.

Beispiel:

Für die unendliche geometrische Reihe $10 + 9 + 8{,}1 + \ldots + 10\left(\dfrac{9}{10}\right)^{\nu-1} + \ldots$ mit $a_1 = 10$ und $q = 0{,}9$ ist der Grenzwert der Teilsummenfolge $\lim\limits_{\nu \to \infty} s_\nu = \dfrac{10}{1-0{,}9} = 100$.

Die Reihe hat also den Summenwert 100.

---

[1]) Vom lat. Wort *limes*, Grenze. Lies: „limes von $|a_1 q^\nu|$ für ν gegen unendlich gleich 0".

[2]) Vom lat. Wort *convergere*, zusammenstreben, Gegensatz: *divergere*, auseinanderstreben.

§ 6 Grenzbetrachtungen an geometrischen Reihen

2. Fall: $q > 1$. Dann gilt: Die absoluten Beträge der Reihenglieder nehmen unbegrenzt zu, wenn ν gegen unendlich strebt.

Beweis:

Wir beschränken uns auf den Fall $a_1 > 0$, um nicht mit absoluten Beträgen rechnen zu müssen. Setzen wir $q = 1 + x$ mit $x > 0$, können wir folgende Ungleichung aufstellen:

$$a_1 q^\nu = a_1 (1 + x)^\nu \geqq a_1 (1 + \nu x) \quad \text{für jede natürliche Zahl } \nu$$

Für $\nu \to \infty$ wird die rechte Seite der Ungleichung beliebig groß (§ 1, E 4), also erst recht die linke.

Daraus folgt: Die Teilsummen der unendlichen geometrischen Reihe wachsen über alle Grenzen, so daß wir der Reihe keinen Summenwert zuordnen können. Man sagt dann auch: Die unendliche geometrische Reihe *divergiert*.

3. Fall: $q < -1$. In diesem Fall wechseln die Reihenglieder fortgesetzt ihr Vorzeichen, während die absoluten Beträge wie im 2. Fall unbegrenzt zunehmen. Die unendliche geometrische Reihe ist demnach divergent.

Auch für $q = \pm 1$ ist die zugehörige unendliche geometrische Reihe divergent, wie aus den Hinweisen in § 3 B 1 hervorgeht.

Zusammenfassend stellen wir fest:

Lehrsatz: Unter der Summe einer unendlichen geometrischen Reihe versteht man den Grenzwert ihrer Teilsummenfolge. Dieser existiert dann und nur dann, wenn der Quotient zweier aufeinanderfolgender Reihenglieder dem Betrage nach kleiner als 1 ist.

3. Geometrische Veranschaulichung

In Anlehnung an die geometrischen Überlegungen in § 3 B 2 können wir den Summenwert einer konvergenten unendlichen geometrischen Reihe ($q > 0$) durch die Strecke OP in Abb. 14a darstellen. Wir erhalten wegen $\tan \alpha = q$:

$$q = \frac{s - a_1}{s} \quad \text{und damit} \quad s q = s - a_1, \quad \text{woraus} \quad s = \frac{a_1}{1 - q} \quad \text{folgt.}$$

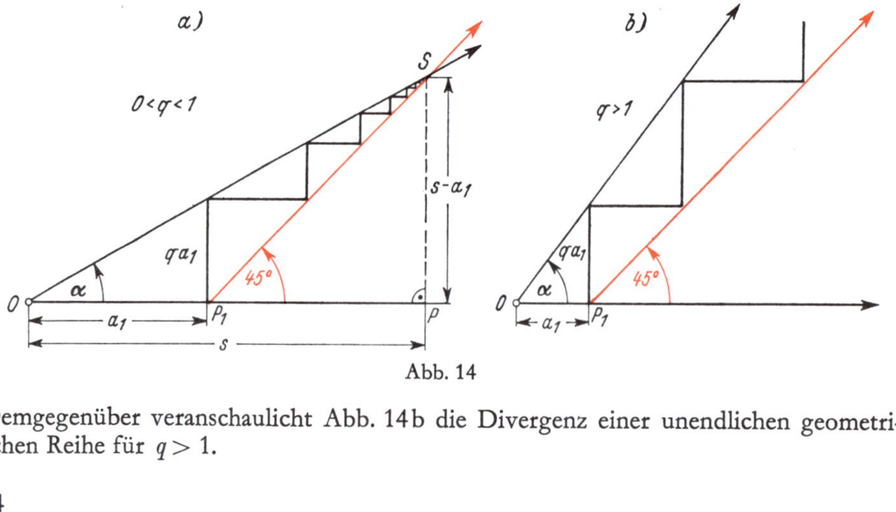

Abb. 14

Demgegenüber veranschaulicht Abb. 14b die Divergenz einer unendlichen geometrischen Reihe für $q > 1$.

Grenzbetrachtungen an geometrischen Reihen § 6

AUFGABEN

1. Berechne die ersten fünf Glieder sowie das allgemeine Glied s_v der Teilsummenfolge zu folgenden geometrischen Reihen:
   a) $1 + 2 + 4 + \ldots$; b) $1 - 2 + 4 - \ldots$; c) $10 + 2 + 0{,}4 + \ldots$;
   d) $-4 + 3 - 2{,}25 + \ldots$; e) $1000 - 100 + 10 - \ldots$.

2. Kann die Teilsummenfolge einer geometrischen Reihe mit dem Quotienten $|q| \neq 1$
   a) eine arithmetische, b) eine geometrische Folge sein?

3. Von welcher Platzziffer n ab werden die Beträge der Glieder folgender geometrischer Reihen kleiner als $\frac{1}{1000}$? Schätze n logarithmisch ab!
   a) $1 + \frac{2}{3} + \frac{4}{9} + \ldots$; b) $10 + 9 + 8{,}1 + \ldots$; c) $9 - 3 + 1 - \ldots$.

4. Zeige allgemein für eine geometrische Reihe mit dem Anfangsglied $a_1 > 0$ und dem Quotienten $q = \frac{1}{1+x}$ mit $x > 0$ die Gültigkeit folgender Größenabschätzung:
   $$a_1 q^v < \frac{a_1}{10^n} \quad \text{für} \quad v > \frac{10^n}{x} \quad (n = 1; 2; \ldots)$$

5. Von welchem n ab gilt sicher $\frac{1}{1{,}001^n} < \frac{1}{1000}$?
   Berechne eine solche Zahl n a) durch angenäherte Abschätzung mit Hilfe der Bernoullischen Ungleichung (§ 5, Aufg. 11), b) durch logarithmische Rechnung!

6. Zeige, daß die folgenden unendlichen geometrischen Reihen konvergent sind und berechne jeweils den Summenwert:
   a) $3 - \frac{3}{5} + \frac{3}{25} - \ldots$; b) $100 + 99 + 98{,}01 + \ldots$; c) $5 - 4{,}5 + 4{,}05 - \ldots$!

7. Berechne: a) $\lim\limits_{n \to \infty} 4 \cdot \frac{1 - 0{,}8^n}{1 - 0{,}8}$; b) $\lim\limits_{n \to \infty} \frac{5}{3} \cdot \frac{1 - \left(-\frac{2}{3}\right)^n}{1 + \frac{2}{3}}$!
   Welche unendliche geometrische Reihe hat diesen Grenzwert als Summenwert?

8. Welche unendliche geometrische Reihe (Anfangsglied a_1) hat den Summenwert s für:
   a) $a_1 = 1$; $s = 20$; b) $a_1 = -2$, $s = -\frac{20}{19}$; c) $s = \frac{2a_1}{3}$.

9. Welcher Länge strebt der Streckenzug in Abb. 6 zu, wenn der in § 3, Aufg. 8 beschriebene Vorgang des Lotfällens unbegrenzt fortgesetzt wird? (Setze $OP_1 = a$!)

10. Welche Gesamtfläche wird im Grenzfall erreicht, wenn man die Flächen der Quadrate über den einzelnen Lotstrecken $a_1, a_2, a_3, \ldots$ in Abb. 6 zusammenzählt? Veranschauliche das Ergebnis durch eine saubere Konstruktion!

11. Denke dir in einem beliebigen Dreieck das Mittendreieck und in diesem wieder das Mittendreieck usw. gezeichnet. Um wieviel ist die Flächensumme aller ineinandergeschachtelten Mittendreiecke kleiner als das ursprüngliche Dreieck?

12. In einer geometrischen Reihe sei $a_1 = 1$ und $q = 1{,}1$. Bestimme a) durch Abschätzung mit Hilfe der Bernoullischen Ungleichung, b) durch logarithmische Rechnung eine Zahl n, für die die Teilsumme s_n der ersten n Reihenglieder sicher größer als 1000 ist!

§ 6 Grenzbetrachtungen an geometrischen Reihen

13. Veranschauliche geometrisch anhand einer sauberen Zeichnung die Konvergenz bzw. Divergenz der folgenden Reihen:

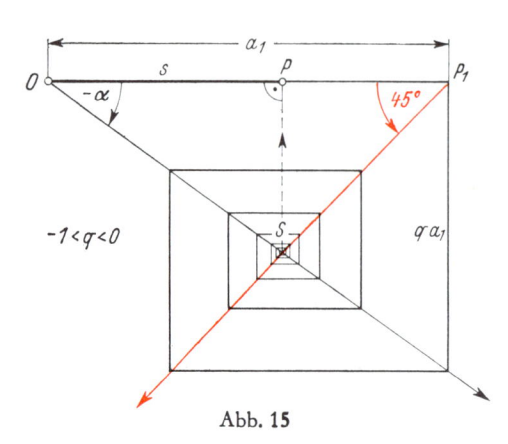

a) $3 + 1 + \frac{1}{3} + \ldots$; b) $5 + 2 + 0{,}8 + \ldots$; c) $1 + \sqrt{2} + 2 + \ldots$.

14. Abb. 15 veranschaulicht den Summenwert s einer konvergenten unendlichen geometrischen Reihe für $q < 0$.

a) Leite aus dieser Darstellung die Summenformel her!

b) Was ergibt sich, wenn $\alpha = 45°$ gewählt wird?

c) Veranschauliche in entsprechender Weise die Divergenz einer unendlichen geometrischen Reihe für $q = -\sqrt{3}$! Wie groß ist jetzt der Winkel α?

Abb. 15

B. Unendliche periodische Dezimalbrüche als geometrische Reihen

Schreibe die geometrische Reihe $3 + 0{,}3 + 0{,}03 + \ldots$ als unendlichen Dezimalbruch! In welchen gemeinen Bruch läßt er sich umwandeln?

Im Rechenunterricht[1]) sind wir bei der Umwandlung eines gemeinen Bruches in einen Dezimalbruch auf die *unendlichen periodischen Dezimalbrüche* gestoßen. Wir haben dort auch die Rückverwandlung eines solchen Dezimalbruchs in einen gemeinen Bruch an einzelnen Beispielen kennengelernt, allerdings ohne eine Begründung für ein solches Rechenverfahren angeben zu können. Nunmehr wollen wir diesen Vorgang mit Hilfe der Summenformel (4) für konvergente unendliche geometrische Reihen unter einem neuen Gesichtspunkt betrachten. Wir gehen dabei zunächst von einigen Beispielen aus.

Beispiele:

a) $0{,}\overline{4}\ldots = 0{,}4 + 0{,}04 + 0{,}004 + \ldots = \frac{4}{10} + \frac{4}{100} + \frac{4}{1000} + \ldots = \frac{4}{10}\left(1 + \frac{1}{10} + \frac{1}{100} + \ldots\right) =$
$= \frac{4}{10} \cdot \frac{1}{1 - \frac{1}{10}} = \frac{4}{9}$

b) $0{,}\overline{37}\ldots = 0{,}37 + 0{,}0037 + 0{,}000037 + \ldots = \frac{37}{100}\left(1 + \frac{1}{100} + \frac{1}{10000} + \ldots\right) =$
$= \frac{37}{100} \cdot \frac{1}{1 - \frac{1}{100}} = \frac{37}{99}$

c) $0{,}135\,\overline{37}\ldots = \frac{135}{1000} + \frac{37}{10^5}\left(1 + \frac{1}{100} + \frac{1}{10000} + \ldots\right) = \frac{135 \cdot (100-1) + 37}{99\,000} = \frac{13537 - 135}{99\,000}$

Die angegebenen Beispiele lassen die folgende allgemeine *Umwandlungsregel* für unendliche periodische Dezimalbrüche erkennen:

Beginnt in einer unendlichen Dezimalbruchentwicklung nach der n-ten Dezimalstelle für $n \geq 0$ eine periodisch wiederkehrende p-gliedrige Ziffernfolge, so läßt sich der Dezimalbruch in einen gemeinen

---
[1]) Vgl. Wörle, Arithmetik II, § 14 D und § 15 B!

Bruch verwandeln. *Für diesen Bruch gilt nach Abspaltung der ganzen Zahl: Der Zähler ist die Differenz der aus der Ziffernfolge der $n + p$ und n ersten Dezimalen gebildeten Zahlen, während der Nenner aus p Ziffern 9 und n angehängten Nullen besteht.*

Beweis:
Ist d ein unendlicher Dezimalbruch zwischen 0 und 1, der die Voraussetzungen des Satzes erfüllt, so können wir ihn in folgender Form schreiben:

$$d = 0, a_1 a_2 \ldots a_n \overline{b_1 b_2 \ldots b_p} \ldots \quad (n \geq 1;\ p \geq 1)$$

Bezeichnen wir die aus den $n + p$ bzw. n ersten Dezimalen gebildeten ganzen Zahlen mit Z_{n+p} bzw. Z_n, während P die Zahl mit der Ziffernfolge $b_1, \ldots b_p$ darstellt, dann gilt:

$$d = \frac{Z_n}{10^n} + \frac{P}{10^{n+p}}\left(1 + \frac{1}{10^p} + \frac{1}{10^{2p}} + \ldots\right) = \frac{Z_n}{10^n} + \frac{P}{10^n(10^p - 1)} = \frac{Z_n(10^p - 1) + P}{(10^p - 1)\, 10^n} =$$

$$= \frac{Z_{n+p} - Z_n}{(10^p - 1)\, 10^n}, \quad \text{weil} \quad Z_{n+p} = Z_n \cdot 10^p + P.$$

Dagegen ergibt sich für $n = 0$ (reinperiodischer Dezimalbruch):

$$Z_n = 0 \quad \text{und damit} \quad d = 0, \overline{b_1 b_2 \ldots b_p} \ldots = \frac{P}{10^p - 1}$$

Anmerkung: Mit Hilfe dieses Satzes ist zugleich gezeigt, daß jeder unendliche periodische Dezimalbruch eine rationale Zahl darstellt. Da umgekehrt jede rationale Zahl in einen endlichen oder in einen unendlichen periodischen Dezimalbruch verwandelt werden kann, sind alle nichtperiodischen unendlichen Dezimalbrüche notwendig irrationale Zahlen.

AUFGABEN

15. Verwandle in gemeine Brüche bzw. gemischte Zahlen:

a) $0,\overline{1}\ldots$; b) $0,\overline{9}\ldots$; c) $0,\overline{54}\ldots$; d) $0,\overline{612}\ldots$;

e) $4,\overline{8}\ldots$; f) $2,\overline{04}\ldots$; g) $0,63\overline{123}\ldots$; h) $1,00\overline{35}\ldots$.

16. Welchen Fehler begeht man, wenn man den periodischen Dezimalbruch $0,6301\overline{18}\ldots$ nach der 6. Dezimalstelle abbricht?

17. Schreibe das Ergebnis der folgenden Rechenaufgaben als unendlichen periodischen Dezimalbruch:

a) $0,\overline{5}\ldots + 0,\overline{2}\ldots$; b) $0,\overline{37}\ldots - 0,\overline{21}\ldots$; c) $0,74\overline{8}\ldots + 0,\overline{2}\ldots$;

d) $0,\overline{5}\ldots \cdot 0,\overline{3}\ldots$; e) $0,\overline{16}\ldots : 0,\overline{5}\ldots$; f) $(0,\overline{387}\ldots - 0,\overline{057}\ldots)\cdot 0,37$.

18. Zieht man von einer gedachten vierstelligen Zahl die aus den ersten beiden Ziffern gebildete Zahl ab, so erhält man 8339. Wie läßt sich die gedachte Zahl aus der Ziffernfolge eines unendlichen periodischen Dezimalbruchs ermitteln?

Vermischte Aufgaben

19. Berechne a) die Umfangssumme, b) die Flächensumme aller ineinandergeschachtelten schwarz umrandeten Quadrate (Kreise) in Abb. 16 (S. 48) und vergleiche das Ergebnis mit dem Umfang bzw. der Fläche des äußersten rot umrandeten Quadrats (Kreises)!

§ 6 Grenzbetrachtungen an geometrischen Reihen

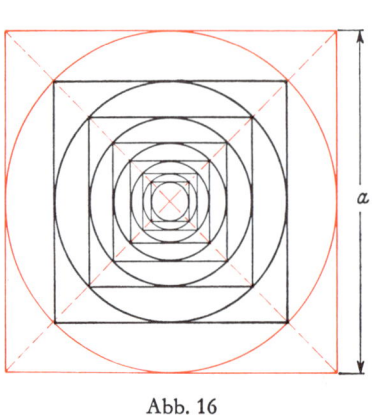

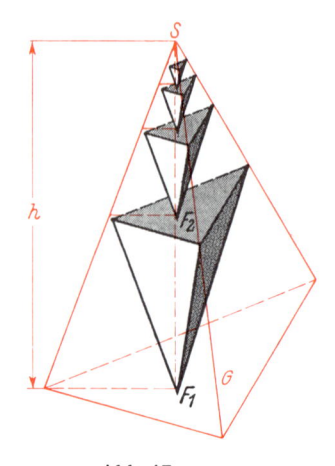

Abb. 16   Abb. 17

20. Einem Würfel ist eine Kugel, dieser Kugel wieder ein Würfel usw. einbeschrieben, so daß eine unendliche Folge einander einbeschriebener Würfel und Kugeln entsteht. Berechne **a)** das Gesamtvolumen, **b)** die Gesamtoberfläche aller dem äußersten Würfel einbeschriebenen Würfel bzw. Kugeln!

21. Welcher Bruchteil des Rauminhalts der in Abb. 17 dargestellten Pyramide mit der Grundfläche G und der Höhe h wird von den eingeschlossenen Pyramiden ausgefüllt, deren Höhen eine unendliche geometrische Folge mit $q = \frac{1}{2}$ bilden?

    Beachte: Die Spitzen der eingeschlossenen Pyramiden liegen auf der Höhe SF_1 der Gesamtpyramide, ihre Grundflächen sind zur Grundfläche der Gesamtpyramide parallel.

22. Die Erzeugung einer Figur mit endlichem Flächeninhalt und unendlichem Umfang (Schneeflockenkurve)

    a) Erkläre die Figurenfolge in Abb. 18! Wie läßt sie sich fortsetzen?

    b) Berechne den Grenzwert der grauen Flächenstücke bei unbegrenzter Fortsetzung der in den Abb. 18b und c dargestellten Figurenerweiterung!

    c) Zeige, daß die Längen der Flächenumrandung über alle Grenzen wachsen!

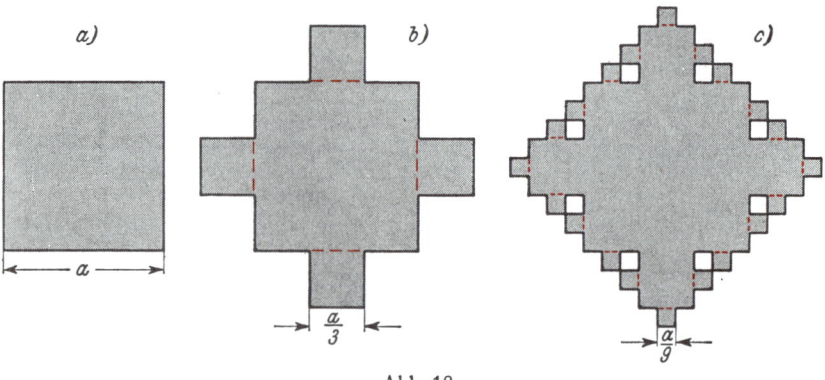

Abb. 18

Grenzbetrachtungen an geometrischen Reihen § 6

23. Aus der Theorie der gedämpften Schwingung

Wir sprechen in der Physik von einer gedämpften Schwingung, wenn die Amplitude, d.h. die maximale Entfernung aus der Ruhelage, mit der Zeit abnimmt. Dabei bilden die Amplituden a_1; a_2; a_3; ... im allgemeinen eine geometrische Folge (vgl. die graphische Darstellung einer gedämpften Schwingung in Abb. 19!).

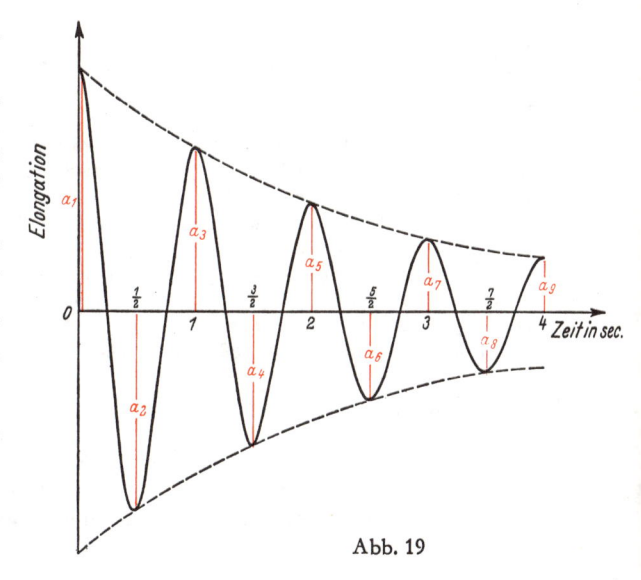

Welchen Weg legt die Pendelmasse eines Fadenpendels bei der Ausgangsamplitude $a_1 = 10$ cm bis zur vollständigen Ruhe zurück, wenn die Amplitude nach jeder halben Schwingung um 10% kleiner wird? Nach welcher Zeit ist die Amplitude kleiner als 1 mm, wenn die Schwingungsdauer 1 Sek. beträgt?

Abb. 19

Anmerkung: Theoretisch kommt die gedämpfte Schwingung erst nach unendlich langer Zeit vollständig zur Ruhe, weil jede volle Hin- und Herbewegung stets die gleiche Zeit (Schwingungsdauer) beansprucht. Praktisch dürfen wir jedoch die Schwingung bereits als beendet ansehen, wenn die Amplituden kleiner als 1 mm sind.

24. Eine merkwürdige Bewegungsaufgabe

Ein Hund sieht seinen Herrn aus der Entfernung s_0 mit der Geschwindigkeit v_0 auf sich zukommen. Er läuft ihm mit der Geschwindigkeit $v_1 > v_0$ entgegen, um nach dem Zusammentreffen mit gleicher Geschwindigkeit zum Ausgangspunkt zurückzukehren. Dort angekommen eilt er wieder zurück zu seinem Herrn und so fort.

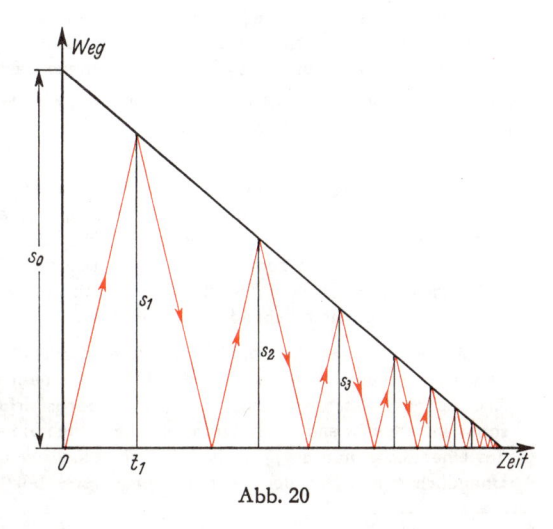

Abb. 20

Wie groß ist theoretisch der Gesamtweg, den das Tier bei dieser Hin- und Herbewegung zurücklegt? In welcher Zeit geschieht das? Welche einfache Rechenkontrolle ist hier möglich? Zeichne die graphische Darstellung des Bewegungsablaufs (vgl. Abb. 20) für $s_0 = 100$ m, $v_0 = 1{,}2 \frac{m}{sec}$ und $v_1 = 2{,}5 \frac{m}{sec}$ im Maßstab 1 : 1000, wobei 1 cm auf der Zeitachse 10 sec entsprechen soll!

§ 6 Grenzbetrachtungen an geometrischen Reihen

MATHEMATISCH-PHILOSOPHISCHE AUSBLICKE

Der Wettlauf des Achilles mit der Schildkröte

Wie schon in Geometrie II, § 1 erwähnt wurde, vertrat der Philosoph Zenon die paradoxe Ansicht, daß Achill, der schnellste Läufer der griechischen Sage, eine mit einem gewissen Vorsprung dahinkriechende Schildkröte niemals einholen könne. Denn in der Zeit, in der Achill den vorhandenen Vorsprung aufholt, hat die Schildkröte einen neuen Vorsprung erzielt, so daß sich der Einholungsvorgang über unendlich viele Etappen erstreckt.
Wir untersuchen zunächst den zugrundeliegenden mathematischen Sachverhalt und setzen dazu voraus, daß Achill innerhalb jeder Zeitspanne eine n-mal so große Wegstrecke wie die Schildkröte zurücklegt. Die Zahl n ist dabei sicher größer als 1. Bezeichnen wir mit a den ursprünglichen Vorsprung der Schildkröte, dann muß Achill nacheinander die Wegstrecken

$$a; \quad \frac{a}{n}; \quad \frac{a}{n^2}; \quad \ldots$$

durchlaufen, um die Schildkröte einzuholen. Der Gesamtweg s, den Achill zurücklegen muß, bis er die Schildkröte tatsächlich erreicht, ergibt sich dann als der Summenwert einer konvergenten unendlichen geometrischen Reihe mit dem Anfangsglied a und dem Quotienten $q = \frac{1}{n} < 1$ zu

$$s = \frac{na}{n-1}$$

in entsprechender Weise errechnet sich die „Einholzeit" als Grenzwert einer konvergenten geometrischen Reihe. Da der „Einholweg" und die „Einholzeit" endliche Größen sind, kann die Paradoxie des Zenon vom mathematischen Standpunkt aus nur so verstanden werden, daß Achill die Schildkröte zwar zu keinem Mal (niemals) innerhalb der unendlichen Folge einzelner Weg- und Zeitintervalle einholt, aber sie dennoch nach einer endlichen Zeitspanne, also nicht „nie", tatsächlich erreicht. Diese Feststellung ist freilich nicht das Ergebnis einer schrittweisen Addition unbegrenzt vieler Summanden, sondern aus der *Definition* des Summenwerts einer konvergenten Reihe abgeleitet.
Zu ganz andersartigen Überlegungen kommen wir, wenn wir versuchen, dem philosophischen Anliegen des Zenon gerecht zu werden. Hier sind vor allem die folgenden zwei Gesichtspunkte ins Auge zu fassen:

1. Indem Zenon Weg und Zeit des Einholvorgangs in unbegrenzt viele, immer kleiner werdende Intervalle einteilt, setzt er die Existenz beliebig kleiner Weg- und Zeitabschnitte und damit die *Kontinuität* von Raum und Zeit voraus[1]). Die additive Zusammensetzung all dieser einzelnen Weg- und Zeitetappen zum „Einholweg" bzw. zur „Einholzeit" entspricht dagegen mehr einer *diskontinuierlichen* Struktur von Raum und Zeit. Sie wird insbesondere nicht unserer Vorstellung von einer stetig dahinfließenden Zeit gerecht.

2. Die Aufteilung einer Streckenlänge durch eine unendliche geometrische Punktfolge (vgl. Abb. 13!) kann nur *gedanklich vollzogen*, aber nicht in einem endlichen Zeitraum verwirklicht werden. Andererseits wissen wir aber aus unmittelbarer Erfahrung, daß der Einholende bis zum Zusammentreffen in endlicher Zeit alle unendlich vielen Teilintervalle durchläuft. Wird demnach das Unendliche nur als *potentielle* Denkmöglichkeit aufgefaßt, so ist damit die Vorstellung vom Unendlichen als „aktualer" Wirklichkeit unvereinbar[2]).

---

[1]) Diese Annahme ist jedoch keineswegs selbstverständlich. So weist der bekannte mathematische Grundlagenforscher *David Hilbert* in seinen „Grundlagen der Mathematik" 1934 darauf hin, „daß wir keineswegs genötigt sind, zu glauben, daß die mathematisch-raumzeitliche Darstellung der Bewegung für beliebig kleine Raum- und Zeitgrößen auch physikalisch sinnvoll ist". In der Tat betrachtet die moderne Physik eine Streckenlänge von etwa 10^{-15} m als die kleinste sinnvolle Länge unserer physikalischen Welt. Entsprechend gilt die Zeit, in der das Licht diese *Elementarlänge* durchläuft, nämlich ca. 10^{-23} sek, als *Elementarzeit*.

[2]) Die potentielle Deutung des Unendlichen geht auf *Aristoteles* zurück. Sie liegt der ganzen Infinitesimalrechnung zugrunde. Nur die Mengenlehre faßt das Unendliche aktual auf, indem sie unendliche Mengen betrachtet, deren Elemente nicht mehr schrittweise (abzählbar) konstruiert werden können.

Derartige Fragen und Gedankengänge führen uns mitten in das philosophische Denken, das von jeher das Wesen von Raum und Zeit und das Unendliche zu erfassen suchte. Die verschiedenen Deutungsversuche im Laufe der Geistesgeschichte haben jedoch letztlich nur erkenntnistheoretische Bedeutung, während die reine Mathematik auch ohne sie auskommt. Denn die Mathematik schafft sich die Welt ihrer Wirklichkeit selbst, indem sie deren Struktur durch Axiome und Definitionen eindeutig und widerspruchslos festlegt. Inwieweit diese Welt, auf die sich die Aussagen der Mathematik beziehen, mit der erfahrbaren Wirklichkeit ganz oder teilweise übereinstimmt, ist kein mathematisches, sondern ein philosophisches Problem.

§ 7. DER GRENZWERT ALLGEMEINER ZAHLENFOLGEN

A. Zahlenfolgen mit dem Grenzwert Null

a) Unter welcher Bedingung haben die Glieder einer geometrischen Folge den Grenzwert 0?
b) Nenne weitere Beispiele für Zahlenfolgen mit dem Grenzwert 0!

1. Definition der Nullfolge

Die an geometrischen Folgen und Reihen angestellten Grenzwertbetrachtungen lassen sich auf allgemeine unendliche[1]) Zahlenfolgen übertragen. Wir machen uns dies an einigen Beispielen deutlich:

1. Beispiel: $a_\nu = \dfrac{1}{\nu}$ für $\nu = 1; 2; 3; \ldots$

Es gilt $\lim\limits_{\nu \to \infty} \dfrac{1}{\nu} = 0$, weil mit wachsendem ν der stets positive Kehrwert $\dfrac{1}{\nu}$ kleiner wird als jede noch so kleine positive Zahl. Z.B. gilt für $\nu \geq 10^3 : \dfrac{1}{\nu} \leq \dfrac{1}{1000}$, für $\nu \geq 10^6 : \dfrac{1}{\nu} \leq \dfrac{1}{1000000}$.

2. Beispiel: $a_\nu = \dfrac{1}{\lg(\nu + 1)}$ für $\nu = 1; 2; 3; \ldots$

Hier nehmen zwar die positiven Zahlen a_ν mit wachsendem ν erheblich langsamer ab als im 1. Beispiel. Dennoch gilt für $\nu + 1 \geq 10^n$ mit $n > 0$: $\lg(\nu + 1) \geq n$ und damit $a_\nu \leq \dfrac{1}{n}$, so daß a_ν gegen 0 geht, wenn n über alle Grenzen wächst. Daraus folgt aber:

$$\lim_{\nu \to \infty} \frac{1}{\lg(\nu + 1)} = 0$$

3. Beispiel: $\dfrac{1}{2}$; 0; $-\dfrac{1}{6}$; 0; $\dfrac{1}{10}$; $\ldots$; allgemein $a_\nu = \dfrac{\sin\left(\nu \dfrac{\pi}{2}\right)}{2\nu}$ für $\nu = 1; 2; 3; \ldots$

Da der Sinus seinem Betrage nach nie größer als 1 werden kann, der Nenner aber über alle Grenzen wächst, ergibt sich:

$$\lim_{\nu \to \infty} \frac{\sin\left(\nu \cdot \dfrac{\pi}{2}\right)}{2\nu} = 0$$

Man beachte jedoch, daß in diesem Beispiel die Glieder der Folge verschiedene Vorzeichen haben können. Außerdem kommt der Grenzwert bereits unter den Reihengliedern selbst immer wieder vor, was in den ersten beiden Beispielen nicht der Fall ist.

---
[1]) Da wir von jetzt ab nur noch unendliche Folgen betrachten wollen, werden wir künftig nicht mehr ausdrücklich darauf hinweisen.

§ 7 Der Grenzwert allgemeiner Zahlenfolgen

In den angegebenen Beispielen haben wir Zahlenfolgen betrachtet, die die Zahl 0 als Grenzwert haben. Man nennt solche Zahlenfolgen auch *Nullfolgen*. Sie sind durch die folgende Eigenschaft gekennzeichnet:

Definition: Eine Zahlenfolge ist eine *Nullfolge*, wenn sich zu jeder noch so kleinen positiven Zahl ε[1]) eine natürliche Zahl n so bestimmen läßt, daß alle Glieder der Folge mit einer Platzziffer ν größer als n ihrem Betrage nach kleiner als ε sind.

Diese Bedingung ist in den angegebenen Beispielen sicher erfüllt. Wir brauchen nur für n eine natürliche Zahl mit folgender Bedingung zu wählen:

1. Beispiel: $n \geq \dfrac{1}{\varepsilon}$;   2. Beispiel: $n \geq 10^{\frac{1}{\varepsilon}} - 1$;   3. Beispiel: $n \geq \dfrac{1}{2\varepsilon}$

Die untere Grenze der gesuchten Zahl n hängt demnach von der Wahl der Größe ε ab, was man häufig durch die Schreibweise $n(\varepsilon)$ zum Ausdruck bringt. Allgemein gilt: Je kleiner ε gewählt wird, um so größer ist die zugehörige Zahl $n(\varepsilon)$.

Anmerkung: Mit der Definition der Nullfolge ist zugleich der Bedeutungsinhalt der symbolischen Schreibweise $\lim\limits_{\nu \to \infty} a_\nu = 0$ in allgemeingültiger Form erklärt.

2. Lehrsätze über Nullfolgen

Lehrsatz 1: Sind die Zahlenfolgen $a_1; a_2; a_3; \ldots$ und $b_1; b_2; b_3; \ldots$ jeweils Nullfolgen, dann gilt dies auch für die Folgen $a_1 \pm b_1; a_2 \pm b_2; a_3 \pm b_3; \ldots$

Beweis:

Für jede Zahl $\varepsilon > 0$ gilt nach Voraussetzung:

$$|a_\nu| < \frac{\varepsilon}{2} \quad \text{für} \quad \nu > n_1(\varepsilon); \quad |b_\nu| < \frac{\varepsilon}{2} \quad \text{für} \quad \nu > n_2(\varepsilon).$$

Ist nun n die größere der beiden Zahlen n_1 und n_2 — man schreibt dafür auch kurz $n = \text{Max}(n_1; n_2)$ —, dann gilt sicher

$$|a_\nu \pm b_\nu| \leq |a_\nu| + |b_\nu| < \frac{\varepsilon}{2} + \frac{\varepsilon}{2} = \varepsilon \quad \text{für} \quad \nu > n, \quad \text{w.z.b.w.}$$

Lehrsatz 2: Ist $a_1; a_2; a_3; \ldots$ eine Nullfolge und $b_1; b_2; b_3; \ldots$ eine Zahlenfolge, deren sämtliche Glieder dem Betrage nach nicht größer sind als eine feste positive Zahl K (obere Schranke), so ist auch $a_1 b_1; a_2 b_2; a_3 b_3; \ldots$ eine Nullfolge.

Beweis:

Aus $|a_\nu| < \dfrac{\varepsilon}{K}$ für $\nu > n$ und $|b_\nu| \leq K$ folgt $|a_\nu b_\nu| = |a_\nu| |b_\nu| < \dfrac{\varepsilon}{K} K = \varepsilon$ für $\nu > n$.

Anwendungsbeispiele

4. Beispiel:

Die Folge $c_\nu = \dfrac{4\nu}{4\nu^2 - 1}$ für $\nu = 1; 2; 3; \ldots$ ist eine Nullfolge, weil $c_\nu = \dfrac{1}{2\nu - 1} + \dfrac{1}{2\nu + 1}$ gilt.

5. Beispiel:

Mit $a_\nu = \dfrac{1}{\lg(\nu+1)}$ ist auch $c_\nu = \dfrac{(-1)^\nu 10^8}{\lg(\nu+1)}$ für $\nu = 1; 2; 3; \ldots$ eine Nullfolge, weil $|b_\nu| = |(-1)^\nu 10^8| = 10^8 = K$ gilt.

---

[1]) In der Mathematik wird häufig für kleine positive Zahlen der griechische Buchstabe ε verwendet.

AUFGABEN

1. Für welche kleinste natürliche Zahl n gilt: $|a_\nu| < \dfrac{1}{10\,000}$ für alle $\nu > n$

   a) $a_\nu = \dfrac{1}{2\nu - 1}$;   b) $a_\nu = \dfrac{10}{\sqrt{\nu}}$;   c) $a_\nu = \dfrac{(-1)^\nu\, 10^8}{\lg(\nu + 1)}$;   d) $a_\nu = \sin\dfrac{\pi}{\nu}$?

2. ε sei eine beliebig vorgegebene positive Zahl. Welcher Bedingung muß ν genügen, damit $|a_\nu| < \varepsilon$ gilt?

   a) $a_\nu = \dfrac{5}{7\nu - 3}$;   b) $a_\nu = \dfrac{1}{\nu^2}$;   c) $a_\nu = \dfrac{1}{\sqrt{\nu}}$;   d) $a_\nu = \sqrt{\dfrac{1}{2\nu - 1}}$.

3. Zeige unter Anwendung der Sätze über Nullfolgen, daß die nachstehenden Zahlenfolgen den Grenzwert 0 haben:

   a) $a_\nu = \dfrac{1}{\nu + 1}\sin\nu\dfrac{\pi}{2}$;   b) $a_\nu = \dfrac{4 - 2\nu + \nu^2}{\nu^3}$;   c) $a_\nu = \dfrac{\nu + 1}{\lg(\nu + 1)^\nu}$.

4. Warum stellen die folgenden Zahlenfolgen keine Nullfolgen dar:

   a) $1;\ \dfrac{1}{2};\ 1;\ \dfrac{1}{4};\ \dfrac{1}{8};\ 1;\ \dfrac{1}{16};\ \dfrac{1}{32};\ \dfrac{1}{64};\ 1;\ \ldots$;

   b) $a_{2\nu} = \dfrac{1}{2\nu}$; $a_{2\nu - 1} = \dfrac{2\nu}{2\nu - 1}$;   c) $a_\nu = \sin\nu\dfrac{\pi}{2}$.

5. Beweise: *Ist $a_1;\ a_2;\ a_3;\ \ldots$ eine Nullfolge, dann gilt dies auch für die Folgen:*

   a) $a_1^2;\ a_2^2;\ a_3^2;\ \ldots$;   b) $\sqrt{|a_1|};\ \sqrt{|a_2|};\ \sqrt{|a_3|};\ \ldots$.

6. Zeige für $|q| < 1$: Die Folge mit dem allgemeinen Glied $a_\nu = \dfrac{1}{1 - q} - \dfrac{q^\nu - 1}{q - 1}$ ist eine Nullfolge!

B. Zahlenfolgen mit beliebigem Grenzwert

a) Unter welcher Bedingung hat die Teilsummenfolge einer unendlichen geometrischen Reihe einen Grenzwert? Ziehe diesen Grenzwert von den einzelnen Gliedern der Folge ab! Von welcher Art ist die neu entstehende Folge?

b) Verändere die Glieder der Nullfolge: $1;\ \dfrac{1}{2};\ \dfrac{1}{3};\ \dfrac{1}{4};\ \ldots;\ \dfrac{1}{\nu};\ \ldots$ so, daß eine Zahlenfolge mit dem Grenzwert 2 entsteht!

1. Definition der konvergenten Zahlenfolge

Wir haben in § 6 die Bedingungen untersucht, unter denen die Teilsummenfolge einer unendlichen geometrischen Reihe einem Grenzwert zustrebt. Nunmehr wollen wir ganz allgemein die Eigenschaften von Zahlenfolgen untersuchen, die einen beliebigen Zahlenwert als Grenzwert haben. Wir treffen dazu in Anlehnung an die Definition der Nullfolge die folgende Festsetzung:

Definition: Eine Zahlenfolge heißt *konvergent zum Grenzwert a*, wenn die um a verminderten Glieder der Folge eine Nullfolge bilden.

§ 7 Der Grenzwert allgemeiner Zahlenfolgen

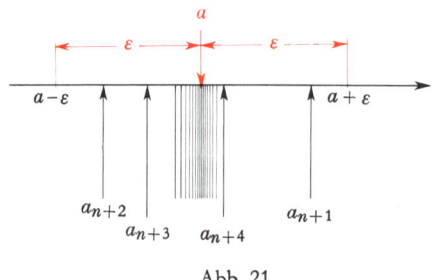

Abb. 21

Demzufolge gilt für eine Zahlenfolge a_1; a_2; a_3; ... mit dem Grenzwert a:
Zu *jeder noch so kleinen Zahl* $\varepsilon > 0$ läßt sich eine natürliche Zahl n so bestimmen, daß $|a_\nu - a| < \varepsilon$ für *alle* $\nu > n$ gilt. Dafür schreiben wir kurz: $a_\nu - a \to 0$ mit $\nu \to \infty$ oder $\lim\limits_{\nu \to \infty} a_\nu = a$ (Abb. 21).

Beispiel: $a_\nu = \dfrac{3\nu}{2\nu - 1}$ für $\nu = 1, 2, 3, \ldots$.

Das Einsetzen großer Werte für ν läßt vermuten: $\lim\limits_{\nu \to \infty} a_\nu = a = \dfrac{3}{2}$. Tatsächlich *ist* $a = \dfrac{3}{2}$.

Beweis: $\left|a_\nu - \dfrac{3}{2}\right| = \left|\dfrac{3\nu}{2\nu - 1} - \dfrac{3}{2}\right| = \dfrac{3}{2(2\nu - 1)} < \varepsilon \Rightarrow \nu > \dfrac{3}{4\varepsilon} + \dfrac{1}{2}$ *für jedes* $\varepsilon > 0$.

Zahlenbeispiel: $\varepsilon = \dfrac{1}{4000}$ liefert $\nu > 3000{,}5$. Also ist die „Indexschwelle" $n = 3000$. Das 3001. Glied und alle folgenden Glieder unterscheiden sich von $\dfrac{3}{2}$ um weniger als $\dfrac{1}{4000}$.

Gegenbeispiel: Für jeden anderen Wert von a mißlingt die Bestimmung einer Indexschwelle für jede noch so kleine Zahl $\varepsilon > 0$. So folgt etwa für $a = 1$:
$\left|\dfrac{3\nu}{2\nu - 1} - 1\right| < \varepsilon \Rightarrow \nu > \dfrac{1 + \varepsilon}{2\varepsilon - 1}$ *gültig nur für* $2\varepsilon - 1 > 0$, das heißt $\varepsilon > 0{,}5$.

Zahlenfolgen, die nicht im Sinne der Definition konvergent sind, heißen *divergent*.

2. Sätze über konvergente Zahlenfolgen

Lehrsatz 3: Der Grenzwert einer konv. Zahlenfolge ist eindeutig bestimmt.
Beweis:
Gilt für eine Zahlenfolge a_1; a_2; a_3; ...; a_ν; ... mit $\nu \to \infty$ sowohl $a_\nu - a \to 0$ als auch $a_\nu - b \to 0$, dann ist nach L.S. 1 $(a_\nu - a) - (a_\nu - b) = b - a$ das allgemeine Glied einer Nullfolge. Daraus folgt: $b - a = 0$ oder $b = a$.

Lehrsatz 4: Die Glieder einer konvergenten Zahlenfolge sind dem Betrage nach nicht größer als eine feste positive Zahl K (obere Schranke).
Beweis:
Für eine konvergente Zahlenfolge mit dem allgemeinen Glied a_ν gilt: $|a_\nu - a| < \varepsilon$ oder $a - \varepsilon < a_\nu < a + \varepsilon$ für alle $\nu > n(\varepsilon)$ (vgl. Abb. 21!). Daraus folgt für alle $\nu > n(\varepsilon)$:
$|a_\nu| = |a_\nu - a + a| \leq |a_\nu - a| + |a| < \varepsilon + |a|$
Folglich ist die größte unter den Zahlen $|a_1|$; $|a_2|$; ...; $|a_n|$; $\varepsilon + |a|$ eine obere Schranke K für *alle* Glieder der Folge.

Lehrsatz 5: Aus $\lim\limits_{\nu \to \infty} a_\nu = a$ und $\lim\limits_{\nu \to \infty} b_\nu = b$ folgt $\lim\limits_{\nu \to \infty} (a_\nu \pm b_\nu) = a \pm b$.
Beweis:
Sind die Folgen mit dem allgemeinen Glied $(a_\nu - a)$ bzw. $(b_\nu - b)$ Nullfolgen, gilt dies nach Satz 1 auch für die Folgen mit dem allgemeinen Glied $\{(a_\nu - a) + (b_\nu - b)\} = \{a_\nu + b_\nu - (a + b)\}$ bzw. $\{(a_\nu - a) - (b_\nu - b)\} = \{a_\nu - b_\nu - (a - b)\}$.

Lehrsatz 6: Aus $\lim\limits_{\nu \to \infty} a_\nu = a$ und $\lim\limits_{\nu \to \infty} b_\nu = b$ folgt $\lim\limits_{\nu \to \infty} a_\nu b_\nu = a b$.
Beweis:
Es gilt $a_\nu b_\nu - a b = a_\nu b_\nu - a_\nu b + a_\nu b - a b = a_\nu (b_\nu - b) + b (a_\nu - a)$. Sind nun $(a_\nu - a)$ und $(b_\nu - b)$ die allgemeinen Glieder von Nullfolgen, so ist auch $\{a_\nu (b_\nu - b) + b (a_\nu - a)\}$ das allgemeine Glied einer Nullfolge, weil wegen Satz 4 die Voraussetzung für die Sätze 1 und 2 erfüllt ist. Daraus folgt aber $a_\nu \cdot b_\nu - a b \to 0$ mit $\nu \to \infty$ oder $\lim\limits_{\nu \to \infty} a_\nu b_\nu = a b$.

3. Ein Konvergenzkriterium

Nach Satz 4 haben die Beträge der Glieder einer konvergenten Zahlenfolge eine obere Schranke.

Definition: Eine Zahlenfolge mit dem allgemeinen Glied a_ν heißt beschränkt, falls $|a_\nu| \leq K$ für alle Werte von ν gilt, wenn K eine feste positive Zahl bedeutet.

Es fragt sich nun, ob jede beschränkte Zahlenfolge konvergent ist, d.h., ob Satz 4 umkehrbar ist. Diese Frage muß verneint werden, wie folgendes Gegenbeispiel zeigt:

Gegenbeispiel:
Die Folge 0; 1; 0; 1; 0; 1; ... ist sicher beschränkt, aber nicht konvergent, weil die Konvergenzdefinition nicht erfüllbar ist.

Die Beschränktheit einer Zahlenfolge ist demnach nur eine notwendige, aber keine hinreichende Bedingung für die Konvergenz. Um ein hinreichendes Konvergenzmerkmal zu finden, führen wir den Begriff der *monotonen*[1]) Zahlenfolge ein.

Definition: Eine Zahlenfolge mit dem allgemeinen Glied a_ν heißt monoton wachsend, falls $a_\nu \leq a_{\nu+1}$ für alle Werte von ν zutrifft. Sie heißt monoton fallend, wenn stets $a_\nu \geq a_{\nu+1}$ gilt.

Ein Beispiel für eine monoton wachsende Folge ist die Teilsummenfolge einer unendlichen geometrischen Reihe, sofern das Anfangsglied a_1 und der Quotient q beide positiv sind. Denn es gilt:
$$s_{\nu+1} = s_\nu + a_1 q^\nu > s_\nu$$

Dagegen ist z.B. die Zahlenfolge mit dem allgemeinen Glied $a_\nu = \dfrac{3\nu}{2\nu-1}$ monoton fallend, weil

$$a_\nu - a_{\nu+1} = \frac{3\nu}{2\nu-1} - \frac{3\nu+3}{2\nu+1} = \frac{3}{(2\nu-1)(2\nu+1)} > 0 \quad \text{und damit} \quad a_\nu > a_{\nu+1}$$

Ist die Monotoniebedingung nur so erfüllt, daß für alle Werte von ν das Gleichheitszeichen gilt, so sprechen wir von einer *konstanten Folge*. Sie ist ein Sonderfall der arithmetischen Folgen (vgl. § 2 A!).

Mit Hilfe der monotonen Zahlenfolgen gewinnen wir das folgende wichtige Konvergenzkriterium:

Lehrsatz 7: Eine monotone und beschränkte Zahlenfolge ist stets konvergent.

Beweis (Abb 22):

Ist a_ν das allgemeine Glied einer monoton wachsenden und beschränkten Zahlenfolge, so gilt für alle ν:

$$a_\nu \leq a_{\nu+1} \quad (1) \quad \text{sowie} \quad |a_\nu| \leq K \quad (2)$$

Die Menge der Zahlen a_ν ist also nach oben beschränkt und hat daher nach der Vollständigkeitseigenschaft der reellen Zahlen in § 1 E 3 eine kleinste

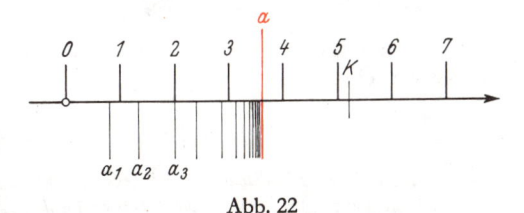

Abb. 22

obere Schranke. Bezeichnen wir diese mit a, so gibt es zu *jeder* noch so kleinen Zahl $\varepsilon > 0$ eine Platzziffer $n(\varepsilon)$, von der ab *alle* Glieder der monoton wachsenden Folge größer als $a - \varepsilon$ sind. Das heißt aber:

$$a_\nu > a - \varepsilon \quad \text{für} \quad \nu \geq n(\varepsilon) \quad \text{oder} \quad a - a_\nu < \varepsilon \quad \text{für alle} \quad \nu \geq n(\varepsilon)$$

Die Folge konvergiert demnach gegen den Grenzwert a.

---
[1]) Das aus dem Griechischen kommende Fremdwort bedeutet in wörtlicher Übersetzung soviel wie „eintönig".

§ 7 Der Grenzwert allgemeiner Zahlenfolgen

Ist $a_1; a_2; a_3; \ldots$ monoton fallend, so ergibt $-a_1; -a_2; -a_3; \ldots$ eine monoton wachsende Folge, auf die die vorstehenden Überlegungen angewandt werden können.

Wie man leicht sieht, stellt L. S. 7 nur ein hinreichendes, aber keineswegs notwendiges Konvergenzmerkmal dar; denn die Konvergenzdefinition auf S. 53 sagt nichts darüber aus, *wie* die Glieder einer konvergenten Zahlenfolge ihrem Grenzwert zustreben. Infolgedessen können auch nichtmonotone Zahlenfolgen einen Grenzwert haben, wie folgendes Beispiel zeigt:

$$\frac{3}{2}; \ 1; \ \frac{5}{6}; \ 1; \ \frac{11}{10}; \ \ldots; \ a_\nu = 1 + \frac{\sin\left(\nu \frac{\pi}{2}\right)}{2\nu}$$

4. Die Intervallschachtelung

Die monotonen Zahlenfolgen spielen eine wichtige Rolle bei der sogenannten *Intervallschachtelung*, die wir bereits im Algebra- und Geometrieunterricht der Mittelstufe[1]) kennengelernt haben.

Definition: Zwei Zahlenfolgen $a_1; a_2; a_3; \ldots$ und $b_1; b_2; b_3; \ldots$ bestimmen eine Intervallschachtelung, wenn folgende Bedingungen erfüllt sind:

  I. Die Folge $a_1; a_2; a_3; \ldots; a_\nu; \ldots$ ist monoton wachsend;
  II. Die Folge $b_1; b_2; b_3; \ldots; b_\nu; \ldots$ ist monoton fallend;
  III. Die Differenzfolge mit dem allgemeinen Glied $b_\nu - a_\nu$ ist eine Nullfolge.

Anmerkung:
Man kann zeigen, daß die Differenzfolge $b_\nu - a_\nu$ einer Intervallschachtelung monoton fallend ist, so daß für alle ν gilt: $b_\nu - a_\nu \geqq 0$.

Da beide Zahlenfolgen einer Intervallschachtelung beschränkt sind (warum?), gilt aufgrund von L.S. 7:

Lehrsatz 8: Die beiden Zahlenfolgen einer Intervallschachtelung konvergieren gegen ein und denselben Grenzwert.

Beweis:
Sei a der Grenzwert der Zahlenfolge a_ν und b der Grenzwert der Folge b_ν, so folgt aus III der Definition: $(b_\nu - a) = (b_\nu - a_\nu) + (a_\nu - a) \to 0$ mit $\nu \to \infty$ und damit $b = a$ (L.S. 3).

Damit ist gezeigt, daß jede Intervallschachtelung *genau eine* reelle Zahl als gemeinsamen Grenzwert definiert.

Die *geometrische Veranschaulichung* einer Intervallschachtelung auf der Zahlengeraden (Abb. 23) zeigt, daß die einzelnen ineinandergeschachtelten Intervalle $J_1; J_2; J_3; \ldots$ eine Streckenfolge mit den Längen

$$(b_1 - a_1); \ (b_2 - a_2); \ (b_3 - a_3); \ldots$$

bilden. Ihr Grenzwert ist die „Länge 0". Die Bedeutung dieser Aussage legt das sogenannte *Cantor-Dedekindsche Axiom*[2]) fest:
Jede Intervallschachtelung auf der Zahlengeraden definiert genau einen Punkt, der allen Intervallen angehört.

---
[1]) Vgl. Titze, Algebra II, und Kratz-Wörle, Geometrie II!
[2]) Georg *Cantor* (1845—1918) ist der Begründer der Mengenlehre, Richard *Dedekind* (1831—1916) hat die Entwicklung der Algebra in grundlegender Weise beeinflußt.

Mit Hilfe dieses Axioms ist die umkehrbar eindeutige Zuordnung von Punkt und reeller Zahl auf der Zahlengeraden gewährleistet.

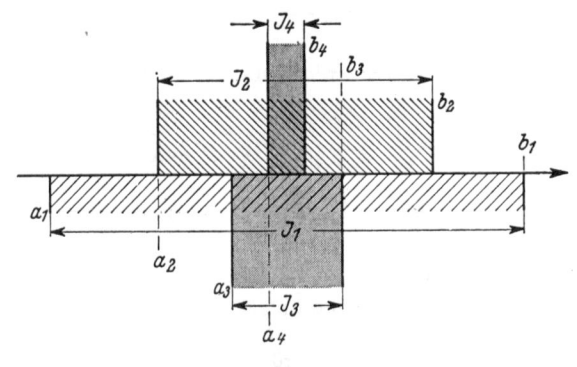

Abb. 23

AUFGABEN

7. Bestimme in den nachstehenden Zahlenfolgen mit dem allgemeinen Glied a_ν den Grenzwert a und berechne jeweils eine natürliche Zahl n so, daß $|a_\nu - a| < 0{,}001$ für alle $\nu > n$ gilt:

   a) $a_\nu = 2 + \dfrac{1}{\nu + 1}$;   b) $a_\nu = -3 + \dfrac{(-1)^\nu}{\sqrt{\nu}}$;   c) $a_\nu = \dfrac{4\nu - 3}{2\nu + 2}$;   d) $a_\nu = \dfrac{3\nu^2 + 2}{12\nu^2 + 7}$.

8. Berechne unter Anwendung der Sätze 4—6 die folgenden Grenzwerte:

   a) $\lim\limits_{n\to\infty} \dfrac{1}{3} \cdot \left(1 - \left(-\dfrac{5}{8}\right)^n\right)$;   b) $\lim\limits_{n\to\infty} \left(\dfrac{5n + \sqrt{n+1}}{n+1}\right)$;   c) $\lim\limits_{n\to\infty} \left(3 + \dfrac{\cos\left(n\dfrac{\pi}{4}\right)}{n^2}\right) \dfrac{2n}{n-1}$.

9. Beweise folgende Grenzwertsätze:

   a) Aus $\lim\limits_{\nu\to\infty} a_\nu = a$ folgt $\lim\limits_{\nu\to\infty} (b - a_\nu) = b - a$.

   b) Aus $\lim\limits_{\nu\to\infty} a_\nu = a$ folgt $\lim\limits_{\nu\to\infty} a_\nu^2 = a^2$.

   c) Aus $\lim\limits_{\nu\to\infty} a_\nu = a$ und $\lim b_\nu = b \neq 0$ folgt $\lim\limits_{\nu\to\infty} \dfrac{a_\nu}{b_\nu} = \dfrac{a}{b}$, falls für alle ν $b_\nu \neq 0$ vorausgesetzt wird.

10. Zeige anhand eines Gegenbeispiels, daß aus $\lim\limits_{\nu\to\infty} a_\nu = a$ und $|b_\nu| < K$ für alle ν noch nicht die Konvergenz der Zahlenfolge mit dem allgemeinen Glied $a_\nu b_\nu$ folgt!

11. Zeige, daß die nachstehenden Zahlenfolgen monoton sind:

    a) $a_\nu = \dfrac{\nu + 1}{\nu}$;   b) $a_\nu = 1 - \sin\dfrac{\pi}{\nu + 1}$;   c) $a_\nu = \lg\nu$ $(\nu = 1; 2; 3; \ldots)$.

12. Unter welchen Bedingungen ist die Teilsummenfolge einer geometrischen Reihe
    a) monoton steigend,   b) monoton fallend,   c) nicht monoton?

13. Zeige an einem Beispiel, daß die Quadrate der Glieder einer monoton wachsenden Zahlenfolge eine monoton fallende Zahlenfolge bilden können!

§ 7 Der Grenzwert allgemeiner Zahlenfolgen

14. Beweise:

Ist a_ν das allgemeine Glied einer monoton wachsenden Folge und b eine beliebige reelle Zahl, so ist $b - a_\nu$ das allgemeine Glied einer monoton fallenden Folge.

15. Untersuche die nachstehenden Zahlenfolgen hinsichtlich Beschränktheit, Monotonie und Konvergenz ($\nu \geq 1$):

a) $a_\nu = \sin \nu \frac{\pi}{4}$; b) $a_\nu = \frac{1}{2}(1 + (-1)^\nu)$; c) $a_\nu = \frac{\nu^2 - 1}{\nu + 1}$; d) $a_\nu = \frac{10}{1 + \nu^2}$;

e) $a_\nu = -2 - (-1)^\nu \frac{1}{\lg(\nu + 1)}$; f) $a_1 = 1$, $a_{\nu+1} = a_\nu + \frac{1}{b^\nu}$ ($b \neq 0$).

16. Zeige, daß folgende Zahlenfolgen jeweils eine Intervallschachtelung bilden! Veranschauliche sie auf der Zahlengeraden und bestimme den gemeinsamen Grenzwert!

a) $a_\nu = 5\left(1 - \frac{1}{2^\nu}\right)$; $b_\nu = 5\left(1 + \frac{1}{2^\nu}\right)$ für $\nu = 1; 2; 3; \ldots$;

b) $a_\nu = 2 - \frac{1}{2^\nu}$; $b_\nu = 2 + \frac{1}{\nu}$,, = ,, ;

c) $a_\nu = 1 + \frac{\nu}{\nu + 1}$; $b_\nu = 1 + \frac{\nu + 1}{\nu}$,, = ,, ;

d) $a_\nu = \frac{3\nu + 1}{2\nu + 1}$; $b_\nu = \frac{3\nu}{2\nu - 1}$,, = ,, .

17. Gib eine Intervallschachtelung mit dem Grenzwert $\frac{4}{3}$ an!

18. Beweise:

Bilden zwei Zahlenfolgen mit dem allgemeinen Glied a_ν bzw. b_ν eine Intervallschachtelung, dann gilt dies auch für die Folgen mit dem allgemeinen Glied a_ν^2 bzw. b_ν^2, sofern alle a_ν und b_ν positiv sind.

Vermischte Aufgaben

19. Welche Konstante k muß man von den Gliedern der nachstehenden Zahlenfolgen jeweils subtrahieren, damit eine Nullfolge entsteht?

a) $a_\nu = \dfrac{2 - \frac{3}{\nu}}{1 + \frac{1}{\nu}}$; b) $a_\nu = \dfrac{2}{1 - \frac{1}{2^\nu}}$; c) $a_\nu = \cos^2\left(\frac{\pi}{\nu}\right)$ ($\nu = 1; 2; 3; \ldots$).

20. Grenzwertbestimmung nach geeigneter Umformung des Rechenausdrucks.

a) $\lim\limits_{n \to \infty} \dfrac{(a+n)^2}{a^2 - n^2}$; b) $\lim\limits_{n \to \infty} \dfrac{3 \sin\left(\frac{\pi}{n}\right)}{\sin\left(\frac{\pi}{2n}\right)}$; c) $\lim\limits_{n \to \infty} \dfrac{\sqrt{n+1} - \sqrt{n}}{\sqrt{n+1} + \sqrt{n}}$.

21. Bestimme die folgenden Grenzwerte, nachdem du Zähler und Nenner des Rechenausdrucks durch die höchste vorkommende Potenz von n geteilt hast:

a) $\lim\limits_{n \to \infty} \dfrac{n^2 - 2n + 1}{n^2 + n + 1}$; b) $\lim\limits_{n \to \infty} \dfrac{n - 3}{n^2 - n - 6}$; c) $\lim\limits_{n \to \infty} \dfrac{4n^2 - 1}{3n^2 + n}$; d) $\lim\limits_{n \to \infty} \dfrac{n + 2\sqrt{n}}{3n - \sqrt{n}}$.

22. Bei einer Zahlenfolge mit dem allgemeinen Glied a_ν soll für alle ν gelten:

a) $\dfrac{a_\nu}{a_{\nu+1}} \leqq 1$; **b)** $\dfrac{a_\nu^2}{a^2_{\nu+1}} \leqq 1$; **c)** $\dfrac{a_\nu}{a_{\nu+1}} \geqq 1$.

Unter welcher Bedingung ist die gegebene Folge monoton wachsend, monoton fallend bzw. nicht monoton?

23. Die Bestimmung des Pyramidenvolumens durch eine Intervallschachtelung[1]):

Einer Pyramide mit der Grundfläche G und der Höhe h sei ein Stufenkörper mit n gleich hohen Stufen einbeschrieben (Abb. 24). Ein zweiter Stufenkörper, der aus der inneren „Stufenpyramide" durch Hinzufügen einer weiteren „Stufe" mit der Grundfläche G und der Höhe $\dfrac{h}{n+1}$ entsteht, wird der gegebenen Pyramide umbeschrieben.

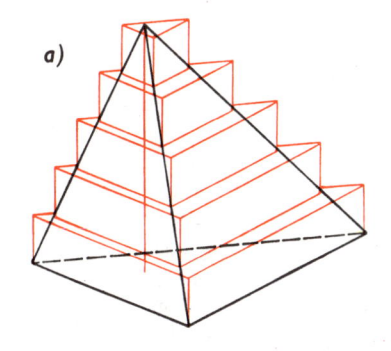

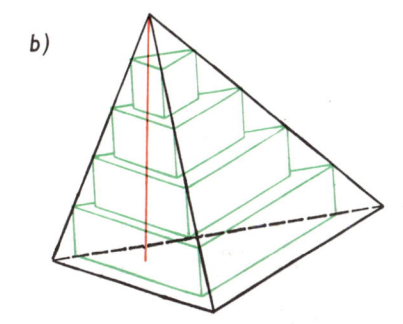

Abb. 24

Berechne unter Anwendung von L. S. 37 in Geometrie II und der Summenformel (1) in § 2 C die Volumina der beiden Stufenkörper in Abhängigkeit von n! Zeige, daß die Innen- und Außenvolumina für $n = 1; 2; 3; \ldots$ eine Intervallschachtelung bestimmen! Berechne den Grenzwert dieser Intervallschachtelung! Welche geometrische Bedeutung hat er?

§ 8. EIN WICHTIGER GRENZWERT: DIE EULERSCHE ZAHL e

A. Das Problem der stetigen Verzinsung

a) Welches Endkapital k' DM ergibt sich bei unterjähriger Verzinsung eines Kapitals k DM nach Ablauf eines Jahres, wenn das Jahr in n gleiche Abschnitte geteilt wird und der Jahreszinsfuß $p\%$ beträgt?

b) Auf welchen Betrag würde 1 DM bei 100% Verzinsung im Laufe eines Jahres anwachsen, wenn die Zinsen alle Monate (alle Tage) berechnet und zum Kapital geschlagen würden? Bestimme den angenäherten Zahlenwert auf logarithmischem Wege!

Wie wir in § 4 C gesehen haben, wächst ein Kapital k DM bei unterjähriger Zinsverrechnung nach m Jahren zu je n gleichen Abschnitten auf k'_{nm} DM an, wobei

$$k'_{nm} = k\left(1 + \dfrac{\dfrac{p}{n}}{100}\right)^{nm} {}^{2)} \tag{1}$$

---
[1]) Vgl. Kratz-Wörle, Geometrie II, § 11!
[2]) m und n haben gegenüber § 4 ihre Bedeutung vertauscht.

§ 8 Ein wichtiger Grenzwert: Die Eulersche Zahl e

ist, falls der Zinsfuß $p\%$ beträgt. Wir wollen nun für $m = 1$ den Zusammenhang zwischen dem Endkapital k'_n DM nach Ablauf eines Jahres und der Zahl n der Jahresabschnitte etwas genauer untersuchen. Um die Rechnung übersichtlicher zu gestalten, wählen wir $k = 1$ und $p = 100$, so daß sich die Formel (1) zu

$$k'_n = \left(1 + \frac{1}{n}\right)^n \tag{2}$$

vereinfacht. k'_n DM bedeutet dann die Endsumme, auf die 1 DM bei einem Jahreszinsfuß von 100% im Laufe eines Jahres anwächst, wenn alle n-tel Jahre die Zinsen berechnet und zum schon vorhandenen Kapital geschlagen werden. Es ergibt sich:

$$k'_1 = \left(1 + \frac{1}{1}\right)^1 = \underline{2}$$
$$k'_2 = \left(1 + \frac{1}{2}\right)^2 = 1 + 1 + \frac{1}{4} = \underline{2{,}25}$$
$$k'_3 = \left(1 + \frac{1}{3}\right)^3 = 1 + 1 + \frac{1}{3} + \frac{1}{27} = \underline{2{,}37\ldots}$$
$$k'_4 = \left(1 + \frac{1}{4}\right)^4 = 1 + 1 + \frac{3}{8} + \frac{1}{16} + \frac{1}{256} = \underline{2{,}44\ldots} \quad \text{usw.}$$

Aufgrund dieses Ergebnisses kann man vermuten, daß die Folge der Zahlen k'_n monoton wächst, doch wird erst der allgemeine Beweis darüber Gewißheit bringen. Dabei erhebt sich die Frage, ob k'_n einem Grenzwert zustrebt, wenn die Dauer eines Verzinsungszeitraums beliebig klein wird und damit die Zahl der Zinsabschnitte eines Jahres über alle Grenzen wächst. Wir sprechen in diesem Grenzfall von einer *stetigen Verzinsung*.

Das Problem der stetigen Verzinsung ist zwar für das praktische Leben bedeutungslos, da kleinere Verzinsungsabschnitte als ein Tag nicht in Betracht kommen. Dagegen vollziehen sich viele Naturvorgänge, wie z.B. das Wachstum von Pflanzenzellen, Bakterien oder Waldkulturen, in guter Annäherung nach dem Prinzip der stetigen Verzinsung. Dabei kann der „Zinsfuß" weit über 100% im Jahr betragen.

B. Die Konvergenz von $k'_n = \left(1 + \frac{1}{n}\right)^n$

Um zu entscheiden, ob für $k'_n = \left(1 + \frac{1}{n}\right)^n$ bei stetiger Verzinsung ein Grenzwert existiert, untersuchen wir die Zahlenfolge hinsichtlich des Konvergenzmerkmals in § 7, Satz 7. Dies geschieht in 2 Schritten:

1. Der Nachweis der Monotonie von k'_n

Wir zeigen für alle natürlichen Zahlen n die Gültigkeit der Beziehung:

$$\boxed{\left(1 + \frac{1}{n}\right)^n > \left(1 + \frac{1}{n-1}\right)^{n-1}} \tag{3}$$

Beweis:

Wir setzen in die Bernoullische Ungleichung $(1 + x)^n \geq 1 + nx$ (§ 5, Aufg. 11) für $x = -\frac{1}{n^2}$ ein. Dann erhalten wir, da das Gleichheitszeichen in der Ungleichung nur für $n = 1$ bzw. $x = 0$ gilt, für $n \geq 2$:

$$\left(1 - \frac{1}{n^2}\right)^n = \left[\left(1 - \frac{1}{n}\right)\left(1 + \frac{1}{n}\right)\right]^n = \left(1 - \frac{1}{n}\right)^n \left(1 + \frac{1}{n}\right)^n > 1 - \frac{1}{n}$$

Aus der letzten Teilungleichung folgt:

$$\left(1 + \frac{1}{n}\right)^n > \frac{1}{\left(1 - \frac{1}{n}\right)^{n-1}} = \left(\frac{n}{n-1}\right)^{n-1} = \left(\frac{n-1+1}{n-1}\right)^{n-1} = \left(1 + \frac{1}{n-1}\right)^{n-1}, \quad \text{q. e. d.}$$

Ein wichtiger Grenzwert: Die Eulersche Zahl e § 8

2. Der Nachweis der Beschränktheit von k'_n [1])

Für alle $n \in \mathbb{N}$ gilt:

$$2 \leq \left(1 + \frac{1}{n}\right)^n < 4 \qquad (4)$$

Beweis:
Die linke Teilungleichung von (4) ergibt sich aus der Monotonie von k'_n für $n = 1$. Zum Beweis der rechten Teilungleichung wenden wir die Bernoullische Ungleichung für $x = \frac{1}{n^2}$ an. Wir erhalten für $n \geq 2$:

$$\left(1 + \frac{1}{n^2}\right)^n > 1 + \frac{1}{n}; \quad \text{wegen } 1 + \frac{1}{n^2-1} > 1 + \frac{1}{n^2} \text{ folgt zunächst: } \left(1 + \frac{1}{n^2-1}\right)^n > 1 + \frac{1}{n}$$

Nun gilt aber: $1 + \frac{1}{n^2-1} = \frac{n^2}{n^2-1} = \frac{1}{1 - \frac{1}{n^2}} = \frac{1}{\left(1 - \frac{1}{n}\right)\left(1 + \frac{1}{n}\right)}$. Damit ergibt sich:

$$\frac{1}{\left(1 - \frac{1}{n}\right)^n \left(1 + \frac{1}{n}\right)^n} > 1 + \frac{1}{n}. \quad \text{Daraus folgt: } \left(1 + \frac{1}{n}\right)^{n+1} < \frac{1}{\left(1 - \frac{1}{n}\right)^n} = \left(1 + \frac{1}{n-1}\right)^n$$

oder $k'_n = \left(1 + \frac{1}{n}\right)^n < \left(1 + \frac{1}{n}\right)^{n+1} < \left(1 + \frac{1}{n-1}\right)^n < \ldots < \left(1 + \frac{1}{2}\right)^3 < \left(1 + \frac{1}{1}\right)^2 = 4$; q.e.d. (5)

Wegen Satz 7 in § 7 folgt aus (3) und (4) die Konvergenz der Folge k'_n. Der Grenzwert ist die nach dem Mathematiker *Euler* benannte Eulersche Zahl e:

$$\lim_{n \to \infty} \left(1 + \frac{1}{n}\right)^n = e = 2{,}71828\ldots$$

Anmerkungen
1. Geht man in der Ungleichungskette (5) nicht bis $n = 2$ zurück, so lassen sich noch kleinere obere Schranken für $\left(1 + \frac{1}{n}\right)^n$ angeben, z.B. 3,052 für $n = 5$ bzw. 2,731 für $n = 100$.
2. Die Zahl e ist ebenso wie die Kreiszahl π ein unendlicher, nichtperiodischer Dezimalbruch. Sie spielt in der theoretischen Physik eine bedeutende Rolle.
3. Für die praktische Berechnung von e ist der Ausdruck $\left(1 + \frac{1}{n}\right)^n$ äußerst ungünstig, da er nur sehr langsam seinem Grenzwert zustrebt. Dies zeigt folgende Tabelle:

n	5	10	100	1000	10 000
$\left(1 + \frac{1}{n}\right)^n$	2,488…	2,594…	2,704…	2,7171…	2,7182…

Außerdem wäre z.B. für $n = 1000$ bereits eine siebenstellige Logarithmentafel erforderlich.
Um möglichst schnell eine ausreichende Zahl geltender Dezimalen von e zu erhalten, geht man von der Beziehung aus:

$$\lim_{n \to \infty} \left(1 + \frac{1}{1!} + \frac{1}{2!} + \ldots + \frac{1}{n!}\right) = e$$

---
[1]) Beweis ab 6. Auflage ohne Verwendung des Binomialsatzes.

§ 8 Ein wichtiger Grenzwert: Die Eulersche Zahl e

Den Beweis dieser Formel müssen wir auf später (§ 46 Anhang, Abschnitt C) verschieben. Bereits für $n = 12$ liefert die Reihe 7 geltende Dezimalen von e.

4. Für spätere Überlegungen erwähnen wir noch folgenden Satz ohne Beweis:

Ist $a_1; a_2; a_3; \ldots$ eine Folge positiver Zahlen, die mit immer größer werdender Platzziffer n über alle Grenzen wachsen, dann gilt:

$$\lim_{n \to \infty} \left(1 + \frac{1}{a_n}\right)^{a_n} = e$$

AUFGABEN

1. Berechne $(1 + \frac{1}{100})^{100}$ mit der vierstelligen Logarithmentafel! Benütze hierzu $\lg 1{,}01 = 0{,}004321$ (Tafelwerk S. 54)!

2. Berechne $(1 + \frac{1}{10})^{10}$ ohne Logarithmentafel auf 4 Dezimalen!

3. Zeige, daß $s_n = 1 + \frac{1}{1!} + \frac{1}{2!} + \ldots + \frac{1}{n!}$ eine monoton wachsende und beschränkte Zahlenfolge darstellt, wenn n die Folge der natürlichen Zahlen durchläuft!

4. Beweise:

$$\left(1 - \frac{1}{n}\right)^n = \frac{1}{\left(1 + \frac{1}{n-1}\right)^n} = \frac{1}{\left(1 + \frac{1}{n-1}\right)^{n-1}\left(1 + \frac{1}{n-1}\right)} \quad (n \geq 2)$$

Berechne dann $\lim_{n \to \infty} \left(1 - \frac{1}{n}\right)^n$ unter Anwendung von § 7, Satz 6 und Aufgabe 9 c!

5. Zeige für $n \geq 2$ die Gültigkeit der Abschätzung:

$$\left(1 - \frac{1}{n}\right)^{n-1} > \left(1 - \frac{1}{n+1}\right)^n$$

Anleitung: Gehe vom Beweis der Beziehung (3) aus!

6. Beweise für $0 < x < 2$ die Gültigkeit der Ungleichung: $\left(1 + \frac{x}{n}\right)^n < \frac{2+x}{2-x}$.

7. Beweise für $n \geq 3$: $1 + \frac{1}{n} < \sqrt[n]{n} < 2$.

Anleitung: Benütze zum Beweis den Satz: Aus $0 < a < b$ folgt $\sqrt[n]{a} < \sqrt[n]{b}$.

8. Beweise mit Hilfe der Abschätzung in Aufgabe 7: $\frac{\sqrt[n]{n}}{\sqrt[n+1]{n+1}} > 1$ für $n \geq 3$.

Anleitung: Bilde von beiden Seiten der Ungleichung die $(n+1)$-te Potenz!

9. Warum ist die Zahlenfolge mit dem allgemeinen Glied $a_\nu = \sqrt[\nu]{\nu}$ konvergent?

Ein wichtiger Grenzwert: Die Eulersche Zahl e § 8

ERGÄNZUNGEN UND AUSBLICKE

Einiges über divergente Zahlenfolgen

Wir haben bisher im wesentlichen nur solche Zahlenfolgen betrachtet, die die Konvergenzdefinition auf S. 53 erfüllen. Nunmehr wollen wir zum Vergleich auch einmal divergente Folgen untersuchen, um ihre Wesensmerkmale kennenzulernen. Wir unterscheiden dazu folgende Fälle:

1. Zahlenfolgen mit unbeschränkt wachsenden oder abnehmenden Gliedern (bestimmte Divergenz)

Das wesentliche Kennzeichen solcher Zahlenfolgen, zu denen insbesondere die Folge der natürlichen Zahlen oder die Folge der negativen ganzen Zahlen gehören, läßt sich folgendermaßen aussprechen:
Zu jeder noch so großen positiven Zahl G läßt sich eine Platzziffer n (G) so angeben, daß alle Glieder mit höherer Platzziffer größer als G bzw. kleiner als — G sind.
Ist a_ν das allgemeine Glied der Folge, schreibt man kurz:

$$a_\nu \to +\infty \quad \text{bzw.} \quad a_\nu \to -\infty \quad \text{für} \quad \nu \to \infty\;^1)$$

Beispiele:

1. $a_\nu = \dfrac{\nu}{4}$; für $G = 10^6$ wird $n(G) = 4 \cdot 10^6$ und damit $a_\nu > 10^6$ für $\nu > 4 \cdot 10^6$.

2. $a_\nu = \nu^2$; für $\nu > 10^3$ ist $a_\nu > 10^6$.

3. $a_\nu = \dfrac{3-\nu}{\sqrt{\nu}}$; für $\nu > 10^{12} + 2$ ist $a_\nu < -10^6$.

2. Zahlenfolgen mit verschiedenen Häufungswerten (unbestimmte Divergenz)

Jede konvergente Zahlenfolge mit dem Grenzwert a hat die Eigenschaft, daß alle Glieder a_ν mit $\nu > n(\varepsilon)$ im Wertebereich zwischen $a - \varepsilon$ und $a + \varepsilon$ liegen. Die zugehörigen Punkte auf der Zahlengeraden häufen sich demnach in der unmittelbaren Umgebung des dem Werte a zugeordneten Punktes A. Aus diesem Grunde spricht man auch vom *Häufungspunkt A* bzw. *Häufungswert a*. Auf Grund der Konvergenzdefinition hat jede konvergente Zahlenfolge *genau einen* Häufungswert. Daneben gibt es aber auch Zahlenfolgen, deren Glieder sich in der Umgebung *mehrerer* Zahlenwerte häufen, wie die folgenden Beispiele zeigen:

Beispiele:

1. $a_\nu = (-1)^\nu$; hier sind die Zahlenwerte -1 und $+1$ die beiden Häufungswerte der Folge. Die „Umgebung" schrumpft dabei ebenso wie im folgenden Beispiel auf die Häufungspunkte selbst zusammen.

2. $a_\nu = \dfrac{1 + (-1)^\nu}{2}$; vgl. das Gegenbeispiel in §7 B 3 und Aufgabe 15b!

3. $a_\nu = \dfrac{2\nu + \nu(-1)^\nu}{3\nu + 1}$ mit den Häufungswerten $\dfrac{1}{3}$ und 1.

Allgemein gilt für einen Häufungswert b einer Zahlenfolge:
In jeden noch so kleinen Wertebereich um b fallen unendlich viele Glieder der Folge.

Anmerkung: Es ist üblich, auch $+\infty$ oder $-\infty$ als „Häufungswerte" zu bezeichnen, sofern gilt: Unendlich viele Glieder der Folge sind größer als jede noch so große positive Zahl G bzw. kleiner als jede noch so kleine negative Zahl $-G$. In diesem Sinne hat z. B. die Zahlenfolge

$$a_\nu = \sqrt[\nu]{\nu}\left(\frac{1}{2} - \sin\nu\frac{\pi}{6}\right)$$

3 Häufungswerte, nämlich 0; $+\infty$; $-\infty$.

---

[1]) Es ist zuweilen üblich, $\lim\limits_{\nu \to \infty} a_\nu = +\infty$ bzw. $\lim\limits_{\nu \to \infty} a_\nu = -\infty$ zu schreiben, doch wollen wir diese Schreibweise möglichst vermeiden (vgl. die Fußnote 2 auf S. 42!).

Von den Funktionen

§ 9. DER BEGRIFF DER FUNKTION

A. Einführende Beispiele

a) Nenne Beispiele für die gegenseitige Abhängigkeit zweier meßbarer Größen aus dem Bereich der Physik! Wie läßt sich die Art und Weise einer solchen Abhängigkeit veranschaulichen bzw. mathematisch zum Ausdruck bringen?

b) Welche Arten von Funktionen sind uns aus dem Mathematikunterricht der Mittelstufe bekannt? Welche Gestalt haben die zugehörigen Kurvenbilder im kartesischen Koordinatensystem?

In der Mathematik, aber auch in vielen Bereichen des täglichen Lebens, werden häufig Zahlen oder zahlenmäßig erfaßbare Größen zueinander in Beziehung gesetzt, so daß eine funktionelle Abhängigkeit entsteht. Einfache Beispiele sind die direkte und indirekte Proportionalität[1]). Derartige Zusammenhänge werden vielfach auf experimentellem Wege oder durch theoretische Erwägungen gefunden, sie können aber auch auf einer völlig willkürlichen Festsetzung beruhen.

Die folgenden Beispiele zeigen verschiedene Arten solcher Größenbeziehungen auf. Sie sollen dazu dienen, zu einem allgemeingültigen Funktionsbegriff, wie ihn die Mathematik benötigt, vorzustoßen.

1. Beispiel: Die Postgebühren für Zahlkarten

Die Gebühren für Geldüberweisungen per Zahlkarte sind eine Funktion des Überweisungsbetrags. Sie wird seit dem 1. März 1963 durch die folgende Tabelle festgelegt:

Überweisungsbetrag	Porto
bis 10 DM einschließlich	0,20 DM
über 10 DM bis 50 DM einschließlich	0,30 DM
über 50 DM bis 100 DM einschließlich	0,40 DM
über 100 DM bis 500 DM einschließlich	0,50 DM
über 500 DM bis 1000 DM einschließlich	0,60 DM
über 1000 DM bis 2000 DM einschließlich	0,80 DM
über 2000 DM	1,00 DM

Wie die Tabelle zeigt, wird jedem positiven Zahlenwert mit nicht mehr als zwei Dezimalen (Überweisungsbetrag) in eindeutiger Weise ein zweiter Zahlenwert (Porto) zugeordnet. Diese Zuordnung ist eine völlig willkürliche Festsetzung, so daß die Bezeichnung „*willkürliche Tabellenfunktion*" berechtigt erscheint. Ein weiteres Beispiel einer solchen Funktion stellt der Prämientarif einer Versicherungsgesellschaft dar.

2. Beispiel: Die Kreisfläche als Funktion des Radius

Wie wir aus der Geometrie wissen, errechnet sich die Maßzahl F einer Kreisfläche, deren Radiusmaßzahl r in der entsprechenden Längeneinheit gemessen wird, zu $F = \pi r^2$. Ersetzen wir F durch y und r durch x, so erhalten wir die *Rechenvorschrift*

$$y = \pi x^2$$

Sie hat unabhängig von der zugrunde gelegten geometrischen Bedeutung einen wohldefinierten mathematischen Sinn, sofern feststeht, aus welcher Zahlenmenge die Größe x gewählt werden soll. Im Falle

---

[1]) Vgl. Titze, Algebra I, § 37!

der Kreisfläche muß x der Menge der positiv reellen Zahlen angehören. Im Unterschied zum ersten Beispiel läßt sich für jeden zulässigen x-Wert der zugeordnete y-Wert mit Hilfe eines algebraischen Rechenausdrucks (quadratische Funktion) *berechnen*.

3. Beispiel: Eine merkwürdige Zuordnungsvorschrift

Zwischen den Elementen x der reellen Zahlenmenge und der Menge der ganzen Zahlen y sei folgende Zuordnungsvorschrift vereinbart:

$$y \leqq x < y + 1$$

Nach dieser Vorschrift gilt für ganzzahlige x-Werte: $y = x$, während für alle übrigen reellen x-Werte y die größte ganze Zahl kleiner als x darstellt. Man schreibt dafür auch symbolisch $y = [x]$. Als Funktionsbild erhalten wir eine Treppenkurve mit lauter gleich hohen und gleich breiten Stufen (Abb. 25).

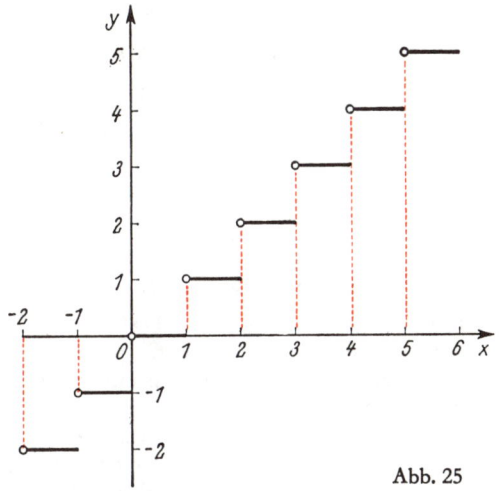

Abb. 25

4. Beispiel: Die eindeutige „Abbildung" einer Klasse auf die Menge ihrer Mathematiknoten.

Betrachten wir in einer bestimmten Schulklasse $\mathfrak{K}$ mit der Schülerzahl n die Notenliste der letzten Mathematikarbeit, so erkennen wir, daß jedem Schüler von $\mathfrak{K}$ genau ein Zahlenwert aus der Menge $\mathfrak{N}_0$ der Notenstufen zugeordnet ist. Abb. 26 zeigt dies für eine Klasse mit $n = 12$ Schülern, wobei die einzelnen Schülernamen mit den Buchstaben $X_1, X_2, \ldots, X_{12}$ bezeichnet sind. Man spricht auch in einem solchen Falle von einer Funktion, obwohl sich die Zuordnung auf zwei verschiedenartige Mengen, nämlich Menschen und Zahlen, bezieht.

Wie aus Abb. 26a hervorgeht, ist die Zuordnungsvorschrift durch die Menge der geordneten Paare

$$(X_1; 3), (X_2; 6), \ldots, (X_{12}; 3)$$

eindeutig festgelegt, weil kein Schüler in der Notenliste zweimal aufgeführt ist. Dagegen gibt es im allgemeinen mehrere Schüler, die die gleiche Note haben, so daß die umgekehrte Zuordnung Note → Schüler nicht mehr eindeutig ist. Zum Beispiel sind in Abb. 26 der Note 2 die Schüler X_3 und X_7 zugeordnet. Wir können uns den Zusammenhang zwischen den „Elementen" von $\mathfrak{K}$ und $\mathfrak{N}_0$ aber auch nach Art der Abb. 26b veranschaulichen. Sie läßt unmittelbar erkennen, welche Schüler die gleiche Note haben, und macht damit die Zuordnungsbeziehungen zwischen den Mengen $\mathfrak{K}$ und $\mathfrak{N}_0$ besonders deutlich. In Anlehnung an die geometrische Ausdrucksweise sprechen wir von einer „Abbildung" der Menge $\mathfrak{K}$ *auf* die Menge $\mathfrak{N}_0$ ihrer Mathematiknoten[1].

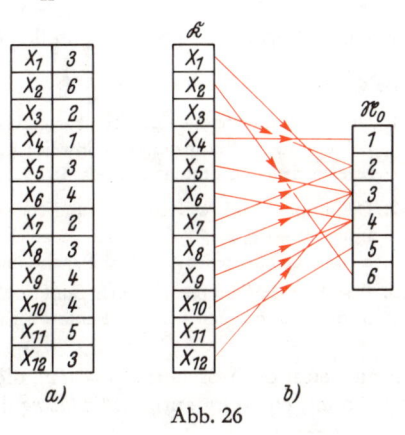

Abb. 26

---

[1] Kommen nicht alle Notenstufen in der Notenliste vor, so sagt man, die Menge $\mathfrak{K}$ wird *in* die Menge $\mathfrak{N}_0$ abgebildet.

§ 9 Der Begriff der Funktion

AUFGABEN

1. Stelle den Zusammenhang zwischen Kreisradius x und Kreisfläche y für $x \leq 3$ graphisch dar! x-Achse: 1 LE = 2 cm, y-Achse: 1 LE = $\frac{1}{8}$ cm, $\pi \approx 3$.
2. Stelle die Tabellenfunktion des 1. Beispiels im geeigneten Maßstab graphisch dar!
3. Zwischen x und y bestehe folgende Zuordnungsvorschrift: (1) $x < y < x + 1$; (2) y ist ganzzahlig. Für welche x-Werte ist diese Funktion nicht definiert? Welcher y-Wert ergibt sich a) für $x = \sqrt{2}$; b) für $x = -3{,}24$?

B. Die Funktion als eindeutige Abbildung von Mengen

1. Definitionen und Bezeichnungen

Wird jedem Element x aus einer bestimmten Menge $\mathfrak{D}$ reeller Zahlen in *eindeutiger Weise* ein reeller Zahlenwert y zugeordnet, so nennen wir diese Zuordnung eine *reelle*[1]) *Funktion f*. Die Zuordnung wird oft durch eine *Funktionsgleichung* der Form $y = f(x)$ gegeben. Setzt man im *Funktionsterm* $f(x)$ für x ein Element der Menge $\mathfrak{D}$ ein, so erhält man den diesem Element zugeordneten *Funktionswert*. Statt von der Funktion f mit der Funktionsgleichung $y = f(x)$, sprechen wir der Einfachheit halber meist von der Funktion $y = f(x)$ oder kurz von der Funktion $f(x)$. Die Zahlenmenge $\mathfrak{D}$ heißt die *Definitionsmenge* oder der *Definitionsbereich*, die Menge der Funktionswerte nennt man *Wertemenge*, *Wertebereich* oder *Wertevorrat* der Funktion und bezeichnet sie mit $\mathfrak{W}$. Die Elemente von $\mathfrak{D}$ werden *unabhängige Variable* oder *Argumente*, die Elemente von $\mathfrak{W}$ *abhängige Variable* genannt.

Jedes Element $x \in \mathfrak{D}$ bildet mit dem zugeordneten Element $y \in \mathfrak{W}$ ein geordnetes Wertepaar $(x; y)$. Die Menge aller dieser Wertepaare bildet die *Erfüllungsmenge* von $y = f(x)$, ihre graphische Darstellung heißt der *Graph* der Funktion f. Da die Zuordnungsvorschrift nicht immer durch eine Funktionsgleichung, stets aber durch ihre Erfüllungsmenge festgelegt ist, ergibt sich, besonders im Hinblick auf das 4. Beispiel, folgende allgemeine Definition der Funktion:

Eine Funktion wird definiert durch eine Menge geordneter Paare, in der keine zwei Paare mit dem gleichen ersten Element vorkommen.

Wir werden künftig nur Mengen geordneter Paare reeller Zahlen in Betracht ziehen, wobei die an erster (zweiter) Stelle stehenden Zahlen $\mathfrak{D}$ ($\mathfrak{W}$) angehören.

Beispiele und Bemerkungen:

1. Die Definitionsmenge der „Zahlkartenfunktion" im 1. Beispiel zu Abschnitt A umfaßt alle positiven Zahlen, die in dezimaler Schreibweise nicht mehr als 2 Dezimalen haben. Der zugehörige Wertebereich dagegen besteht nur aus den 7 Zahlenwerten: 0,2; 0,3; 0,4; 0,5; 0,6; 0,8 und 1,0.
2. Definitions- und Wertemenge sind meist Intervalle. Zum Beispiel bestimmt für $y = \sqrt{1 - x^2}$ das Intervall $-1 \leq x \leq 1$ den maximal zulässigen Definitionsbereich, $0 \leq y \leq 1$ die zugehörige Wertemenge. Gehört jedes $x \in \mathbb{R}$ zu $\mathfrak{D}$, schreiben wir oft $-\infty < x < \infty$.
3. Besteht die Wertemenge einer Funktion mit der Gleichung $y = f(x)$ nur aus einem einzigen Element c, dann sagen wir, die Funktion ist konstant und schreiben $y = c$.

Man nennt die Vorschrift $y = f(x)$, die jedem Element von $\mathfrak{D}$ genau ein Element von $\mathfrak{W}$ zuordnet, eine eindeutige *Abbildung* der Elemente von $\mathfrak{D}$ auf die Elemente von $\mathfrak{W}$ oder

---

[1]) Da in diesem Buch nur reelle Funktionen vorkommen, entfällt künftig der Zusatz „reell".

kurz eine Abbildung von $\mathfrak{D}$ auf $\mathfrak{W}$. Ihr entspricht die Zeichenvorschrift bei geometrischen Abbildungen[1]).

Weitere Bemerkungen:
4. Anstelle von $y = f(x)$ schreibt man auch häufig $y = g(x)$, $y = h(x)$ usw. Für das Argument einer Funktion wird neben x vor allem der Buchstabe t verwendet.
5. Wie die Einführungsbeispiele zeigen, kann die Zuordnungsvorschrift in mannigfacher Weise gegeben sein. Meist liegt jedoch ein formelmäßig angebbarer Rechenausdruck vor (vgl. das 1. Beispiel zu Abschnitt A!). Dabei kann der maximal zulässige Definitionsbereich durch zusätzliche Bedingungen eingeschränkt werden, wie dies z.B. bei geometrischen Anwendungen der Fall ist.
6. Ist die Zuordnungsbeziehung zwischen der unabhängigen Variablen x und der abhängigen Variablen y nicht in der *expliziten*[2]) Form $y = f(x)$, sondern durch die Gleichung $F(x; y) = 0$ *implizit*[3]) gegeben, so sprechen wir von einer *Relation* im allgemeineren Sinne. Die Funktionen sind Sonderfälle von Relationen, während umgekehrt eine Relation auch durch mehrere Funktionen erfüllt werden kann und damit das Merkmal der Eindeutigkeit verliert. So ist z.B. die Relation

$$F(x; y) = x^2 + y^2 - 1 = 0$$

für die Funktionen $y = \sqrt{1-x^2}$ und $y = -\sqrt{1-x^2}$ in $|x| \leq 1$, aber auch für die durch die Paarmenge $\{(x; y) \mid (-1; 0), (-0,3; -\sqrt{0,91}), (0; -1), (1; 0)\}$ definierte Funktion erfüllt.

2. Umkehrbar eindeutige Abbildungen von Mengen

Wie aus der Definition des Funktionsbegriffs hervorgeht, erfolgt die Abbildung der Definitionsmenge $\mathfrak{D}$ auf die Wertemenge $\mathfrak{W}$ eindeutig, d.h., jedem $x \in \mathfrak{D}$ ist ein und nur ein $y \in \mathfrak{W}$ zugeordnet. Dies schließt jedoch nicht aus, daß unter Umständen verschiedenen x-Werten aus $\mathfrak{D}$ ein und derselbe y-Wert aus $\mathfrak{W}$ entspricht.

> **Beispiel:**
> Die Funktion $y = f(x) = x^2$ ordnet in $-2 \leq x \leq 2$ je zwei von Null verschiedenen x-Werten den gleichen y-Wert zu, zum Beispiel ist $f(1) = f(-1) = 1$.

Hat dagegen die durch eine Funktion $y = f(x)$ vermittelte eindeutige Abbildung von $\mathfrak{D}$ auf $\mathfrak{W}$ die Eigenschaft, daß *jedes* $y \in \mathfrak{W}$ genau einem $x \in \mathfrak{D}$ zugeordnet ist, so nennen wir die Abbildung von $\mathfrak{D}$ auf $\mathfrak{W}$ *umkehrbar eindeutig oder eineindeutig*. In diesem Fall kann die Wertemenge $\mathfrak{W}$ als Definitionsmenge einer neuen Zuordnungsvorschrift $x = g(y)$ aufgefaßt werden, deren Wertebereich die ursprünglich gegebene Definitionsmenge $\mathfrak{D}$ ist. Vertauschen wir in der umgekehrten Zuordnung $x = g(y)$ die Variablen x und y, so erhalten wir die Funktion $y = g(x)$, die die *Umkehrfunktion* zu $y = f(x)$ genannt wird.

> **Beispiel:**
> Die lineare Funktion $y = f(x) = 2x - 3$ mit dem Definitionsbereich $-\infty < x < \infty$ bildet die Menge der reellen Zahlen von $\mathfrak{D}$ umkehrbar eindeutig auf die Menge der reellen Zahlen von $\mathfrak{W}$ ab. Die umgekehrte Zuordnung lautet $x = g(y) = \dfrac{y+3}{2}$ und damit die Umkehrfunktion $y = g(x) = \dfrac{x+3}{2}$.

Näheres über die Umkehrfunktion werden wir in § 38 erfahren.

---
[1]) Vgl. Kratz-Wörle, Geometrie II! Während jedoch die Definitionsmenge einer Funktion $y = f(x)$ als Punktmenge der x-Achse linear ist, stellen die geometrischen Abbildungen Zuordnungsvorschriften dar, die im allgemeinen für alle Punkte der Zeichenebene definiert sind.
[2]) Vom lat. Wort *explicare*, entfalten, entwickeln.
[3]) Vom lat. Wort *implicare*, einwickeln, einschließen.

§ 9 Der Begriff der Funktion

3. Vermischte Anwendungsbeispiele

1. Beispiel: Diskussion der quadratischen Funktion $y = x^2 - x - 2$ (Abb. 27)

Da die Rechenvorschrift für alle reellen x-Werte definierbar ist, ergibt sich als maximal zulässiger Definitionsbereich: $-\infty < x < \infty$.
Um den Wertebereich zu finden, formen wir den Rechenausdruck mit Hilfe der quadratischen Ergänzung um. Es ergibt sich: $y = \left(x - \frac{1}{2}\right)^2 - \frac{9}{4}$

Daraus folgt als Wertebereich: $y \geqq -\frac{9}{4}$

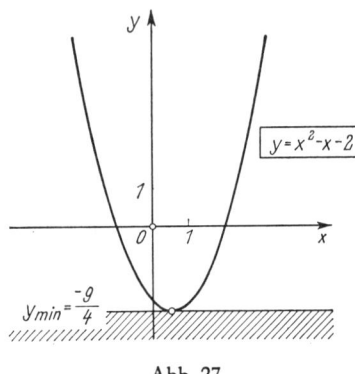

Abb. 27   Abb. 28

2. Beispiel: Eine schwierigere Wertemengenbestimmung

Für die Funktion $f(x) = \dfrac{4x+7}{x^2+2x+2}$ soll zur maximal zulässigen Definitionsmenge die zugehörige Wertemenge bestimmt werden.

Der Nenner des Bruches hat die Form $(x+1)^2 + 1$, nimmt also für keine reelle Zahl x den Wert 0 an. Folglich ist $f(x)$ für alle reellen x-Werte definierbar. Wir setzen

$$\frac{4x+7}{x^2+2x+2} = y$$

Dann läßt sich der Bereich der möglichen y-Werte durch folgende Umformung ermitteln:

$$4x + 7 = y(x^2 + 2x + 2) \quad \text{und damit} \quad y \cdot x^2 + 2(y-2) \cdot x + 2y - 7 = 0$$

Fassen wir den letzten Ausdruck als quadratische Gleichung in x auf, dann können nur solche y-Werte vorkommen, für die die Gleichung reelle x-Lösungen hat. Nach der Diskriminantenbedingung ist dies der Fall für

$$4(y-2)^2 - 4y(2y-7) \geqq 0 \quad \text{oder} \quad -y^2 + 3y + 4 \geqq 0.$$

Durch Umformung und quadratische Ergänzung ergibt sich:

$$\left(y - \frac{3}{2}\right)^2 \leqq 4 + \frac{9}{4} \quad \text{und damit} \quad y - \frac{3}{2} \leqq \frac{5}{2} \quad \text{sowie} \quad y - \frac{3}{2} \geqq -\frac{5}{2}$$

Die Funktion hat demnach den Wertebereich: $\underline{-1 \leqq y \leqq 4}$

Der Graph der Funktion läßt sich mit Hilfe einer Wertetabelle zeichnen (Abb. 28). Insbesondere gilt: $f(-0{,}5) = 4; \quad f(-3) = -1; \quad f(-1{,}75) = 0.$

Der Begriff der Funktion § 9

3. Beispiel: Eine abschnittsweise definierte Funktion
Gegeben ist die Abbildungsvorschrift:

$$f(x) = \begin{cases} x & \text{für } -3 \leq x < 0 \\ \sin x & \text{für } 0 \leq x \leq \frac{\pi}{2} \\ 2 & \text{für } 2 \leq x \leq 3 \end{cases}$$

Man bestimme Definitions- und Wertemenge und zeichne den Graphen (Abb. 29)!

Wie man unmittelbar sieht, sagt die angegebene Vorschrift nichts darüber aus, welche Funktionswerte den x-Werten in den Bereichen $|x| > 3$ und $\frac{\pi}{2} < x < 2$ zuzuordnen sind. Das heißt aber, daß die Funktion dort nicht definiert ist. Es ergibt sich demnach die Definitionsmenge

$$\mathfrak{D} = \left\{x \,\middle|\, -3 \leq x \leq \frac{\pi}{2} \vee 2 \leq x \leq 3\right\}{}^{1)}$$

und damit die Wertmenge $\mathfrak{W} = \{y \mid -3 \leq y \leq 1 \vee y = 2\}$

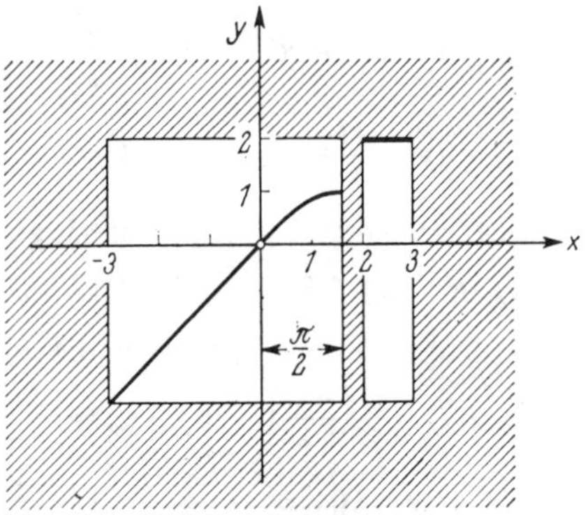

Abb. 29

4. Beispiel: Die Zahlenfolge als Funktion einer ganzzahligen Variablen

Wie aus § 1 C hervorgeht, erfüllt das Bildungsgesetz einer Zahlenfolge die Forderungen, die wir an eine Funktion im mathematischen Sinne stellen. Die Definitionsmenge ist in diesem Fall die natürliche Zahlenmenge $\mathbb{N}$ oder eine Teilmenge von $\mathbb{N}$. Die Gesamtheit der verschiedenen Zahlenwerte, die unter den Gliedern der Folge vorkommen, bestimmen die Wertemenge der Funktion. So ist die Wertemenge der Zahlenfolge mit dem allgemeinen Glied $a_\nu = \frac{1}{\nu}$ mit der Menge der positiven Stammbrüche identisch, wenn man die Zahl 1 als Stammbruch mit dem Nenner 1 hinzurechnet. Der Graph einer solchen *Indexfunktion* besteht immer nur aus einzelnen, isolierten Punkten. Zeichne den Graphen der Funktion $f(\nu) = \frac{1}{\nu}$ sowie den der Funktion $f(\nu) = \sin(\nu-1)\frac{\pi}{4}$ mit $\mathfrak{D} = \{\nu \mid \nu \text{ ist eine natürliche, einstellige Zahl}\}$ in beiden Fällen!

5. Beispiel: Eine unerfüllbare Zuordnungsvorschrift

Wir betrachten zum Abschluß noch eine Rechenvorschrift, die auf keine reelle Zahl x anwendbar ist, nämlich

$$f(x) = \sqrt{\sin x - 2}$$

Da der Wertebereich von $\sin x$ zwischen -1 und $+1$ liegt, ist der Radikand für alle reellen x-Werte negativ und damit die Wurzel nicht definiert. Wir sprechen in einem solchen Fall von einer *leeren* Definitions- und Wertemenge.

AUFGABEN

4. Im Definitionsbereich $\mathfrak{D} = \{x \mid -1 \leq x \leq +2\}$ bestehe die Zuordnungsvorschrift $y = 2x - 1$. Welche Wertemenge ergibt sich?

5. Bestimme für die allgemeine quadratische Funktion $y = ax^2 + bx + c$ mit $a \neq 0$ den maximal zulässigen Definitions- und Wertebereich! Welche Beziehung muß zwischen den Koeffizienten a, b und c bestehen, damit sich als Wertemenge $\mathfrak{W} = \{y \mid y \geq 1\}$ ergibt?

---

[1]) $A \vee B$ besagt: „A oder B oder beides zugleich". Das Zeichen $\vee$ ist aus dem Zeichen für die Vereinigung zweier Mengen entstanden.

§ 9 Der Begriff der Funktion

6. Welche der folgenden Wertepaare $(x; y)$ gehören zur Erfüllungsmenge der Funktion $y = x^3 - 2x^2 + 3$ in $-\infty < x < \infty$?
   a) $(1; 2)$;   b) $(2; 4)$;   c) $(-1; 0)$;   d) $\left(\dfrac{2}{3}; \dfrac{22}{9}\right)$.

7. Berechne $g(0)$; $g(1)$; $g(-1)$ und $g(-2)$ für folgende Funktionen:
   a) $g(x) = -x^3 + 2x - 1$;   b) $g(x) = \sqrt{x^2 + x + 1}$;
   c) $g(t) = \dfrac{2t-1}{t-2}$ mit $t \neq 2$.

8. Für welche Werte der unabhängigen Variablen x hat die Funktion $f(x) = \dfrac{2x+3}{x^2+2}$
   a) 0;   b) 1,5;   c) 1 als Funktionswert?

9. Welchen Wertebereich haben die folgenden in $-\infty < t < \infty$ definierten Funktionen:
   a) $h(t) = \dfrac{2t-1}{t^2+1}$;   b) $g(t) = \dfrac{t^2 - 2t + 1}{t^2 + 2t + 4}$.

10. Wähle für die Funktion $f(x) = \dfrac{2ax+a}{x^2+x+1}$ die Konstante a so, daß 4 die größte Zahl des Wertebereichs wird! Berechne für diesen Fall den zugehörigen x-Wert!

11. Bestimme für die folgenden Funktionen den maximal zulässigen Definitions- und Wertebereich und zeichne den Graphen der Funktion!
    a) $y = -\sqrt{25 - x^2}$;   b) $y = \sqrt{x^2 - 16}$;   c) $y = \sqrt{1 + x^2} - x$;
    d) $y = 1 + \sin x$;   e) $y = \sin^2 x + \cos^2 x$;   f) $y = 2\cos 2x + 2\sin^2 x$.

    Hinweis: Wähle für die Zeichnung auf beiden Achsen als Längeneinheit 1 cm. Bei den trigonometrischen Funktionen ist es üblich, auf der x-Achse π Längeneinheiten gleich 3 cm zu setzen.

12. Zeichne die Graphen der folgenden abschnittsweise definierten Funktionen:
    a) $f(x) = \begin{cases} \dfrac{1}{2}x^2 - x & \text{für } -3 \leq x \leq 0 \\ -\dfrac{1}{2}x^2 + x & \text{für } 0 < x \leq 3 \end{cases}$
    b) $f(x) = \begin{cases} \dfrac{1}{x} & \text{für } 1 \leq x \leq 2 \\ 0,5\sqrt{x-1} & \text{für } x > 2 \end{cases}$

Vermischte Aufgaben

13. Für welche reellen Zahlenwerte x sind die folgenden Abbildungsvorschriften $f(x)$ nicht definiert (Begründung):
    a) $f(x) = \dfrac{1}{x}$;   b) $f(x) = \dfrac{2x-3}{3x+4}$;   c) $f(x) = \dfrac{x^2 - x + 1}{x^2 + x - 6}$;
    d) $f(x) = \dfrac{1 - \cos x}{\sin x}$;   e) $f(x) = \sqrt{x^2 + 2x - 3}$;   f) $f(x) = \sqrt{3 + 2x - x^2}$.

14. Bestimme den Wertebereich der Funktion $y = a\sin x + b\cos x$, indem du den Rechenausdruck auf die Form $y = c\sin(x + \varphi)$ bringst.

15. Zeige, daß die Wertemengen der folgenden Funktionen nur ein Element haben:
    a) $y = \cos 2x + 2\sin^2 x + 3$;   b) $y = \begin{cases} 0 & \text{für } x = 0 \\ |x| - x & \text{für } x > 0 \\ |x| + x & \text{für } x < 0 \end{cases}$
    c) $y = x - \sqrt{x^2 + 2x + 1}$ für $x \geq -1$.

16. Welche verschiedenen eindeutigen Abbildungsvorschriften erfüllen die folgenden Relationen? Stelle ihre Erfüllungsmengen graphisch dar!

a) $y^2 - 4x = 0$; b) $(x-1)^2 + (y+2)^2 = 16$; c) $x^2 - y^2 - 4 = 0$;

d) $x^2 + y^2 + 2x - 4y - 20 = 0$; e) $(x-y)^2 = x^2 - y^2$;

f) $y^2 + 2xy + x^2 = x + y$.

17. Bestimmung des maximal zulässigen Definitionsbereichs in schwierigeren Fällen

Für welche x-Werte sind die folgenden Zuordnungsvorschriften definierbar:

a) $f(x) = x \sqrt{\dfrac{x-2}{4x+2}}$; b) $y = 3\sqrt{1 - 2\cos x}$; c) $y = 2\sqrt{2\sin\dfrac{x}{2} - 1}$.

Anmerkung: Bei den trigonometrischen Funktionen sind nur die Teile des Definitionsbereichs im Intervall $0 \leq x < 2\pi$ anzugeben.

18. Umkehrbar eindeutige Abbildungen

Zeige durch Bestimmung der umgekehrten Zuordnung, daß die folgenden Funktionen eine umkehrbar eindeutige Abbildung von $\mathfrak{D}$ auf $\mathfrak{W}$ definieren!

a) $f(x) = \tfrac{1}{2}x + 3$ mit $\mathfrak{D} = \{x \mid -10 \leq x \leq 10\}$; b) $f(x) = 4x^2 + 1$ mit $\mathfrak{D} = \{x \mid x \geq 0\}$.

Welchen Definitionsbereich hat jeweils die Umkehrfunktion? Wie erkennt man die umkehrbar eindeutige Zuordnung am Graphen der Funktion?

C. Grundbegriffe der Mengenlehre

Die Deutung der Funktion als Zuordnung oder Abbildung von Zahlenmengen zeigt, daß dem Begriff der Menge, den wir bereits in § 1 eingeführt haben, zur Beschreibung mathematischer Sachverhalte eine besondere Bedeutung zukommt. Wir wollen deshalb hier einmal etwas ausführlicher bei den „Mengen" verweilen, um einige wichtige Grundbegriffe und Bezeichnungsweisen der Mengenlehre zusammenzustellen.

1. Verallgemeinerung des Mengenbegriffs

Jede Zusammenfassung von bestimmten, klar unterschiedenen Gegenständen unseres Denkens oder des konkreten Erfahrungsbereichs kann als Menge bezeichnet werden. So sprechen wir z.B. von der Menge der rechtwinkligen Dreiecke in der Zeichenebene, von der Menge der physikalischen Begriffe in einem Lexikon oder von der Geldmenge einer Ladenkasse.

In der Mathematik befassen wir uns vor allem mit Zahlen- und Punktmengen. Sie werden entweder durch die Angabe ihrer Elemente oder eine alle Elemente charakterisierende Eigenschaft gekennzeichnet. Diese Kennzeichnung muß immer so erfolgen, daß von jedem möglichen Element feststeht, ob es zur Menge gehört oder nicht. Außerdem darf kein Element mehr als einmal in einer Menge vorkommen.

Beispiele:

a) $\mathfrak{M}_1 = \{1, 2, 3, 4, 5, 6, 7, 8, 9\}$ bezeichnet die Menge der natürlichen Zahlen von 1 bis 9.

b) $\mathfrak{M}_2 = \{x \mid x \geq 0\}$ bezeichnet die Menge aller reellen Zahlen x wobei $x \geq 0$.

c) $\mathfrak{M}_3 = \{(x; y) \mid y = 1\}$ Hier ist die Menge aller Wertepaare $(x; y)$ gemeint, für die y gleich 1 ist, während x jede reelle Zahl sein kann. Die zugehörige Punktmenge wird durch die Gerade mit der Gleichung $y = 1$ (Parallele zur x-Achse) dargestellt.

§ 9 Der Begriff der Funktion

Für die Menge aller natürlichen Zahlen schreiben wir wie bisher kurz ℕ, während die Menge aller ganzen Zahlen mit ℤ bezeichnet wird.

2. Grundlegende Begriffe und Bezeichnungsweisen

a) Endliche und unendliche Mengen

Wenn eine Menge nur endlich viele Elemente hat, sprechen wir von einer endlichen Menge. Im Beispiel a) zu 1. ist $\mathfrak{M}_1$ eine endliche Menge mit genau 9 Elementen. Dagegen enthalten die Mengen $\mathfrak{M}_2$ und $\mathfrak{M}_3$ in den Beispielen b) und c) unendlich viele Elemente. Sie werden daher als unendliche Mengen bezeichnet. Insbesondere sind ℕ und ℤ unendliche Mengen.

b) Die leere Menge

Enthält eine Menge $\mathfrak{M}$ überhaupt kein Element, nennen wir sie eine leere Menge und schreiben kurz: $\mathfrak{M} = \emptyset$. Die Menge aller durch 9 teilbaren Primzahlen oder die Menge der regulären Körper mit mehr als 20 Flächen sind z. B. leere Mengen. Vergleiche auch das 5. Beispiel auf S. 69!

c) Die Teilmenge

Eine Menge $\mathfrak{M}'$ heißt eine Teilmenge einer gegebenen Menge $\mathfrak{M}$, wenn alle Elemente von $\mathfrak{M}'$ auch in $\mathfrak{M}$ enthalten sind. Wir schreiben dafür kurz: $\mathfrak{M}' \subseteq \mathfrak{M}$. Enthält $\mathfrak{M}$ auch noch Elemente, die nicht zu $\mathfrak{M}'$ gehören, dann ist $\mathfrak{M}'$ eine echte Teilmenge von $\mathfrak{M}$, was durch die symbolische Schreibweise $\mathfrak{M}' \subset \mathfrak{M}$ zum Ausdruck gebracht wird.

Beispiele:
a) Die Menge der ungeraden Primzahlen ist eine echte Teilmenge der Menge aller Primzahlen.
b) Die Erfüllungsmenge der Funktion $y = \sqrt{r^2 - x^2}$ ist eine Teilmenge von $\{(x; y) \mid x^2 + y^2 = r^2\}$. Für $r \neq 0$ handelt es sich um eine echte Teilmenge.

d) Gleichheit von Mengen

$\mathfrak{M}_1 = \mathfrak{M}_2$ bedeutet, daß jedes Element von $\mathfrak{M}_1$ auch zu $\mathfrak{M}_2$ gehört und umgekehrt.

e) Durchschnitt und Vereinigungsmenge

Die Gesamtheit derjenigen Elemente, die zwei gegebenen Mengen $\mathfrak{M}$ und $\mathfrak{M}'$ *zugleich* angehören, heißt der Durchschnitt der gegebenen Mengen. Wir schreiben dafür kurz: $\mathfrak{M} \cap \mathfrak{M}'$ (lies: Durchschnitt von $\mathfrak{M}$ und $\mathfrak{M}'$).
Dagegen bildet die Gesamtheit aller Elemente, die *mindestens* einer von zwei gegebenen Mengen $\mathfrak{M}$ und $\mathfrak{M}'$ angehören, die sogenannte Vereinigungsmenge dieser Mengen. Es gilt die kurze Bezeichnungsweise: $\mathfrak{M} \cup \mathfrak{M}'$ (lies: Vereinigungsmenge von $\mathfrak{M}$ und $\mathfrak{M}'$).

Beispiele:
a) In den Beispielen zu 1. gilt $\mathfrak{M}_1 \cap \mathfrak{M}_2 = \mathfrak{M}_1$ sowie $\mathfrak{M}_1 \cup \mathfrak{M}_2 = \mathfrak{M}_2$.
b) Der Durchschnitt der Erfüllungsmengen zweier Funktionen ergibt die Wertepaare der Schnittpunkte ihrer Graphen.
c) $\{(x; y) \mid x - y = 0\} \cup \{(x; y) \mid x + y = 0\} = \{(x; y) \mid x^2 - y^2 = 0\}$.

3. Das Euler-Diagramm zur Veranschaulichung von Mengen

Um die Beziehung zwischen mehreren Mengen zu verdeutlichen, kennzeichnet man die Mengen durch die Innengebiete geschlossener Kurven, insbesondere von Kreisen. Wir

Der Begriff der Funktion § 9

erhalten dann die folgenden Veranschaulichungen:

1. Beispiel:

Abb. 30a veranschaulicht die Beziehung

$\mathfrak{M}' \subset \mathfrak{M}$ für $\mathfrak{M}' = \{2, 4, 6, 8\}$ und $\mathfrak{M} = \{1, 2, 3, 4, 5, 6, 7, 8, 9\}$.

2. Beispiel:

Es soll der Durchschnitt der Punktmengen

$\mathfrak{P}_1 = \{(x; y) \mid x^2 + y^2 < r^2\}$ und $\mathfrak{P}_2 = \{(x; y) \mid (x-a)^2 + y^2 < r'^2\}$

für folgende Fälle dargestellt werden (Abb. 30b):

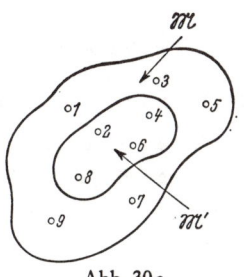

Abb. 30a

I) $|r - r'| < |a| < |r + r'|$: Als Durchschnitt $\mathfrak{P}_1 \cap \mathfrak{P}_2$ ergibt sich diejenige Punktmenge in der xy-Ebene, die beiden Kreisflächen ohne Einschluß des Randes angehört.

II) $r - r' \geq |a| > 0$: Hier gilt $\mathfrak{P}_2 \subset \mathfrak{P}_1$ und damit $\mathfrak{P}_1 \cap \mathfrak{P}_2 = \mathfrak{P}_2$.

III) $r + r' < |a|$ mit $r > 0$ und $r' > 0$: In diesem Fall ist der Durchschnitt die leere Menge ∅.

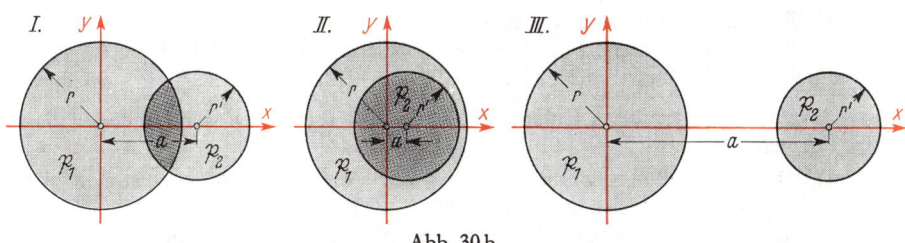

Abb. 30b

3. Beispiel:

Abb. 30c veranschaulicht die Vereinigungsmenge $\mathfrak{N}_1 \cup \mathfrak{N}_2$ für $\mathfrak{N}_1 = \{$alle durch 4 teilbaren natürlichen Zahlen$\}$ und $\mathfrak{N}_2 = \{$alle durch 3 teilbaren natürlichen Zahlen$\}$. Zum Vergleich ist auch der Durchschnitt von $\mathfrak{N}_1$ und $\mathfrak{N}_2$ dargestellt.

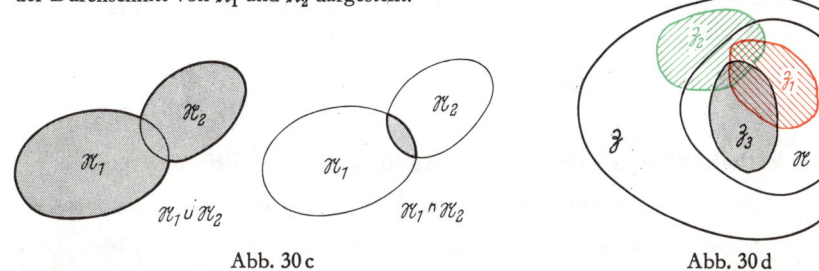

Abb. 30c Abb. 30d

4. Beispiel:

Gegeben sind die folgenden Zahlenmengen:
$\mathfrak{Z}_1 = \{$alle durch 2 teilbaren natürlichen Zahlen$\}$,
$\mathfrak{Z}_2 = \{$alle ganzen Zahlen kleiner als 20 und größer als $-20\}$,
$\mathfrak{Z}_3 = \{$alle durch 5 teilbaren natürlichen Zahlen$\}$.
Abb. 30d veranschaulicht die gegenseitigen Beziehungen dieser Mengen untereinander und zu ℕ und ℤ.

Geschichtliches

Als Begründer der Mengenlehre gilt der Mathematiker Georg *Cantor* (1845—1918), der bereits 1874 eine Abhandlung über die Abzählbarkeit der Menge der algebraischen Zahlen und die Nichtabzählbarkeit der reellen Zahlenmenge veröffentlichte. Seine wichtigsten Untersuchungen zur Mengenlehre, die

§ 10 Der Grenzwert von Funktionen

er Mannigfaltigkeitslehre nannte, erschienen zwischen 1879 und 1884. In einer dieser Arbeiten definierte Cantor eine Menge als „eine Zusammenfassung von bestimmten wohlunterschiedenen Objekten unserer Anschauung oder unseres Denkens ... zu einem Ganzen".

Die Mengenlehre, eine der bedeutendsten Schöpfungen des menschlichen Geistes, zählt zu den wichtigsten Grundlagen der modernen Mathematik. Ihre Ergebnisse haben viele Zweige der Mathematik wesentlich befruchtet bzw. überhaupt erst möglich gemacht. Besonders die mathematische Grundlagenforschung verdankt der Mengenlehre bedeutende Anregungen und Erkenntnisse.

AUFGABEN

19. Schreibe folgende Mengen in der Mengenschreibweise:
    a) Die Menge der positiven Zahlen z, die kleiner als 2 sind.
    b) Die Menge der regulären Körper.
    c) Die Erfüllungsmenge der Funktion $y = 2x^2 - 3x + 5$ in $\mathfrak{D} = \{x \mid -\infty < x < \infty\}$.

20. Bestimme Durchschnitt und Vereinigungsmenge von folgenden Mengen $\mathfrak{M}_1$ und $\mathfrak{M}_2$:
    a) $\mathfrak{M}_1 = \{$alle positiven geraden Zahlen $\leq 30\}$, $\mathfrak{M}_2 = \{$alle natürlichen, durch 3 teilbaren Zahlen kleiner als 20$\}$.
    b) $\mathfrak{M}_1 = \{$alle Rauten$\}$, $\mathfrak{M}_2 = \{$alle Rechtecke$\}$.
    c) $\mathfrak{M}_1 = \{$alle rationalen Zahlen$\}$, $\mathfrak{M}_2 = \{$alle irrationalen Zahlen$\}$.
    d) $\mathfrak{M}_1 = \{x \mid -2 \leq x < 1\}$, $\mathfrak{M}_2 = \{x \mid 0 < x < 2\}$.

21. Zeige, ggf. anhand des Euler-Diagramms, die Gültigkeit der folgenden Sätze und Formeln:
    a) Ist $\mathfrak{M}_1$ der Durchschnitt und $\mathfrak{M}_2$ die Vereinigungsmenge zweier gegebener Mengen, dann gilt: $\mathfrak{M}_1 \cap \mathfrak{M}_2 = \mathfrak{M}_1$ und $\mathfrak{M}_1 \cup \mathfrak{M}_2 = \mathfrak{M}_2$.
    b) Ist der Durchschnitt der Definitionsmengen zweier Funktionen leer, so haben die zugehörigen Graphen keine gemeinsamen Punkte. Gilt auch die Umkehrung?
    c) Für 3 beliebige Mengen $\mathfrak{M}_1$, $\mathfrak{M}_2$ und $\mathfrak{M}_3$ gilt: $(\mathfrak{M}_1 \cap \mathfrak{M}_2) \cap \mathfrak{M}_3 = \mathfrak{M}_1 \cap (\mathfrak{M}_2 \cap \mathfrak{M}_3)$.

    Anmerkung: Diese Beziehung zeigt, daß für die Durchschnittsbildung von Mengen das Assoziativgesetz gilt. Die Untersuchung derartiger Gesetze ist Gegenstand der sogenannten Mengenalgebra.

§ 10. DER GRENZWERT VON FUNKTIONEN

A. Das Verhalten einer Funktion am Rande ihres Definitionsbereichs

Welchem Grenzwert strebt $f(x) = \dfrac{x}{x+1}$ zu, wenn x die Folge der natürlichen Zahlen durchläuft? Setze nun $x = \sqrt{n}$ und berechne $\lim\limits_{x \to \infty} f(\sqrt{n})$! Was ergibt sich? Welche weitere Verallgemeinerung ist möglich?

1. Der Grenzwert von Funktionen bei unbeschränkt wachsendem oder abnehmendem Argument

In § 7 haben wir den Grenzwert einer Zahlenfolge, deren Platzziffer gegen unendlich strebt, untersucht. Die dort angestellten Grenzbetrachtungen wollen wir nunmehr auf beliebige Funktionen[1]) mit unbeschränktem Definitionsbereich übertragen. Wir betrachten dazu das folgende Beispiel:

---

[1]) Wie wir in § 9 B 3, 4. Beispiel gesehen haben, sind die Zahlenfolgen als Funktionen mit ganzzahligen Argumentwerten zu betrachten.

Der Grenzwert von Funktionen §10

Beispiel: Es soll das Verhalten der Funktion
$$f(x) = \frac{2x+3}{x+1}$$
im Unendlichen untersucht werden.

Wir stellen zunächst fest: Durchläuft x die Folge der natürlichen Zahlen $1; 2; 3; \ldots; \nu; \ldots$, so gilt $\lim_{\nu \to \infty} f(\nu) = 2$, d.h.: $(f(x) - 2)$ strebt gegen 0 für $x = \nu$ mit $\nu \to \infty$. Wir betrachten nun
$$f(x) - 2 = \frac{2x+3}{x+1} - 2 = \frac{1}{x+1}$$
für *beliebige reelle* Zahlenwerte x, die größer sind als eine gewisse natürliche Zahl n. Dann folgt $f(x) - 2 \to 0$ für $x \to +\infty$ aus der Ungleichung
$$0 < \frac{1}{x+1} < \frac{1}{n+1} \quad \text{für} \quad x > n.$$

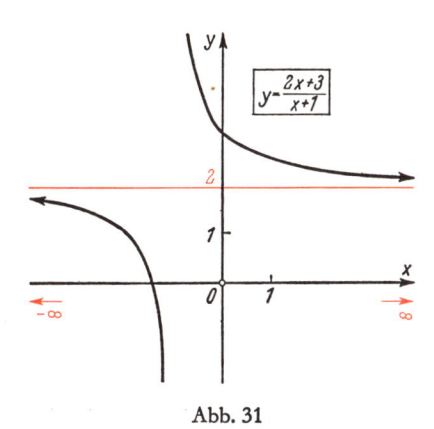

Abb. 31

Nimmt das Argument der Funktion $f(x)$ unbegrenzt ab, d.h., strebt x gegen $-\infty$, dann ist für alle $x < -n \leq -2$:
$$0 > \frac{1}{x+1} > \frac{1}{1-n}$$

Es gilt demnach auch für $x \to -\infty$: $f(x) - 2 \to 0$. Zusammenfassend können wir das Verhalten der Funktion im Unendlichen folgendermaßen charakterisieren (Abb. 31):
$$\lim_{x \to +\infty} f(x) = \lim_{x \to -\infty} f(x) = 2$$

Allgemein setzen wir fest:

Definition: Eine Funktion $f(x)$ mit rechtsseitig unbeschränktem Definitionsbereich heißt *konvergent zum Grenzwert* a für $x \to +\infty$, wenn $|f(x) - a|$ beliebig klein wird, falls x über alle Grenzen wächst.

Unter Verwendung der für den Grenzwert von Zahlenfolgen bereits eingeführten Formulierung erhält diese Definition die folgende schärfere Fassung:

Eine Funktion $f(x)$ mit rechtsseitig unbeschränktem Definitionsbereich heißt konvergent zum Grenzwert a für $x \to +\infty$, wenn sich zu jedem $\varepsilon > 0$ eine Zahl $N > 0$ so bestimmen läßt, daß $|f(x) - a| < \varepsilon$ für alle $x > N$ gilt, die zum Definitionsbereich von $f(x)$ gehören.

Für diesen Sachverhalt schreiben wir kurz: $\lim_{x \to +\infty} f(x) = a$. In entsprechender Weise läßt sich die Schreibweise $\lim_{x \to -\infty} f(x) = b$ definieren. Drücke dies in Worten aus!

Nehmen die Funktionswerte für $x \to +\infty$ bzw. $x \to -\infty$ unbeschränkt zu bzw. unbeschränkt ab, dann schreiben wir dafür:
$$f(x) \to +\infty \quad \text{für} \quad x \to +\infty \quad \text{bzw.} \quad f(x) \to -\infty \quad \text{für} \quad x \to -\infty$$

Ein solches Verhalten zeigt z.B. die Funktion $y = x^3$.

Anmerkung: Die Grenzwerte $\lim_{x \to +\infty} f(x)$ und $\lim_{x \to -\infty} f(x)$ können, sofern sie überhaupt existieren, voneinander verschieden sein. Für Funktionen mit beiderseits unbeschränktem Definitionsbereich müssen deshalb die Fälle $x \to +\infty$ und $x \to -\infty$ gesondert untersucht werden.

§ 10 Der Grenzwert von Funktionen

2. Der Funktionsverlauf in der Umgebung von x-Werten, die nicht zur Definitionsmenge gehören

Die Funktion $f(x) = \dfrac{x^2 - 3x + 2}{x^2 + x - 6}$ ist für $x = -3$ und $x = 2$ nicht definiert, weil für diese Zahlenwerte der Nenner des Bruches Null wird. Wir wollen nun die Frage untersuchen, wie sich die Funktion in der unmittelbaren Nachbarschaft dieser x-Werte verhält.

Wir betrachten (vgl. Abb. 32!)

$$f(x) = \frac{x^2 - 3x + 2}{x^2 + x - 6}$$

zunächst in der Umgebung von $x = -3$, indem wir

$$x = -3 \pm h \quad \text{mit} \quad h > 0$$

in die Funktionsgleichung einsetzen. Es ergibt sich

$$f(-3 \pm h) = \frac{(-3 \pm h)^2 - 3(-3 \pm h) + 2}{(-3 \pm h)^2 + (-3 \pm h) - 6} = \frac{h^2 \mp 9h + 20}{h^2 \mp 5h}$$

Für hinreichend kleine positive Zahlenwerte h nähert sich der Zähler des Bruches dem Wert 20, während der Nenner gegen Null strebt. Es gilt dann:

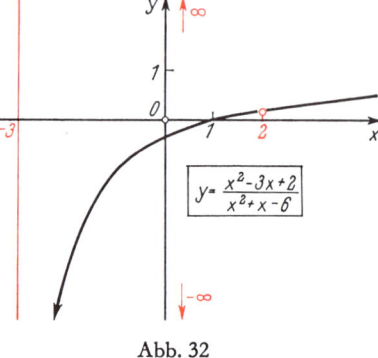

Abb. 32

$$f(x) \to -\infty \text{ mit } x \to -3 + 0 \quad \text{(rechtsseitige Annäherung)}$$

$$f(x) \to +\infty \text{ mit } x \to -3 - 0 \quad \text{(linksseitige Annäherung)}$$

Von ganz anderer Art ist das Verhalten der Funktion in der Umgebung von $x = 2$. Hier gilt für $h > 0$:

$$f(2 \pm h) = \frac{(2 \pm h)^2 - 3(2 \pm h) + 2}{(2 \pm h)^2 + (2 \pm h) - 6} = \frac{h^2 \pm h}{h^2 \pm 5h} = \frac{h \pm 1}{h \pm 5}$$

Wir erkennen bei rechts- *und* linksseitiger Annäherung:

$$\frac{h \pm 1}{h \pm 5} - \frac{1}{5} = \frac{4h}{5(h \pm 5)} \to 0 \quad \text{mit} \quad h \to 0$$

Diesen Sachverhalt drücken wir durch die Schreibweise $\lim\limits_{h \to 0} f(2+h) = \lim\limits_{h \to 0} f(2-h) = \dfrac{1}{5}$ aus.

Die vorausgegangenen Untersuchungen zeigen, daß bei Funktionen nicht nur im Unendlichen, sondern auch in der „Umgebung" bestimmter x-Werte Grenzbetrachtungen angestellt werden können. Dabei gilt:

Definition: Unter einer *Umgebung der Zahl* x_0 verstehen wir die Menge aller reellen Zahlen x mit oder ohne Einschluß von x_0, die nach Wahl einer Zahl $\delta > 0$ die Ungleichung $x_0 - \delta < x < x_0 + \delta$ erfüllen.

Da die Größe der Umgebung von x_0 von δ abhängt, sprechen wir auch von einer δ-Umgebung der Zahl x_0. Alle x-Werte dieser Umgebung lassen sich in der Form $x = x_0 \pm h$ mit $0 < h < \delta$ schreiben. Da die x-Werte $x_0 + \delta$ und $x_0 - \delta$ laut Definition nicht mehr zur δ-Umgebung von x_0 gezählt werden, wird die δ-Umgebung einer Zahl ein *offenes Intervall* genannt. Dagegen bildet die Gesamtheit aller x-Werte mit der Bedingung $a \leq x \leq b$ ein *abgeschlossenes* Intervall. Darüber hinaus ist es üblich, Ungleichungen der Form $a \leq x < b$ bzw. $a < x \leq b$ als *halboffene* Intervalle zu bezeichnen.

Mit Hilfe des Begriffs der Umgebung kann der Grenzwert einer Funktion $f(x)$ bei Annäherung an den Argumentwert x_0 in folgender Weise erklärt werden (Abb. 33):

Der Grenzwert von Funktionen § 10

Definition: Eine in einer Umgebung von x_0 definierte Funktion $f(x)$ hat bei rechtsseitiger (bzw. linksseitiger) Annäherung an x_0 den Grenzwert a (bzw. b), wenn $|f(x_0+h)-a|$ (bzw. $|f(x_0-h)-b|$) mit $h > 0$ beliebig klein wird, falls h gegen Null strebt.

Wir schreiben dafür auch kurz:

$\lim\limits_{h \to 0} f(x_0+h) = a$ oder $\lim\limits_{x \to x_0+0} f(x) = a$ bzw.

$\lim\limits_{h \to 0} f(x_0-h) = b$ oder $\lim\limits_{x \to x_0-0} f(x) = b$.

Läßt sich zu *jeder* (noch so großen) positiven Zahl G eine Umgebung von x_0 so angeben, daß für alle x aus dieser Umgebung $|f(x)| > G$ gilt, so bringen wir dies durch die Schreibweise $|f(x)| \to \infty$ mit $x \to x_0$ zum Ausdruck. Auch in diesem Falle ist zwischen links- und rechtsseitiger Annäherung zu unterscheiden.

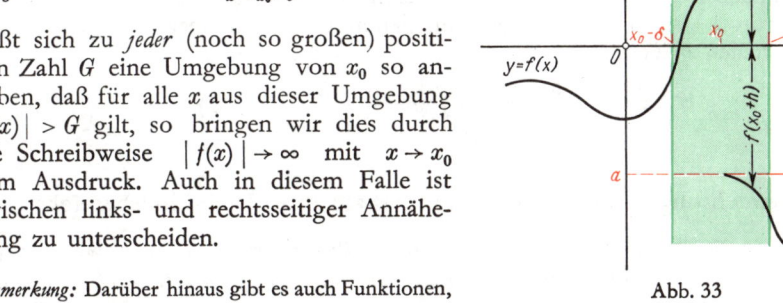

Anmerkung: Darüber hinaus gibt es auch Funktionen, die z.B. bei linksseitiger Annäherung gegen $\pm \infty$, bei rechtsseitiger Annäherung dagegen einem bestimmten Grenzwert zustreben. Ein Beispiel hierfür werden wir jedoch erst später kennenlernen. Schließlich ist auch noch der Fall denkbar, daß eine Funktion bei Annäherung an einen Randwert x_0 ihres Definitionsbereichs weder einen Grenzwert hat noch gegen $\pm \infty$ strebt, wie das Beispiel der Funktion $y = \sin \frac{1}{x}$ für $x \to 0$ zeigt (siehe Abb. 36).

Abb. 33

AUFGABEN

1. Von welchem $x > 1$ an gilt:
   a) $\frac{5}{2} - \frac{5x-6}{2x-2} < \frac{1}{1000}$; b) $\frac{x^2+1}{x^2-1} - 1 < \frac{1}{100}$; c) $\frac{\sqrt{x}+1}{\sqrt{x}-1} - 1 < \frac{1}{100}$.

2. Berechne:
   a) $\lim\limits_{x \to +\infty} \frac{2-x}{1+x}$; b) $\lim\limits_{x \to +\infty} \frac{1+\sin x}{x}$; c) $\lim\limits_{x \to +\infty} \frac{2x^2-3x+2}{5x^2+1}$;
   d) $\lim\limits_{x \to +\infty} \frac{\sqrt{x}+1}{x-1}$; e) $\lim\limits_{x \to +\infty} \frac{2x-3}{\sqrt{x^2+1}}$; f) $\lim\limits_{x \to +\infty} \frac{x+2\sqrt{x}}{3x-\sqrt{x}}$.

   Bestimme, soweit zulässig, auch den Grenzwert für $x \to -\infty$! Vgl. dazu Aufgabe 21 zu § 7!

3. Welche untere Schranke $K > 0$ läßt sich angeben, so daß für alle $x > K$ sicher $f(x) > 1000$ gilt:
   a) $f(x) = \sqrt{x+1}$; b) $f(x) = x^2$; c) $f(x) = x^2 + 2x - 3$; d) $f(x) = \frac{x^2}{1+x}$.

4. Für welche x-Werte gilt $|g(x)| > 1000$:
   a) $g(x) = x^3$; b) $g(x) = 2x^3 - 24$; c) $g(x) = (x+1)\sqrt{|x+1|}$.

5. Für welche x-Werte sind die folgenden Funktionen nicht definiert? Kennzeichne ihr Verhalten in der Umgebung dieser Zahlenwerte:

§ 10 Der Grenzwert von Funktionen

a) $f(x) = \dfrac{1}{x}$; b) $f(x) = \dfrac{2x+3}{x+1}$; c) $f(x) = \dfrac{x-3}{x^2+2x-3}$;

d) $f(x) = \tan x$; e) $f(x) = \dfrac{1}{\sin x}$; f) $f(x) = \dfrac{1}{\sqrt{x^2-1}}$; g) $f(x) = \dfrac{x+1}{x^2-1}$.

6. Berechne für links- und rechtsseitige Annäherung die folgenden Grenzwerte:

a) $\lim\limits_{x \to 2,5} \dfrac{5-2x}{2x^2-3x-5}$; b) $\lim\limits_{x \to -2} \dfrac{x^2-2x-8}{x^2+3x+2}$; c) $\lim\limits_{x \to a} \dfrac{x^2-a^2}{x-a}$; d) $\lim\limits_{x \to 3} \dfrac{2x^2-6x}{x^2+x-12}$.

7. Die folgenden Funktionen sind für $x = 0$ nicht definiert. Gibt es jeweils eine δ-Umgebung von $x = 0$, in der die Funktion definierbar ist? Berechne gegebenenfalls den maximalen δ-Wert!

a) $y = \dfrac{1}{\sqrt{x}}$; b) $y = \dfrac{10}{10x^3-x}$; c) $y = \dfrac{2}{\sqrt{4x^4-x^2}}$; d) $y = \dfrac{1}{\sin \dfrac{1}{x}}$.

B. Grenzbetrachtungen an Funktionen innerhalb ihres Definitionsbereichs

a) Berechne für die Funktion $f(x) = x^2$ die Abweichung des Funktionswerts $f(2+h)$ vom Wert $f(2)$ in Abhängigkeit von h! Für welche positiven Zahlen h gilt: $f(2+h) - f(2) < \dfrac{1}{100}$? Was folgt daraus für $\lim\limits_{x \to 2} f(x)$?

b) Gegeben ist die Zuordnungsvorschrift $f(x) = \begin{cases} 1 & \text{für } x < 0 \\ 0 & \text{für } x = 0 \\ 1 - x^2 & \text{für } x > 0 \end{cases}$

Vergleiche $\lim\limits_{x \to 0+0} f(x)$ und $\lim\limits_{x \to 0-0} f(x)$ mit $f(0)$!

1. Der Begriff der Stetigkeit

Unsere bisherigen Grenzbetrachtungen bezogen sich auf das Verhalten einer Funktion am Rande ihres Definitionsbereichs. Nunmehr wollen wir für „innere" Punkte der Definitionsmenge den Funktionsverlauf mit den Methoden der Grenzwertrechnung untersuchen. Wir müssen dabei die Frage klären, unter welchen Bedingungen die Funktionswerte $f(x)$ in der Umgebung von x_0 für $x \to x_0$ dem Wert $f(x_0)$ beliebig nahekommen; denn das Beispiel in Vorübung b) zeigt, daß u. U. im Innern des Definitionsbereichs einer Funktion „Sprungstellen" auftreten können. Die meisten gebräuchlichen Funktionen verhalten sich allerdings in jedem Teilintervall ihrer Definitionsmenge so, daß ihr Bild durch einen lückenlosen, zusammenhängenden Kurvenzug dargestellt werden kann. Wir sprechen in diesen Fällen von *stetigen* Funktionen.

Definition: Eine Funktion $f(x)$, die an der Stelle x_0 einschließlich einer δ-Umgebung definiert ist, heißt in x_0 stetig, wenn mit $0 < h < \delta$ gilt:

$$\lim_{h \to 0} f(x_0 + h) = \lim_{h \to 0} f(x_0 - h) = f(x_0)$$

1. Beispiel:

$f(x) = x$ ist an jeder Stelle x_0 stetig, weil die Funktion für jede reelle Zahl x_0 definiert ist und die Differenz $f(x_0 + h) - f(x_0) = x_0 + h - x_0 = h$ mit h gegen Null geht.
Für $x_0 = 0$ folgt insbesondere: $\lim\limits_{h \to 0} h = 0$.

2. Beispiel:

$f(x) = \dfrac{1}{x}$ ist an der Stelle $x_0 = 2$ stetig, weil die Funktion in einer δ-Umgebung ($\delta_{max} = 2$) einschließlich $x_0 = 2$ definiert ist und für $0 < h < \delta$

I. $\left| f(x_0 + h) - f(x_0) \right| = \left| \dfrac{1}{2+h} - \dfrac{1}{2} \right| = \dfrac{h}{4+2h} < \dfrac{h}{4}$ beliebig klein wird, falls h gegen Null strebt,

II. $\left| f(x_0 - h) - f(x_0) \right| = \left| \dfrac{1}{2-h} - \dfrac{1}{2} \right| = \dfrac{h}{4-2h} < \dfrac{h}{2}$ für $h < 1$ mit $h \to 0$ gegen Null strebt.

Ist für eine Funktion $f(x)$ an der Stelle x_0 ihres Definitionsbereichs die Stetigkeitsdefinition nicht erfüllt, so heißt $x = x_0$ eine *Unstetigkeitsstelle* der Funktion.

Anmerkungen:

1. Laut Definition kann eine Funktion nur innerhalb ihres Definitionsbereichs stetig sein, weil sich am Rande keine zur Definitionsmenge gehörende δ-Umgebung angeben läßt. Ist jedoch $f(x)$ in einem Randpunkt x_0 definiert und gilt bei einseitiger Annäherung an x_0: $\lim\limits_{x \to x_0} f(x) = f(x_0)$, so sprechen wir an dieser Stelle von *einseitiger Stetigkeit*. Vgl. z. B. Abb. 35!

2. Eine *stetig behebbare Definitionslücke* liegt vor, wenn eine Funktion $f(x)$ für $x = x_0$ zwar nicht definiert ist, aber der links- und rechtsseitige Grenzwert existieren und miteinander übereinstimmen. Als Beispiel betrachten wir in Abb. 32

$$f(x) = \frac{x^2 - 3x + 2}{x^2 + x - 6} \quad (x \neq 2;\ x \neq -3)$$

an der Stelle $x = 2$. Hier kann durch eine nachträgliche Definitionsbereichserweiterung eine Funktion $g(x)$ definiert werden, die für $x \neq 2$ mit $f(x)$ identisch ist und für $x = 2$ den Wert $\tfrac{1}{5}$ hat (vgl. S. 76). Wir schreiben dafür kurz:

$$y = g(x) = \begin{cases} \dfrac{x^2 - 3x + 2}{x^2 + x - 6} & \text{für} \quad x \neq 2 \quad \text{und} \quad x \neq -3 \\ \dfrac{1}{5} & \text{für} \quad x = 2 \end{cases}$$

Wie man unmittelbar sieht, ist die Funktion $y = g(x)$ an der Stelle $x = 2$ stetig. Dagegen wäre es falsch, diese Stelle als Unstetigkeitsstelle der ursprünglich gegebenen Zuordnungsvorschrift $y = f(x)$ zu bezeichnen, da $f(x)$ in $x = 2$ nicht definiert ist.

2. Beispiele für Unstetigkeitsstellen einer Funktion

1. Fall: $f(x)$ hat an der Stelle x_0 eine endliche Sprungstelle.

Als Beispiel betrachten wir die folgende Zuordnungsvorschrift einer abschnittsweise definierten Funktion (Abb. 34):

$$f(x) = \begin{cases} x & \text{für} \quad 0 \leq x < 1 \\ 2 & \text{für} \quad x = 1 \\ 4 - x & \text{für} \quad x > 1 \end{cases}$$

Anmerkung: Es gibt Funktionen, die an *jeder* Stelle ihres Definitionsbereichs eine endliche Sprungstelle haben, wie folgende Rechenvorschrift zeigt:

$$f(x) = \begin{cases} 0 & \text{für jede rationale Zahl } x \\ 1 & \text{für jede irrationale Zahl } x \end{cases}$$

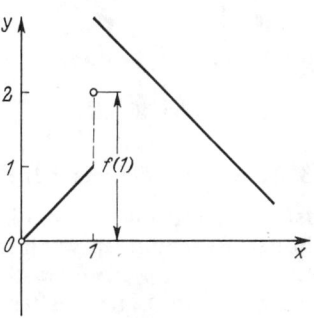

Abb. 34

§ 10 Der Grenzwert von Funktionen

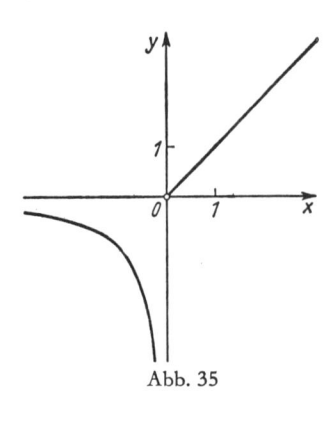

2. Fall: $f(x)$ hat an der Stelle x_0 eine unendliche Sprungstelle.

Als Beispiel betrachten wir folgende abschnittsweise definierte Funktion:

$$f(x) = \begin{cases} x & \text{für } x \geq 0 \\ \dfrac{1}{x} & \text{für } x < 0 \end{cases} \quad \text{(Abb. 35)}$$

Abb. 35

3. Fall: $f(x)$ schwankt in der Umgebung von x_0 unbeschränkt oft zwischen verschiedenen Funktionswerten ohne gemeinsamen Grenzwert.

Ein Beispiel hierfür bietet die Funktion $y = \begin{cases} \sin\dfrac{1}{x} & \text{für } x \neq 0 \\ 0 & \text{für } x = 0 \end{cases}$ in der Umgebung von $x_0 = 0$ (Abb. 36).

Dagegen definiert die Zuordnungsvorschrift $y = \begin{cases} x\sin\dfrac{1}{x} & \text{für } x \neq 0 \\ 0 & \text{für } x = 0 \end{cases}$ eine in $x = 0$ stetige Funktion (Abb. 37).

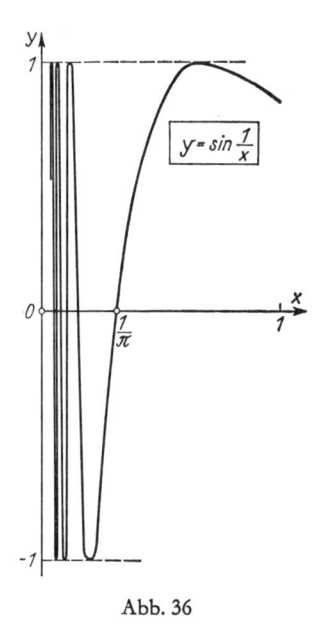

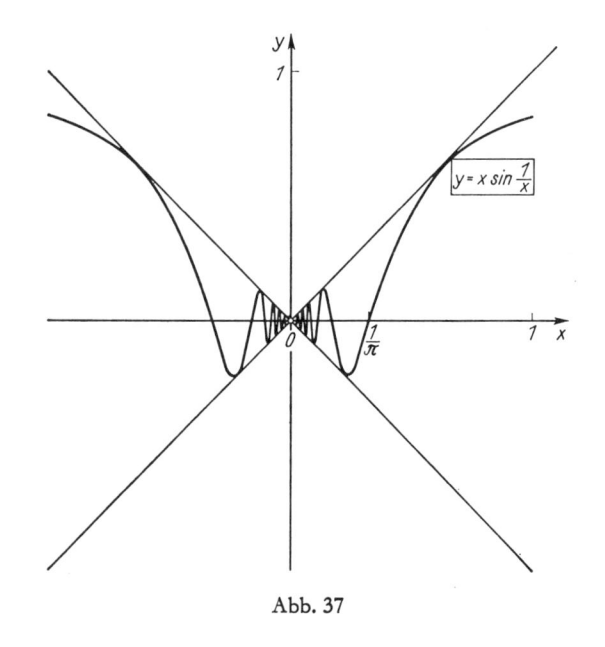

Abb. 36

Abb. 37

3. Sätze über gebietsweise stetige Funktionen

Ist eine Funktion in jedem inneren Punkt eines abgeschlossenen Intervalls[1]) stetig und in den Randpunkten wenigstens einseitig stetig, so sprechen wir von einer in diesem Intervall *stetigen Funktion*. Solche gebietsweise stetigen Funktionen haben einige bemerkenswerte Eigenschaften, die wir im folgenden kurz zusammenstellen wollen:

---

[1]) Vgl. S. 76. Wenn nichts anderes vermerkt ist, wird künftig ein Intervall immer als abgeschlossen vorausgesetzt.

Lehrsatz 1: Sind zwei Funktionen in ein und demselben Intervall stetig, so gilt dies auch für ihre Summe, ihre Differenz und ihr Produkt. Ebenso ist der Quotient der gegebenen Funktionen eine in diesem Intervall stetige Funktion, falls der Nenner im Intervall keine Nullstelle hat.

Nach diesem Satz, auf dessen Beweis wir hier verzichten wollen, ergibt sich z.B. die Stetigkeit der Funktion $y = x^2 - x$ aus der Stetigkeit der Funktion $f(x) = x$ (warum?).

Lehrsatz 2: Eine in einem Intervall stetige Funktion, die an den Intervallgrenzen Funktionswerte entgegengesetzten Vorzeichens hat, hat im Innern des Intervalls mindestens eine Nullstelle (Nullstellensatz).

Der aus der Anschauung sofort einleuchtende Satz folgt aus der Vollständigkeitseigenschaft der reellen Zahlen (§ 1 E 3). Den Beweis übergehen wir jedoch.

Lehrsatz 3: Eine in einem Intervall stetige Funktion nimmt jeden Wert, der zwischen den Funktionswerten an den Intervallgrenzen liegt, mindestens einmal an (Zwischenwertsatz).

Beweis:
Es sei $f(x)$ im Intervall $a \leq x \leq b$ stetig und $f(a) < y_0 < f(b)$. Dann erfüllt die Funktion $f(x) - y_0$ die Bedingungen von Satz 2 und hat daher im Innern des Intervalls mindestens eine Nullstelle, d.h. aber, $f(x)$ nimmt im Intervall sicher den Wert y_0 an.

Lehrsatz 4: Eine in einem Intervall stetige Funktion hat dort stets einen größten und einen kleinsten Funktionswert (Extremwertsatz).

Der Satz leuchtet von der Anschauung her unmittelbar ein, da eine stetige Funktion keine Unendlichkeitsstellen hat und keine unbeschränkt vielen Schwankungen aufweist. Auf einen Beweis müssen wir jedoch verzichten.

AUFGABEN

8. Gib für die Funktion $y = f(x)$ in den folgenden Beispielen jeweils eine δ-Umgebung von x_0 an mit der Eigenschaft: $|f(x_0 \pm h) - f(x_0)| < \frac{1}{100}$ für $0 < h < \delta$
   a) $y = x^2$, $x_0 = 0$; b) $y = x^2 + 2x + 1$, $x_0 = 1$; c) $y = \sqrt{x}$, $x_0 = 4$.

9. Beweise die Stetigkeit der Funktion $y = f(x)$ an der beliebigen Stelle $x = x_0$ für folgende Fälle: a) $f(x) = c$ (konstant); b) $f(x) = 2x$; c) $f(x) = x^2$.

10. An welchen Stellen ihres Definitionsbereichs sind die folgenden abschnittsweise definierten Funktionen unstetig:

    a) $f(x) = \begin{cases} |x| & \text{für } x < 0 \\ x & \text{für } 0 \leq x < 2 \\ x^2 & \text{für } x \geq 2 \end{cases}$; b) $f(x) = \begin{cases} \sqrt{1+x^2} & \text{für } x \leq 0 \\ \sqrt{x+x^2} & \text{für } x > 0 \end{cases}$

11. Die folgenden Funktionen sind für $0 \leq x < 2$ und $x > 2$ definiert. Durch welche Definitionserweiterung für $x = 2$ entstehen für alle $x \geq 0$ stetige Funktionen?

    a) $f(x) = \dfrac{2-x}{8-x^3}$; b) $f(x) = \dfrac{x^2 - 5x + 6}{x^2 - 4}$; c) $f(x) = \dfrac{x^3 - 2x^2 - 5x + 10}{x^2 + x - 6}$.

§ 11 Abschließende Betrachtungen zur Grenzwertbestimmung bei Funktionen

12. Beweise auf möglichst einfache Weise (vgl. § 10 B 3!) die Stetigkeit der folgenden Funktionen in $-2 \leq x \leq 2$:
    a) $y = x^3 - 2x + 10$; b) $y = \dfrac{2x}{x^2 + 1}$; c) $y = \dfrac{3x - 2}{x^2 - x - 12}$.

13. Eine für alle x definierte Funktion $y = f(x)$ genüge der Ungleichung
$$x - x^2 \leq f(x) \leq x + x^2; \quad -\infty < x < +\infty.$$
    a) Zeichne die Graphen der beiden Funktionen $y_1 = x - x^2$ und $y_2 = x + x^2$ im Intervall $-2 \leq x \leq +2$ (Hochformat; Einheit 1,5 cm)!
    b) Was läßt sich über den Graphen der Funktion $y = f(x)$ aus der Ungleichung mit Hilfe von a) aussagen?
    c) Welcher Wert ergibt sich für $f(0)$?
    d) Zeige, daß $f(x)$ an der Stelle $x = 0$ stetig ist!

§ 11. ABSCHLIESSENDE BETRACHTUNGEN ZUR GRENZWERTBESTIMMUNG BEI FUNKTIONEN

A. Der Grenzwert $\lim\limits_{x \to 0} \dfrac{\sin x}{x}$

Zum Abschluß unserer Grenzwertbetrachtungen wollen wir noch das Verhalten der Funktion $f(x) = \dfrac{\sin x}{x}$ in der Umgebung von $x = 0$ untersuchen. Wir treffen dazu folgende wichtige

Vereinbarung: Wenn nichts anderes vermerkt ist, wird das Argument einer trigonometrischen Funktion stets im Bogenmaß angegeben.

Beispiel:

$\sin 2{,}7201 = \sin 155° 51' = 0{,}4091$, denn: $\varphi = 155° 51' \Rightarrow x = 2{,}7201$. Die Berechnung erfolgt zweckmäßig mit Hilfe der Arcustabellen, TW S. 9–23, zweite und neunte Spalte.[1]

Da sich für $\sin x$ in der Umgebung von $x = 0$ kein algebraischer Rechenausdruck angeben läßt, versagen unsere bisherigen Methoden zur Grenzwertbestimmung. Wir müssen deshalb einen neuen Weg beschreiten. Er ergibt sich aufgrund eines einfachen Flächenvergleichs in Abb. 38:

Wie man unmittelbar sieht, gilt für $0 < x < \dfrac{\pi}{2}$:

$$F_{MCC'} > F_{\text{Sektor } MBB'} > F_{MBAB'}$$

und damit

$$\tan x > x > \sin x \tag{1}$$

Dividieren wir die Ungleichung (1) durch die stets positive Größe $\sin x$, so erhalten wir:

$$\frac{1}{\cos x} > \frac{x}{\sin x} > 1 \tag{2}$$

---

[1] Wörle-Mühlbauer, Vierstelliges Mathematisches Tafelwerk.

Abschließende Betrachtungen zur Grenzwertbestimmung bei Funktionen § 11

und nach einfacher Umformung (vgl. § 1 E):

$$\cos x < \frac{\sin x}{x} < 1 \qquad (3)$$

Da diese Ungleichung für jede noch so kleine positive Größe x gültig ist, folgt aus $\cos x \to 1$ mit $x \to 0$

$$\boxed{\lim_{x \to 0} \frac{\sin x}{x} = 1}$$

Dieser Grenzwert ergibt sich auch bei linksseitiger Annäherung an den Wert $x = 0$. Denn für $x < 0$ gilt: $\sin x > x > \tan x$, woraus sich nach Division durch $\sin x$ (weil jetzt $\sin x < 0$) ebenfalls Ungleichung (3) ergibt.

Da mit $x \to 0$ auch $kx \to 0$ geht, gilt allgemein:

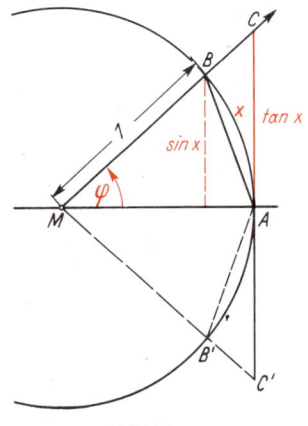

Abb. 38

$$\lim_{x \to 0} \frac{\sin kx}{kx} = \lim_{z \to 0} \frac{\sin z}{z} = 1 \quad \text{für} \quad z = kx \quad \text{und} \quad k \neq 0$$

Aufgrund der vorausgegangenen Überlegungen definiert die folgende Zuordnungsvorschrift eine für $x = 0$ stetige Funktion:

$$y = g(x) = \begin{cases} \dfrac{\sin x}{x} & \text{für} \quad x \neq 0 \\ 1 & \text{für} \quad x = 0 \end{cases}$$

Anmerkung: Wegen $x = \frac{\varphi}{180°} \pi$ ergibt sich: $\frac{\sin x}{x} = \frac{180°}{\pi} \cdot \frac{\sin \varphi}{\varphi}$. Daraus folgt nach den Grenzwertregeln in § 7:

$$\lim_{\varphi \to 0°} \frac{\sin \varphi}{\varphi} = \frac{\pi}{180°} = 0{,}01745\ldots \left[\frac{1}{\text{Grad}}\right]$$

B. Die Stetigkeit der Funktionen $y = \sin x$ und $y = \cos x$

Die rechte Teilungleichung in (1) für $0 < x < \frac{\pi}{2}$ gestattet einen einfachen Stetigkeitsbeweis für $y = \sin x$ und $y = \cos x$, denn wir erhalten für $0 < h < \pi$:

$$|\sin(x_0 \pm h) - \sin x_0| = \left|2 \cos \frac{2x_0 + h}{2} \cdot \sin \frac{h}{2}\right| < \left|h \cos \frac{2x_0 + h}{2}\right| \leq h,$$

weil wegen (1) gilt: $0 < \sin \frac{h}{2} < \frac{h}{2}$. Daraus folgt:

$$\lim_{h \to 0} [\sin(x_0 \pm h) - \sin x_0] = 0 \quad \text{oder} \quad \lim_{h \to 0} \sin(x_0 \pm h) = \sin x_0 \quad \text{für alle } x_0.$$

Entsprechend verläuft der Nachweis der Stetigkeit für $y = \cos x$.

AUFGABEN

1. a) $\sin \frac{\pi}{4}$; b) $\sin \frac{5\pi}{6}$; c) $\sin\left(-\frac{\pi}{4}\right)$; d) $\cos \frac{11\pi}{9}$;

e) $\cos\left(-\frac{5\pi}{8}\right)$; f) $\tan \frac{5\pi}{12}$; g) $\tan\left(-\frac{11\pi}{12}\right)$; h) $\cot \frac{41\pi}{36}$.

§ 11 Abschließende Betrachtungen zur Grenzwertbestimmung bei Funktionen

2. a) sin 0,5524;   **b)** sin 1,0402;   **c)** sin 1,5725;   **d)** sin 3,0857;
e) cos 0,4695;   **f)** cos 1,2889;   **g)** tan 2,6930;   **h)** cot 1,1921;
i) sin (− 0,5428);   **k)** cos (− 1,2985);   **l)** tan (− 0,7618);   **m)** cot (− 2,2288);
n) sin 3,2742;   **o)** cos 4,4471;   **p)** tan (− 6,0467);   **q)** cot 6,5450.

3. Bestimme die folgenden Funktionswerte durch Interpolation!

> **Beispiel:** tan 0,6573 = ?
> **Lösung:** Gemäß Tafelwerk, S. 21 gilt:
> tan 0,6571 = 0,7715
> tan 0,6580 = 0,7729
> ───────────────
> tan 0,6573 = 0,7715 + $\frac{2}{9}$ · 0,0014 = 0,7718

a) sin 1,2090;   **b)** tan 0,9274;   **c)** cot 0,8040;   **d)** cos 0,9;
e) sin 3;   **f)** sin (− 0,25);   **g)** cos (− 1,2);   **h)** tan (− 4).

4. Bestimme im Bereich $0 \leq x < 2\pi$ jene x-Werte, für die gilt:
a) $\sin x = 0{,}3502$;   **b)** $\sin x = -0{,}4384$;   **c)** $\cos x = 0{,}8480$;   **d)** $\cos x = -0{,}5410$;
e) $\tan x = 0{,}7687$;   **f)** $\tan x = -1{,}4415$;   **g)** $\cot x = 1{,}0913$;   **h)** $\cot x = -0{,}7212$.
i) $\sin x = 0{,}2845$;   **k)** $\sin x = -0{,}558$;   **l)** $\cos x = 0{,}6$;   **m)** $\cos x = -\frac{1}{3}$;
n) $\tan x = 0{,}5$;   **o)** $\tan x = -\sqrt{2}$;   **p)** $\cot x = 0{,}1$;   **q)** $\cot x = \sqrt{2} - \sqrt{3}$.

5. Berechne den Quotienten $\frac{\sin x}{x}$ für die Zahlenfolge $x = 0{,}8;\ 0{,}4;\ 0{,}2;\ 0{,}1;\ 0{,}05$!

6. Zeichne den Graphen der Funktion $y = \begin{cases} \frac{\sin x}{x} & \text{für } x \neq 0 \\ 1 & \text{für } x = 0 \end{cases}$ in $-1 \leq x \leq 1$!

7. Berechne: **a)** $\lim\limits_{x \to 0} \frac{\sin 2x}{2x}$;   **b)** $\lim\limits_{x \to 0} \frac{3 \sin \frac{x}{2}}{\frac{x}{2}}$;   **c)** $\lim\limits_{x \to 0} \frac{\sin 2x}{\frac{x}{2}}$;   **d)** $\lim\limits_{x \to 0} \frac{\sin ax}{bx}$.

C. Zusammenstellung der wichtigsten Verfahren zur Grenzwertbestimmung bei Funktionen

Unsere bisher behandelten Methoden zur Berechnung von Grenzwerten lassen sich zu folgenden 4 Grundverfahren zusammenfassen:

1. Einschachtelung der Funktionswerte in der Umgebung

Grundprinzip: Läßt sich für $f(x)$ in der Umgebung von $x = x_0$ eine Ungleichung der Form $s(x) \leq f(x) \leq S(x)$ so angeben, daß $\lim\limits_{x \to x_0} s(x) = \lim\limits_{x \to x_0} S(x) = b$ gilt, so folgt daraus: $\lim\limits_{x \to x_0} f(x) = b$.

Beweis:

Aus der Ungleichung folgt $s(x) - b \leq f(x) - b \leq S(x) - b$ und damit wegen $s(x) - b \to 0$ und $S(x) - b \to 0$ auch $f(x) - b \to 0$ mit $x \to x_0$. Dabei wird stillschweigend vorausgesetzt, daß $s(x)$, $f(x)$ und $S(x)$ für alle bei diesem Grenzprozeß in Betracht gezogenen x-Werte definiert sind.

Dieses Verfahren, das wir bereits in Abschnitt A kennengelernt haben, läßt sich sinngemäß auf die Annäherung an $\pm \infty$ übertragen, wie das Beispiel in § 10 A 1 zeigt.

Abschließende Betrachtungen zur Grenzwertbestimmung bei Funktionen § 11

2. Umformung der Funktion nach Einsetzen benachbarter x-Werte

Grundprinzip: Es gilt $\lim_{x \to x_0} f(x) = \lim_{h \to 0} f(x_0 + h)$, falls $f(x_0 + h)$ für alle in Betracht gezogenen h-Werte definiert ist.

Beispiel: $\lim_{x \to 1} \dfrac{x^2 - 3x + 2}{x^3 - 1} = \lim_{h \to 0} \dfrac{(1+h)^2 - 3(1+h) + 2}{(1+h)^3 - 1} = \lim_{h \to 0} \dfrac{h-1}{h^2 + 3h + 3} = -\dfrac{1}{3}$, wobei wegen der Stetigkeit der Funktion $\varphi(h) = \dfrac{h-1}{h^2 + 3h + 3}$ in der Umgebung von $h = 0$ der Wert $h = 0$ unmittelbar eingesetzt werden darf.

Soll der Grenzwert für $x \to \pm \infty$ bestimmt werden, so dividiert man zunächst Zähler und Nenner durch die höchstvorkommende Potenz von x. Auf diese Weise entsteht ein Rechenausdruck, der nur noch Potenzen von $\dfrac{1}{x} = h$ enthält, womit die Annäherung an $\pm \infty$ auf eine Grenzbetrachtung für $h \to 0$ zurückgeführt wird.

Beispiel: $\lim_{x \to \infty} \dfrac{x+5}{2-x^2} = \lim_{x \to \infty} \dfrac{\dfrac{1}{x} + \dfrac{5}{x^2}}{\dfrac{2}{x^2} - 1} = \lim_{h \to 0} \dfrac{h + 5h^2}{2h^2 - 1} = 0$

3. Algebraische Umformung des Rechenausdrucks in der Umgebung

1. Beispiel: $\lim_{x \to a} \dfrac{x^2 - a^2}{x - a} = \lim_{x \to a} \dfrac{(x-a)(x+a)}{x-a} = \lim_{x \to a} (x+a) = 2a;$

2. Beispiel: $\lim_{x \to 0} \dfrac{\sin 2x}{\sin x} = \lim_{x \to 0} \dfrac{2 \sin x \cos x}{\sin x} = \lim_{x \to 0} 2 \cos x = 2;$

3. Beispiel: $\lim_{x \to 0} \sqrt{\dfrac{1 - \cos 2x}{2x^2}} = \lim_{x \to 0} \sqrt{\dfrac{2 \sin^2 x}{2x^2}} = \lim_{x \to 0} \dfrac{\sin x}{x} = 1$ (vgl. Abschnitt A!).

Anmerkung: Die Umformungen im 2. und 3. Beispiel setzen als maximale Umgebung $-\pi < x < \pi$ voraus (warum?).

4. Anwendung der Grenzwertrechenregeln

Grundprinzip: Aus $\lim_{x \to x_0} f(x) = a$ und $\lim_{x \to x_0} g(x) = b$ folgt:

I. $\lim_{x \to x_0} (f(x) \pm g(x)) = a \pm b;$ II. $\lim f(x) \, g(x) = a \, b.$

Ist außerdem $b \neq 0$, so gilt auch noch:

III. $\lim_{x \to x_0} \dfrac{f(x)}{g(x)} = \dfrac{a}{b}.$

Die Begründung von I und II entspricht dem Beweis der Sätze 5 und 6 für Zahlenfolgen in § 7. Die Gültigkeit der Regel III ergibt sich aus folgender Überlegung:
Aus $f(x) - a \to 0$ und $g(x) - b \to 0$ mit $x \to x_0$ folgt:

$$\dfrac{f(x)}{g(x)} - \dfrac{a}{b} = \dfrac{f(x) \cdot b - g(x) \cdot a}{b \cdot g(x)} = \dfrac{b(f(x) - a) + a(b - g(x))}{b \cdot g(x)} \to 0 \quad \text{mit } x \to x_0,$$

da man zeigen kann, daß $\left|\dfrac{1}{g(x)}\right|$ auf Grund der gemachten Voraussetzungen in einer gewissen δ-Umgebung von x_0 beschränkt ist. Der Beweis ergibt sich folgendermaßen:
Wegen $\lim_{x \to x_0} g(x) = b$ läßt sich zu jeder positiven Zahl ε eine δ-Umgebung von x_0 angeben, für die gilt: $\quad b - \varepsilon < g(x) < b + \varepsilon \quad \text{in} \quad |x - x_0| < \delta.$

§ 11 Abschließende Betrachtungen zur Grenzwertbestimmung bei Funktionen

Ist ε klein genug, z. B. $\varepsilon = \left|\dfrac{b}{2}\right|$, so gilt wegen $b \neq 0$ auch $b - \varepsilon \neq 0$ und $b + \varepsilon \neq 0$. Daraus folgt:

$$\frac{1}{b-\varepsilon} > \frac{1}{g(x)} > \frac{1}{b+\varepsilon} \quad \text{und damit} \quad \left|\frac{1}{g(x)}\right| < \text{Max}\left\{\frac{1}{|b-\varepsilon|}\,;\,\frac{1}{|b+\varepsilon|}\right\}$$

1. Beispiel: $\lim\limits_{x\to 0} x \cot x = \lim\limits_{x\to 0} \dfrac{x}{\sin x}\cos x = \lim\limits_{x\to 0} \dfrac{x}{\sin x} \lim\limits_{x\to 0} \cos x = \dfrac{\lim\limits_{x\to 0} \cos x}{\lim\limits_{x\to 0} \dfrac{\sin x}{x}} = 1\,;$

2. Beispiel: $\lim\limits_{x\to 0} \dfrac{\sin 5x}{\sin 3x} = \lim\limits_{x\to 0} \dfrac{\sin 5x}{5x} \cdot \dfrac{1}{\dfrac{\sin 3x}{3x}} \cdot \dfrac{5}{3} = \lim\limits_{x\to 0} \dfrac{\sin 5x}{5x} \cdot \dfrac{\dfrac{5}{3}}{\lim\limits_{x\to 0} \dfrac{\sin 3x}{3x}} = \dfrac{5}{3}\,.$

Wie die Beispiele zeigen, ist die Anwendung des 4. Verfahrens im allgemeinen erst nach geeigneter algebraischer Umformung des Rechenausdrucks möglich.

AUFGABEN

8. Berechne $\lim\limits_{x\to 0} \dfrac{\tan x}{x}$ durch Einschachtelung der Funktionswerte in der Umgebung von $x = 0$!

9. Für welche x-Werte ist der Rechenausdruck $\dfrac{x^3 - a^2 x + b x^2 - a^2 b}{x^3 - b^2 x + a x^2 - a b^2}$ nicht definiert? Berechne jeweils den Grenzwert durch Anwendung des 2. oder 3. Verfahrens!

10. Bestimme folgende Grenzwerte:

   a) $\lim\limits_{x\to a} \dfrac{(x-a)^3}{x^3 - a^3}\,;$ b) $\lim\limits_{x\to a} \dfrac{x^n - a^n}{x - a}\,;$ c) $\lim\limits_{x\to 0} \dfrac{\tan x}{\sin x}\,;$ d) $\lim\limits_{x\to 0} \dfrac{1 - \cos 2x}{x^2}\,.$

11. Berechne: a) $\lim\limits_{x\to 0} \dfrac{2\sin x + \cos x - 1}{4x}\,;$ b) $\lim\limits_{x\to 0} \dfrac{\sin x}{x - 2\sin x}\,.$

12. Für welche Zahl b gilt:

   a) $\lim\limits_{x\to b} \dfrac{\sqrt{x} - \sqrt{b}}{x - b} = 1\,;$ b) $\dfrac{\sqrt{x} - \sqrt{b}}{x - b} \to \infty$ mit $x \to b$?

13. Beweise:

   a) $\lim\limits_{x\to\infty} x \sin \dfrac{1}{x} = \lim\limits_{x\to 0} \dfrac{\sin x}{x}\,;$ b) $\lim\limits_{x\to 0} x \sin \dfrac{1}{x} = \lim\limits_{x\to\infty} \dfrac{\sin x}{x}\,.$

Einführung in die Differentialrechnung

§ 12. DIE ABLEITUNG EINER FUNKTION

A. Geometrische Überlegungen

1. Die Steigung einer Geraden

In der Geometrie wurde der Begriff der Steigung einer Straße am Neigungsdreieck erklärt und durch den Tangens des Neigungswinkels α definiert. Um diese Überlegungen auf eine Gerade in einem rechtwinkligen Koordinatensystem zu übertragen, müssen wir den Begriff des *Neigungswinkels einer Geraden gegen die x-Achse* einführen. Wir wollen darunter denjenigen Winkel verstehen, um den die x-Achse um den Schnittpunkt mit dieser Geraden entgegen dem Uhrzeiger gedreht werden muß, bis sie erstmals mit der Geraden zusammenfällt. Als Neigungswinkel von Geraden kommen also nur Winkel α < 180° in Betracht. Schließen wir noch α = 90° aus, so gilt:

Definition:
Der Tangens des Neigungswinkels α einer Geraden gegen die x-Achse heißt die Steigung dieser Geraden. Sind $A(x_1; y_1)$ und $B(x_2; y_2)$ zwei Punkte dieser Geraden, so ergibt sich für ihre Steigung (Abb. 39a):

$$\tan \alpha = \frac{y_2 - y_1}{x_2 - x_1} \qquad \text{Abb. 39a}$$

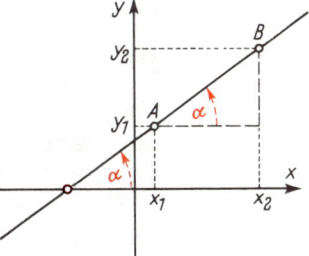

2. Die Definition der Steigung bei krummen Linien

Unsere bisherigen Grenzwertbetrachtungen an Funktionen ermöglichen bereits eine Reihe von Aussagen über das Verhalten einer Funktion innerhalb oder am Rande ihres Definitionsbereichs. Die Stetigkeit einer Funktion besagt vor allem, daß der zugehörige Graph eine nirgends unterbrochene Linie darstellt bzw., daß sich die Funktionswerte weder sprunghaft ändern noch unbegrenzt anwachsen. Dagegen läßt sich aufgrund der Stetigkeit noch nicht feststellen, wie groß die jeweilige „Änderungstendenz" der Funktion bzw., wie „steil" der Graph in einem bestimmten Punkt ist. Auch bleibt dabei noch die Frage offen, an welchen Stellen eine gegebene Funktion – relativ zur Umgebung – einen größten oder kleinsten Wert annimmt. Die Klärung derartiger Fragen und Probleme, die unter anderem für die praktische Mathematik von großer Bedeutung sein kann, macht eine neue, erheblich tiefer gehende Grenzbetrachtung erforderlich. Sie ergibt sich, wenn wir den Begriff der Steigung, den wir soeben für Geraden definiert haben, auf allgemeine krumme Linien übertragen. Zur Einführung betrachten wir den bekannten Graphen der quadratischen Funktion $y = x^2$ (Abb. 39b).

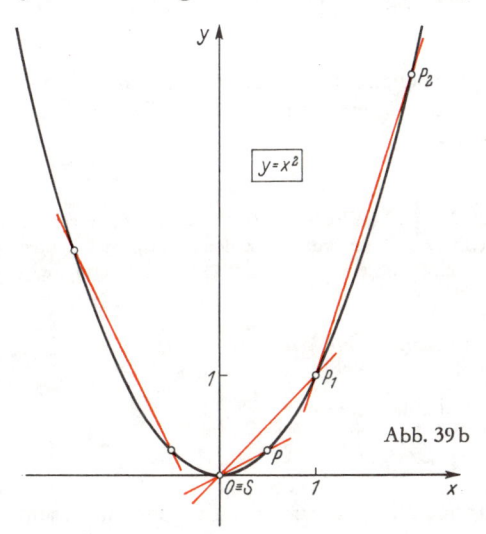

Abb. 39b

§ 12 Die Ableitung einer Funktion

Wie man unmittelbar sieht, steigt die Kurve vom Ursprung O aus in Richtung positiver x-Werte zunächst nur schwach an, um dann mit wachsenden x-Werten immer steiler zu werden. Um diese Aussage mathematisch zu präzisieren, berechnen wir die Sekantensteigung zwischen zwei Punkten der Parabel $y = x^2$. Sie hat zwischen $S = O$ und $P_1(1; 1)$ den Wert 1, zwischen P_1 und $P_2(2; 4)$ den Wert 3. Die Parabelsekante $P_1 P_2$ ist also steiler als die Sekante OP_1.

Es leuchtet nun sofort ein, daß die Steigung der Sekante durch zwei Parabelpunkte den Kurvenverlauf in einem dieser Punkte um so besser charakterisiert, je näher der zweite Punkt an den ersten rückt, bzw. je kleiner das x-Intervall zwischen den beiden Punkten gewählt wird. So nähert sich z.B. die Sekantensteigung zwischen dem Scheitel S und einem weiteren Parabelpunkt $P(x_0; x_0^2)$ mit $P \to S$ dem Wert 0, d.h. der Steigung der waagrechten x-Achse. Denn es gilt:

$$m_{SP} = \frac{x_0^2 - 0}{x_0 - 0} = x_0 \to 0 \quad \text{mit} \quad x_0 \to 0$$

Diesen Grenzwert 0 definieren wir dann in naheliegender Weise als die Steigung der Parabel im Scheitel S.

Mit Hilfe der Sekantensteigung können wir nun in einfacher Weise die Steigung einer krummen Linie in einem ihrer Punkte definieren (Abb. 40):

Definition: Hat die Steigung der Sekante durch einen festen Punkt P und einen *beliebigen* Punkt Q einer Kurve den Grenzwert m, wenn Q gegen P rückt, so heißt m die Steigung der Kurve im Punkte P.

Sonderfall: Ist die Kurve eine gerade Linie, dann ist die Steigung in jedem ihrer Punkte konstant, und zwar gleich der Steigung der „Sekante" durch zwei beliebige Punkte dieser Geraden.

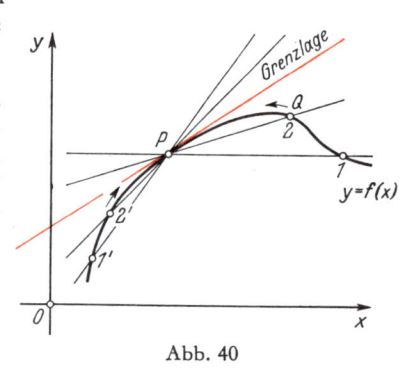

Abb. 40

3. Tangente und Normale in einem Kurvenpunkt

Der Begriff der Steigung einer Kurve in einem ihrer Punkte gibt uns die Möglichkeit, in eindeutiger Weise zu definieren, was wir unter der Tangente in diesem Kurvenpunkt verstehen wollen.

Definition: Diejenige Gerade durch einen gegebenen Kurvenpunkt P, deren Steigung mit der der Kurve in diesem Punkt übereinstimmt, heißt Tangente der Kurve in P.

Beispiel (Abb. 41):

Um die Gleichung der Tangente an die Parabel $y = x^2$ im Punkte $P(1; 1)$ zu finden, berechnen wir zunächst die Kurvensteigung in diesem Punkt. Diese ergibt sich definitionsgemäß als der Grenzwert der Steigung der Parabelsekante durch P und einen weiteren Parabelpunkt $Q(x_0; x_0^2)$. Es gilt:

$$m_{PQ} = \frac{x_0^2 - 1}{x_0 - 1} = x_0 + 1 \quad \text{und damit} \quad \lim_{Q \to P} m_{PQ} = 2$$

Die Tangentengleichung im Punkte $P(1; 1)$ lautet demnach:

$$\frac{y-1}{x-1} = 2 \quad \text{oder} \quad y - 2x + 1 = 0$$

Nach den vorausgegangenen Begriffserklärungen ergibt sich die Tangente in einem

Abb. 41

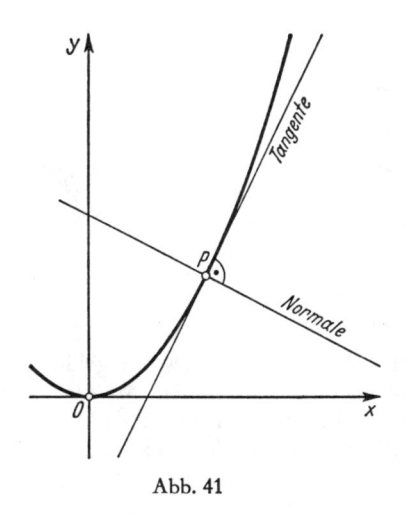

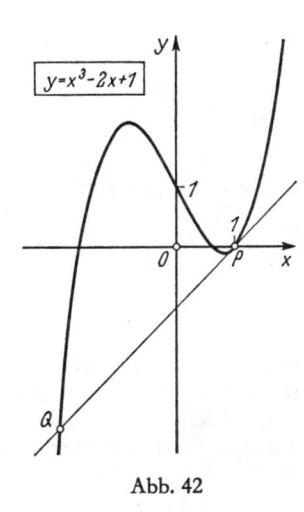

Abb. 42

Kurvenpunkt P als die Grenzgerade aller Kurvensekanten durch P. In diesem Sinne konnten wir bereits in der ebenen Geometrie[1]) die Tangente eines Kreises deuten.

Anmerkung: Der Anfänger ist zuweilen geneigt, allen Kurventangenten die Eigenschaft zuzuschreiben, mit der Kurve nur *einen* Punkt, den sogenannten Berührpunkt, gemeinsam zu haben. Eine solche Eigenschaft, die u. a. den Kreistangenten zukommt, ist jedoch weder hinreichend noch notwendig für allgemeine Tangenten, wie die folgenden Gegenbeispiele zeigen:

1. Gegenbeispiel:

Die y-Achse mit der Gleichung $x = 0$ hat mit der Parabel $y = x^2$ nur den Scheitel $S(0; 0)$ gemeinsam, ist aber sicher keine Parabeltangente im Sinne unserer Definition.

2. Gegenbeispiel:

Der Graph der Funktion $y = x^3 - 2x + 1$ wird von der Geraden mit der Gleichung $x - y - 1 = 0$ im Punkte $P(1; 0)$ als Tangente berührt und außerdem noch im Punkte $Q(-2; -3)$ geschnitten, wie folgende Rechnung zeigt:

Die Steigung der Kurve in P hat laut Definition den Wert:

$$\lim_{x_0 \to 1} \frac{y_0 - 0}{x_0 - 1} = \lim_{x_0 \to 1} \frac{x_0^3 - 2x_0 + 1 - 0}{x_0 - 1} = \lim_{x_0 \to 1} (x_0^2 + x_0 - 1) = 1,$$

womit sich als Tangentengleichung $\frac{y-0}{x-1} = 1$ oder $x - y - 1 = 0$ ergibt.

Durch Einsetzen erkennt man leicht, daß die Koordinaten von Q sowohl die Kurven- als auch die Tangentengleichung erfüllen (Abb. 42).

In entsprechender Weise wie die Kurventangente läßt sich auch die *Kurvennormale* definieren.

Definition: Diejenige Gerade durch einen gegebenen Kurvenpunkt P, die auf der Tangente in diesem Punkt senkrecht steht, heißt Normale der Kurve in P.

Beispiel:

Die Normale im Punkte $P(1; 1)$ der Parabel $y = x^2$ hat die Gleichung: $\frac{y-1}{x-1} = -\frac{1}{2}$ oder $x + 2y - 3 = 0$ (vgl. Abb. 41!).

---

[1]) Vgl. Kratz, Geometrie I, § 18 A.

§ 12 Die Ableitung einer Funktion

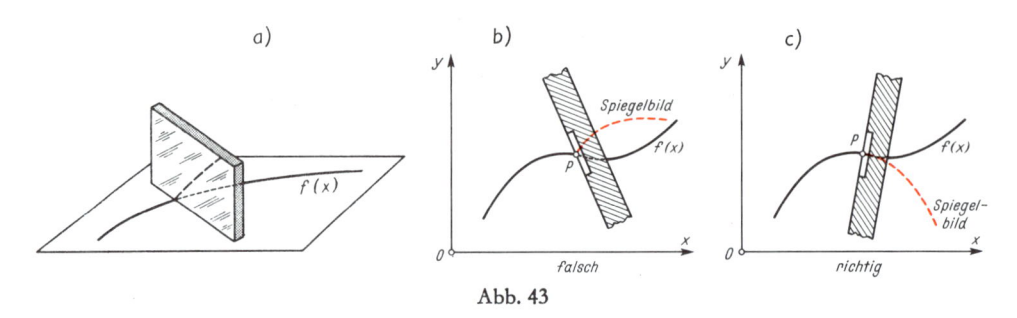

Abb. 43

Liegt der Graph bereits gezeichnet vor, läßt sich mit Hilfe eines Spiegellineals[1]) die Normale durch einen Kurvenpunkt P in einfacher Weise zeichnen. Man braucht nur das Lineal mit seiner spiegelnden Kante in eine solche Lage zu bringen, daß der Kurvenzug vor dem Spiegel ohne Knick in sein Spiegelbild übergeht (Abb. 43). Begründe dieses Verfahren!

AUFGABEN

1. Bestimme für die Parabel $y = x^2$ die Sekantensteigung zwischen den Kurvenpunkten P und Q mit folgenden x-Intervallen:

x-Intervall zwischen P und Q	$-2 \leq x \leq 1$	$-2 \leq x \leq -1,9$	$-2,1 \leq x \leq -2$	$-2+\delta \geq x \geq -2-\delta$
Steigung der Sekante PQ				

Welche Steigung ergibt sich im Parabelpunkt $P_0 (-2; ?)$?

2. Wie lautet die Gleichung der Tangente an die Kurve mit der Gleichung
   a) $y = (x+2)^2$; b) $y = 2x^2 - 3$; c) $y = \frac{1}{2}x^2 - 3x + 1$ im Punkte $P(2; ?)$?

3. Berechne für die Funktionen in Aufgabe 2 die Gleichung der Kurvennormale in P!

4. Zeige, daß die Gerade $x + 4y - 9 = 0$ eine Normale des Graphen von $f(x) = x^2 + 2x - 1$ ist! Für welchen Kurvenpunkt trifft dies zu?

5. Berechne für die Funktion $f(x) = x^3 - 2x^2 + 3$ die Steigung des Graphen im Punkte $P(2; ?)$ sowie die Gleichung von Tangente und Normale in diesem Punkt!

6. Welche Steigung hat der Graph zu $y = 2x^3 + 3x^2 - 1$ in den Punkten $A(0; ?)$ und $B(-1; ?)$? Welche Bedeutung für den Kurvenverlauf kommt diesen Punkten aufgrund der Rechnung zu? Zeichne den Graphen im Intervall $-2 \leq x \leq 1$!

B. Der Begriff der Differenzierbarkeit einer Funktion $f(x)$ an der Stelle x_0

a) An welcher Stelle x_0 hat die Parabel $y = x^2$ die Steigung $m = 3$?

b) Welche mathematische Bedingung erfüllt eine Funktion $f(x)$, deren Graph an der Stelle x_0 die Steigung m hat? Drücke diesen Sachverhalt formelmäßig in der Limesschreibweise aus!

---

[1]) Es genügt ein Lineal, dessen Kante mit einem Stanniolstreifen beklebt ist.

c) *Zeige, daß eine Funktion f(x), deren Graph an der Stelle x_0 die Steigung m hat, dort notwendig stetig sein muß! Beachte dazu, daß die Definition der Kurvensteigung in einem Punkte P $(x_0; f(x_0))$ stillschweigend voraussetzt, daß f(x) in einer gewissen Umgebung von x_0 einschließlich x_0 definiert ist!*

1. Die Definition der Ableitung

Untersuchen wir den mathematischen Sachverhalt, welcher der geometrischen Definition der Steigung eines Graphen in einem bestimmten Punkt zugrundeliegt, ergibt sich folgendes (Abb. 44):

Der Graph einer Funktion f(x) hat an der Stelle x_0 dann und nur dann die Steigung m, wenn f(x) in einer δ-Umgebung einschließlich x_0 definiert ist und für $0 < h < \delta$ gilt:

$$\lim_{h \to 0} \frac{f(x_0+h)-f(x_0)}{h} = \lim_{h \to 0} \frac{f(x_0-h)-f(x_0)}{-h} = m$$

Man nennt den Quotienten $\frac{f(x_0+h)-f(x_0)}{h}$ für positive oder negative Zahlen h den *Differenzenquotienten* von $f(x)$ in der Umgebung von x_0. Der Grenzwert dieses Differenzenquotienten für $h \to 0$ heißt die *Ableitung* der Funktion $f(x)$ an der Stelle x_0 und wird mit $f'(x_0)$ (lies: „f-Strich an der Stelle x_0"!) bezeichnet.

Anmerkungen:

1. Die Existenz der Ableitung einer Funktion $f(x)$ an einer inneren Stelle ihrer Definitionsmenge setzt voraus, daß der Differenzenquotient bei links- oder rechtsseitiger Annäherung an diese Stelle ein und demselben Grenzwert zustrebt.

2. Ist x_0 eine Randstelle des Definitionsbereichs und existiert bei einseitiger Annäherung an x_0 der Grenzwert des Differenzenquotienten, so sprechen wir von einer *links-* bzw. *rechtsseitigen Ableitung* der betreffenden Funktion.

3. Der Begriff der Ableitung verliert für eine Funktion seinen Sinn, wenn der Differenzenquotient in der Umgebung von x_0 gegen $\pm \infty$ strebt. Der zugeordnete Graph hat in einem solchen Falle im allgemeinen eine vertikale Tangente.

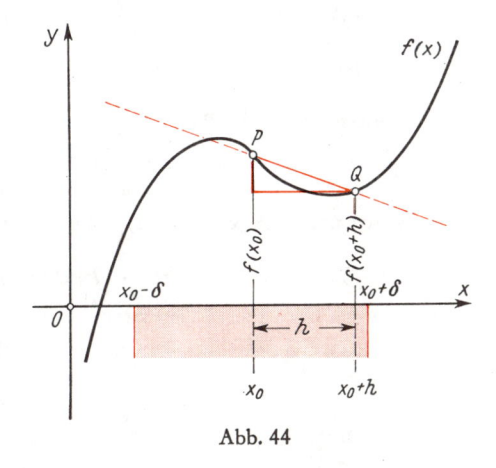

Abb. 44

4. Für die Ableitung der Funktion $y = f(x)$ an der Stelle x_0 kann man auch

$$f'(x_0) = \lim_{x \to x_0} \frac{f(x)-f(x_0)}{x-x_0}$$

schreiben, wobei vorausgesetzt wird, daß alle bei der Annäherung $x \to x_0$ in Betracht gezogenen x-Werte zum Definitionsbereich von $f(x)$ gehören. Ersetzen wir schließlich noch die x-Wertdifferenz $x - x_0 = h$ durch das Symbol Δx, während wir die Funktionswertdifferenz $f(x) - f(x_0)$ mit Δy bezeichnen, so ergeben sich für $f'(x_0)$ die folgenden, häufig gebrauchten Schreibweisen:

$$f'(x_0) = \lim_{\Delta x \to 0} \frac{f(x_0+\Delta x)-f(x_0)}{\Delta x} = \lim_{\Delta x \to 0} \frac{\Delta y}{\Delta x}$$

Aus letzterer geht allerdings nicht hervor, an welcher Stelle x_0 die Ableitung gebildet wird.

Hat eine Funktion $f(x)$ an der Stelle x_0 die Ableitung $f'(x_0)$, so sagen wir, die Funktion $f(x)$ ist an der Stelle x_0 *differenzierbar*. Die Berechnung der Ableitung wird als *Differenzieren*

§ 12   Die Ableitung einer Funktion

oder *Differentiation* bezeichnet. Die folgende Tabelle stellt noch einmal den mathematischen Sachverhalt des Differenzierens einer Funktion $f(x)$ und seine geometrische Bedeutung einander gegenüber.

mathematische Rechenvorschrift	geometrische Bedeutung für den Graphen
der Differenzenquotient $\dfrac{f(x_0+h)-f(x_0)}{h}$	Steigung der Sekante durch die Punkte $P(x_0;f(x_0))$ und $Q(x_0+h;f(x_0+h))$ des Graphen
die Ableitung an der Stelle x_0 $f'(x_0)=\lim\limits_{h\to 0}\dfrac{f(x_0+h)-f(x_0)}{h}$	Steigung des Graphen im Punkte $P(x_0;f(x_0))$, Steigung der Tangente an den Graphen in P.

2. Einfache Ableitungsbeispiele

a) *Die Ableitung der Funktion* $y = f(x) = x$ *an der Stelle* x_0

Es gilt: $f'(x_0) = \lim\limits_{h\to 0}\dfrac{x_0+h-x_0}{h} = \lim\limits_{h\to 0}\dfrac{h}{h} = \lim\limits_{h\to 0} 1 = 1$.

D.h.: Die Funktion hat an jeder Stelle x_0 die gleiche Ableitung, der zugeordnete Graph in jedem Punkt die konstante Steigung 1. Dies bestätigt die aus der analytischen Geometrie bekannte Tatsache, daß der Graph der Funktion $y = x$ eine Gerade mit der Steigung $\tan 45° = 1$ darstellt.

b) *Die Ableitung der Funktion* $f(x) = x^2$ *an der Stelle* x_0

$f'(x_0) = \lim\limits_{h\to 0}\dfrac{(x_0+h)^2-x_0^2}{h} = \lim\limits_{h\to 0}\dfrac{2x_0 h+h^2}{h} = \lim\limits_{h\to 0}(2x_0+h) = \lim\limits_{h\to 0} 2x_0 + \lim\limits_{h\to 0} h = 2x_0$ [1]).

Für $x_0 = 1$ folgt insbesondere $f'(1) = 2$ in Übereinstimmung mit dem Beispiel in Abschnitt A.

c) *Die Ableitung der trigonometrischen Funktionen* $f(x) = \sin x$ *und* $g(x) = \cos x$ *an der Stelle* x_0

Wir formen zunächst den Differenzenquotienten von $f(x)$ in der Umgebung von x_0 nach der Formel $\sin\alpha - \sin\beta = 2\sin\dfrac{\alpha-\beta}{2}\cos\dfrac{\alpha+\beta}{2}$ um und erhalten:

$$\dfrac{\sin(x_0+h)-\sin x_0}{h} = \dfrac{2\sin\dfrac{h}{2}\cos\dfrac{2x_0+h}{2}}{h} = \dfrac{\sin\dfrac{h}{2}}{\dfrac{h}{2}}\cos\left(x_0+\dfrac{h}{2}\right)$$

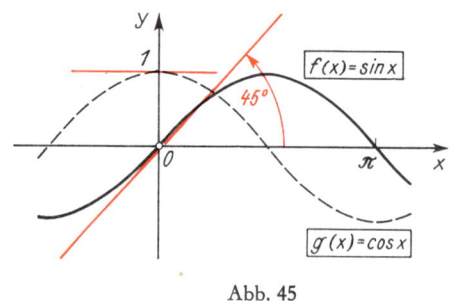

Nach den Rechenregeln für Grenzwerte in § 11 B 4 ergibt sich dann:

$$f'(x_0) = \lim\limits_{h\to 0}\dfrac{\sin\dfrac{h}{2}}{\dfrac{h}{2}} \cdot \lim\limits_{h\to 0}\cos\left(x_0+\dfrac{h}{2}\right) = 1 \cdot \cos x_0 \text{.}[2])$$

Abb. 45

Eine entsprechende Umformung des Differenzenquotienten $\dfrac{\cos(x_0+h)-\cos x_0}{h}$ nach der Formel $\cos\alpha-\cos\beta = -2\sin\dfrac{\alpha-\beta}{2}\sin\dfrac{\alpha+\beta}{2}$ führt auf

---

[1]) Man beachte, daß hier entweder die *Rechenregeln für Grenzwerte*, § 11 B 4, anzuwenden sind, aber auch wegen der Stetigkeit der Funktion $\varphi(h) = 2x_0 + h$ für h der Wert Null *eingesetzt* werden darf.

[2]) Wegen der Stetigkeit von $y = \cos x$ für jedes x (S. 83) ist $\lim\limits_{h\to 0}\cos\left(x_0+\dfrac{h}{2}\right) = \cos x_0$.

$$g'(x_0) = -\lim_{h \to 0} \frac{\sin\frac{h}{2}}{\frac{h}{2}} \cdot \lim_{h \to 0} \sin\left(x_0 + \frac{h}{2}\right) = (-1) \cdot \sin x_0 = -\sin x_0\,{}^{1)}$$

Für $x_0 = 0$ gilt insbesondere: $f'(0) = 1$; $g'(0) = 0$, d. h., der Graph der Sinusfunktion hat im Ursprung die Steigung 1, die zugehörige Tangente schneidet die x-Achse unter 45°, während der Graph von $g(x) = \cos x$ für $x = 0$ eine waagrechte Tangente hat (Abb. 45).

3. Der Zusammenhang zwischen Stetigkeit und Differenzierbarkeit

Wie die Definition der Ableitung einer Funktion zeigt, ist die Differenzierbarkeit eine Eigenschaft, die nur einer bestimmten Gruppe von Funktionen zukommt. Ein Vergleich mit der Stetigkeit führt auf den folgenden

Lehrsatz: Eine an der Stelle x_0 differenzierbare Funktion $f(x)$ ist dort notwendig stetig.

Beweis:
Der Differenzenquotient $\frac{f(x_0 \pm h) - f(x_0)}{\pm h}$ kann für $h \to 0$ nur dann einen endlichen Grenzwert haben, wenn der Zähler des Bruches den Grenzwert 0 annimmt, bzw. wenn $\lim_{h \to 0} f(x_0 + h) = \lim_{h \to 0} f(x_0 - h) = f(x_0)$ gilt. Dies aber ist gerade die Definition der Stetigkeit einer Funktion $f(x)$ an der Stelle x_0 (vgl. § 10 B 1!).

Die Stetigkeit ist jedoch nur eine notwendige, aber keinesfalls hinreichende Bedingung für die Differenzierbarkeit einer Funktion, wie die folgenden Gegenbeispiele zeigen.

1. Gegenbeispiel:
Die für alle reellen x definierte Funktion $f(x) = |x|$ ist für $x_0 = 0$ sicher stetig, aber nicht differenzierbar; denn für $h \to 0$ ergibt der rechtsseitige Grenzwert des Differenzenquotienten:

$$\lim_{h \to 0} \frac{|0+h| - |0|}{h} = \lim_{h \to 0} \frac{h}{h} = 1$$

der linksseitige Grenzwert dagegen:

$$\lim_{h \to 0} \frac{|0-h| - |0|}{-h} = \lim_{h \to 0} \frac{|-h|}{-h} = \lim_{h \to 0} \frac{h}{-h} = -1$$

Abb. 46

Beide Grenzwerte sind also voneinander verschieden, wie man auch aus der graphischen Darstellung entnehmen kann; denn an der Stelle $x = 0$ weist der Graph (Abb. 46) einen „Knick", d. h. eine *sprunghafte Richtungsänderung*, auf.

2. Gegenbeispiel $\quad f(x) = \begin{cases} x \sin \frac{1}{x} & \text{für } x \neq 0 \\ 0 & \text{für } x = 0 \end{cases}$

ist an der Stelle $x_0 = 0$ stetig, weil wegen $\left|\sin \frac{1}{x}\right| \leq 1$ für alle $x \neq 0$ der Grenzwert $\lim_{x \to 0} x \sin \frac{1}{x}$ existiert und den Wert 0 hat. Dagegen ergibt sich für den Differenzenquotienten der Funktion in der Umgebung von $x_0 = 0$:

---

[1] $\lim_{h \to 0} \sin\left(x_0 + \frac{h}{2}\right) = \sin x_0$ wegen der Stetigkeit von $y = \sin x$ für jedes x (S. 83).

§ 12 Die Ableitung einer Funktion

$$\frac{h \sin \frac{1}{h} - 0}{h} = \sin \frac{1}{h},$$

d. h. ein Rechenausdruck, für den bei $h \to 0$ kein Grenzwert existiert (vgl. § 10 B 2!).
Um dieses Ergebnis geometrisch zu verstehen, ist zu bedenken, daß der Graph von $f(x)$ in der Umgebung von $x = 0$ *unbeschränkt viele Richtungsänderungen* erfährt, obwohl die Schwankungsbreite gegen Null geht (vgl. Abb. 37!).

Anmerkung: Man kann durch ein geeignetes Konstruktionsverfahren Funktionen erzeugen, die an *jeder* Stelle ihres Definitionsbereichs stetig, aber *nirgends* differenzierbar sind. Abb. 47 zeigt eine Möglichkeit,

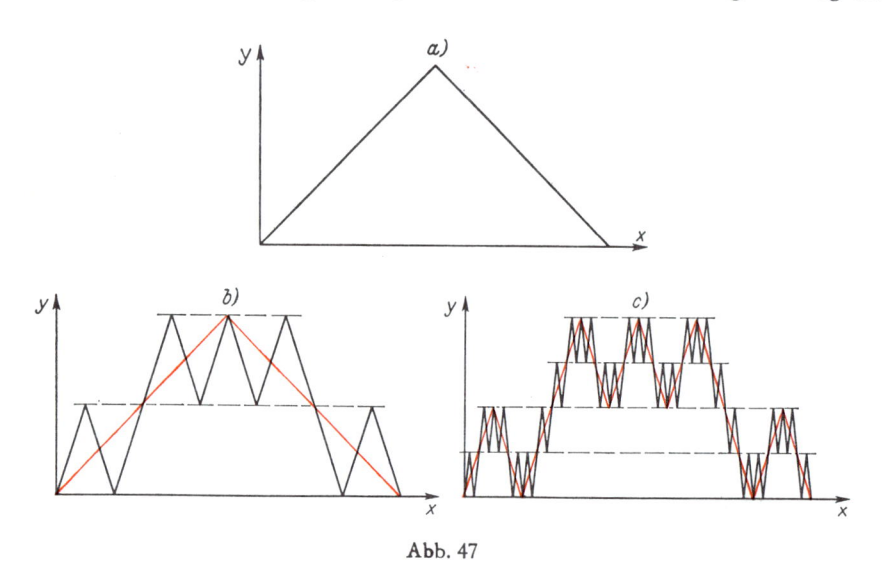

Abb. 47

wie eine solche Funktion auf graphischem Wege schrittweise gewonnen werden kann[1]). Der Gang des Verfahrens ist aus den ersten Schritten in Abb. 47 a, b, c ersichtlich. Der allgemeine Beweis übersteigt allerdings die Mittel der Schulmathematik.

AUFGABEN

7. Bilde für die folgenden Funktionen $f(x)$ in der Umgebung von x_0 den Differenzenquotienten und bringe ihn auf eine möglichst einfache Form:

   a) $f(x) = mx + n$, $x_0 = 0$;   **b)** $f(x) = (2x-3)^2$, $x_0 = 1$;

   c) $f(x) = x^3$, $x_0 = a$ **d)** $f(x) = 2 \sin x$, $x_0 = \frac{\pi}{2}$;

   e) $f(x) = \sin 2x$, $x_0 = \frac{\pi}{2}$;   **f)** $f(x) = \cos 2x$, x_0 allgemein.

8. Welche Ableitung haben die Funktionen in Aufgabe 7 an der jeweils angegebenen Stelle x_0? Deute das Ergebnis anhand des zugehörigen Graphen!

9. An welchen Stellen x_0 hat die Ableitung der Funktion **a)** $y = 3x^2 - 5x + 7$; **b)** $y = x^3 - 9x^2 + 15x - 3$ den Wert 0? Was läßt sich über den Funktionswert an diesen Stellen im Vergleich zur Umgebung sagen?

---
[1]) Nach Max Bense, Geist der Mathematik.

Die Ableitung einer Funktion § 12

10. Für welchen Wert t im Intervall $0 \leq t < 2\pi$ haben die Funktionen $y = \sin t$ und $y = \cos t$ die gleiche Ableitung? Wie äußert sich dies geometrisch in einer gemeinsamen graphischen Darstellung beider Funktionen?

11. Unter welchem Winkel ist die Tangente der Sinuslinie $y = \sin x$ gegen die x-Achse geneigt in a) $P\ (x = 0{,}5)$; b) $Q\ (x = 1)$; c) $R\ (x = 1{,}5)$; d) $S\ (x = 5{,}5)$?

12. In welchen Punkten der Sinuslinie im Bereich $0 \leq x \leq 2\pi$ ist
   a) die Steigung $\frac{1}{2}$; b) die Steigung $-\frac{1}{5}$; c) die Tangente parallel zur Geraden $2x - 3y - 6 = 0$; d) die Normale parallel zur Geraden $4x - 3y + 6 = 0$?

13. Zeige, daß die folgenden Funktionen an der Stelle x_0 keine Ableitung haben (mit Begründung)! In welchen der angegebenen Fälle handelt es sich um eine in x_0 stetige Funktion?

   a) $f(x) = \begin{cases} x & \text{für } x \geq 0 \\ 1 - x & \text{für } x < 0 \end{cases}$, $x_0 = 0$;   b) $f(x) = \begin{cases} x & \text{für } 0 \leq x \leq 1 \\ x^2 & \text{für } 1 < x \leq 2 \end{cases}$, $x_0 = 1$;

   c) $f(x) = \begin{cases} x \cos \dfrac{1}{x} & \text{für } x \neq 0 \\ 0 & \text{für } x = 0 \end{cases}$, $x_0 = 0$;   d) $f(x) = \sqrt{2x - 1}$, $x_0 = \dfrac{1}{2}$.

14. Warum ist die Funktion
$$f(x) = \begin{cases} 2x^2 \sin \dfrac{1}{x} & \text{für } x \neq 0 \\ 0 & \text{für } x = 0 \end{cases}$$
an der Stelle $x_0 = 0$ differenzierbar? Berechne den Wert der Ableitung!

Vermischte Aufgaben

15. Man berechne für den Punkt $P\ (1;\ ?)$ auf der Kurve mit der Gleichung $y = ax^2 - 2x + 1$ die Gleichung der Kurventangente und -normale! Für welchen Wert a geht die Tangente durch den Ursprung? Für welche a-Werte bilden Tangente und Normale durch P mit der y-Achse ein rechtwinkliges Dreieck mit der Hypotenuse $2{,}5$ (4 Lösungen)?

16. Gegeben ist die Funktion $f(x) = \dfrac{1}{x}$.
   a) Berechne für den Graphen der Funktion den Grenzwert, dem die Steigungen der Kurvensekanten durch die Punkte $P\ (1;\ 1)$ und $Q_n\left(1 + \dfrac{1}{n};\ ?\right)$ mit $n \to \infty$ zustreben!
   b) Bestimme allgemein die Ableitung an der Stelle $x_0 \neq 0$!

17. Berechne die Ableitung von $f(x) = x \sin x$ a) an der Stelle $x_0 = 0$,   b) an der Stelle $x_0 = \dfrac{\pi}{2}$!
   Anleitung zu b): Forme den Differenzenquotienten mit Hilfe der Formel $\cos \alpha = 1 - 2\sin^2 \dfrac{\alpha}{2}$ um!

18. Eine für alle x definierte Funktion $y = f(x)$ genüge der Ungleichung $x - x^2 \leq f(x) \leq x + x^2$ (vgl. Aufgabe 13 zu § 10!). Man zeige unter Benützung der Ungleichung, daß $f(x)$ an der Stelle $x = 0$ eine Ableitung hat und berechne ihren Wert.

19. *Der Schnittwinkel zweier Kurven*
   Unter dem Schnittwinkel zweier zu differenzierbaren Funktionen gehörenden Graphen wird der nicht stumpfe Winkel verstanden, den die Kurventangenten im Schnittpunkt miteinander einschließen.

§ 13 Die Ableitungsfunktion. Höhere Ableitungen

a) Wo und unter welchem Winkel schneiden sich die Kurven mit den Gleichungen $y = 2x - 3$ und $y = x^2 + 2x - 7$? Wie lauten die Tangentengleichungen in den Schnittpunkten?

b) Welchen Punkt haben die Kurven zu $y = \cos x + \sin x$ und $y = \sin x - 2 \cos x$ im Intervall $0 \leq x \leq \pi$ gemeinsam? Berechne den Schnittwinkel in diesem Punkt!

20. Zeige, daß sich die Graphen zu $y = x^2 + 2x + 1$ und $y = ax^2 - \dfrac{x}{2} + 1$ in $S(0; ?)$ für jeden Wert a orthogonal schneiden! Deute insbesondere den Fall $a = 0$!

§ 13. DIE ABLEITUNGSFUNKTION
HÖHERE ABLEITUNGEN

A. Die Ableitung einer gebietsweise differenzierbaren Funktion

a) Ordne jedem x-Wert im Intervall $-2 \leq x \leq 2$ die zugehörige Ableitung der Funktion $y = x^2$ zu! Welche neue Funktion ergibt sich? Zeichne ihren Graphen in die graphische Darstellung der Parabel $y = x^2$ ein! Was sagen die Werte der neuen Funktion über den Graphen der Parabel aus?

b) Stelle entsprechende Überlegungen für die Funktion $y = \sin x$ in $0 \leq x \leq 2\pi$ an!

1. Der Begriff der Ableitungsfunktion

Ist eine Funktion in jedem inneren Punkt eines abgeschlossenen Intervalls differenzierbar, sprechen wir von einer in diesem Intervall differenzierbaren Funktion oder ganz allgemein von einer gebietsweise differenzierbaren Funktion.

Wie die Ableitungsbeispiele in § 12 B 2 zeigen, sind die Funktionen $y = x$, $y = x^2$ sowie die trigonometrischen Funktionen $\sin x$ und $\cos x$ für *jeden* reellen x_0-Wert differenzierbar. Denn der Zahlenwert x_0 war bei der Bestimmung der Ableitung keinen Einschränkungen unterworfen.

Die Gesamtheit der x-Werte, für welche die Ableitung einer gegebenen Funktion existiert, nennen wir den *Differenzierbarkeitsbereich*[1]) der gegebenen Funktion. Innerhalb dieses Bereichs ist jedem x-Wert in eindeutiger Weise die zugehörige Ableitung der Funktion als Zahlenwert zugeordnet. Die Ableitung einer Funktion $y = f(x)$ ist demnach im Differenzierbarkeitsbereich von $f(x)$ selbst eine Funktion von x. Wir nennen sie die *Ableitungsfunktion*[2]) von $f(x)$ und bezeichnen sie mit $y' = f'(x)$. Statt Ableitungsfunktion sagt man auch *Differentialquotient*. Damit ist angedeutet, daß die Ableitung der Grenzwert eines Quotienten ist, nämlich des Differenzenquotienten. Man schreibt

$$y' = \frac{dy}{dx} = \frac{df(x)}{dx} = \frac{d}{dx}f(x)$$

und spricht „dy nach dx" usw. Diese Sprechweise läßt erkennen, daß *nach der Variablen x* differenziert wurde und bringt gleichzeitig zum Ausdruck, daß es sich nicht um einen echten Quotienten, sondern um eine symbolische Schreibweise handelt.

Anmerkung: Die Schreibweise y' ist grundsätzlich der Differentiation nach der Variablen x vorbehalten.

---

[1]) Der Differenzierbarkeitsbereich einer Funktion ist eine *Teilmenge* ihrer Definitionsmenge.
[2]) Soweit Mißverständnisse ausgeschlossen sind, werden wir statt Ableitungsfunktion auch kurz Ableitung sagen, obwohl zwischen der Ableitung an der Stelle x_0 und der Ableitung als einer neuen Funktion begrifflich zu unterscheiden ist.

2. Einfache Beispiele

Die Differentiation der Funktionen in § 12 B 2 führt auf die folgenden Ableitungsfunktionen, die wir für spätere Übungen als bekannt voraussetzen wollen:

ursprüngliche Funktion	Ableitungsfunktion
$y = x$	$y' = 1$
$y = x^2$	$y' = 2x$
$y = \sin x$	$y' = \cos x$
$y = \cos x$	$y' = -\sin x$

3. Der geometrische Zusammenhang zwischen den Graphen von $f(x)$ und $f'(x)$

Um den geometrischen Zusammenhang zwischen entsprechenden Werten einer Funktion $f(x)$ und ihrer Ableitung $f'(x)$ deutlich zu machen, stellen wir beide Funktionen in einem gemeinsamen Koordinatennetz dar. Abb. 48 zeigt dies für $f(x) = \sin x$ und $f'(x) = \cos x$. Dabei ergibt sich folgendes:

a) In jedem x-Intervall, in dem der Graph von $y = f(x)$ in der positiven x-Richtung ansteigt (abfällt), verläuft der Graph der Ableitungsfunktion $f'(x)$ ganz oberhalb (unterhalb) der x-Achse.

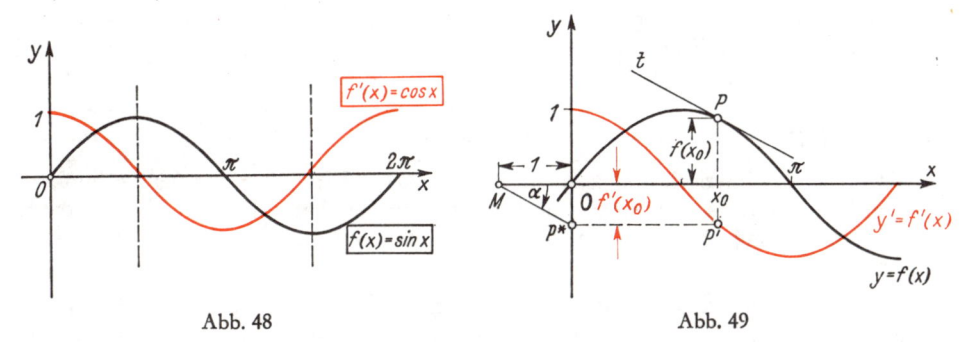

Abb. 48   Abb. 49

b) Die Abszissen von Kurvenpunkten der ursprünglichen Funktion mit waagrechter Tangente sind die Nullstellen der Ableitungsfunktion.

Außerdem läßt die gemeinsame graphische Darstellung von $f(x)$ und $f'(x)$ ein einfaches Verfahren zur Konstruktion einer Tangente an den Graphen von $f(x)$ zu (Abb. 49):

Um die Tangente im Punkte $P(x_0; f(x_0))$ zu zeichnen, ziehen wir durch $P'(x_0; f'(x_0))$ die Parallele zur x-Achse und bringen sie mit der y-Achse im Punkte P^* zum Schnitt. Außerdem tragen wir die Einheitsstrecke von 0 aus auf der negativen x-Achse an und erhalten so den Punkt M. Nunmehr gilt im Dreieck OMP^*: $\tan \alpha = f'(x_0)$. Da aber $f'(x_0)$ die Steigung der gesuchten Tangente ist, ergibt sich diese als Parallele zu MP^* durch P.

4. Die graphische Bestimmung der Ableitungsfunktion zu einem vorgegebenen Graphen

Kehren wir das soeben geschilderte Verfahren um, so können wir zu einem vorgegebenen Graphen ohne Kenntnis der Zuordnungsvorschrift den Graphen der Ableitungsfunktion punktweise bestimmen (Abb. 50). Wir zeichnen zu diesem Zweck die Tangente in

§ 13 Die Ableitungsfunktion. Höhere Ableitungen

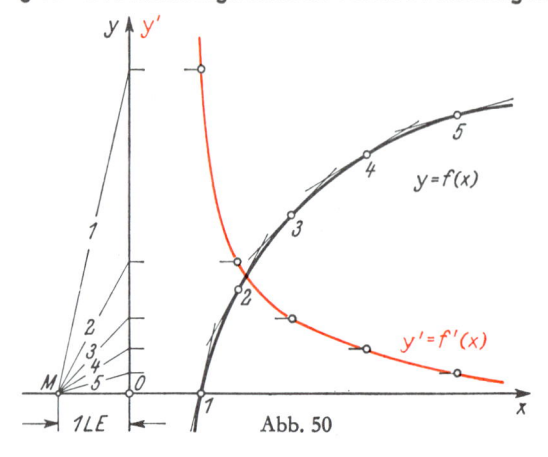

einem Kurvenpunkt P mit Hilfe eines Spiegellineals (siehe Abb. 43) und ziehen durch den Punkt M die Parallele zur Tangente. Diese schneidet die y-Achse in P^*. Dann ergibt OP^* den Wert der Ableitung in P, den wir auf die Ordinatenlinie durch P, vom Fußpunkt auf der x-Achse aus, übertragen. Man bezeichnet dieses Verfahren, das bei empirisch gefundenen und als gebietsweise differenzierbar vorausgesetzten Funktionen Anwendung findet, als *graphische Differentiation*.

Abb. 50

AUFGABEN

1. Bestimme von folgenden Funktionen die Ableitungsfunktionen bzw. bestätige c) und zeichne jeweils die beiden Graphen für $-3 \leq x \leq 3$ in ein gemeinsames Koordinatennetz ein!

   a) $y = 2x + 3$; **b)** $y = \frac{1}{2}x^2 - x$; **c)** $y = x^3 \Rightarrow y' = 3x^2$ [1])

2. Welche Ableitung haben die Funktionen **a)** $f(x) = \sin 2x$, **b)** $g(x) = \cos \frac{1}{2}x$? Zeichne für beide Fälle den Graphen der Funktion und ihrer Ableitung im Intervall $0 \leq x \leq 2\pi$ in ein und dasselbe Koordinatennetz ein!

3. Zeige allgemein: $\quad y = \sin kx \Rightarrow y' = k \cos kx; \quad y = \cos kx \Rightarrow y' = -k \sin kx$

4. Bestimme zeichnerisch und rechnerisch diejenigen Wertepaare, welche die Funktion $y = \frac{1}{2}x^2 + 4x + 4$ mit ihrer Ableitung gemeinsam hat! Wie läßt sich in diesen Punkten besonders einfach die Tangente an den Graphen der gegebenen Funktion zeichnen?

5. Zeichne für die Funktion $y = \cos x$ in $0 \leq x \leq 2\pi$ den Graphen der Ableitungsfunktion und konstruiere ohne weitere Rechnung die Tangente im Punkte $P\left(\frac{\pi}{6}; ?\right)$ des Graphen der ursprünglichen Funktion!

6. Bestimme durch graphische Differentiation die Steigungskurve
   a) der Geraden $y = 2x$ im Bereich $0 \leq x \leq 5$;
   b) der Parabel $y = \frac{1}{4}x^2$ im Bereich $-2 \leq x \leq 4$;
   c) der Sinuslinie $y = \sin x$ im Bereich $0 \leq x \leq 2\pi$.

7. Bestimme für die Funktion $f(x) = \sin x - 2 \cos x$, deren Graph im Intervall $0 \leq x \leq 2\pi$ gezeichnet werden soll, durch graphische Differentiation den Graphen der Ableitungsfunktion!

8. Gegeben ist in der xy-Ebene **a)** ein Halbkreis um den Ursprung 0 mit Radius 5 cm, der ganz im 1. und 2. Quadranten verläuft, **b)** ein Viertelkreis um 0 im 4. Quadranten mit gleichem Radius. Konstruiere für beide Fälle punktweise den Graphen der Ableitung zu der durch die Kurve dargestellten Funktion! Wie groß ist jeweils der Differenzierbarkeitsbereich?

---
[1]) Das Ergebnis wird in den Aufgaben 12c und 17 benötigt.

B. Grundlegende Ableitungsregeln

1. Die Ableitung der konstanten Funktion

Ist $f(x) = c$ konstant, dann hat der Differenzenquotient in der Umgebung einer beliebigen Stelle x_0 den Wert 0; denn es gilt:

$$\frac{f(x_0 + h) - f(x_0)}{h} = \frac{c - c}{h} = 0$$

Folglich ist auch $f'(x_0) = 0$. Das heißt aber: *Die Ableitung einer Konstanten ist Null* oder:

$$\boxed{y = c \Rightarrow y' = 0} \tag{1}$$

Anmerkung: Diese Regel leuchtet auch geometrisch unmittelbar ein, weil der Graph der Funktion $f(x) = c$ eine Parallele zur x-Achse im Abstand c darstellt.

2. Die Ableitung von Summe und Differenz zweier Funktionen

Um den Differentialquotienten zu $f(x) = u(x) \pm v(x)$ bestimmen zu können, formen wir den Differenzenquotienten in der Umgebung einer beliebigen Stelle x_0 in folgender Weise um:

$$\frac{[u(x_0 + h) \pm v(x_0 + h)] - [u(x_0) \pm v(x_0)]}{h} = \frac{u(x_0 + h) - u(x_0)}{h} \pm \frac{v(x_0 + h) - v(x_0)}{h}$$

Dann gilt $f'(x_0) = \lim_{h \to 0} \left\{ \frac{u(x_0 + h) - u(x_0)}{h} \pm \frac{v(x_0 + h) - v(x_0)}{h} \right\} = u'(x_0) \pm v'(x_0)$

Das heißt aber: *Die Ableitung einer Summe (Differenz) von zwei differenzierbaren Funktionen ist gleich der Summe (Differenz) der Ableitungen dieser Funktionen* oder:

$$\boxed{y = u(x) \pm v(x) \Rightarrow y' = u'(x) \pm v'(x)} \tag{2}$$

Anmerkung: Man möchte zunächst vermuten, daß sich in entsprechend einfacher Weise die Ableitung eines Produkts von zwei Funktionen als Produkt der Ableitungen der beiden Faktoren errechnet; denn der Grenzwert eines Produkts ist gleich dem Produkt der Grenzwerte der Faktoren. Indessen zeigt bereits die folgende Ableitungsregel, daß eine solche Vermutung sicher falsch ist (warum?). Wir werden daher die Produktregel erst in § 15 kennenlernen.

3. Die Ableitung einer Funktion mit konstantem Faktor

Für $y = c \cdot f(x)$ ergibt der Differenzenquotient in der Umgebung einer beliebigen Stelle x_0:

$$\frac{c \cdot f(x_0 + h) - c \cdot f(x_0)}{h} = c \cdot \frac{f(x_0 + h) - f(x_0)}{h}$$

Daraus folgt: $y'_{x = x_0} = c \cdot \lim_{h \to 0} \frac{f(x_0 + h) - f(x_0)}{h} = c \cdot f'(x_0)$. Das heißt aber:

$$\boxed{y = c \cdot f(x) \Rightarrow y' = c \cdot f'(x)} \tag{3}$$

§ 13 Die Ableitungsfunktion. Höhere Ableitungen

Mit Hilfe dieser 3 Regeln können wir unter Verwendung der Formeln in A2 bereits eine Reihe von Funktionen differenzieren, ohne eine ausführliche Grenzwertberechnung durchführen zu müssen.

Beispiel:
Um die Ableitungsfunktion von $y = 4x^3 - 2x + 3$ zu finden, differenzieren wir den Rechenausdruck nach Regel (2) gliedweise und machen dabei von den Regeln (3) und (1) sowie Aufg. 1c Gebrauch. Es ergibt sich
$$y' = 4 \cdot 3x^2 - 2 \cdot 1 + 0 = 12x^2 - 2$$

AUFGABEN

9. Differenziere die folgenden Funktionen durch Anwendung der Ableitungsregeln und überprüfe das Ergebnis mit Hilfe des Grenzwertverfahrens!

a) $y = -3x + 8$; b) $y = \frac{1}{2}x^2 - 10x - 25$; c) $y = -2\sin x + 3\cos x$.

d) $y = x^2 + a^2$; e) $y = (ax + b)^2$; f) $y = (ax + b)(ax - b)$.

10. Berechne auf möglichst einfache Weise die Ableitung der folgenden Funktionen:

a) $y = \sin^2 x + \cos^2 x$; b) $y = 2x \cos^2 x (1 + \tan^2 x)$; c) $y = \frac{\cos 2x - \cos^2 x}{\sin x}$.

11. Zeichne den Graphen der Funktion $f(x) = \frac{x}{2} + \sin x$ im Intervall $0 \leq x \leq 2\pi$! In welchen Kurvenpunkten ergeben sich waagrechte Tangenten? Wo ist die Kurve am steilsten? Entscheide beide Fragen anhand der Ableitungsfunktion, deren Gleichung ohne Grenzwertbetrachtung gefunden werden soll!

C. Höhere Ableitungen einer Funktion

1. Die weitere Differentiation der Ableitungsfunktion

Im allgemeinen erweist sich die Ableitung einer gebietsweise differenzierbaren Funktion $y = f(x)$ wiederum als eine gebietsweise differenzierbare Funktion $y' = f'(x)$, deren Ableitung bestimmt werden kann. Man nennt die *Ableitung der Ableitungsfunktion* die 2. Ableitung der ursprünglichen Funktion und schreibt $y'' = f''(x)$ während die Funktion $y' = f'(x)$ als die 1. Ableitung von $f(x)$ bezeichnet wird.

Beispiel:
Für $y = \sin x$ ergibt sich als 1. Ableitung $y' = \cos x$ und als 2. Ableitung $y'' = -\sin x$.

Ebenso wie die 1. Ableitung über die Steigung des ursprünglichen Funktionsbildes Auskunft gibt, berechnet die 2. Ableitung die Kurvensteigung der 1. Ableitungsfunktion. Da aber letztere von der Beschaffenheit der ursprünglichen Funktion abhängt, muß zwischen $f(x)$ und $f''(x)$ ein Zusammenhang bestehen. Davon wird in § 17 noch ausführlich die Rede sein.

Anmerkung: Die 2. Ableitung einer Funktion wird auch ihr 2. Differentialquotient genannt. Dabei ist folgende symbolische Schreibweise üblich: $y'' = \frac{d^2y}{dx^2} = \frac{d^2}{dx^2} f(x)$ [1])

---

[1]) Lies: d zwei y nach dx-quadrat! Entstanden aus $\frac{d}{dx}\left(\frac{dy}{dx}\right)$.

2. Verallgemeinerung

Läßt sich auch die 2. Ableitung einer Funktion $y = f(x)$ in einem gewissen Bereich differenzieren, ergibt deren Ableitung die sogenannte 3. Ableitung von $f(x)$, die wir mit $y''' = f'''(x)$ bezeichnen. In entsprechender Weise kann man, soweit die Differenzierbarkeitsbedingungen erfüllt sind, die 4., 5. und allgemein die n-te Ableitung der Funktion $f(x)$ bilden. Wir schreiben dann kurz:

$$y^{(4)} = f^{(4)}(x); \quad y^{(5)} = f^{(5)}(x); \quad \ldots; \quad y^{(n)} = f^{(n)}(x).$$

Eine Funktion, deren n-te Ableitung in einem gewissen x-Intervall existiert, heißt in diesem Intervall *n-mal differenzierbar*.

AUFGABEN

12. Berechne die 2. Ableitung der folgenden Funktionen:
    a) $y = -2x + 7$;   b) $y = ax^2 + bx + c$;   c) $y = x^3 - \frac{x^2}{2} + x - 1$;
    d) $f(x) = 3 \sin x - 4 \cos x$;   e) $g(t) = t^2 - 2a \cos t$.

13. Gegeben ist die Funktion $f(x) = \begin{cases} \dfrac{1+x^3}{1+x} & \text{für} \quad x \neq -1 \\ 3 & \text{für} \quad x = -1 \end{cases}$.

    Wie lautet ihre 2. Ableitung? Berechne insbesondere $f''(-1)$!

14. Zeige, daß für $y = \sin x$ und $y = \cos x$ die folgenden sogenannten Differentialgleichungen erfüllt sind:
    a) $y'' = -y$;   b) $y^{(4)} = y$;   c) $y^{(n+4)} = y^{(n)}$.

15. Bestimme die Koeffizienten der Funktion $f(x) = ax^2 + bx + c$ so, daß $f(1) = 3$ und $f'(0) = f''(0) = 1$ ist!

Vermischte Aufgaben

16. Die Differentiation der Quadratwurzel
    a) Gib für die Funktion $y = \sqrt{x}$ den Differenzierbarkeitsbereich an und bestimme nach geeigneter Umformung des Differenzenquotienten die Ableitungsfunktion!
    b) Unter welchem Winkel schneidet der Graph zu $y = \sqrt{x}$ die Parabel $y = x^2$?

17. Welche Beziehung muß zwischen den Koeffizienten von $f(x) = ax^3 + bx^2 + cx + d$ bestehen, damit der Graph *keine* waagrechten Tangenten hat?

18. Gegeben ist die Funktion $y = \sin x - \sqrt{3} \cos x$.
    a) Berechne die 1. und 2. Ableitung!
    b) Für welche x-Werte im Bereich $0 \leq x \leq 2\pi$ nimmt die Funktion gegenüber der Umgebung einen größten Wert (relatives Maximum) an? Wie äußert sich dies geometrisch?
    c) Was läßt sich über die Steigung der gegebenen Funktion in den Nullstellen der 2. Ableitung sagen (Begründung)?

19. Berechne die 1. und 2. Ableitung von $y = a \sin \omega t$ für $\omega \neq 1$ und zeige die Gültigkeit der Differentialgleichung $\dfrac{d^2 y}{dt^2} + \omega^2 y = 0$!

§ 13 Die Ableitungsfunktion. Höhere Ableitungen

20. Bestimme die Schnittwinkel folgender Kurven auf 0,05° genau:

  a) $y = x$ und $y = \cos x$;

  Hinweis: Die Lösung der Gleichung $x = \cos x$ findet man auf S. 23 des Tafelwerkes durch Vergleich der Arkusspalte mit der Kosinusspalte. Es genügen 3 Dezimalen für x.

  b) $y = x - 1$ und $y = \cos x$; **c)** $y = x^2$ und $y = \sin x$.

  Hinweis zu c): Die Lösung der Gleichung $x^2 = \sin x$ läßt sich auf S. 22 des Tafelwerkes mit gleichzeitiger Benutzung der Quadratzahlenspalte der allgemeinen Zahlentafel finden.

21. Gib zuerst *eine* Funktion und dann die Menge aller Funktionen an mit der Ableitung

  a) $y' = 3$; **b)** $y' = 2x$; **c)** $y' = 4x + 1$; **d)** $y' = \cos x$.

22. Gib zuerst eine beliebige Funktion und dann die Menge aller Funktionen an, deren zweite Ableitungen lauten:

  a) $y'' = 2$; **b)** $y'' = \sin x$; **c)** $y'' = \cos x$; **d)** $y'' = 1 - \cos x$.

23. Zeige: Die Funktion $f(x) = x\,|x|$ ist für $x = 0$ nur einmal, für $x \neq 0$ beliebig oft differenzierbar.

24. Haben die Funktionen $y = \sqrt{x^2}$ und $y = x$ den gleichen Differenzierbarkeitsbereich (Begründung)?

25. Gib den Differenzierbarkeitsbereich der Funktion $f(x) = 2 - \sqrt{(x+1)^2}$ an! Zeichne den Graphen!

AUS DER PHYSIK

A. Die 1. und 2. Ableitung der Weg-Zeit-Funktion

Um in der Physik einen Bewegungsvorgang mathematisch beschreiben zu können, wird die der Bewegung zugrundeliegende Weg-Zeit-Funktion bestimmt. Sie gibt den gesetzmäßigen Zusammenhang zwischen der Entfernung s von einem festen Bezugspunkt 0 auf der Bewegungsbahn und der seit Beginn der Bewegung verstrichenen Zeit t an. Wir schreiben $s = f(t)$ und insbesondere $s_0 = f(0)$. Der Einfachheit halber setzen wir in den folgenden Beispielen eine geradlinig verlaufende Bewegung voraus.

Beispiele:

1. Die gleichförmig geradlinige Bewegung mit der Geschwindigkeit v_0 (Abb. 51):

$$s = f(t) = v_0 t + s_0$$

Abb. 51

2. Die gleichförmig beschleunigte Bewegung (b = Beschleunigung):

$$s = f(t) = \frac{b}{2} t^2$$

3. Der lotrechte Wurf nach oben aus der Höhe h über dem Erdboden (v_0 = Abwurfgeschwindigkeit, g = Erdbeschleunigung) (Abb. 52):

$$s = f(t) = h + v_0 t - \frac{g}{2} t^2$$

Die Ableitungsfunktion. Höhere Ableitungen § 13

Wir wollen nun unter der Voraussetzung, daß $s = f(t)$ differenzierbar ist, die physikalische Bedeutung der 1. und 2. Ableitung an einer bestimmten Stelle t_1 näher untersuchen. Dazu bilden wir zunächst den Differenzenquotienten in der Umgebung von t_1, wobei wir zweckmäßigerweise die kleine Zeitdifferenz $h = t - t_1$ durch die Schreibweise Δt ersetzen. Desgleichen bezeichnen wir die zugehörige Wegdifferenz $f(t_1 + \Delta t) - f(t_1)$ mit Δs. Wir erhalten somit:

$$\frac{f(t_1 + \Delta t) - f(t_1)}{\Delta t} = \frac{\Delta s}{\Delta t}$$

Dieser Ausdruck hat die Dimension einer Geschwindigkeit. Er gibt die durchschnittliche Geschwindigkeit an, die der bewegte Körper während der Zeitspanne Δt hat. Der Grenzwert, dem die Durchschnittsgeschwindigkeit für $\Delta t \to 0$ zustrebt, ist die Momentangeschwindigkeit im Zeitpunkt t_1. Es gilt daher ganz allgemein:

Die 1. Ableitung der Weg-Zeit-Funktion $s = f(t)$ an der Stelle t_1 ergibt die Momentangeschwindigkeit zur Zeit t_1.

Berechnen wir für die oben genannten Beispiele jeweils die Momentangeschwindigkeit, so stellen wir fest:

    1. Fall: $f'(t_1) = v_0$ (konstant)   2. Fall: $f'(t_1) = b\, t_1$;

    3. Fall: $f'(t_1) = v_0 - g\, t_1$.

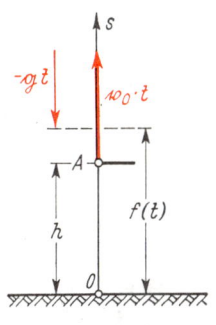

Abb. 52

In entsprechender Weise kann die 2. Ableitung der Weg-Zeit-Funktion, sofern sie existiert, physikalisch gedeutet werden. Wir bezeichnen dazu die Geschwindigkeitsdifferenz $f'(t_1 + \Delta t) - f'(t_1)$ mit Δv und erhalten für den Differenzenquotienten der 1. Ableitung:

$$\frac{f'(t_1 + \Delta t) - f'(t_1)}{\Delta t} = \frac{\Delta v}{\Delta t}$$

Wie wir aus der Physik wissen, ist der Quotient aus der Geschwindigkeitsänderung Δv und der Zeitspanne Δt, in der diese Änderung erfolgt, ein Maß für die durchschnittliche Beschleunigung des bewegten Körpers während der Zeit Δt. Infolgedessen mißt der Grenzwert des Differenzenquotienten für $\Delta t \to 0$ die Momentanbeschleunigung zur Zeit t_1. Das heißt aber:

Die 2. Ableitung der Weg-Zeit-Funktion $s = f(t)$ an der Stelle t_1 ergibt die Momentanbeschleunigung zur Zeit t_1.

Im Falle der gleichförmig geradlinigen Bewegung ist $f''(t_1) = 0$ unabhängig von t_1, da die erste Ableitung der Weg-Zeit-Funktion eine Konstante ist. Dagegen gilt im 2. Beispiel: $f''(t_1) = b$ (konstant). Das negative Vorzeichen in der konstanten 2. Ableitung des 3. Beispiels deutet schließlich darauf hin, daß die beschleunigte Bewegung zur positiven s-Richtung entgegengesetzt verläuft.

Anmerkungen

1. Die Ableitungen der Weg-Zeit-Funktion $s = f(t)$ schreibt man häufig in der Form: $\dot{s} = f'(t)$; $\ddot{s} = f''(t)$ (lies: „s-Punkt bzw. s-zwei-Punkt").
2. Neben Geschwindigkeit und Beschleunigung erweisen sich auch andere physikalische Größen als Ableitung einer Funktion. So gilt z. B. für die induzierte Spannung U an den Enden eines von einem zeitlich veränderlichen magnetischen Kraftfluß $\Phi(t)$ durchsetzten Leiterkreises: $U = -\dfrac{d\Phi}{dt}$.

Anwendungsaufgaben:

a) Berechne für die Weg-Zeit-Funktion $s = h + v\, t - \dfrac{g}{2} t^2$ des lotrechten Wurfes nach oben durch Differentiation die Wurfhöhe sowie die Geschwindigkeit beim Aufprall auf dem Erdboden!

b) Bei einer Schraubenfederschwingung mit der Amplitude a und der Schwingungsdauer T (= Zeitdauer einer vollen Hin- und Herbewegung) ist die Entfernung s aus der Ruhelage eine Sinusfunktion der Zeit. Es gilt:

$$s = a \sin\left(\frac{2\pi}{T} t\right)$$

§ 13 Die Ableitungsfunktion. Höhere Ableitungen

Welche Geschwindigkeit hat ein schwingender Massenpunkt beim Durchgang durch die Ruhelage sowie zur Zeit $t = 5\frac{T}{4}$?

c) Die Weg-Zeit-Funktion $s = f(t)$ ist empirisch durch folgende Meßtabelle gegeben:

t in sec	0	1	2	3	4	5	6	7	8	9	10
s in cm	0	15	45	100	200	365	460	510	535	535	510

Zeichne das Weg-Zeit-Diagramm und hieraus durch graphische Differentiation das Geschwindigkeit-Zeit-Diagramm. Wie groß ist die Geschwindigkeit in den Zeitpunkten $t = 3{,}5$ sec, $t = 6{,}5$ sec und $t = 10$ sec? Zeitachse: 1 sec $\triangleq$ 1 cm. Wegachse: 1 cm Weg $\triangleq$ 0,1 mm.

d) Bei einem frei beweglichen Massenpunkt ist die Abhängigkeit der Geschwindigkeit v von der Zeit t aus folgender Tabelle ersichtlich:

t in sec	0	1	2	3	4	5	6	7	8	9	10
v in $\frac{m}{sec}$	0	26	35	34	29	21	16	15,5	21	36	70

Bestimme durch graphische Differentiation den Verlauf der Beschleunigung b in Abhängigkeit von der Zeit t! In welchem Zeitraum tritt eine Verzögerung der Bewegung ein?

B. Die Bestimmung der Weg-Zeit-Funktion aus ihren Ableitungen

Bei vielen Bewegungsabläufen in der Mechanik läßt sich die Weg-Zeit-Funktion $s = f(t)$ nicht unmittelbar aus den experimentellen Daten berechnen, wogegen die Momentangeschwindigkeit $\dot{s}$ oder die Momentanbeschleunigung $\ddot{s}$ als Funktion der Zeit bekannt ist.

Beispiel:
Wie man durch Versuche an der Fahrbahn leicht bestätigen kann, ist die Momentangeschwindigkeit v einer gleichförmig beschleunigten Bewegung der Dauer t dieser Bewegung proportional, wenn die Anfangsgeschwindigkeit zur Zeit $t = 0$ den Wert 0 hat. Es gilt also:

$$v = k \cdot t$$

Da aber v die erste Ableitung $f'(t)$ der Weg-Zeit-Funktion $s = f(t)$ darstellt, können wir diese leicht erraten. Wir finden

$$s = \frac{1}{2} k t^2 + C$$

Die Richtigkeit dieses Ansatzes wird durch Differenzieren bestätigt. Die Konstante C bestimmt sich aus den Anfangsbedingungen:

$$s_0 = 0 + C$$

Also gilt

$$s = \frac{1}{2} k t^2 + s_0$$

In entsprechender Weise läßt sich aus der Kenntnis der Momentanbeschleunigung in Abhängigkeit von der Zeit zunächst das Geschwindigkeit-Zeit-Gesetz und daraus die Weg-Zeit-Funktion errechnen. Dabei kann in einfachen Fällen, ähnlich wie im angeführten Beispiel, die Funktion $s = f(t)$ durch Probieren gefunden werden.

Wir erkennen, daß es sich bei der Bestimmung der Weg-Zeit-Funktion um die **Umkehrung des Differenzierens** handelt. Näheres hierüber werden wir später erfahren.

Anwendungsaufgaben

a) Von einem Bewegungsablauf ist bekannt: $v = at + v_0$. Wie lautet das Weg-Zeit-Gesetz für den Fall, daß für $t = 0$ der sich geradlinig bewegende Körper vom Bezugspunkt 0 die Entfernung s_0 hat?

b) Bei einer geradlinig beschleunigten Bewegung ist die Momentanbeschleunigung konstant gleich g. Berechne die Geschwindigkeit v und die Entfernung s vom Ausgangspunkt der Bewegung in Abhängigkeit von t! Es wird vorausgesetzt, daß der bewegte Körper zur Zeit $t = 0$ die Geschwindigkeit v_0 in Richtung der Bewegung hat.

Die ganze rationale Funktion

§ 14. DEFINITION UND EIGENSCHAFTEN DER GANZEN RATIONALEN FUNKTION

a) Beschreibe den Graphen der linearen Funktion $y = a_1 x + a_0$! Welche geometrische Bedeutung haben die Konstanten a_1 und a_0? Was ergibt sich für $a_1 = 0$[1])?

b) Welcher Graph gehört zur quadratischen Funktion $y = a_2 x^2 + a_1 x + a_0$? Welche geometrische Bedeutung haben Vorzeichen und Betrag von a_2? Was ergibt sich für $a_2 = 0$? Was läßt sich über die Zahl der Schnittpunkte mit der x-Achse sagen[2])?

Die uns bekannten Funktionen $y = a_0$, $y = a_1 x + a_0$ und $y = a_2 x^2 + a_1 x + a_0$ gehören zur Klasse der ganzen rationalen Funktionen.

A. Definition der ganzen rationalen Funktion

Eine Funktion von der Form eines Polynoms n-ten Grades mit reellen Koeffizienten a_ν

$$f(x) = a_n x^n + a_{n-1} x^{n-1} + a_{n-2} x^{n-2} + \ldots + a_2 x^2 + a_1 x + a_0 = \sum_{\nu=0}^{n} a_\nu x^\nu \quad (a_n \neq 0;\ n \in \mathbb{N})$$

nennt man eine ganze rationale Funktion n-ten Grades.
Die Funktion $y = a_0$ ist eine ganze rationale Funktion nullten Grades.

Beispiele:

1. $y = 2 x^5 \cdot \dfrac{x^4}{3} - 3 x^2 + x + 2{,}4$; es handelt sich um eine ganze rationale Funktion 5. Grades
   mit $a_5 = 2$, $a_4 = \dfrac{1}{3}$, $a_3 = 0$, $a_2 = -3$, $a_1 = 1$, $a_0 = 2{,}4$.
2. $y = (3 x^2 - 8) + (x^3 - 5 x^2 - 7) = x^3 - 2 x^2 - 15$;
   hier ist $n = 3$, $a_3 = 1$, $a_2 = -2$, $a_1 = 0$, $a_0 = -15$.
3. $y = (x^2 - 2 x + 1)(2 - 3 x^2) = -3 x^4 + 6 x^3 - x^2 - 4 x + 2$ mit $n = 4$, $a_4 = -3$, ...

In den Beispielen 2 und 3 ergeben Summe und Produkt zweier ganzer rationaler Funktionen wieder eine ganze rationale Funktion. Allgemein gilt:

Lehrsatz 1: Summe und Produkt ganzer rationaler Funktionen sind wieder ganze rationale Funktionen.

Bei der Untersuchung der ganzen rationalen Funktion spielen die *Nullstellen*, das sind diejenigen x-Werte, für die die Funktion den Wert 0 annimmt, eine besondere Rolle. Sie ergeben sich, soweit algebraisch durchführbar, durch Lösung der entsprechenden Gleichung n-ten Grades. Über die Zahl der Nullstellen siehe B 5!

AUFGABEN

1. Beschreibe ohne Zeichnung den Graphen der linearen Funktionen:
   a) $y = x - 1$; b) $y = 5 x + 3$; c) $y = -5 x + 3$; d) $y = \dfrac{x}{20}$.

---
[1]) Vgl. Titze, Algebra I, § 40.
[2]) Vgl. Titze, Algebra II, § 22.

§ 14 Definition und Eigenschaften der ganzen rationalen Funktion

2. Beschreibe den Graphen der quadratischen Funktionen:
   a) $y = 10\,x^2$; b) $y = -\dfrac{x^2}{10} + 1$; c) $y = x^2 + 4$; d) $y = x^2 - 4$.
   Bestimme Zahl und Lage der Nullstellen dieser Funktionen! Zeichne ihre Graphen!

3. Bestimme eine quadratische Funktion, deren Graph durch $P\,(0;\,1)$ geht und
   a) eine Nullstelle; b) keine Nullstelle; c) zwei Nullstellen hat!

4. Bestimme den Grad und die Koeffizienten von $y = (x-2)\,(8-x) \cdot 0{,}5\,x$!

5. Berechne für $f(x) = x^3 - 6\,x^2 + 12\,x - 8$ die Zahlenwerte $f(2)$, $f(3)$, $f(-3)$ und $f(5)$!

B. Eigenschaften der ganzen rationalen Funktion

a) Wann nennt man eine Funktion an der Stelle x_0 stetig, wann differenzierbar?

b) Wie verhalten sich die Funktionen $y = x^2$, $y = x^3$ und $y = -x^3$ für $x \to \pm\infty$?

c) Der Graph der quadratischen Funktion $y = a_2\,x^2 + a_1\,x + a_0$ ist eine Parabel. Durch wie viele Punkte kann man diese festlegen?

1. Definitionsbereich

Zu jedem reellen x-Wert kann man den zugehörigen Funktionswert $y = \sum\limits_{\nu=0}^{n} a_\nu\,x^\nu$ berechnen, weil nur Additionen und Multiplikationen auftreten. Daraus folgt:

Lehrsatz 2: Jede ganze rationale Funktion ist im Bereich $-\infty < x < +\infty$ definiert.

2. Stetigkeit und Differenzierbarkeit

Da die Funktionen $y = a$ und $y = x$ stetig sind (§ 10, Aufg. 9), sind auch die Funktionen $y = a\,x$, $y = a\,x \cdot x$ und allgemein $y = a\,x^n$ stetig (§ 10, L.S. 1). Daher ist auch die Funktion

$$y = \sum_{\nu=0}^{n} a_\nu\,x^\nu$$

stetig. Wie in § 15 noch gezeigt wird, ist sie auch differenzierbar. Es gilt daher:

Lehrsatz 3: Jede ganze rationale Funktion ist überall stetig und differenzierbar.

3. Verhalten für $x \to \pm\infty$

Lehrsatz 4: Wenn bei einer ganzen rationalen Funktion vom Grad $n \geq 1$ das Argument x gegen $\pm\infty$ geht, strebt der Betrag des Funktionswertes gegen ∞.

Beweis:
Der Term $y = a_n\,x^n + a_{n-1}\,x^{n-1} + \cdots + a_1\,x + a_0$ läßt sich, wenn $x \neq 0$, umformen in

$$y = \left(a_n + \frac{a_{n-1}}{x} + \cdots + \frac{a_1}{x^{n-1}} + \frac{a_0}{x^n}\right) \cdot x^n$$

Der Term in der Klammer konvergiert für $x \to \pm\infty$ gegen a_n, da alle anderen Glieder der Klammer gegen Null gehen. Der Faktor x^n dagegen strebt gegen $\pm\infty$. Daher geht auch y gegen $\pm\infty$ d.h.: $|y| \to \infty$, w.z.b.w.

Die im Beweis angegebene Umformung erlaubt noch eine genauere Aussage über das Verhalten der Funktion für $x \to \pm \infty$.

a) Für gerade n ist x^n stets positiv, und es strebt

$$y \to +\infty \text{ für } a_n > 0 \quad \text{und} \quad y \to -\infty \text{ für } a_n < 0$$

b) Für ungerade n hat x^n das Vorzeichen von x, und es strebt

$$y \to +\infty \text{ für } \begin{cases} a_n > 0, & x \to +\infty \\ a_n < 0, & x \to -\infty \end{cases} \quad \text{und} \quad y \to -\infty \text{ für } \begin{cases} a_n > 0, & x \to -\infty \\ a_n < 0, & x \to +\infty \end{cases}$$

4. Festlegung der ganzen rationalen Funktion durch gegebene Wertepaare

Durch zwei Punkte gibt es genau eine Gerade, also zu zwei Wertepaaren $(x_1; y_1)$ und $(x_2; y_2)$ mit $x_1 \neq x_2$ genau eine lineare Funktion. Entsprechend gibt es durch drei Punkte genau eine Parabel mit der Gleichung $y = a_2 x^2 + a_1 x + a_0$ oder eine Gerade (Abb. 53). Allgemein gilt:

Lehrsatz 5: Es existiert genau eine ganze rationale Funktion, deren Grad nicht größer als n ist, die zu $n + 1$ verschiedenen x-Werten $x_1, x_2, \ldots, x_{n+1}$ die vorgeschriebenen Funktionswerte $y_1, y_2, \ldots, y_{n+1}$ annimmt.

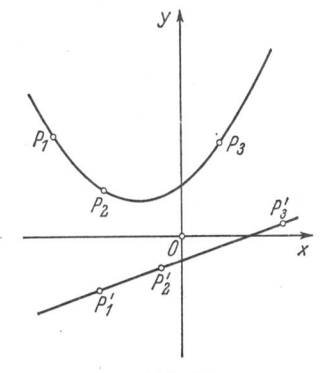

Begründung:

Abb. 53

Setzt man die Wertepaare $(x_1; y_1), \ldots, (x_{n+1}; y_{n+1})$ der Reihe nach in

$$y = a_n x^n + a_{n-1} x^{n-1} + \ldots + a_1 x + a_0$$

ein, so erhält man ein Gleichungssystem von $n + 1$ Gleichungen für die $n + 1$ Koeffizienten a_n bis a_0. Wenn die x-Werte x_1 bis x_{n+1} alle verschieden sind, kann man beweisen, daß dieses Gleichungssystem *eindeutig* lösbar ist. Man erhält also *genau eine* Funktion. Ergibt sich $a_n \neq 0$, so ist der Grad der Funktion gleich n, andernfalls ist er kleiner als n.

Der allgemeine Beweis überschreitet den Rahmen dieses Buches. Wir beweisen den Satz nur für $n = 2$. Das Gleichungssystem lautet in diesem Fall:

$$y_1 = a_2 x_1^2 + a_1 x_1 + a_0$$
$$y_2 = a_2 x_2^2 + a_1 x_2 + a_0$$
$$y_3 = a_2 x_3^2 + a_1 x_3 + a_0$$

Löst man das System nach a_0, a_1, a_2 auf, erscheint jedesmal im Nenner der Term:

$$x_1^2 x_2 + x_2^2 x_3 + x_3^2 x_1 - x_1^2 x_3 - x_2^2 x_1 - x_3^2 x_2$$

Dieser Term läßt sich umformen in das Produkt:

$$(x_1 - x_2)(x_2 - x_3)(x_1 - x_3)$$

Davon kann man sich durch Ausmultiplizieren leicht überzeugen. Da x_1, x_2, x_3 nach Voraussetzung voneinander verschieden sind, kann der Nenner nicht Null sein. Es gibt also genau ein

§ 14 Definition und Eigenschaften der ganzen rationalen Funktion

Wertetripel a_0, a_1, a_2 als Lösung des Gleichungssystems und damit genau eine Funktion $y = a_2 x^2 + a_1 x + a_0$.
Führe den Beweis in analoger Weise für zwei gegebene Punkte durch!

Beispiel:
Es soll eine ganze rationale Funktion vom Grad $n \leq 3$ bestimmt werden, deren Erfüllungsmenge folgende Wertepaare enthält:

$$x_1 = 0, \ y_1 = 1; \quad x_2 = 1, \ y_2 = 0; \quad x_3 = 2, \ y_3 = 5; \quad x_4 = -1, \ y_4 = 2.$$

Lösung:
Nach L.S. 5 gibt es genau eine ganze rationale Funktion.
Sie hat die Form

$$y = a_3 x^3 + a_2 x^2 + a_1 x + a_0$$

Setzt man die gegebenen Wertepaare ein, erhält man folgende Gleichungen für die Koeffizienten:

(I) $\quad 1 = a_0$
(II) $\quad 0 = a_3 + a_2 + a_1 + a_0$
(III) $\quad 5 = 8 a_3 + 4 a_2 + 2 a_1 + a_0$
(IV) $\quad 2 = -a_3 + a_2 - a_1 + a_0$

Hieraus ergibt sich: $a_0 = 1$, $a_1 = -2$, $a_2 = 0$, $a_3 = 1$.
Ergebnis: Die Funktion heißt $\underline{y = x^3 - 2x + 1}$ (Abb. 54).

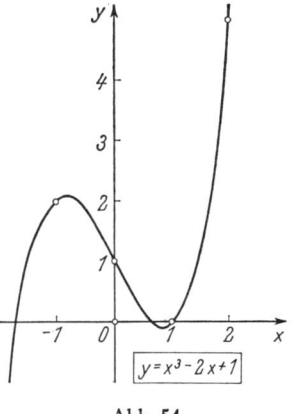

Abb. 54

5. Nullstellen der ganzen rationalen Funktion

Lehrsatz 6: Eine ganze rationale Funktion n-ten Grades $(n > 0)$ hat höchstens n verschiedene Nullstellen[1]).

Beweis:
Nehmen wir an, eine Funktion n-ten Grades $(n > 0)$ hätte die $n + 1$ verschiedenen Nullstellen $x_1, x_2, \ldots, x_n + 1$. Nach Lehrsatz 5 gibt es zu den $n + 1$ Wertepaaren $(x_1; 0), (x_2; 0), \ldots, (x_n + 1; 0)$ nur *eine* ganze rationale Funktion, deren Grad nicht größer ist als n. Die Funktion $y = 0$ wird aber durch jedes dieser Wertepaare erfüllt und ist daher die einzige Funktion bis zum Grad n mit dieser Eigenschaft. Die Annahme, eine Funktion n-ten Grades mit $n + 1$ Nullstellen und dem Grad $n > 0$ existiere, ist also unhaltbar.

Die Funktionen n-ten Grades mit den n vorgeschriebenen Nullstellen $x_1, x_2, \ldots, x_n$ lassen sich sofort niederschreiben:

$$y = a(x - x_1)(x - x_2) \ldots (x - x_n).$$

Man erkennt, daß sich jedesmal der Funktionswert 0 ergibt, wenn man für x einen der Werte $x_1, x_2, \ldots, x_n$ einsetzt.
Solange wir uns auf reelle Nullstellen beschränken, kann eine ganze rationale Funktion n-ten Grades auch weniger als n Nullstellen haben. Die Funktion $y = 1 + x^2$ hat gar keine Nullstelle. Im komplexen Zahlbereich dagegen gibt es mindestens eine Nullstelle. Wenn man mehrfache Nullstellen entsprechend mehrfach zählt, hat jede ganze

---
[1]) Der Satz gilt auch in der strengeren Form: Eine ganze rationale Funktion n-ten Grades $(n > 0)$ hat höchstens n Nullstellen, wobei mehrfache Nullstellen mehrfach gezählt werden.

rationale Funktion n-ten Grades genau n Nullstellen. Diesen sogenannten *Hauptsatz der Algebra* hat *C. F. Gauß* 1799 in seiner Dissertation zum erstenmal bewiesen. Die Nullstellen einer Funktion kann man in einfachen Fällen mit den uns aus der Algebra bekannten Methoden berechnen.

6. Teilbarkeit durch einen Linearfaktor

Lehrsatz 7: Für jedes Polynom $f(x)$ und für jeden Wert ξ ist folgende Umformung möglich:

$$f(x) = a_n x^n + a_{n-1} x^{n-1} + \ldots + a_1 x + a_0$$
$$= (x - \xi)(b_{n-1} x^{n-1} + \ldots + b_1 x + b_0) + r$$

Beweis:

Wir führen ihn für $n = 3$. Die Behauptung lautet in diesem Fall:

$$a_3 x^3 + a_2 x^2 + a_1 x + a_0 = (x - \xi)(b_2 x^2 + b_1 x + b_0) + r =$$
$$= b_2 x^3 + (b_1 - b_2 \xi) x^2 + (b_0 - b_1 \xi) x - b_0 \xi + r$$

Die Behauptung ist offenbar richtig, wenn man b_2, b_1, b_0 und r so wählt, daß folgende Gleichungen erfüllt sind:

(I) $a_3 = b_2$ aus I: $b_2 = a_3$
(II) $a_2 = b_1 - b_2 \xi$ aus II: $b_1 = a_2 + b_2 \xi = a_2 + a_3 \xi$
(III) $a_1 = b_0 - b_1 \xi$ aus III: $b_0 = a_1 + b_1 \xi = a_1 + a_2 \xi + a_3 \xi^2$
(IV) $a_0 = r - b_0 \xi$ aus IV: $r = a_0 + b_0 \xi = a_0 + a_1 \xi + a_2 \xi^2 + a_3 \xi^3$

Die Koeffizienten b_2, b_1, b_0, r können also eindeutig berechnet werden. Man erkennt, daß der Beweis für beliebige $n \in \mathbb{N}$ analog verläuft.

Setzt man $x = \xi$, so erhält man

$$f(\xi) = 0 + r$$

Der Wert r ist also der Funktionswert an der Stelle ξ. Ist $\xi = x_0$ eine Nullstelle von $f(x)$, dann ist $r = 0$. Es folgt:

Lehrsatz 8: Wenn x_0 eine Nullstelle der ganzen rationalen Funktion f ist, gibt es folgende Zerlegung:

$$f(x) = a_n x^n + a_{n-1} x^{n-1} + \ldots + a_1 x + a_0$$
$$= (x - x_0)(b_{n-1} x^{n-1} + \ldots + b_1 x + b_0)$$

Daraus folgt: $f(x)$ ist durch $(x - x_0)$ teilbar.

Ist eine Zerlegung

$$f(x) = (x - x_0)^p \cdot g(x)$$

möglich, wobei $g(x_0) \neq 0$ und $p \in \mathbb{N}$ ist, nennt man x_0 eine *p-fache Nullstelle*.
Lehrsatz 8 ist besonders wertvoll, wenn von einer Funktion 3. Grades eine Nullstelle — z. B. aus der Wertetabelle — bekannt ist. Dann lassen sich die anderen beiden Nullstellen, sofern sie vorhanden sind, rechnerisch ermitteln.

Beispiel:

Gegeben ist die Funktion $y = x^3 - 3x^2 - 5x + 15$. Bekannt sei die Nullstelle $x_1 = 3$. Wie lauten die weiteren Nullstellen?

§ 14 Definition und Eigenschaften der ganzen rationalen Funktion

1. Lösungsweg (Division):
$(x^3 - 3x^2 - 5x + 15) : (x - 3) = x^2 - 5$
$\underline{x^3 - 3x^2}$
$ 0 - 5x + 15$
$ \underline{-5x + 15}$
$ 0$

Die Funktion $y = (x - 3)(x^2 - 5)$ ist also identisch mit der gegebenen Funktion. Aus der 2. Klammer erhält man die weiteren Nullstellen $x_2 = \sqrt{5}$, $x_3 = -\sqrt{5}$.

2. Lösungsweg (Koeffizientenvergleich):
Man setzt:

$x^3 - 3x^2 - 5x + 15 = (x - 3)(Ax^2 + Bx + C) = Ax^3 + (B - 3A)x^2 + (C - 3B)x - 3C.$

Die beiden Seiten der Gleichung müssen identisch sein. Dies ist dann und nur dann der Fall wenn $1 = A$; $-3 = B - 3A$; $-5 = C - 3B$; $15 = -3C$.

Man erhält $A = 1$, $B = 0$, $C = -5$, also wieder $y = (x - 3)(x^2 - 5)$.

7. Symmetrieeigenschaften

Hat die Funktion die Form $y = a_0 + a_2 x^2 + a_4 x^4 + \ldots + a_{2m} x^{2m}$, $(m \in \mathbb{N})$, treten also nur die geradzahligen Exponenten von x (einschließlich Null) auf, dann hat das Vorzeichen von x keinen Einfluß auf den Funktionswert. Mit $(x; y)$ gehört daher stets auch $(-x; y)$ zur Erfüllungsmenge. Der Graph ist *symmetrisch zur y-Achse*.

Beispiel:
$y = 3 - 2x^2 + 0{,}5 x^6$

Hat die Funktion die Form $y = a_1 x + a_3 x^3 + \ldots + a_{2m+1} x^{2m+1}$, $(m \in \mathbb{N})$, treten also nur ungeradzahlige Exponenten von x auf, dann gehört mit $(x; y)$ stets auch $(-x; -y)$ zur Erfüllungsmenge. Der Graph ist punktsymmetrisch zum Ursprung.

Beispiel:
$y = x - 4x^5 + x^7$

Allgemein nennt man eine Funktion

$ y = f(x)$ *gerade*, wenn $ f(x) = f(-x)$
$ y = f(x)$ *ungerade*, wenn $ f(x) = -f(-x)$ ist.

Im ersten Fall liegt Symmetrie zur y-Achse vor, im zweiten Fall ist der Ursprung Symmetriezentrum.

Beispiele:
$y = \cos x$ ist eine gerade Funktion, weil $\cos(-x) = \cos x$
$y = \sin x$ ist eine ungerade Funktion, weil $\sin(-x) = -\sin x$

AUFGABEN

Aufstellen der Funktionsgleichung

6. Suche eine Funktion 2. Grades
 a) mit 2 Nullstellen; **b)** mit einer zweifachen Nullstelle; **c)** ohne Nullstelle!
Was läßt sich jeweils über den Graphen sagen?

Definition und Eigenschaften der ganzen rationalen Funktion § 14

7. Bestimme ganze rationale Funktionen höchstens 2. Grades, deren Graphen durch folgende Punkte führen:
   a) $P(1;-2)$, $Q(3;4)$, $R(-1;8)$;
   b) $S(0;-2)$, $T(2;2)$, $U(-2;-10)$;
   c) $A(0;3)$, $B(1;2)$, $C(4;-1)$.

8. Bestimme ganze rationale Funktionen möglichst niedrigen Grades, die durch folgende Wertepaare erfüllt werden:
   a) $(-1;0)$, $(0;1)$, $(1;2)$, $(2;6)$;
   b) $(-2;10)$, $(0;0)$, $(1;1)$, $(3;15)$;
   c) $(-3;11)$, $(-1;7)$, $(0;5)$, $(4;-3)$.

9. Wie lautet die Gleichung der Menge der quadratischen Funktionen mit den Nullstellen $x_1 = 3$ und $x_2 = -1$? Zeichne die Graphen einiger Funktionen dieser Menge!

10. Gib irgendeine Funktion 2. Grades an, die für $x_1 = 2$ den Funktionswert $y_1 = 0$ und für $x_2 = 1$ den Funktionswert $y_2 = 1$ hat! Zeichne die Graphen einiger derartiger Funktionen! Gib die Gleichung für die Gesamtheit aller Funktionen an, die diese Bedingung erfüllen!

11. Suche je eine Funktion 4. Grades mit 0, 1, 2, 3 bzw. 4 Nullstellen! Sind bei Funktionen 3. Grades 0, 1, 2 und 3 Nullstellen möglich?

Nullstellenbestimmung

12. Bestimme die Nullstellen folgender Funktionen:
    a) $y = x^2 + x - 6$; b) $y = x^3 - 3x^2 + x$; c) $y = x^4 - 5x^2 + 4$;
    d) $y = (x+4)(x^2 + x - 2)$; e) $y = (x-3)(x^2 + x + 2)$;
    f) $y = x^4 + 6x^3 + 9x^2$.

13. Bestimme die Nullstellen folgender Funktionen, wobei eine Nullstelle durch Probieren zu ermitteln ist:
    a) $y = x^3 + 2x^2 - 13x + 10$; b) $y = x^3 - x^2 + 2$; c) $y = \frac{x^3}{4} - x^2 - x + 4$;
    d) $y = x^3 + 2x^2 - 8x - 16$; e) $y = x^4 - 2x^3 - 25x^2 + 50x$;
    f) $y = x^5 - x^4 - 8x^3 + 8x^2 + 16x - 16$.

14. Welchen x-Werten ordnet die Funktion $y = f(x)$ den Wert $y = 4$ zu?
    a) $f(x) = 2x^2 - 3x - 10$; b) $f(x) = x^3 - x^2 - 9x + 13$.

15. Bestimme die Menge der x-Werte, für die bei der Funktion $y = x^2 - 2x - 5$ folgende Bedingung erfüllt ist:
    a) $y > 10$; b) $y < -2$; c) $y < -10$.

16. Ermittle die x-Werte, für die bei der Funktion $y = x^3 - 5x^2 - x + 2$ gilt:
    a) $y < -3$; b) $-3 < y < 2$.

Kurvenverlauf

17. Entscheide durch Untersuchung des Verhaltens für $|x| \to \infty$, ob die Graphen der folgenden Funktionen in Richtung zunehmender Abszissen von „links oben nach rechts oben", „von links oben nach rechts unten", von „links unten nach rechts oben" oder von „links unten nach rechts unten" verlaufen:
    a) $y = ax^2$ $(a > 0)$; b) $y = ax^2$ $(a < 0)$;

§ 14 Definition und Eigenschaften der ganzen rationalen Funktion

c) $y = ax^2 + bx + c \quad (a \neq 0)$; d) $y = ax^3 + bx^2 + cx + d \quad (a \neq 0)$;
e) $y = ax^4 + bx^3 + cx^2 + dx + e \quad (a \neq 0)$;
f) $y = ax^n + bx^{n-1} + \ldots \quad (a \neq 0;\ n$ gerade oder ungerade$)$.

18. Bestimme bei den folgenden Funktionen ihr Verhalten für $x \to -\infty$!
a) $y = x^3 + x$; b) $y = -x^4 + 2$; c) $y = \dfrac{x^6}{100} - 3x^3 + x$;
d) $y = 4 - 3x^3$; e) $y = 5 + \dfrac{1}{x}$; f) $y = \dfrac{x^2 - x}{x}$.

19. Stelle für die Funktion $y = \tfrac{1}{5}(x^3 - x^2 - 9x + 9)$ eine Wertetabelle für $-4 \leq x \leq 4$ auf und skizziere damit ihren Graphen im angegebenen Bereich!

20. Eine Funktion $y = f(x)$ ist durch folgende Rechenvorschrift gegeben:

$$f(x) = \begin{cases} \dfrac{x}{2} + 2 & \text{für } x \leq 0 \\ -(x-1)^2 + 3 & \text{für } 0 < x \leq 2 \\ -x + 3 & \text{für } x > 2 \end{cases}$$

Zeichne den Graphen der Funktion! Ist $y = f(x)$ an den Rändern der angegebenen Intervalle stetig bzw. differenzierbar? Wo liegen die Nullstellen der Funktion?

Symmetrieeigenschaften

21. Welche Symmetrieeigenschaften kann eine Funktion 2., 3., bzw. 4. Grades nicht haben?

22. Zeige, daß der Graph der Funktion $y = x^2 - 6x + 5$ eine Symmetrieachse hat! Wo liegt sie?

Anleitung: Bei der Transformation $x = \bar{x} + p$, $y = \bar{y}$ soll p so gewählt werden, daß das lineare Glied wegfällt.

23. Zeige, daß die Graphen folgender Funktionen Zentralsymmetrie aufweisen! Wo liegt das Symmetriezentrum?
a) $y = x^3 - 3x^2 + x + 4$; b) $y = x^3 - 6x^2 + 17x - 18$.

Anleitung: Durch die Transformation $x = \bar{x} + p$, $y = \bar{y} + q$ kann man erreichen, daß das konstante und das quadratische Glied wegfallen.

24. Zeige analog zur vorigen Aufgabe, daß der Graph jeder Funktion 3. Grades zentralsymmetrisch ist.

25. Zeige, daß die Funktion $y = ax^2 + b|x| + c$ entweder 0, 1, 2, 3 oder 4 Nullstellen hat. Bilde für jeden dieser Fälle ein Beispiel mit Skizze!

Beweise

26. Zeige: Der Durchschnitt der Erfüllungsmengen einer ganzen rationalen Funktion n-ten Grades ($n > 0$) und einer linearen Funktion hat höchstens n Elemente $(x;\ y)$.

Anleitung: Führe den Beweis analog zu dem Nullstellenbeweis auf Seite 108.

Formuliere den entsprechenden Satz für die Graphen der beiden Funktionen!

27. Führe den Beweis von Lehrsatz 7 für $n = 4$!

TAFEL I

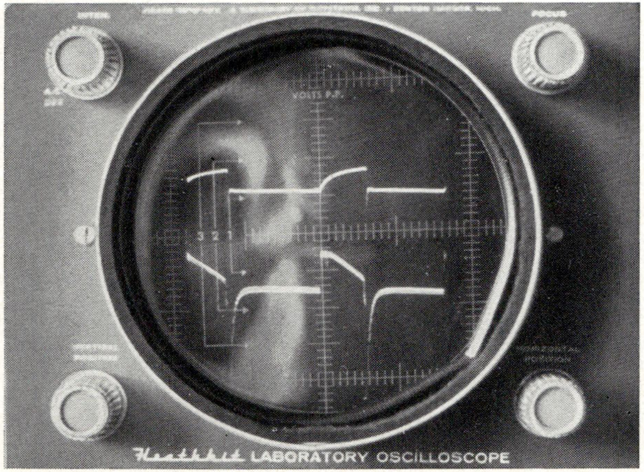

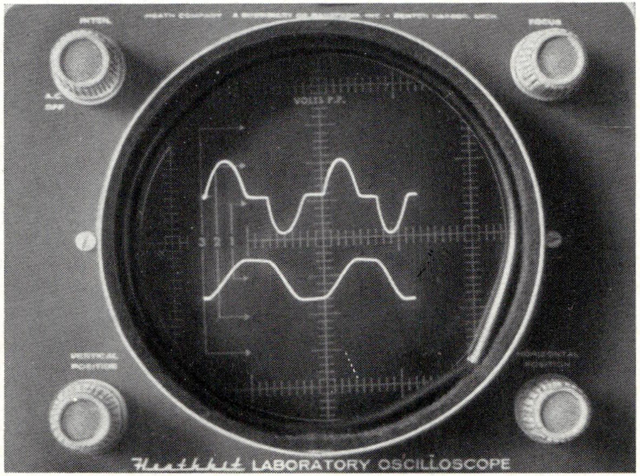

a. Versuchsaufbau zur Differentiation einer Funktion $J = f(t)$, in einem Wechselstromkreis mit Glimmlampe. — c. Die Stromstärke beim Wagnerschen Hammer als Funktion der Zeit und die Ableitungsfunktion; x-Achsen in Höhe der horizontalen Strecken

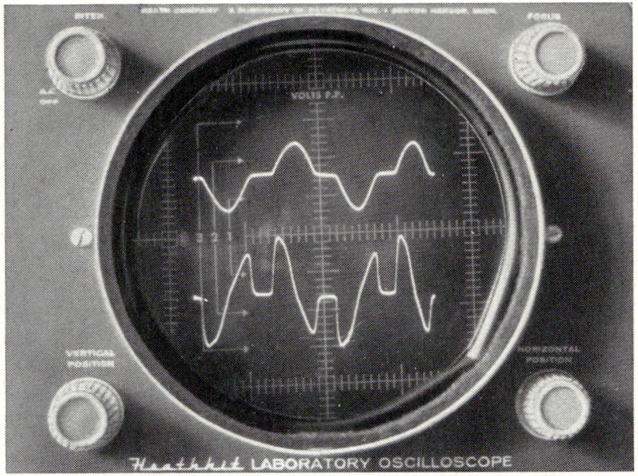

b. Die Bilder einer Funktion und ihrer Ableitung auf dem Schirm des Oszillographen. Die x-Achsen sind in Höhe der Einsatzpunkte der Kurven zu denken — d. Der Graph einer Funktion und ihrer Integralfunktionen; x-Achsen in Höhe der Einsatzpunkte der Kurven

TAFEL II

Das Deutsche Rechenzentrum in Darmstadt ist mit einer Großrechenanlage vom Typ IBM 7090 ausgestattet. Hier überprüfen Techniker an der Konsole die Anlage

§ 15. DIE DIFFERENTIATION DER GANZEN RATIONALEN FUNKTION

Was ergibt sich bei der Differentiation von $y = c$, $y = x$, $y = cx$, $y = x^2$, $y = c \cdot x^2$, $y = x^2 - 2x + 1$, $y = 2 - 3x^2$, $y = ax^2 + bx + c$?

A. Produktregel

In Beispiel 3 in § 14 A war die ganze rationale Funktion $y = (x^2 - 2x + 1)(2 - 3x^2)$ als Produkt zweier einfacherer Funktionen $u(x) = x^2 - 2x + 1$ und $v(x) = 2 - 3x^2$ gegeben. Um bei der Differentiation dieser Funktion einen mühsamen Grenzprozeß zu vermeiden, wenden wir das folgende Gesetz an:

$$\boxed{y(x) = u(x) \cdot v(x) \Rightarrow y'(x) = u(x) \cdot v'(x) + v(x) \cdot u'(x)}$$

Beweis der Produktregel:

Voraussetzung: $u(x)$ und $v(x)$ sind differenzierbare Funktionen.
Wir bilden: $\Delta y = u(x+h) \cdot v(x+h) - u(x) \cdot v(x)$
Wir subtrahieren das Glied $u(x) \cdot v(x+h)$ und addieren es wieder:

$$\Delta y = u(x+h)v(x+h) - u(x)v(x+h) + u(x)v(x+h) - u(x)v(x)$$
$$= v(x+h) \cdot [u(x+h) - u(x)] + u(x) \cdot [v(x+h) - v(x)]$$

$$\lim_{\Delta x \to 0} \frac{\Delta y}{\Delta x} = \lim_{h \to 0} \left(\frac{v(x+h) \cdot [u(x+h) - u(x)]}{h} + \frac{u(x) \cdot [v(x+h) - v(x)]}{h} \right)$$

$$= \lim_{h \to 0} v(x+h) \cdot \frac{u(x+h) - u(x)}{h} + \lim_{h \to 0} u(x) \frac{v(x+h) - v(x)}{h}$$

$$= \lim_{h \to 0} v(x+h) \cdot \lim_{h \to 0} \frac{u(x+h) - u(x)}{h} + \lim_{h \to 0} u(x) \cdot \lim_{h \to 0} \frac{v(x+h) - v(x)}{h} \quad \text{[nach § 11 B 4]}$$

$$= v(x) \cdot u'(x) + u(x) \cdot v'(x) = u(x) \cdot v'(x) + v(x) \cdot u'(x)$$

Da nach Voraussetzung $u(x)$ und $v(x)$ differenzierbare Funktionen sind, existieren die Grenzwerte der Differenzenquotienten in beiden Gliedern. $\lim_{h \to 0} v(x+h) = v(x)$ wegen der Stetigkeit von $v(x)$.

Beispiele:

1. $y = x \cdot (x^2 - 2x - 15)$; Wir setzen: $u(x) = x$, $v(x) = x^2 - 2x - 15$
   $y' = x \cdot (2x - 2) + (x^2 - 2x - 15) \cdot 1 = 2x^2 - 2x + x^2 - 2x - 15 = \underline{3x^2 - 4x - 15}$

2. $y = x^3 = x \cdot x^2$; Hier ist: $u(x) = x$, $v(x) = x^2$
   $y' = x \cdot 2x + x^2 \cdot 1 = 2x^2 + x^2 = \underline{3x^2}$ in Übereinstimmung mit Aufg. 1 c, § 13.

3. $y = x^4 = x \cdot x^3$; Mit $u(x) = x, v(x) = x^3$ und Benutzung des Ergebnisses von Beispiel 2 folgt
   $y' = x \cdot 3x^2 + x^3 \cdot 1 = 3x^3 + x^3 = \underline{4x^3}$

AUFGABEN

1. Differenziere nach der Produktregel:
   a) $y = x \cdot (x^2 - 2x)$; b) $y = (4x^2 + x - 1)(x^2 + 3x + 5)$;
   c) $y = x^2 \cdot \left(\frac{x^2}{6} - 2\right)$; d) $y = (x^2 + 1)(x^2 - 1) + 1$.

Probe durch Ausmultiplizieren und Benutzung der Ergebnisse von Beispiel 2 und 3.

§ 15 Die Differentiation der ganzen rationalen Funktion

2*. Differenziere $y = x^7$ mit Hilfe der Ergebnisse von Beispiel 2 und 3!

3. Differenziere

a) $y = x \cdot \sin x$; b) $y = x^2 \cdot \cos x$; c) $y = \sin^2 x$; d) $y = \sin 2x$.

4. Leite die Differentiationsregel $y = c \cdot f(x) \Rightarrow y' = c \cdot f'(x)$ mit Hilfe der Produktregel ab!

5. Differenziere

a) $y = (z^2 - 6)(z^3 - 2z + 4)$; b) $s = (t^4 - 2t^2 + 4t + 5)(t^3 + 3t - 7)$.

   Hinweis: Benütze die Ergebnisse von Beispiel 2 und 3!

6. Differenziere durch Grenzübergang die Funktion $y = \dfrac{1}{x^2}$! Unter Verwendung des Ergebnisses ist mit der Produktregel die Funktion $y = \dfrac{1}{x^4}$ zu differenzieren!

B. Ableitung der Potenzfunktion $y = x^n$

Um die allgemeine ganze rationale Funktion differenzieren zu können, benötigen wir den Differentialquotienten von $y = x^n$ mit $n \in \mathbb{N}$. Bis zu $n = 4$ kennen wir die Ableitung schon:

$$y = x^2 \Rightarrow y' = 2x$$
$$y = x^3 \Rightarrow y' = 3x^2$$
$$y = x^4 \Rightarrow y' = 4x^3$$

Als Faktor beim Differentialquotienten tritt der Exponent der Funktion auf, während der neue Exponent um eins kleiner wird. Es liegt daher das Gesetz nahe:

$$\boxed{y = x^n \Rightarrow y' = n \cdot x^{n-1}} \qquad (n \in \mathbb{N})$$

Beweis:

Für $n = 1$ ist das Gesetz richtig, denn aus $y = x^1$ folgt $y' = 1 \cdot x^0 = 1$. Wir verwenden wieder die vollständige Induktion, indem wir beweisen, daß das Gesetz für $n + 1$ richtig ist, falls es für n stimmt.

$$y = x^{n+1} = x \cdot x^n$$

Mit $u(x) = x$; $v(x) = x^n$; $u'(x) = 1$; $v'(x) = n \cdot x^{n-1}$ folgt nach der Produktregel

$$y' = x \cdot n \cdot x^{n-1} + x^n \cdot 1 = n \cdot x^n + x^n = (n+1) x^n$$

Da das Gesetz für $n = 1$ stimmt, ist es auch für alle folgenden n richtig.

Beispiel:

Die Ableitung der Funktion $y = (x^3 + 1)(x^3 - 1)$ kann jetzt auf zwei Arten bestimmt werden:
a) nach der Produktregel: $y' = (x^3 + 1) 3x^2 + (x^3 - 1) 3x^2 = 6x^5$;
b) nach der Potenzregel: $y = x^6 - 1$; $y' = 6x^5$.

C. Ableitung der ganzen rationalen Funktion

Die ganze rationale Funktion

$$y = a_n x^n + a_{n-1} x^{n-1} + \ldots + a_2 x^2 + a_1 x + a_0$$

können wir jetzt nach § 13 B differenzieren. Es gilt:

Die Differentiation der ganzen rationalen Funktion § 15

$$y' = n\,a_n\,x^{n-1} + (n-1)\,a_{n-1}\,x^{n-2} + \ldots + 2\,a_2\,x + a_1$$

Der Differentialquotient ist wieder eine ganze rationale Funktion. Ihr Grad ist um eins kleiner als der der gegebenen Funktion. Damit ist Lehrsatz 3, § 14 bewiesen.

Beispiel:
$$y = -3x^4 + 6x^3 - x^2 - 4x + 2$$
$$y' = 4(-3)x^3 + 3 \cdot 6x^2 - 2x - 4 = \underline{-12x^3 + 18x^2 - 2x - 4}$$

D. Höhere Ableitungen

Man kann die erhaltene Funktion nochmals differenzieren und findet als 2. Differentialquotienten eine ganze rationale Funktion vom Grad $n-2$. Fährt man so fort, so erhält man nach n Differentiationen eine Konstante. Die weiteren Differentialquotienten sind dann alle Null.

Beispiel:
$$y = \tfrac{1}{5}x^5 + \tfrac{1}{6}x^3 - 2x + 4;\quad y' = x^4 + \tfrac{1}{2}x^2 - 2;\quad y'' = 4x^3 + x;\quad y''' = 12x^2 + 1;$$
$$y^{(4)} = 24x;\quad y^{(5)} = 24;\quad y^{(6)} = 0.$$

AUFGABEN

7. Bilde von folgenden Funktionen die 1. und 2. Ableitung:
   a) $y = 3x^6 - 4x + 5$; b) $y = \dfrac{x^4}{4} + \dfrac{x^2}{8} - 3$;
   c) $y = 0{,}2 \cdot x^5 - 1{,}25 \cdot x^4 + 2{,}5 \cdot x^2 + 2$; d) $v = f(a) = a^3 - a\,x_0 + x_0^2$.

8. Berechne den Funktionswert und sämtliche Ableitungen an den Stellen $x = -2$ und $x = \sqrt{2}$ für a) $y = \dfrac{1}{12}(x^4 - 2x^3 + 6x)$; b) $y = -3x^3 + 4x - 5$.

9. Differenziere erstens mit der Produktregel und zweitens nach Multiplikation der Faktoren: a) $y = (2x^2 - 3)(x^4 - 2x^2 + 7)$; b) $x = (t-2)\left(\dfrac{t^3}{3} - \dfrac{t^2}{2} + 3\right)$.

10. Gegeben ist die Funktion $y = \tfrac{1}{6}x^3 - x^2 + 2x - 1$
    a) Zeichne den Graphen der Funktion und ihrer Ableitung! 1 L.E. = 0,5 cm.
    b) Unter welchem Winkel ist die Tangente in den Kurvenpunkten $x = 1$ und $x = -1$ gegen die x-Achse geneigt (auf Min. genau)?
    c) In welchen Kurvenpunkten ist die Tangente parallel zur Winkelhalbierenden des 1. Quadranten?

11. Unter welchen Winkeln schneiden sich die Kurven
    a) $y = x^3$ und $y = \tfrac{1}{2}x$? b) $y = x^3 + x^2$ und $y = 2x$?

Die x-Achse als Tangente

12. Eine ganze rationale Funktion, die an der Stelle a eine mindestens zweifache Nullstelle hat, läßt sich in folgender Form schreiben:
$$f(x) = (x-a)^2 \cdot g(x)$$
Beweise, daß $x = a$ auch eine Nullstelle von $f'(x)$ ist! Geometrische Bedeutung?

§ 15 Die Differentiation der ganzen rationalen Funktion

13. Erkläre, warum und wo die Graphen folgender ganzer rationaler Funktionen die x-Achse berühren! Grobe Skizze des Kurvenverlaufs!
    a) $y = (x-1)^2 (x-2)$;   b) $y = x^2 (x+3)$;
    c) $y = (2x-3)^2 (x+1)^2$; d) $y = (2x^2 + 8x + 8)(3x - 4)$.

Gebietsweise ganzrationale Funktionen

14. Die Funktion $y = |x-2|$ stellt in den Bereichen $-\infty < x < 2$ und $2 < x < +\infty$ jeweils eine ganze rationale Funktion dar. Bilde in beiden Bereichen die Ableitung! Zeichne den Graphen der Funktion und ihrer Ableitung!

15. Verfahre ebenso wie in Aufgabe 14 mit der Funktion $y = \frac{1}{4} |(x-2)(x+2)|$ in den Bereichen $-\infty < x < -2$, $-2 < x < +2$ und $+2 < x < +\infty$!

16. Haben folgende Funktionen Stellen, an denen sie unstetig oder nicht differenzierbar sind?

    a) $y = f(x) = \begin{cases} \dfrac{x}{2} + 2 & \text{für } x \leq 2 \\ (x-3)^2 + 2 & \text{für } x > 2 \end{cases}$

    b) $y = f(x) = \begin{cases} x^2 & \text{für } x \leq 1 \\ -x^2 + 4x - 2 & \text{für } 1 < x \leq 2 \\ 2 & \text{für } x > 2 \end{cases}$

    c) $y = x^2 - 4|x|$

    Zeichne die Graphen der Funktionen und ihrer 1. und 2. Ableitung im Bereich $-2 \leq x \leq 4$!

17. Tafel I, Bild c zeigt den Stromverlauf und seine Ableitung bei einem Wagnerschen Hammer auf dem Schirm eines Kathodenstrahloszillographen. Der Graph der Ableitung wurde mit einem Transformator aufgrund der Induktionsgleichung $U = c \dfrac{dJ}{dt}$ gewonnen. Wo ist die Funktion unstetig, wo nicht differenzierbar? Wie wirkt sich dies im Graphen der Ableitungsfunktion aus?

ANGEWANDTE MATHEMATIK

Das Hornersche Schema

Die Werte einer Funktion und ihrer Ableitung für viele Argumente zu berechnen, ist eine Aufgabe, die in den Anwendungsgebieten der Mathematik häufig auftritt. Dabei erfordert jedoch das Einsetzen der x-Werte in die Funktionsgleichung und die Berechnung der Potenzen bei nicht sehr einfachen Zahlen erhebliche Mühe. Schon seit dem Anfang des vorigen Jahrhunderts ist ein besseres Verfahren für eine beliebige ganze rationale Funktion bekannt, das *Hornersche Schema*. Wir zeigen es am Beispiel der Funktion 4. Grades:

$$(1) \quad \begin{aligned} y &= a_4 x^4 + a_3 x^3 + a_2 x^2 + a_1 x + a_0 \\ &= \{[(a_4 x + a_3) \cdot x + a_2)] \cdot x + a_1\} \cdot x + a_0 \end{aligned}$$

Man überzeugt sich leicht von der Richtigkeit dieser Umformung. Der Rechenvorgang wird meist noch in einem übersichtlichen Schema zusammengefaßt:

Die Differentiation der ganzen rationalen Funktion   § 15

$$
\begin{array}{cccccc}
 & a_4 & a_3 & a_2 & a_1 & a_0 \\
+ & & a_4 x & A_3 x & A_2 x & A_1 x \\
\hline
 & a_4 & A_3 & A_2 & A_1 & f(x)
\end{array}
$$

Man schreibt in der 1. Zeile die Koeffizienten auf und rechnet dann in Richtung der Pfeile, wobei abwechselnd mit x multipliziert und das Ergebnis zum nächsten Koeffizienten addiert wird. Die Zwischenergebnisse sind:

$$A_3 = (a_4 x + a_3), \quad A_2 = [(a_4 x + a_3) \cdot x + a_2], \quad A_1 = \{[(a_4 x + a_3) \cdot x + a_2] \cdot x + a_1\}.$$

Soll noch die erste Ableitung an dieser Stelle x berechnet werden, formt man folgendermaßen um:

$$\begin{aligned}
y' &= 4 a_4 x^3 + 3 a_3 x^2 + 2 a_2 x + a_1 \\
&= a_4 x^3 + (a_4 x + a_3) x^2 + [(a_4 x + a_3) x + a_2] x + \{[(a_4 x + a_3) x + a_2] x + a_1\} \\
&= a_4 x^3 + A_3 x^2 + A_2 x + A_1
\end{aligned}$$

Wir haben die Ableitung damit auf die Form einer ganzen rationalen Funktion 3. Grades gebracht, deren Koeffizienten a_4, A_3, A_2, A_1 schon berechnet sind. Für die Berechnung von $f(x)$ und $f'(x)$ an einer bestimmten Stelle erhält man so das *erweiterte Hornersche Schema*:

$$
\begin{array}{cccccc}
 & a_4 & a_3 & a_2 & a_1 & a_0 \\
+ & & a_4 x & A_3 x & A_2 x & A_1 x \\
\hline
 & a_4 & A_3 & A_2 & A_1 & f(x) \\
+ & & a_4 x & B_3 x & B_2 x & \\
\hline
 & a_4 & B_3 & B_2 & f'(x) &
\end{array}
$$

Man sieht, daß sich jede ganze rationale Funktion auf diese Weise behandeln läßt.

Beispiel:
Berechne Funktionswert und erste Ableitung der Funktion
$y = 0,1 x^5 - 0,3 x^4 + 2 x^2 - 3,5 x + 2,85$ an der Stelle $x = 1,2$!

Lösung:

	0,1	−0,3	0	2	−3,5	2,85
$x = 1,2$		0,12	−0,216	−0,259	2,09	−1,69
	0,1	−0,18	−0,216	1,741	−1,41	$1,16 = f(1,2)$
$x = 1,2$		0,12	−0,072	−0,346	1,67	
	0,1	−0,06	−0,288	1,395	$0,26 = f'(1,2)$	

Die Multiplikationen werden am günstigsten mit dem Rechenstab ausgeführt.

Aufgabe:
Berechne Funktionswert und Ableitung der Funktion $y = f(x)$ an der Stelle x_0 für
a) $f(x) = 2 x^3 - 12 x^2 + 8 x + 7$, $x_0 = 5$;   b) $f(x) = x^3 - 2 x^2 - 3 x + 1$, $x_0 = -2,5$;
c) $f(x) = 0,1 x^4 + x^3 + 2 x^2 - 4$, $x_0 = 3,4$;   d) $f(x) = x^3 - 5 x^2 - 4 x - 12$, $x_0 = 6,1$.

§ 16 Einführungsbeispiel zur Kurvendiskussion

§ 16. EINFÜHRUNGSBEISPIEL ZUR KURVENDISKUSSION

a) Wie sieht man es einer Funktion f(x) an, daß ihr Graph symmetrisch zur y-Achse liegt?
b) Wie sieht man es einer Funktion an, daß ihr Graph zentralsymmetrisch zum Nullpunkt liegt?
c) Welche geometrische Bedeutung hat die Ableitung f'(x) von f(x)?
d) Was bedeutet es, wenn an einer Stelle x_0 gilt: $f'(x_0) = 0$.
e) Wie viele Nullstellen kann die 1. Ableitung einer Funktion n-ten Grades höchstens haben?

Wir wollen die durch die Funktionsgleichung

$$y = \frac{1}{5} x^3 - \frac{2}{5} x^2 - 3x, \quad x \in \mathbb{R}$$

dargestellte Kurve untersuchen und dabei die Hauptelemente einer Kurvendiskussion kennenlernen.

1. Schnittpunkte der Kurve mit der x-Achse

Wir setzen $y = 0$ und erhalten

$$0 = x \cdot \left(\frac{1}{5} x^2 - \frac{2}{5} x - 3 \right)$$

daraus folgt:

1. Faktor: $x_1 = 0$

2. Faktor: $\frac{1}{5} x^2 - \frac{2}{5} x - 3 = 0;$ $\quad | \cdot 5; \quad x^2 - 2x - 15 = 0; \quad x_2 = -3, \quad x_3 = +5$

Die Kurve schneidet also an den drei Stellen $x_1 = 0$, $x_2 = -3$ und $x_3 = +5$ die x-Achse.

2. Bestimmung der Vorzeichenfelder

Da eine stetige Funktion nur an einer Nullstelle das Vorzeichen wechseln kann, verläuft die Kurve für $x < -3$ und $0 < x < +5$ unter der x-Achse, für $-3 < x < 0$ und $x > +5$ über der x-Achse, wie man etwa durch Einsetzen der Werte $x = -10, x = -1, x = 1$ und $x = 10$ erkennt[1]). Wir können daher in der xy-Ebene *Felder abstreichen*, in denen keine Punkte der Kurve auftreten können (Abb. 55).

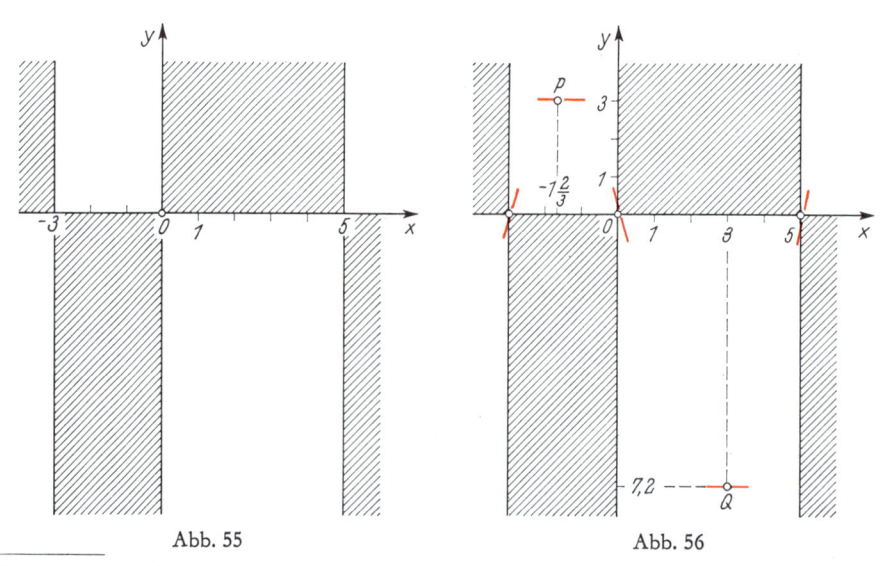

Abb. 55

Abb. 56

---

[1]) Es genügt sogar, einen Wert einzusetzen. Da die Funktion lauter einfache Nullstellen hat, muß das Vorzeichen der Funktion an jeder Nullstelle wechseln. Für große $|x|$ ist $a_n x^n$ für das Vorzeichen maßgebend.

3. Nullstellen der 1. Ableitung

$$y' = \frac{3}{5}x^2 - \frac{4}{5}x - 3$$

Wir setzen $y' = 0$:

$$0 = \frac{3}{5}x^2 - \frac{4}{5}x - 3; \quad \text{hieraus:} \quad x_4 = -1\frac{2}{3}; \quad x_5 = 3$$

Für x_4 und x_5 ist die Ableitung Null, die Kurve hat also dort *horizontale Tangenten*. Die zugehörigen y-Werte sind $y_4 \approx 3$ [1]) und $y_5 = -7{,}2$.

4. Steigen und Fallen der Kurve. Extremwerte

$$y' = \frac{3}{5}x^2 - \frac{4}{5}x - 3$$

Da der 1. Differentialquotient eine stetige Funktion ist, hat er zwischen benachbarten Nullstellen der Ableitung einheitliches Vorzeichen.
Durch Einsetzen z.B. von $x = 0$ in y' findet man:

$$y' < 0 \quad \text{für} \quad -1\frac{2}{3} < x < 3, \quad \text{d.h.: die Kurve fällt.}$$

Da das Vorzeichen von y' an den einfachen Nullstellen wechselt, ergibt sich weiter:

$$y' > 0 \quad \text{für} \quad x > 3 \quad \text{und für} \quad x < -1\frac{2}{3}, \quad \text{d.h.: die Kurve steigt.}$$

Speziell für die Nullstellen der Funktion erhält man als Richtungsfaktoren (Abb. 56):

$$x = -3: \; y' = 4{,}8; \quad x = 0: \; y' = -3; \quad x = 5: \; y' = 8.$$

Da die Kurve bis zur Stelle $x = -1\frac{2}{3}$ steigt und dann fällt, ist $P(-1\frac{2}{3}; 3)$ der höchste Punkt in der Umgebung dieser Stelle. Man spricht von einem *relativen Maximum*. Zwischen $x = -1\frac{2}{3}$ und $x = 3$ fällt die Kurve, für $x > 3$ steigt sie. $Q(3; -7{,}2)$ ist daher die tiefste Stelle der Umgebung, *das relative Minimum*.

5. Krümmungsverhalten und Wendepunkt

$$y'' = \frac{6}{5}x - \frac{4}{5}$$

Für $x = \frac{2}{3}$ ist $y'' = 0$ und $y' = -\frac{49}{15}$

Für $x > \frac{2}{3}$ ist $y'' > 0$; für $x < \frac{2}{3}$ ist $y'' < 0$

Da y'' die Ableitung von y' ist, folgt:
Wenn an einer Stelle $y'' > 0$ ist, nimmt y' in der Umgebung dieser Stelle zu. Wenn an einer Stelle $y'' < 0$ ist, nimmt y' in der Umgebung dieser Stelle ab.
Das Vorzeichen von y'' gibt also die Änderungstendenz des Richtungsfaktors an. Im Bereich $x > \frac{2}{3}$ wächst er, und zwar von $-\frac{49}{15}$ gegen $+\infty$. Geometrisch bedeutet dies, daß sich die Tangente in diesem Bereich im mathematisch positiven Sinn dreht, also gegen den Uhrzeigersinn. Die Kurve heißt in diesem Bereich *konkav (Linkskurve)*. Im Bereich $x < \frac{2}{3}$ ist y'' negativ, y' nimmt dort mit wachsendem x ab, die Tangente dreht sich im mathematisch negativen Sinn. Die Kurve heißt in diesem Bereich *konvex (Rechtskurve)*.
Für $x = \frac{2}{3}$ ist $y'' = 0$. Links davon ist die Kurve konvex, rechts davon konkav. Bei $x = \frac{2}{3}$ liegt ein *Wendepunkt W*. Die Tangente im Wendepunkt, die sogenannte *Wendetangente*, hat den Richtungsfaktor $y' = -\frac{49}{15}$.

---

[1]) Für die Zeichnung genügt diese Genauigkeit.

§ 16 Einführungsbeispiel zur Kurvendiskussion

6. Verhalten am Rande des Bereichs

Betrachtet man die Funktion in einem vorgegebenen Intervall J, z. B.

$$-5 \leq x \leq 6,$$

so gibt es zu den x-Werten dieses Bereichs einen größten und einen kleinsten Wert der Funktion. Diese Extremwerte liegen in unserem Beispiel am Rande von J:

$f(6) = 10,8$ *absolutes Maximum* für $x \in J$

$f(-5) = -20$ *absolutes Minimum* für $x \in J$

Der maximale Definitionsbereich einer ganzen rationalen Funktion ist

$$-\infty < x < +\infty;$$

Wir untersuchen in diesem Fall das Verhalten für $x \to \pm \infty$.

Für $x \neq 0$ gelten die Umformungen:

$$y = \frac{1}{5} x^3 - \frac{2}{5} x^2 - 3x = x^3 \left(\frac{1}{5} - \frac{2}{5x} - \frac{3}{x^2} \right)$$

$$y' = \frac{3}{5} x^2 - \frac{4}{5} x - 3 = x^2 \left(\frac{3}{5} - \frac{4}{5x} - \frac{3}{x^2} \right)$$

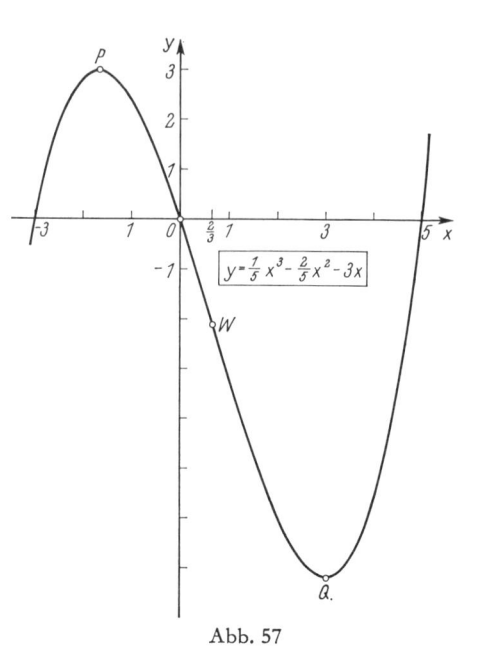

Abb. 57

Für $x \to +\infty$ strebt der Funktionswert gegen $+\infty$, für $x \to -\infty$ gegen $-\infty$. Es gibt weder ein absolutes Maximum noch ein absolutes Minimum. Die Ableitung strebt in beiden Fällen gegen $+\infty$, die Kurve wird also für $|x| \to \infty$ immer steiler.

Zum Schluß zeichnen wir die Kurve (Abb. 57). In einer Wertetabelle stellen wir die bereits gewonnenen Wertepaare zusammen und ergänzen sie, wenn nötig, noch durch einige weitere, die für die Zeichnung nützlich sind.

x	-3	$-1\frac{2}{3}$	0	$\frac{2}{3}$	3	5
y	0	$3,0$	0	$-2,1$	$-7,2$	0

AUFGABEN

1. Streiche in der xy-Ebene Felder ab, die von der x-Achse und Parallelen zur y-Achse begrenzt werden, in denen keine Punkte der durch $y = (x-4)(x-1)(x+3)$ gegebenen Kurve auftreten können!

2. Verfahre wie in Aufgabe 1 mit folgenden Funktionen:
   a) $y = (x+4)(x-3)(x-1)^2;$ **b)** $y = x^4 - 4x^2.$

3. In welchen Intervallen steigen bzw. fallen die durch folgende Funktionen gegebenen Kurven? Wo liegen folglich relative Maxima und Minima?
   a) $y = \dfrac{x^4}{2} - 9x^2 + 1;$ **b)** $y = x^4 - \dfrac{8}{3} x^3 + 2x^2;$ **c)** $y = (2-x)^3 + 1.$

4. Gib irgendeine ganze rationale Funktion vom Grad $n \geq 1$ an, deren Graph die folgenden Bedingungen im ganzen Definitionsbereich erfüllt:

a) die Kurve verläuft über der x-Achse;   b) die Kurve steigt;   c) die Kurve ist konkav.
Gibt es eine ganze rationale Funktion, die gleichzeitig zwei oder drei dieser Bedingungen erfüllt?

§ 17. DEFINITIONEN UND KRITERIEN ZUR KURVENDISKUSSION

Vorbemerkung: Nachdem wir in § 16 die wichtigsten Begriffe zur Kurvendiskussion an einem Beispiel kennengelernt haben, sollen nunmehr die einzelnen Definitionen und Kriterien präzisiert und ergänzt werden. Wir setzen dabei voraus, daß die in Betracht gezogenen Funktionen innerhalb ihres Definitionsbereichs *zweimal stetig differenzierbar*[1]) sind. In Bezug auf den Graphen lassen sich dann folgende Aussagen machen:

A. Symmetrieeigenschaften

$$\boxed{\text{Symmetrie zur } y\text{-Achse} \Leftrightarrow f(x) = f(-x) \quad \text{für alle} \quad x \in \mathfrak{D}} \qquad (1)$$

Eine Funktion, deren Graph zur y-Achse symmetrisch ist, wird *gerade* Funktion genannt. So ist z.B. jede ganze rationale Funktion mit lauter geradzahligen Exponenten von x notwendig eine gerade Funktion (vgl. § 14 B 7), wobei ein konstantes Glied $a_0 x^0 = a_0$ natürlich auftreten darf.

$$\boxed{\text{Punktsymmetrie zum Ursprung} \Leftrightarrow f(x) = -f(-x) \quad \text{für alle} \quad x \in \mathfrak{D}} \qquad (2)$$

Eine Funktion, deren Graph zum Ursprung punktsymmetrisch ist, heißt eine *ungerade* Funktion. Ist eine ganze rationale Funktion ungerade, müssen sämtliche Exponenten von x ungerade sein (vgl. § 14 B 7).

Anmerkung (A und B bedeuten Aussagen):

$A \Leftrightarrow B$ heißt: Aus A folgt B und umgekehrt bzw. A ist eine notwendige und zugleich hinreichende Bedingung für B.

$A \Rightarrow B$ heißt: Aus A folgt B bzw. A ist eine hinreichende Bedingung für B.

$A \Leftarrow B$ heißt: Aus B folgt A bzw. A ist eine notwendige Bedingung für B.

B. Steigen und Fallen

Definition: (1) Der Graph von $y = f(x)$ steigt in einer Umgebung J der Stelle x_0, falls für $x_1, x_2 \in J$ gilt:

$f(x_1) < f(x_2)$ für $x_1 < x_2$.

(2) Der Graph von $y = f(x)$ fällt in einer Umgebung J der Stelle x_0, wenn für $x_1, x_2 \in J$ gilt:

$f(x_1) > f(x_2)$ für $x_1 < x_2$.

Die Funktion $y = f(x)$ nennt man im ersten Fall echt monoton zunehmend, im zweiten Fall echt monoton abnehmend in J.

---
[1]) D.h. die zweite Ableitung ist stetig.

§ 17 Definitionen und Kriterien zur Kurvendiskussion

Es gilt das folgende Kriterium:

$$\begin{array}{l} f'(x) > 0 \text{ für } x \in J \Rightarrow f(x) \text{ ist in } J \text{ echt monoton zunehmend} \\ f'(x) < 0 \text{ für } x \in J \Rightarrow f(x) \text{ ist in } J \text{ echt monoton abnehmend} \end{array} \quad (3)$$

Beweis:

$f'(x_0) > 0$ ist gleichbedeutend mit $\lim\limits_{x \to x_0} \frac{f(x) - f(x_0)}{x - x_0} > 0$.

Wenn der Grenzwert des Differenzenquotienten eine positive Zahl ist, muß der Differenzenquotient selbst auch positiv sein, wenn nur x nahe genug bei x_0 liegt. In einer gewissen Umgebung von x_0 gilt also:

$$\frac{f(x) - f(x_0)}{x - x_0} > 0$$

Der Bruch ist dann und nur dann positiv, wenn Zähler und Nenner gleiches Vorzeichen haben. Aus $x - x_0 > 0$ folgt daher $f(x) - f(x_0) > 0$; d.h. aber $x > x_0 \Rightarrow f(x) > f(x_0)$, ebenso $x < x_0 \Rightarrow f(x) < f(x_0)$. Da aber $f'(x_0) > 0$ für jedes $x_0 \in J$ gilt, kann man auf die Monotonie der Funktion $f(x)$ in J schließen; auf einen Beweis muß hier allerdings verzichtet werden.

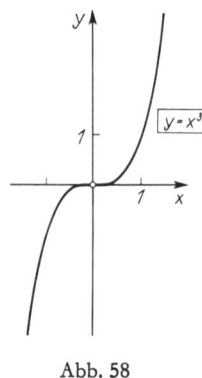

Anmerkung: Die umgekehrte Pfeilrichtung bei (3) wäre falsch, wie das Beispiel der Funktion $y = f(x) = x^3$ an der Stelle $x_0 = 0$ zeigt (Abb. 58). Hier steigt der Graph in der Umgebung des Nullpunkts, weil die Funktionswerte links vom Nullpunkt kleiner, rechts vom Nullpunkt größer als Null sind. Dennoch ist die Ableitung $f'(x) = 3x^2$ für $x_0 = 0$ nicht positiv, sondern Null.

Für eine in einem Bereich echt monoton zunehmende Funktion, deren Graph also steigt, gilt unter der Voraussetzung der Differenzierbarkeit für jeden x-Wert des Bereichs: $f'(x) \geq 0$. $f'(x) < 0$ würde nämlich wegen (3) sofort zu einem Widerspruch führen. Für echt monoton fallende Funktionen gilt entsprechend $f'(x) \leq 0$.

Abb. 58

Definition: (1) Eine Funktion $f(x)$ heißt im Intervall J innerhalb ihres Definitionsbereichs im weiteren Sinne monoton steigend oder zunehmend, wenn für je 2 Werte $x_1, x_2 \in J$ mit $x_1 < x_2$ gilt: $f(x_1) \leq f(x_2)$.

(2) Eine Funktion $f(x)$ heißt im Intervall J innerhalb ihres Definitionsbereichs im weiteren Sinne monoton fallend oder abnehmend, wenn für je 2 Werte $x_1, x_2 \in J$ mit $x_1 < x_2$ gilt: $f(x_1) \geq f(x_2)$.

Aus § 12 wissen wir schon, daß $f'(x_0)$ den Richtungsfaktor der Kurventangente an der Stelle x_0 angibt. Es gilt daher:

$$\begin{array}{l} f'(x_0) > 0 \Leftrightarrow \text{Kurventangente steigt bei } x_0 \\ f'(x_0) < 0 \Leftrightarrow \text{Kurventangente fällt bei } x_0 \\ f'(x_0) = 0 \Leftrightarrow \text{Horizontale Kurventangente bei } x_0 \end{array} \quad (4)$$

Definitionen und Kriterien zur Kurvendiskussion § 17

C. Extremwerte

Definition: Der Graph zu $y = f(x)$ hat an der Stelle x_0 im Innern des Definitionsbereichs ein *relatives Maximum (Minimum)*, wenn die Funktionswerte in einer gewissen Umgebung von x_0 *kleiner (größer)* als an dieser Stelle sind. Der größte (kleinste) Funktionswert in einem Bereich heißt das absolute Maximum (Minimum) dieses Bereichs. Maxima und Minima werden auch Extremwerte genannt.

Notwendige Bedingung für Extremwerte im Inneren des Definitionsbereichs:

$$f'(x_0) = 0 \Leftarrow \begin{cases} \text{Extremwert einer differenzierbaren Funktion } y = f(x) \\ \text{an der Stelle } x_0 \text{ im Innern des Definitionsbereichs} \end{cases} \quad (5)$$

Beweis:

Wäre $f'(x_0) \neq 0$, müßte der Graph nach (3) in x_0 steigen oder fallen. Die Funktionswerte wären dann auf der einen Seite von x_0 größer, auf der anderen Seite kleiner als in x_0. Es könnte also kein Extremwert bei x_0 vorliegen entgegen der Voraussetzung. An einer Extremwertstelle x_0 muß daher $f'(x_0) = 0$ sein.

Hinreichende Bedingung für Extremwerte:

$$\begin{array}{l} f'(x_0) = 0 \land f''(x_0) < 0 \Rightarrow \text{(relatives) Maximum an der Stelle } x_0 \\ f'(x_0) = 0 \land f''(x_0) > 0 \Rightarrow \text{(relatives) Minimum an der Stelle } x_0 \end{array} \quad ^{1)} \quad (6)$$

Beweis:

$f''(x)$ ist die Ableitung von $f'(x)$. Aus $f''(x_0) < 0$ folgt daher nach (3), daß $f'(x)$ in der Umgebung von x_0 echt monoton abnimmt. Da $f'(x_0) = 0$ vorausgesetzt wird, ist demnach $f'(x)$ links von x_0 positiv, rechts davon negativ. Daraus folgt: $f(x)$ ist links von x_0 echt monoton zunehmend, rechts von x_0 echt monoton abnehmend. $f(x_0)$ ist also der größte Funktionswert in der Umgebung von x_0. Entsprechend verläuft der Beweis für $f''(x_0) > 0$. Führe ihn selbst durch!

Anmerkung: Anstelle der 2. Ableitung der Funktion $f(x)$ an der Stelle x_0 kann auch das Verhalten der 1. Ableitung in der Umgebung von x_0 untersucht werden.

Beachte:

1. Die umgekehrte Pfeilrichtung bei (5) wäre falsch, wie man wieder am Beispiel der Funktion $y = x^3$ für $x = 0$ erkennt: Obwohl $f'(0) = 0$ ist, liegt am Nullpunkt kein Extremwert vor.
2. Für Funktionen, die an einzelnen Stellen *nicht differenzierbar* sind, gelten die Kriterien (5) und (6) nur für die Bereiche, in denen beide Ableitungen existieren und stetig sind.

   Beispiel:

   $y = 1 - |x|$; das Maximum liegt bei $x = 0$ (Abb. 59). Da jedoch an dieser Stelle die Funktion nicht differenzierbar ist, kann die Bedingung $f'(0) = 0$ nicht erfüllt werden.
3. Auch bei (6) gilt nicht die entgegengesetzte Pfeilrichtung; denn die Funktion $f(x) = x^4$ hat bei $x = 0$ ein Minimum, obwohl $f''(0) = 0$ ist.

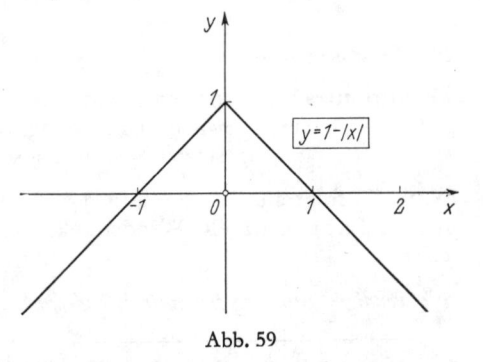

Abb. 59

---

[1]) Das Zeichen $\land$ bedeutet „und" im Sinne von „sowohl als auch". Es ist aus dem Zeichen für den Durchschnitt zweier Mengen entstanden.

§ 17 Definitionen und Kriterien zur Kurvendiskussion

D. Krümmungsverhalten

Definition: Eine Kurve nennen wir von oben *konvex (konkav)* oder rechtsgekrümmt (linksgekrümmt) an einer Stelle x_0, wenn der Richtungsfaktor der Tangente in einer gewissen Umgebung von x_0 echt monoton abnimmt (zunimmt) (Abb. 60).

Aufgrund der Definition gelten folgende Kriterien:

$$f''(x_0) < 0 \Rightarrow \text{Der Graph der Funktion ist in der Umgebung von } x_0 \text{ von oben konvex oder rechtsgekrümmt.}$$
$$f''(x_0) > 0 \Rightarrow \text{Der Graph der Funktion ist in der Umgebung von } x_0 \text{ von oben konkav oder linksgekrümmt.}$$
(7)

Beweis:

$f''(x)$ ist der Differentialquotient von $f'(x)$. Wenn $f''(x_0)$ negativ ist, so bedeutet dies nach (3), daß $f'(x)$ in einer Umgebung von x_0 echt monoton abnimmt. Der Richtungsfaktor der Tangente nimmt dann in dieser Umgebung ebenfalls echt monoton ab. Entsprechende Überlegungen ergeben sich für $f''(x_0) > 0$.

Anmerkung: Die umgekehrte Pfeilrichtung bei (7) wäre falsch, wie die Funktion $y = f(x) = x^4$ an der Stelle $x_0 = 0$ zeigt. Dort ist die Kurve konkav, der Richtungsfaktor wächst, er geht von negativen Werten (für $x < 0$) über Null zu positiven Werten (für $x > 0$) über. Dennoch ergibt sich $f''(0) = 0$.

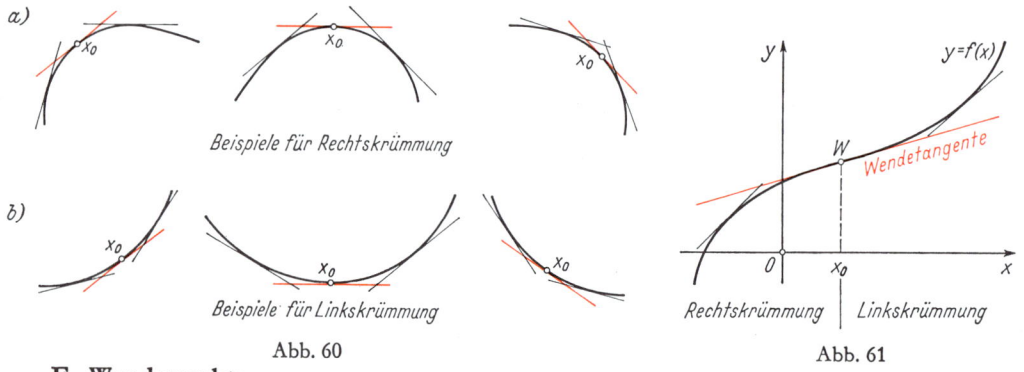

a) *Beispiele für Rechtskrümmung*

b) *Beispiele für Linkskrümmung*

Abb. 60

Rechtskrümmung | Linkskrümmung

Abb. 61

E. Wendepunkte

Definition: Der Graph einer Funktion hat an der Stelle x_0 einen *Wendepunkt*, wenn in einer gewissen Umgebung von x_0 rechts und links von dieser Stelle entgegengesetztes Krümmungsverhalten herrscht (Abb. 61).

Nach (7) folgt aus $f''(x_0) \neq 0$ in der Umgebung von x_0 einheitliches Krümmungsverhalten. Liegt daher ein Wendepunkt vor, muß die 2. Ableitung Null sein, falls sie existiert.

Notwendige Bedingung für einen Wendepunkt:

$$f''(x_0) = 0 \Leftarrow \text{Der Graph einer zweimal differenzierbaren Funktion } f(x) \text{ hat in } x_0 \text{ einen Wendepunkt.}$$
(8)

Definitionen und Kriterien zur Kurvendiskussion § 17

Anmerkung: Die umgekehrte Pfeilrichtung bei (8) wäre falsch; denn für die Funktion $f(x) = x^4$ gilt $f''(0) = 0$, obwohl diese Kurve am Nullpunkt keinen Wendepunkt, sondern ein Minimum hat.

Hinreichende Bedingung für einen Wendepunkt:

$$\left.\begin{array}{l} f''(x_0) = 0, \text{ während } f''(x) \text{ rechts und} \\ \text{links von } x_0 \text{ in einer gewissen Um-} \\ \text{gebung ungleiches Vorzeichen hat} \end{array}\right\} \Rightarrow \text{Wendepunkt des Graphen von } f(x) \quad (9)$$

Wenn $f'''(x_0) \neq 0$ ist, nimmt $f''(x)$ in der Umgebung von x_0 nach (3) echt monoton zu oder ab, so daß wegen $f''(x_0) = 0$ die Bedingung des Kriteriums (9) erfüllt ist. Daraus folgt:

$$f''(x_0) = 0 \wedge f'''(x_0) \neq 0 \Rightarrow \text{Wendepunkt des Graphen von } f(x) \quad (9a)$$

Auch hier wäre die umgekehrte Pfeilrichtung falsch, wie $y = x^5$ am Nullpunkt zeigt. Wenn an einem Wendepunkt neben $f''(x_0) = 0$ auch $f'(x_0) = 0$ gilt, sprechen wir von einem Wendepunkt mit horizontaler Tangente oder von einem *Terrassenpunkt* (vgl. Abb. 58).

Muß an einer Stelle x_0, für die $f''(x_0) = 0$ gilt, immer ein Wendepunkt oder ein Extremwert vorliegen oder gibt es noch eine weitere Möglichkeit?

Beachte:

Die Definitionen und Kriterien in diesem Paragraphen setzen mit Ausnahme von (9a) nur voraus, daß die Funktionen zweimal stetig differenzierbar sind. Sie gelten daher nicht nur für die ganzen rationalen Funktionen, sondern für alle zweimal stetig differenzierbaren Funktionen.

F. Zusammenfassung

Es empfiehlt sich im allgemeinen, eine Kurvendiskussion nach folgenden Gesichtspunkten durchzuführen:

1. Untersuchung des maximal zulässigen Definitionsbereichs.
   Für ganze rationale Funktionen ist er stets $-\infty < x < +\infty$.
2. Symmetrieeigenschaften.
3. Erste und zweite Ableitung sowie Nullstellen der Funktion, gegebenenfalls Felderabstreichen, Nullstellen der beiden Ableitungen.
4. Extremwerte, Steigen und Fallen.
5. Wendepunkte, Krümmungsverhalten.
6. Wertevorrat der Funktion, Verhalten am Rande des Definitionsbereichs oder des betrachteten Intervalls.
7. Graphische Darstellung und Wertetabelle.

Das folgende Schema (Abb. 62) soll die Übersicht über die einzelnen Möglichkeiten des Kurvenverlaufs erleichtern. Die erste, zweite bzw. dritte Spalte stellt die Menge der Punkte dar, für die $y'' > 0$, $y'' = 0$ bzw. $y'' < 0$ gilt. Die einzelnen Zeilen stellen die Punktmengen der Kurve mit $y' > 0$, $y' = 0$ bzw. $y' < 0$ dar. Gilt für einen Kurvenpunkt z. B. $y'' = 0$, $y' = 0$, so gehört er zum Durchschnitt der beiden Punktmengen, deren Elemente der Bedingung $y' = 0$ bzw. $y'' = 0$ genügen. Es gibt dann, wie zu sehen ist, drei Möglichkeiten: Terrassenpunkt, Maximum oder Minimum[1].

---

[1] Von der weiteren Möglichkeit, daß die Kurve geradlinig verläuft, wollen wir absehen.

§ 17 Definitionen und Kriterien zur Kurvendiskussion

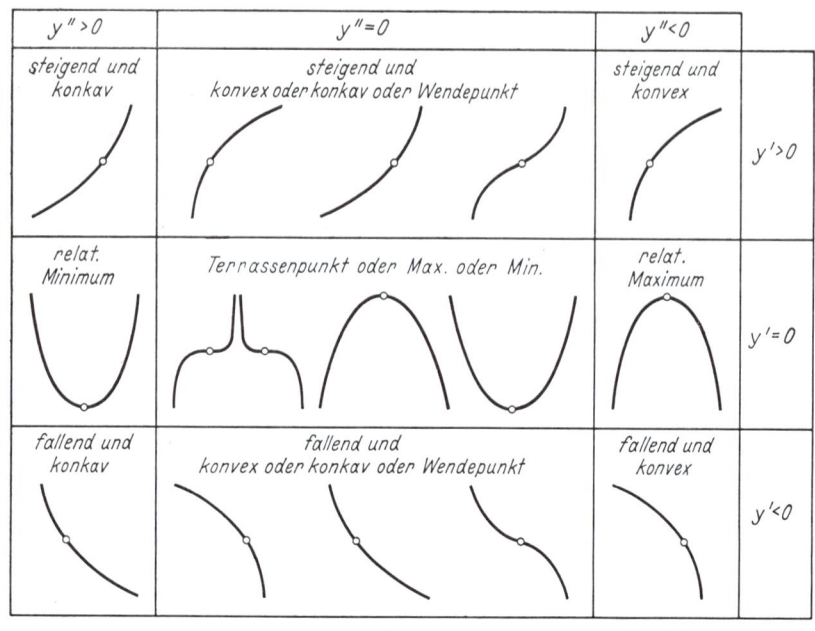

$y''>0$	$y''=0$	$y''<0$	
steigend und konkav	steigend und konvex oder konkav oder Wendepunkt	steigend und konvex	$y'>0$
relat. Minimum	Terrassenpunkt oder Max. oder Min.	relat. Maximum	$y'=0$
fallend und konkav	fallend und konvex oder konkav oder Wendepunkt	fallend und konvex	$y'<0$

Abb. 62

Wenden wir dieses Schema auf unser Einführungsbeispiel in § 16 an, dann gilt z. B.: Die Punkte des Bereichs $x < \frac{2}{3}$ ($y'' < 0$) gehören in die dritte Spalte, die Kurvenpunkte des Bereichs $-1\frac{2}{3} < x < 3$ zur dritten Zeile. Der Durchschnitt dieser Punktmengen umfaßt dann die Kurvenpunkte des Intervalls $-1\frac{2}{3} < x < \frac{2}{3}$. Dort ist der Graph der Funktion konvex fallend (Abb. 63).

G. Beispiel einer Kurvendiskussion

Wir diskutieren die Funktion

$$y = f(x) = \frac{1}{4} x^4 - \frac{4}{3} x^3 + 2 x^2 + 2$$

und behandeln dazu der Reihe nach die Punkte 1 bis 7, die in der Zusammenfassung genannt sind.

1. Definitionsbereich

$$-\infty < x < +\infty$$

2. Symmetrieeigenschaften

Da sowohl gerade als auch ungerade Exponenten von x vorkommen, sind keine Symmetrieeigenschaften erkennbar.

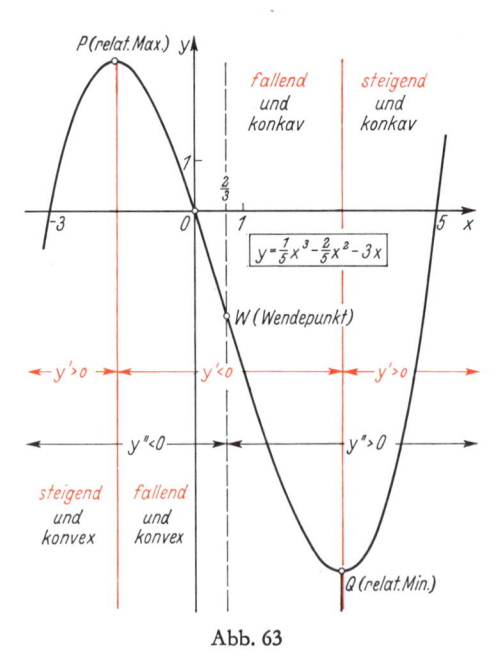

Abb. 63

Definitionen und Kriterien zur Kurvendiskussion § 17

3. Nullstellen von $f(x)$, $f'(x)$ und $f''(x)$

Die Frage nach den Nullstellen der Funktion ist hier nicht ohne weiteres zu beantworten. Wir stellen sie daher zurück.
Um die Nullstellen der beiden Ableitungen zu finden, bilden wir:

$$y' = f'(x) = x^3 - 4x^2 + 4x = x \cdot (x^2 - 4x + 4) = x \cdot (x-2)^2 \quad \text{sowie} \quad y'' = f''(x) = 3x^2 - 8x + 4$$

Für $y' = 0$ ergibt sich $x_1 = 0$; $x_2 = x_3 = 2$. Es sind dies nach (4) Stellen mit horizontaler Tangente.
Für $y'' = 0$ ergibt sich $x_4 = \frac{2}{3}$; $x_5 = 2$.

4. Extremwerte, Steigen und Fallen

Berechnen wir den Wert der 2. Ableitung in den Nullstellen von $y' = f'(x)$, erhalten wir:
$f''(0) = 4\ [> 0]$. Das heißt wegen (6), daß bei $x_1 = 0$ ein *relatives Minimum* vorliegt. Es ist $f(0) = 2$.
$f''(2) = 4 \cdot 3 - 8 \cdot 2 + 4 = 0$. Kriterium (6) gibt keine Auskunft über das Verhalten der Funktion an der Stelle $x_2 = 2$. Wir müssen deshalb auf das Kriterium (9) zurückgreifen.
Da $f'(x) \geqq 0$ für $x > 0$, ist die Funktion $f(x)$ in diesem Bereich monoton zunehmend, ihr Graph steigt also für $x > 0$. Entsprechend ergibt sich ein Fallen des Graphen für $x < 0$.

5. Wendepunkte und Krümmungsverhalten

Für $\frac{2}{3} < x < 2$ gilt $f''(x) < 0$, weil $f''(1) = -1$ und keine Nullstelle von $f''(x)$ im Intervall liegt. Dagegen ist für $x > 2$ die 2. Ableitung $f''(x) > 0$, wie $f''(3) = 7$ zeigt. Daraus folgt: Der Kurvenpunkt $W_1 (2;\ 3\frac{1}{3})$ ist ein *Wendepunkt*, die Wendetangente verläuft wegen $f'(2) = 0$ horizontal.
Für $x < \frac{2}{3}$ gilt $f''(x) > 0$, weil $f''(0) = 4$ und keine Nullstelle von $f''(x)$ links von $x_4 = \frac{2}{3}$ liegt. Da für $\frac{2}{3} < x < 2$ die 2. Ableitung negativ ist, stellt auch der Kurvenpunkt $W_2 (\frac{2}{3};\ 2{,}5)$ einen *Wendepunkt* dar.
Zum Krümmungsverhalten stellen wir fest: Die Kurve ist konvex im Intervall $\frac{2}{3} < x < 2$, dagegen konkav für $x < \frac{2}{3}$ und $x > 2$.

6. Verhalten im Unendlichen und Wertebereich der Funktion

Um das Verhalten der Funktion für $x \to \pm \infty$ zu untersuchen, bringen wir die Funktionsgleichung von $f(x)$ auf die Form:

$$y = f(x) = x^4 \left(\frac{1}{4} - \frac{4}{3x} + \frac{2}{x^2} + \frac{2}{x^4} \right)$$

Wir sehen sogleich, daß für $x \to \pm \infty$ die Funktionswerte über alle Grenzen wachsen, oder kurz ausgedrückt, daß $y \to +\infty$ geht.
Nunmehr kann die Frage nach den Nullstellen von $f(x)$ (s. Ziffer 3) beantwortet werden. Da Punkt $M (0;2)$ das einzige Minimum und zugleich das absolute Minimum im Definitionsbereich der Funktion darstellt, ist $y = 2$ der kleinste vorkommende Funktionswert. $f(x)$ hat demnach keine Nullstelle, ihr Wertebereich ist $y \geqq 2$.

7. Wertetabelle und graphische Darstellung

Wir zeichnen den Graphen (Abb. 64a) im Bereich $-1 \leqq x \leqq 3$ aufgrund der folgenden Wertetabelle:

x	-1	0	$\frac{2}{3}$	2	3
y	5,6	2	2,5	3,3	4,3
y'	-9	0	1,2	0	3

8. Der Zusammenhang zwischen der Funktion und ihrer ersten und zweiten Ableitung

Um den geometrischen Zusammenhang zwischen dem Graphen K von $f(x)$ und den Graphen von $f'(x)$ und $f''(x)$ zu erkennen, zeichnen wir unter K die Kurven K' und K'' (Abb. 64). Dabei stellen wir fest:

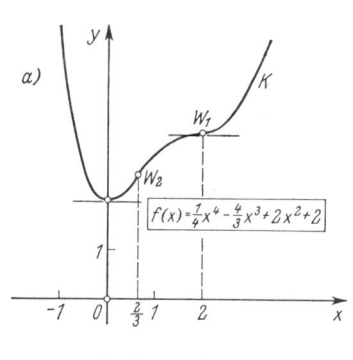

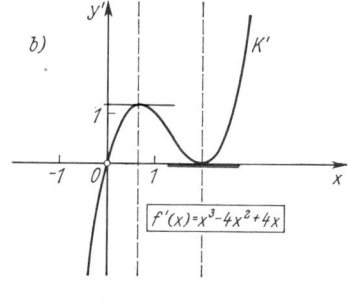

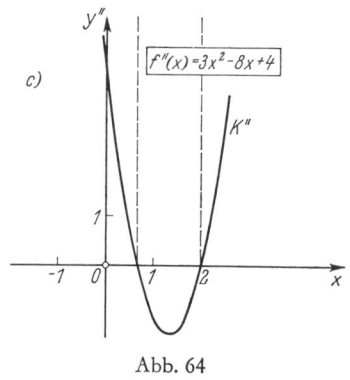

§ 17 Definitionen und Kriterien zur Kurvendiskussion

a) *Zusammenhang zwischen K″ und K*:

K'' ist eine Parabel, die für $x < \frac{2}{3}$ und $x > 2$ oberhalb der x-Achse, für $\frac{2}{3} < x < 2$ unterhalb der x-Achse verläuft. Wir können daher unmittelbar an der Zeichnung ablesen, daß K für $x < \frac{2}{3}$ und $x > 2$ konkav, dagegen im Intervall $\frac{2}{3} < x < 2$ konvex ist. Den beiden Nullstellen der Parabel K'' entsprechen die beiden Wendepunkte W_1 und W_2.

b) *Zusammenhang zwischen K′ und K* (vgl. auch Tafel 1):

K' ist eine Kurve 3. Ordnung. Ihren Nullstellen $x_1 = 0$ und $x_2 = 2$ entsprechen die Stellen mit horizontaler Tangente an die Kurve K. Da die Kurve K' in $x = 0$ die x-Achse schneidet, hat K hier einen Extremwert. In der Umgebung von $x = 2$ dagegen kommt K' nicht unter die x-Achse, womit sich K in dieser Umgebung als eine steigende Kurve erweist.

Abb. 64

AUFGABEN

1. Untersuche die Funktionen

$$y = x,\ y = x^2,\ y = x^3,\ y = x^4$$

im Bereich

$$-2 \leq x \leq 2!$$

Skizze!

2. Diskutiere die Funktion

$$y = \tfrac{1}{10}(x^3 + x)$$

im Bereich

$$-3 \leq x \leq 3!$$

3. Diskutiere $y = \dfrac{x^5}{20} + \dfrac{x^4}{4}$!

Zeichnung im Bereich

$$-5 \leq x \leq 2,$$

Einheit $\tfrac{1}{2}$ cm.

4. Diskutiere die Funktion $y = -x^3 \cdot (x-2)$! Zeichne den Graphen der Funktion im Bereich $-1 \leq x \leq 2{,}5$ und ihrer 1. Ableitung im Bereich $-1 \leq x \leq 2$!

5. $y = \tfrac{1}{12} x^3 - 2x^2 + 16x - 42$.
 Bestimme die Extremwerte und Wendepunkte! Wie lauten die Gleichungen der Kurventangenten, die mit der positiven x-Richtung einen Winkel von 45° bilden?

6. Untersuche folgende Funktionen am Nullpunkt:
 a) $y = -x^5$; **b)** $y = x^4 - x$; **c)** $y = x^3 + x$; **d)** $y = x^7 - x^4$.

7. Was kann man über die Funktionen aussagen, deren Ableitungen folgendermaßen lauten: **a)** $y' = x^2 - 1$; $y' = x^2$; $y' = x^2 + 1$; **b)** $y' = x(x-4)(x-2)^2$. Skizziere jeweils die Graphen der Ableitung und einer zugehörigen Funktion!

8. Welchen Wertevorrat haben die folgenden Funktionen in den angegebenen Bereichen?
   a) $y = x^2 - 10x + 10$ im Bereich $-3 \leq x \leq 3$ bzw. $0 \leq x \leq 6$;
   b) $y = x^3 - 3x^2 - 9x$ im Bereich $-2 \leq x \leq 4$ bzw. $-3 \leq x \leq 5$;
   c) $y = -x^3 + 9x^2 - 24x - 7$ im Bereich $3 \leq x \leq 6$ bzw. $-1 \leq x \leq 4$.

9. Was läßt sich über eine Funktion aussagen, wenn ihre 2. Ableitung lautet:
   a) $y'' = 1$;   b) $y'' = x$;   c) $y'' = x^2 - 1$;   d) $y'' = x^2 + 1$.

10. Die Ableitung einer ganzen rationalen Funktion, zu deren Erfüllungsmenge das Wertepaar (1; 2) gehört, ist $y' = 6x - 2$. Wie heißt die Funktion?

11. Welche Elemente (Zahl und Lage der Nullstellen, Zahl sowie Abszissen und Ordinaten von Extremwerten und Wendepunkten; Verhalten für $x \to \pm \infty$; Symmetrieeigenschaften) einer Funktion $y = f(x)$ bleiben jeweils unverändert, wenn man folgende Transformationen ausführt?
    a) $y = c \cdot f(x)$;   b) $y = f(x) + c$;   c) $y = f(x + c)$ d) $y = f(cx)$.

12. Gegeben ist $y = \frac{1}{7} \cdot | x^2 + 3x - 10 |$
    Wo ist diese Funktion nicht differenzierbar? Zeichne den Graphen der Funktion und ihrer 1. Ableitung im Bereich $-6 \leq x \leq 6$! Welche *sprunghafte Richtungsänderung* erfährt die Tangente beim Überschreiten jener Stellen, an denen die Funktion keine Ableitung hat? Wo ist $y < \frac{7}{4}$?

13. Gegeben sind die Funktionen:
    a) $y = x^3 + 3x^2 - 4$;   b) $y = \frac{1}{6}(x + 1)(2x^2 - 17x + 41)$.
    Suche die Nullstellen, Extremwerte und Wendepunkte der zugehörigen Kurven und stelle für diese Punkte die Tangentengleichungen auf!

14. Bestimme die Schnittwinkel der Graphen von $y = -x^3 + 2x^2 + x - 2$ und $y = -2x^2 + 4x - 2$. Für welche gemeinsamen x-Werte sind die zugehörigen Tangenten parallel?

15. Diskutiere die Funktion $y = f(x) = bx^2 - ax^4$, $(a > 0, b > 0)$!
    Zeichnung für $a = \frac{1}{16}$, $b = 1$ im Bereich $-4{,}5 \leq x \leq 4{,}5$; Einheit 1 cm.

Vermischte Aufgaben

16. Wo ist der Graph der Funktion $y = \frac{x^4}{6} - \frac{x^3}{3} - 6x^2 + 1$ im Bereich $-3 \leq x \leq 3$ am steilsten?

17. Die Menge der Funktionen 3. Grades kann man nach dem Vorzeichen des Koeffizienten von x^3 in zwei Klassen einteilen. Welche gemeinsame Eigenschaft haben die Graphen der Funktionen einer Klasse? In welchen Quadranten verlaufen sie für sehr große $|x|$?

18. Die Menge der Funktionen 3. Grades kann man in drei Klassen (I, II und III) einteilen, je nachdem ob die 1. Ableitung keine, eine oder zwei Nullstellen hat.
    a) Gib für jede Klasse Eigenschaften an, die die Graphen der Funktionen dieser Klasse gemeinsam haben!
    b) Zu welchen Klassen gehören folgende Funktionen:
       (1) $y = x^3 - 2x^2 + 5x - 6$;

§ 17 Definitionen und Kriterien zur Kurvendiskussion

(2) $y = x^3 - 2x^2 - 5x - 6$;   (3) $y = x^3 - 3x^2 + 3x - 1$?

c) Welcher Koeffizient spielt für unsere Klasseneinteilung keine Rolle? Was bedeutet das für den Graphen der Funktion?

d) Gib für die allgemeine Funktion 3. Grades $y = ax^3 + bx^2 + cx + d$ das Kriterium dafür an, daß die Funktion in die Klasse I, II oder III gehört!

19. Beweise:
   a) *Der Graph einer Funktion 3. Grades hat immer genau einen Wendepunkt.*
   b) *Fehlt das quadratische Glied einer Funktion 3. Grades, so liegt der Wendepunkt auf der y-Achse.*

20. Gib die Menge aller ganzen rationalen Funktionen an, die
   a) 3. Grades sind und deren Graphen die x-Achse im Ursprung berühren;
   b) 3. Grades sind und deren Graphen die x-Achse in $x = -2$ berühren;
   c) 4. Grades sind und deren Graphen die x-Achse in $x = a$ und in $x = b$ berühren;
   d) 4. Grades sind und deren Graphen im Ursprung die x-Achse zur Wendetangente haben!

21. Beweise: Wenn der Graph einer zweimal stetig differenzierbaren Funktion im *Innern* eines Bereichs eine steilste Stelle hat, dann ist dort ein Wendepunkt. Gilt die Umkehrung dieses Satzes?

22. Ermittle die Nullstellen und Extremwerte folgender Funktionen und zeichne die Graphen in den angegebenen Intervallen J:

a)
$$y = \begin{cases} -\dfrac{x}{2} + 1 & \text{für } x \leq -2 \\ x^2 - 2 & \text{für } -2 < x < 2 \\ \dfrac{x}{2} + 1 & \text{für } x \geq 2 \end{cases} \quad J: -4 \leq x \leq 4;$$

b)
$$y = \begin{cases} \dfrac{1}{4}(x^3 - 9x^2 + 24x) & \text{für } x \leq 4 \\ -x^2 + 8x - 12 & \text{für } x > 4 \end{cases} \quad J: -1 \leq x \leq 6.$$

23. Aus der Erfüllungsmenge einer Funktion $y = f(x)$ greifen wir zwei Teilmengen $\mathfrak{M}_1$ und $\mathfrak{M}_2$ heraus. Welche Eigenschaften haben ihre Elemente und die Elemente ihres Durchschnitts?

a) $\mathfrak{M}_1 = \{(x,y) \mid y' = 0\}$ b) $\mathfrak{M}_1 = \{(x,y) \mid y'' = 0\}$ c) $\mathfrak{M}_1 = \{(x,y) \mid y'' = 0 \wedge y''' \neq 0\}$
$\mathfrak{M}_2 = \{(x,y) \mid y'' > 0\}$ $\mathfrak{M}_2 = \{(x,y) \mid y''' \neq 0\}$ $\mathfrak{M}_2 = \{(x,y) \mid y' = 0\}$

24. Zeichne noch einmal das Schema von Abb. 62! Trage in jedes der einzelnen Teilfelder diejenige der unten aufgeführten Funktionsgleichungen ein, die am Nullpunkt das betreffende Verhalten zeigt!

$y = x^2$	$y = -x^2 + x$	$y = x^3 + x$	$y = x^4$	$y = x^2 - x$
$y = -x^2$	$y = x^4 - x$	$y = x^3$	$y = -x^2 - x$	$y = x^3 - x$
$y = x^2 + x$	$y = x^4 + x$	$y = -x^4$	$y = -x^4 + x$	$y = -x^4 - x$

Definitionen und Kriterien zur Kurvendiskussion § 17

Punktmengen und ihre Durchschnitte

Beispiel:
Zeichne den Durchschnitt der beiden Punktmengen $\mathfrak{M}_1$ und $\mathfrak{M}_2$ für

$$\mathfrak{M}_1 = \left\{(x,y) \mid y < -\tfrac{1}{4}x^2 + 1\right\} \quad \mathfrak{M}_2 = \{(x,y) \mid y > x^4 - 4x^2\}$$

Lösung (Abb. 65):

1. $y = -\tfrac{1}{4}x^2 + 1$ wird dargestellt durch eine nach unten geöffnete Parabel mit dem Scheitel bei $S(0; 1)$. Die Schnittpunkte mit der x-Achse liegen bei $x = \pm 2$. $\mathfrak{M}_1$ besteht aus den Punkten unter dieser Kurve.

2. $y = x^4 - 4x^2$. Die y-Achse ist Symmetrieachse der Kurve. Nullstellen:

$$x_{1/2} = \pm 2, \; x_3 = 0.$$

Aus $y' = 4x^3 - 8x = 4x(x^2 - 2)$ ergeben sich die Nullstellen der Ableitung:

$x_3 = 0$, $x_{4/5} = \pm\sqrt{2}$. Maximum $P(0; 0)$, Minimum $Q_1(\sqrt{2}; -4)$ und $Q_2(-\sqrt{2}; -4)$. $\mathfrak{M}_2$ besteht aus den Punkten über dieser Kurve.

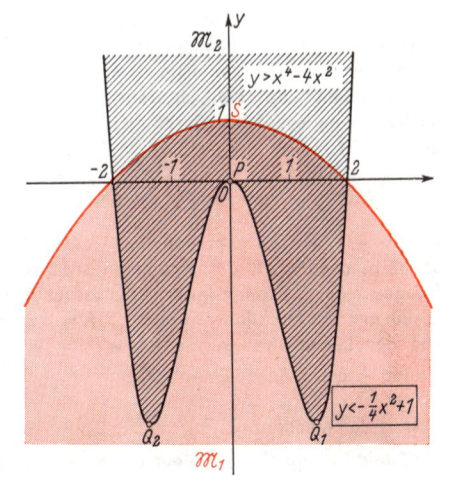

Abb. 65

25. Zeichne den Durchschnitt der Punktmengen $\mathfrak{M}_1$ und $\mathfrak{M}_2$!

   a) $\mathfrak{M}_1 = \{(x;y) \mid y > x^2 - 1\}$ $\quad \mathfrak{M}_2 = \{(x;y) \mid y < -x + 1\}$
   b) $\mathfrak{M}_1 = \{(x;y) \mid y > -x^3 - 1\}$ $\quad \mathfrak{M}_2 = \{(x;y) \mid y < x^3 + 1\}$
   c) $\mathfrak{M}_1 = \{(x;y) \mid y < -x^4 + 4x^2\}$ $\quad \mathfrak{M}_2 = \{(x;y) \mid y > x^2 + 3\}$

26. Bestimme den Durchschnitt der Punktmengen $\mathfrak{M}_1$ und $\mathfrak{M}_2$!

   a) $\mathfrak{M}_1 = \{(x;y) \mid y = (x-1)^4 + 1\}$ $\quad \mathfrak{M}_2 = \{(x;y) \mid y < \tfrac{1}{2}x^2 - x + 2\}$
   b) $\mathfrak{M}_1 = \{(x;y) \mid y = x^3 + 4x^2 + 4x\}$ $\quad \mathfrak{M}_2 = \{(x;y) \mid y = -\tfrac{1}{2}x\}$

27. Bestimme die Punktmenge $\mathfrak{M}$ und zeichne sie!

   a) $\mathfrak{M} = \{(x;y) \mid y = x^2 - 2x \wedge y' > 0\}$
   b) $\mathfrak{M} = \{(x;y) \mid y = -\tfrac{1}{3}x^3 + 3x \wedge y' > 0\}$

28. Diskutiere und zeichne den Graphen der Funktion $y = f(x) = \tfrac{1}{50}(x^5 - 5x^4)$. Kennzeichne mit Farbstiften folgende Punktmengen:

   $\mathfrak{M}_1 = \{(x;y) \mid y = f(x) \wedge y'' > 0\}$,
   $\mathfrak{M}_2 = \{(x;y) \mid y = f(x) \wedge y' = 0\}$,
   $\mathfrak{M}_3 = \{(x;y) \mid y = f(x) \wedge y' < 0\}$.
   Bestimme $\mathfrak{M}_1 \cap \mathfrak{M}_2$, $\mathfrak{M}_1 \cap \mathfrak{M}_3$, $\mathfrak{M}_2 \cap \mathfrak{M}_3$!

29.* Abb. 65a stellt den Graphen von $f'(x)$ dar. Was läßt sich über die Graphen von $f(x)$ und $f''(x)$ aussagen?

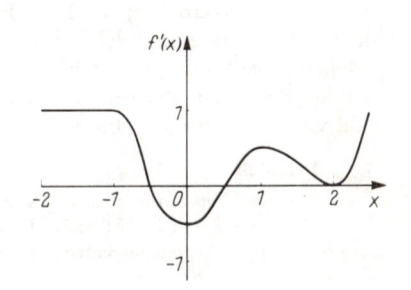

Abb. 65a

§ 18 Ganze rationale Funktionen mit vorgegebenen Eigenschaften

AUS DER PHYSIK

a) Aus der Optik

1931 erfand der estnische Optiker Bernhard Schmidt (1878—1935) einen neuen Fernrohrtyp für photographische Himmelsaufnahmen, den Schmidtspiegel, der heute auf keiner größeren Sternwarte fehlt. Vor einem sphärischen Hohlspiegel ist eine Korrekturlinse angebracht, die auf der einen Seite eben ist, während die Oberfläche der anderen Seite durch folgende Funktion gegeben ist:

$$y = \frac{x^4 - r^2 x^2}{4(n-1)R^3} \qquad \mathfrak{D} = \{x \mid -r \leq x \leq r\}$$

Dabei ist x der Abstand von der Linsenmitte, r der Linsenradius, R der Krümmungsradius des Spiegels, n der Brechungsindex des Glases (Abb. 66).

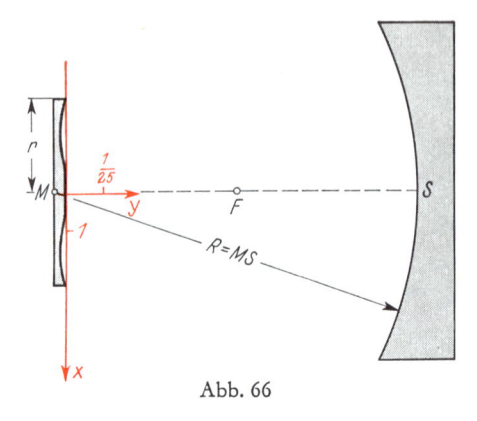

Abb. 66

Diskutiere die Funktion für $n = 1,5$, $R = 3r$ und zeichne sie für $r = 8$ cm! Weil die Abweichung von der Ebene sehr gering ist, wählen wir in beiden Achsen verschiedene Maßstäbe: x-Achse Einheit $\frac{1}{2}$ cm, y-Achse Einheit 50 cm.

b) Aus der Mechanik

Ein Punkt bewegt sich auf einer orientierten Geraden von einer Stelle 0 aus nach dem Gesetz

$$s = t^3 - 24 t^2 + 180 t$$

(s = Abstand von 0 in cm, t = Zeit in sec).

Mit welcher Geschwindigkeit und in welcher Richtung beginnt der Punkt seine Bewegung? Wann und wo kehrt er um? Wie groß ist in den Umkehrpunkten die momentane Beschleunigung? Kommt er an die Ausgangsstelle zurück? Um welchen Betrag ändern sich Geschwindigkeit und Beschleunigung im Lauf der 4. Sekunde?

§ 18. GANZE RATIONALE FUNKTIONEN MIT VORGEGEBENEN EIGENSCHAFTEN

In § 14 B wurde festgestellt, daß eine ganze rationale Funktion n-ten Grades durch $(n + 1)$ Wertepaare $(x; y)$ ihrer Erfüllungsmenge eindeutig bestimmt ist. Darüber hinaus läßt sich eine solche Funktion aber auch noch auf andere Weise durch vorgegebene Bedingungen festlegen. Dies geschieht durch $(n + 1)$ voneinander unabhängige Angaben, die für die $(n + 1)$ Unbekannten $a_0, a_1, a_2, \ldots, a_n$ die erforderliche Zahl von Gleichungen liefern.

Beispiel:

Bestimme die ganze rationale Funktion 3. Grades, die folgende Bedingungen erfüllt: (1) $x = -1$ ist eine Nullstelle der Funktion. (2) Bei $x = -2$ hat der Graph einen Wendepunkt W mit der Wendetangenten-Gleichung $3x - y + 2,5 = 0$.

Lösung:

Die gesuchte Funktion hat die allgemeine Form: $y = f(x) = ax^3 + bx^2 + cx + d$

Ganze rationale Funktionen mit vorgegebenen Eigenschaften § 18

Daraus folgt: $y' = 3ax^2 + 2bx + c$ und $y'' = 6ax + 2b$.
Aufgrund der Bedingungen lassen sich folgende Bestimmungsgleichungen aufstellen:

Nullstelle bei $x = -1$	$\Leftrightarrow f(-1) = 0$	$\Leftrightarrow -a + b - c + d$	$= 0$	I.
Wendepunkt bei $x = -2$	$\Rightarrow f''(-2) = 0$	$\Leftrightarrow -12a + 2b$	$= 0$	II.
Richtungsfaktor $m = 3$ für $x = -2 \Leftrightarrow f'(-2) = 3$		$\Leftrightarrow 12a - 4b + c$	$= 3$	III.
$W(-2; -3{,}5)$ ist Punkt der Kurve $\Leftrightarrow f(-2) = -3{,}5 \Leftrightarrow -8a + 4b - 2c + d = -3{,}5$				IV.

Daraus ergeben sich die Lösungen $a = \frac{1}{2}$, $b = 3$, $c = 9$ und $d = 6{,}5$.

Die gesuchte Funktion lautet: $y = f(x) = \frac{x^3}{2} + 3x^2 + 9x + 6{,}5$

Zum Schluß ist noch zu prüfen, ob die Funktion alle Bedingungen erfüllt. Aus $f''(-2) = 0$ kann ja nicht umgekehrt gefolgert werden, daß bei $x = -2$ ein Wendepunkt liegt.

AUFGABEN

1. Bestimme die ganze rationale Funktion 3. Grades, deren Graph in $P(-2; 0)$ die x-Achse schneidet und bei $x = 0$ einen Wendepunkt mit der Wendetangente $x - 3y + 6 = 0$ hat! Diskutiere die erhaltene Funktion!

2. Gesucht ist die ganze rationale Funktion 2. Grades, deren Graph folgende Bedingungen erfüllt:
   a) Die Tangente im Kurvenpunkt $A(1; 4)$ ist zu der durch die Gleichung $y = 4x$ gegebenen Geraden parallel. Für $x = \frac{3}{4}$ liegt ein Extremwert vor.
   b) Die Symmetrieachse ist durch $x = -2$ gegeben. Die x-Achse wird bei $x = -0{,}5$ unter einem Winkel von $45°$ geschnitten.

3. Welche Kurve 3. Ordnung erfüllt folgende Bedingungen:
   a) Der Nullpunkt ist Symmetriezentrum; bei $P(-2; -4)$ liegt ein Minimum.
   b) Der Nullpunkt liegt auf der Kurve. $W(2; 1)$ ist Terrassenpunkt.

4. Der Graph einer Funktion 3. Grades hat in $A(3; ?)$ die Gerade $t \equiv y - 11x + 27 = 0$ als Tangente und in $W(1; 0)$ einen Wendepunkt.
   a) Bestimme die Gleichung der Funktion! b) Diskutiere sie!

5. a) Gesucht ist eine Funktion 4. Grades, deren Graph symmetrisch zur y-Achse ist. Ein Wendepunkt hat die Koordinaten $(1; 0)$. Die beiden Wendetangenten schneiden sich senkrecht. 2 Lösungen!
   b) Bestimme alle Nullstellen und Extremwerte der in a) gesuchten Funktionen! Zeichne den Graphen für $|x| \leq 3$, 1 L.E. = 2 cm!

6. Der Koeffizient a der Funktion $y = \frac{1}{2}(x^4 - ax^2)$ soll so gewählt werden, daß der Graph an der Stelle $x = +1$ einen Wendepunkt hat. Wo liegt dann der 2. Wendepunkt, wo liegen die Scheitelpunkte der Kurve? Gleichungen der Wendetangenten? Zeichnung für $-3 \leq x \leq 3$!

7. a) In $y = ax^4 + bx^2 + 4$ sollen a und b so durch reelle Zahlen ersetzt werden, daß die durch die Gleichung dargestellte Kurve für $x_1 = 1$ die Steigung 2 und für $x_2 = \frac{1}{2}\sqrt{2}$ einen Wendepunkt hat.

   b) Bestimme die Schnittpunkte mit der x-Achse und die Lage der Scheitelwerte und Wendepunkte und zeichne die Kurve (1 L.E. = 1 cm) für $|x| \leq 2$!

8. a) Bestimme die Koeffizienten der Kurvengleichung $y = ax^3 + bx^2 + cx + d$ so,

§ 18 Ganze rationale Funktionen mit vorgegebenen Eigenschaften

daß die Kurve im Punkt P_1 (2; ?) einen Wendepunkt mit der Tangente $3x + y = 6$ hat und außerdem durch den Punkt P_2 (0; −2) geht!
b) Wie lauten die Gleichungen der zur Geraden $24x - y = 0$ parallelen Kurventangenten? Berechne die Schnittpunkte der Kurve mit der x-Achse!

9. In der Kurvengleichung $y = x^3 + a x^2 + b x + c$ sind a, b und c so zu bestimmen, daß P (0; − 2) Wendepunkt wird und die Wendetangente zur Geraden $y = -3x$ parallel ist! Diskutiere die Kurve und zeichne sie für $|x| \leq 2$! Durch die Nullstelle auf der positiven x-Achse ist eine Gerade mit dem Richtungswinkel 45° gezogen. In welchen weiteren Punkten schneidet diese Gerade die Kurve?

10. Die Wertepaare (2; 3) und (− 2; 3) gehören zur Erfüllungsmenge einer ganzen rationalen Funktion mit der 2. Ableitung $y'' = 12 x^2 - 4$. Wie lautet die Funktion?

11. Gesucht wird eine Funktion 4. Grades, deren Graph folgende Bedingungen erfüllt: Extremwert (0; 0), Wendepunkt (2; 3), Wendetangente parallel zur Geraden $y = 2x$. (Vorsicht!)

ANGEWANDTE MATHEMATIK

Elektronische Rechenanlagen

Zur Bewältigung umfangreicher mathematischer Probleme gewinnt in der Gegenwart der elektronische programmgesteuerte Rechenautomat immer mehr an Bedeutung. Mit seiner Hilfe ist es möglich, zahlreiche Fragen aus der Atomphysik, der Astronomie und vieler Zweige der Technik, deren Lösung einen ungeheuren Aufwand an Zeit und Arbeitskräften erforderlich machen würde, in verhältnismäßig kurzer Zeit zu beantworten. Die Großrechenanlage in Darmstadt erledigt beispielsweise in 10 Minuten das gleiche Rechenpensum, das ein Mensch in einem 40jährigen Berufsleben an einer Bürorechenmaschine zustande bringen könnte. Auch die Zuverlässigkeit ist weit größer als beim Menschen. Während einem geübten Rechner durchschnittlich nach 100 Rechenoperationen ein Fehler unterläuft, passiert dies bei der Maschine erst nach vielen Millionen Operationen. Durch entsprechenden technischen Aufwand läßt sich die Fehlerwahrscheinlichkeit beliebig verkleinern.
Die elektronischen Maschinen werden heute aber nicht nur für Berechnungen eingesetzt. Ihr Anwendungsbereich erstreckt sich viel weiter. Einige Beispiele seien dafür genannt:
Lagerüberwachung, Buchhaltung, Lohnabrechnung in Großbetrieben, Prämienfeststellung bei Versicherungen, Auswertung der Radarinformationen für die Flugüberwachung, Übersetzung von Fachliteratur in eine andere Sprache, Diagnose-Erstellung in der Medizin, Wettervorhersage in der Meteorologie.
In immer neuen Zweigen von Wirtschaft und Wissenschaft nützt man die Fähigkeiten der programmgesteuerten Automaten, große Mengen von Daten rasch und sicher zu verarbeiten. Man spricht daher oft auch von Datenverarbeitungsanlagen.
Die Rechenautomaten machen jedoch den Menschen nicht entbehrlich. Denn das zu lösende Problem muß zunächst in eine geeignete mathematische Form gebracht werden. Dann muß ein brauchbares numerisches Lösungsverfahren entwickelt werden, das in die „Sprache der Maschine" übersetzt werden kann. Wie dieses **Programmieren** vor sich geht, wollen wir an einem sehr einfachen Beispiel zeigen:
Es soll der genaue Kurvenverlauf der Funktion

$$f(x) = 0{,}0002\, x^4 - 0{,}0244\, x^3 + 0{,}9752\, x^2 - 1{,}3952\, x + 53{,}76$$

im Intervall $5 \leq x \leq 60$ ermittelt werden. Dazu soll die Maschine die Funktionswerte an den Stellen $x_0 = 5{,}00$, $x_1 = 5{,}02$, $x_2 = 5{,}04$, ..., $x_{274} = 59{,}98$, $x_{275} = 60{,}00$ berechnen. Als Lösungsverfahren wird das Hornersche Schema (vgl. § 15) gewählt.
Man stellt zunächst eine Übersicht des Rechenganges, das sog. **Strukturdiagramm,** auf (Abb. 67a):

Ganze rationale Funktionen mit vorgegebenen Eigenschaften § 18

Das Programm sieht dann beispielsweise für die Rechenanlage Zuse 22 der Zuse AG Bad Hersfeld folgendermaßen aus (Abb. 67 b):

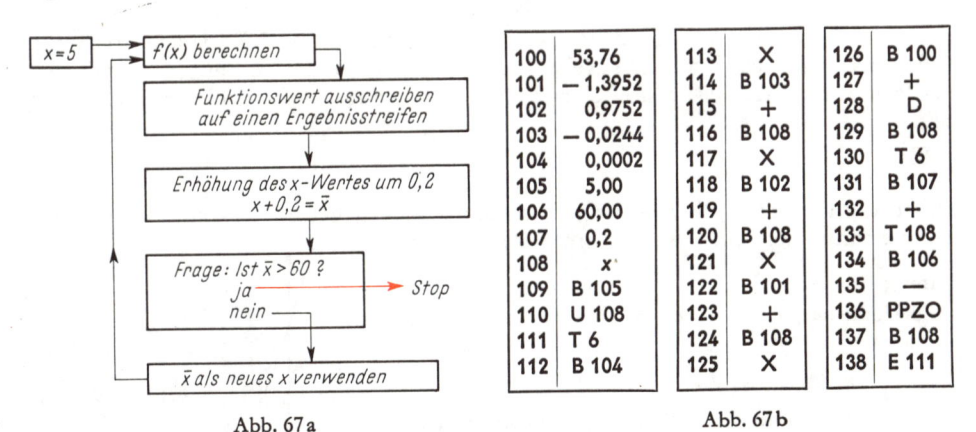

100	53,76
101	− 1,3952
102	0,9752
103	− 0,0244
104	0,0002
105	5,00
106	60,00
107	0,2
108	x
109	B 105
110	U 108
111	T 6
112	B 104

113	X
114	B 103
115	+
116	B 108
117	X
118	B 102
119	+
120	B 108
121	X
122	B 101
123	+
124	B 108
125	X

126	B 100
127	+
128	D
129	B 108
130	T 6
131	B 107
132	+
133	T 108
134	B 106
135	−
136	PPZO
137	B 108
138	E 111

Abb. 67a Abb. 67b

Wir wollen dieses Programm noch etwas erläutern:
Die Maschine soll befähigt werden, die gestellte Aufgabe zu lösen. In ihr „Gedächtnis", auch **Speicher** genannt, müssen also alle notwendigen Einzelheiten eingegeben werden. Wir verwenden für unsere Aufgabe die 39 Speicherzellen mit den Nummern 100 bis 138. Insgesamt hat die Maschine übrigens 8192 Zellen.
In die Speicherzellen 100 bis 104 kommen die Koeffizienten a_0, a_1, a_2, a_3, a_4, in 105 und 106 die beiden Grenzen des Intervalls, in 107 der Unterschied der x-Werte. In 108 steht der x-Wert, mit dem die Maschine gerade arbeitet. Die Befehle, die in den Zellen 109 bis 113 stehen, haben zur Folge, daß der Anfangswert in 108 eingesetzt wird und mit dem Wert in 104 (a_4) multipliziert wird. Dann wird der Inhalt von Zelle 103 (a_3) geholt und zu dem Produkt addiert; die Befehle dazu stehen in den Speicherzellen 114 und 115.
In der Zelle 127 steht der Befehl für die letzte Addition von a_0, Zelle 128 enthält den Befehl zur Ausgabe des Funktionswertes $f(x)$. Durch die Befehle in 129 bis 132 wird $x + 0{,}2$ gebildet und durch 133 der neue x-Wert nach 108 gebracht. In 134 bis 136 steht der Befehl zum Stop, falls der neue x-Wert größer als 60 ist, andernfalls setzt mit dem Befehl in Zelle 138 die Rechnung bei 111 wieder ein.
Für die Berechnung einer anderen ganzen rationalen Funktion 4. Grades muß man danach lediglich in die Speicherzellen 100 bis 107 die Werte des neuen Problems eingeben.
Die Maschine ist insofern ein sehr guter Schüler, als sie dieses Verfahren von sich aus nicht vergißt. Man kann aber den Inhalt der Gedächtniszellen 100 bis 138 auch wieder löschen und dann hat die Maschine keinerlei Erinnerung mehr an diesen Rechengang.
Manchmal werden die großen Rechenanlagen Elektronengehirne genannt. Tatsächlich ist es interessant zu verfolgen, wie gewisse Analogien zwischen dem menschlichen Gehirn und den Automaten bestehen. Hier wie dort werden Informationen aufgenommen, gespeichert, weitergeleitet und verarbeitet. In mancher Hinsicht wird das Gehirn von der elektronischen Anlage weit übertroffen, z. B. in der Geschwindigkeit und der Sicherheit, mit denen umfangreiche Berechnungen und die Bearbeitung von irgendwelchen Daten durchgeführt werden. Andererseits sind in dem kleinen menschlichen Gehirn wesentlich mehr Informationen gespeichert als in der größten heute vorstellbaren Maschine.
Der entscheidende Unterschied ist aber nicht quantitativ zu bemessen. Trotz erstaunlicher Möglichkeiten, die in den Rechenautomaten liegen, trotz Anlagen, die lernen und Erfahrungen sammeln können, fehlen doch die wesentlichsten Merkmale des menschlichen Gehirns. Gerade dadurch, daß man erforscht, welche Funktionen beim Menschen ähnlich ablaufen wie bei der Maschine und daher auch von dieser übernommen werden können, erkennt man, welche Fähigkeiten und Werte den Menschen zum Menschen machen.

§ 19 Extremwertaufgaben mit Nebenbedingungen

§ 19. EXTREMWERTAUFGABEN MIT NEBENBEDINGUNGEN

Bei vielen Aufgaben ist die zu untersuchende Größe von *zwei* Variablen abhängig. Letztere sind jedoch durch eine Nebenbedingung miteinander verknüpft, so daß sich das Problem auf die Diskussion einer Funktion mit nur *einer* Variablen zurückführen läßt.

1. Beispiel: Edda

Durch die Funktion $y = x^2 - 3x + 3$ ist eine Kurve gegeben. Gesucht ist derjenige Kurvenpunkt, der dem Ursprung am nächsten liegt.

Lösung (Abb. 68):

Für die Entfernung e eines beliebigen Punktes $P(x; y)$ der xy-Ebene gilt:

$$e = \sqrt{x^2 + y^2} = f(x, y)$$

e ist eine Funktion der beiden Variablen x und y, die jedoch nicht unabhängig voneinander gewählt werden können. Sie sind nämlich durch die Nebenbedingung

$$y = x^2 - 3x + 3$$

miteinander verknüpft. Setzen wir y in den Ausdruck für e ein, so wird

$$e = \sqrt{x^2 + (x^2 - 3x + 3)^2} = \sqrt{x^4 - 6x^3 + 16x^2 - 18x + 9}$$

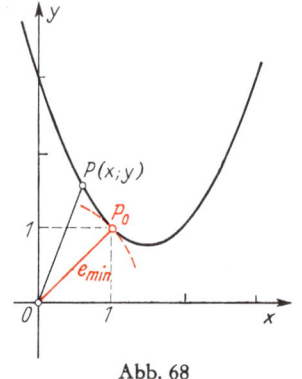

Abb. 68

eine Funktion mit nur *einer* Variablen, nämlich der Abszisse x. Sie ist definiert für alle x.
Für die weitere Behandlung der Aufgabe bedeutet es eine wesentliche Vereinfachung, wenn wir anstatt der Entfernung e ihr Quadrat betrachten. Für positive Zahlen e_1 und e_2 gilt nämlich

$$e_1 < e_2 \Leftrightarrow e_1^2 < e_2^2$$

Wenn also e ein kleinster oder größter Wert im Vergleich zu den Nachbarwerten, gilt dies auch für e^2 und umgekehrt. Es ist

$$e^2 = x^4 - 6x^3 + 16x^2 - 18x + 9 = F(x) \quad \text{mit} \quad \mathfrak{D} = \{x \mid -\infty < x < \infty\}.$$

Wir suchen denjenigen Wert von x, für den $F(x)$ ein Minimum wird. Eine notwendige Bedingung für ein solches Minimum ist $F'(x) = 0$.

$$F'(x) = 4x^3 - 18x^2 + 32x - 18$$

x ist also eine Lösung der Gleichung $2x^3 - 9x^2 + 16x - 9 = 0$.

Durch Probieren findet man die ganzzahlige Lösung $x_1 = 1$. Dividiert man die Gleichung durch $(x-1)$, erhält man die quadratische Gleichung $2x^2 - 7x + 9 = 0$, deren Diskriminante negativ ist. Die einzige reelle Lösung der Gleichung 3. Grades ist also $x = 1$.
Um zu entscheiden, ob für $x = 1$ die Größe e^2 und damit e wirklich ein Minimum wird, bilden wir die 2. Ableitung von $F(x)$: $F''(x) = 12x^2 - 36x + 32$; $F''(1) = 8 (> 0)$, also Minimum nach § 17 C.
Da $f(1) = 1$ ist, haben wir folgendes

Ergebnis: Der Punkt $P(1; 1)$ hat die kleinste Entfernung vom Ursprung.

Abschließend heben wir den mathematischen Kern dieses Beispiels noch einmal heraus: Eine Funktion von zwei Variablen, $z = f(x, y)$, soll für den Fall, daß $y = \varphi(x)$ als Nebenbedingung erfüllt ist, einen kleinsten Wert annehmen. Aufgrund der Nebenbedingung

Extremwertaufgaben mit Nebenbedingungen § 19

ist nur *eine* Variable frei wählbar. Setzt man $y = \varphi(x)$ in die Funktionsgleichung ein, so ergibt sich $z = f[x, \varphi(x)]$, d.h., z ist eine nur mehr von x abhängige Funktion. Ihr Minimum läßt sich nach dem Kriterium (6) in § 17 ermitteln.

2. Beispiel:

Einer regelmäßigen vierseitigen Pyramide mit der Grundkante a und der Höhe h soll ein Quader mit größtmöglichem Volumen einbeschrieben werden, dessen Grundfläche in der Grundfläche der Pyramide liegt (Abb. 69).

Lösung:

Aus Symmetriegründen muß auch der Quader eine quadratische Grundfläche haben. Bezeichnen wir die Grundkante des Quaders mit x, die Höhe mit y, erhalten wir für sein Volumen $V = x^2 \cdot y$.
Die Nebenbedingung ergibt sich aus dem Verhältnis der halben Diagonalen von Pyramiden- und Quadergrundfläche nach dem Strahlensatz:

$$\frac{a}{2}\sqrt{2} : \frac{x}{2}\sqrt{2} = h : (h-y) \Rightarrow y = \frac{ah - xh}{a}$$

Setzen wir y in den Ausdruck für V ein, so erhalten wir $V = x^2 \cdot (a-x) \cdot \frac{h}{a}$. Auf Grund des gestellten Problems ergibt sich der Definitionsbereich $\mathfrak{D} = \{x \mid 0 < x < a\}$.
Der Extremwert dieser Funktion ist vom konstanten Faktor $\frac{h}{a}$ unabhängig, so daß wir nur die Funktion

$$F(x) = x^2(a-x) = ax^2 - x^3$$

zu untersuchen brauchen. Ihre Ableitung $F'(x) = 2ax - 3x^2$ hat die Nullstellen $x_1 = 0$ und $x_2 = \frac{2}{3}a$. Da x_1 als Lösung ausscheidet (warum?), betrachten wir nur noch x_2. Aus $F''(x_2) = -2a \; [< 0]$ folgt wegen (6) in § 17: $F(x)$ und damit auch V hat für $x = \frac{2}{3}a$ ein *Maximum*. Es gilt:

$$V_{\max} = \frac{4}{27} \cdot a^2 h \quad \text{und} \quad y_{\max} = \frac{h}{3}$$

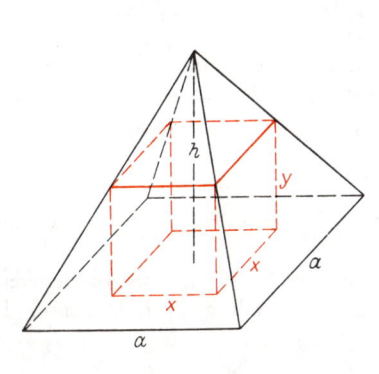

Abb. 69

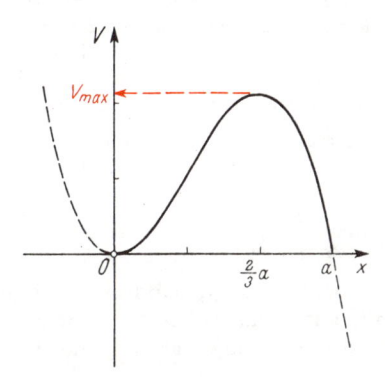

Abb. 70

Als Ergänzung skizzieren wir noch die Kurve, die das Volumen V als Funktion der Grundkante x des Quaders darstellt (Abb. 70).

3. Beispiel:

Man kann die Mantelfläche eines geraden Kreiskegels in eine Ebene abwickeln und erhält einen Kreissektor (vgl. Kratz-Wörle, Geometrie II, § 12 B). Bei welchem Mittelpunktswinkel des entstehenden Kreissektors hat das Kegelvolumen bei gegebener Mantellinie m einen Extremwert?

§ 19 Extremwertaufgaben mit Nebenbedingungen

Lösung:
Für das Kegelvolumen erhalten wir wegen
$h = \sqrt{m^2 - y^2}$ (Abb. 71): $V = \frac{1}{3} y^2 \pi \sqrt{m^2 - y^2}$.

Ist x das Bogenmaß von φ, so gilt:
$$x m = 2 \pi y \Rightarrow y = \frac{x \cdot m}{2 \pi}.$$

Eingesetzt in den Rechenausdruck für V ergibt sich:

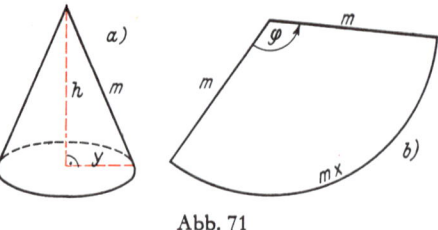

$$V = \frac{x^2 m^2}{12 \pi} \sqrt{m^2 - \frac{x^2 m^2}{4 \pi^2}} = \frac{m^3}{24 \pi^2} x^2 \sqrt{4 \pi^2 - x^2}$$

Abb. 71

Wie im 1. Beispiel gilt: $V_1 < V_2 \Leftrightarrow V_1^2 < V_2^2$. Wir brauchen daher nur das Maximum von V^2 bzw. der Funktion

$$F(x) = x^4 (4 \pi^2 - x^2) = 4 \pi^2 x^4 - x^6 \quad \text{(Abb. 72)}$$

zu bestimmen. $\mathfrak{D} = \{ x \mid 0 \leq x \leq 2 \pi \}$. Die Nullstellen der Ableitung

$$F'(x) = 2 x^3 (8 \pi^2 - 3 x^2)$$

sind

$$x_1 = 0, \quad x_{2,3} = \pm \sqrt{\frac{8}{3}} \pi.$$

Wir wollen nun die Prüfung der Extremwerte einmal *ohne* die 2. Ableitung vornehmen. x_3 gehört nicht zur Definitionsmenge.
Für $x_1 = 0$ ist $F(x) = 0$. Da das Volumen eine nicht negative Zahl ist, handelt es sich hierbei

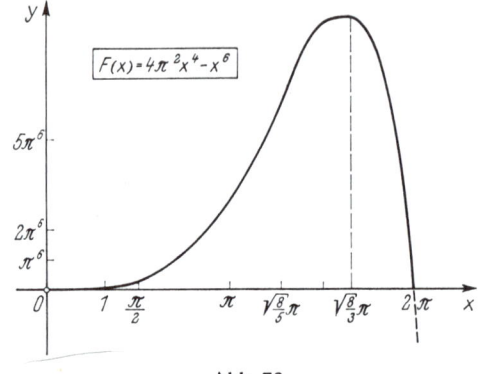

Abb. 72

um ein Minimum der Funktion. Ein 2. Randminimum liegt bei $x = 2 \pi$, da auch hier eine Nullstelle der Funktion vorliegt. Allerdings ist in diesem Fall die 1. Ableitung von Null verschieden.
Da $F(x)$ im betrachteten Intervall stetig und im Innern desselben überall positiv ist, nimmt sie in $0 < x < 2 \pi$ nach dem Extremwertsatz für stetige Funktionen (§ 10 B 3) sicher ein Maximum an. Dieses kann wegen der Differenzierbarkeit von $F(x)$ nur an der Stelle $x_2 = \sqrt{\frac{8}{3}} \pi = 5{,}130$ liegen. Daraus folgt:

$$V_{\max} = \frac{2 \pi}{27} m^3 \sqrt{3}$$

Bei der Umrechnung von x ins Gradmaß ergibt sich aus $5{,}130 = 6{,}283 - 1{,}153$ nach TW S. 16: $\varphi = 360° - 66{,}1° = 293{,}9°$ als zugehöriger Mittelpunktswinkel.

Wie das Beispiel zeigt, kann ein Extremwert auch am Rande des zugrundegelegten Intervalls auftreten, wobei dann die Ableitung nicht unbedingt Null sein muß. Dies wird besonders deutlich am folgenden

4. Beispiel:

Einem gleichschenkligen Dreieck mit der Basis b und der Höhe h soll ein Rechteck einbeschrieben werden, dessen eine Seite auf b liegt und dessen Umfang U eine maximale oder minimale Länge hat (Abb. 73).

Lösung:
Bezeichnen wir die Rechtecksseiten mit u und v, gilt $U = 2 (u + v)$ mit der Nebenbedingung

$$u : b = (h - v) : h \quad \Rightarrow \quad u = b - \frac{b v}{h}$$

Eingesetzt ergibt sich dann $U = 2b - \frac{2bv}{h} + 2v$ mit $\mathfrak{D} = \{v \mid 0 \leq v \leq h\}$ und damit $\frac{dU}{dv} = -\frac{2b}{h} + 2$.

138

Extremwertaufgaben mit Nebenbedingungen § 19

Abb. 73

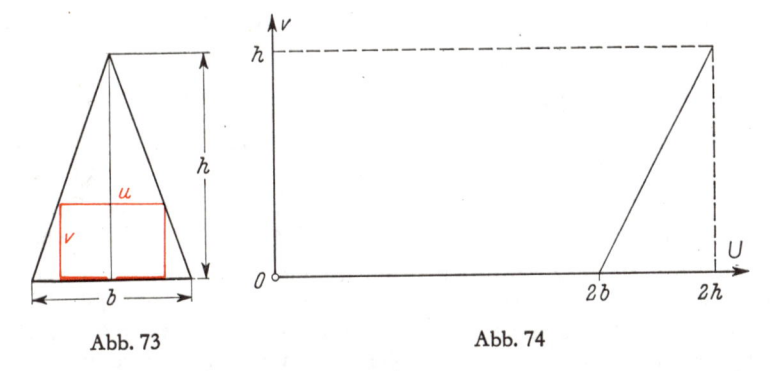

Abb. 74

Da für $b \neq h$ die Ableitung niemals Null werden kann, liegen die Extremwerte am Rande des in Frage kommenden Intervalls $0 \leq v \leq h$ (Abb. 74). Das Rechteck entartet dort allerdings zur Strecke. Für $b < h$ liegt das absolute Minimum bei $v = 0$, das absolute Maximum bei $v = h$, während für $b > h$ das Umgekehrte gilt. Ist schließlich $b = h$, dann ist der Umfang stets gleich groß, also eine Konstante.

Wie das letzte Beispiel zeigt, muß nur bei einem Extremwert im *Innern des Intervalls* die Ableitung Null sein. Es ist daher stets darauf zu achten, daß außer an den Nullstellen der Ableitung auch am Rand des in Betracht kommenden Bereichs Extremwerte auftreten können.

AUFGABEN

1. Bestimme unter allen Rechtecken vom Umfang $U = 90$ cm dasjenige mit dem größten Flächeninhalt!

2. Einem gegebenen gleichschenkligen Dreieck ist ein Rechteck einzubeschreiben, dessen eine Seite auf der Basis liegt. In welchem Fall nimmt die Rechtecksfläche einen Extremwert an?

3. Von einem rechteckigen Stück Blech mit den Seiten a und b werden an den Ecken Quadrate abgeschnitten (Abb. 75). Biegt man die Randstücke hoch, so erhält man eine offene Dose. Wie groß muß man die Quadratseite wählen, damit I. für $a = b$, II. für $a = 8$ cm, $b = 5$ cm das Volumen einen Extremwert annimmt?

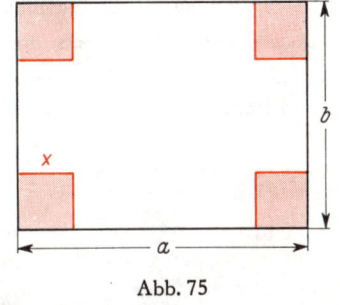

4. Ein Pyramidenstumpf mit der Höhe $h = 5$ cm hat als Grund- und Deckfläche Quadrate mit den Seiten u und v. Welche Werte müssen u und v annehmen, damit das Volumen am größten bzw. am

Abb. 75

kleinsten wird, wobei die Summe dieser Quadratseiten 10 cm betragen soll? Welche Körper entstehen in diesen Fällen?

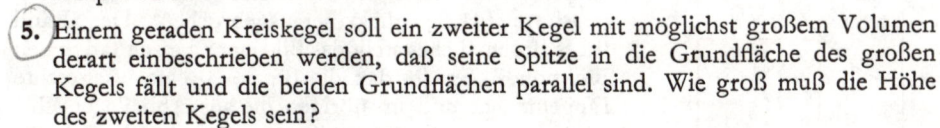

5. Einem geraden Kreiskegel soll ein zweiter Kegel mit möglichst großem Volumen derart einbeschrieben werden, daß seine Spitze in die Grundfläche des großen Kegels fällt und die beiden Grundflächen parallel sind. Wie groß muß die Höhe des zweiten Kegels sein?

6. Auf der x-Achse eines rechtwinkligen Koordinatensystems bewegt sich der Punkt P_1 mit der konstanten Geschwindigkeit $v_1 = 3$ cm $\cdot$ sec^{-1} nach links, auf der y-Achse der Punkt P_2 mit der konstanten Geschwindigkeit $v_2 = 4$ cm $\cdot$ sec^{-1} nach unten. Zur

§ 19 Extremwertaufgaben mit Nebenbedingungen

Zeit $t = 0$ ist P_1 beim Punkt $(7;0)$ und P_2 beim Punkt $(0;6)$. Wann erreicht der Abstand P_1P_2 sein Minimum?

7. Gegeben sind die Kurve K_1 als Graph der Funktion $y = \frac{1}{4}(x-4)^2$ und die Kurve K_2 als Graph der Funktion $y = -\frac{x^2}{16} + \frac{x}{2} + 4$. Ihre Schnittpunkte sind A und D. Die Gerade mit der Gleichung $x = a$ $(0 < a < 8)$ schneidet die Kurve K_1 in B und die Kurve K_2 in C. Für welchen Wert von a hat die Fläche des Dreiecks ABC ihren größten Wert? Zeichnung im Bereich $-1 \leq x \leq 9$, 1 L.E. = 1 cm.

8. Ein Kanal soll einen trapezförmigen Querschnitt bekommen mit einer Neigung der Seitenwände von 45°. Der auszumauernde Teil des Trapezumfangs (Seitenwände und Boden) soll 28 m betragen. Wie tief muß der Kanal werden, wenn das größte Fassungsvermögen erreicht werden soll? Berechne den Querschnitt für den Extremwert sowie für den größten Wert, den die Tiefe überhaupt annehmen kann!

9. Welche Punkte P der Parabel $x = 0,1\,y^2$ haben von dem Punkt $Q\,(1;0)$ die kleinste Entfernung? Stelle das Entfernungsquadrat $\overline{PQ}^2$ in Abhängigkeit von der Abszisse x des Punktes P graphisch dar!

10. Welche Punkte der durch die Funktion $y = \sqrt{8x - x^2}$ dargestellten Kurve haben von dem Punkt $P\,(4;0)$ die kleinste Entfernung? Erkläre das unerwartete Ergebnis!

11. Die Gleichung $(x-u)^2 + y^2 = u(6-u)$ stellt einen Kreis dar, wenn für u eine Zahl aus dem Intervall $0 < u < 6$ gewählt wird. Gibt es unter diesen Kreisen einen größten und einen kleinsten?

12. Einem Dreieck mit der Höhe h soll ein Parallelogramm mit möglichst großem Flächeninhalt einbeschrieben werden. Wie groß muß die Parallelogrammhöhe gewählt werden?

13. Wie muß sich bei einem Kegel der Grundkreisradius zur Höhe verhalten, damit bei gegebener Mantelfläche M das Volumen am größten wird?

    Anleitung: Berechne zuerst den Grundkreisradius, für den das Volumen ein Maximum annimmt!

14. Wir betrachten die Menge der Dreiecke mit dem festen Winkel α und der festen Seitensumme $b + c = k$. Welches Dreieck hat den größten Flächeninhalt?

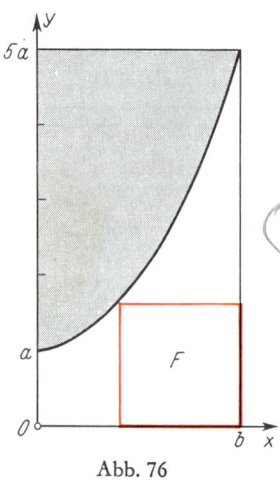

15. Die Tragfähigkeit T eines Balkens mit rechteckigem Querschnitt der Breite x und der Höhe y errechnet sich nach der Formel $T = m \cdot x \cdot y^2$. Aus einem zylindrischen Holzstamm soll ein derartiger Balken mit maximaler Tragfähigkeit geschnitten werden. Wie müssen x und y gewählt werden?

16. Aus einer rechteckigen Glasscheibe mit der Länge $5a$ und der Breite b ist das in der nebenstehenden Abbildung gerasterte Flächenstück herausgebrochen. Der Rand dieses Bruchstückes stellt das Bild einer ganzen rationalen Funktion 2. Grades dar, die für $x = 0$ eine waagrechte Tangente hat und im übrigen die aus Abb. 76 ersichtlichen Eigenschaften aufweist.

    a) Wie lautet die Gleichung dieser Funktion bezüglich des angegebenen Koordinatensystems?

Abb. 76

Extremwertaufgaben mit Nebenbedingungen **§ 19**

- b) Aus dem restlichen Glasstück soll eine rechteckige Fläche F herausgeschnitten werden. In welchen Fällen wird die Fläche am größten?
- c) Löse die gleiche Aufgabe für eine Glasscheibe der Länge $2a$ und der Breite b. Für $x = 0$ sei wieder $y = a$.

17. Von einer regelmäßigen quadratischen Pyramide ist die Höhe m der Seitenflächen vorgegeben. Welche von allen Pyramiden dieser Art hat das größte Volumen? Bestimme Höhe und Grundkante dieser Pyramide. Untersuche, ob bei ihr die Seitenflächen gleichseitige Dreiecke sind.

18. Es ist verlangt, 10000 Pappschachteln und ebensoviel gleich große Deckel aus 20000 Pappdeckeln mit 1 m Länge und 1 m Breite zu fertigen. Welche Höhe ist zu wählen, damit der größte Rauminhalt erzielt wird? Wieviel Material wird verschwendet, wenn die Höhe, die so errechnet wurde, nur um $3\frac{1}{3}$ cm größer genommen wird und derselbe Gesamtrauminhalt erreicht werden soll?

19. Aus einem 72 cm langen Draht soll ein durch seine Kanten angedeuteter Quader mit quadratischer Grundfläche von möglichst großem Volumen hergestellt werden. Wie groß sind die Kanten und das Volumen des Quaders?

20. Einem geraden Kreiskegel vom Halbmesser r und der Höhe h soll der gerade Kreiszylinder mit der größten Mantelfläche einbeschrieben werden. Welche Abmessungen hat dieser?

21. Einer Halbkugel mit dem Radius r sollen
    a) ein gerader Kreiskegel und   b) eine quadratische Pyramide
    von größtem Rauminhalt so einbeschrieben werden, daß die Spitzen dieser Körper mit dem Kugelmittelpunkt zusammenfallen. Wie groß sind die Rauminhalte dieser einbeschriebenen Körper?

22. Aus einem quadratischen Karton von 10 cm Seitenlänge werden vier kongruente gleichschenklige Dreiecke, deren Grundlinien die Quadratseiten sind, herausgeschnitten, so daß das Netz einer Pyramide mit quadratischer Grundfläche übrig bleibt.
    a) Wie lang ist die Grundkante der Pyramide zu wählen, damit das Volumen der Pyramide ein Maximum wird?
    b) Berechne das Volumen und die Oberfläche der Pyramide für diesen Fall!
    c) Wieviel % der Kartonfläche müssen weggeschnitten werden?

23. Wir betrachten einen Körper von der Gestalt eines Turmes, bestehend aus einem geraden quadratischen Prisma, auf dessen Deckfläche eine quadratische Pyramide aufgepaßt ist. Die Seitenflächen der letzteren seien gleichseitige Dreiecke.
    Von diesem „Turm" soll ein Kantenmodell aus Draht hergestellt werden. Hierfür steht ein Draht von der Länge l cm zur Verfügung. Wie müssen die Abmessungen des Körpers gewählt werden, damit sein Rauminhalt möglichst groß wird?

24. Auf dem Mittelpunkt der Deckfläche eines Drehzylinders liegt eine Kugel. Zylinder und Kugel sind einem Drehkegel vom Radius r und der Mantellinie $s = 2r$ einbeschrieben.
    a) Wie groß müssen Zylinderradius und -höhe sowie der Kugelradius sein, damit der aus Zylinder und Kugel zusammengesetzte Körper (K) ein größtes oder kleinstes Volumen hat? Es ist zu entscheiden, ob ein Maximum oder Minimum des Volumens vorliegt.

§ 19 Extremwertaufgaben mit Nebenbedingungen

b) Wie verhalten sich in diesem Fall die Rauminhalte von Zylinder und Kugel?
c) Für welchen Zylinderradius nimmt die Gesamtoberfläche des einbeschriebenen Körpers (K) einen größten oder kleinsten Wert an? Was ist zum Ergebnis zu sagen?

25. Gesucht sind zwei Ohmsche Widerstände R_1 und R_2, die hintereinandergeschaltet 450 Ω ergeben, während der Gesamtwiderstand R bei Parallelschaltung möglichst groß sein soll. Zeichne den Graphen der Funktion $R = f(R_1)$! Welche Definitionsmenge ist physikalisch sinnvoll?

26. Bestimme die Extremwerte der Funktion $y = x \cdot |x| - 5 \cdot |x| + 6$! Zeichne den Graphen der Funktion!

EXTREMWERTAUFGABEN OHNE INFINITESIMALRECHNUNG

Wir haben in diesem Paragraphen gelernt, die verschiedenartigsten Extremalprobleme mit den Mitteln der Differentialrechnung zu lösen. Wir wollen nun zeigen, daß sich einzelne solcher Aufgaben auch elementar, d.h. ohne Zuhilfenahme des Grenzwertbegriffs, der die Grundlage der gesamten Infinitesimalrechnung bildet, bewältigen lassen. Einige Beispiele sollen dies zeigen.

1. Beispiel:
Ein Zaun von 300 m Länge soll einen rechteckigen Platz von möglichst großer Fläche, der an eine Mauer grenzt, auf drei Seiten umgeben. Wie müssen die Seiten gewählt werden? (Vgl. Aufg. 1.)

Lösung:
Anhand der Abb. 77 ergibt sich für die Fläche F

$F = x \cdot y$; Nebenbedingung: $y = 300 - 2x \Rightarrow F = x(300 - 2x)$

Um das Flächenmaximum ohne Differentialrechnung zu ermitteln, formen wir den Rechenausdruck für F durch quadratische Ergänzung in folgender Weise um:

$$F = -2(x^2 - 150x) = -2 \cdot [(x-75)^2 - 75^2] = \underline{2 \cdot 75^2 - 2(x-75)^2}$$

Da $(x-75)^2$ nicht negativ sein kann, erreicht F für $x = 75$ den größten Wert $F_{max} = 11250$ [m²], mit $x = 75$ m und $y = 150$ m.

Anmerkung: Die Lösung war hier ohne Differentialrechnung möglich, weil das Maximum einer quadratischen Funktion, oder geometrisch gesprochen, der Scheitel einer Parabel gesucht war.

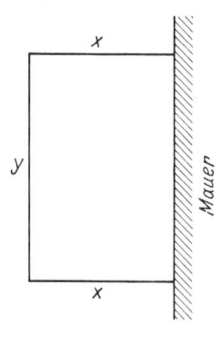

Abb. 77

2. Beispiel:
Eine gegebene Flächengröße F [m²] soll als rechteckige Fläche so angelegt werden, daß der Umfang möglichst klein wird. (Vgl. Aufg. 12 § 31.)

Lösung:
Bezeichnen wir den Umfang mit U und die Rechtecksseiten mit x und y, gilt

$U = 2x + 2y$ oder $\frac{U}{2} = x + y$ mit $F = x \cdot y$

Hier gelingt die Lösung mit Hilfe der bekannten Ungleichung:

$$\frac{x+y}{2} \geq \sqrt{xy} \Rightarrow U \geq 4 \cdot \sqrt{F}$$

Der Umfang kann also nicht kleiner als $4\sqrt{F}$ gemacht werden, d.h. $U_{min} = 4\sqrt{F}$. Daraus folgt aber:
$(x+y)^2 = 4xy \Rightarrow (x-y)^2 = 0 \Rightarrow x = y = \sqrt{F}$.

3. Beispiel:
Einem Kreis werden Dreiecke einbeschrieben, die eine gemeinsame Grundlinie c haben (Abb. 78). Welches Dreieck hat die größte Fläche?

Lösung:
Unter allen in Frage kommenden Dreiecken hat das gleichschenklige, welches den Kreismittelpunkt enthält, die größte Höhe und damit auch die größte Fläche.
Während das 3. Beispiel offenbar ohne Differentialrechnung erheblich einfacher zu lösen ist, machen die beiden anderen Aufgaben bereits einige „Kunstgriffe" zu ihrer Lösung erforderlich. Im allgemeinen sind jedoch derartige „elementare" Lösungen von Extremwertproblemen weitaus komplizierter, in vielen Fällen überhaupt nicht durchführbar.

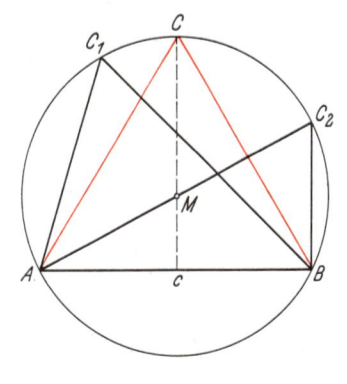

Abb. 78

§ 20. DER MITTELWERTSATZ DER DIFFERENTIALRECHNUNG

a) Bestimme die Nullstellen der ganzen rationalen Funktion 3. Grades $f(x) = x^3 - 4x^2 + 3x$ und zeige, daß zwischen je zwei benachbarten Nullstellen eine Nullstelle der Ableitung $f'(x)$ liegt!

b) Durch die Punkte mit den Abszissen 0 und 4 soll die Sehne der Kurve mit der Gleichung $y = \left(\frac{x}{2}\right)^2 + 1$ gelegt werden. Gibt es im Intervall $0 \leq x \leq 4$ einen Kurvenpunkt mit einer zur Sehne parallelen Kurventangente? Inwiefern ist diese Aufgabe eine Verallgemeinerung von a)?

A. Der Satz von Rolle

In der Vorübung haben wir zwei Beispiele für Funktionen kennengelernt, bei denen die zu einer Sehne des Graphen parallele Tangente das zwischen den Sehnenendpunkten liegende Kurvenstück berührt. Mit anderen Worten ausgedrückt, heißt dies, daß es zwischen den Sehnenendpunkten einen Kurvenpunkt gibt, dessen Anstieg mit dem der Sehne übereinstimmt. Wir wollen nun zeigen, daß diese „Mittelwerteigenschaft" einer sehr allgemeinen Gruppe von Funktionen in jedem „inneren" Intervall zukommt.

Zunächst behandeln wir den Sonderfall, daß die Kurvensehne zur x-Achse parallel ist. Hier gilt der folgende *Satz von Rolle:*

Lehrsatz 1: Eine im Intervall $a \leq x \leq b$ differenzierbare Funktion $y = f(x)$ mit der Eigenschaft $f(a) = f(b)$ hat im Innern des Intervalls mindestens eine Stelle ξ, für die $f'(\xi) = 0$ ist.

Beweis (Abb. 79):
1. Fall: Im ganzen Intervall ist $f(x) = f(a)$. Die Funktion ist also konstant, ihre Ableitung im ganzen Intervall Null.
2. Fall: Es gibt eine Stelle x_0 im Innern des Intervalls, für die $f(x_0) > f(a)$ gilt. Da $f(x)$ stetig ist — sie wird sogar als differenzierbar vorausgesetzt —, gibt es nach dem Extremwertsatz für stetige Funktionen einen größten Wert $f(\xi)$, der wegen $f(x_0) > f(a)$ im Innern des Intervalls erreicht

§ 20 Der Mittelwertsatz der Differentialrechnung

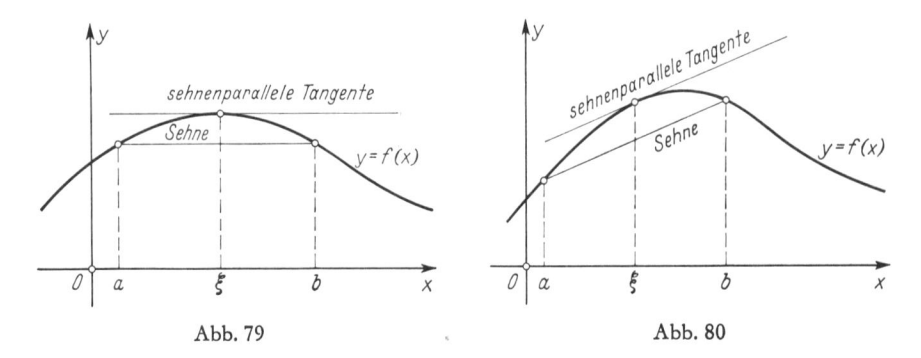

Abb. 79

Abb. 80

wird. Nach Kriterium (5) in § 17 C ist für $x = \xi$ notwendig $f'(\xi) = 0$.
In entsprechender Weise läßt sich für $f(x_0) < f(a)$ eine Nullstelle der 1. Ableitung im Innern des Intervalls folgern.

Sonderfall: Ist $f(a) = f(b) = 0$, so läßt sich der Satz von Rolle in folgender Form aussprechen: *Zwischen 2 Nullstellen einer differenzierbaren Funktion liegt mindestens eine Nullstelle der 1. Ableitung.*

B. Verallgemeinerung

Mit Hilfe des Satzes von Rolle kann man nun leicht den folgenden allgemeinen *Mittelwertsatz der Differentialrechnung* beweisen:

Lehrsatz 2: Eine im Intervall $a \leq x \leq b$ differenzierbare Funktion $y = f(x)$ hat im Innern des Intervalls mindestens eine Stelle ξ, für die

$$f'(\xi) = \frac{f(b) - f(a)}{b - a} \quad \text{bzw.} \quad f(b) = f(a) + (b - a) f'(\xi) \text{ ist.}$$

Beweis (Abb. 80):
Der Fall $f(a) = f(b)$ ist im Satz von Rolle bereits behandelt. Wir setzen daher $f(a) \neq f(b)$ voraus und betrachten die Hilfsfunktion

$$F(x) = \frac{f(x) - f(a)}{f(b) - f(a)} - \frac{x - a}{b - a}$$

Für sie gilt $F(a) = F(b) = 0$. Außerdem ist $F(x)$ in $a \leq x \leq b$ differenzierbar, weil $f(x)$ nach Voraussetzung dort differenzierbar ist. $F(x)$ erfüllt demnach alle Bedingungen des Satzes von Rolle. Daraus folgt aber: Es gibt im Innern des Intervalls mindestens einen Wert ξ, für den gilt:

$$F'(\xi) = \frac{f'(\xi)}{f(b) - f(a)} - \frac{1}{b - a} = 0$$

Lösen wir diese Gleichung nach $f'(\xi)$ auf, erhalten wir

$$f'(\xi) = \frac{f(b) - f(a)}{b - a}, \quad \text{w. z. b. w.}$$

Oft schreibt man den Mittelwertsatz in etwas anderer Form. Man setzt $b = a + h$ und $\xi = a + \vartheta \cdot h$ mit $0 < \vartheta < 1$.
Für $\vartheta = 0$ wäre $\xi = a$, für $\vartheta = 1$ wäre $\xi = b$, für einen beliebigen Wert ϑ aus dem angegebenen Intervall liegt demnach ξ im Intervall $a < \xi < b$. Der Mittelwertsatz lautet dann in der nach $f(b) = f(a + h)$ aufgelösten Form:

$$\boxed{f(a + h) = f(a) + h \cdot f'(a + \vartheta \cdot h)}$$

Der Mittelwertsatz der Differentialrechnung § 20

AUFGABEN

1. Für die Funktion $y = x^3$ im Intervall $-2 \leq x \leq 2$ ist der Zahlenwert ξ zu berechnen, dessen Existenz im Mittelwertsatz behauptet wird. Wieviel derartige Werte gibt es?

2. Prüfe, ob für die Funktionen $f(x)$ im angegebenen Intervall der Satz von Rolle gilt:
   a) $f(x) = |x| - 2$ in $-2 \leq x \leq 2$; b) $f(x) = \dfrac{1}{x^2} - 1$ in $-1 \leq x \leq 1$.

3. Beweise: Für jede ganze rationale Funktion 2. Grades ist der Wert ξ des Mittelwertsatzes der Mittelpunkt des Intervalls. Was läßt sich über den Wert ξ bei der linearen Funktion sagen?

4. Nach dem Mittelwertsatz gibt es zu jeder Sehne einer Kurve, die der Graph einer differenzierbaren Funktion ist, eine parallele Tangente. Umgekehrt gibt es aber nicht immer zu jeder Tangente eine parallele Sehne. Zeige dies an einem Beispiel!

C. Anwendung des Mittelwertsatzes zur Grenzwertbestimmung

Betrachten wir den Mittelwertsatz für eine in $a \leq x \leq a + h$ differenzierbare Funktion $f(x)$ in der Form

$$f(a+h) = f(a) + h \cdot f'(a + \vartheta h),$$

stellen wir fest: Der Funktionswert $f(a+h)$ in der Nachbarschaft eines festen x-Wertes a kann durch $f(a)$ und die 1. Ableitung der Funktion an einer Zwischenstelle ausgedrückt werden. Eine solche Darstellung eignet sich besonders dann, wenn der Grenzwert einer Funktion durch Einsetzen in der Umgebung der Grenzstelle (vgl. § 11 B) gefunden werden kann. Im folgenden wollen wir einige wichtige Grenzwertregeln kennenlernen, die auf dieser Anwendung des Mittelwertsatzes beruhen.

Erste Hospitalsche Regel[1])

Läßt sich eine Funktion auf die Form $y = \dfrac{u(x)}{v(x)}$ bringen, wobei (1) $u(a) = v(a) = 0$ ist, (2) $u(x)$ und $v(x)$ in einer gemeinsamen Umgebung von $x_0 = a$ differenzierbar sind und (3) $\lim\limits_{x \to a} \dfrac{u'(x)}{v'(x)}$ existiert, so gilt:

$$\boxed{\lim_{x \to a} \frac{u(x)}{v(x)} = \lim_{x \to a} \frac{u'(x)}{v'(x)}}$$

Beweis:

$$\lim_{x \to a} \frac{u(x)}{v(x)} = \lim_{h \to 0} \frac{u(a+h)}{v(a+h)} = \lim_{h \to 0} \frac{u(a) + h\, u'(a + \vartheta_1 h)}{v(a) + h\, v'(a + \vartheta_2 h)},$$

weil wegen (2) der Mittelwertsatz für beide Teilfunktionen anwendbar ist. Der ϑ-Wert ist dabei freilich in beiden Funktionen verschieden groß. Wegen (1) vereinfacht sich der Bruch, und wir erhalten:

$$\lim_{x \to a} \frac{u(x)}{v(x)} = \lim_{h \to 0} \frac{u'(a + \vartheta_1 h)}{v'(a + \vartheta_2 h)} = \lim_{x \to a} \frac{u'(x)}{v'(x)}$$

Der letzte Grenzwert existiert nach Voraussetzung (3).

---

[1]) Marquis de *l'Hospital*, ein französischer Mathematiker, veröffentlichte 1696 das erste Lehrbuch der Differentialrechnung. Dort wird diese Regel ohne Beweis angegeben.

§ 20 Der Mittelwertsatz der Differentialrechnung

Beispiele:

a) Für $y = \dfrac{x^3 - x^2 + 2x - 2}{x^4 + 2x^2 - 3}$ gilt: $\lim\limits_{x \to 1} \dfrac{x^3 - x^2 + 2x - 2}{x^4 + 2x^2 - 3} = \lim\limits_{x \to 1} \dfrac{3x^2 - 2x + 2}{4x^3 + 4x} = \dfrac{3}{8}$

b) $\lim\limits_{x \to \frac{\pi}{2}} \dfrac{1 - \sin x}{2x - \pi \sin x} = \lim\limits_{x \to \frac{\pi}{2}} \dfrac{-\cos x}{2 - \pi \cos x} = \dfrac{0}{2} = 0$

Zweite Hospitalsche Regel

Voraussetzungen: (1) $\lim\limits_{x \to \infty} u(x) = \lim\limits_{x \to \infty} v(x) = 0$; (2) $\lim\limits_{x \to \infty} \dfrac{u'(x)}{v'(x)}$ existiert

Behauptung: $\boxed{\lim\limits_{x \to \infty} \dfrac{u(x)}{v(x)} = \lim\limits_{x \to \infty} \dfrac{u'(x)}{v'(x)}}$

Auf den Beweis dieser und der beiden folgenden Regeln verzichten wir.

Dritte Hospitalsche Regel

Voraussetzungen: (1) $v(x) \to \infty$ für $x \to a$; (2) $\lim\limits_{x \to a} \dfrac{u'(x)}{v'(x)}$ existiert

Behauptung: $\boxed{\lim\limits_{x \to a} \dfrac{u(x)}{v(x)} = \lim\limits_{x \to a} \dfrac{u'(x)}{v'(x)}}$

Vierte Hospitalsche Regel

Voraussetzungen: (1) $v(x) \to \infty$ für $x \to \infty$; (2) $\lim\limits_{x \to \infty} \dfrac{u'(x)}{v'(x)}$ existiert

Behauptung: $\boxed{\lim\limits_{x \to \infty} \dfrac{u(x)}{v(x)} = \lim\limits_{x \to \infty} \dfrac{u'(x)}{v'(x)}}$

Anmerkungen:

a) Auch in den Regeln zwei bis vier wird selbstverständlich die Differenzierbarkeit der Funktionen $u(x)$ und $v(x)$ entweder für alle $x > K$ oder in einer gemeinsamen Umgebung von $x_0 = a$ vorausgesetzt.

b) Die Hospitalschen Regeln lassen sich auch mehrmals anwenden, sofern die jeweiligen Voraussetzungen erfüllt sind. Insbesondere muß die Existenz aller in Betracht kommenden Ableitungen von $u(x)$ und $v(x)$ gesichert sein.

Weitere Beispiele:

c) $\lim\limits_{x \to \infty} \dfrac{3x^2 - 5}{x + 4x^2} = \lim\limits_{x \to \infty} \dfrac{6x}{1 + 8x} = \lim\limits_{x \to \infty} \dfrac{6}{8} = \dfrac{3}{4}$

d) $\lim\limits_{x \to 0} \left(\dfrac{1}{\sin x} - \dfrac{1}{x} \right) = ?$

In diesem Falle muß die Funktion erst auf die Form $\dfrac{u(x)}{v(x)}$ gebracht werden. Dies geschieht, indem wir beide Brüche auf einen gemeinsamen Nenner bringen. Wir erhalten dann:

$\lim\limits_{x \to 0} \left(\dfrac{1}{\sin x} - \dfrac{1}{x} \right) = \lim\limits_{x \to 0} \dfrac{x - \sin x}{x \sin x} = \lim\limits_{x \to 0} \dfrac{1 - \cos x}{\sin x + x \cos x} = \lim\limits_{x \to 0} \dfrac{\sin x}{\cos x + \cos x - x \sin x} = \dfrac{0}{2} = 0$

AUFGABEN

5. Bestimme $\lim\limits_{x \to 0} \dfrac{\sin x}{x}$ nach der Hospitalschen Regel!

6. Berechne folgende Grenzwerte:

a) $\lim\limits_{x \to 3} \dfrac{x^3 - 3x^2 + 2x - 6}{x^2 - 11x + 24}$; b) $\lim\limits_{x \to \infty} \dfrac{9x^2 - 4x + 2}{3x^2 - 7}$;

c) $\lim\limits_{x \to 0} \dfrac{x^2 \cdot \sin x}{x^2 - \sin x}$; d) $\lim\limits_{x \to 0} \dfrac{\sin x}{\sin x + x}$.

7. Für welche x-Werte wird der Nenner der Funktion $y = \dfrac{x^3 - 4x^2 + 4x}{2x^3 + 2x^2 - 12x}$ gleich Null? Berechne für diese Stellen den Grenzwert.

8. Warum darf man bei dem Grenzwert $\lim\limits_{x \to 3} \dfrac{x^2 - 2x + 3}{x - 3}$ die Hospitalsche Regel nicht anwenden? Was würde sich nach dieser Regel ergeben? Was kommt wirklich heraus?

9. Hat die Funktion $y = \dfrac{2x + \sin x}{2x - \sin x}$ einen Grenzwert für $x \to +\infty$?

Für $x \neq 0$ darf man umformen: $y = \dfrac{2 + \dfrac{\sin x}{x}}{2 - \dfrac{\sin x}{x}}$

Die zweiten Glieder im Zähler und Nenner haben offensichtlich den Grenzwert Null. Die Funktion hat damit den Grenzwert $\frac{2}{2} = 1$. Wenden wir dagegen die Hospitalsche Regel an, erhält man: $\dfrac{2 + \cos x}{2 - \cos x}$

Dieser Ausdruck hat immer wieder den Wert 1, nämlich für $x = n\pi + \dfrac{\pi}{2}$, aber auch immer wieder den Wert 3, nämlich für $x = n \cdot 2\pi$. Es existiert also kein Grenzwert. Was ist hier falsch?

§ 21. WEITERE ANWENDUNGEN DES MITTELWERTSATZES

A. Funktionswerte in der Nachbarschaft eines bekannten Wertes

Nach dem Mittelwertsatz läßt sich der Unterschied zweier benachbarter Funktionswerte $f(a + h)$ und $f(a)$ einer in $a \leq x \leq a + h$ differenzierbaren Funktion $f(x)$ durch $h \cdot f'(a + \vartheta h)$ ausdrücken. Hierbei ist ϑ eine Zahl zwischen 0 und 1. Ist die Intervallbreite h klein genug, so kann $f(a + h) - f(a)$ in guter Näherung durch $h \cdot f'(a)$ ersetzt werden, falls nur die „Schwankungsbreite" von $f'(x)$ in diesem Intervall genügend klein ist. Von dieser Überlegung gehen wir aus, wenn wir den Funktionswert $f(a + h)$ in der Nachbarschaft eines bekannten Wertes $f(a)$ *angenähert* berechnen wollen.

1. Beispiel:

Berechne $1{,}782^3$, wenn $1{,}78^3 = 5{,}639752$ bereits gegeben ist (TW S. 58).

§ 21 Weitere Anwendungen des Mittelwertsatzes

Lösung:
Es handelt sich um die Funktion $f(x) = x^3$ mit $a = 1{,}78$ und $h = 0{,}002$. Da die Voraussetzungen des Mittelwertsatzes erfüllt sind, gilt:

$$1{,}782^3 = 1{,}78^3 + 0{,}002 \cdot 3 \cdot (1{,}78 + \vartheta \cdot 0{,}002)^2$$

Zur angenäherten Berechnung setzen wir $\vartheta = 0$ und erhalten:
$$1{,}782^3 \approx 1{,}78^3 + 0{,}006 \cdot 1{,}78^2$$

Die Berechnung der rechten Seite führt auf
$$5{,}639752 + 0{,}006 \cdot 3{,}1684 = 5{,}658762$$

Wir können dann schreiben:
$$1{,}782^3 \approx 5{,}658762 = B$$

Abb. 81

Der auf 6 Dezimalstellen genaue Wert lautet: $A = 5{,}658784$. Der Fehler beträgt also $0{,}000022$. Demgegenüber wäre bei linearer Interpolation zwischen 1,78 und 1,79 der entstehende Näherungswert $C = 5{,}658869$ mit einem fast fünfmal so großen Fehler behaftet (Abb. 81).

2. Beispiel:
Berechne $f(3{,}05)$ für $f(x) = \dfrac{x^4}{27} - \dfrac{2x^3}{9} + \dfrac{4x^2}{9} + 4$!

Lösung: Es ist $f'(x) = \dfrac{4x^3}{27} - \dfrac{2x^2}{3} + \dfrac{8x}{9}$; $f(3) = 5$; $f'(3) = \dfrac{2}{3}$, folglich ist

$$f(3{,}05) \approx f(3) + 0{,}05 \cdot f'(3) = 5{,}033\ldots$$

Der viel mühsamer berechnete wirkliche Wert lautet auf 3 Dezimalen genau 5,034, so daß der Fehler etwa $0{,}2^0/_{00}$ beträgt.

Das hier geschilderte Näherungsverfahren läßt sich auch geometrisch deuten. Wir schreiben dazu $y = f(x_0 + h) = f(x_0) + h \cdot f'(x_0)$ und setzen $h = x - x_0$. Dann gilt: $\dfrac{y - y_0}{x - x_0} = f'(x_0)$. Das heißt aber (siehe Abb. 82):

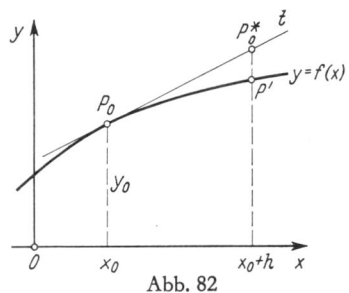

Abb. 82

Bei der näherungsweisen Berechnung eines Funktionswertes mit Hilfe des Mittelwertsatzes wird das Kurvenstück in der Umgebung eines Punktes $P_0(x_0; y_0)$ durch die Tangente in P_0 ersetzt.

B. Fehlerabschätzungen

Bei der näherungsweisen Berechnung eines Funktionswertes nach der soeben besprochenen Methode erhebt sich die Frage, welche Genauigkeit jeweils erzielt worden ist. Um den gemachten Fehler abzuschätzen, wenden wir wiederum den Mittelwertsatz an. Ist $f(a+h) = f(a) + h \cdot f'(a + \vartheta h)$ der genaue Wert und $f^*(a+h) = f(a) + h \cdot f'(a)$ der Näherungswert, so gilt für den Fehler $\delta = f(a+h) - f^*(a+h)$:

$$\delta = h \cdot [f'(a + \vartheta h) - f'(a)] \quad \text{mit} \quad 0 < \vartheta < 1 \tag{1}$$

Wenden wir auf (1) den Mittelwertsatz an, so ergibt sich:

$$\delta = h \cdot [f'(a) + \vartheta h \cdot f''(a + \vartheta_1 \vartheta h) - f'(a)] \quad \text{mit} \quad 0 < \vartheta_1 < 1$$

oder:
$$|\delta| = |\vartheta h^2 \cdot f''(a + \vartheta_1 \vartheta h)| < |h^2 \cdot f''(a + \vartheta_1 \vartheta h)| \tag{2}$$

Im Falle des 1. Beispiels zu Abschnitt A erhalten wir zunächst

$$|\delta| < 0{,}002^2 \cdot 6 \cdot (1{,}78 + \vartheta_1 \vartheta \cdot 0{,}002)$$

Da $f''(x) = 6x$ im angegebenen Intervall echt monoton wächst, können wir die Abschätzung noch verschärfen:

$$|\delta| < 0{,}002^2 \cdot 6 \cdot (1{,}78 + 0{,}002) \Rightarrow$$
$$|\delta| < 0{,}000043$$

Der tatsächliche Fehler war sogar nur 0,000022.

C. Das Krümmungsverhalten einer Kurve

Wenden wir die vorausgegangenen Fehlerbetrachtungen auf die Kurvendiskussion einer zweimal stetig differenzierbaren Funktion $y = f(x)$ an, dann stellen wir in der Umgebung der Stelle $x = x_0$ fest:

Der Unterschied zwischen Funktionswert und Näherungswert an der Stelle $x_0 + h$, oder geometrisch gesprochen, die Ordinatendifferenz zwischen dem Kurvenpunkt P und dem Näherungspunkt P^* auf der Tangente durch P_0 (Abb. 83) errechnet sich zu $\delta = \vartheta h^2 \cdot f''(x_0 + \vartheta_1 \vartheta h)$. Das Vorzeichen des Fehlers ist dabei gleich dem Vorzeichen von $f''(x)$ in der Umgebung von x_0. Daraus

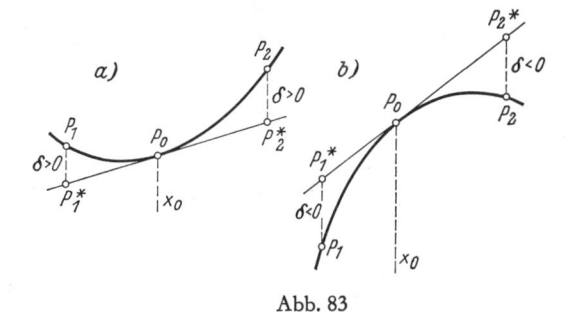

Abb. 83

folgt: Ist $f''(x_0) > 0$, dann ist wegen der vorausgesetzten Stetigkeit $f''(x)$ auch noch in einer gewissen Umgebung von x_0 positiv und damit auch der Fehler δ. Das heißt aber: Die Kurventangente liegt in diesem Fall unterhalb der Kurve Entsprechendes gilt für $f''(x_0) < 0$. Wir können damit in Ergänzung zu § 17 D das Krümmungsverhalten einer Funktionskurve auch in folgender Weise charakterisieren:

> $f''(x_0) > 0 \Rightarrow$ Der Graph verläuft in der Umgebung von x_0 *oberhalb* der Tangente zu $P_0\,(x_0;\,f(x_0))$.
>
> $f''(x_0) < 0 \Rightarrow$ Der Graph verläuft in der Umgebung von x_0 *unterhalb* der Tangente zu $P_0\,(x_0;\,f(x_0))$.

Darüber hinaus erkennt man: Ist $f''(x_0) = 0$ und wechselt $f''(x)$ an der Stelle x_0 das Vorzeichen, dann kreuzt die Tangente die Kurve oder mit anderen Worten: *An einem Wendepunkt durchdringt die Kurventangente die Kurve.*

AUFGABEN

1. Berechne mit Hilfe des Mittelwertsatzes angenähert:
   a) $y = x^3 - 5x^2 + 2x + 3$ für $x = 6{,}02$; b) $y = 2x^4 - 1$ für $x = 10{,}005$.

2. Berechne angenähert: a) $\sin 30° 1'$; b) $\cos 0{,}002$; c) $\sin\left(\dfrac{\pi}{2} - 0{,}001\right)$!

§ 21 Weitere Anwendungen des Mittelwertsatzes

3. Wie läßt sich angenähert das Volumen einer Kugel vom Radius 45,03 cm berechnen, wenn man mit dem Näherungswert $\frac{22}{7}$ für π rechnet?

4. Bestimme für die Näherungsberechnungen in Aufgabe 1 jeweils die Größenordnung des entstandenen Fehlers!

5. Die Seite eines Würfels wurde zu $a = 38,0$ cm gemessen mit einer Unsicherheit von $h = 0,01$ cm. Wie groß ist die sich ergebende Unsicherheit für das Volumen?

   Anleitung: Berechne für die Funktion $V = f(x) = x^3$ die Differenz $f(a+h) - f(a)$ mit Hilfe des Mittelwertsatzes!

6. Schätze den Fehler ab, den man begeht, wenn man $\cos x$ für $x = h$ durch die Funktion $1 - 0,5 \cdot x^2$ ersetzt (h sei sehr klein gegenüber 1; man schreibt dafür auch $h \ll 1$)!

7. In welchen Intervallen berühren die Tangenten die Kurve mit der Gleichung
$y = \frac{1}{12} x^4 + \frac{1}{6} x^3 - x^2 + 1$ **a)** von unten, **b)** von oben?

Einführung in die Integralrechnung

§ 22. FLÄCHENMESSUNG DURCH GRENZPROZESSE

a) Erläutere die Überlegungen, die zur Flächenformel für das Rechteck führen!
b) Erkläre, wie mit Hilfe der Begriffe der Zerlegungs- und Ergänzungsgleichheit die Berechnung der Dreiecksfläche auf die des Rechtecks zurückgeführt wurde (vgl. Kratz, Geometrie I, S. 160)!
c) Erläutere, wie bei der Kreismessung Umfang und Fläche durch eine Intervallschachtelung mit Hilfe einer Vielecksfolge definiert wurden (vgl. Kratz-Wörle, Geometrie II, S. 139)!

A. Allgemeine Überlegungen

In der Geometrie lernten wir zunächst die Flächeninhalte von Rechtecken berechnen. Dreiecke, Parallelogramme, Trapeze wurden auf Rechtecke zurückgeführt. Schließlich befaßten wir uns mit der Kreisfläche als einem ersten Beispiel eines krummlinig begrenzten Flächenstücks und definierten den Kreisinhalt als den gemeinsamen Grenzwert zweier Folgen von Vielecksinhalten, die wir durch *fortgesetzte Halbierung* der Mittelpunktswinkel erhielten.

Nunmehr wollen wir ein weiteres Beispiel für die Berechnung eines krummlinig begrenzten Flächenstücks kennenlernen: Die Kurve $y = f(x)$, die x-Achse und die Ordinaten zu $x = a$ und $x = b$ umschließen in Abb. 84a ein Flächenstück. Wir fragen nach seinem Inhalt $[J]_a^b$. Es ist leicht einzusehen, daß hier ein ähnliches Problem vorliegt wie bei der Kreismessung. Die Fragestellung ist allerdings eine viel allgemeinere; denn es steht von vornherein keineswegs fest, ob es bei jeder *beliebigen* Funktion überhaupt möglich ist, den Inhalt $[J]_a^b$ zu definieren.

Wir machen daher zunächst einschränkende Voraussetzungen: $f(x)$ sei im Bereich $0 \leq a \leq x \leq b$ stetig, positiv und monoton steigend. Wir werden den Flächeninhalt für Funktionen, die diese Bedingungen erfüllen, definieren. Dabei wird sich herausstellen, daß die Definition zugleich das Verfahren zur Berechnung von $[J]_a^b$ enthält.

1. Das Verfahren der fortgesetzten Intervallhalbierung

Wir halbieren zunächst das Intervall $a \leq x \leq b$, bauen, wie Abb. 84b zeigt, in das Flächenstück eine untere, zweistufige Treppe ein und grenzen es nach oben hin durch

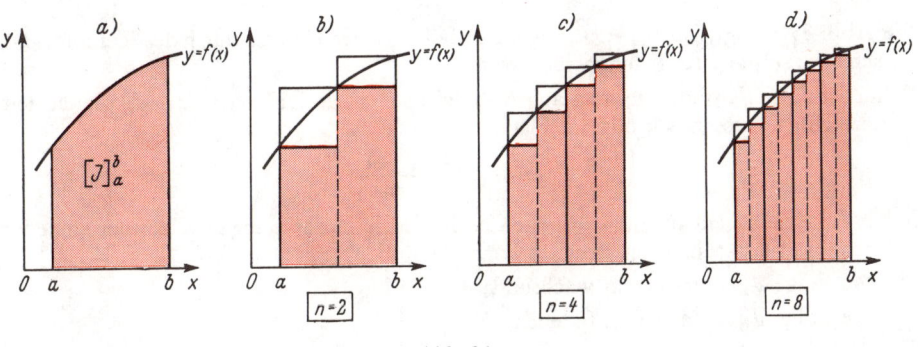

Abb. 84

§ 22 Flächenmessung durch Grenzprozesse

eine ebenfalls zweistufige Treppe ab. Dann liegt der gesuchte Flächeninhalt zwischen dem Inhalt $\underline{J}_2$ der unteren und dem Inhalt $\bar{J}_2$ der oberen Treppe. Es gilt:

$$\underline{J}_2 < [J]_a^b < \bar{J}_2$$

Nun halbieren wir jedes der beiden Teilintervalle. Wie Abb. 84c zu entnehmen ist, können wir das zu berechnende Flächenstück so zwischen eine untere vierstufige und eine obere, ebenfalls vierstufige Treppe eingrenzen. Es ist:

$$\underline{J}_4 < [J]_a^b < \bar{J}_4$$

Durch erneute Halbierung der Teilintervalle läßt sich, wie aus Abb. 84d zu ersehen ist, das gesuchte Flächenstück zwischen eine untere und eine obere achtstufige Treppe einschließen, so daß gilt:

$$\underline{J}_8 < [J]_a^b < \bar{J}_8$$

Setzen wir dieses Verfahren der fortgesetzten Intervallhalbierung fort, ist stets für jedes $n = 2^k$ mit $k \in \mathbb{N}$ (Zweierpotenzen):

$$\underline{J}_n < [J]_a^b < \bar{J}_n$$

2. Eigenschaften der beiden Folgen $\underline{J}_n$ und $\bar{J}_n$

Beim Übergang von der n-stufigen zur $2n$-stufigen Treppe werden die Ordinaten der alten Teilung stets wieder Ordinaten der neuen. Außerdem treten n neue Mittelordinaten (gestrichelt eingezeichnet) hinzu.
Wie Abb. 85a zeigt, ist $\underline{J}_{2n} > \underline{J}_n$; denn es kommt bei der Halbierung jedes Teilintervalls das rot schraffierte Flächenstück hinzu.

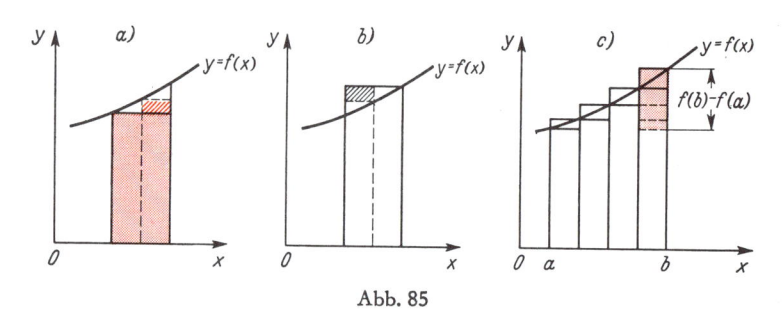

Abb. 85

Wie Abb. 85b zeigt, ist $\bar{J}_{2n} < \bar{J}_n$; denn es fällt bei der Halbierung jedes Teilintervalls das schwarz schraffierte Flächenstück weg.
Weiter ist $\bar{J}_n > \underline{J}_n$ und, wie man aus Abb. 85c sieht, die Differenz $\bar{J}_n - \underline{J}_n$ gleich dem rot gezeichneten Rechteck mit der Fläche

$$[f(b) - f(a)] \cdot \frac{b-a}{n}$$

Dieser Ausdruck geht mit $n \to \infty$ gegen Null, da die in der eckigen Klammer stehende Differenz und der Zähler des Bruches konstant sind. Damit steht fest:

I. Die Folge $\underline{J}_n$ ist monoton wachsend;
II. Die Folge $\bar{J}_n$ ist monoton fallend;
III. Die Differenz $\bar{J}_n - \underline{J}_n$ ist eine Nullfolge.

Flächenmessung durch Grenzprozesse § 22

Mithin sind die Merkmale einer *Intervallschachtelung* (§ 7 B 4) erfüllt:

$$\underline{J}_2 < \underline{J}_4 < \underline{J}_8 < \underline{J}_{16} < \ldots < \underline{J}_n < \ldots < J < \ldots < \bar{J}_n \ldots < \bar{J}_{16} < \bar{J}_8 < \bar{J}_4 < \bar{J}_2 \quad (n = 2^k)$$

Durch sie ist nach L.S. 8 § 7 eine Zahl J festgelegt. Diese ist der gemeinsame Grenzwert der Folgen $\underline{J}_n$ (der sogenannten Untersummen) und der Folgen $\bar{J}_n$ (der sogenannten Obersummen). J definieren wir in Übereinstimmung mit der Anschauung als die Maßzahl des gesuchten Flächeninhalts $[J]_a^b$.

B. Durchführung dreier Beispiele

Wir führen nun das geschilderte Verfahren mit 3 Funktionen durch, von denen jede die Voraussetzungen der Stetigkeit, des Positivseins und des monotonen Steigens im Intervall $a \leq x \leq b$ ($a \geq 0$) erfüllt.

1. Beispiel: Die Gerade $y = x$

a) *Der Ursprung ist Randpunkt des Flächenstücks ($a = 0$).* Abb. 86a.
Wird das Intervall $0 \leq x \leq b$ in n gleiche Teile geteilt ($n = 2^k$), und setzen wir

$$\frac{b}{n} = \Delta x,$$

dann gehören zu den Teilpunkten die

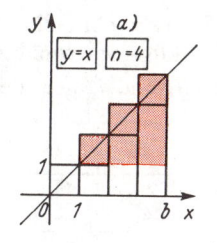

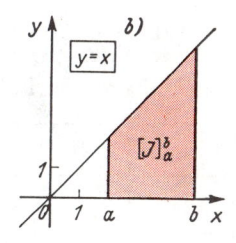

Abb. 86

Abszissen: $\Delta x, 2\Delta x, 3\Delta x, \ldots, (n-1)\Delta x$

Ordinaten: $\Delta x, 2\Delta x, 3\Delta x, \ldots, (n-1)\Delta x$

Folglich ist die Untersumme

$$\underline{J}_n = (\Delta x)(\Delta x) + \Delta x (2\Delta x) + \Delta x (3\Delta x) + \ldots + \Delta x [(n-1)\Delta x]$$
$$= (\Delta x)^2 [1 + 2 + 3 + \ldots + (n-1)]$$

Der in der eckigen Klammer stehende Ausdruck ist nach § 2 B 1 $S_{n-1} = \frac{(n-1)n}{2}$.
Daher ist mit $\Delta x = \frac{b}{n}$ die Untersumme

$$\underline{J}_n = \frac{b^2}{2}\left(1 - \frac{1}{n}\right)$$

Für die Obersumme $\bar{J}_n$ ergibt sich

$$\bar{J}_n = (\Delta x)^2 [1 + 2 + 3 + \ldots + n]$$

Der Wert der eckigen Klammer ist nach § 2 B 1 $S_n = \frac{n(n+1)}{2}$, so daß wir erhalten:

$$\bar{J}_n = \frac{b^2}{2}\left(1 + \frac{1}{n}\right)$$

Dem Ausdruck für $\underline{J}_n$ ist zu entnehmen, daß mit wachsendem n die Folge der $\underline{J}_n$ monoton steigt. Der Ausdruck für $\bar{J}_n$ läßt erkennen, daß die Folge der $\bar{J}_n$ monoton fällt.

§ 22 Flächenmessung durch Grenzprozesse

Weiter ist zu sehen, daß $\bar{J}_n > \underline{J}_n$, wobei

$$\bar{J}_n - \underline{J}_n = \frac{b^2}{n}$$

mit immer größer werdendem n gegen Null strebt, also eine Nullfolge darstellt. Damit ist auch rechnerisch bestätigt, daß die $\underline{J}_n$ und $\bar{J}_n$ eine Intervallschachtelung bilden, durch welche die Zahl $[J]_0^b$ definiert ist. Für sie gilt:

$$\lim_{n \to \infty} \frac{b^2}{2}\left(1 - \frac{1}{n}\right) = [J]_0^b = \lim_{n \to \infty} \frac{b^2}{2}\left(1 + \frac{1}{n}\right)$$

oder

$$[J]_0^b = \frac{b^2}{2}$$

Das Ergebnis können wir in diesem Fall durch die elementargeometrische Berechnung der Fläche des gleichschenklig-rechtwinkligen Dreiecks mit der Kathete b bestätigen. Das Verhalten der Folgen $\underline{J}_n$ und $\bar{J}_n$ geht deutlich aus nachstehender Tabelle hervor:

n	2	4	8	16	32	...	1024	...	$n \to \infty$
$\underline{J}_n$	$\frac{1}{4}b^2$	$\frac{3}{8}b^2$	$\frac{7}{16}b^2$	$\frac{15}{32}b^2$	$\frac{31}{64}b^2$	...	$\frac{1023}{2048}b^2$	...	$\frac{1}{2}b^2$
$\bar{J}_n$	$\frac{3}{4}b^2$	$\frac{5}{8}b^2$	$\frac{9}{16}b^2$	$\frac{17}{32}b^2$	$\frac{33}{64}b^2$	...	$\frac{1025}{2048}b^2$	...	$\frac{1}{2}b^2$
$\bar{J}_n - \underline{J}_n$	$\frac{1}{2}b^2$	$\frac{1}{4}b^2$	$\frac{1}{8}b^2$	$\frac{1}{16}b^2$	$\frac{1}{32}b^2$	...	$\frac{1}{1024}b^2$	...	0

b) *Der Ursprung liegt außerhalb des Flächenstücks (a > 0). Abb. 86b.*

Das zwischen den Ordinaten zu $x = a$ und $x = b$ liegende Flächenstück läßt sich als Differenz zweier Flächenstücke darstellen, die nach a) berechnet werden können. Es ist

$$[J]_a^b = [J]_0^b - [J]_0^a$$

Für die Gerade $y = x$ gilt also

$$[J]_a^b = \frac{b^2}{2} - \frac{a^2}{2}$$

Bestätige das Ergebnis mittels der Flächenformel für das Trapez!

AUFGABE

1. Berechne mittels eines Grenzprozesses die Flächen $[J]_0^b$ und $[J]_a^b$ für die Geraden:
   a) $y = 2x$;   **b)** $y = x + 1$;   **c)** $y = \frac{1}{2}x + 3$.

2. Beispiel: Die Parabel $y = x^2$

a) *Der Ursprung ist Randpunkt des Flächenstücks (a = 0). Abb. 87a.*
Wird das Intervall $0 \leq x \leq b$ wieder in $n = 2^k$ gleiche Teile geteilt, dann gehören zu den Teilpunkten die

Abszissen: $\Delta x, 2\Delta x, 3\Delta x, \ldots, (n-1)\Delta x$

Ordinaten: $(\Delta x)^2, (2\Delta x)^2, (3\Delta x)^2, \ldots, [(n-1)\Delta x]^2$

und es ist die Untersumme

$$\underline{J}_n = \Delta x \cdot (\Delta x)^2 + \Delta x \cdot (2\Delta x)^2 + \Delta x \cdot (3\Delta x)^2 + \ldots + \Delta x [(n-1)\Delta x]^2$$

$$= (\Delta x)^3 [1 + 2^2 + 3^2 + \ldots + (n-1)^2] = (\Delta x)^3 \sum_{\nu=1}^{n-1} \nu^2$$

$$= (\Delta x)^3 \frac{(n-1)n(2n-1)}{6}; \quad \text{(nach § 2 C (1))}$$

Setzen wir $\Delta x = \frac{b}{n}$, folgt:

$$\underline{J}_n = \frac{b^3}{6}\left(1 - \frac{1}{n}\right)\left(2 - \frac{1}{n}\right)$$

Eine ähnliche Rechnung ergibt mit Benutzung von $\sum_{\nu=1}^{n} \nu^2 = \frac{n(n+1)(2n+1)}{6}$ für die Obersumme

$$\bar{J}_n = \frac{b^3}{6}\left(1 + \frac{1}{n}\right)\left(2 + \frac{1}{n}\right)$$

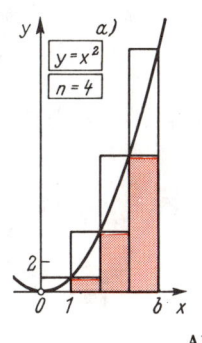

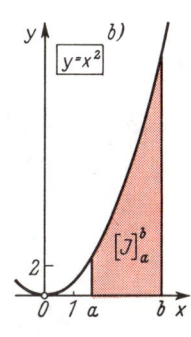

Abb. 87

Die Folgen $\underline{J}_n$ und $\bar{J}_n$ bestimmen wieder eine Intervallschachtelung; denn es ist $\underline{J}_n$ monoton steigend, $\bar{J}_n$ monoton fallend und

$$\bar{J}_n - \underline{J}_n = \frac{b^3}{n}$$

eine Nullfolge. Die durch die Intervallschachtelung festgelegte Zahl ist

$$\lim_{n\to\infty} \underline{J}_n = \lim_{n\to\infty} \bar{J}_n = \frac{b^3}{3}$$

Wir definieren sie als den gesuchten Flächeninhalt. Demnach ist die Fläche unter der Parabel $y = x^2$

$$[J]_0^b = \frac{b^3}{3}$$

b) *Der Ursprung liegt außerhalb des Flächenstücks* $(a > 0)$. Abb. 87b.

Für den Inhalt des unter der Parabel $y = x^2$ zwischen den Ordinaten zu $x = a$ und $x = b$ liegenden Flächenstücks ergibt sich

$$[J]_a^b = \frac{b^3}{3} - \frac{a^3}{3}$$

AUFGABEN

2. Zeige mit Benutzung obiger Ergebnisse, daß die Parabel $y = x^2$ das Rechteck $OAPB$ mit $A(2;0)$, $P(2;4)$, $B(0;4)$ im Verhältnis $1:2$ teilt!

§ 22 Flächenmessung durch Grenzprozesse

3. Berechne mittels Grenzprozeß die Flächen $[J]_0^b$ und $[J]_a^b$ für die Parabeln:
 a) $y = 2x^2$; b) $y = x^2 + 1$; c) $y = \frac{1}{2}x^2 + 3$.

4. Wie viele fortgesetzte Halbierungen des Intervalls $0 \leq x \leq 4$ sind bei der Berechnung von $[J]_0^4$ für die Parabel $y = x^2$ notwendig, damit die Differenz $\bar{J}_n - \underline{J}_n < 0{,}1$ wird?

3. Beispiel: Die kubische Parabel $y = x^3$

a) *Der Ursprung ist Randpunkt des Flächenstücks ($a = 0$). Abb. 88a.*

Eine ähnliche Rechnung wie in den vorhergehenden Fällen ergibt für die Untersumme

$$\underline{J}_n = (\Delta x)^4 [1^3 + 2^3 + 3^3 + \ldots + (n-1)^3] = (\Delta x)^4 \sum_{\nu=1}^{n-1} \nu^3 = \frac{(\Delta x)^4 (n-1)^2 n^2}{4} \quad \text{(nach § 2 C (2))}$$

$$\underline{J}_n = \frac{b^4}{4}\left(1 - \frac{1}{n}\right)^2$$

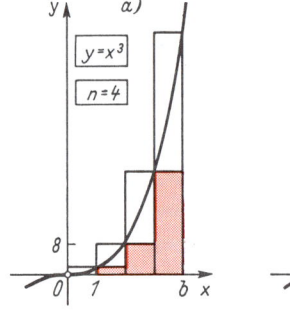

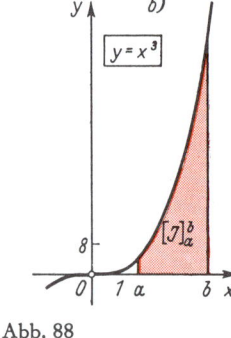

Für die Obersumme $\bar{J}_n$ erhält man mit Benutzung von

$$\sum_{\nu=1}^{n} \nu^3 = \frac{n^2(n+1)^2}{4}$$

$$\bar{J}_n = \frac{b^4}{4}\left(1 + \frac{1}{n}\right)^2$$

und für die Differenz

$$\bar{J}_n - \underline{J}_n = \frac{b^4}{n}$$

Abb. 88

Wieder ist $\underline{J}_n$ eine monoton steigende, $\bar{J}_n$ eine monoton fallende, $(\bar{J}_n - \underline{J}_n)$ eine Nullfolge, so daß eine Intervallschachtelung vorliegt mit

$$\lim_{n \to \infty} \underline{J}_n = \lim_{n \to \infty} \bar{J}_n = \frac{b^4}{4}$$

Diese Zahl definieren wir als den Inhalt des unter der kubischen Parabel $y = x^3$ liegenden Flächenstücks:

$$[J]_0^b = \frac{b^4}{4}$$

b) *Der Ursprung liegt außerhalb des Flächenstücks ($a > 0$). Abb. 88b.*

Der Inhalt des unter der kubischen Parabel $y = x^3$ zwischen den Ordinaten $x = a$ und $x = b$ liegenden Flächenstücks ist

$$[J]_a^b = \frac{b^4}{4} - \frac{a^4}{4}$$

AUFGABEN

5. Der Punkt $P\,(1;1)$ der kubischen Parabel wird mit dem Ursprung O verbunden. Wie groß ist der Inhalt der zwischen der Strecke OP und der Kurve liegenden Fläche?

6. Gegeben sind die kubische Parabel $y = x^3$ und die Gerade $7x - y - 6 = 0$.
   a) Berechne die Schnittpunkte der Geraden mit der Kurve!
   Hinweis: Es ergibt sich eine Gleichung 3. Grades, von der sich eine Lösung erraten läßt.
   b) Berechne das im ersten Quadranten gelegene, durch die Gerade abgeschnittene Kurvensegment!

7. Berechne mittels eines Grenzprozesses den Inhalt des zwischen der Kurve $y = Ax^3 + B$ ($A > 0$, $B > 0$), der x-Achse und den Ordinaten zu $x = a$ und $x = b$ ($a > 0$, $b > a$) liegenden Flächenstücks!

§ 23. DAS BESTIMMTE INTEGRAL

A. Definition des Integrals mit Hilfe der fortgesetzten Intervallhalbierung

$y = f(x)$ sei in $a \leq x \leq b$ stetig, monoton steigend und positiv. Wir teilen das Intervall in n gleiche Abschnitte der Breite $\Delta x = (b-a) : n$ mit $n = 2^k$, wobei k die Folge der natürlichen Zahlen durchläuft. Bezeichnen wir die einzelnen Summanden der Unter- und Obersummen als *Flächenelemente*, dann gilt:

Abszisse des ν-ten Teilpunktes: $x_\nu = a + \nu \Delta x$; $\nu = 1, \ldots, (n-1)$; $x_0 = a$; $x_n = b$;

ν-tes Flächenelement der unteren Treppe: $f[a + (\nu - 1)\Delta x]\Delta x$; $\nu = 1, \ldots, n$;

Untersumme: $\underline{J}_n = \sum_{\nu=0}^{n-1} f(a + \nu \Delta x) \Delta x$;

ν-tes Flächenelement der oberen Treppe: $f(a + \nu \Delta x)\Delta x$; $\nu = 1, \ldots, n$;

Obersumme: $\bar{J}_n = \sum_{\nu=1}^{n} f(a + \nu \Delta x) \Delta x$;

Nach den Ergebnissen des letzten Paragraphen bilden die Folgen der Unter- und Obersummen eine die Zahl $[J]_a^b$ definierende Intervallschachtelung. Es ist

$$\sum_{\nu=0}^{n-1} f(a + \nu \Delta x)\Delta x < [J]_a^b < \sum_{\nu=1}^{n} f(a + \nu \Delta x)\Delta x$$

und

$$\lim_{n \to \infty} \sum_{\nu=0}^{n-1} f(a + \nu \Delta x)\Delta x = [J]_a^b = \lim_{n \to \infty} \sum_{\nu=1}^{n} f(a + \nu \Delta x)\Delta x$$

§ 23 Das bestimmte Integral

$[J]_a^b$ bedeutet geometrisch, wie wir sahen, eine Fläche, die mit Hilfe der Folgen J_n von „unten" her aufgebaut wird. Ein derartiger Aufbauvorgang heißt Integration, das Ergebnis der Integration ist ein Integral[1]).

$[J]_a^b$ ist durch zwei Rechenprozesse entstanden, nämlich durch eine *Summation* und einen anschließenden *Grenzprozeß*. Nach dem Vorschlag von Leibniz wird dies symbolisch dadurch zum Ausdruck gebracht, daß anstelle des $\sum$-Zeichens ein stilisiertes S, anstatt des Differenzzeichens Δx das Zeichen dx geschrieben wird. Somit haben wir folgende Integraldefinition:

$$\int_a^b f(x)\,dx = \lim_{n\to\infty} \sum_{\nu=0}^{n-1} f(a+\nu\Delta x)\Delta x = \lim_{n\to\infty} \sum_{\nu=1}^{n} f(a+\nu\Delta x)\Delta x \qquad \left(\Delta x = \frac{b-a}{2^k}\right)$$

$f(x)$ heißt der Integrand, a die untere, b die obere Grenze des *bestimmten Integrals*. Der Bereich $a \leqq x \leqq b$ heißt Integrationsbereich.

Beispiele:

a) $\int_0^b x\,dx = \frac{b^2}{2}$; b) $\int_a^b x\,dx = \frac{b^2}{2} - \frac{a^2}{2}$; c) $\int_a^b x^2\,dx = \frac{b^3}{3} - \frac{a^3}{3}$

d) Beachten wir, daß die Funktion $y = 1$ eine Parallele zur x-Achse im Abstand 1 darstellt dann erkennen wir aus der Deutung des bestimmten Integrals als Fläche, daß

$$\int_a^b 1\cdot dx = \int_a^b dx = b - a \quad \text{(Abb. 89)}.$$

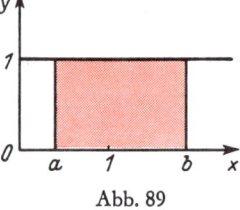

Nachstehend sind unsere bisherigen Ergebnisse zusammengestellt. Welche Gesetzmäßigkeit läßt sich vermuten?

Abb. 89

$$\int_a^b dx = b-a;\quad \int_a^b x\,dx = \frac{b^2}{2} - \frac{a^2}{2};\quad \int_a^b x^2\,dx = \frac{b^3}{3} - \frac{a^3}{3};\quad \int_a^b x^3\,dx = \frac{b^4}{4} - \frac{a^4}{4}$$

AUFGABEN

1. Gib die Werte folgender Integrale an:

a) $\int_0^5 dx$; b) $\int_3^5 dx$; c) $\int_0^6 x\,dx$; d) $\int_2^5 x\,dx$;

e) $\int_0^3 x^2\,dx$; f) $\int_1^4 x^2\,dx$; g) $\int_0^2 x^3\,dx$; h) $\int_3^4 x^3\,dx$.

---

[1]) Vom lat. Wort *integer*, ganz, unversehrt. Das Wort Integral geht auf den Schweizer Mathematiker Jakob Bernoulli (1654—1705) zurück, das Integralzeichen auf Gottfried Wilhelm Leibnitz (1646—1716).

Das bestimmte Integral § 23

B. Allgemeine Fassung der Integraldefinition

Das Verfahren der Intervallhalbierung ist ein *besonderes Teilungsverfahren*, bei dessen fortgesetzter Anwendung wir den Nachweis für die Existenz des bestimmten Integrals erbringen konnten. Es läßt sich indes zeigen, daß das Integral auch bei anderen Teilungen als der von uns gewählten existiert. Beispiele hierfür sind:

1. *n durchläuft eine beliebige, gegen ∞ strebende Folge natürlicher Zahlen*

In diesem Fall bleiben beim Übergang von einer Teilung zur nächstfolgenden die Ordinaten der alten Teilung im allgemeinen *nicht* erhalten ($x = a$ und $x = b$ ausgenommen). Es kann dann auch nicht mehr behauptet werden, daß die Unter- und Obersummen eine Intervallschachtelung definieren.

Gegenbeispiel:

In Abb. 90a ist der Graph einer monoton steigenden, positiven und stetigen Funktion gezeichnet. n soll die Folge der natürlichen Zahlen durchlaufen. Dann ist beim Übergang von der Teilung $n = 2$ zur Teilung $n = 3$ überraschenderweise $\underline{J}_3 < \underline{J}_2$. Die Voraussetzung für das Vorliegen einer Intervallschachtelung (Monotonie der Folgen $\underline{J}_n$ und $\bar{J}_n$) ist nicht mehr gegeben.

Trotzdem kann man auch in diesem Fall zeigen, daß

$$\lim_{n\to\infty} \underline{J}_n \quad \text{und} \quad \lim_{n\to\infty} \bar{J}_n \quad \text{existieren und daß} \quad \lim_{n\to\infty} \underline{J}_n = \lim_{n\to\infty} \bar{J}_n$$

Für den Beweis dieser Behauptung reichen allerdings die uns zur Verfügung stehenden mathematischen Hilfsmittel nicht aus.

Wir nehmen daher zur Kenntnis, daß n nicht notwendig die Folge der Zweierpotenzen, sondern jede beliebige, gegen ∞ strebende Folge durchlaufen kann. Im allgemeinen wird dies die Folge der natürlichen Zahlen sein. Wegen der Gleichheit der beiden Grenzwerte genügt die alleinige Berechnung entweder der Ober- oder Untersumme. Spezielles Beispiel: Nachfolgende Aufgabe 2.

2. *Die Abschnitte einer Teilung haben ungleiche Breite* $\Delta x_\nu = x_\nu - x_{\nu-1}$ (Abb. 90b).

Auch hier kann allgemein gezeigt werden:

$$\lim_{n\to\infty} \sum_{\nu=1}^{n} f(x_{\nu-1}) \Delta x_\nu = [J]_a^b = \lim_{n\to\infty} \sum_{\nu=1}^{n} f(x_\nu) \Delta x_\nu \quad (x_0 = a;\; x_n = b)$$

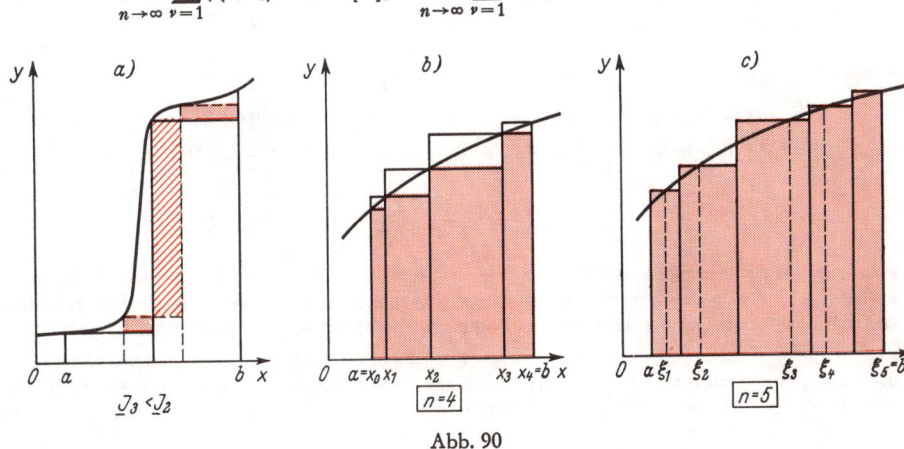

Abb. 90

§ 23 Das bestimmte Integral

Es ist gleich, wie n gegen ∞ geht, sofern nur die Breite des breitesten Teilintervalls gegen Null strebt. Spezielles Beispiel: Nachfolgende Aufgabe 3.

3. *An die Stelle beider Treppenzüge tritt ein einziger, die Kurve durchsetzender Treppenzug.* Dann läßt sich folgende Aussage machen: Haben die Teilabschnitte die Breiten $\Delta x_\nu = x_\nu - x_{\nu-1}$ und ist $x_{\nu-1} \leq \xi_\nu \leq x_\nu$, so existiert *eindeutig* der Grenzwert:

$$\lim_{n \to \infty} \sum_{\nu=1}^{n} f(\xi_\nu) \Delta x_\nu = \int_a^b f(x)\, dx \qquad (x_0 = a;\; x_n = b)$$

unabhängig davon, wie die Teilung gewählt wurde und auf welche Weise n gegen ∞ strebt, wenn nur die Breite des breitesten Teilintervalls gegen Null geht (Abb. 90c). Dieser fundamentale Satz der Integralrechnung wird auf der Hochschule bewiesen und auf wesentlich allgemeinere Funktionsklassen ausgedehnt, als die bisher von uns betrachteten.

AUFGABEN

2. Integration der Sinusfunktion

a) Beweise: $\int_a^b \sin x\, dx = -\cos b + \cos a \quad \left(0 \leq a < b \leq \dfrac{\pi}{2}\right)$

Anleitung: Teilt man das Intervall in n gleiche Teile der Breite $\Delta x = (b-a):n$ und arbeitet man mit der Obersumme, findet man

$$\bar{J}_n = \Delta x\, [\sin(a + \Delta x) + \sin(a + 2\Delta x) + \ldots + \sin(a + n\Delta x)]$$

Die Summation ergibt nach Kratz-Wörle, Geometrie II (§ 27, Aufg. 17a):

$$\frac{\Delta x}{2 \sin \frac{\Delta x}{2}} \left[\cos\left(a + \frac{\Delta x}{2}\right) - \cos\left(a + \frac{2n+1}{2}\Delta x\right) \right]$$

Für den Grenzübergang ist § 11 A zu beachten.

b) Welcher Inhalt ergibt sich demnach für das von der Sinuslinie, der x-Achse und der Ordinate zu $b = \dfrac{\pi}{2}$ begrenzte Flächenstück? Wie groß ist also der Inhalt des zwischen $x = 0$ und $x = \pi$ liegenden Flächenstücks?

3. Integration der kubischen Parabel bei *ungleicher* Abschnittbreite

Teile das Intervall $a \leq x \leq b$ so in n Teile, daß die Teilpunkte eine *geometrische Punktfolge* bilden mit $q = \sqrt[n]{\dfrac{b}{a}}$! Zeige, daß sich auch in diesem Fall ergibt:

$$[J]_a^b = \frac{b^4}{4} - \frac{a^4}{4}$$

Anleitung: Da die Abszissen der Teilpunkte a, aq, aq^2, aq^3, ..., $aq^n\,(= b)$ sind, ergibt sich $\underline{J}_n = (aq - a) a^3 + \ldots$. Durch Ausklammern von $a^4 (q-1)$ erhält man eine geometrische Reihe mit dem Anfangsglied 1, dem Quotienten q^4 und der Summe $(q^{4n} - 1) : (q^4 - 1)$ und schließlich $\underline{J}_n = (b^4 - a^4) : (q^3 + q^2 + q + 1)$. Für $\bar{J}_n$ ergibt sich: $\bar{J}_n = (b^4 - a^4) : (q^{-3} + q^{-2} + q^{-1} + 1)$. Beim Grenzübergang ist zu beachten, daß q mit $n \to \infty$ gegen 1 geht. Setzt man nämlich $q = 1 + \varepsilon$, so erhält man $b : a = (1 + \varepsilon)^n \geq 1 + n\varepsilon$ (Bernoullische Ungleichung) und daraus $\varepsilon \leq (b-a) : a\,n$. Also strebt $\varepsilon \to 0$ für $n \to \infty$.

Abb. 91

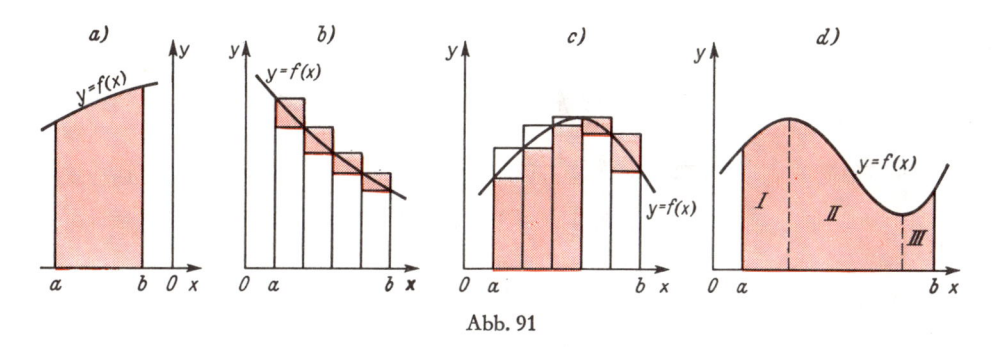

C. Aufhebung von Beschränkungen. Ergänzungen

1. Die ursprüngliche Bedingung $0 \leq a \leq x \leq b$ können wir jetzt fallen lassen und durch die allgemeine Bedingung $a \leq x \leq b$ ersetzen; denn für den Fall, daß a oder a und b negativ sind, bleiben die Differenzen $x_\nu - x_{\nu-1}$ positiv (Abb. 91a).

2. $f(x)$ mußte bisher monoton steigend sein. Unsere Überlegungen lassen sich jedoch auch auf monoton fallende Funktionen übertragen. Dann wird nämlich

$$\sum_{\nu=0}^{n-1} f(a + \nu \Delta x) \Delta x = \bar{J}_n, \qquad \sum_{\nu=1}^{n} f(a + \nu \Delta x) \Delta x = \underline{J}_n$$

und nach wie vor ist $\bar{J}_n$ eine fallende, $\underline{J}_n$ eine steigende, $(\bar{J}_n - \underline{J}_n)$ eine Nullfolge (Abb. 91b).

Beispiel: $\int_{-3}^{-2} x^2 \, dx = \frac{(-2)^3}{3} - \frac{(-3)^3}{3} = -\frac{8}{3} + 9 = 6\frac{1}{3}$

3. Gehört dem Integrationsbereich ein Maximum an, kann man die Intervallteilung so vornehmen, daß die Maximalordinate eine Teilordinate wird. Dann gehen die $\underline{J}_n$ bzw. $\bar{J}_n$ des linken Teilbereichs beim Überschreiten der Maximalordinate in die $\bar{J}_n$ bzw. $\underline{J}_n$ des rechten Teilbereichs über. Für jeden der beiden Teilbereiche konvergieren die Folgen der $\underline{J}_n$ und $\bar{J}_n$ einzeln. Daher konvergieren sie auch für den Gesamtbereich (Abb. 91c). Eine ähnliche Überlegung gilt für den Fall, daß im Integrationsbereich ein Minimum liegt.

Beispiel: $\int_{-2}^{+2} x^2 \, dx = \frac{(+2)^3}{3} - \frac{(-2)^3}{3} = 5\frac{1}{3} \quad \left[= 2 \int_{0}^{2} x^2 \, dx \right]$

4. Die Bedingung des monotonen Steigens bzw. Fallens können wir jetzt durch die Forderung ersetzen, daß die Funktion *abschnittsweise monoton* sein muß. Dies ist dann der Fall, wenn das Intervall $a \leq x \leq b$ sich in endlich viele Teilintervalle so zerlegen läßt, daß $f(x)$ in jedem Teilintervall entweder monoton steigt oder fällt (Abb. 91d).

5. *Negative Integralwerte*

Ist im Integrationsbereich $f(x) < 0$, dann werden auch die Produkte $f(x_\nu)(x_\nu - x_{\nu-1}) < 0$. Für das Integral ergibt sich daher ein negativer Wert (Abb. 92a).

§ 23 Das bestimmte Integral

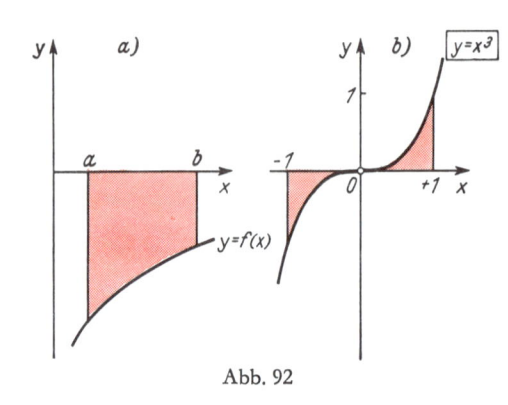

Abb. 92

Beispiel:
$$\int_{-4}^{-1} x^3\, dx = \frac{(-1)^4}{4} - \frac{(-4)^4}{4} = -63\tfrac{3}{4} \quad \text{(Skizze!)}$$

Dagegen hat die Fläche zwischen der Kurve
$$y = x^3,$$
der x-Achse und den Ordinaten zu
$$x = -4 \quad \text{und} \quad x = -1$$
die *Maßzahl*
$$F = \left|-63\tfrac{3}{4}\right| = 63\tfrac{3}{4}$$

6. Nullstelle im Integrationsbereich

Enthält der Integrationsbereich eine Nullstelle der Funktion und hat diese beiderseits der Nullstelle verschiedenes Vorzeichen, so gilt dies auch für die Teilsummen links und rechts dieser Stelle. Für die Flächenberechnung muß das Integral in 2 Teilintegrale mit der Nullstelle als oberer bzw. unterer Grenze zerlegt werden.

Beispiel: $\displaystyle\int_{-1}^{+1} x^3\, dx = \frac{(+1)^4}{4} - \frac{(-1)^4}{4} = 0 \quad$ (Abb. 92b)

Dagegen hat die Fläche zwischen der Kurve $y = x^3$, der x-Achse und den Ordinaten zu $x = -1$ und $x = 1$ die *Maßzahl*

$$F = \left|\int_{-1}^{0} x^3\, dx\right| + \int_{0}^{1} x^3\, dx = \left|-\tfrac{1}{4}\right| + \tfrac{1}{4} = \tfrac{1}{2}$$

7. Wechsel der Integrationsvariablen

Die Bezeichnung der Variablen ist für das Ergebnis der Integration ohne Bedeutung. So ist beispielsweise mit t als der neuen Variablen

$$\int_a^b f(x)\, dx = \int_a^b f(t)\, dt$$

8. Definition der Integrierbarkeit

Eine Funktion heißt im Bereich $a \leq x \leq b$ integrierbar, wenn

$$\lim_{n \to \infty} \sum_{\nu=1}^{n} f(\xi_\nu)\, \Delta x_\nu$$

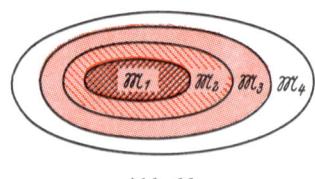

Abb. 93

existiert. Alle stetigen Funktionen sind integrierbar. Da die differenzierbaren Funktionen stetig sind, sind auch sie integrierbar. Es gilt:

$$\text{Differenzierbarkeit} \Rightarrow \text{Stetigkeit} \Rightarrow \text{Integrierbarkeit}$$

und in der Mengenschreibweise

$\mathfrak{M}_1$ {differ. Fu.} $\subset \mathfrak{M}_2$ {stet. Fu.} $\subset \mathfrak{M}_3$ {integr. Fu.} $\subset \mathfrak{M}_4$ {alle Fu.}   (Abb. 93)

AUFGABEN

4. Berechne und deute an einer Skizze geometrisch $(a > 0)$:

a) $\int_{-3}^{-1} x\,dx;$ b) $\int_{-2}^{+3} x\,dx;$ c) $\int_{-a}^{+a} x\,dx;$ d) $\int_{-3}^{-1} x^2\,dx;$ e) $\int_{-2}^{+3} x^2\,dx;$

f) $\int_{-a}^{+a} x^2\,dx;$ g) $\int_{-3}^{-1} x^3\,dx;$ h) $\int_{-2}^{+3} x^3\,dx;$ i) $\int_{-a}^{+a} x^3\,dx;$ k) $\int_{-2a}^{4a} x^3\,dx.$

5. Berechne folgende Integrale $(n > m,\ a > 0,\ s > 0)$:

a) $\int_{m}^{n} t\,dt;$ b) $\int_{a}^{2a} y\,dy;$ c) $\int_{c-1}^{c+1} z^2\,dz;$ speziell: $c = \sqrt{2};$ d) $\int_{s}^{3s} u^3\,du;$ speziell: $s = \frac{1}{10}\sqrt{5}.$

§ 24. EIGENSCHAFTEN DES BESTIMMTEN INTEGRALS

A. Lehrsätze

1. Bisher war die untere Grenze stets kleiner als die obere Grenze. Die Integration erfolgte in Richtung zunehmender x-Werte.

Ist die untere Grenze größer als die obere Grenze, so erfolgt die Integration in Richtung abnehmender x-Werte. Dann sind die Differenzen $x_\nu - x_{\nu-1} < 0$ und das Integral wird negativ, falls $f(x) > 0$ bzw. positiv, falls $f(x) < 0$. Also ist

$$\int_a^b f(x)\,dx = -\int_b^a f(x)\,dx$$

Lehrsatz 1: Vertauscht man die Integrationsgrenzen, so wechselt das Integral das Vorzeichen.

2. Als Sonderfall ergibt sich, was auch anschaulich klar ist:

$$\int_a^a f(x)\,dx = 0$$

Lehrsatz 2: Ein Integral mit gleicher oberer und unterer Grenze hat den Wert 0.

3. Aus der Definition des bestimmten Integrals folgt weiter

$$\int_a^c f(x)\,dx = \int_a^b f(x)\,dx + \int_b^c f(x)\,dx \quad (a < b < c)$$

§ 24 Eigenschaften des bestimmten Integrals

Für jede Zerlegung des Integrationsbereichs in einzelne Teilbereiche gilt

Lehrsatz 3: Das Integral über den ganzen Bereich ist gleich der Summe der Integrale über die Teilbereiche.

4. Ist k eine konstante Zahl, so gilt:

$$\int_a^b k\,f(x)\,dx = k \int_a^b f(x)\,dx$$

Lehrsatz 4: Hat der Integrand einen konstanten Faktor, kann dieser vor das Integral gezogen werden.

Beweis: Mit Benutzung von L.S. 6, § 7 und Aufg. 16b, § 1 ist

$$\int_a^b k\,f(x)\,dx = \lim_{n\to\infty} \sum_{\nu=1}^n k\,f(x_\nu)\,\Delta x_\nu = k \cdot \lim_{n\to\infty} \sum_{\nu=1}^n f(x_\nu)\,\Delta x_\nu = k \cdot \int_a^b f(x)\,dx$$

Beispiel: $\int_0^3 5\,x^2\,dx = 5 \int_0^3 x^2\,dx = 5 \cdot \dfrac{3^3}{3} = 45$

Anmerkung: L.S. 4 ist auch geometrisch einleuchtend; denn der Graph zu $y = k\,f(x)$ geht aus dem Graphen zu $y = f(x)$ durch senkrecht affine Abbildung hervor. Dabei bleiben die Rechtecksseiten Δx_ν unverändert, während die Maßzahlen der Ordinaten und folglich auch die der Rechtecksflächen mit k multipliziert werden.

5. Sind die Funktionen $\varphi(x)$ und $\psi(x)$ im Bereich $a \leq x \leq b$ integrierbar, so ist es auch die Funktion $f(x) = \varphi(x) + \psi(x)$, und es gilt

$$\int_a^b [\varphi(x) + \psi(x)]\,dx = \int_a^b \varphi(x)\,dx + \int_a^b \psi(x)\,dx$$

Lehrsatz 5: Das Integral einer Summe zweier Funktionen ist gleich der Summe der Integrale der beiden Funktionen.

Beweis: Mit Benutzung der Integraldefinition, L.S. 5, § 7 und Aufg. 16c, § 1 ist

$$\int_a^b [\varphi(x) + \psi(x)]\,dx = \lim_{n\to\infty} \sum_{\nu=1}^n [\varphi(x_\nu) + \psi(x_\nu)]\,\Delta x_\nu = \lim_{n\to\infty} \sum_{\nu=1}^n [\varphi(x_\nu)\,\Delta x_\nu + \psi(x_\nu)\,\Delta x_\nu] =$$

$$= \lim_{n\to\infty} \sum_{\nu=1}^n \varphi(x_\nu)\,\Delta x_\nu + \lim_{n\to\infty} \sum_{\nu=1}^n \psi(x_\nu)\,\Delta x_\nu = \int_a^b \varphi(x)\,dx + \int_a^b \psi(x)\,dx, \text{ w.z.b.w.}$$

Wie man sieht, läßt sich der Beweis auf mehrgliedrige algebraische Summen (Aggregate) übertragen, so daß wir allgemein sagen können:
Eine algebraische Summe darf gliedweise integriert werden.

Beispiele:

a) $\int_1^2 (x+2)\,dx = \int_1^2 x\,dx + \int_1^2 2\,dx = \dfrac{3}{2} + 2\int_1^2 dx = \dfrac{3}{2} + 2 = \underline{\underline{3{,}5}}$

b) $\int_{2}^{4}\left(2x-\frac{1}{2}\right)^2 dx = \int_{2}^{4}\left(4x^2-2x+\frac{1}{4}\right)dx = 4\cdot\int_{2}^{4} x^2\,dx - 2\int_{2}^{4} x\,dx + \frac{1}{4}\int_{2}^{4} dx =$

$= 4\cdot\left(\frac{4^3}{3}-\frac{2^3}{3}\right) - 2\left(\frac{4^2}{2}-\frac{2^2}{2}\right) + \frac{1}{4}(4-2) = \underline{\underline{63\frac{1}{6}}}$

6. Unmittelbar aus der Definition des bestimmten Integrals ergibt sich

Lehrsatz 6: Sind in dem Bereich $a \leq x \leq b$ die Funktionen $f(x)$ und $\varphi(x)$ integrierbar und ist in diesem Bereich $f(x) < \varphi(x)$, so gilt:

$$\int_a^b f(x)\,dx < \int_a^b \varphi(x)\,dx$$

Folgerung: Nach § 10, L.S. 4 hat eine in $a \leq x \leq b$ stetige, nicht konstante Funktion $f(x)$ dort ein Minimum m und ein Maximum M, so daß gilt:

$$m < f(x) < M$$

Durch Integration zwischen den Grenzen a und b folgt hieraus nach L.S. 6:

$$m(b-a) < \int_a^b f(x)\,dx < M(b-a)$$

Die Beziehung ist eine vereinfachte Form des sog. *Mittelwertsatzes der Integralrechnung*.

B. Integral und Flächeninhalt

1. Unter Zusammenfassung der bisherigen Ergebnisse können wir sagen:
Ist die Funktion $y = f(x)$ in dem Bereich $a \leq x \leq b$ stetig und ist in diesem Bereich entweder $f(x) \geq 0$ oder $f(x) \leq 0$, wird die *Maßzahl* F der zwischen dem Graphen, der x-Achse und den Ordinaten zu $x = a$ und $x = b$ liegenden Fläche gegeben durch:

$$\boxed{F = \left|\int_a^b f(x)\,dx\right|}$$

Anmerkung: Setzt man im Bereich $a \leq x \leq b$ lediglich die Stetigkeit von $f(x)$ voraus, so gilt, wie man leicht erkennt:

$$F = \int_a^b |f(x)|\,dx.$$

2. Sind die beiden Funktionen $f(x)$ und $\varphi(x)$ in dem Bereich $a \leq x \leq b$ stetig, und ist $f(x) \geq \varphi(x) > 0$ (Abb. 94), gilt für das zwischen den beiden Graphen und den Ordinaten zu $x = a$ und $x = b$ liegende Flächenstück

$$F = \int_a^b f(x)\,dx - \int_a^b \varphi(x)\,dx,$$

wofür wir nach Lehrsatz 5 schreiben können:

§ 24 Eigenschaften des bestimmten Integrals

$$F = \int_a^b [f(x) - \varphi(x)]\, dx$$

Diese Formel läßt sich, wie man geometrisch leicht erkennt, unter der Voraussetzung, daß die beiden Graphen sich *nicht schneiden*, auch für den Fall, daß $f(x)$ oder $\varphi(x)$ oder beide negativ sind, erweitern zu:

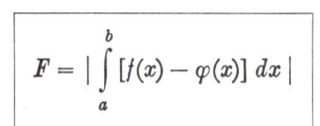

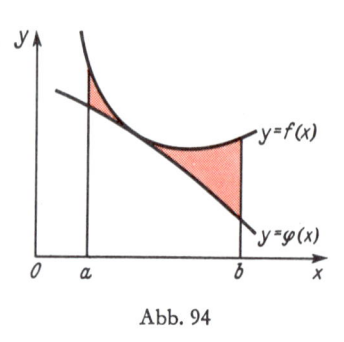

$$\boxed{F = \left| \int_a^b [f(x) - \varphi(x)]\, dx \right|}$$

Abb. 94

Beispiel:

Zwischen den Kurven $y = c + f(x)$ und $y = -c + f(x)$ sowie den Ordinaten zu $x = a$ und $x = b$ liegt die Fläche mit der Maßzahl

$$F = \left| \int_a^b \{[c + f(x)] - [-c + f(x)]\}\, dx \right| = |\, 2c(b-a)\, |$$

AUFGABEN

1. Berechne folgende Integrale und erläutere ihre geometrische Bedeutung:

a) $\int_4^2 x\, dx$; b) $\int_{3a}^{2a} x\, dx$ $(a > 0)$; c) $\int_2^0 x^2\, dx$; d) $\int_a^{-2a} x^3\, dx$ $(a > 0)$.

2. Gegeben ist die Funktion $y = x^2$. Berechne die zwischen dem Graphen, der x-Achse, den Ordinaten zu $x = -2$ und $x = +1$ gelegene Fläche auf 2 Arten: erstens durch Zerlegung des Bereiches in 2, aus der Zeichnung leicht ersichtliche Teilbereiche, zweitens mittels „durchgehender" Integration von $x = -2$ bis $x = +1$!

3. Berechne folgende Integrale:

a) $\int_1^4 3x\, dx$; b) $\int_0^3 4x^2\, dx$; c) $\int_0^{\sqrt{a}} a x^3\, dx$; d) $\int_0^{\sqrt{c}} \frac{x^2}{c}\, dx$; e) $\int_0^2 (1 + x + x^2)\, dx$;

f) $\int_{-1}^2 (3 - 2x + 3x^2)\, dx$; g) $\int_0^{-1} (2+x)(2-x)\, dx$; h) $\int_{-1}^{-2} (3x - 2)^2\, dx$;

i) $\int_{-2}^{+2} \left(\frac{1}{8}x^3 - \frac{1}{6}x^2 - \frac{1}{4}x + 2\right) dx$; k) $\int_{-a}^{+a} (Ax + Bx^3)\, dx$.

4. Berechne die Fläche des Segmentes, das die Gerade $y = 4$ von der Parabel $y = \tfrac{1}{4}x^2$ abschneidet!

5. Welches ist der Inhalt des zwischen der Geraden $3x - 2y = 0$ und der Kurve $y = \tfrac{1}{2}x^2$ gelegenen Flächenstücks?

Eigenschaften des bestimmten Integrals § 24

6. Berechne das von den beiden Parabeln eingeschlossene Flächenstück!
   a) $x^2 = 6y$ und $y^2 = 6x$;   b) $x^2 = ay$ und $y^2 = ax$.

   Hinweis: Aus Symmetriegründen wird das gesuchte Flächenstück von der Winkelhalbierenden des 1. Quadranten halbiert.

7. Auf dem Graphen von $y = \frac{1}{4} x^2 + 1$ liegen die Punkte P_1 ($x = 4$) und P_2 ($x = -2$). Berechne das von der Geraden $P_1 P_2$ abgeschnittene Kurvensegment!

8. Es ist die Fläche zu berechnen, die von der Kurve $y = -\frac{1}{3} x^2 + 2x + 1$, der Ordinate des höchsten Punktes, der x-Achse und der y-Achse eingeschlossen wird.

9. Für welche Werte von λ ist

   a) $\int\limits_0^\lambda x^2\, dx = 72$;   b) $\int\limits_0^\lambda (x+1)\, dx = 12$;   c) $\int\limits_\lambda^{2\lambda} x\, dx = 6$;   d) $\int\limits_0^{\sqrt{\lambda}} (x^3 - x)\, dx = 6$

10. a) Die Parabel $y = \frac{1}{2} x^2$ ist parallel zur y-Achse um eine Strecke c so weit zu verschieben, daß das zwischen der Kurve, den beiden Koordinatenachsen und der Ordinate zu $x = 3$ liegende Flächenstück den Inhalt 10,5 cm² hat. Berechne c! Zeichnung mit 1 L.E. = 1 cm!
    b) Für die Parabel $y = -\lambda x^2 + 3$ ($\lambda > 0$) ist der Parameter λ so zu bestimmen, daß das von der Kurve und den Koordinatenachsen begrenzte Flächenstück den Inhalt 4 cm² hat. Zeichnung mit 1 L.E. = 1 cm!

11. Berechne den Inhalt der von den folgenden Linien eingeschlossenen Flächenstücke:
    a) $y = 2 + \sin x$; $y = -2 + \sin x$; $x = 0$; $x = 2\pi$.
    b) $y = x + \sin x$; $y = -x + \sin x$; $x = 0$; $x = 2\pi$.
    c) $y = x + \sqrt{x}$; $y = -x + \sqrt{x}$; $x = 0$; $x = 4$.

12. Gib auf Grund geometrischer Überlegungen die Werte folgender Integrale an:

    a) $\int\limits_{-1}^{+1} \sqrt{1 - x^2}\, dx$;   b) $\int\limits_0^a \sqrt{a^2 - x^2}\, dx$;   c) $\int\limits_{-a}^{+a} (2a - \sqrt{a^2 - x^2})\, dx$.

13. Begründe geometrisch:

    a) $\int\limits_{-a}^{+a} f(x)\, dx = 0$, wenn der Graph von $f(x)$ punktsymmetrisch ist zum Ursprung;

    b) $\int\limits_{-a}^{+a} f(x)\, dx = 2 \int\limits_0^{+a} f(x)\, dx$, wenn der Graph von $f(x)$ achsensymmetrisch ist zur y-Achse.

14. Gib die Werte folgender Integrale an:

    a) $\int\limits_{-\pi/2}^{+\pi/2} \sin x\, dx$;   b) $\int\limits_{-\pi}^{+\pi} x^2 \sin x\, dx$;   c) $\int\limits_{-0,5}^{+0,5} \frac{x}{\cos x}\, dx$;   d) $\int\limits_{-1}^{+1} x \sqrt{1 - x^2}\, dx$.

15. Gegeben ist die Funktion $y = (1 + x) \sqrt{1 - x^2}$.
    a) Gib den Definitionsbereich der Funktion an!

§ 24 Eigenschaften des bestimmten Integrals

b) Berechne die rechtsseitige Ableitung der Funktion für $x = -1$ durch Grenzwertbetrachtung!

c) Zeichne den Graphen der Funktion mit 1 L.E. = 5 cm auf beiden Achsen!

d) Welche Fläche schließt der Graph mit der x-Achse ein? Durch welche bekannte Fläche läßt sie sich veranschaulichen?

Hinweis: Beachte Aufg. 12a und 14d!

16. Eine für alle x definierte und in $0 \leq x \leq 0{,}5$ stetig vorausgesetzte Funktion $y = f(x)$ genüge der Ungleichung

$$x - x^2 \leq f(x) \leq x + x^2$$

Es soll für das Integral $\int_0^{0,5} f(x)\,dx$ eine möglichst kleine obere Schranke S und eine möglichst große untere Schranke s bestimmt werden, so daß die Abschätzung gilt:

$$s \leq \int_0^{0,5} f(x)\,dx \leq S$$

(Vgl. Aufg. 13, § 10 und Aufg. 18, § 12!)

17. Gegeben ist die Funktion $y = f(x) = \dfrac{1}{\sqrt{10 - \cos^2 x}}$

a) Welches ist das Minimum m und das Maximum M von $f(x)$ im Bereich $0 \leq x \leq \dfrac{\pi}{2}$?

b) Gib für das zwischen den Grenzen 0 und $\dfrac{\pi}{2}$ genommene Integral von $f(x)$ eine möglichst große untere und eine möglichst kleine obere Schranke an!

c) Mit welchem prozentualen Fehler ist der Integralwert behaftet, wenn man für ihn den Mittelwert aus unterer und oberer Schranke setzt?

AUS DER PHYSIK

1. Das Arbeitsintegral

a) Die Kraft ist konstant (Abb. 95a)

Wirkt die konstante Kraft P in Richtung des Weges x, dann ist, wie bekannt, die Arbeit A auf dem Wegstück von der Marke $x = a$ bis zur Marke $x = b$

$$A = P(b - a)$$

Im Kraft-Weg-Diagramm der Abb. 95a wird die Arbeit durch die Fläche des rot gezeichneten Rechtecks dargestellt.

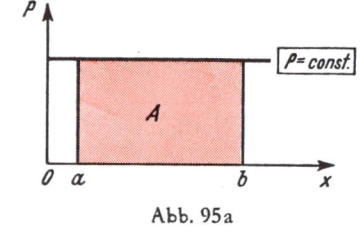

Abb. 95a

b) Die Kraft ist eine Funktion des Weges (Abb. 95b)

Um die Arbeit zu definieren, gehen wir folgendermaßen vor: Wir zerlegen den Weg in n gleiche Abschnitte Δx und denken uns die stetige Kraftwirkung entlang des Weges in eine ruckweise umgewandelt, derart, daß die Kraft entlang jedes der kleinen Wegstücke Δx als konstant betrachtet wird und jeweils an den Enden der Intervalle auf den funktionsmäßig festliegenden Wert *springt*. Damit ersetzen wir die stetige Kraft-Weg-Funktion durch eine unstetige Treppenfunktion. Für letztere können wir aber die Arbeit angeben. Sie ist

$A(n) = P(x_0)\,\Delta x + P(x_1)\,\Delta x + P(x_2)\,\Delta x + \ldots + P(x_{n-1})\,\Delta x$

oder mit Verwendung des Σ-Symbols

$$A(n) = \sum_{\nu=0}^{n-1} P(x_\nu)\,\Delta x \qquad (x_0 = a;\ x_n = b)$$

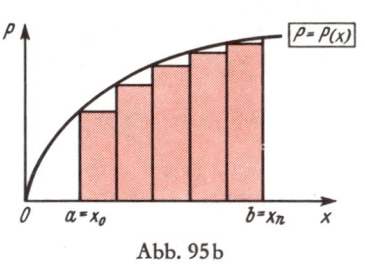

Abb. 95b

Wir denken uns nun die Länge der Wegabschnitte Δx immer kleiner, n immer größer werdend und definieren als Arbeit auf dem Wegabschnitt von der Marke $x_0 = a$ bis zur Marke $x_n = b$

$$A = \lim_{n \to \infty} \sum_{\nu=0}^{n-1} P(x_\nu)\,\Delta x \qquad (x_0 = a;\ x_n = b)$$

Dies ist nach § 23 genau die Definition des bestimmten Integrals mit Hilfe der Untersummen[1]). Also ist

$$\boxed{A = \int_a^b P(x)\,dx}$$

Dieses Integral hat große Bedeutung in Physik und Technik. Es heißt Arbeitsintegral.

2. Energie einer gespannten Feder

Für eine Schraubenfeder gilt innerhalb der Elastizitätsgrenze das Hookesche Gesetz: Die Kraft P ist der Dehnung x proportional.

$$P(x) = k \cdot x$$

k heißt die Federkonstante. Sie hängt von der Form und vom Material der Feder ab und ist gleich der Kraft, die aufgewendet werden muß, um die Feder im Gleichgewicht zu halten, wenn sie um $x = 1$ L.E. gedehnt wurde (Abb. 96). Soll die Feder von der Marke $x = a$ bis zur Marke $x = b$ gedehnt werden, ist dazu die Arbeit

$$A = \int_a^b P(x)\,dx = \int_a^b k \cdot x\,dx = k \cdot \int_a^b x\,dx = \frac{k}{2}(b^2 - a^2)$$

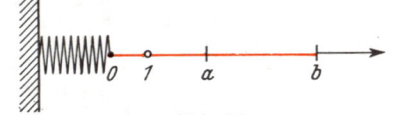

Abb. 96

nötig. Die aufgewendete Arbeit steckt als Energie in der Feder.

Wird die Feder insbesondere aus der Ruhelage $x = 0$ um s L.E. gedehnt, ist $a = 0$ und $b = s$, und wir erhalten als Energie der gespannten Feder

$$E = \frac{k}{2}s^2$$

Beispiel:

Um eine entspannte Feder mit der Federkonstanten $k = 0{,}8$ kp/cm um 10 cm zu spannen, ist die Arbeit $A = 0{,}4 \cdot 100 \left[\dfrac{\text{kp}}{\text{cm}} \cdot \text{cm}^2\right] = 0{,}4$ kpm nötig.

---

[1]) Die Änderung der Indexbezeichnung hat, wie man sofort sieht, keinerlei Bedeutung. Bei Δx kann der Index wegbleiben, da wir die Intervallstrecken gleich breit angenommen haben.

§ 25 Die Integralfunktion

Aufgabe:
Auf eine Feder läßt man die Kraft 500 p wirken. Sie dehnt sich um 2 cm. Dann dehnt man die Feder um weitere 8 cm. Welche Energie hat sie jetzt? Fertige ein Kraft-Weg-Diagramm an mit 100 p $\triangleq$ 0,5 cm und erläutere die geometrische Bedeutung der berechneten Energie!

§ 25. DIE INTEGRALFUNKTION

A. Das Integral als Funktion der oberen Grenze

Der Wert eines Integrals hängt von der Wahl der Integrationsgrenzen ab. Diese haben wir bis jetzt als feste Zahlen angenommen.
Nunmehr wollen wir die untere Grenze als fest und die obere Grenze als variabel betrachten. Bezeichnen wir die Variable mit x, dann wird das Integral zu einer Funktion der oberen Grenze x. Um Verwechslungen auszuschließen, müssen wir in diesem Fall die Integrationsvariable mit einem anderen Buchstaben bezeichnen, etwa t. Dann wird

$$\int_a^x f(t)\, dt = F(x)$$

Erklärung: Die so definierte Funktion $F(x)$ heißt eine *Integralfunktion* von $f(x)$.

Beispiel: $\int_2^x t\, dt = \frac{x^2}{2} - 2 = F(x), \qquad \int_4^x t\, dt = \frac{x^2}{2} - 8 = G(x)$

sind Integralfunktionen ein und derselben Funktion $f(x) = x$.

Man beachte, daß nach Lehrsatz 2, § 24 $F(a) = 0$ ist. Jede Integralfunktion hat also mindestens eine Nullstelle.

B. Die Ableitung einer Integralfunktion

Zur Berechnung der Ableitung einer Integralfunktion nach der oberen Grenze gehen wir auf die Definition der Ableitung zurück (§ 12), wobei wir voraussetzen, daß die Integrandenfunktion $f(x)$ im Integrationsbereich stetig ist.

Es sei

$$F(x) = \int_a^x f(t)\, dt,$$

dann ist definitionsgemäß

$$F'(x) = \lim_{h \to 0} \frac{F(x+h) - F(x)}{h}$$

Für den Zähler des Bruches können wir nach L.S. 1 und 3, § 24 schreiben

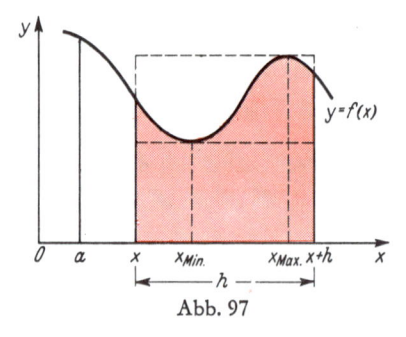

Abb. 97

$$F(x+h) - F(x) = \int_a^{x+h} f(t)\, dt - \int_a^x f(t)\, dt = \left(\int_a^x f(t)\, dt + \int_x^{x+h} f(t)\, dt\right) - \int_a^x f(t)\, dt = \int_x^{x+h} f(t)\, dt$$

Nun bedeutet $F(x+h) - F(x)$ den Inhalt des in Abb. 97 rot gezeichneten Flächenstücks. Wir können für ihn eine obere und untere Schranke angeben. Da wir nämlich $f(x)$ als stetig vorausgesetzt haben, gibt es nach L.S. 4, § 10 B im Intervall $x \leq t \leq x+h$ eine Stelle x_{Min}, an der $f(x)$ den kleinsten, und eine Stelle x_{Max}, an der $f(x)$ den größten Wert annimmt[1]). Dann ist nach Lehrsatz 6, § 24:

$$h \cdot f(x_{\text{Min}}) \leq F(x+h) - F(x) \leq h \cdot f(x_{\text{Max}})$$

Dividieren wir diese Ungleichung durch die positive Zahl h, so folgt

$$f(x_{\text{Min}}) \leq \frac{F(x+h) - F(x)}{h} \leq f(x_{\text{Max}})$$

Lassen wir h gegen 0 streben, so geht

$$x_{\text{Min}} \to x \quad \text{und} \quad x_{\text{Max}} \to x$$

und somit unter der Voraussetzung der Stetigkeit von $f(x)$

$$f(x_{\text{Min}}) \to f(x) \quad \text{und} \quad f(x_{\text{Max}}) \to f(x).$$

Folglich ist

$$\lim_{h \to 0} \frac{F(x+h) - F(x)}{h} = f(x)$$

und

$$\underline{\underline{F'(x) = f(x)}}$$

Damit haben wir nicht nur bewiesen, daß $F(x)$ differenzierbar ist, sondern einen einfachen Zusammenhang zwischen der Ableitung und der Integrandenfunktion aufgezeigt:

Lehrsatz: Jede Integralfunktion einer stetigen Funktion ist differenzierbar. Die Ableitung ist gleich dem Wert des Integranden an der oberen Grenze (Hauptsatz der Differential- und Integralrechnung).

$$\boxed{\frac{d}{dx} \int_a^x f(t)\, dt = f(x)}$$

Beispiel:

Ist $F(x) = \int_2^x (t^3 - 2t^2 + t)\, dt$, folgt ohne weitere Rechnung $F'(x) = x^3 - 2x^2 + x$.

Dieses Ergebnis ist von außerordentlicher Bedeutung für die Differential- und Integralrechnung. Danach hebt die Differentiation die Integration auf, oder anders ausgedrückt:
Die Integration ist die Umkehrung der Differentiation.

Anmerkung: Da die Differenzierbarkeit die Stetigkeit einschließt, besagt obiges Ergebnis, daß jede Integralfunktion einer stetigen Funktion eine stetige Funktion der oberen Grenze ist.

---

[1]) In Abb. 97 fallen die Stellen x_{Min} und x_{Max} mit relativen Extremstellen zusammen. Es ist zu beachten, daß die Stellen x_{Min} und x_{Max} auch an den Rändern des Intervalls auftreten können und mit $h \to 0$ einem gemeinsamen Grenzwert zustreben.

§ 26 Die Stammfunktion

AUFGABEN

1. Schreibe folgende Funktionen ohne Integralzeichen:

$$\int_{-1}^{x} t^2 \, dt; \quad \int_{0}^{x} t^2 \, dt; \quad \int_{1}^{x} t^2 \, dt; \quad \int_{2}^{x} t^2 \, dt$$

Erläutere an einer Skizze, wie die Graphen auseinander hervorgehen!

2. Die untere Grenze λ ist bei den folgenden Funktionen so zu bestimmen, daß der Graph durch den angegebenen Punkt geht:

   a) $\int_{\lambda}^{x} dt, \ P(-3; 0);$ b) $\int_{\lambda}^{x} t \, dt, \ Q(0; -2);$ c) $\int_{\lambda}^{x} t^2 \, dt, \ R\left(3; 6\frac{1}{3}\right).$

3. Gegeben ist die Funktion $F(x) = \int_{1}^{x} \frac{t^3}{3} \, dt.$

   a) Welchen Winkel schließt die Tangente im Punkt $P(x = \sqrt{3})$ des Graphen von $y = F(x)$ mit der x-Achse ein?

   b) Berechne die Abszisse des Kurvenpunktes Q, an dem $y = F(x)$ die Steigung $\frac{4}{3}$ hat!

4. Berechne folgende Doppelintegrale: a) $\int_{1}^{2} \int_{0}^{x} (1 + 2t) \, dt \, dx$[1];   b) $\int_{0}^{4} \int_{3}^{x} (t - t^2) \, dt \, dx$!

5. Gib die Ableitung der Funktion $\psi(x) = \int_{x}^{b} f(t) \, dt$ nach der unteren Grenze an!

§ 26. DIE STAMMFUNKTION

A. Begriff und Eigenschaften

Ist $F(x)$ eine Integralfunktion von $f(x)$, so ist nach § 25 $F'(x) = f(x)$. Allgemein nennen wir eine Funktion $F(x)$, deren Ableitung gleich der Funktion $f(x)$ ist, eine Stammfunktion von $f(x)$.

Erklärung: Ist $F'(x) = f(x)$, so heißt $F(x)$ eine Stammfunktion von $f(x)$.

Nach dieser Erklärung ist jede Integralfunktion von $f(x)$ eine Stammfunktion von $f(x)$. Das Umgekehrte gilt jedoch nicht! Dies zeigt folgendes

Beispiel:

Die Funktion $\int_{a}^{x} t \, dt = \frac{x^2}{2} - \frac{a^2}{2} = F(x)$ ist eine Stammfunktion von $f(x) = x$; denn es ist $F'(x) = x$.

Die Funktion $\Phi(x) = \frac{x^2}{2} + \frac{1}{2}$ ist ebenfalls eine Stammfunktion von $f(x) = x$; denn es ist $\Phi'(x) = x$. Sie ist aber *keine* Integralfunktion von $f(x) = x$, weil $a^2 \neq -1$ für $a \in \mathbb{R}$.

---

[1] Abgekürzte Schreibweise für $\int_{1}^{2} \left(\int_{0}^{x} (1 + 2t) \, dt \right) dx.$

Die Stammfunktion § 26

In der Sprache der Mengenlehre können wir diesen Sachverhalt wie folgt ausdrücken:
Die Menge der Integralfunktionen von $f(x)$ ist eine Teilmenge der Menge der Stammfunktionen von $f(x)$.

Zwei Funktionen, die sich nur durch eine additive Konstante unterscheiden, haben die gleiche Ableitung. Auch das Umgekehrte ist richtig:

Lehrsatz 1: Die Differenz zweier Stammfunktionen $F_1(x)$ und $F_2(x)$ der Funktion $f(x)$ ist eine Konstante.

Beweis:

Sind $F_1(x)$ und $F_2(x)$ zwei Stammfunktionen von $f(x)$, so gilt:

$$F_1'(x) = f(x) \quad \text{und} \quad F_2'(x) = f(x).$$

Nun ist jedenfalls die Differenz der beiden Funktionen $F_1(x)$ und $F_2(x)$ selbst eine Funktion, nehmen wir an $c(x)$:

$$c(x) = F_1(x) - F_2(x)$$

und daher

$$c'(x) = F_1'(x) - F_2'(x) = f(x) - f(x) \equiv 0$$

Aus $c'(x) \equiv 0$ folgt nach dem Mittelwertsatz der Differentialrechnung für jedes x und jedes h:

$$c(x+h) = c(x) + h \cdot c'(x + \vartheta h) = c(x)$$

d. h.: $c(x)$ ist eine Konstante, w. z. b. w.

Beachten wir, daß die Integralfunktionen zu den Stammfunktionen gehören, so folgt aus Lehrsatz 1

Lehrsatz 2: Ist $\Phi(x)$ irgend eine Stammfunktion von $f(x)$, so erhält man jede Integralfunktion von $f(x)$ durch Addition einer passend zu wählenden Konstanten c (Integrationskonstante).

Beispiel:

Es soll die Funktion $\int_{\pi/4}^{x} \cos t \, dt$ ohne Integralzeichen geschrieben und dann $\int_{\pi/4}^{\pi/2} \cos t \, dt$ berechnet werden.

a) Wir versuchen durch Probieren eine Stammfunktion zu $f(x) = \cos x$ zu finden. Eine solche ist offenbar $\Phi(x) = \sin x$; denn es ist $\Phi'(x) = \cos x$. Folglich muß gelten:

$$\int_{\pi/4}^{x} \cos t \, dt = \sin x + c$$

Die Integrationskonstante bestimmen wir durch Einsetzen eines speziellen Wertes für x. Wählen wir $x = \frac{\pi}{4}$ und beachten wir L.S. 2, § 24, so folgt:

$$0 = \sin \frac{\pi}{4} + c \quad \text{und hieraus} \quad c = -\sin \frac{\pi}{4} = -\frac{1}{2}\sqrt{2}.$$

Also ist
$$\int_{\pi/4}^{x} \cos t \, dt = \sin x - \frac{1}{2}\sqrt{2}. \tag{1}$$

§ 26 Die Stammfunktion

b) Jetzt können wir sofort den Wert des bestimmten Integrals mit der oberen Grenze $\pi/2$ angeben. Durch Einsetzen von $x = \pi/2$ in (1) ergibt sich:

$$\int_{\pi/4}^{\pi/2} \cos t \, dt = \sin \frac{\pi}{2} - \frac{1}{2}\sqrt{2} = 1 - \frac{1}{2}\sqrt{2}$$

AUFGABEN

1. Schreibe folgende Funktionen ohne Integralzeichen:

   a) $\int_{2}^{x} t^4 \, dt$;   b) $\int_{-1}^{x} t^5 \, dt$;   c) $\int_{a}^{x} t^6 \, dt$;   d) $\int_{\sqrt{2}}^{x} t^7 \, dt$;   e) $\int_{a}^{x} \cos t \, dt$;   f) $\int_{\pi/4}^{x} \sin t \, dt$.

2. Ebenso:

   a) $\int_{3}^{x} (5t^4 + 2t + 1) \, dt$;   b) $\int_{0}^{x} (1 + \cos t) \, dt$;   c) $\int_{0}^{x} (t^5 - t^2 - 2\sin t) \, dt$.

3. Berechne die folgenden bestimmten Integrale:

   a) $\int_{1}^{2} 3x^2 \, dx$;   b) $\int_{0}^{2} x^4 \, dx$;   c) $\int_{0}^{1} x^6 \, dx$;   d) $\int_{0}^{2} (1 - x - x^2 - x^3) \, dx$.

B. Berechnung des bestimmten Integrals mit Hilfe einer Stammfunktion

Im Beispiel des Abschnittes A haben wir bereits ein bestimmtes Integral mit Hilfe einer Stammfunktion berechnet. Wir wollen diesen Gedankengang nun verallgemeinern.

Soll $\int_{a}^{b} f(x) \, dx$ berechnet werden und ist irgendeine Stammfunktion $F(x)$ von $f(x)$ bekannt, dann muß sich die Integralfunktion $\int_{a}^{x} f(t) \, dt$ in der Form

$$\int_{a}^{x} f(t) \, dt = F(x) + c$$

darstellen lassen, wobei c passend zu bestimmen ist. Zu diesem Zweck setzen wir $x = a$, beachten, daß der Wert eines Integrals mit gleicher unterer und oberer Grenze 0 ist, und erhalten

$$0 = F(a) + c$$

Hieraus folgt

$$c = -F(a)$$

und schließlich

$$\int_{a}^{x} f(t) \, dt = F(x) - F(a)$$

Setzen wir jetzt $x = b$, ergibt sich $\int_{a}^{b} f(t) \, dt = F(b) - F(a)$

und wenn wir von der Integrationsvariablen t wieder zu x übergehen

$$\int_a^b f(x)\,dx = F(b) - F(a)$$

Lehrsatz 3: Man findet das bestimmte Integral der Funktion $f(x)$ zwischen der unteren Grenze a und der oberen Grenze b, indem man sich irgendeine Stammfunktion $F(x)$ von $f(x)$ verschafft und die Differenz $F(b) - F(a)$ bildet.

Beispiel: Berechne $\int_a^b x\,dx$!

Durch Probieren finden wir, daß $F(x) = \dfrac{x^2}{2}$ eine Stammfunktion von $f(x) = x$ ist; denn $F'(x) = x$. Also gilt:

$$F(b) = \frac{b^2}{2};\quad F(a) = \frac{a^2}{2} \quad \text{und} \quad \int_a^b x\,dx = \frac{b^2}{2} - \frac{a^2}{2}$$

in Übereinstimmung mit unserem früheren, durch Summation gefundenen Ergebnis. Hätten wir $F(x) = \dfrac{x^2}{2} + 5{,}5$ genommen, wäre $F(b) = \dfrac{b^2}{2} + 5{,}5$; $F(a) = \dfrac{a^2}{2} + 5{,}5$ und wieder

$$\int_a^b x\,dx = \left(\frac{b^2}{2} + 5{,}5\right) - \left(\frac{a^2}{2} + 5{,}5\right) = \frac{b^2}{2} - \frac{a^2}{2}$$

AUFGABEN

4. Berechne mittels Lehrsatz 3:

a) $\int_2^5 dx$; b) $\int_1^3 x\,dx$; c) $\int_0^{\sqrt{3}} x^3\,dx$; d) $\int_{-a}^{+a} x^5\,dx$; e) $\int_{-\pi/2}^{+\pi/2} \sin x\,dx$; f) $\int_{-\pi/4}^{+\pi/4} \cos x\,dx$.

5. Ebenso:

a) $\int_0^1 (x^5 + x^3 + 1)\,dx$; b) $\int_1^2 \left(2x^2 - \dfrac{x}{2}\right)dx$; c) $\int_0^{\pi/2} (\sin x + \cos x)\,dx$.

C. Rückschau und Ausblick

In den Abschnitten A und B dieses Paragraphen haben wir die Bedeutung der Stammfunktion für die Berechnung eines Integrals kennengelernt. Wir sind damit an einer Stelle der Integralrechnung angelangt, an der es notwendig erscheint, das bisher Erreichte zu überblicken.

Wir gingen aus vom Problem der Berechnung des Inhalts eines krummlinig begrenzten Flächenstücks. Dazu zerlegten wir das Flächenstück in Streifen, *addierten* die Flächen

§ 27   Das unbestimmte Integral

dieser Streifen, ließen die Streifenbreite gegen 0 gehen und führten so einen *Grenzprozeß* durch.

Wir haben diese Summation und den anschließenden Grenzübergang mit einigen Grundfunktionen vorgenommen. Dabei sahen wir, daß schon in diesen einfachen Fällen der Summationsprozeß mit zum Teil erheblichen Schwierigkeiten verbunden war und meist nur durch Anwendung eines „Kunstgriffes" bewältigt werden konnte.

Allgemein läßt sich sagen, daß man bei der Mehrzahl der Funktionen mit dem geschilderten Verfahren der Flächenberechnung auf unüberwindliche Hindernisse stößt.

Hier kommt uns nun die Stammfunktion zu Hilfe. Mit ihr erscheint das Problem der Flächenberechnung in einem völlig neuen Licht. Die Bestimmung der Stammfunktion, und damit die Umkehrung der Differentiation, löst mit einem Schlag gleichzeitig die Summation und den anschließenden Grenzübergang; ein erstaunliches und überraschendes Ergebnis von ungeheurer Tragweite für die gesamte Mathematik!

Mit dieser Erkenntnis ist auch schon der weitere Weg angedeutet. Wir werden uns in den folgenden Kapiteln der Integralrechnung in erster Linie mit den Stammfunktionen befassen und systematisch Regeln und Methoden zu ihrer Auffindung entwickeln.

§ 27. DAS UNBESTIMMTE INTEGRAL

A. Begriff des unbestimmten Integrals

Faßt man in der Integralfunktion $\int_a^x f(t)\, dt$ die untere Grenze a als Parameter auf, so erhält man, wenn a alle zulässigen reellen Werte annimmt, die Menge aller Integralfunktionen von $f(x)$.

Es liegt nahe, die Menge der Stammfunktionen von $f(x)$ ebenfalls durch ein Integral zu beschreiben:

Erklärung: Das Symbol $\int f(x)\, dx$ soll die Menge aller Stammfunktionen von $f(x)$ kennzeichnen. Wir nennen es das *unbestimmte Integral* von $f(x)$.

Ist $\Phi(x)$ irgend ein Element dieser Menge, so wird durch das unbestimmte Integral

$$\int f(x)\, dx = \Phi(x) + C$$

jede Stammfunktion von $f(x)$ erfaßt, wenn $C \in \mathbb{R}$.

Beispiel:

Die Funktion $F(x) = \dfrac{x^2}{2} + \dfrac{1}{2}$, die im Beispiel S. 172 nicht als Integralfunktion von $f(x) = x$ darstellbar war, erweist sich jetzt als ein Element der durch $\int x\, dx$ beschriebenen Funktionenmenge. Denn es ist

$$\int x\, dx = \frac{x^2}{2} + C; \quad \text{für} \quad C = \frac{1}{2} \quad \text{erhält man} \quad F(x) = \frac{x^2}{2} + \frac{1}{2}.$$

Geometrische Bedeutung: Das unbestimmte Integral mit C als Parameter stellt geometrisch eine Schar von Kurven dar, die sogenannten *Integralkurven*. Sie gehen durch Parallelverschiebung in Richtung der y-Achse auseinander hervor.

B. Integrationsformeln

Durch Umkehrung unserer bisherigen Differentiationsformeln gewinnen wir die ersten Grundformeln der Integralrechnung.

1. *Integration der Potenzfunktion*

Es war
$$\frac{d}{dx}(x^\nu) = \nu\, x^{\nu-1} \qquad (\nu \in \mathbb{N})$$

für $\nu = n+1$ ergibt sich:
$$\frac{d}{dx}(x^{n+1}) = (n+1)\, x^n \qquad (n \in \mathbb{N}_0)$$

oder
$$\frac{d}{dx}\left(\frac{x^{n+1}}{n+1}\right) = x^n$$

folglich ist
$$\boxed{\int x^n\, dx = \frac{x^{n+1}}{n+1} + C} \qquad (n \in \mathbb{N}_0)$$

Beispiel: $\int x^7\, dx = \frac{x^8}{8} + C;$ **Probe:** $\frac{d}{dx}\left(\frac{x^8}{8} + C\right) = x^7$

2. *Zwei trigonometrische Integrale*

a) Es war
$$\frac{d}{dx}(\cos x) = -\sin x \quad \text{oder} \quad \frac{d}{dx}(-\cos x) = \sin x$$

folglich ist
$$\underline{\underline{\int \sin x\, dx = -\cos x + C}}$$

b) Es war
$$\frac{d}{dx}(\sin x) = \cos x$$

also ist
$$\underline{\underline{\int \cos x\, dx = \sin x + C}}$$

Diese beiden Formeln merken wir uns zunächst. Wir werden auf sie bei der Behandlung der trigonometrischen Funktionen nochmals zurückkommen.

C. Integrationsregeln

Durch Umkehrung der entsprechenden Differentiationsregeln folgt:

1. *Ein konstanter Faktor des Integranden kann vor das Integral genommen werden:*
$$\int a \cdot f(x)\, dx = a \cdot \int f(x)\, dx$$

§ 27 Das unbestimmte Integral

2. *Eine algebraische Summe darf gliedweise integriert werden:*

$$\int \sum_{\nu=1}^{m} f_\nu(x)\, dx = \sum_{\nu=1}^{m} \int f_\nu(x)\, dx$$

Beispiel: $\quad \int \left(2 - x + 3x^2 - 5x^3 + \frac{1}{4}x^4\right) dx = 2x - \frac{x^2}{2} + x^3 - \frac{5x^4}{4} + \frac{x^5}{20} + C$

Damit sind wir in der Lage, jede ganze rationale Funktion zu integrieren.

D. Berechnung bestimmter Integrale

Nach L.S. 3, § 26 haben wir uns für die Berechnung von $\int_a^b f(x)\, dx$ irgendeine Stammfunktion $F(x)$ zu verschaffen und mit ihr die Differenz $F(b) - F(a)$ zu bilden. Zu diesem Zweck wählen wir, was nahe liegt, aus der durch das unbestimmte Integral gegebenen Menge aller Stammfunktionen die zu $C = 0$ gehörige Stammfunktion aus.

1. Beispiel: $\quad \displaystyle\int_a^b x^n\, dx = \left[\frac{x^{n+1}}{n+1}\right]_a^b = \underline{\underline{\frac{b^{n+1}}{n+1} - \frac{a^{n+1}}{n+1}}}$

Damit erscheinen die Formeln von § 22 B, die wir durch einen Summations- und Grenzprozeß fanden, als Spezialfälle eines allgemeineren Gesetzes.

2. Beispiel: $\quad \displaystyle\int_a^b \sin x\, dx = \left[-\cos x\right]_a^b = (-\cos b) - (-\cos a) = \underline{\underline{-\cos b + \cos a}}$

Damit haben wir das Ergebnis der Aufgabe 2, § 23, das nur mit Hilfe eines dort angegebenen Kunstgriffs nach mühsamer Rechnung gefunden werden konnte, bestätigt.

3. Beispiel: $\displaystyle\int_1^2 (1 - x + 3x^3)\, dx = \left[x - \frac{x^2}{2} + \frac{3x^4}{4}\right]_1^2 = \left(2 - \frac{2^2}{2} + \frac{3 \cdot 2^4}{4}\right) - \left(1 - \frac{1}{2} + \frac{3}{4}\right) = \underline{\underline{10\frac{3}{4}}}$

4. Beispiel:

$\displaystyle\int_0^{2\pi} (2\sin x - 3\cos x)\, dx = \left[-2\cos x - 3\sin x\right]_0^{2\pi} = (-2\cos 2\pi - 3\sin 2\pi) - (-2\cos 0 - 3\sin 0) = \underline{\underline{0}}$

AUFGABEN

1. Berechne die folgenden unbestimmten Integrale [i) und k) auf 2 Wegen]:

a) $\int x^5\, dx;\quad$ b) $\int x^6\, dx;\quad$ c) $\int 4x^7\, dx;\quad$ d) $\int a\, x^b\, dx;\quad$ e) $\int (c+1)\, x^c\, dx;$

f) $\int 3\, dx;\quad$ g) $\int (1 + 2x + 3x^2)\, dx;\quad$ h) $\int (x^6 - x^4 + x^2 - 1)\, dx;$

i) $\int n\, x^n\, dx + \int x^n\, dx;\quad$ k) $\int a\, x^{a+b}\, dx + \int b\, x^{a+b}\, dx + \int x^{a+b}\, dx;$

Das unbestimmte Integral § 27

l) $\int (u z^3 + u^2 z^2 + u^3 z)\, du;$ m) $\int (u z^3 + u^2 z^2 + u^3 z)\, dz.$

2. Ebenso:

a) $\int a \sin x\, dx;$ b) $\int 5 \cos x\, dx;$ c) $\int (\sin x - \cos x)\, dx;$ d) $\int (a - b \cos x)\, dx.$

3. Berechne die folgenden bestimmten Integrale:

a) $\int_0^2 x^5\, dx;$ b) $\int_0^6 (1 - x + x^2)\, dx;$ c) $\int_1^3 (3 x^2 - 6 x^5 + 1)\, dx;$

d) $\int_{-\sqrt[4]{2}}^{+\sqrt[4]{2}} (2 x^3 - 4 x^7)\, dx;$ e) $\int_0^{1/3} (a + b x)^2\, dx;$ f) $\int_{-a}^{+a} (x^{2n-1} + x^{2n} + x^{2n+1})\, dx.$

4. Berechne die folgenden Integrale und deute a) bis i) geometrisch!

a) $\int_0^{\pi/2} \sin x\, dx;$ b) $\int_{\pi/2}^{\pi} \sin x\, dx;$ c) $\int_0^{3\pi/2} \sin x\, dx;$ d) $\int_0^1 \cos x\, dx;$ e) $\int_{2\pi}^{\pi} \sin x\, dx;$

f) $\int_{\pi}^{\pi/2} \cos x\, dx;$ g) $\int_{-\pi/2}^{0} \cos x\, dx;$ h) $\int_0^{-1} \sin x\, dx;$ i) $\int_0^{-2,5} \sin x\, dx;$

k) $\int_0^1 (1 + 2 \cos x)\, dx;$ l) $\int_{0,5}^{1,5} (2 x + \sin x - \cos x)\, dx.$

5. Berechne $\frac{d}{dx}\left(\frac{1}{x}\right)$ durch Grenzwertrechnung, löse mit dem Ergebnis die Integrale:

a) $\int \frac{1}{x^2}\, dx;$ b) $\int \left(2 - \frac{3}{x^2}\right) dx;$ c) $\int \frac{x^3 + x^2 + 2}{x^2}\, dx.$

6. Berechne mit der Produktregel $\frac{d}{dx}(x \sin x)$ und mit Benutzung des Ergebnisses folgende Integrale:

a) $\int (1 - \sin x - x \cos x)\, dx;$ b) $\int_0^{\pi/2} x \cos x\, dx.$

7. Von den Integralkurven $\int f(x)\, dx$ ist jeweils jene zu bestimmen, die durch P geht:

a) $f(x) = 1 - \sin x,\ P(0; 2);$ b) $f(x) = \sin x + \cos x,\ P(\pi; -3);$
c) $f(x) = x + \sin x;\ P(0; -1);$ d) $f(x) = 2 x - \cos x,\ P(\pi; \pi^2).$

8. a) $\int_0^{\pi/2} \int_0^x (\sin t - \cos t)\, dt\, dx;$ b) $\int_0^2 \int_0^x (t^2 + 2 \cos t)\, dt\, dx.$

§ 28   Vermischte Aufgaben zur Integralrechnung

9. a) Zeige am Beispiel der Funktion $f(x) = x^2$, daß die Menge der Integralfunktionen einer Funktion $f(x)$ keine *echte* Teilmenge der Menge ihrer Stammfunktionen zu sein braucht!

   b) Warum ist für die Funktion $y = \cos x$ die Menge der Integralfunktionen eine *echte* Teilmenge der Menge ihrer Stammfunktionen?

§ 28. VERMISCHTE AUFGABEN ZUR INTEGRALRECHNUNG

I. Ganze rationale Funktionen (Gleichung gegeben)

1. Es ist der Graph der Funktion $y = \frac{1}{4} x (x - 6)^2$ im Bereich $-1 \leq x \leq 8$ zu zeichnen (1 L.E. = 1 cm) und das Flächenstück zu berechnen, das von der Kurve und der x-Achse begrenzt wird.

2. Gegeben ist die ganze rationale Funktion 3. Grades $y = \frac{1}{27} x^3 - \frac{2}{3} x^2 + 3x$. Zeige, daß der zugehörige Graph die x-Achse berührt und berechne das von ihm und der x-Achse begrenzte Flächenstück! Zeichnung für den Bereich $-1 \leq x \leq 10$ mit 1 L.E. = 1 cm!

3. Im Schnittpunkt des Graphen von $y = -0,5 x^2 + 1,5 x + 5$ mit der y-Achse wird die Tangente gezeichnet. In welchem Verhältnis wird die von der Tangente und den Achsen umschlossene Fläche von der Kurve geteilt?

4. Die Kurve mit der Gleichung $y = 3 x^2 - \frac{1}{4} x^4$ ist im Bereich $-4 \leq x \leq +4$ zu zeichnen. (1 L.E. = 0,5 cm). Dann ist der Inhalt des von der Kurve und der x-Achse begrenzten Segmentes zu berechnen!

5. Gegeben ist die Funktion $y = \frac{1}{20} x^3 (x - 5)^2 + 2$.
   a) Berechne die Koordinaten der Extrema und die Abszissen der Wendepunkte!
   b) Welchen Inhalt hat das Flächenstück zwischen der Kurve, den beiden Koordinatenachsen und der Ordinate zu $x = 3$?

6. Der Graph von $y = x^3 - 6 x^2 + 9 x - 2$ hat ein Minimum M und einen Wendepunkt W. Berechne das Flächenstück, das von der Sehne MW und der Kurve begrenzt wird!

7. Der Graph von $y = x^2 + 2x - 3$ schneidet aus der Geraden $x - y + 3 = 0$ die Sehne AB aus. Berechne das Flächenstück, das von der Sehne und der Kurve begrenzt wird!

8. Gegeben ist die Funktion $y = -\frac{1}{6} x^3 + 2x + 1$.
   Die Gerade $y - 1 = 0$ schneidet den Graphen der Funktion in den Punkten A, B und C (es ist $x_C < x_A < x_B$). In A wird die Kurvennormale gezeichnet. Ihr Schnittpunkt mit der x-Achse sei D. E ist die senkrechte Projektion von B auf die x-Achse.
   Berechne die Fläche, die von den Strecken AD, DE, EB und dem zwischen A und B liegenden Kurvenbogen begrenzt wird!

Vermischte Aufgaben zur Integralrechnung § 28

9. Gegeben sind die Funktion $f(x) = \frac{1}{8}(x^3 - 6x^2 + 32)$ und die Gerade $x - 2y + 2 = 0$.
   a) Zeige, daß die Gerade durch den Wendepunkt des Graphen von $y = f(x)$ geht!
   b) Welches sind die Koordinaten der anderen beiden Schnittpunkte?
   c) Beweise, daß die beiden endlichen Flächenstücke, die von der Geraden und dem Graphen begrenzt werden, gleichen Flächeninhalt haben!

10. Berechne die im 1. und 3. Quadranten liegenden, von den beiden Graphen zu $y = \frac{1}{8} x^3$ und $y = \frac{1}{4} x^2 + x$ begrenzten Flächenstücke!

11. Die Graphen von $y = -\frac{1}{4} x^2 + \frac{3}{2}$ und $y = (-\frac{1}{4} x^2 + \frac{3}{2})^2$ schließen drei Flächenstücke ein. Berechne das größte! Zeichnung im Bereich $-4 \leq x \leq 4$ mit 1 L.E. = 2 cm.

II. Ganze rationale Funktionen (Gleichung gesucht)

12. Für die Funktion $y = a x^2 + b x$ sind die Koeffizienten a und b so zu bestimmen, daß der Graph durch $A(2; 3)$ geht und die Tangente in diesem Punkt die Steigung 2 hat. Wie groß ist die im 3. Quadranten liegende, von der Kurve und der x-Achse begrenzte Fläche?

13. Gegeben ist die Kurve K_1: $y = \frac{1}{20} x^4 - \frac{6}{5} x^2 + 4$.
    a) Bestimme die Koordinaten der Extrema und Wendepunkte!
    b) Zeichne die Kurve im Bereich $-5 \leq x \leq 5$!
    c) Die Kurve K_2: $y = a x^2 + b x + c$ berührt K_1 in deren Wendepunkten. Stelle die Gleichung von K_2 auf und zeichne sie im Bereich $-3 \leq x \leq 3$!
    d) Berechne das von K_1 und K_2 im Bereich $-2 \leq x \leq 2$ eingeschlossene Flächenstück!

14. Der Graph einer ganzen rationalen Funktion 3. Grades hat in $A(3; 6)$ die Gerade t: $y = 11x - 27$ als Tangente und in $W(1; 0)$ einen Wendepunkt.
    a) Stelle die Gleichung auf!
    b) Berechne die Fläche, die vom Graphen und der x-Achse eingeschlossen wird!

15. In der Kurvengleichung $y = x^3 + a x^2 - 4x + b$ sind die Koeffizienten a und b so zu bestimmen, daß die Kurve die x-Achse im Punkt $A(x = -3)$ schneidet und an der Stelle $x = -2$ ein Maximum hat.
    a) Bestimme die übrigen Schnittpunkte mit der x-Achse, sowie die Lage der Extrema und des Wendepunktes!
    b) Welchen Inhalt hat das Flächenstück, das von der Kurve, der Geraden $x - y + 3 = 0$ und den Ordinaten zu $x = -3$ und $x = -1$ begrenzt wird?

III. Sinus- und Kosinusfunktion

16. Die beiden Kurven $y = \sin x$ und $y = \cos x$ begrenzen mit der x-Achse ein Spitzbogendreieck.
    a) Wie groß sind die drei Winkel des Spitzbogendreiecks?
    b) Wie groß ist sein Flächeninhalt?
    c) Zeichnung im Bereich $0 \leq x \leq \frac{\pi}{2}$ mit 1 L.E. = 10 cm!

§ 28 Vermischte Aufgaben zur Integralrechnung

17. In welchen Punkten schneidet die Gerade $y - 0{,}5 = 0$ die Sinuslinie $y = \sin x$? Berechne die Fläche der von ihr abgeschnittenen Kuppe auf 3 geltende Ziffern genau! Zeichnung mit 1 L.E. = 3 cm ≈ π cm für $0 \leq x \leq \pi$!

18. Gegeben ist die Funktion $y = 1 - \cos x$.
    a) Bestimme die Nullstellen, die Extremwerte und die Wendepunkte des Graphen im Bereich $0 \leq x \leq 2\pi$!
    b) Zeichne den Graphen im angegebenen Bereich!
    c) Berechne die Fläche, die von ihm und der x-Achse begrenzt wird!

19. Gegeben ist die Funktion $y = x + \sin x$.
    a) Untersuche den Graphen im Bereich $-2\pi \leq x \leq 2\pi$ auf eventuelle Extrema und Wendepunkte!
    b) Zeichnung in diesem Bereich mit 1 L.E. = 1 cm!
    c) In welchen Kurvenpunkten bildet die Tangente mit der x-Achse den Winkel $\alpha = 56{,}31°$?
    d) Die Kurve wird von der Geraden mit der Gleichung $x - \pi = 0$ in A und von der Geraden mit der Gleichung $x - 2\pi = 0$ in B geschnitten. Berechne den Flächeninhalt des Segments, das zwischen der Strecke AB und dem Kurvenbogen AB liegt!

20. Durch Überlagerung der Geraden $y = -\dfrac{x}{2}$ und der Kosinuslinie $y = \cos x$ entsteht eine Kurve K.
    a) Zeichne diese Kurve im Bereich $-2\pi \leq x \leq 3\pi$! 1 L.E. = 1 cm.
    b) Wie groß ist der Inhalt eines der Flächenstücke, die von der Geraden $y = -\dfrac{x}{2}$ und der Kurve K begrenzt werden?

IV. Vorgegebene Flächeninhalte

21. Der Parameter λ ist in den folgenden Gleichungen so zu bestimmen, daß das zwischen den positiven Koordinatenachsen und der Kurve liegende Flächenstück den Inhalt f F.E. erhält.
    a) $y = \lambda x^2 + 2,\quad f = 2\tfrac{2}{3}$;
    b) $y = -\tfrac{1}{4} x^2 + \lambda,\quad f = 10\tfrac{2}{3}$.

22. Das zwischen der Parabel $y = 0{,}1\, x^2$, der x-Achse und der Ordinate $x = 6$ liegende Flächenstück soll durch eine Parallele zur y-Achse
    a) halbiert;
    b) im Verhältnis $8 : 19$ (kleineres Teilstück am Ursprung) geteilt werden.

23. Für die Graphen der folgenden Funktionen $f(x)$, die nur im 1. Quadranten betrachtet werden, soll eine Ordinate zu $x = \xi > 0$ so bestimmt werden, daß das zwischen ihr, den Achsen und der Kurve gelegene Flächenstück den vorgeschriebenen Inhalt f F.E. erhält.
    a) $f(x) = \dfrac{x}{2} + 1,\quad f = 3$;
    b) $f(x) = \tfrac{1}{2} x^2,\quad f = 1\tfrac{1}{3}$;
    c) $f(x) = \tfrac{1}{10} x^3,\quad f = 6{,}4$;
    d) $f(x) = \tfrac{1}{10} x^4,\quad f = \tfrac{1}{2}\sqrt{5}$;
    e) $f(x) = 3x^2 - 12x + 12,\quad f = 8$;
    f) $f(x) = 3x^2 + 1,\quad f = 10$.

Vermischte Aufgaben zur Integralrechnung § 28

24. Wie müssen a und b gewählt werden, damit der Graph der Funktion

$$y = a x^2 - b x^4 \qquad (a > 0;\ b > 0)$$

die x-Achse im Punkt $x = 4$ schneidet und die im 1. Quadranten liegende, von der Kurve und der x-Achse begrenzte Fläche den Inhalt $8\tfrac{8}{15}$ F. E. hat? Wozu hat diese Kurve ihre Extrema und Wendepunkte? Symmetrie? Zeichnung im Bereich $-4{,}5 \leq x \leq 4{,}5$ mit 1. L. E. = 1 cm.

25. Gegeben sind die Parabeln durch $y = x^2$ und $y = 1 - \lambda x^2$, $(\lambda > 0)$.
Bestimme λ so, daß das von den beiden Kurven begrenzte Flächenstück den Inhalt $\tfrac{2}{3}$ F. E. hat!

26. Eine Kurve hat die Gleichung $y = \lambda x^3 + a x^2 + b x$. Sie soll bei $x = 1$ das Maximum und bei $x = 2$ den Wendpunkt haben.
  a) Drücke a und b durch λ aus!
  b) Wähle λ nun so, daß die Kurve mit der x-Achse ein Flächenstück vom Inhalt 9 F. E. einschließt und gib die Gleichung der Kurve an!

V. Flächenextrema

27. Gegeben sind die Kurven $K_1:\ y = \lambda - \dfrac{x^2}{\lambda}$ und $K_2:\ y = \lambda^3 - \lambda x^2$ mit λ als Parameter $(0 < \lambda \neq 1)$.
  a) Zeichne die Kurven für $\lambda = 2$ mit 1 L. E. = 1 cm!
  b) Berechne das oberhalb der x-Achse gelegene Flächenstück, das von beiden Kurven begrenzt wird!
  c) Für welchen Wert von λ $(0 < \lambda < 1)$ hat diese Fläche den größten Inhalt? Wie groß ist dieser?

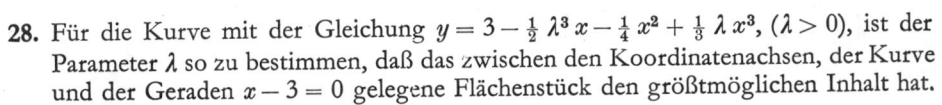

28. Für die Kurve mit der Gleichung $y = 3 - \tfrac{1}{2} \lambda^3 x - \tfrac{1}{4} x^2 + \tfrac{1}{3} \lambda x^3$, $(\lambda > 0)$, ist der Parameter λ so zu bestimmen, daß das zwischen den Koordinatenachsen, der Kurve und der Geraden $x - 3 = 0$ gelegene Flächenstück den größtmöglichen Inhalt hat.
  a) Wie groß ist dieser?
  b) Zeichne für diesen Fall die Kurve im Bereich $-2 \leq x \leq 3$ mit 1 L.E. = 1 cm!

VI. Integralfunktionen

29. Für welche x hat die Funktion $F(x) = \displaystyle\int_0^x (\sin t - \cos t)\, dt$ im Bereich $0 \leq x < 2\pi$ Extremwerte?

30. Wo hat der Graph der Funktion $F(x) = \displaystyle\int_1^x (t^4 - 8t - 7)\, dt$ einen Wendepunkt?

31. Die Funktion $F(x) = \displaystyle\int_0^x f(t)\, dt$ hat an der Stelle $x = 5$ ein Extremum und an der Stelle $x = 3$ eine Nullstelle. $f(t)$ ist eine ganze rationale Funktion 2. Grades von der Form $f(t) = a t^2 + b t + c$, die für $t = 1$ den Wert $\tfrac{4}{3}$ annimmt. Bestimme die Größen a, b und c und damit $f(t)$ und $F(x)$!

§ 28 Vermischte Aufgaben zur Integralrechnung

VII. Abschnittsweise definierte Funktionen

32. Die Funktion $f(x)$ ist folgendermaßen definiert:

$$f(x) = \begin{cases} x+5 & \text{in } -5 \leqq x \leqq -2 \\ a\,x^2 + b\,x + c & \text{in } -2 < x \leqq +2 \\ -x+5 & \text{in } +2 < x \leqq +5 \end{cases}$$

Bestimme die Koeffizienten a, b, c so, daß $f(x)$ in $-5 \leqq x \leqq +5$ differenzierbar ist und berechne die von dem Graphen und der x-Achse eingeschlossene Fläche!

33. Die Funktion $f(x)$ ist folgendermaßen definiert:

$$f(x) = \begin{cases} -0{,}5\,x^2 - 4\,x - 8 & \text{in } -4 \leqq x \leqq -2 \\ a\,x^2 + b\,x + c & \text{in } -2 < x \leqq +2 \\ -0{,}5\,x^2 + 4\,x - 8 & \text{in } +2 < x \leqq +4 \end{cases}$$

Bestimme die Koeffizienten a, b, c so, daß $f(x)$ in $-4 \leqq x \leqq +4$ differenzierbar ist und verwandle die zwischen der x-Achse und dem Graphen liegende Fläche in ein Quadrat! Berechne die Quadratseite!

VIII. Nicht differenzierbare Funktionen

Die Integranden in den folgenden Aufgaben sind an einer oder mehreren Stellen nicht differenzierbar[1]), jedoch stetig und damit integrierbar. Zeichne in jedem Fall den Verlauf des Graphen! Gib die Stelle an, für die die Ableitung nicht existiert und berechne das Integral!

34. a) $\int_{1}^{2} |x|\,dx;$ b) $\int_{-1}^{2} |x|\,dx;$ c) $\int_{-2}^{-1} \sqrt{x^2}\,dx.$

35. a) $\int_{-2}^{+2} (1 + |x|)\,dx;$ b) $\int_{-1}^{+1} (1 - |x|)\,dx;$ c) $\int_{-3}^{2} (2 + 0{,}5\,|x|)\,dx.$

36. a) $\int_{-3}^{2} (x + |x|)\,dx;$ b) $\int_{-2}^{3} (x - |x|)\,dx;$ c) $\int_{-1}^{2} (2 + x + |x|)\,dx;$

d) $\int_{-1}^{+1} (2 - x + |x|)\,dx;$ e) $\int_{-0{,}2}^{1} (2x - 3\,|x| + 1)\,dx.$

37. a) $\int_{-2}^{2} (x^2 - |x| + 2)\,dx;$ b) $\int_{-1}^{+1} (3x^2 - 9\,|x| + 6)\,dx.$

---
[1]) Ausgenommen Aufgabe 41.

Vermischte Aufgaben zur Integralrechnung § 28

38. a) $\int_{-2}^{0} |x+1|\, dx$; b) $\int_{0}^{3} \sqrt{(x-1)^2}\, dx$; c) $\int_{0}^{2} |2x-3|\, dx$; d) $\int_{-\pi}^{+\pi} |\sin x|\, dx$.

39. a) $\int_{-2}^{5} |0{,}5(x^2-3x-4)|\, dx$;

b) Berechne die Fläche zwischen der Kurve $y = 0{,}1\, |x^3 - 9x|$ und der Geraden $y - 8 = 0$!

40. a) $\int_{-2}^{+2} ||x|-1|\, dx$; b) $\int_{-4}^{+4} |x^2 - 2|x| - 3|\, dx$.

41. a) Untersuche $y = x\,|x|$ auf Stetigkeit und Differenzierbarkeit!

b) Berechne $\int_{-1}^{2} x\,|x|\, dx$!

c) Beweise: Für $a, b \in \mathbb{R}$ gilt: $\int_{a}^{b} x\,|x|\, dx = \frac{1}{3}|b|^3 - \frac{1}{3}|a|^3$.

AUS DER GESCHICHTE DER INFINITESIMALRECHNUNG

Im Unterricht der letzten Jahre kamen bereits mehrfach Probleme der Infinitesimalrechnung zur Sprache, Probleme also, die zu ihrer einwandfreien Lösung einen Grenzprozeß erfordern. Die wichtigsten davon sind: Unendliche Dezimalbrüche, Existenz von $\sqrt{2}$, Irrationalzahlen, Inkommensurabilität zweier Strecken, Umfang und Fläche des Kreises, Volumen von Zylinder, Pyramide, Kegel und Kugel, Cavalierisches Prinzip.
Diese und viele andere Probleme der Infinitesimalrechnung wurden schon lange vor Leibniz und Newton, die im allgemeinen als die Entdecker der Infinitesimalrechnung gelten, gelöst.
Schon im 5. Jahrhundert v. Chr. wurden von Demokrit (etwa 460—370) und Bryson von Herakleia (um 410 v. Chr.) und anderen Denkern infinitesimale Probleme in Angriff genommen und teilweise auch gelöst: Die Quadratur des Kreises und die Bestimmung von Zylinder-, Pyramiden-, Kegel- und Kugelvolumen. Diese Körper dachte man sich in sehr dünne Scheiben zerschnitten; man verwendete also bereits integrationsartige Verfahren. In das gleiche Jahrhundert fiel die Entdeckung des Irrationalen, die die griechische Mathematik und Philosophie aufs stärkste erschütterte.
Eudoxos von Knidos (etwa 408—355) gelang es, durch seine Exhaustionsbeweise einwandfreie Begründungen für die schon bekannten Inhaltsbestimmungen zu geben. Seine Proportionenlehre nimmt bereits den Dedekindschen Schnitt vorweg. Aristoteles (384—322) führte schon die Summation einer unendlichen geometrischen Reihe durch, wobei die genauen Konvergenzbedingungen angegeben wurden. Auch seine Betrachtungen über die Stetigkeit des Kontinuums und über das Unendliche wurden bedeutsam für die Mathematik.
Im 3. Jahrhundert v. Chr. war es Archimedes von Syrakus (287—212), der für die Infinitesimalrechnung die bedeutendsten Beiträge der Antike lieferte. Bekannt sind vor allem seine einwandfrei begründete Parabelquadratur und seine Kreismessung. Er bestimmte Oberfläche und Inhalt der Kugel und anderer Körper, besonders der Rotationskörper; dabei löste er im Prinzip bereits schwierige Integrale. In diesem Zusammenhang ist seine Schrift „ἔφοδος" (Zugang) interessant (sie wurde erst

§ 28 Vermischte Aufgaben zur Integralrechnung

1906 wiedergefunden), in der er Lösungswege für verschiedene seiner Ergebnisse beschrieben hat. Diese mechanischen und atomistischen Überlegungen, die er selbst nicht als mathematisch streng betrachtete, haben sich später als fruchtbar erwiesen. Erst nachträglich sicherte er die Ergebnisse durch unanfechtbare Beweise.

Im 15. und 16. Jahrhundert waren die Schriften der großen griechischen Mathematiker, meist in lateinischen Übersetzungen, wieder bekannt geworden. Bald beschränkte man sich nicht nur auf das Verstehen, Übersetzen und Interpretieren der griechischen Vorbilder, sondern fügte die ersten neuen Ergebnisse hinzu. Dabei konnte man auch auf das aufbauen, was inzwischen von Arabern, Persern und Indern entdeckt worden war. So erzielte man erst im 17. Jahrhundert wesentliche Fortschritte in der Mathematik, die über die Erkenntnisse zur Zeit des Archimedes hinausführten. Schwerpunktsbestimmungen und Quadraturen, dann auch Volumenberechnungen und Extremwerte waren die infinitesimalen Probleme, denen man sich zuwandte. Die bedeutendsten Forscher auf diesem Gebiet waren zunächst François Viète (1540—1603), Johannes Kepler (1571—1630), Bonaventura Cavalieri (1591—1647) und René Descartes (1596—1650).
Gleichzeitig vollzog sich auch ein Wandel in der Darstellung und Auffassung der Mathematik. Die rein geometrische Darstellung der Griechen und die schwerfällige verbale Form wurden durch eine analytische, algorithmische Form abgelöst. Das Rechnen mit Buchstaben und neue Rechenzeichen wurden eingeführt. Allgemeine Methoden traten an die Stelle von vielen Einzeluntersuchungen.
Bedeutende Fortschritte erzielten Evangelista Torricelli (1608—1647), P. de Roberval (1602—1675), Blaise Pascal (1623—1662) und Christian Huygens (1629—1695). Verschiedene Kurven wurden untersucht, Wendepunkte, Längen-, Flächen- und Rauminhalte bestimmt. Pierre de Fermat (1601—1665) kannte die Integration der Potenzen mit ganzzahligen und gebrochenen Exponenten, stellte Bedingungen für die Art der Extremwerte und die Wendepunkte auf, beherrschte zahlreiche Integrationsregeln und vieles andere. Auch das Tangentenproblem rückt jetzt stärker in den Vordergrund; James Gregory (1638—1675), Fermat und Isaac Barrow (1630—1677) arbeiteten schon mit vielen Sätzen der Differentialrechnung. Isaac Barrow entdeckte den Fundamentalsatz der Integralrechnung, die Tatsache also, daß das Tangenten- und das Quadraturproblem zueinander invers sind. Er nützte diesen Satz allerdings noch kaum zur Gewinnung von Integralformeln aus. Barrow, ursprünglich Theologe, trat mit 39 Jahren, nach der Veröffentlichung seiner Arbeit „lectiones geometricae", in der seine großen Ergebnisse stehen, sein Lehramt in Cambridge an seinen genialen Schüler Newton ab und ging als Geistlicher nach London.
Isaac *Newton* (1643—1727), Sohn eines Gutspächters, studierte zunächst Philosophie und wandte sich erst gegen Ende seines Studiums 1664 der Mathematik zu. Bereits als 23jähriger hatte er die wesentlichen Erkenntnisse der Gravitationstheorie, der Reihenlehre und die Differential-Integralrechnung, die er Fluxionenlehre nannte, abgeschlossen. Er ging in seinen Betrachtungen von der Bewegungslehre aus. Die Ableitung bedeutet die Geschwindigkeit eines Punktes; er nannte sie Fluxion und bezeichnete sie mit $\dot{u}$, $\dot{x}$, $\dot{y}$ oder $\dot{z}$. In seinem 1670/71 verfaßten, aber erst 1736 veröffentlichten Werk schrieb Newton: „Was in diesen Fragen schwierig ist, kann auf folgende beiden Probleme zurückgeführt werden ...

I. Gegeben die Länge des durchmessenen Weges in jedem Zeitmoment. Zu finden die Geschwindigkeit der Bewegung zu einer gegebenen Zeit.

II. Wenn die Geschwindigkeit zu jeder Zeit gegeben ist, die Länge des beschriebenen Weges zu finden zu einer gegebenen Zeit."

Newton faßte die von seinen Vorgängern erarbeiteten Ergebnisse der Infinitesimalrechnung zusammen, erweiterte sie und zeigte, wie man mit diesen neuen Erkenntnissen arbeiten konnte; dabei löste er viele neue Probleme.

Gottfried Wilhelm *Leibniz* (1646—1716) war der Sohn eines Universitätsprofessors. Dank seiner ausgezeichneten Begabung — mit 8 Jahren verstand er schon die Liviustexte — konnte er mit 15 Jahren sein Rechtsstudium beginnen, mit 17 Jahren erwarb er das Baccalaureat mit einer Abhandlung über Logik, mit 20 Jahren veröffentlichte er seine philosophische Dissertation. Im Laufe seines Lebens leistete er auf ganz verschiedenen Gebieten Bedeutendes (Philosophie, Physik, Staatslehre, Rechtslehre,

Vermischte Aufgaben zur Integralrechnung § 28

Geschichts- und Sprachwissenschaft). Mit der Mathematik kam er 1672 in Paris, wo er auf Grund eines diplomatischen Auftrages bis 1676 weilte, vor allem durch Huygens, in Berührung. 1673 führte er in London eine von ihm erfundene Rechenmaschine vor und wurde Mitglied der Royal Society. Bereits in Paris hatte er die Differential- und Integralrechnung im wesentlichen fertig entworfen. Die Anregung hierzu fand er vor allem in den Schriften von Pascal. Er kam im Gegensatz zu Newton von der Geometrie, vom Tangentenproblem her, zur Infinitesimalrechnung. Das gesamte Wissen seiner Zeit über dieses Gebiet faßte er, ähnlich wie Newton, zusammen. Darüber hinaus erkannte er, wie notwendig eine geeignete Schreibweise ist, die das Wesentliche in knapper Form ausdrückt und eine bequeme Handhabung ermöglicht. So entwickelte er den Kalkül, der sich rasch durchsetzte und auch heute noch fast unverändert in Gebrauch ist. Er selbst und seine Anhänger, wie Jakob (1654—1705) und Johann Bernoulli (1667—1748) und auch de L'Hospital (1661—1704) wandten den Kalkül auf zahlreiche Probleme der Geometrie, der Mechanik und anderer Gebiete an und bauten ihn weiter aus.

Im Laufe des 17. Jahrhunderts war es verschiedentlich zu Streitigkeiten über Erstentdeckungen zwischen den Gelehrten Englands einerseits und denen des Festlands andererseits gekommen. In besonders scharfer Form entstand nun ein Prioritätsstreit um die Entdeckung der Infinitesimalrechnung. Leibniz wurde des Plagiats beschuldigt. Erst viel später gelang es der historischen Forschung, einwandfrei zu klären, daß Newton und Leibniz unabhängig voneinander zu ihren Ergebnissen kamen, Newton allerdings einige Jahre früher. Beide bauten aber auf vielen Ergebnissen von Vorgängern auf, so daß man auch noch andere, vor allem Fermat, Gregory und Barrow zu den Entdeckern zählen kann. Der Kalkül ist allein die Leistung von Leibniz.

Das 18. Jahrhundert brachte eine stürmische Entwicklung der Infinitesimalrechnung. Die bekanntesten Mathematiker in dieser Zeit waren Brook Taylor (1685—1731), Leonhard Euler (1707—1783), Joseph Louis Lagrange (1736—1813), Pierre Simon Laplace (1749—1827). Auf ihre Ergebnisse kann im Rahmen des Schulunterrichts nicht eingegangen werden.

Im 19. Jahrhundert stellte sich heraus, daß man es über der Fülle der neuen Entdeckungen manchmal an der notwendigen Sorgfalt bei den Begründungen hatte fehlen lassen. Der Gültigkeitsbereich der Sätze war nicht scharf abgegrenzt. Widersprüche tauchten auf. Neben der Weiterentwicklung ging man nun daran, der Infinitesimalrechnung eine logisch einwandfreie Grundlage zu geben und einen exakten Aufbau nachzuholen. Augustin Louis Cauchy (1789—1857), Carl Friedrich Gauß (1777—1855) und andere wiesen auf die kritischen Stellen im Aufbau und in der Anwendung der Infinitesimalrechnung hin. Es zeigte sich, daß die Funktion, die bisher entweder als geometrische Linie oder als analytischer Rechenausdruck verstanden wurde, unzulänglich definiert war. P. G. Lejeune Dirichlet (1805—1859) bezeichnete in moderner Weise die Funktion als Zuordnung. Die Präzisierung des Begriffs der stetigen Funktion geht auf Bernard Bolzano (1781—1848) zurück, während Richard Dedekind (1831—1916) zeigen konnte, daß sich die Infinitesimalrechnung auf den Eigenschaften der reellen Zahlen aufbaut, die er mit seinen „Dedekindschen Schnitten"[1]) exakt erfaßte. Bernhard Riemann (1826—1866) schließlich gab eine Neufassung der Begriffe der Integrierbarkeit und des Integrals, die allerdings später noch verallgemeinert wurden. Diesen Riemannschen Integralbegriff verwenden wir in der Schule.

---

[1]) Die Eigenschaften des Dedekindschen Schnittes sind mit der Vollständigkeitseigenschaft der reellen Zahlen gleichwertig.

§ 29. GRAPHISCHE INTEGRATION

A. Richtungsfeld. Begriff der Differentialgleichung

1. Durch eine Gleichung der Form
$$y' = f(x)$$
ist innerhalb des Definitionsbereichs von $f(x)$ jedem Punkt mit der Abszisse x eine ganz bestimmte Steigung zugeordnet. Durch jeden Punkt der xy-Ebene kann man sich daher ein kurzes Geradenstück gezeichnet denken, das diese Steigung hat. Man erhält so ein aus einzelnen *Linienelementen* bestehendes *Richtungsfeld* in der xy-Ebene, das im vorliegenden Fall dadurch ausgezeichnet ist, daß zu allen Punkten mit der gleichen Abszisse die gleiche Steigung gehört.

Beispiel:
Es sei $y' = \frac{1}{4}x$; dann gilt folgende Wertetabelle:

x	0	1	2	3	4	5	6	...	-1	-2	-3	-4
y'	0	$\frac{1}{4}$	$\frac{1}{2}$	$\frac{3}{4}$	1	$\frac{5}{4}$	$\frac{3}{2}$	...	$-\frac{1}{4}$	$-\frac{1}{2}$	$-\frac{3}{4}$	-1

Das zugehörige Richtungsfeld zeigt Abb. 98.

Bei genügender Dichte der Linienelemente lassen sich die Graphen jener Funktionen $F(x)$ in das Richtungsfeld einzeichnen, für die $F'(x) = f(x)$ ist. Wir erhalten so das System der *Integralkurven* der Funktion $y = f(x)$. Es bestätigt sich, daß die Integralkurven auseinander durch Parallelverschiebung entlang der y-Achse hervorgehen.

In Abb. 98 ist eine der Integralkurven, und zwar diejenige durch den Ursprung, eingezeichnet. Es ist die Parabel $y = \frac{1}{8}x^2$.

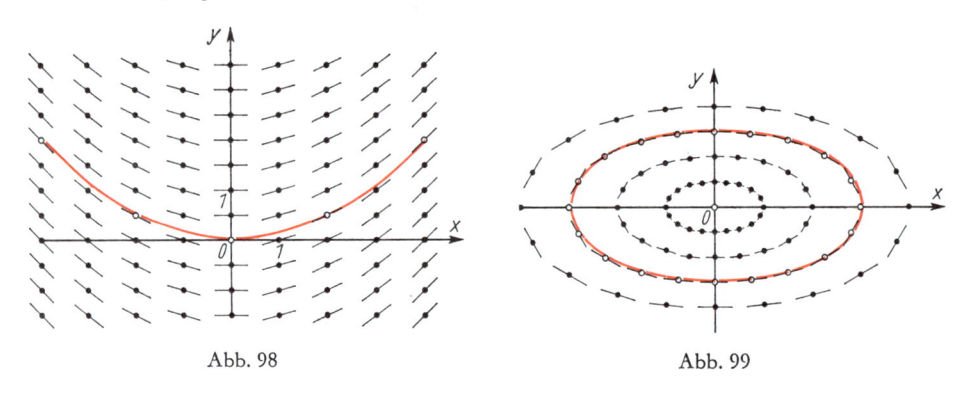

Abb. 98   Abb. 99

2. Hängt die Richtung des Linienelements im Punkt P nicht allein von der Abszisse x, sondern auch von der Ordinate y ab, dann ist y' eine Funktion der beiden Variablen x und y:
$$y' = f(x, y)$$

Eine Beziehung zwischen der Ableitung und den Variablen x und y heißt eine *Differentialgleichung*.

Beispiel: $y' = -\dfrac{x}{4y}; \quad (y \neq 0)$

Durch diese Differentialgleichung ist beispielsweise dem Punkt $P(2;1)$ die Steigung $-0{,}5$ zugeordnet. Abb. 99 zeigt das zugehörige Richtungsfeld. Alle Punkte einer Geraden durch den Ursprung sind durch Linienelemente der gleichen Steigung gekennzeichnet (warum?). Offenbar bilden die Integralkurven eine Schar konzentrischer Ellipsen.

Durch das Einzeichnen der Integralkurven in das Richtungsfeld wird die Differentialgleichung graphisch integriert. Das Auffinden der Gleichung des Systems der Integralkurven ist für uns allerdings eine im allgemeinen unlösbare Aufgabe.

Anmerkung: Die Variable y kann in der Differentialgleichung fehlen. Daher können Gleichungen der Form $y' = f(x)$, wie wir sie bisher betrachteten, ebenfalls als Differentialgleichungen aufgefaßt werden.

AUFGABEN

1. Zeichne das zu den folgenden Differentialgleichungen gehörige Richtungsfeld und füge einige Integralkurven nach Augenmaß ein!

   a) $y' = x;$ **b)** $y' = \dfrac{1}{x};$ **c)** $y' = \dfrac{x-1}{x}$.

2. Zeichne das Richtungsfeld für:

   a) $y' = -y;$ **b)** $y' = \sqrt{y};$ **c)** $y' = \dfrac{1}{y}$.

3. Zeichne das Richtungsfeld der Differentialgleichung $y' = -\dfrac{x}{y}$! Warum haben die Linienelemente aller Punkte einer Geraden durch den Ursprung gleiche Steigung? Füge einige Integralkurven nach Augenmaß ein!

B. Graphische Bestimmung einer Stammfunktion

Das in A angedeutete Verfahren zur zeichnerischen Bestimmung der Integralkurven ist in der Praxis mühsam und wenig genau. Wir gehen daher einen anderen Weg, der uns den Graphen irgendeiner Stammfunktion $F(x)$ der Funktion $f(x)$ sowie den Wert des bestimmten Integrals

$$\int_a^b f(x)\,dx = F(b) - F(a) = [J]_a^b$$

auf zeichnerischem Weg liefert. Dazu stellen wir die Maßzahl J des Flächeninhaltes in drei Schritten als Ordinatendifferenz dar, zuerst für ein Grundrechteck, dann für eine Folge solcher Rechtecke und schließlich für ein beliebiges, unter der Kurve $y = f(x)$ liegendes Flächenstück.

1. *Grundrechteck* (Abb. 100)

Es wird begrenzt von der Geraden $y = f(x) = m$, der x-Achse und den Ordinaten zu $x = a$ und $x = b$. Verbinden wir den Schnittpunkt T der Geraden $y = m$ mit der y-Achse mit

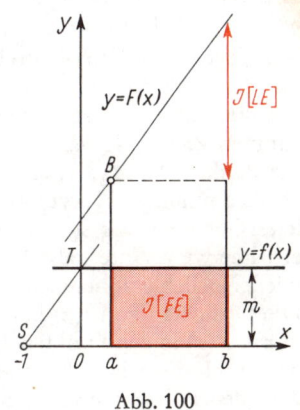

Abb. 100

§ 29 Graphische Integration

dem sogenannten *Pol* $S(-1; 0)$ und zeichnen wir durch den frei gewählten Punkt $B(x = a)$ die Parallele zu ST, so stellt diese die durch B gehende Integralkurve $y = F(x)$ von $y = m$ dar. Die Maßzahl des Rechtecksinhalts ist dann gleich der Differenz der Grenzordinaten zu $x = b$ und $x = a$ für die durch B gehende Integralkurve.

2. *Folge von Grundrechtecken* (Abb. 101a)

Durch schrittweises Übertragen des Verfahrens von (1) erhalten wir als Integralkurve einen durch den frei gewählten Punkt B $(x = a)$ gehenden Polygonzug. Alle anderen Integralkurven gehen aus ihm durch Parallelverschiebung in Richtung der y-Achse hervor (in Abb. 101a nicht eingezeichnet). Die rot gezeichnete Fläche wird wieder durch die Differenz der zu irgendeinem Polygonzug gehörigen Grenzordinaten gemessen.

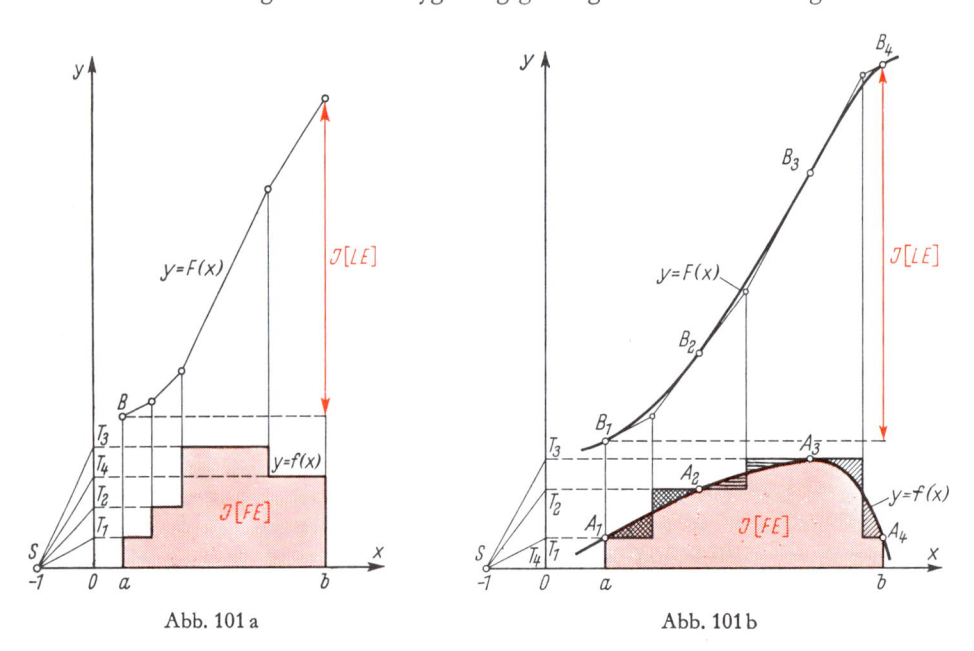

Abb. 101a   Abb. 101b

3. *Ersatz des Flächenstücks unter der Kurve $y = f(x)$ durch eine flächengleiche Folge von Grundrechtecken* (Abb. 101b)

Wir ersetzen die Kurve durch eine Treppe, die so angelegt wird, daß sie mit der x-Achse und den Ordinaten zu $x = a$ und $x = b$ ein Flächenstück mit dem gleichen Inhalt begrenzt wie die Kurve. Dies erreichen wir durch einen nach Augenmaß vorgenommenen sogenannten *Zwickelabgleich*, wie ihn Abb. 101b zeigt: Wir nehmen auf der Kurve beliebig die Punkte $A_1, A_2, \ldots$ an, zeichnen durch sie die Parallelen zur x-Achse und ersetzen das krummlinige Kurvenstück zwischen je zwei Punkten durch ein zur y-Achse paralleles Geradenstück so, daß die schraffierten Flächen angenähert gleich werden. Dann erhalten wir als Integralkurve einen Polygonzug, wobei wir den Ausgangspunkt B_1 $(x=a)$ wieder beliebig annehmen können.

Die Ordinaten von $f(x)$ in den Punkten $A_1, A_2, \ldots$ stellen die Steigungen der Integralkurve $F(x)$ in den Punkten $B_1, B_2, \ldots$ dar. Diese aber sind identisch mit den Steigungen der durch diese Punkte gehenden Polygonstrecken. Folglich berührt die Integralkurve $F(x)$ den Polygonzug in den Punkten $B_1, B_2, \ldots$ Wieder gilt:

Die Maßzahl der rot gezeichneten Fläche zwischen der Kurve $y = f(x)$, der x-Achse und den Grenzordinaten zu $x = a$ und $x = b$ ist gleich der Maßzahl der Differenz der beiden, zu irgendeiner Integralkurve gehörigen Grenzordinaten. Insbesondere wird der Flächeninhalt des zwischen der Kurve $y = f(x)$, den beiden Koordinatenachsen und der Geraden $x = b$ liegenden Flächenstücks durch jene Ordinate zu $x = b$ gemessen, die zu der durch den Nullpunkt gehenden Integralkurve gehört.

AUFGABEN

4. Bestimme in dem angegebenen Bereich die durch B gehende Integralkurve für
   - **a)** die Gerade $y = \frac{1}{2}$, $\quad 0 \leq x \leq 5, \quad B(0; 1)$;
   - **b)** die Gerade $y = -3$, $\quad 0 \leq x \leq 4, \quad B(0; 0)$;
   - **c)** die Gerade $y = x$, $\quad -3 \leq x \leq +3, \quad B(0; -2)$;
   - **d)** die Parabel $y = -\frac{1}{8}x^2 + x$, $\quad 1 \leq x \leq 6, \quad B(1; 2)$;
   - **e)** die Sinuslinie $y = \sin x$, $\quad 1 \leq x \leq 2\pi, \quad B(1; 2), \quad 1\,\text{L.E.} = 2\,\text{cm}$;
   - **f)** den im 1. Quadranten liegenden Ast der Hyperbel $y = \frac{1}{x}$, $1 \leq x \leq 4$, $B(1; 0)$, $1\,\text{L.E.} = 2\,\text{cm}$.

5. Graphische Integration empirischer Funktionen
   - **a)** Konstruiere die durch $B(0; 1)$ gehende Integralkurve der durch folgende Wertetabelle gegebenen Funktion:

x	0	1	2	3	4	5	6	6,25
y	1	0,5	0,25	0,3	1	2	1	0

   - **b)** Für einen unter dem Einfluß einer bremsenden Kraft fallenden Körper wurden folgende Geschwindigkeiten gemessen:

t [sec]	0	1	2	3	4	5	6
v [m/sec]	1	2	2,6	3,15	3,45	3,65	3,75

   Ermittle graphisch das Weg-Zeit-Diagramm, wenn für $t = 0$ auch $s = 0$ ist (ganze Heftseite!)

ERGÄNZUNGEN UND AUSBLICKE

A. Oberfläche einer rotierenden Flüssigkeit

In einem zylindrischen Gefäß befindet sich eine bestimmte Menge Flüssigkeit. Das Gefäß wird um seine Achse mit der Winkelgeschwindigkeit ω gedreht. Welche Gestalt nimmt die Oberfläche der Flüssigkeit an?
Zur Lösung beachten wir den in Abb. 102 dargestellten Achsenschnitt des Zylinders. Auf ein Flüssigkeitsteilchen wirken zwei Kräfte:

1. das Gewicht $G = mg$
2. die Zentrifugalkraft $Z = m x \omega^2$

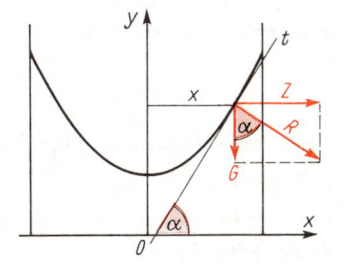

Abb. 102

§ 29 Graphische Integration

Die Flüssigkeitsoberfläche stellt sich so ein, daß die Resultierende aus beiden Kräften senkrecht zur Oberfläche steht. Also gilt:

$$\tan \alpha = y' = \frac{Z}{G} = \frac{x \omega^2}{g}$$

Durch Integration der Beziehung

$$y' = \frac{x \omega^2}{g} \qquad (1)$$

erhalten wir die Funktionsgleichung

$$y = \frac{\omega^2}{2g} x^2 + C \qquad (2)$$

Der Achsenschnitt ist also eine Parabel, die Oberfläche ein **Rotationsparaboloid**.

B. Zur Lösung einer Differentialgleichung

In A haben wir aus der Gleichung (1) die Funktionsgleichung (2) gewonnen. (1) läßt sich in impliziter Form folgendermaßen schreiben:

$$g y' - x \omega^2 = 0 \qquad (3)$$

Eine Gleichung, in der die Variablen mit der Ableitung verknüpft sind, nannten wir auf Seite 188 eine Differentialgleichung. Bei (3) handelt es sich insofern um eine Differentialgleichung besonderer Art, als die Variable y fehlt. Eine Verallgemeinerung dieser Differentialgleichung hätte die Form

$$f(x, y, y') = 0$$

Eine Differentialgleichung lösen (integrieren), heißt die Gesamtheit der Funktionen $F(x, y, C) = 0$ angeben, die die Differentialgleichung identisch erfüllen.

Beispiel:
Die Lösung der Differentialgleichung

$$f(x, y, y') = x y'^2 - 2 y y' + x = 0$$

ist die Menge der Funktionen

$$F(x, y, C) = x^2 - 2 C y + C^2 = 0 \quad (C \text{ Parameter});$$

denn lösen wir $F(x, y, C) = 0$ nach y auf, folgt

$$y = \frac{x^2 + C^2}{2C} ; \quad y' = \frac{x}{C} ;$$

eingesetzt in $f(x, y, y') = 0$:

$$x \left(\frac{x}{C}\right)^2 - 2 \frac{x^2 + C^2}{2C} \cdot \frac{x}{C} + x \equiv 0,$$

wie man sofort bestätigt.

Mit den Differentialgleichungen, der Existenz von Lösungen und ihrer eventuellen Auffindbarkeit befaßt sich ein besonderer Zweig der Mathematik. Wir werden im Rahmen dieses Buches nur bestimmte einfache Typen lösen können.

AUFGABEN

Zeige, daß die folgenden Differentialgleichungen die angegebenen Lösungen haben:

1. $x y' - y = 0$ Lösung: $y - C x = 0$;
2. $x y' - 2 y = 0$ Lösung: $y - C x^2 = 0$;
3. $x y' + x - 2 y = 0$ Lösung: $x - C x^2 - y = 0$;
4. $y' \cos x + y \sin x - 1 = 0$ Lösung: $\sin x + C \cos x - y = 0$.

TAFEL III

Gottfried Wilhelm
Freiherr von Leibniz (1646–1716)
Gleich bedeutend als Mathematiker, Physiker,
Philosoph, Politiker, Jurist und Theologe.
Mitbegründer der Infinitesimalrechnung

Sir Isaac Newton (1643–1727)
Einer der bedeutendsten Naturforscher, machte
grundlegende Entdeckungen auf dem Gebiet
der Astronomie und Physik. Mitbegründer der
Infinitesimalrechnung

Blaise Pascal (1623–1662)
Französischer Gelehrter mit bedeutenden Leistungen auf dem Gebiet der Mathematik und
Philosophie

Jakob Bernoulli (1654–1705)
Schweizer Mathematiker aus der berühmten
Gelehrtenfamilie Bernoulli, Förderer der
Wahrscheinlichkeits- und Infinitesimalrechnung

TAFEL IV

Leonhard Euler (1707–1783)
Einer der größten Mathematiker aller Zeiten, mit bahnbrechenden Arbeiten auf allen Gebieten der reinen und angewandten Mathematik

Bernhard Riemann (1826–1866)
Bedeutender Mathematiker des 19. Jahrhunderts, Funktionentheoretiker und Schöpfer des nach ihm benannten Integralbegriffs

David Hilbert (1862–1943)
Maßgebender Grundlagenforscher auf dem Gebiet der reinen Mathematik

Norbert Wiener (1894–1964)
Zeitgenössischer amerikanischer Mathematiker, Begründer der Kybernetik

Die gebrochene rationale Funktion

§ 30. DEFINITION UND EIGENSCHAFTEN DER GEBROCHENEN RATIONALEN FUNKTION

A. Definition

a) *Die indirekte Proportionalität wird durch die Funktion* $y = \frac{c}{x}$ *ausgedrückt. Wie sieht ihr Graph aus?*
b) *In welchen physikalischen Gesetzen tritt die indirekte Proportionalität auf?*

Eine Funktion, deren Funktionsterm sich als Quotient zweier Polynome darstellen läßt, heißt eine *rationale Funktion*. Ist insbesondere das Nennerpolynom eine von Null verschiedene Konstante, so handelt es sich um eine *ganze rationale Funktion*, andernfalls sprechen wir von einer *gebrochenen rationalen Funktion*.

Beispiele:

a) $y = \frac{1}{x}$; $y = \frac{x^3 + \lg 2}{x - 1}$; $y = \frac{\sqrt{5}\, x^2}{x^3 - 8}$ sind gebrochene rationale Funktionen.

b) $y = \frac{x^2 - 1}{x - 1}$ ist eine gebrochene rationale Funktion, die für $x \neq 1$ aber in der Form $y = x + 1$ darstellbar ist.

c) $y = \frac{(x^2 + 1)(x + 2)}{x^2 + 1}$ ist eine ganze rationale Funktion, da sie für *alle* x-Werte in der Form $y = x + 2$ darstellbar ist.

Aus den Rechengesetzen für Brüche folgt unmittelbar:

Lehrsatz 1: Summe, Differenz, Produkt und Quotient rationaler Funktionen sind ebenfalls rationale Funktionen.

AUFGABEN

1. Prüfe bei den folgenden Funktionen, ob sie ganz oder gebrochen rational oder nicht rational sind!

a) $y = \frac{x^3 - 1}{x^2 - 1}$;   b) $y = \frac{\cos^2 x + 1}{2x - x \sin^2 x}$;   c) $y = \frac{x^3 + x}{2x^2 + 2}$;

d) $y = \frac{\sqrt{3} - x}{x - \sqrt{2}}$;   e) $y = \frac{(\sqrt{x^3} - 1)(x - 1)}{\sqrt{x} + 1}$;   f) $y = \frac{\pi + x}{\pi}$.

2. Bringe auf die einfachste Form einer gebrochenen rationalen Funktion:

a) $\frac{x}{x+1} + \frac{1}{x-1}$;   b) $\frac{x}{x+1} \cdot \frac{x^2 - 1}{x^2}$;   c) $\frac{x}{x+1} : \frac{x^3}{x^2 + 2x + 1}$.

B. Definitionsbereich und Stetigkeit

Ist $g(x_0) \neq 0$, dann ist die gebrochene rationale Funktion $y = \frac{f(x)}{g(x)}$ an der Stelle x_0 definiert und nach § 10, L.S. 1 stetig, weil im Zähler und im Nenner stetige Funktionen stehen.

§ 30 Definition und Eigenschaften der gebrochenen rationalen Funktion

Ist $g(x_0) = 0$, dann ist die Funktion $y = \frac{f(x)}{g(x)}$ an der Stelle x_0 nicht definiert, also auch nicht stetig. Daraus folgt:

Lehrsatz 2: Die gebrochene rationale Funktion ist für alle x-Werte definiert und stetig mit Ausnahme der Nullstellen des Nenners.

Bei den Nullstellen des Nenners sind zwei Fälle zu unterscheiden:

1. Die stetig behebbare Definitionslücke[1])

Ist $g(x_0) = 0$ und existiert der Grenzwert $\lim\limits_{x \to x_0} \frac{f(x)}{g(x)} = y_0$, dann gilt offenbar auch $f(x_0) = 0$. Erweitert man die Definition der Funktion durch folgende Festsetzung:

$$y = \begin{cases} \dfrac{f(x)}{g(x)} & \text{für} \quad x \neq x_0 \\ y_0 & \text{für} \quad x = x_0 \end{cases}$$

dann stimmt der Funktionswert an der Stelle x_0 mit dem Grenzwert überein. Die auf diese Weise definierte Funktion ist also auch für x_0 stetig. x_0 nennt man eine *stetig behebbare Definitionslücke*. Da x_0 in diesem Fall eine Nullstelle des Zählers und des Nenners ist, kann man $\frac{f(x)}{g(x)}$ für $x \neq x_0$ durch $(x - x_0)$ oder eine Potenz davon kürzen (siehe § 14 L.S. 8).

2. Der Pol

Es bleibt der zweite Fall: $g(x_0) = 0$ und $\left|\frac{f(x)}{g(x)}\right| \to \infty$ für $x \to x_0$. Dies tritt ein, falls $g(x_0) = 0$, $f(x_0) \neq 0$ oder wenn nach dem Kürzen eines Faktors $(x - x_0)^n$ der Nenner für $x = x_0$ noch Null, der Zähler dagegen von Null verschieden ist.
Eine Definitionslücke dieser Art nennt man einen *Pol*. Enthält der Nenner des gekürzten Bruches den Faktor $(x - x_0)^n$, so spricht man von einem *Pol n-ter Ordnung* oder einem *n-fachen Pol*.
Ist n ungerade, so wechselt $\frac{f(x)}{g(x)}$ an der Stelle x_0 das Vorzeichen, ist n gerade, so hat $\frac{f(x)}{g(x)}$ in einer Umgebung von x_0 gleiches Vorzeichen.
Der Graph schmiegt sich für $x \to x_0$ der Geraden $x = x_0$ an (Asymptote).

Beispiele:

a) $y = \frac{x^2 + x}{x + 1}$ — Es liegt eine stetig behebbare Definitionslücke bei $x = -1$ vor. Für $x \neq -1$ gilt $y = x$. Es handelt sich um die Winkelhalbierende des 1. und 3. Quadranten, wobei der Punkt $(-1; -1)$ *fehlt*. Definiert man $f(-1) = -1$, so ist die Gerade vollständig (Abb. 103).

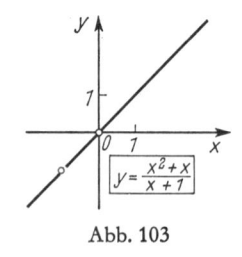

Abb. 103

b) $y = \frac{x + 1}{x}$ — Die Funktion hat bei $x = 0$ einen Pol; y wechselt an dieser Stelle das Vorzeichen (Abb. 104).

c) $y = \frac{x(x-1)}{x^2 - 1}$ — Stetig behebbare Definitionslücke für $x = 1$; Pol mit wechselndem Vorzeichen an der Stelle $x = -1$ (Abb. 105).

---
[1]) Vgl. S. 79 und S. 85!

Definition und Eigenschaften der gebrochenen rationalen Funktion § 30

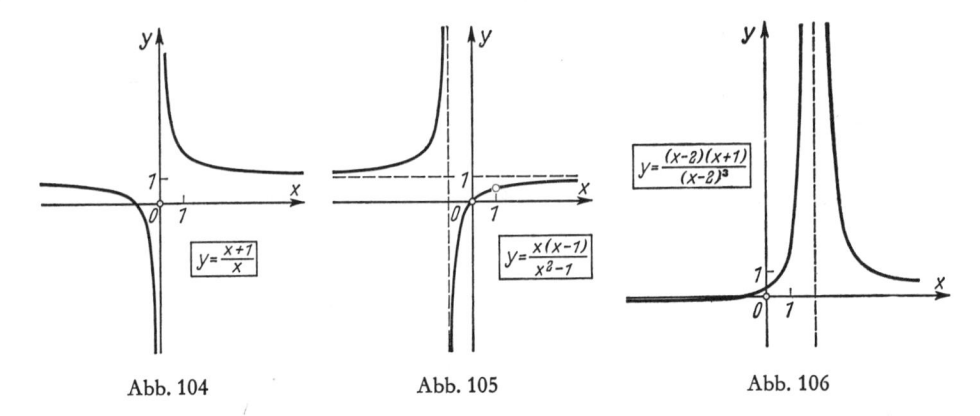

Abb. 104   Abb. 105   Abb. 106

d) $y = \dfrac{(x-2)(x+1)}{(x-2)^3}$ Pol mit nicht wechselndem Vorzeichen bei $x = 2$. Für $x \neq 2$, also für den gesamten Definitionsbereich, gilt: $y = \dfrac{x+1}{(x-2)^2}$. Der Pol ist von der 2. Ordnung (Abb. 106).

AUFGABEN

3. Für welche x-Werte sind die folgenden Funktionen nicht definiert? Wie muß bei stetig behebbaren Definitionslücken definiert werden, damit die Funktion stetig wird? Wie ist das Verhalten in der Umgebung der Pole?

a) $y = \dfrac{x^2 + 2x}{x^2 + 3x + 2}$;   b) $y = \dfrac{x-1}{x^2}$;   c) $y = \dfrac{x^2(x-3)}{x(x-3)^2}$;   d) $y = \dfrac{x^2 + x}{x^7 - x^6}$.

4. Skizziere den Graphen der Funktion $y = \dfrac{x^2 - 1}{x^2}$ im Bereich $-2 \leq x \leq 2$!

5. An welchen Stellen ist die Funktion $y = \dfrac{x^2 - 4x + 4}{x^2 - 6x + 8}$ nicht definiert? Existiert an diesen Stellen ein Grenzwert? Wenn ja, welchen Wert hat er?

6. Bilde selbst eine Funktion, die für $x = 2$ einen einfachen Pol, für $x = 3$ eine stetig behebbare Definitionslücke hat!

7. Bilde eine Funktion, die für $x = 2$ eine einfache Nullstelle, für $x = -2$ einen Pol 2. Ordnung hat!

C. Verhalten im Unendlichen

Unter der Voraussetzung $x \neq 0$ kürzen wir die gebrochene rationale Funktion

$$y = \frac{a_n x^n + a_{n-1} x^{n-1} + \cdots + a_1 x + a_0}{b_m x^m + b_{m-1} x^{m-1} + \cdots + b_1 x + b_0} \quad (n \in \mathbb{N},\ m \in \mathbb{N})$$

durch x^m. Dann geht der Nenner für $x \to \pm \infty$ gegen $b_m \neq 0$. Der Zähler strebt dabei offenbar für $n > m$ gegen $\pm \infty$, für $n < m$ gegen 0 und für $n = m$ gegen $a_n \neq 0$.

Lehrsatz 3: Der Wert einer gebrochenen rationalen Funktion geht für $x \to \infty$ gegen $\pm \infty$ bzw. Null, je nachdem ob der Grad des Zählerpolynoms größer oder kleiner als der Grad des Nennerpolynoms ist. Sind beide Polynome vom gleichen Grad m, dann strebt der Funktionswert gegen die Konstante $a_m : b_m$.

§ 30 Definition und Eigenschaften der gebrochenen rationalen Funktion

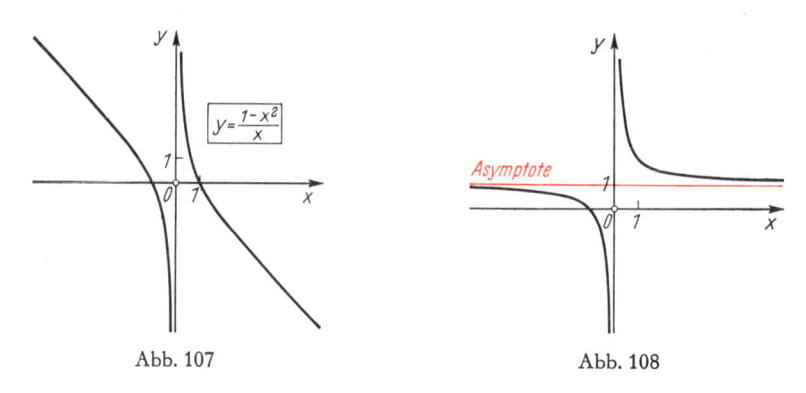

Abb. 107

Abb. 108

Beispiele:

a) $y = \frac{1-x^2}{x}$ Es ist $n > m$; für $x \to +\infty$ strebt $y \to -\infty$, für $x \to -\infty$ geht $y \to +\infty$ (Abb. 107).

b) $y = \frac{1}{x}$ Es ist $n < m$; für $x \to \pm\infty$ strebt y gegen Null.

c) $y = \frac{x+1}{x}$ $n = m$; für $x \to \pm\infty$ geht y gegen 1 (Abb. 108).

In den Fällen $n \leq m$ schmiegt sich die Kurve für $x \to \pm\infty$ immer enger einer horizontalen Geraden an. Diese Gerade ist *Asymptote*.

AUFGABEN

8. Untersuche bei den folgenden Funktionen das Verhalten für $x \to \pm\infty$:

a) $y = \frac{8x^3 - 5x + 1}{2x^3 + 2}$;   b) $y = \frac{x^4 - 1}{x - x^3}$;   c) $y = \frac{x+1}{2x^2 - 8}$.

9. Untersuche die Definitionslücken und das Verhalten für $x \to \pm\infty$:

a) $y = \frac{2x^3 - 5x^2}{x^3 - 4x^2 + 4x}$;   b) $y = \frac{x^4}{(x-2)^3}$.

10. Untersuche bei den folgenden Funktionen Symmetrieeigenschaften, Nullstellen, Definitionslücken und das Verhalten für $x \to \pm\infty$. Skizziere den Graphen im Bereich $-5 \leq x \leq 5$!

a) $y = \frac{x}{4-x^2}$;   b) $y = \frac{2x^2}{x^2+1}$;   c) $y = \frac{1}{|x-2|}$;   d) $y = \frac{1}{|x|-2}$.

11. Bestimme die Definitions- und Wertemenge folgender Funktionen:

a) $y = \frac{x^3+1}{x^2-2}$;   b) $y = \frac{x^4+3}{x^2+1}$;   c) $y = \frac{3x}{x^3-2}$;   d) $y = \frac{x^3}{|x|+x}$.

§ 31. DIE DIFFERENTIATION DER GEBROCHENEN RATIONALEN FUNKTION

A. Die Differentiation der reziproken Funktion

Bilde durch Grenzübergang den Differentialquotienten von $y = \frac{1}{x}$ und $y = \frac{1}{x^2}$.

Wir berechnen die Ableitung der Funktion $y = \frac{1}{g(x)}$, wobei wir voraussetzen, daß $g(x)$ in dem betrachteten Bereich differenzierbar und von Null verschieden ist.

$$y' = \lim_{h \to 0} \frac{1}{h} \cdot \left(\frac{1}{g(x+h)} - \frac{1}{g(x)} \right) = \lim_{h \to 0} \frac{g(x) - g(x+h)}{h \cdot g(x+h) \, g(x)} =$$

$$= \lim_{h \to 0} \frac{1}{g(x+h) \, g(x)} \cdot \frac{-(g(x+h) - g(x))}{h} = \frac{1}{g(x)^2} \cdot (-g'(x))$$

Wir erhalten also:

$$\boxed{y = \frac{1}{g(x)} \Rightarrow y' = -\frac{g'(x)}{g(x)^2}}$$

Als erste Anwendung differenzieren wir:

$$y = \frac{1}{x^m} = x^{-m} \quad (m \in \mathbb{N}, \ x \neq 0)$$

Es folgt:

$$y' = \frac{(-m) \cdot x^{m-1}}{x^{2m}} = -\frac{m}{x^{m+1}} = -m \cdot x^{-m-1}$$

Setzen wir $-m = n$, so ist n eine ganze negative Zahl. Wir erhalten:

$$\boxed{y = x^n \Rightarrow y' = n \cdot x^{n-1}} \quad (n \in \mathbb{Z}, \ x \neq 0)$$

Das in § 15 B bewiesene Gesetz für die Ableitung der Potenz $y = x^n$ gilt also auch für *negative ganzzahlige* Exponenten. Außerdem erkennt man die Gültigkeit für $m = 0$.

AUFGABEN

1. Differenziere folgende Funktionen:

    a) $y = \frac{1}{x^7}$; b) $y = x^{-3}$; c) $y = \frac{2}{x^3} + \frac{5}{x^4}$; d) $y = \frac{1}{4x^4} - \frac{1}{3x^3}$.

2. Bilde die Ableitung von:

    a) $y = \frac{1}{x+1}$; b) $y = \frac{2}{9-x^2}$; c) $y = \frac{1}{\sin x}$; d) $y = \frac{1}{2+x-x^2}$.

    Welche x-Werte müssen jeweils ausgeschlossen werden?

3. Differenziere unter Heranziehung der Produktregel:

    a) $y = x^3 \cdot \frac{1}{x+1}$; b) $y = \frac{1+x}{1-x}$; c) $y = \frac{\sin x}{x}$; d) $y = \frac{2-x^2}{x^3}$.

§ 31 Die Differentiation der gebrochenen rationalen Funktion

4. Berechne den Schnittwinkel der Kurven, die durch folgende Funktionen dargestellt werden: $y = 4x^{-2}$ und $y = x^2 + 3$!

5. Durch die differenzierbaren Funktionen $y = f(x)$ und $y = \dfrac{1}{f(x)}$ werden zwei Kurven dargestellt. Was läßt sich über ihre Schnittpunkte und die Tangentenrichtungen in den Schnittpunkten sagen?

6. Differenziere durch Grenzübergang beim Differenzenquotienten die Funktion $y = \dfrac{x}{x+2}$ und überprüfe das Ergebnis mit Hilfe der Produktregel und der Regel für die Differentiation der reziproken Funktion!

B. Die Quotientenregel

a) Wie lauten Summen-, Differenz- und Produktregel der Differentialrechnung?

b) Differenziere mit Hilfe der Produktregel und der Differentiationsregel für die reziproke Funktion:
$y = \dfrac{1-x}{x^2+1}$!

Ebenso wie das obenstehende Beispiel können wir mit den bisherigen Differentiationsregeln jede gebrochene rationale Funktion differenzieren. Es ist jedoch bequemer die *Quotientenregel* zu verwenden:

$$\boxed{\frac{d}{dx}\left(\frac{u}{v}\right) = \frac{v \cdot u' - u \cdot v'}{v^2}}$$

u und v sind Funktionen von x, $v(x) \neq 0$ in dem betrachteten Bereich.

Beweis:

$$\frac{d}{dx}\left(\frac{u}{v}\right) = \frac{d}{dx}\left(\frac{1}{v} \cdot u\right) = \frac{1}{v} \cdot u' + u \cdot \left(\frac{1}{v}\right)' = \frac{1}{v} \cdot u' + u \cdot \frac{-v'}{v^2} = \frac{vu' - uv'}{v^2}, \quad \text{w.z.b.w.}$$

Beispiel:

$$y = \frac{x^2+1}{1-x}, \quad u(x) = x^2+1, \quad v(x) = 1-x$$

$$y' = \frac{(1-x) \cdot 2x - (x^2+1) \cdot (-1)}{(1-x)^2} = \frac{2x - 2x^2 + x^2 + 1}{(1-x)^2} = \underline{\underline{\frac{-x^2 + 2x + 1}{(1-x)^2}}}$$

AUFGABEN

7. Differenziere mit der Quotientenregel:

a) $y = \dfrac{x+1}{x}$;   b) $y = \dfrac{(a-x)^2}{x}$;   c) $y = \dfrac{x^2-1}{x^2}$;

Frage: Wie kann man a), c) und auch b) einfacher differenzieren?

d) $y = \dfrac{x^3}{(x-a)^2}$;   e) $y = \dfrac{\sin x}{x}$;   f) $y = \dfrac{x}{\sin x}$;   g) $y = \dfrac{a+bx}{\cos x}$;

h) $y = \dfrac{\sin x}{1 + \cos x}$;   i) $y = \dfrac{1 + \cos x}{1 - \cos x}$;   k) $y = \dfrac{|x|}{|x|-3}$.

8. Wo haben die Kurven, die durch folgende Funktionen dargestellt werden, horizontale Tangenten? Wo existiert die Ableitung nicht?

a) $y = \dfrac{x^2 + 1}{x - 1}$; b) $y = \dfrac{x - 3}{(x - 2)^2}$; c) $y = \dfrac{x^2 + 3}{|x| + 1}$; d) $y = \dfrac{|a + x|}{a\,x^2}$.

9. Vergleiche die Differentialquotienten von

$$y = \dfrac{x^3 + 1}{x^3} \quad \text{und} \quad y = \dfrac{1}{x^3}\,!$$ Wie erklärt sich das Ergebnis?

10. Bilde die erste und die zweite Ableitung der Funktionen

a) $y = \dfrac{x}{x + 1}$; b) $y = \dfrac{x + 1}{x - 1}$; c) $y = \dfrac{x^2}{2 - x}$; d) $y = \dfrac{a\,x}{a + |x|}$.

Extremwertaufgaben

11. Bestimme die Wertemengen folgender Funktionen mit Hilfe der Extremwerte und Asymptoten:

a) $y = \dfrac{1}{x^2 + 1}$; b) $y = \dfrac{4x - 4}{x^2 - 2x + 2}$; c) $y = \dfrac{x^2}{x^4 + 1}$; d) $y = \dfrac{|x|}{x - 1}$.

12. Gibt es unter der Menge der Rechtecke mit der gegebenen Fläche F eines mit kleinstem und eines mit größtem Umfang?

13. An einem Schulgebäude steht $h_1 = 9{,}12$ m über dem Erdboden eine $h_2 = 2{,}2$ m hohe Steinfigur. In welcher Entfernung vom Gebäude muß sich ein Beobachter, dessen Auge $h_3 = 1{,}6$ m über dem Boden ist, aufstellen, damit er die Figur unter möglichst großem Sehwinkel sieht?

14. Ein Körper verliert durch Ausstrahlung um so weniger Wärme, je kleiner seine Oberfläche ist. Welche Dimensionen hat man infolgedessen einem Quader von quadratischer Grundfläche bei vorgeschriebenem Rauminhalt V zu geben, damit der Wärmeverlust möglichst klein ist?

15. Eine Tonne in Zylinderform soll mit möglichst hoher Materialersparnis geschaffen werden und 125 Liter fassen. Welches sind ihre Maße?

16. Der Querschnitt einer (oben offenen) Dachrinne soll die Form eines Rechtecks mit unten angesetztem Halbkreis haben; der Querschnitt habe den Flächeninhalt F dm². Wie läßt sich die vorgesehene Formgebung verwirklichen, wenn dabei der massive Rand des Querschnitts möglichst klein gemacht werden soll, damit Material gespart wird?

17. Von welchem Punkt der Parabel $y = x^2$ aus erscheint die Sehne zwischen den Punkten $P(2; 4)$ und $Q(4; 16)$ unter dem größten Winkel?

§ 32. DER GRAPH DER GEBROCHENEN RATIONALEN FUNKTION

A. Asymptoten

a) *Wie erkennt man bei den Abbildungen 104, 105, 106 und 107 von § 30, daß es sich nicht um die Graphen ganzer rationaler Funktionen handeln kann?*

b) *Welche Asymptoten hat der Graph von $y = \dfrac{x}{x^2 - 1}$?*

§ 32 Der Graph der gebrochenen rationalen Funktion

Auf den Seiten 194 und 196 lernten wir bereits senkrechte und waagrechte Asymptoten kennen. Darüber hinaus nennt man jede Gerade, der sich eine Kurve für $x \to \pm \infty$ oder $y \to \pm \infty$ beliebig annähert, eine Asymptote dieser Kurve. Die genaue Definition lautet:

Definition: 1. Die Gerade $y = ax + b$ heißt Asymptote des Graphen der Funktion $y = f(x)$, falls $[f(x) - (ax + b)]$ für $x \to +\infty$ oder $x \to -\infty$ gegen Null strebt.
2. Die Gerade $x = a$ heißt Asymptote des Graphen der Funktion $y = f(x)$, falls $f(x)$ für $x \to a$ gegen $\pm \infty$ strebt.

Anmerkung: In beiden Fällen kommt der Abstand der Kurvenpunkte von der Geraden dem Wert Null beliebig nahe. Im zweiten Fall, für die Gerade $x = a$, ist dies unmittelbar klar. Im ersten Fall, für die Gerade $y = ax + b$, berechnet man den Abstand nach der Hesseschen Normalform:
$d = \dfrac{y - (ax+b)}{\sqrt{1+a^2}}$. Setzt man einen Kurvenpunkt ein, so folgt: $d = \dfrac{[f(x) - (ax+b)]}{\sqrt{1+a^2}}$.
Wenn $y = ax + b$ Asymptote ist, geht nach deren Definition der Zähler und damit der Abstand d von der Asymptote gegen Null.

Aus § 30 B bzw. C folgt:

Lehrsatz 1: An jeder Polstelle hat die Kurve eine zur x-Achse senkrechte Asymptote. Ist bei einer gebrochenen rationalen Funktion der Grad des Zählerpolynoms n kleiner oder gleich dem Grad des Nennerpolynoms m, dann hat die Kurve eine zur x-Achse parallele Asymptote.

Wir untersuchen nun, ob eine gebrochene rationale Funktion, deren Zählerpolynom von höherem Grad ist als das Nennerpolynom, außer den zur x-Achse senkrechten noch andere Asymptoten haben kann.

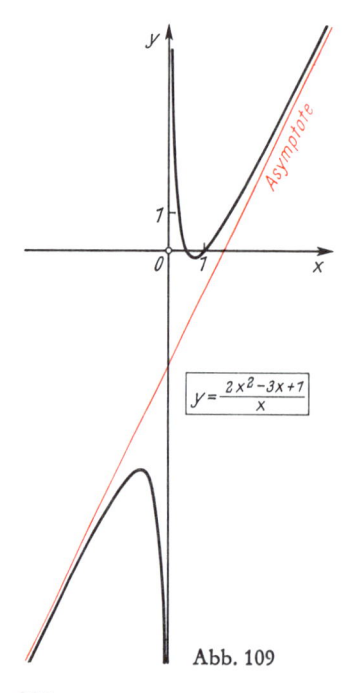

1. Beispiel: $y = \dfrac{2x^2 - 3x + 1}{x}$ (Abb. 109)

Wir formen um: $y = 2x - 3 + \dfrac{1}{x} = f(x)$.

Die Gerade $y = 2x - 3$ ist Asymptote des Graphen; denn man findet: $f(x) - (2x - 3) = 2x - 3 + \dfrac{1}{x} - (2x - 3) = \dfrac{1}{x}$.
Für $x \to \pm \infty$ geht dieser Ausdruck gegen Null. Es handelt sich um eine Hyperbel mit den beiden Asymptoten $y = 2x - 3$ und $x = 0$.

2. Beispiel: $y = \dfrac{3x^2}{x-2}$

Durch Division findet man: $\dfrac{3x^2}{x-2} = 3x + 6 + \dfrac{12}{x-2} = f(x)$.
$y = 3x + 6$ ist die Gleichung der Asymptote, da $f(x) - (3x + 6)$ für $x \to \pm \infty$ offenbar gegen Null geht. Wieder ist das Bild eine Hyperbel.

3. Beispiel: $y = \dfrac{x^3 + 1}{x} = x^2 + \dfrac{1}{x} = f(x)$ (Abb. 110)

Da hier $f(x) - x^2 = x^2 + \dfrac{1}{x} - x^2$ gegen Null strebt, schmiegt sich die Kurve für große Werte von $|x|$ der Parabel $y = x^2$ an. Es existiert nur die Asymptote $x = 0$. Für sehr kleine Werte von $|x|$ verliert das Glied x^2 gegenüber $\dfrac{1}{x}$ an Einfluß. $y = \dfrac{1}{x}$ stellt hier eine gute Näherung der Kurve dar.

Abb. 109

Der Graph der gebrochenen rationalen Funktion § 32

Wenn der Grad n des Zählers größer ist als der Grad m des Nenners, erhält man durch Division eine ganze rationale Funktion vom Grad $n-m$. Es bleibt als Rest eine gebrochene rationale Funktion, wobei jetzt der Grad des Zählers kleiner ist als der Grad des Nenners. Für $x \to \pm \infty$ geht dieser Rest gegen Null. Es folgt:

Lehrsatz 2: Der Graph einer gebrochenen rationalen Funktion vom Zählergrad n und Nennergrad m schmiegt sich für $x \to \pm \infty$ demjenigen einer ganzen rationalen Funktion vom Grad $(n-m)$ an. Für $n-m=1$ erhält man eine Asymptote, die zu keiner Koordinatenachse parallel ist.

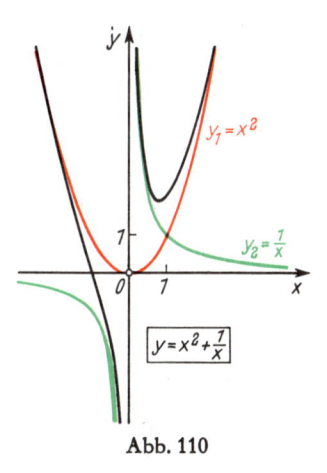

Abb. 110

AUFGABEN

1. Bestimme die Asymptoten der Kurven, die durch folgende Funktionen gegeben sind:

   a) $y = \dfrac{x-1}{2-3x}$; b) $y = \dfrac{x^3-8}{2x}$; c) $y = \dfrac{x^2-4}{x+1}$; d) $y = \dfrac{x^3-1}{x^2-1}$;

   e) $y = \dfrac{x}{x^2+2}$; f) $y = \dfrac{3x+1}{2-x}$; g) $y = \dfrac{x^3-2x}{x^2+1}$; h) $y = \dfrac{1-x^4}{x^3-4x}$.

2. Durch welche ganze rationale Funktion können die folgenden Funktionen für große x-Werte angenähert werden?

   a) $y = \dfrac{3x^2-1}{x}$; b) $y = \dfrac{x-x^4}{x+2}$; c) $y = \dfrac{x^3}{1-x}$; d) $y = \dfrac{3x-5}{1-2x}$.

3. Welche lineare Funktion kann man für große $|x|$ als Näherung für die Funktion $y = \dfrac{2x^2}{x+1}$ nehmen? Wie groß muß x sein, damit der Unterschied der Funktionswerte kleiner als 0,01 ist?

4. Die Funktion $y = \dfrac{x^3+2}{2x^2}$ kann für große $|x|$ durch $y = \dfrac{x}{2}$ und für kleine $|x|$ durch $y = \dfrac{1}{x^2}$ angenähert werden. Für welche x-Werte ist der Fehler jeweils kleiner als 0,01?

5. Gib zwei Funktionen an, die als Näherung für $y = f(x)$ für sehr kleine bzw. sehr große Werte von $|x|$ benützt werden können!

   a) $y = x^2 + \dfrac{1}{x^2}$; b) $y = \dfrac{2x^3+5}{x}$; c) $y = \dfrac{x^3+2x^2+3}{x^2}$.

B. Kurvendiskussion der gebrochenen rationalen Funktion

  a) Welche besonderen Kurvenpunkte spielen bei der Diskussion der ganzen rationalen Funktion eine Rolle?
  b) Was bedeutet es für den Graphen der Funktion $y = f(x)$, wenn an einer Stelle x_0 gilt: $f'(x_0) = 0$ oder $f'(x_0) > 0$ oder $f''(x_0) > 0$?
  c) An einer Stelle x_0 sei $f'(x_0) = f''(x_0) = 0$. Was läßt sich über den Kurvenpunkt aussagen?

§ 32 Der Graph der gebrochenen rationalen Funktion

Im § 17 haben wir eingehend die Kurvendiskussion behandelt. Die Kriterien 1 bis 9 waren für beliebige, zweimal stetig differenzierbare Funktionen gültig. Wir können sie also auch bei einer gebrochenen rationalen Funktion heranziehen. Die Differentiation ist aber bei dieser wesentlich umständlicher als bei der ganzen rationalen Funktion. Zusätzlich wird das geometrische Verhalten hier vor allem durch die Polstellen und Asymptoten geprägt.

Als Hilfe bei den Kurvendiskussionen erwies sich das *Felderabstreichen*. Dieses leistet bei der gebrochenen rationalen Funktion besonders wertvolle Dienste. Man verschafft sich damit zunächst einen möglichst guten Überblick.

1. Musterbeispiel:

Diskussion der Funktion $y = \dfrac{x^2 + 4x - 21}{x^2 - 4}$.

1. Nullstellen, Pole, Definitionsbereich

Zuerst ermitteln wir die x-Werte, für die der Zähler bzw. der Nenner Null ist, und erhalten damit die Nullstellen bzw. Pole unserer Funktion.

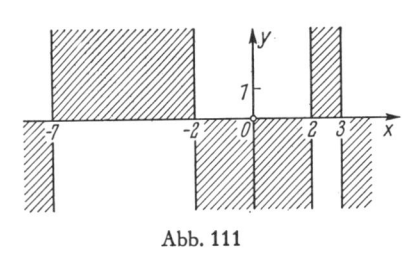

Nullstellen: $x_1 = 3$, $x_2 = -7$; *Pole:* $x_3 = 2$, $x_4 = -2$.

Aus § 30, L.S. 2 folgt damit als Definitionsbereich:

$\mathfrak{D} = \{x \mid -\infty < x < -2 \;\vee\; -2 < x < 2 \;\vee\; 2 < x < \infty\}$

Man erhält durch Felderabstreichen den ersten Überblick. Für $x = 0$ ist y positiv. Im Bereich $-2 < x < 2$ kann man also das Gebiet unter der x-Achse abstreichen. Aus der Tatsache, daß bei x_1, x_2, x_3 und x_4 das Vorzeichen der Funktion wechselt, folgt die übrige Felderverteilung (Abb. 111).

Abb. 111

2. Asymptoten

An den Polstellen $x_3 = 2$ und $x_4 = -2$ hat der Graph der Funktion senkrechte Asymptoten. Da der Grad des Zählerpolynoms gleich dem Grad des Nennerpolynoms ist, existiert eine waagrechte Asymptote $y = \dfrac{a_2}{b_2} = 1$. Wird sie von der Kurve geschnitten?

Aus $1 = \dfrac{x^2 + 4x - 21}{x^2 - 4}$ folgt $x^2 - 4 = x^2 + 4x - 21$ und hieraus $x_5 = \dfrac{17}{4} = 4{,}25$.

Es gibt also einen Schnittpunkt mit der waagrechten Asymptote, nämlich $x_5 = 4{,}25$. Damit können wir das Felderabstreichen fortsetzen. Die Kurve schneidet die x-Achse bei $x = -7$. Da für $x < -7$ kein Schnittpunkt mit der Asymptoten auftritt, kann man dort das Gebiet über der Asymptote abstreichen. Da $x = 2$ und $x = -2$ Asymptoten sind, y in $-2 < x < 2$ große Werte annehmen muß (negative Werte sind schon ausgeschieden), kann man hier den Bereich unter $y = 1$ abstreichen. Ähnlich schließt man für $3 < x < 4{,}25$ und $x > 4{,}25$. Mit Hilfe der verbliebenen Felder, den beiden Nullstellen und den Asymptoten ist man bereits in der Lage, sich den Kurvenverlauf vorzustellen. Man erkennt auch, daß im Intervall $-2 < x < 2$ (mindestens) ein Minimum, im Bereich $x > 4{,}25$ (mindestens) ein Maximum liegen muß.

3. Extremwerte und Wendepunkte

Nach der Quotientenregel erhält man:

$$y' = \frac{(x^2 - 4)(2x + 4) - (x^2 + 4x - 21) \cdot 2x}{(x^2 - 4)^2} = \frac{-4x^2 + 34x - 16}{(x^2 - 4)^2}$$

Nullstellen der 1. Ableitung:

$2x^2 - 17x + 8 = 0;$ hieraus folgt: $x_6 = \dfrac{1}{2}$, $x_7 = 8$, $y_6 = 5$, $y_7 = 1{,}25$.

Der Graph der gebrochenen rationalen Funktion § 32

Das in Absatz 2 erwartete Minimum liegt also bei (0,5; 5), das erwartete Maximum bei (8; 1,25).
Ein Wechsel von Fallen und Steigen kann nicht nur bei den Nullstellen der ersten Ableitung, sondern auch an den Polstellen eintreten:
Die Kurve steigt für $\frac{1}{2} < x < 8$, sie fällt für $x < \frac{1}{2}$ und $x > 8$, abgesehen von den Polstellen.
Zur Entscheidung, ob bei x_6 und x_7 ein Maximum, Minimum oder Wendepunkt vorliegt, zieht man die 2. Ableitung besser nicht heran. Diese benötigt man allerdings zur Bestimmung des Wendepunkts. Da die Kurve beim Maximum $x_7 = 8$ konvex ist, sich dann aber der Asymptote $y = 1$ anschmiegt, muß es für $x > 8$ einen Wendepunkt geben. Auf die Berechnung der Wendepunkte werden wir häufig verzichten, weil die algebraischen Schwierigkeiten meist groß werden. In unserem Beispiel erhält man:

$$y'' = \frac{(x^2-4)^2 \cdot (-8x+34) - (-4x^2+34x-16)(4x^3-16x)}{(x^2-4)^4}$$

gekürzt:

$$y'' = \frac{8x^3 - 102x^2 + 96x - 136}{(x^2-4)^3}$$

Die Bestimmung von Wendepunkten führt also auf die Gleichung

$$4x^3 - 51x^2 + 48x - 68 = 0,$$

die wir höchstens mit Näherungsmethoden lösen können. Setzt man in die linke Seite die Werte $x = 12$ und $x = 13$ ein, erkennt man, daß eine Nullstelle nahe bei $x = 12$ liegt. Dort ist der erwartete Wendepunkt zu finden.

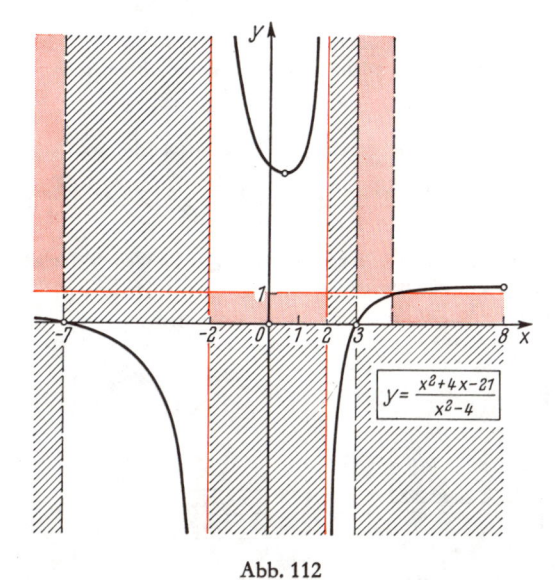

Abb. 112

4. Wertevorrat, Wertetabelle, Zeichnung (Abb. 112)

Der Wertevorrat der Funktion umfaßt, wie man jetzt übersieht, alle Werte $y \geq 5$ und $y \leq 1,25$.
Als Hilfe für die Zeichnung im Intervall $-8 \leq x \leq 8$ berechnen wir noch einige Funktionswerte:

x	-8	-7	-3	-2	-1	0	$0,5$	1	2	3	$4,25$	8
y	$0,2$	0	$-4,8$	Pol	8	$5,25$	5	$5,3$	Pol	0	1	$1,25$

203

§ 32 Der Graph der gebrochenen rationalen Funktion

2. Musterbeispiel:

Wir betrachten die Funktion $y = \dfrac{-3x^3 + 4x + 16}{4x^2}$.

1. Nullstellen und Pole, Definitionsbereich

Der Nenner ist für $x_1 = 0$ gleich Null. Dort hat die Funktion einen Pol 2. Ordnung. Wegen der zweiten Potenz von x wechselt y an dieser Stelle das Vorzeichen nicht. Die Funktion ist für $x \neq 0$ überall definiert. Durch Probieren findet man schnell, daß $x_2 = 2$ die Gleichung $-3x^3 + 4x + 16 = 0$ erfüllt. Hier hat die Funktion eine Nullstelle. Durch Division ergibt sich die Zerlegung

$$-3x^3 + 4x + 16 = (x-2)(-3x^2 - 6x - 8)$$

Die Diskriminante des zweiten Faktors ist negativ; es gibt also keine weiteren Nullstellen.

2. Asymptoten

Beim Pol $x_1 = 0$ hat die Funktion die senkrechte Asymptote $x = 0$. Die Umformung

$$y = \frac{-3x^3 + 4x + 16}{4x^2} = -\frac{3}{4}x + \frac{x+4}{x^2}$$

zeigt, daß die Gerade $y = -\frac{3}{4}x$ Asymptote ist. Die Gleichung

$$-\frac{3}{4}x = \frac{-3x^3 + 4x + 16}{4x^2}$$

liefert die Schnittpunkte mit dieser Asymptoten. Man findet $x_3 = -4$, $y_3 = 3$.
Das Felderabstreichen gibt jetzt bereits wichtige Anhaltspunkte über den Verlauf der Kurve.

3. Extremwerte, Steigen, Fallen

Wir benützen für die Differentation die umgeformte Funktionsgleichung:

$$y' = -\frac{3}{4} + \frac{x^2 \cdot 1 - (x+4) \cdot 2x}{x^4} = -\frac{3}{4} - \frac{x+8}{x^3} = -\frac{3x^3 + 4x + 32}{4x^3}$$

Durch Probieren findet man die Nullstelle $x_4 = -2$ mit $y_4 = 2$. Weitere Nullstellen der ersten Ableitung gibt es nicht. Da die Funktionswerte für $x = -4$ und in der Nähe von $x = 0$ größer als 2 sind, liegt ein Minimum vor. Die Kurve steigt für $-2 < x < 0$, sie fällt für $x < -2$ und $x > 0$.

4. Wendepunkte

Wir bilden

$$y'' = -\frac{x^3 \cdot 1 - (x+8) \cdot 3x^2}{x^6} = \frac{2x + 24}{x^4}$$

Daraus folgt: $y'' = 0$ für $x_5 = -12$.
Für $x < -12$ ist $y'' < 0$, die Kurve ist von oben konvex.
Für $x > -12$ ($x \neq 0$) ist $y'' > 0$, die Kurve ist von oben konkav.
Der Punkt $W\left(-12;\, 8\tfrac{17}{18}\right)$ ist daher ein Wendepunkt.

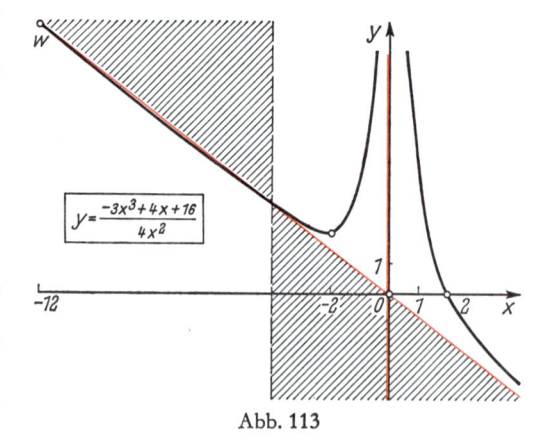

Abb. 113

5. Wertebereich, Wertetabelle, Graph der Funktion (Abb. 113)

Der Wertebereich umfaßt bei dieser Funktion die Menge aller y-Werte. In einer Tabelle stellen wir die schon berechneten und einige weitere Wertepaare zusammen:

Der Graph der gebrochenen rationalen Funktion § 32

x	-12	-4	-2	-1	0	1	2	4
y	$8\frac{17}{18}$	3	2	$3\frac{3}{4}$	Pol	$4\frac{1}{4}$	0	$-2\frac{1}{2}$

AUFGABEN

6. Was läßt sich bei den folgenden Funktionen sofort über Definitionsbereich, Pole, Nullstellen, Asymptoten, Wertebereich und Symmetrieeigenschaften aussagen? Skizziere damit den ungefähren Verlauf des Graphen!

   a) $y = \dfrac{1}{(x-4)^2}$; **b)** $y = \dfrac{1}{x^2-4}$; **c)** $y = \dfrac{x^2-1}{x}$; **d)** $y = \dfrac{x^2+1}{x}$;

   e) $y = \dfrac{x^2+1}{x^2}$; **f)** $y = \dfrac{x^3-1}{x^2}$; **g)** $y = \dfrac{x^2}{x+1}$; **h)** $y = \dfrac{x^2+2}{x^2+1}$;

   i) $y = \dfrac{x^2-2}{x^2+1}$; **k)** $y = \dfrac{x^2}{x^2+1}$; **l)** $y = \dfrac{x^4}{x^2+1}$; **m)** $y = \dfrac{x^4-1}{x^2}$.

7. Bilde Funktionen mit
   a) einem Pol 2. Ordnung und einer zweifachen Nullstelle;
   b) zwei einfachen Polen und einer zweifachen Nullstelle;
   c) einem einfachen Pol, keiner Nullstelle und der Asymptote $y = x$;
   d) einer einfachen Nullstelle, einem Pol 1. Ordnung und keiner zur x-Achse parallelen Asymptote!
   Skizziere jeweils den Graphen!

8. Diskutiere und zeichne die Graphen folgender Funktionen:

   a) $y = \dfrac{54}{x^2+9}$, $\left(1 \text{ L.E.} = \dfrac{1}{2}\text{ cm}\right)$; **b)** $y = \dfrac{4-x}{\left(1-\dfrac{x}{3}\right)^2}$, $\left(1 \text{ L.E.} = \dfrac{1}{2}\text{ cm}\right)$;

   c) $y = \dfrac{x^3+9x}{x^2+1}$, $(1 \text{ L.E.} = 1 \text{ cm})$; **d)** $y = \dfrac{x^2+8x+7}{1-x}$, $\left(1 \text{ L.E.} = \dfrac{1}{2}\text{ cm}\right)$.

9. Gegeben ist die Funktion $y = \dfrac{4x-5}{2x+3}$.
   Diskutiere und zeichne den Graphen! Wie lautet die Gleichung der Kurventangente im Punkte $P(4; ?)$? Für welche x-Werte ist $y > 4$?

10. Für die Funktion $y = \dfrac{4x^2}{x^2+3}$ sind die Nullstellen, Asymptoten, Extremwerte und die Tangentengleichung für den Kurvenpunkt mit der Abszisse $x_1 = 3$ zu bestimmen. Zeichnung im Bereich $-3 \leq x \leq 10$!

11. Bestimme die Konstanten a und b derart, daß die Funktion $y = \dfrac{2x+b}{x^2+a}$ bei $x = 2$ und $x = -8$ Extremwerte hat!

12. Für die Funktion $y = \dfrac{ax^2+b}{x^2+c}$ sollen a, b, c so bestimmt werden, daß für $x = 2$ ein Pol und für $x = 1$ eine Nullstelle vorliegen. Die Gerade $y = 2$ soll Asymptote werden.

13. Gib für die Kurvenschar $y = \dfrac{8a^3x^3+1}{8ax^2}$ den Definitionsbereich, die Nullstellen,

§ 32 Der Graph der gebrochenen rationalen Funktion

Pole, Asymptoten, Extremwerte und Wendepunkte an! Bestimme diejenigen Kurven der Schar, die die x-Achse unter dem Winkel 56,31° schneiden! Zeichne diese Kurven!

14. Gegeben ist die Funktion $y = \dfrac{5x - x^3}{x^2 + 3}$.

Bestimme Symmetrieeigenschaften, Nullstellen, Extremwerte, Wendepunkte, Asymptoten des Graphen! Welche seiner Punkte haben von den Asymptoten den größten Abstand? Zeichnung für $|x| \leq 3$!

15. Diskutiere folgende Funktionen und zeichne ihre Graphen!

a) $y = \dfrac{2a^3}{a^2 + x^2}$; (*Versiera*)[1], Zeichnung für $a = 1$ mit 1 L.E. = 2 cm!

b) $y = \dfrac{2abx}{b^2 + x^2}$; (*Serpentine*)[2], Zeichnung für $a = 2, b = 1$ mit 1 L.E. = 1 cm!

c) $y = \dfrac{x^2 - 4}{x^2 + |x| - 6}$; Zeichnung mit 1 L.E. = 2 cm!

AUS PHYSIK UND TECHNIK

Anwendung einer Kurvendiskussion auf Optik, Elektrizitätslehre und Astronautik

Wir betrachten die Funktion $y = \dfrac{cx}{x - c}$ im Bereich $\mathfrak{D} = \{0 \leq x < \infty\}$, $c > 0$, Abb. 114.

Es ist $y' = \dfrac{-c^2}{(c - x)^2}$ und $y'(0) = -1$. Wir stellen fest:

1. Nullstelle für $x = 0$, Tangente an der Nullstelle: $y = -x$. In der Nähe des Nullpunktes gilt daher $y \approx -x$.
2. Einfacher Pol für $x = c$. Die Gerade $x = c$ ist Asymptote.
3. $x > c \Rightarrow y > 0$; $x < c \Rightarrow y < 0$.
4. $y = \dfrac{c}{1 - \dfrac{c}{x}}$, für große x strebt y gegen c.

   $y = c$ ist horizontale Asymptote.
5. Da $y' < 0$ für $x \neq c$, ist die Funktion stets abnehmend. Es gibt keinen Extremwert.
6. Schnittpunkt mit $y = x$ ergibt $x = y = 2c$.

Abb. 114

Man führt die Diskussion dieser gebrochenen rationalen Funktion in der Mathematik durch, ohne danach zu fragen, welche praktische Bedeutung man der Konstanten c und den Variablen x, y geben kann. Wir wollen bei dieser Funktion einmal sehen, in welchen Gebieten sie auftritt und was unsere Ergebnisse jeweils besagen.

Wir wählen drei Beispiele aus Optik, Elektrizitätslehre und Astronautik.

In der ersten Spalte der folgenden Tabelle steht das mathematische Symbol bzw. der Ausdruck, in den übrigen Spalten seine Interpretation in der jeweiligen Anwendung.

---

[1] *vertere* (lat.), umwenden.   [2] *serpens* (lat.), Schlange.

Der Graph der gebrochenen rationalen Funktion § 32

Mathematisches Symbol	Bedeutung beim Beispiel aus der		
	Optik	Elektrizität	Astronautik
c	Brennweite f einer Sammellinse.	Gesamtwiderstand R einer Parallelschaltung	Rotationszeit e der Erde $\approx$ 1 Tg.
x	Gegenstandsweite g	Ein Teilwiderstand R_1	Umlaufzeit s eines Satelliten auf einer Äquatorbahn
y	Bildweite b	Der andere Teilwiderstand R_2	Zeit t zwischen zwei Meridiandurchgängen an einem Ort der Erde
$y = \dfrac{cx}{x-c}$	$b = \dfrac{fg}{g-f}$	$R_2 = \dfrac{R \cdot R_1}{R_1 - R}$	$t = \dfrac{es}{s-e}$
$x \to \infty \Rightarrow y \to c$ nach (4)	Gegenstand in großer Entfernung, Bild fast in Brennebene	R_1 nahezu ein Isolator $R \approx R_2$	Bei langer Umlaufzeit bewegt sich der Satellit gegenüber den Fixsternen sehr langsam. Er kommt ungefähr nach 1 Tag wieder in Sicht (etwa unser Mond!)
x wird kleiner $\Rightarrow y$ nimmt zu (5)	Gegenstand rückt näher, Bild entfernt sich von der Linse	Je mehr R_1 abnimmt, desto größer wird R_2	Bei kürzerer Umlaufzeit verspätet sich der Satellit täglich mehr
$x = y$ $\Rightarrow x = y = 2c$ (6)	Bild und Gegenstand in gleicher Entfernung $2f$	$R_1 = R_2 = 2R$ oder $R = \dfrac{R_1}{2} = \dfrac{R_2}{2}$	Wenn die Umlaufzeit 2 Tage beträgt, holen wir den Satelliten auch alle 2 Tage ein. Er ist 24 Stunden über und 24 Stunden unter dem Horizont (noch nicht realisiert)
$x \to c \Rightarrow |y| \to \infty$ Pol (2)	Gegenstand in der Brennebene, Bild rückt ins Unendliche	Wenn $R_1 = R$, muß R_2 ein Isolator sein	24-Stunden-Bahn. $t \to \infty$ Der Satellit steht über einem Ort der Erde still (Syncom-Satellit der USA)
$x < c \Rightarrow y$ negativ (3)	Gegenstand zwischen Brennebene und Linse, b negativ, virtuelles Bild	$R_1 < R$, R_2 negativ physikalisch sinnlos	Umlaufzeit $s < 1$ Tag, t negativ, d. h. der Satellit bewegt sich nicht mehr von Ost nach West, sondern umgekehrt. Er geht im Westen auf (Echo I)
$x \to 0 \Rightarrow y \approx -x$ (1)	Gegenstand und virtuelles Bild etwa gleich weit von der Linse entfernt, wenn Gegenstand sehr nahe an der Linse		Schneller, d.h. tieffliegender Satellit. Umlaufzeit unterscheidet sich kaum von der Zeit zwischen zwei Durchgängen (z. B. bemannte Satelliten, Merkury, Wostok und Gemini)

§ 33. ZUR INTEGRATION DER GEBROCHENEN RATIONALEN FUNKTION

A. Die Integration der Potenz mit negativem Exponenten

In § 27 B sahen wir, daß es leicht ist, zu jeder ganzen rationalen Funktion eine Stammfunktion anzugeben. Es genügt die Integration der Potenz $y = x^n$ zusammen mit den Integrationsregeln 1 und 2 von § 27 C. Wesentlich schwieriger ist die Integration der gebrochenen rationalen Funktionen.

Die Differentiation der gebrochenen rationalen Funktion konnten wir mit Hilfe der Quotientenregel auf die Differentiation der ganzen rationalen Funktion zurückführen. Ein entsprechendes Verfahren ist bei der Integration nicht möglich, weil es für die Integrale weder eine Produkt- noch eine Quotientenregel gibt.

Trotzdem kann man auch für jede gebrochene rationale Funktion die Stammfunktionen in geschlossener Form angeben. Dabei muß man jedoch auf nichtrationale Funktionen zurückgreifen. Wir wollen uns daher auf die Integration in einigen einfachen Fällen beschränken.

Wir kennen die Regel

$$\frac{d}{dx}\left(\frac{1}{x^\nu}\right) = -\nu \cdot \frac{1}{x^{\nu+1}} \quad (\nu \in \mathbb{N})$$

für $\nu = n - 1$:

$$\frac{d}{dx}\left(\frac{1}{x^{n-1}}\right) = -(n-1) \cdot \frac{1}{x^n} \quad (n \in \{2, 3, \ldots\})$$

oder:

$$\frac{d}{dx}\left(\frac{-1}{(n-1)x^{n-1}}\right) = \frac{1}{x^n}$$

Folglich gilt:

$$\boxed{\int \frac{dx}{x^n} = -\frac{1}{(n-1)x^{n-1}} + C} \quad (n \in \{2, 3, \ldots\})$$

Für $n = -m$:

$$\int x^{-n}\, dx = \int x^m\, dx = \frac{-1}{(-m-1)x^{-m-1}} = \frac{x^{m+1}}{m+1} + C; \quad (m \neq -1)$$

Die Integrationsregel für die Potenz gilt also auch für negative Exponenten.

Anmerkung: Unsere Regel ergibt sich für $n = 2, 3, 4, \ldots$. Für $n = 1$ wird sie sinnlos; im Nenner würde Null auftreten. Tatsächlich haben wir noch keine Funktion differenziert, deren Differentialquotient $\frac{1}{x}$ war.

1. Beispiel: $\int \frac{1}{x^3}\, dx = -\frac{1}{2x^2} + C$

2. Beispiel: $\int \frac{3x-2}{x^3}\, dx = 3\int \frac{dx}{x^2} - 2\int \frac{dx}{x^3} = -\frac{3}{x} + \frac{1}{x^2} + C = \frac{-3x+1}{x^2} + C$

Zur Integration der gebrochenen rationalen Funktion § 33

AUFGABEN

1. Warum sind die folgenden Integrale nicht definiert:

   a) $\int_{-1}^{+1} \frac{dx}{x^2}$;   b) $\int_{-2}^{+2} \frac{dx}{x^2-1}$;   c) $\int_{0}^{1} \cot x \, dx$;   d) $\int_{3}^{5} \frac{x \, dx}{x^2-6x+8}$.

2. Berechne folgende unbestimmte Integrale:

   a) $\int \frac{dx}{x^5}$;   b) $\int \frac{2+3x^2}{x^4} dx$;   c) $\int \frac{x^2-1}{x^4+x^3} dx$;   d) $\int \frac{x^3-3}{x^2} dx$.

3. Berechne die bestimmten Integrale:

   a) $\int_{1}^{2} \frac{dx}{x^2}$;   b) $\int_{-3}^{-1} \frac{1+x}{x^3} dx$;   c) $\int_{1/2}^{3} \frac{x^2-2}{x^4} dx$;   d) $2 \cdot \int_{2}^{1} \frac{1-x^4}{x^2} dx$.

4. Berechne eines der Flächenstücke, die von den Graphen der Funktionen $y = \frac{4}{x^2}$ und $y = x^2 - 6x + 9$ eingeschlossen werden!

5. Gegeben die abschnittsweise definierte Funktion: $y = f(x) = \begin{cases} 2-x^2 & \text{für } |x| \leq 1 \\ \frac{1}{x^2} & \text{für } |x| > 1 \end{cases}$

   a) Ist diese Funktion überall stetig? Ist sie überall differenzierbar?
   b) Welcher Punkt der zugehörigen Kurve hat vom Nullpunkt die kürzeste Entfernung?
   c) Berechne die Fläche, die von der Kurve, der x-Achse und den Ordinaten zu $x = 0$ und $x = a$ ($a > 1$) eingeschlossen wird!
   d) Existiert der Grenzwert $a \to \infty$?

B. Uneigentliche Integrale 1. Art

Wir betrachten $\quad \int_{1}^{R} \frac{dx}{x^2} = \left[-\frac{1}{x}\right]_{1}^{R} = -\frac{1}{R} + 1$

Lassen wir die obere Grenze R gegen ∞ gehen, so strebt der Integralwert offenbar gegen 1. Einen derartigen Grenzwert eines bestimmten Integrals nennt man ein *uneigentliches Integral* und schreibt:

$$\lim_{R \to \infty} \int_{a}^{R} \frac{dx}{x^2} = \int_{a}^{\infty} \frac{dx}{x^2} = \frac{1}{a}$$

Allgemein definieren wir, sofern der Grenzwert existiert:

$$\boxed{\int_{a}^{\infty} f(x) \, dx = \lim_{R \to \infty} \int_{a}^{R} f(x) \, dx} \qquad (1)$$

§ 33 Zur Integration der gebrochenen rationalen Funktion

Anmerkung: Mit Benutzung von (1) läßt sich der Begriff des Flächeninhalts erneut erweitern, nämlich auf Flächenstücke die sich ins Unendliche erstrecken. Der Grenzwert (1) kann, *falls er existiert*, als die Maßzahl des Inhalts eines derartigen unbegrenzten Flächenstücks definiert werden.

AUFGABEN

6. Berechne das Integral $\int_1^R \frac{dx}{x^2}$ für $R = 10, 100, 1000$!

7. a) $\int_2^\infty \frac{2}{x^2}\, dx$;   b) $\int_{-1}^{-\infty} \frac{1}{x^3}\, dx$;   c) $\int_1^\infty \frac{5+x}{x^3}\, dx$.

8. Welchen Inhalt hat das Flächenstück, das begrenzt wird von den Graphen von $f(x) = x^{-2}$, $g(x) = x^3$, den Ordinaten $g(0{,}5)$, $f(a)$ und der x-Achse ($a > 1$)? Was ergibt sich für $a \to \infty$?

9. Zeige, daß die Integrale   a) $\int_2^\infty \frac{dx}{x^2+1}$;   b) $\int_{-\infty}^{+\infty} \frac{dx}{x^2+1}$ existieren und skizziere den Graphen der Integrandenfunktion!

Anleitung zu a): Vergleiche mit einem größeren Integranden, für den das uneigentliche Integral existiert! L.S. 6, § 24!

10.* Differenziere die Funktion $f(x) = \dfrac{1}{1-x^2}$ durch Grenzübergang und die Funktion $g(x) = \dfrac{x^2}{1-x^2}$ nach der Quotientenregel! Was läßt sich aus dem Vergleich der beiden Ableitungen über die Funktionen und ihre Graphen sagen? Skizziere den Graphen der Ableitungsfunktion $f'(x)$!
Bestimme $\int_2^K \dfrac{2x}{(1-x^2)^2}\, dx$ und den Grenzwert dieses Integrals für $K \to \infty$!

ANGEWANDTE MATHEMATIK

A. Die Analogrechenmaschine

Bei den modernen Rechenanlagen sind zwei Typen zu unterscheiden: Die Digital- und die Analogmaschinen.
Wird eine Aufgabe für einen Digitalrechner programmiert, dann wird sie in kleinste Einzelschritte zerlegt, die auf die Grundrechnungsarten zurückführen. Die Eingangsdaten und die Ergebnisse sind Zahlen in dezimaler oder dualer Ziffernschreibweise, also unstetig. Auf S. 134 war von diesen Geräten die Rede.

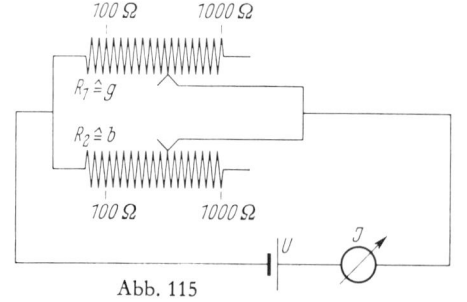

Bei den Analogmaschinen sucht man zu dem vorgelegten Problem ein anderes, meist elektrisches, mit gleicher mathematischer Struktur, das man experimentell lösen kann. Eingangsdaten und Ergebnisse sind stetig variierbar. An einem einfachen Beispiel soll das Prinzip verdeutlicht werden:
Das Problem, die reelle Bildweite b bei gegebener Gegenstandsweite $g > f$ zu berechnen, führt, wie wir auf S. 206 sahen, auf dieselbe

Abb. 115

Gleichung wie unser Parallelschaltungsproblem. Daher kann man folgende Analogmaschine bauen (Abb. 115):

Die Spannung U bleibt unverändert, etwa 220 V. $R_1 \triangleq g$, $R_2 \triangleq b$, Gesamtwiderstand $R \triangleq f$. Man verwendet zwei veränderliche Widerstände, bei denen man den eingestellten Widerstandswert ablesen kann. Es sei R_1 und R_2 von 100 Ω bis 1000 Ω variierbar. Man stellt für R_1 beliebige Werte ein und variiert R_2 jedesmal so lange, bis der Gesamtstrom $J = 2{,}2$ A, also nach dem Ohmschen Gesetz $R = 100\,\Omega$ beträgt; denn benötigt wird stets ein konstanter Gesamtwiderstand $R = 100\,\Omega$, entsprechend der konstanten Brennweite $f \triangleq 100\,\Omega$. Damit kann man die Widerstände direkt in Vielfachen von f eichen (Abb. 116):

Stellt man beispielsweise $g = 3f$ ($R_1 = 300\,\Omega$) ein, findet man $b = 1{,}5f$ ($R_2 = 150\,\Omega$).

Abb. 116

Für eine Aufgabe mit anderer mathematischer Struktur muß auch eine andere Schaltung verwendet werden.

Mit den modernen Anlagen kann man natürlich viel kompliziertere Probleme bearbeiten. Die großen, universellen Analogrechner sind auch wesentlich anpassungsfähiger. Das Analogsystem wird dort aus einzelnen Rechenelementen wie Summatoren, Integratoren, Multiplikatoren usw. aufgebaut.

Integrationen können z. B. durch das Aufladen eines Kondensators gelöst werden: $Q(t) = \int_0^t J(t)\, dt$. Die Zusammenschaltung der Elemente richtet sich nach dem jeweiligen Problem.

Die Einsatzmöglichkeiten sind sehr vielseitig. Bei vielen Großprojekten, etwa bei der Entwicklung eines Kernreaktors, wird heute das Verhalten des geplanten Objektes unter verschiedensten Einflüssen an einer geeigneten Analogmaschine (Simulator) studiert. Sogar biologische Systeme werden schon an derartigen Geräten imitiert. Man kann sicher sein, daß sich die Analogrechner in den kommenden Jahren und Jahrzehnten noch viele, vielleicht unerwartete Anwendungsbereiche erobern werden.

Eine einfache Schaltung eines Analogsystems zum Differenzieren einer Funktion zeigt Bild a Tafel I. Hier liegt das Gesetz $U_2 = c \cdot dJ_1/dt$ der Sekundärspannung eines Transformators zugrunde. Die Bilder b und c von Tafel I zeigen die Kurven auf dem Schirm eines Kathodenstrahloszillographen. Bei Abb. d wurde eine Funktion und eine zugehörige Integralkurve vom Oszillographen aufgezeichnet. $J(t)dt$ wurde mit Hilfe der Spannung an einem Kondensator erhalten. Eine zur Stromstärke proportionale Spannung wurde jeweils an einem Widerstand abgenommen.

B. Der Schuß ins Weltall

Ist die Kraft P eine Funktion des Weges x, so ist die Arbeit, wie wir in § 24 sahen, gegeben durch

$$A = \int P(x)\, dx$$

Ein Körper von der Masse m werde von der Erdoberfläche in Richtung des verlängerten Erdradius abgeschossen. Wir fragen nach der Arbeit A_s, die aufgewendet werden muß, damit er die Entfernung s, vom Erdmittelpunkt aus gerechnet, erreicht (Abb. 117).

Nach dem Newtonschen Gravitationsgesetz ist

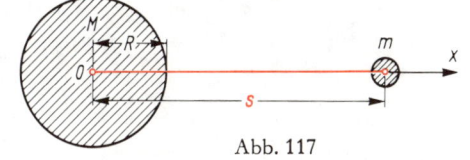

$$P = f\,\frac{M \cdot m}{x^2}$$

Abb. 117

wobei M die Masse der Erde, x die Entfernung des Körpers vom Erdmittelpunkt und f die Gravitationskonstante ist. Dann gilt mit R als Erdradius:

$$A_s = \int_R^s f\,\frac{M \cdot m}{x^2}\, dx = fMm \int_R^s \frac{dx}{x^2}$$

§ 33 Zur Integration der gebrochenen rationalen Funktion

Lassen wir s gegen ∞ gehen, so erhalten wir die Arbeit, die aufgewendet werden muß, um den Körper aus dem Schwerefeld der Erde herauszuschaffen. Es ist:

$$A_\infty = fMm \int_R^\infty \frac{dx}{x^2} = fMm \lim_{s \to \infty} \left(\frac{1}{R} - \frac{1}{s}\right) = \frac{fMm}{R}$$

Beim Schuß ins Weltall muß dem Geschoß eine kinetische Energie mitgegeben werden, welche gleich A_∞ ist. Beträgt die Abschußgeschwindigkeit v_0, so folgt aus

$$\tfrac{1}{2} m v_0^2 = \frac{fMm}{R} \Rightarrow v_0 = \sqrt{\frac{2fM}{R}}$$

Beachten wir, daß die auf den Körper an der Erdoberfläche ausgeübte Kraft gleich seinem Gewicht mg ist, so finden wir aus

$$mg = \frac{fMm}{R^2} \Rightarrow fM = R^2 g$$

und es wird

$$\boxed{v_0 = \sqrt{2gR}}$$

Dies ist die sog. *Fluchtgeschwindigkeit*. Setzt man $g = 9{,}81\ \mathrm{m\,sec^{-2}}$ und $R = 6370\ \mathrm{km}$, so erhält man

$$\boxed{v_0 = 11{,}18\ \tfrac{\mathrm{km}}{\mathrm{sec}}}$$

Dieser Wert gilt auch für einen Abschuß, der nicht in Richtung des verlängerten Erdradius erfolgt. Wird der Körper (unter Vernachlässigung des Luftwiderstandes) tangential abgefeuert, so ist die Flugbahn

eine Parabel, wenn	$v_0 = 11{,}18\ \mathrm{km\,sec^{-1}}$;
eine Hyperbel, wenn	$v_0 > 11{,}18\ \mathrm{km\,sec^{-1}}$;
eine Ellipse, wenn	$v_0 < 11{,}18\ \mathrm{km\,sec^{-1}}$;
ein Kreis, wenn	$v_0 = 7{,}9\ \mathrm{km\,sec^{-1}}$.

Raketen erreichen ihre Höchstgeschwindigkeit nach dem beschleunigenden Abbrand des Treibstoffes erst in einer gewissen Höhe über der Erdoberfläche. Ist beispielsweise $h = 800\ \mathrm{km}$, so ist wegen des geringeren Wertes der Erdbeschleunigung in dieser Höhe auch die Fluchtgeschwindigkeit geringer, in diesem Fall etwa $10{,}5\ \mathrm{km\,sec^{-1}}$. Vgl. Honsberg, Vektorielle Analytische Geometrie, § 35!

Die trigonometrischen Funktionen

§ 34. EIGENSCHAFTEN UND GRAPHEN DER TRIGONOMETRISCHEN FUNKTIONEN

a) Rechne die Winkel 30°, 75°, 270°, 1°, 17° ins Bogenmaß um! Welche Winkel haben das Bogenmaß 1; 3; 8,25; −0,5?
b) Wie sind die trigonometrischen Funktionen beliebiger Winkel definiert?
c) Wiederhole die Aufgaben 1 bis 4 in § 7!

A. Zusammenstellung einiger Grundeigenschaften

Wie in § 11 A vereinbart, werden in der Infinitesimalrechnung Winkel im allgemeinen im Bogenmaß angegeben.

1. *Sinus-* und *Kosinusfunktion* sind für beliebige Winkel definiert. Die beiden Funktionen sind Abbildungen der

Definitionsmenge $\mathfrak{D} = \{x \mid -\infty < x < \infty\}$ auf die Wertemenge $\mathfrak{W} = \{y \mid -1 \leq y \leq 1\}$.

Aus der Definition am Einheitskreis ergibt sich unmittelbar die Periode 2π:

$$\sin(x + n \cdot 2\pi) = \sin x, \quad \cos(x + n \cdot 2\pi) = \cos x \quad (n \in \mathbb{Z})$$

Beide Funktionen haben im Intervall $0 \leq x < 2\pi$ zwei Nullstellen und daher wegen der Periodizität im ganzen Definitionsbereich unendlich viele. Es gilt:

$$\sin(n\pi) = 0, \quad \cos\left(n\pi + \frac{\pi}{2}\right) = 0 \quad (n \in \mathbb{Z})$$

2. *Tangens-* und *Kotangensfunktion* sind durch

$$\tan x = \frac{\sin x}{\cos x} \quad \text{bzw.} \quad \cot x = \frac{\cos x}{\sin x}$$

für alle x-Werte definiert, ausgenommen die Nullstellen des Nenners. Dort haben beide Funktionen einfache Pole mit den Asymptoten

$$x = (2n-1)\frac{\pi}{2} \quad \text{bzw.} \quad x = n\pi$$

Für die Definitions- und Wertemengen gilt:

$$y = \tan x: \mathfrak{D} = \left\{x \mid (2n-1)\frac{\pi}{2} < x < (2n+1)\frac{\pi}{2}\right\} \quad \mathfrak{W} = \{y \mid -\infty < y < \infty\}$$
$$y = \cot x: \mathfrak{D} = \{x \mid (n-1)\pi < x < n\pi\} \quad \mathfrak{W} = \{y \mid -\infty < y < \infty\} \quad (n \in \mathbb{Z})$$

Beide Funktionen haben die Periode π:

$$\tan(x + n\pi) = \tan x, \quad \cot(x + n\pi) = \cot x$$

3. *Transzendenz der trigonometrischen Funktionen*

Wir wollen uns die Frage stellen, ob die Sinusfunktion zu den ganzen rationalen oder zu den gebrochenen rationalen Funktionen gehört, ob sie sich also in Form eines

§ 34 Eigenschaften und Graphen der trigonometrischen Funktionen

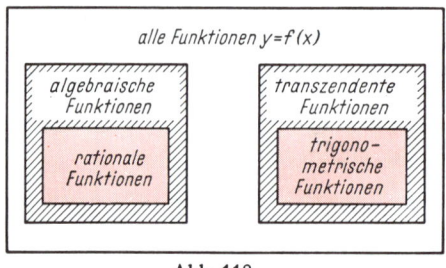

Abb. 118

Polynoms oder als Quotient zweier Polynome darstellen läßt. Beides ist sicher nicht der Fall, denn eine Funktion dieser Funktionsmengen hat stets nur endlich viele Nullstellen (§ 14 B 5), die Sinusfunktion dagegen hat die unendlich vielen Nullstellen $x = n \cdot \pi$, $(n \in \mathbb{Z})$.

Ebenso schließt man, daß es sich auch um keine sogenannte algebraische Funktion (siehe § 40) handeln kann.

Man nennt die Sinusfunktion eine *transzendente Funktion*. Dasselbe gilt für die Funktionen Kosinus, Tangens und Kotangens (Abb. 118).

AUFGABEN

1. Welche Beziehungen gelten zwischen den trigonometrischen Funktionen des Winkels x und

   a) $\frac{\pi}{2} - x$; b) $\frac{\pi}{2} + x$; c) $\pi - x$; d) $\pi + x$?

2. Sind folgende Funktionen gerade, ungerade oder keines von beiden?

   a) $y = \sin x$; b) $y = \cos x$; c) $y = \tan x$; d) $y = x \cdot \sin x$; e) $y = \frac{x^2}{\sin x}$;

   f) $y = \frac{\cos x}{x}$; g) $y = x + \sin x$; h) $y = \sin x \cdot \cos x$; i) $y = x + \cos x$.

3. Gib sämtliche Symmetrieachsen der Graphen folgender Funktionen an:

   a) $y = \sin x$; b) $y = \sin(x - 1)$; c) $y = \cot^2 x$; d) $y = x \sin x$.

B. Die Funktion $y = a \cdot \sin b(x + c) + d$

Wir wollen einige wichtige Transformationen auf die Sinusfunktion anwenden:

1. *Senkrechte y-Affinität:* $\bar{x} = x$, $\bar{y} = a y$;

$y = \sin x$ wird abgebildet auf $\bar{y} = a \cdot \sin \bar{x}$.

Der Faktor a bewirkt eine Veränderung der Werte der Sinusfunktion im Verhältnis $1 : a$; für $a > 1$ wird der Funktionswert vergrößert, für $0 < a < 1$ verkleinert, für $a < 0$ wird sein Vorzeichen umgekehrt (Abb. 119).

2. *Senkrechte x-Affinität:* $\bar{x} = \frac{1}{b} x$, $\bar{y} = y$;

$y = \sin x$ wird abgebildet auf $\bar{y} = \sin b \bar{x}$.

Der Faktor b bedingt für $0 < b < 1$ eine Dehnung und für $b > 1$ eine Schrumpfung des Graphen in der x-Richtung (Abb. 120).

3. *Translation in der x-Richtung:* $\bar{x} = x - c$, $\bar{y} = y$;

$y = \sin x$ wird abgebildet auf $\bar{y} = \sin(\bar{x} + c)$.

Eigenschaften und Graphen der trigonometrischen Funktionen § 34

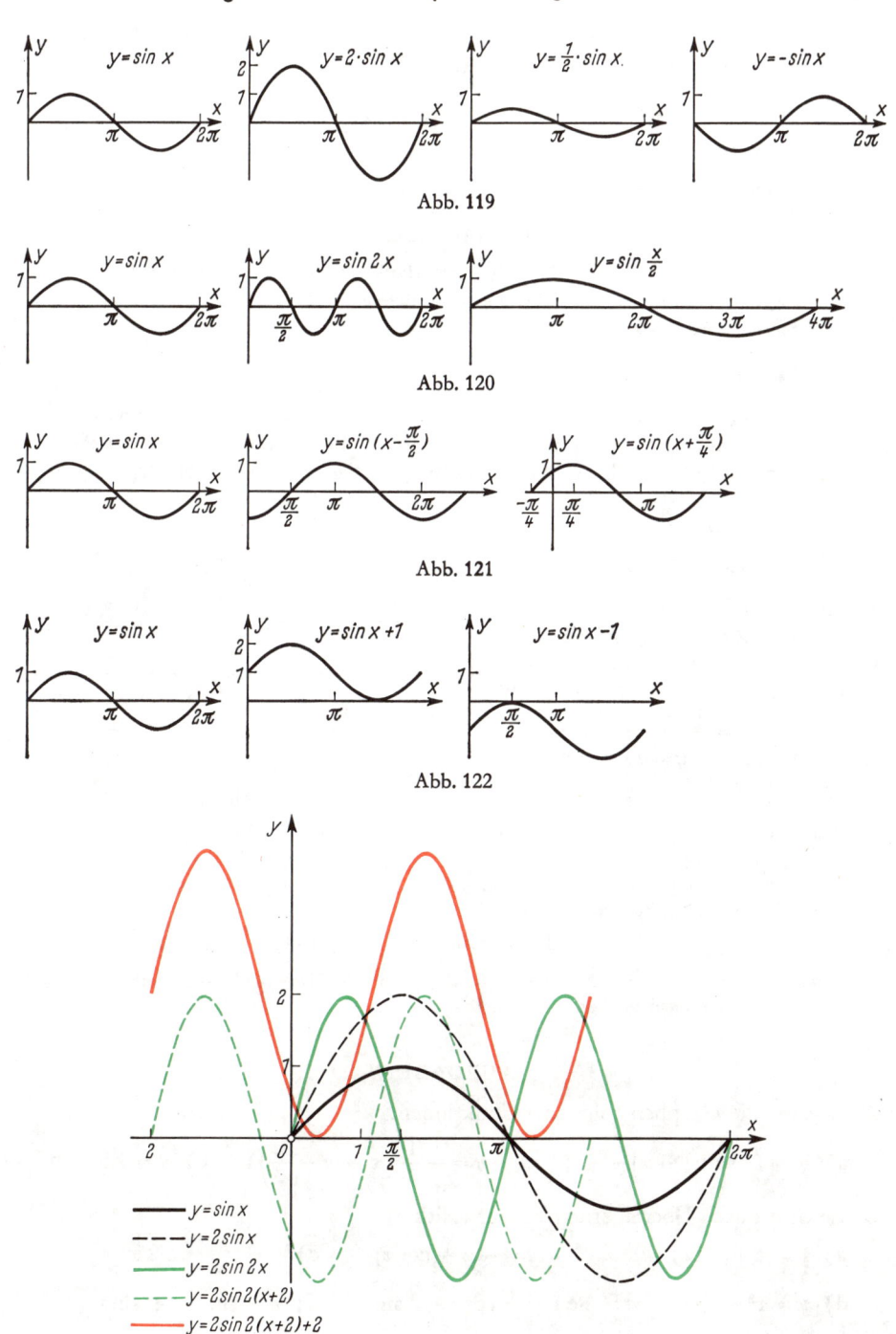

Abb. 119

Abb. 120

Abb. 121

Abb. 122

Abb. 123

§ 34 Eigenschaften und Graphen der trigonometrischen Funktionen

Der Summand c bewirkt eine Verschiebung in Richtung wachsender x für $c < 0$ und in Richtung abnehmender x für $c > 0$ (Abb. 121).

4. *Translation in der y-Richtung:* $\bar{x} = x, \quad \bar{y} = y + d$;
$y = \sin x$ wird abgebildet auf $\bar{y} = \sin \bar{x} + d$.

Der Summand d verschiebt den Graphen in der y-Richtung (Abb. 122).

Beispiel: $y = 2 \cdot \sin 2 (x + 2) + 2$; (Abb. 123).

Der Graph dieser Funktion geht aus der Sinusfunktion folgendermaßen hervor:
1. Dehnung der Ordinaten auf den doppelten Betrag.
2. Schrumpfung der Periodenlänge auf die Hälfte.
3. Verschiebung um 2 L.E. nach links.
4. Verschiebung um 2 L.E. nach oben.

Sind die Graphen von Funktionen wie $y = x + \sin x$, $y = x^2 - \sin x$, $y = \sin x - 2 \cos x$, $y = x + \tan x$ gesucht, so zeichnet man zunächst am besten die Graphen der einzelnen Summanden und addiert die Funktionswerte (Überlagerung oder Superposition)[1]).

C. Die Funktion

$$y = A \cdot \sin x + B \cdot \cos x$$

Der Graph der Funktion
$y = \sin x - 2 \cdot \cos x$ (Abb. 124)
erinnert an eine Funktion der Art
$y = a \cdot \sin (x + b)$. Tatsächlich gilt:

Jede Funktion $y = A \cdot \sin x + B \cdot \cos x$ läßt sich in die Form $y = a \cdot \sin (x + b)$ bringen und umgekehrt.

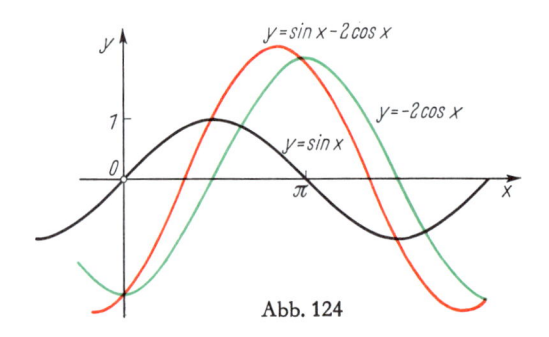

Abb. 124

Beweis:
Es ist $y = a \cdot \sin (x + b) = a \cdot \cos b \cdot \sin x + a \cdot \sin b \cdot \cos x$.
Die Funktionen $y = a \cdot \sin (x + b)$ und $y = A \cdot \sin x + B \cdot \cos x$ sind also identisch für alle x, wenn folgende Bedingungen erfüllt sind:

$$A = a \cdot \cos b \quad \text{und} \quad B = a \cdot \sin b$$

Wählt man $a = \sqrt{A^2 + B^2}$, $\cos b = \dfrac{A}{\sqrt{A^2 + B^2}}$ und $\sin b = \dfrac{B}{\sqrt{A^2 + B^2}}$, dann ist offenbar beiden Bedingungen genügt.

AUFGABEN

4. Zeichne die Graphen folgender Funktionen:

a) $y = \dfrac{1}{2} \cdot \sin\left(\dfrac{1}{2} x\right) - \dfrac{1}{2}$; b) $y = -\dfrac{1}{2} \cdot \cos\left(x - \dfrac{\pi}{3}\right)$; c) $y = 1{,}5 \cdot \sin 3x$.

5. Zeichne durch Überlagerung (Superposition):

a) $y = x + \sin x$;   b) $y = -x + \cos x$;   c) $y = x + \sin 2x$;

d) $y = x^2 - \dfrac{1}{2} \sin 2x$;   e) $y = \cos x - 2 \sin x$;   f) $y = \sin 2x + \sin x$.

---
[1]) Vgl. Kratz-Wörle, Geometrie II, § 29!

6. Bringe die folgenden Funktionen auf die Form $y = a \cdot \sin(x + b)$:

a) $y = \sin x + \cos x$; **b)** $y = 3 \sin x - 4 \cos x$; **c)** $y = -\sqrt{3} \sin x + \cos x$.

Gib damit die Extremwerte dieser Funktionen an!

7. Zeige, daß sich jede Funktion $y = A \cdot \sin C x + B \cdot \cos C x$ in die Form $y = a \cdot \sin(C x + b)$ bringen läßt!

8. Schwebungen

Treffen an einer Stelle zwei Schallwellen ein, die sich in der Frequenz wenig unterscheiden, so entsteht eine Schwebung. Zeichne das Schwingungsbild an dieser Stelle, das durch folgende Funktion dargestellt wird:

$y = a \cdot \sin t + a \cdot \sin \omega t$; $\quad 0 \leq t \leq 8\pi$, $a = 2$, $\omega = \frac{5}{4}$, 1 L.E. = 0,5 cm, $\pi \approx 3$.

9. Zeichne den Durchschnitt der Punktmengen $\mathfrak{M}_1$ und $\mathfrak{M}_2$, die durch folgende Bedingungen gegeben sind:

$$\mathfrak{M}_1 = \{(x,y) \mid y < -x^2\}, \quad \mathfrak{M}_2 = \{(x,y) \mid y > -\cos \pi x - 2\}$$

10. Wende auf die Funktion $y = \cos x$ folgende Transformationen an und zeichne den neuen Graphen:

a) $\bar{x} = x + 1$, $\bar{y} = 2y$; **b)** $\bar{x} = -x$, $\bar{y} = y$; (Achsensymmetrie)

c) $\bar{x} = 2x$, $\bar{y} = 2y$; (zentr. Streckung) **d)** $\bar{x} = -x$, $\bar{y} = -y$; (Zentralsymmetrie)

e) $\bar{x} = \frac{x}{2}$, $\bar{y} = y^2$; **f)** $\bar{x} = x$, $\bar{y} = \frac{1}{y}$.

§ 35. DIE ABLEITUNG DER TRIGONOMETRISCHEN FUNKTIONEN

a) Wie wurde in § 12 B 2 die Ableitung der Funktion $y = \sin x$ erhalten?
b) Was läßt sich aus dem Graphen der Tangensfunktion über ihre Ableitung aussagen?

In § 12 erhielten wir die Ableitungen der Funktionen $y = \sin x$ und $y = \cos x$:

$$\boxed{\frac{d \sin x}{dx} = \cos x; \quad \frac{d \cos x}{dx} = -\sin x}$$

Die Ableitungen der Funktionen Tangens und Kotangens gewinnt man mit Hilfe der Quotientenregel (§ 31 B):

$$y = \tan x = \frac{\sin x}{\cos x}; \quad (\cos x \neq 0)$$

$$y' = \frac{\cos x \cdot \cos x - \sin x \cdot (-\sin x)}{\cos^2 x} = \frac{\cos^2 x + \sin^2 x}{\cos^2 x} = \frac{1}{\cos^2 x}$$

oder

$$y' = \frac{\cos^2 x}{\cos^2 x} + \frac{\sin^2 x}{\cos^2 x} = 1 + \tan^2 x;$$

§ 35 Die Ableitung der trigonometrischen Funktionen

also ist

$$\frac{d \tan x}{dx} = \frac{1}{\cos^2 x} = 1 + \tan^2 x$$

Entsprechend findet man

$$\frac{d \cot x}{dx} = -\frac{1}{\sin^2 x} = -1 - \cot^2 x$$

Unter Anwendung der Differentiationsregeln für Summe, Produkt und Quotient können wir nun eine große Funktionsmenge differenzieren; vor allem lassen sich eine Reihe neuer Extremwertaufgaben lösen.

Beispiel:
Von einem Dreieck ist der Umfang u und $\gamma = 90°$ gegeben. Wie groß muß α gewählt werden, damit die Seite c möglichst klein wird?

Lösung:
Es ist $a = c \cdot \sin \alpha$, $b = c \cdot \cos \alpha$, $u = c + c \cdot \sin \alpha + c \cdot \cos \alpha = c(1 + \sin \alpha + \cos \alpha)$; hieraus folgt:

$$c = \frac{u}{1 + \sin \alpha + \cos \alpha}$$

Der Zähler ist konstant; deshalb wird c ein Minimum annehmen, wenn der Nenner ein Maximum hat. Ist x das Bogenmaß von α, so gilt:

$$f(x) = 1 + \sin x + \cos x; \quad f'(x) = \cos x - \sin x; \quad f''(x) = -\sin x - \cos x.$$

Für $x = \frac{\pi}{4}$ ist $f'(x) = 0$ und $f''(x) < 0$.

Ergebnis: Unter allen umfangsgleichen rechtwinkligen Dreiecken hat das gleichschenklige die kleinste Hypotenuse.

AUFGABEN

1. Differenziere folgende Funktionen:

   a) $y = \tan x - \cot x$; b) $y = x \sin x$; c) $y = \sin x - x \cos x$;

   d) $y = x^2 \cos x$; e) $y = x^3 \tan x$; f) $y = \frac{1}{\sin x}$;

   g) $y = \frac{\sin x}{x}$; h) $y = \frac{\sin x}{1 + \cos x}$; i) $y = \frac{1 + \cos x}{1 - \cos x}$.

2. Diskutiere die Funktion $y = \sin x + \cos x$! Zeichnung im Bereich $-\pi \leq x \leq 2\pi$!

3. Unter welchen Winkeln schneiden die Graphen der vier trigonometrischen Grundfunktionen die x-Achse?

4. Gegeben ist die Funktion $y = \frac{1}{\sin x} + \frac{1}{\cos x}$.
   Bestimme das Vorzeichen dieser Funktion und ihrer Ableitung im Intervall $0 \leq x \leq \pi$! Skizziere die Kurve ($\pi \approx 3$)!

5. Von einem Dreieck sind die Seiten a und b bekannt. Wie groß muß der Winkel γ gewählt werden, damit die Fläche möglichst groß wird?

6. Bei welchem Erhebungswinkel α erreicht man beim schrägen Wurf ohne Berücksichtigung des Luftwiderstandes die größte Weite w?

Anleitung: Aus der Physik ist bekannt: $w = (2 v_0^2 : g) \sin\alpha \cdot \cos\alpha$, wobei v_0 die Anfangsgeschwindigkeit, g die Erdbeschleunigung bedeutet.

7. Gegeben sind die Kurven: $K_1 : y = \sin x$ und $K_2 : y = x - \dfrac{x^3}{6}$.

   a) Diskutiere den Verlauf der beiden Kurven (Schnittpunkte mit der x-Achse, Maxima, Minima, Wendepunkte)! Beweise, daß die beiden Kurven eine gemeinsame Wendetangente haben, stelle deren Gleichung auf und zeichne sie ein!

   b) Zeichne K_1 im Bereich $-\pi \leq x \leq \pi$ und K_2 im Bereich $-3 \leq x \leq 3$! (1 L.E. = 2 cm.)

   c) Die Kurve K_2 kann in der Umgebung des Ursprungs als Näherungskurve für K_1 angesehen werden. Bestätige dies durch die Beantwortung der folgenden Fragen:
   Welche Werte (auf 4 Dezimalstellen) haben die beiden Funktionen für $x = 0{,}5$? Wie groß ist der Unterschied der Richtungsfaktoren der Tangenten, die man in den Punkten mit der Abszisse $x = 0{,}5$ an die Kurven ziehen kann?

§ 36. ZUSAMMENGESETZTE FUNKTIONEN

a) Berechne die Ableitung der Funktionen $y = \sin^2 x$, $y = \sin^3 x$ nach der Produktregel!

b) Wie lassen sich die Funktionen $y = \sin 2x$ und $y = \cos 2x$ nach geeigneter Umformung mit Hilfe der Produktregel differenzieren?

A. Begriff der zusammengesetzten Funktion

Wir betrachten $y = \sin x^2$. Hier ist y eine Funktion von x. Das Argument der Sinusfunktion ist jedoch nicht x sondern x^2. Setzt man $x^2 = u$, kann man schreiben

$$y = \sin u = f(u); \quad u = x^2 = g(x).$$

Ist in einer Zuordnungsvorschrift $y = f(u)$ die Veränderliche u ihrerseits eine Funktion von x — wir wollen sie mit $g(x)$ bezeichnen —, dann stellt die Funktionsgleichung $y = f[g(x)]$ eine *zusammengesetzte* oder *mittelbare Funktion* von x dar. Die Funktion $u = g(x)$ nennen wir eine *Unterfunktion*[1]) zu $y = f(u)$.

Beispiele:

a) $y = \sin 2x$, $\quad y = \sin u$, $\quad u = 2x$;

b) $y = \sin^5 x$, $\quad y = u^5$, $\quad u = \sin x$;

c) $y = (3x - 2)^7$, $\quad y = u^7$, $\quad u = 3x - 2$;

d) $y = \sqrt{\sin x^2}$, $\quad y = \sqrt{u}$, $\quad u = \sin v \quad v = x^2$;

e) $y = \sin\left(\dfrac{x}{2} - \dfrac{\pi}{4}\right)$, $\quad y = \sin u$, $\quad u = \dfrac{x}{2} - \dfrac{\pi}{4}$.

Sorgfältig muß hier die Definitionsmenge $\mathfrak{D}$ untersucht werden.

---

[1]) Diese Bezeichnung ist zwar nicht allgemein üblich, jedoch als eine kurze Ausdrucksweise zweckmäßig.

§ 36 Zusammengesetzte Funktionen

Beispiel: $\quad y = \sqrt{\frac{1}{x^2} - 1}, \quad y = \sqrt{u}, \quad u = \frac{1}{x^2} - 1$

u ist nur definiert für $x \neq 0$, y nur für $u \geq 0$, d.h. für $|x| \leq 1$. Die Definitionsmenge unserer Funktion lautet daher: $\mathfrak{D} = \{x \mid -1 \leq x < 0 \vee 0 < x \leq 1\}$.

Die Definitionsmenge der mittelbaren Funktion ist im allgemeinen nicht größer als die der Unterfunktion.

Für die graphische Darstellung einer mittelbaren Funktion erweist sich zuweilen das im folgenden Beispiel dargestellte *Mehrtafelverfahren* als zweckmäßig.

Beispiel (Abb. 125):

Um den Graphen der Funktion $y = \sqrt{x^2 + 2x - 3}$ (vgl. § 9, Aufgabe 13e) zeichnen zu können, setzen wir $u = x^2 + 2x - 3 = (x + 1)^2 - 4$. Wir erhalten dann die Funktion $y = \sqrt{u}$, deren Graph im uy-System gezeichnet werden kann. Wird außerdem die Unterfunktion $u = (x + 1)^2 - 4$ im xu-Koordinatensystem graphisch dargestellt, so läßt sich ohne Rechnung zu jedem x-Wert der Definitionsmenge mit Hilfe des entsprechenden u-Wertes in Tafel I der zugeordnete y-Wert in Tafel II mit dem Stechzirkel abgreifen.

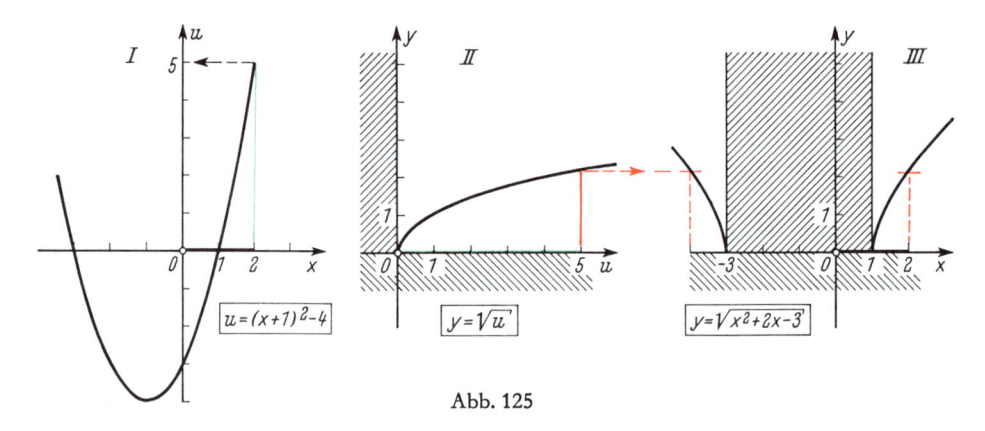

Abb. 125

Anmerkung: Dieses Verfahren ist immer dann zweckmäßig, wenn die Graphen in Tafel I und II bereits bekannt sind und in einfacher Weise gezeichnet werden können. Im angegebenen Beispiel können sogar beide Kurven mit ein und derselben Parabel-Schablone erstellt werden.

AUFGABEN

1. Führe für die folgenden Funktionen von u die angegebene Substitution durch und bringe dann den Rechenausdruck auf die einfachste Form:

   a) $y = 2u - 3$, $u = (x - 1)^2 + 3$;   b) $y = \frac{1 + u}{1 - u}$, $u = \cos^2 x$.

2. Zerlege in $y = f(u)$ und $u = g(x)$:

   a) $y = \tan \frac{x}{1 + x^2}$;   b) $y = \left(\frac{2 + x}{1 + x}\right)^4$;   c) $y = \log \cos x$;   d) $y = \log \sqrt{x^2 + 1}$.

3. Wie groß ist der Wertebereich von y und u, wenn $x \in J$?

   a) $y = \tan u$, $u = \frac{x}{x + 1}$, $J = \left\{x \,\middle|\, 0 < x < \frac{\pi}{4 - \pi}\right\}$;

b) $y = \sin u$, $u = -\dfrac{1}{x}$, $J = \left\{ x \,\Big|\, \dfrac{1}{\pi} < x < \infty \right\}$.

4. Bestimme Definitions- und Wertemenge der folgenden Funktionen durch Einführung einer geeigneten Unterfunktion:

a) $y = \sin \dfrac{\pi}{1+x^2}$; **b)** $y = \cos^2 x - 2\cos x - 8$; **c)** $y = \tan \dfrac{\pi}{4} \sqrt{1-x^2}$.

5. Zeichne nach dem Mehrtafelverfahren die Graphen der Funktionen:

a) $y = \sqrt{2x-5}$; **b)** $y = \dfrac{1}{x^2 + 4x + 8}$; **c)** $y = \cos \dfrac{\pi}{2} \sqrt{16 - x^2}$.

B. Differentiation der zusammengesetzten Funktion

Unsere bisherigen Kenntnisse reichen im allgemeinen noch nicht aus, eine zusammengesetzte Funktion zu differenzieren, auch wenn wir die Ableitungen der Einzelfunktionen kennen. Wir wissen nicht einmal ob die zusammengesetzte Funktion differenzierbar ist. Es gilt der folgende

Lehrsatz: Ist $u = g(x)$ an der Stelle x_0 und $y = f(u)$ an der Stelle $u_0 = g(x_0)$ differenzierbar, dann ist auch die zusammengesetzte Funktion $y = f[g(x)]$ an der Stelle x_0 differenzierbar. Für die Ableitung gilt:

$$\frac{dy}{dx} = f'(u) \cdot g'(x) = \frac{dy}{du} \cdot \frac{du}{dx}$$

Dieses Gesetz nennt man die *Kettenregel*.

Beweis:

Wir betrachten zunächst den Differenzenquotienten

$$D(x) = \frac{f(g(x)) - f(g(x_0))}{x - x_0} = \frac{f(u) - f(u_0)}{x - x_0}.$$

Für alle x-Werte in der Umgebung von x_0 mit der Eigenschaft: $g(x) \neq g(x_0)$ bzw. $u \neq u_0$ läßt sich dieser Differenzenquotient in folgender Weise umformen:

$$\frac{f(u) - f(u_0)}{x - x_0} = \frac{f(u) - f(u_0)}{u - u_0} \cdot \frac{u - u_0}{x - x_0}. \tag{1}$$

Gibt es dagegen in der Umgebung von x_0 einen x-Wert mit der Eigenschaft $g(x) = g(x_0)$ bzw. $u = u_0$, so wird für diesen x-Wert die rechte Seite von (1) sinnlos. Wir schreiben stattdessen:

$$\frac{f(u) - f(u_0)}{x - x_0} = f'(u_0) \cdot \frac{u - u_0}{x - x_0}. \tag{2}$$

Diese Beziehung ist sicher richtig, weil für $u = u_0$ beide Seiten der Gleichung den Wert Null annehmen. Wir können dann schreiben:

$$D(x) = d(u) \cdot \frac{g(x) - u_0}{x - x_0} \quad \text{mit} \quad d(u) = \begin{cases} \dfrac{f(u) - f(u_0)}{u - u_0} & \text{für } u \neq u_0 \\ f'(u_0) & \text{für } u = u_0 \end{cases}$$

Wegen der vorausgesetzten Differenzierbarkeit von $f(u)$ in u_0 und von $g(x)$ in x_0 gilt:

$$\lim_{x \to x_0} D(x) = \lim_{x \to x_0} d(u) \cdot \lim_{x \to x_0} \frac{g(x) - u_0}{x - x_0} = \lim_{u \to u_0} d(u) \cdot g'(x_0) = f'(u_0) \, g'(x_0)$$

§ 36 Zusammengesetzte Funktionen

Beispiele:

a) $y = \sin x^2$, $y = \sin u$ $u = x^2$; $y' = \cos u \cdot 2x = \underline{\underline{2x \cdot \cos x^2}}$

b) $y = (3x^2 - 5x)^5$, $y = u^5$, $u = 3x^2 - 5x$; $y' = 5u^4 \cdot (6x - 5) = \underline{\underline{5(3x^2 - 5x)^4 \cdot (6x - 5)}}$

c) $y = \sin^4 x$, $y = u^4$, $u = \sin x$; $y' = 4 \cdot u^3 \cdot \cos x = \underline{\underline{4 \sin^3 x \cos x}}$

d) $y = \tan \dfrac{x+1}{x}$, $y = \tan u$, $u = \dfrac{x+1}{x}$; $y' = \dfrac{1}{\cos^2 u} \cdot \dfrac{x \cdot 1 - (x+1) \cdot 1}{x^2} = \underline{\underline{-\dfrac{1}{x^2 \cos^2 \dfrac{x+1}{x}}}}$

e) $y = \sin^3 2x$, $y = u^3$, $u = \sin v$, $v = 2x$;
Durch zweimalige Anwendung der Kettenregel findet man:
$\dfrac{dy}{dx} = \dfrac{dy}{du} \cdot \dfrac{du}{dx} = \dfrac{dy}{du} \cdot \dfrac{du}{dv} \cdot \dfrac{dv}{dx}$; also ist $y' = 3u^2 \cdot \cos v \cdot 2 = \underline{\underline{6 \sin^2 2x \cos 2x}}$

Bei genügender Übung in der Anwendung der Kettenregel, kann man auf das Einführen einer neuen Variablen verzichten:

f) $y = \dfrac{1}{\sin^2 x} = (\sin x)^{-2}$; $y' = -2(\sin x)^{-3} \cos x = \underline{\underline{-2 \dfrac{\cos x}{\sin^3 x}}}$

AUFGABEN

6. Differenziere $y = \sin 2x$ und $y = \cos 2x$ mit der Kettenregel und vergleiche das Ergebnis mit dem von Vorübung b)!

7. Differenziere $y = \sin^2 x$ mit der Produktregel! Überprüfe das Ergebnis durch Anwendung der Kettenregel! Zeige, daß auch die Benutzung der bekannten Formel für $\sin^2 x$ zum gleichen Ergebnis führt!

8. Bilde die Ableitung folgender Funktionen:

a) $y = (1-x)^5$; b) $y = (3x^2 - 2x + 5)^4$; c) $y = \dfrac{1}{(1-x)^5}$;

d) $y = \left(\dfrac{1}{a+bx}\right)^m$; e) $y = \sin(-x)$; f) $y = \cos(ax+b)$;

g) $y = \tan \pi x$; h) $y = \cot(1 - \pi x)$; i) $y = (1 - \sin x)^3$;

k) $y = (a + b \cos x)^m$; l) $y = \cos x^2$; m) $y = \cos^2 x$;

n) $y = \dfrac{1}{\sin^3 x}$; o) $y = \dfrac{1}{(1 - \cos x)^3}$; p) $y = \cos \dfrac{x}{x+1}$.

9. Differenziere:

a) $y = (1 - \cos 2x)^4$; b) $y = \dfrac{1}{(1 - \sin \pi x)^3}$; c) $y = \tan^2 2x$;

d) $y = \dfrac{1}{\cos^2 3x}$; e) $y = (\pi^2 - \cos^2 \pi x)^3$; f) $y = \dfrac{1}{(1 - \sin^3 2x)^2}$.

10. Differenziere:

a) $y = (a + bx)^4 \sin x$; b) $y = \dfrac{\sin 3x}{\cos 2x}$; c) $y = x^3 (1 + \sin 2x)^4$;

d) $y = \cos^2 2x (1 - \sin 2x)^2$ e) $y = \dfrac{\sin^m x}{\sin mx}$; f) $y = \dfrac{\sin^2 2x}{(1 + \cos 2x)^2}$.

11. a) Unter welchem Winkel ist die Tangente der Kurve $y = \cos^2 x$ im Punkt $P(x = 0{,}25)$ gegen die x-Achse geneigt (auf Minuten genau)?

b) In welchem Punkt des Bereichs $0 \leq x < \frac{\pi}{4}$ hat die Tangente der Kurve $y = \tan 2x$ die Steigung 4?

12. Differenziere:

a) $y = \sin \frac{1}{x}$; **b)** $y = x \sin \frac{1}{x}$; **c)** $y = x^2 \sin \frac{1}{x}$; **d)** $y = x^3 \sin \frac{1}{x}$.

Für $x = 0$ sind diese Funktionen und ihre Differentialquotienten nicht definiert. Untersuche das Verhalten für $x \to 0$!

13. Bilde die Ableitung von $y = \sin 2x \cos x$ und berechne ihre Nullstellen!

14. Bestimme die Nullstellen der Funktion $y = 4 \sin^3 \frac{x}{2}$ und ihrer Ableitung! Zeichne den Graphen für eine Periodenlänge!

15. Berechne auf vier Stellen genau den Wert der zweiten Ableitung von $y = \tan x - x$ an der Stelle

a) $x = \frac{\pi}{4}$; **b)** $x = 0,5$; **c)** $x = 1$; **d)** $x = \pi$.

16. Berechne den Wert der zweiten Ableitung von $y = \cot x + \frac{1}{3} \cot^3 x$ für $x = \frac{3\pi}{4}$!

17. Gegeben ist die Funktion $y = 1 - \sin^2 x$.

a) Die Funktion ist im Bereich $0 \leq x \leq \pi$ graphisch darzustellen (1 L.E. = 5 cm, $\pi \approx 3$)!

b) Bestimme die Punkte, die die Kurve im angegebenen Bereich mit der x-Achse gemeinsam hat!

c) Ermittle in dem angegebenen Bereich die Extrema der Kurve, ihre Wendepunkte und die Gleichung einer ihrer Wendetangenten!

18. Zeichne die Graphen der folgenden Funktionen und berechne den Schnittwinkel:

$$y = \frac{1}{2} \cos\left(\frac{\pi}{2} x\right); \qquad y = \frac{1}{x^2} - 1.$$

19. Für welche x-Werte nimmt der Unterschied der Funktionswerte von $y = -\cos x$ und $y = \frac{1}{2} \sin 2x$ im Intervall $0 \leq x \leq \pi$ den größten bzw. kleinsten Wert an?

20. Bei welchem Öffnungswinkel hat ein Kegel mit der festen Mantellinie s das größte Volumen?

21. Beweise und erläutere anschließend geometrisch:

a) Es ist $f'(-a) = f'(+a)$, wenn $f(x)$ eine ungerade Funktion ist.

b) Es ist $f'(-a) = -f'(+a)$, wenn $f(x)$ eine gerade Funktion ist.

22. Beweise, daß sich die beiden Kurvenscharen

$$y = -\tfrac{1}{4} \cot x + A \qquad \text{und} \qquad y = \sin 2x - 2x + B$$

in allen Schnittpunkten senkrecht schneiden!

23. Differenziere die Funktion $y = \sin x \cdot \sin(x + a)$! Untersuche die Abhängigkeit dieser Funktion von a nach geeigneter trigonometrischer Umformung und zeichne sie für $a = \frac{\pi}{3}$ und $a = \pi$!

§ 36 Zusammengesetzte Funktionen

24. Beweise, daß die Funktion $y = A \sin \sqrt{c}\, x + B \cos \sqrt{c}\, x$ die Beziehung $y'' = -c\, y$ erfüllt!

25. Berechne den Grenzwert $\lim\limits_{x \to 0} f(x)$ für:

a) $f(x) = \dfrac{x - \sin x}{x^2}$; b) $f(x) = \dfrac{\sin x - x^2}{x^2}$; c) $f(x) = \dfrac{1 - \cos 3x}{x^2}$.

26. Berechne durch mehrmalige Anwendung der Hospitalschen Regel:

a) $\lim\limits_{x \to 0} \dfrac{\sin^3 x}{x^2 \cos^2 x}$; b) $\lim\limits_{x \to 0} \dfrac{\tan^2 x}{x^2}$; c) $\lim\limits_{x \to 0} x^2 \cot^2 x$.

Hinweis: Vereinfache den Quotienten vor der zweiten Anwendung der Hospitalschen Regel! Kontrolliere das Ergebnis auf einem einfacheren Lösungsweg!

AUS DER PHYSIK

Harmonische Schwingungen

A. Die Differentialgleichung der harmonischen Schwingung

Bei elastischen Verformungen (Abb. 126), die nicht allzu groß sind, gilt das Hookesche Gesetz: Die rücktreibende Kraft ist dem Abstand von der Ruhelage proportional, d.h.:

$$K = -D \cdot x \qquad (D > 0) \tag{1}$$

Für positive x wirkt die Kraft in der negativen x-Richtung, daher das Minuszeichen in (1). Verwenden wir noch die Gleichung Kraft = Masse mal Beschleunigung, so ergibt sich

$$m \cdot \frac{d^2 x}{dt^2} = -D \cdot x$$

hieraus folgt:

$$\boxed{\frac{d^2 x}{dt^2} = -\frac{D}{m} \cdot x} \tag{2}$$

Die Auslenkung x ist eine Funktion der Zeit. Die unabhängige Variable ist x. In der gewohnten Schreibweise lautet (2):

$$y'' = -c \cdot y \qquad \left(c = \frac{D}{m} > 0\right) \tag{3}$$

Gleichung (3) stellt eine Beziehung zwischen der Funktion $y = f(x)$ und ihrer zweiten Ableitung dar. Man nennt sie die Differentialgleichung der harmonischen Schwingung. Wegen des Auftretens der zweiten Ableitung spricht man von einer Differentialgleichung zweiter Ordnung.

B. Lösung der Differentialgleichung

Eine systematische Lösung der Differentialgleichung (3) ist mit unseren Mitteln nicht möglich. Wir können die Lösung jedoch durch Probieren finden, wenn wir folgendes überlegen: Für $c = 1$ soll die zweite Ableitung mit der negativen Funktion übereinstimmen. Eine solche Funktion kennen wir bereits (§ 13 C Beispiel). Es ist die Sinusfunktion. Für $c \ne 1$ gilt es, sie geeignet zu modifizieren. Wir probieren $y = \sin \sqrt{c}\, x$: Nach der Kettenregel ist $y' = \sqrt{c} \cos \sqrt{c}\, x$ und in der Tat $y'' = -c \cdot \sin \sqrt{c}\, x = -c \cdot y$.

Man sieht aber sofort, daß dies nicht die einzige Lösung ist. Alle Funktionen

$$y = a \cdot \sin \sqrt{c}\, x \qquad (a \text{ Parameter}) \tag{4}$$

Zusammengesetzte Funktionen § 36

erfüllen unsere Gleichung. Führen wir als unabhängige Variable wieder den Buchstaben *t* und als abhängige Variable den Buchstaben *x* ein, dann können wir für die Menge der Lösungsfunktionen von (2) schreiben:

$$x = a \cdot \sin \sqrt{\frac{D}{m}} \cdot t \tag{5}$$

Anmerkung: Sogar alle Funktionen $y = A \cdot \sin \sqrt{c}\, x + B \cdot \cos \sqrt{c}\, x$ erfüllen (§ 36, Aufg. 24!) die Differentialgleichung (3). Nach § 34 C kann man diese nämlich auf die Form $y = a \cdot \sin \sqrt{c} \cdot (x + d)$ bringen. Der Summand *d* im Argument bedeutet eine Phasenverschiebung. Beginnt man die Zeitzählung mit der Nullstellung der Feder, ist $d = 0$.

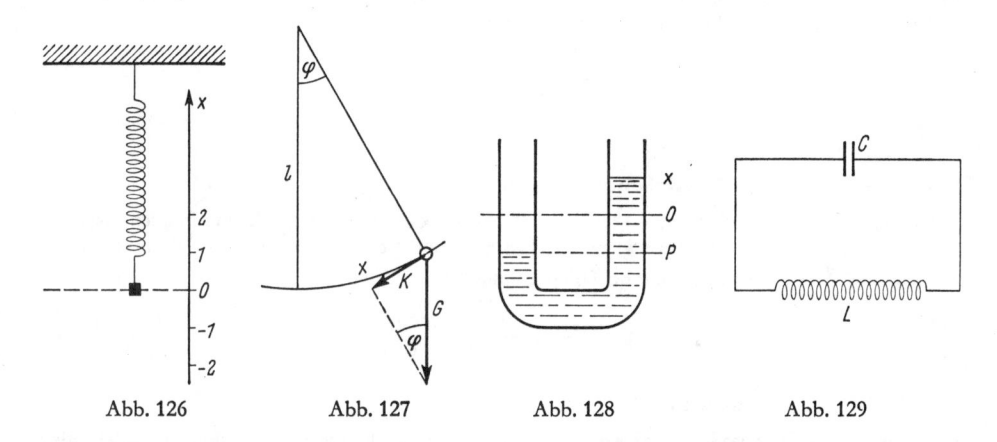

Abb. 126   Abb. 127   Abb. 128   Abb. 129

C. Physikalische Deutungen

1. Die elastische Verformung

Bei einer elastischen Verformung (Schraubenfeder, Blattfeder, Saite u.a.) ergibt sich eine periodische Schwingbewegung. Die Größe *a* bedeutet die Amplitude der Schwingung. Sie bleibt konstant, d.h. die Schwingung ist ungedämpft. Dies kommt daher, daß wir außer der rücktreibenden Kraft *K* keine weitere, bremsende Kraft angenommen haben.

Eine volle Schwingungsdauer $t = T$ entspricht dem Argument 2π. Demnach ist

$$\sqrt{\frac{D}{m}} \cdot T = 2\pi$$

hieraus folgt:

$$T = 2\pi \sqrt{\frac{m}{D}}$$

Die Schwingungsdauer *T* ist also abhängig von der Masse *m* und der Proportionalitätskonstanten *D*, die die Elastizität des schwingenden Körpers ausdrückt. *T* ist aber unabhängig von der Amplitude. Weiter findet man:

$$v = \frac{dx}{dt} = a \sqrt{\frac{D}{m}} \cdot \cos \sqrt{\frac{D}{m}}\, t$$

Die Geschwindigkeit ist also proportional dem Kosinus. Für $t = 0$ und $t = \frac{T}{2}$ hat sie das Maximum $v_{max} = a \sqrt{\frac{D}{m}}$, für $t = \frac{T}{4}$ ist sie Null.

225

§ 36 Zusammengesetzte Funktionen

2. Das Fadenpendel

Bei einem Pendel (Abb. 127) beträgt die rücktreibende Kraft

$$|K| = G \cdot \sin \varphi$$

Für kleine Werte von φ gilt $\sin \varphi \approx \bar{x}$. Mit $\bar{x} = \frac{x}{l}$, $K = m \cdot \frac{d^2x}{dt^2}$ und $G = m g$ folgt die Differentialgleichung der Pendelschwingung:

$$\frac{d^2x}{dt^2} = -\frac{g}{l} \cdot x \qquad (6)$$

Sie hat die gleiche Form wie (2). Die Ergebnisse lassen sich unmittelbar übertragen. Insbesondere folgt für die Schwingungsdauer eines Fadenpendels:

$$\boxed{T = 2\pi \sqrt{\frac{l}{g}}}$$

3. Schwingungen einer Flüssigkeitssäule

In den verbundenen Gefäßen (Abb. 128) ist der Überdruck bei P gleich $2x \cdot s$ und folglich die Kraft $K = 2x \cdot s \cdot q$, wobei s das spez. Gewicht der Flüssigkeit und q den Querschnitt des Gefäßes bedeutet. Mit $K = m \cdot \frac{d^2x}{dt^2}$ ergibt sich somit als Differentialgleichung der Schwingung:

$$\frac{d^2x}{dt^2} = -\frac{2qs}{m} \cdot x \qquad (7)$$

4. Elektrische Schwingungen

In dem aus einem Kondensator der Kapazität C und einer Spule der Selbstinduktion L bestehenden Schwingkreis (Abb. 129) ist die in der Spule induzierte Spannung U der Änderungsgeschwindigkeit der Stromstärke J proportional:

$$U = -L \cdot \frac{dJ}{dt}$$

Die Stromstärke ist gleich der Änderungsgeschwindigkeit der Ladung Q am Kondensator:

$$J = \frac{dQ}{dt}$$

Damit wird

$$U = -L \frac{d^2Q}{dt^2}$$

Beachten wir, daß $Q = CU$, $\frac{dQ}{dt} = C \cdot \frac{dU}{dt}$ und $\frac{d^2Q}{dt^2} = C \cdot \frac{d^2U}{dt^2}$, dann folgt als Differentialgleichung der elektrischen Schwingung:

$$\frac{d^2U}{dt^2} = -\frac{1}{LC} \cdot U \qquad (8)$$

Für die Schwingungsdauer ergibt sich die Thomsonsche Formel:

$$\boxed{T = 2\pi \sqrt{LC}}$$

5. Vergleichende Übersicht

In der folgenden Tabelle sind die Differentialgleichung und ihre Konsequenzen sinngemäß auf die vier physikalischen Beispiele übertragen.

Mathematische Gleichung	Elastische Verformung	Pendel	Schwingende Flüssigkeit	Elektrischer Schwingkreis
$y'' = -cy$	$\dfrac{d^2x}{dt^2} = -\dfrac{D}{m}x$	$\dfrac{d^2x}{dt^2} = -\dfrac{g}{l}x$	$\dfrac{d^2x}{dt^2} = -\dfrac{2qs}{m}x$	$\dfrac{d^2U}{dt^2} = -\dfrac{1}{LC}U$
c	$\dfrac{D}{m}$	$\dfrac{g}{l}$	$\dfrac{2qs}{m}$	$\dfrac{1}{LC}$
$y = a \sin \sqrt{c}\, x$	$x = a \sin \sqrt{\dfrac{D}{m}}\, t$	$x = a \sin \sqrt{\dfrac{g}{l}}\, t$	$x = a \sin \sqrt{\dfrac{2qs}{m}}\, t$	$U = a \sin \sqrt{\dfrac{1}{LC}}\, t$
$T = 2\pi \sqrt{\dfrac{1}{c}}$	$T = 2\pi \cdot \sqrt{\dfrac{m}{D}}$	$T = 2\pi \cdot \sqrt{\dfrac{l}{g}}$	$T = 2\pi \cdot \sqrt{\dfrac{m}{2qs}}$	$T = 2\pi \cdot \sqrt{LC}$
$y' = a\sqrt{c} \cos \sqrt{c}\, x$	$v = a\sqrt{\dfrac{D}{m}} \cos \sqrt{\dfrac{D}{m}}\, t$	$v = a\sqrt{\dfrac{g}{l}} \cos \sqrt{\dfrac{g}{l}}\, t$	$v = a\sqrt{\dfrac{2qs}{m}} \cos \sqrt{\dfrac{2qs}{m}}\, t$	$J = a\sqrt{\dfrac{1}{LC}} \cos \sqrt{\dfrac{1}{LC}}\, t$
vernachlässigt:	Reibung	Reibung	Reibung	Ohmscher Widerstand

§ 37. DIE GRUNDINTEGRALE DER TRIGONOMETRISCHEN FUNKTIONEN

In § 27 fanden wir bereits:

$$\int \sin x\, dx = -\cos x + C; \quad \int \cos x\, dx = \sin x + C$$

Durch Umkehrung der Differentiationsformeln für die Tangens- und Kotangensfunktion ergibt sich:

$$\int \frac{dx}{\cos^2 x} = \tan x + C; \quad \int \frac{dx}{\sin^2 x} = -\cot x + C$$

Anmerkung: Die Integrale $\int \tan x\, dx$ und $\int \cot x\, dx$ können wir noch nicht berechnen.

AUFGABEN

1. a) $\int_0^{0,5} \dfrac{dx}{\cos^2 x}$; b) $\int_{0,5}^{1} \dfrac{dx}{\sin^2 x}$; c) $\int \dfrac{dx}{1-\cos 2x}$; d) $\int \dfrac{1}{\sin^2 x \cos^2 x}\, dx$.

Hinweis zu d): Ersetze 1 durch $\sin^2 x + \cos^2 x$!

2. a) $\int \tan^2 x\, dx$; b) $\int_{0,5}^{0,8} \cot^2 x\, dx$; c) $\int_{\pi/4}^{\pi/3} \dfrac{1-\cos 2x}{1+\cos 2x}\, dx$.

Hinweis zu a): Beachte daß $1 + \tan^2 x = \dfrac{1}{\cos^2 x}$ ist!

§ 37 Die Grundintegrale der trigonometrischen Funktionen

3. Wie lautet die Gleichung der Kurve durch $P\left(\frac{\pi}{4}; 0\right)$, deren Tangente in jedem Kurvenpunkt den Richtungsfaktor $\frac{1}{\cos^2 x}$ hat? Zeichnung im Bereich $-\frac{\pi}{2} < x < \frac{\pi}{2}$ (1 L.E. = 1 cm, $\pi \approx 3$).

4. Berechne die Fläche, die von der Kurve und der x-Achse zwischen benachbarten Nullstellen eingeschlossen wird:

   a) $y = \sin x + \cos x$; b) $y = 2 - \frac{1}{\cos^2 x}$ (Wähle Nullstellen aus $\frac{\pi}{2} < x < \frac{3}{2}\pi$);

   c) $y = \sin x - \frac{2x}{\pi}$ (Die Nullstellen sind durch Probieren zu finden).

5. Die Graphen der Funktionen
$$y = \sin x \quad \text{und} \quad y = 1 - \cos x$$
schließen zwei verschiedene Flächenstücke ein. Berechne ihren Inhalt!

6. Die Kurven mit den Gleichungen $y = a \cdot \sin x$ und $y = c \cdot x^2$ schneiden sich im Punkt $P\left(\frac{\pi}{2}; \frac{1}{2}\right)$. Berechne a, c und die von den Kurven eingeschlossene Fläche!

7. In einer Tafel findet man folgende Integrale:

   a) $\int \sin^2 x \, dx = \frac{1}{2} x - \frac{1}{4} \sin 2x + C$

   b) $\int x \cdot \sin^2 x \, dx = \frac{x^2}{4} - \frac{x \cdot \sin 2x}{4} - \frac{\cos 2x}{8} + C$

   Kontrolliere die Richtigkeit!

8. Wie ist die obere Grenze zu wählen, damit die Integrale die angegebenen Werte erhalten?

   a) $\int\limits_{\pi/6}^{x} \frac{dt}{\cos^2 t} = \frac{2}{3}\sqrt{3}$; b) $\int\limits_{0}^{x} (8t + 2\sin t)\, dt = \pi^2 + 2$.

9. Bestimme den Flächeninhalt der Punktmengen, deren Punkte $(x; y)$ folgenden Bedingungen genügen:

   a) $\mathfrak{M}_1 = \left\{(x; y) \,\Big|\, \left(x - \frac{\pi}{2}\right)^2 - \frac{\pi^2}{4} < y < \sin x\right\}$;

   b) $\mathfrak{M}_2 = \{(x; y) \mid x < y < x + \sin x \land 0 < x < \pi\}$.

10. Zeige, daß die transzendente Gleichung
$$\cos x = -\frac{4}{3\pi^2} \cdot x^2 + \frac{1}{3} \quad \text{die Lösungen} \quad x_{1,2} = \pm\frac{\pi}{2}, \ x_{3,4} = \pm\pi$$
hat! Welchen Inhalt hat folgende *nicht zusammenhängende* Punktmenge:
$$\mathfrak{M} = \left\{(x; y) \,\Big|\, \cos x < y < -\frac{4}{3\pi^2} \cdot x^2 + \frac{1}{3}\right\}$$

Die Grundintegrale der trigonometrischen Funktionen § 37

11. Zeichne den Durchschnitt der drei Punktmengen $\mathfrak{M}_1$, $\mathfrak{M}_2$ und $\mathfrak{M}_3$, das heißt, die Menge derjenigen Punkte, die sowohl der Menge $\mathfrak{M}_1$ als auch den Mengen $\mathfrak{M}_2$ und $\mathfrak{M}_3$ angehören:

$$\mathfrak{M}_1 = \{(x; y) \mid y > \sin x\}, \quad \mathfrak{M}_2 = \{(x; y) \mid y < x + \pi\}, \quad \mathfrak{M}_3 = \{(x; y) \mid y < -x + \pi\}$$

Berechne den Flächeninhalt!

12. Die Funktion $y = f(x)$ ist im Intervall $J: -\frac{\pi}{2} \leq x \leq \frac{\pi}{2}$ durch folgende Bedingungen definiert:

$$-1 \leq f(x) \leq 0, \quad f'(x) \geq 0 \text{ in } J; \quad f'(x) = \sin x \text{ für } x > 0$$

a) Bestimme die Funktion für $x \in J$!
b) Untersuche, ob für $x = 0$ die 1. bzw. 2. Ableitung existiert!
c) Bestimme die Fläche zwischen dem Graphen und der x-Achse in J!
d) Gib lineare Funktionen $y = g(x)$ an, für die gilt:

$$\int_{-\pi/2}^{\pi/2} [f(x) - g(x)]\, dx = 0$$

e) Gib eine quadratische Funktion $y = g(x)$ an, die die Integralbedingung von d) erfüllt und an den Rändern von J mit $f(x)$ übereinstimmt!

UNTERHALTSAMES UND MERKWÜRDIGES

Wo steckt der Fehler?
Differenzieren wir $y = \sin^2 x$, so finden wir $y' = 2 \sin x \cos x = \sin 2x$.

Also ist (I) $\quad \int \sin 2x\, dx = \sin^2 x + C$

Differenzieren wir $y = -\cos^2 x$, ergibt sich $y' = 2 \cos x \sin x = \sin 2x$.

Also ist (II) $\quad \int \sin 2x\, dx = -\cos^2 x + C$

Bilden wir (I) — (II), so erhalten wir

$$0 = \sin^2 x + \cos^2 x$$

Dies steht im Widerspruch zu der bekannten Formel $\sin^2 x + \cos^2 x = 1$.

Die Umkehrfunktion

§ 38. DEFINITION UND EIGENSCHAFTEN DER UMKEHRFUNKTION

a) Löse folgende Funktionsgleichungen formal nach x auf:
  I) $y = 2x + 4$; *II)* $y = \dfrac{x+1}{x-1}$

b) Skizziere die Bilder folgender Funktionen:
  I) $y = x^2$ *in* $-3 \leq x \leq 3$; *II)* $y = \dfrac{x^2}{x-1}$ *in* $x \neq 1$ *und* $|x| < 4$;
  II) $y = \sin x$ *in* $0 \leq x \leq 2\pi$. *Warum kann hier x nicht als Funktion von y bezeichnet werden? (Vgl. die Definition der Funktion in § 9!)*

A. Die eindeutige Umkehrung einer Funktion

Bei einer Funktion $y = f(x)$ gehört zu jedem x-Wert der Definitionsmenge $\mathfrak{D}$ *genau ein* y-Wert der Wertemenge $\mathfrak{W}$; denn die Eindeutigkeit ist ein Wesensmerkmal der Funktion. Dies schließt jedoch nicht aus, daß verschiedenen x-Werten der gleiche y-Wert zugeordnet werden kann, wie dies die schematische Darstellung in Abb. 130 zeigt.

Es gehören zum Beispiel bei der Funktion $y = x^2$ zu jedem Wert $y > 0$ die beiden verschiedenen x-Werte: $x = \sqrt{y}$ und $x = -\sqrt{y}$. Die Relation $y - x^2 = 0$ definiert also x nicht als Funktion von y.

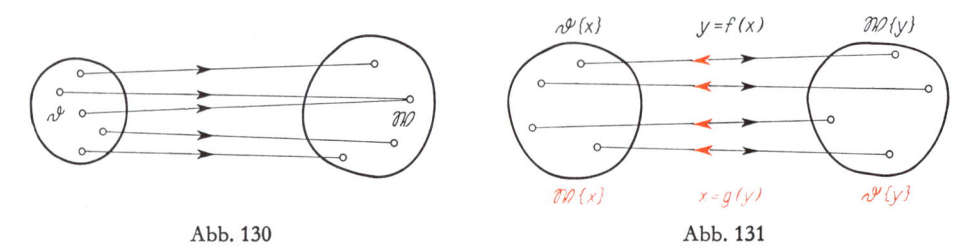

Abb. 130   Abb. 131

Ordnet die Funktion $y = f(x)$ dagegen verschiedenen x-Werten auch stets verschiedene y-Werte zu[1]) (vgl. Abb. 131), so ist auch die umgekehrte Zuordnung $x = g(y)$ eindeutig. Sie entsteht durch Auflösung der Relation $y - f(x) = 0$ nach x. Wir bezeichnen in diesem Fall $y = f(x)$ als eine *umkehrbare Funktion*. Wie man sich anhand der Abb. 131 leicht überzeugen kann, vertauschen bei der umgekehrten Zuordnung $x = g(y)$ Definitions- und Wertemenge ihre Rolle.

Für *jede* Funktion gilt: $x_1 = x_2 \Rightarrow f(x_1) = f(x_2)$; $x_1, x_2 \in \mathfrak{D}$.
Für *umkehrbare* Funktionen gilt: $x_1 = x_2 \Leftrightarrow f(x_1) = f(x_2)$; $x_1, x_2 \in \mathfrak{D}$.

Beispiele für umkehrbare Funktionen

a) $y = \dfrac{x}{3} + 3$ mit $\mathfrak{D} = \{x \mid -\infty < x < \infty\}$ und $\mathfrak{W} = \{y \mid -\infty < y < \infty\}$
b) $y = x^2 + 1$ mit $\mathfrak{D} = \{x \mid 0 \leq x < \infty\}$ und $\mathfrak{W} = \{y \mid 1 \leq y < \infty\}$ (Abb. 132)
c) $y = x^2 + 1$ mit $\mathfrak{D} = \{x \mid -\infty < x \leq 0\}$ und $\mathfrak{W} = \{y \mid 1 \leq y < \infty\}$ (Abb. 133)
d) $y = x^3 - 3x$ mit $\mathfrak{D} = \{x \mid -1 \leq x \leq 1\}$ und $\mathfrak{W} = \{y \mid -2 \leq y \leq 2\}$
(schwarzes Kurvenstück in Abb. 134)

---

[1]) Für das Funktionsbild bedeutet dies, daß eine Parallele zur x-Achse die Kurve höchstens einmal schneidet.

Abb. 132 Abb. 133 Abb. 134 Abb. 135

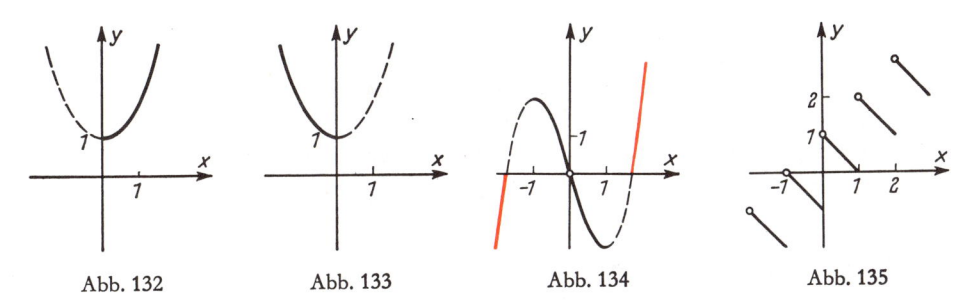

e) $y = x^3 - 3x$ mit $\mathfrak{D} = \{x \mid -\infty < x \leq -\sqrt{3};\ \sqrt{3} < x < \infty\}$ und $\mathfrak{W} = \{y \mid -\infty < y < \infty\}$
(rote Kurvenstücke in Abb. 134)

f) $y = 2[x] + (1-x)$ [1]) mit $\mathfrak{D} = \{x \mid -\infty < x < \infty\}$ und $\mathfrak{W} = \{y \mid -\infty < y < \infty\}$ (Abb. 135)

Beachte: In den vorstehenden Beispielen sind die Definitionsmengen jeweils so gewählt worden, daß die Zuordnung $y \to x$ eindeutig wird.

AUFGABEN

1. Wähle die Definitionsmenge $\mathfrak{D}$ der folgenden Funktionen so, daß die Zuordnung $y \to x$ für $x \in \mathfrak{D}$ und $y \in \mathfrak{W}$ eindeutig ist. Bestimme jeweils den Wertebereich $\mathfrak{W}$ der Funktion!

a) $y = 2 - x^2$; b) $y = x^3$; c) $y = \dfrac{1}{(x-1)^2}$;

d) $y = \dfrac{1}{x^2 - 1}$; e) $y = 2x^3 - 9x^2$; f) $y = \dfrac{x}{2} - \left[\dfrac{x}{2}\right]$ [1]).

B. Grundlegende Sätze

Bei den Beispielen a) bis e) handelte es sich im Bereich $\mathfrak{D}$ um echt monotone Funktionen. Beispiel f) zeigt dagegen, daß auch bei nichtmonotonen Funktionen die umgekehrte Zuordnung eindeutig sein kann. Solche Funktionen wollen wir jetzt aber außer acht lassen.

Lehrsatz 1: Wenn die Funktion $y = f(x)$ mit der Definitionsmenge
$$\mathfrak{D} = \{x \mid a \leq x \leq b\} \text{ und der Wertemenge } \mathfrak{W} = \{y \mid c \leq y \leq d\}$$
stetig und echt monoton ist, so ist auch die umgekehrte Zuordnung $x = g(y)$ stetig und im gleichen Sinn echt monoton.

Auf den analytischen Beweis wollen wir verzichten. Doch ist der Satz geometrisch unmittelbar einleuchtend, da $y = f(x)$ und $x = g(y)$ den gleichen Graphen haben.

Lehrsatz 2: Ist die Funktion $y = f(x)$ in $a < x < b$ differenzierbar und echt monoton und gilt dort $\dfrac{dy}{dx} = \dfrac{df(x)}{dx} \neq 0$, dann ist die Funktion $x = g(y)$ ebenfalls differenzierbar, und es gilt:

$$\boxed{\dfrac{dg(y)}{dy} = \dfrac{1}{\dfrac{df(x)}{dx}}}$$

---
[1]) Vgl. § 9 A, 3. Beispiel.

§ 38 Definition und Eigenschaften der Umkehrfunktion

Beweis:
Nach Definition ist:

$$\frac{dg(y)}{dy} = \lim_{y_2 \to y_1} \frac{g(y_2) - g(y_1)}{y_2 - y_1}$$

Für $y_2 \neq y_1$ ist nach L.S. 1 auch $g(y_2) \neq g(y_1)$. Daher können wir schreiben:

$$\frac{dg(y)}{dy} = \lim_{y_2 \to y_1} \frac{1}{\frac{y_2 - y_1}{g(y_2) - g(y_1)}}$$

Wegen der Stetigkeit und Monotonie geht mit $y_2 \to y_1$ auch $x_2 \to x_1$. Folglich ist:

$$\frac{dg(y)}{dy} = \lim_{x_2 \to x_1} \frac{1}{\frac{f(x_2) - f(x_1)}{x_2 - x_1}} = \frac{1}{\lim_{x_2 \to x_1} \frac{f(x_2) - f(x_1)}{x_2 - x_1}} = \frac{1}{\frac{df(x)}{dx}} \quad \text{nach § 11 B 4.}$$

Anmerkung: Man kann dieses Gesetz auch in der Form $\frac{dx}{dy} = 1 : \frac{dy}{dx}$ schreiben. Die Ableitung kann hier also wie ein echter Quotient behandelt werden.

Auch L.S. 2 kann geometrisch leicht veranschaulicht werden (Abb. 136): Ist α der Winkel einer Kurventangente mit der positiven x-Achse und β der Winkel mit der positiven y-Achse, so gilt:

$$\frac{df(x)}{dx} = \tan \alpha \quad \text{und} \quad \frac{dg(y)}{dy} = \tan \beta$$

Nun ist aber $\beta = 90° - \alpha$ und demnach

$$\frac{df(x)}{dx} = \tan \alpha = \frac{1}{\cot \alpha} = \frac{1}{\tan(90° - \alpha)} = \frac{1}{\tan \beta} = \frac{1}{\frac{dg(y)}{dy}}.$$

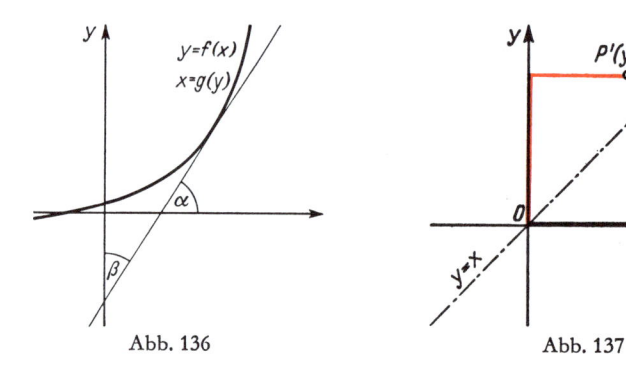

Abb. 136

Abb. 137

C. Definition der Umkehrfunktion

Lösen wir $y = f(x)$ in die Form $x = g(y)$ auf, dann ist y die unabhängige, x die abhängige Variable. Das geometrische Bild von $y = f(x)$ und $x = g(y)$ ist dasselbe. Wir vertauschen jetzt die Namen der Variablen und schreiben $y = g(x)$ statt $x = g(y)$. Damit wird die unabhängige Variable wie üblich mit dem Buchstaben x, die abhängige Variable mit dem Buchstaben y bezeichnet.

Definition: Ist $x = g(y)$ die umgekehrte Zuordnung einer umkehrbaren Funktion $y = f(x)$, so heißt $y = g(x)$ die Umkehrfunktion zu $y = f(x)$.

Eine Vertauschung der Koordinaten x und y des Punktes P bedeutet geometrisch eine *Spiegelung* von P an der Geraden $y = x$ nach P' (Abb. 137). Das Bild der Umkehr-

Definition und Eigenschaften der Umkehrfunktion § 38

funktion $y = g(x)$ erhält man daher, wenn man das Bild von $y = f(x)$ an der Winkelhalbierenden des 1. Quadranten spiegelt. Besonders wichtig ist die Erkenntnis:

Ersetzt man in dem Ausdruck für $\frac{dg(y)}{dy}$ die Variable y durch die Variable x, so erhält man die Ableitung der Umkehrfunktion.

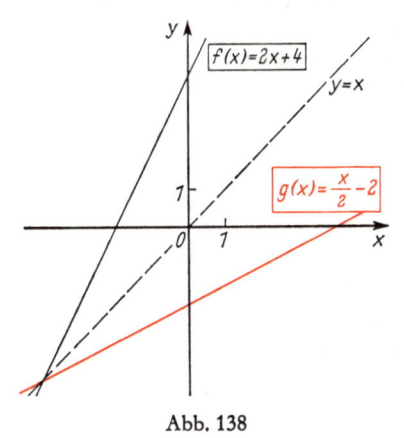

Abb. 138

Abb. 139

1. Beispiel (Abb. 138):

(1) Ausgangsfunktion: $y = f(x) = 2x + 4$; $\frac{df(x)}{dx} = 2$.

(2) Umkehrung der Zuordnung: $x = g(y) = \frac{y}{2} - 2$; $\frac{dg(y)}{dy} = \frac{1}{2}$.

(3) Umkehrfunktion: $y = g(x) = \frac{x}{2} - 2$; $\frac{dg(x)}{dx} = \frac{1}{2}$.

Beachte: Es ist nach L.S. 2 $\frac{dg(y)}{dy}$ gleich dem reziproken Wert von $\frac{df(x)}{dx}$. Dagegen stimmen $\frac{dg(y)}{dy}$ und $\frac{dg(x)}{dx}$ nur deswegen überein, weil beide Ableitungen von y bzw. x unabhängig sind.

2. Beispiel (Abb. 139):

Es soll die Ableitung der Umkehrfunktion von $y = \frac{x-2}{2x+1}$ aus der Ableitung dieser Funktion mit Benutzung von L.S. 2 berechnet werden.

(1) Ausgangsfunktion: $y = f(x) = \frac{x-2}{2x+1}$; $\frac{df(x)}{dx} = \frac{5}{(2x+1)^2}$.

(2a) Umkehrung der Zuordnung: $x = g(y) = \frac{y+2}{1-2y}$;

(2b) Ableitung: $\frac{dg(y)}{dy} = \frac{1}{\frac{df(x)}{dx}} = \frac{(2x+1)^2}{5} = \frac{\left(2 \cdot \frac{y+2}{1-2y} + 1\right)^2}{5} = \frac{5}{(1-2y)^2}$.

(3a) Umkehrfunktion: $y = g(x) = \frac{x+2}{1-2x}$ (x und y in (2a) vertauscht);

(3b) Ableitung: $\frac{dg(x)}{dx} = \frac{5}{(1-2x)^2}$ (y in (2b) durch x ersetzt);

(4) Kontrolle durch unmittelbare Differentiation der Umkehrfunktion:
$$\frac{dg(x)}{dx} = \frac{(1-2x) + 2(x+2)}{(1-2x)^2} = \frac{5}{(1-2x)^2}.$$

Um zu einer umkehrbaren Funktion $y = f(x)$ die Umkehrfunktion zu finden, kann man auch zuerst die Variablen vertauschen und dann erst nach y auflösen.

§ 38 Definition und Eigenschaften der Umkehrfunktion

3. Beispiel:

$y = f(x) = \frac{2x+3}{1+x}$ mit $x \neq -1$. Diese Funktion ist im Definitionsbereich echt monoton abnehmend, wie $y' = \frac{-1}{(1+x)^2}$ zeigt. Durch Vertauschen von x und y entsteht $x = \frac{2y+3}{1+y}$ mit $y \neq -1$. Die Auflösung nach y führt auf die Umkehrfunktion $y = g(x) = \frac{3-x}{x-2}$ mit $x \neq 2$.

Abschließend wollen wir uns den Vorgang der Funktionsumkehrung noch einmal anhand des folgenden Schemas vor Augen führen:

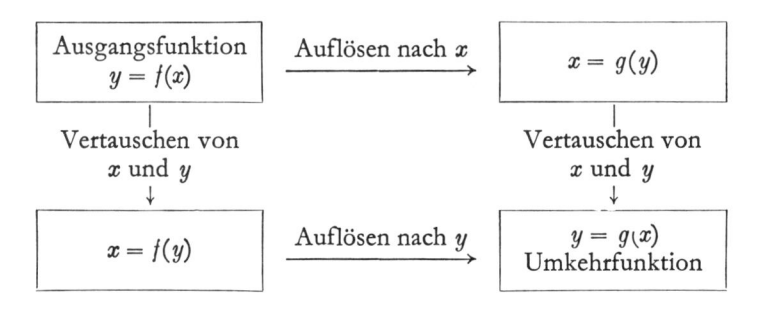

```
┌─────────────────┐                    ┌─────────────┐
│ Ausgangsfunktion│   Auflösen nach x  │             │
│    y = f(x)     │ ─────────────────► │  x = g(y)   │
└─────────────────┘                    └─────────────┘
        │                                     │
 Vertauschen von                       Vertauschen von
    x und y                                x und y
        ▼                                     ▼
┌─────────────────┐                    ┌─────────────┐
│                 │   Auflösen nach y  │  y = g(x)   │
│    x = f(y)     │ ─────────────────► │Umkehrfunktion│
└─────────────────┘                    └─────────────┘
```

AUFGABEN

2. Bilde zu den folgenden Funktionen die Umkehrfunktion und gib ihre Definitionsmenge an!

   a) $y = x^4$; $\mathfrak{D} = \{x \mid -\infty < x \leq 0\}$; b) $y = \frac{x}{3} - 1$; $\mathfrak{D} = \{x \mid -\infty < x < \infty\}$;

   c) $y = \frac{1-x}{x-2}$; $\mathfrak{D} = \{x \mid x \neq 2\}$; d) $y = x^2 - 2x$; $\mathfrak{D} = \{x \mid 1 \leq x < \infty\}$.

3. Skizziere die Graphen der folgenden Funktionen $y = f(x)$! Wie heißt für die angegebenen Definitionsbereiche von $f(x)$ die Umkehrfunktion? Skizziere ihren Graph in die gleiche Zeichnung! Welche Bedeutung haben Asymptoten und Extremwerte von $y = f(x)$ für die Umkehrfunktion $y = g(x)$?

   a) $y = f(x) = \frac{2x}{x-1}$; $\mathfrak{D} = \{x \mid -\infty < x < 1 \lor 1 < x < \infty\}$;

   b) $y = f(x) = \frac{x^2}{8-4x}$; $\mathfrak{D} = \{x \mid -\infty < x \leq 0 \lor 2 < x \leq 4\}$.

4. Zeichne die Graphen der Umkehrfunktionen $y = g(x)$ zu folgenden Funktionen $y = f(x)$ in einem geeigneten Definitionsbereich!

   a) $f(x) = x^2 - 6x + 5$; b) $f(x) = \frac{1}{2}x^3 - 2x$; c) $f(x) = \cos x$; d) $f(x) = \tan x$.

5. Differenziere folgende Funktionen und gib den Differentialquotienten der Umkehrfunktion an! Kontrolliere das Ergebnis durch unmittelbare Differentiation der Umkehrfunktion!

   a) $y = -3x + 5$; b) $y = \frac{x}{8} - 3$; c) $y = \frac{x-1}{x}$; d) $y = \frac{2x}{x-1}$.

6. $P(x=2)$ sei ein Punkt der Kurve $y = f(x) = 0{,}25\,x^4 - 3\,x^2 + x + 1$. Spiegle P an $y = x$ nach P' und gib für diesen Punkt des Graphen der Umkehrfunktion $y = g(x)$ die Koordinaten und den Richtungsfaktor an!

7. Der Graph einer umkehrbaren Funktion hat eine waagrechte Tangente. Was folgt daraus für den Graphen der Umkehrfunktion? Gib Beispiele an! Kann die Umkehrfunktion zu einer rationalen Funktion ein Bild mit waagrechten Tangenten haben?

8. $y = g(x)$ sei die Umkehrfunktion zu $y = f(x) = x^3 + 3\,x^2 + 5\,x - 1$. Wo hat der Graph von $y = g(x)$ eine steilste oder flachste Stelle?

AUS DER PHYSIK

Ein Problem der speziellen Relativitätstheorie

Aus der speziellen Relativitätstheorie Albert Einsteins[1]) folgt, daß die Lichtgeschwindigkeit im Vakuum die Grenzgeschwindigkeit darstellt, die von keinem Körper relativ zu anderen je erreicht oder gar überschritten werden kann. Diese Erkenntnis scheint zunächst unserer täglichen Erfahrung entschieden zu widersprechen, wie die folgende einfache Überlegung zeigt:

Wenn zwei Autos mit einer Geschwindigkeit von je 50 km/Std. in entgegengesetzter Richtung fahren, beträgt ihre gegenseitige Geschwindigkeit 100 km/Std. Denken wir uns nun zwei Raketen A und B, die von der Erde aus gesehen in entgegengesetzter Richtung mit der ungeheuren Geschwindigkeit von 240000 km/sec fliegen, also mit 4/5 der Lichtgeschwindigkeit, dann müßte wie im Falle der beiden Autos die gegenseitige Geschwindigkeit 480000 km/sec oder 8/5 c betragen. Dies aber steht im Widerspruch zu der eingangs erwähnten Aussage der Relativitätstheorie.

Wir müssen uns daher die Frage vorlegen, ob das aus der Mechanik bekannte Gesetz der Addition zweier Geschwindigkeiten auch dann noch seine Gültigkeit behält, wenn die Geschwindigkeiten der bewegten Körper mit der Lichtgeschwindigkeit vergleichbar sind. Wir stützen uns dabei auf die berühmte Lorentztransformation der speziellen Relativitätstheorie und stellen folgende Rechnung an:

Der Körper A habe von der Erde E aus gemessen die momentane Entfernung x', dagegen vom Körper B, der mit A und E auf einer Geraden liegt (Abb. 140), die Entfernung x. Die Geschwindigkeit zwischen E und B sei v, die Geschwindigkeit zwischen A und E sei $u' = \dfrac{dx'}{dt'} = \dfrac{4}{5}\,c$. Hierbei wird B als Ursprung eines ruhenden,

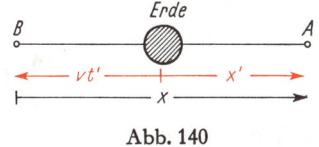

Abb. 140

E als Ursprung eines relativ zu B mit der Geschwindigkeit v bewegten Koordinatensystems betrachtet. Infolgedessen ist t' die Uhrzeit im bewegten System E, t dagegen die Uhrzeit im ruhenden System B. Es gilt:

$$x = \alpha\,(x' + v \cdot t') \quad \text{mit} \quad \alpha = \frac{1}{\sqrt{1 - \left(\dfrac{v}{c}\right)^2}} \tag{1}$$

Ist v sehr klein gegenüber c, wie dies in der klassischen Mechanik der Fall ist, dann kann $\alpha = 1$ gesetzt werden. Ist $\alpha \neq 1$, so wird auch der Zeitablauf vom jeweiligen Bezugssystem abhängig. Man erhält:

$$t = \alpha\left(t' + \frac{v\,x'}{c^2}\right) \tag{2}$$

Auf eine Herleitung der Transformationsformeln (1) und (2) müssen wir hier verzichten.

---

[1]) Albert Einstein (1879–1955) veröffentlichte die spezielle Relativitätstheorie im Jahre 1905.

§ 39 Die Wurzelfunktion

Nunmehr können wir unter Anwendung der Differentationsregeln für zusammengesetzte Funktionen und der Umkehrfunktion die Geschwindigkeit von A in bezug auf B, also $\frac{dx}{dt} = u$, berechnen. Es gilt nach der Kettenregel:

$$u = \frac{dx}{dt} = \frac{dx}{dt'} \cdot \frac{dt'}{dt} \tag{3}$$

Nun ist wegen (1):

$$\frac{dx}{dt'} = \alpha \left(\frac{dx'}{dt'} + v \right) = \alpha (u' + v)$$

Würden wir jetzt $\frac{dt'}{dt}$ berechnen, indem wir (2) und (1) nach t' auflösen und dann nach t differenzieren, so wäre dies sehr unbequem. Wir bilden daher zunächst $\frac{dt}{dt'}$. Aus (2) folgt:

$$\frac{dt}{dt'} = \alpha \left(1 + \frac{v}{c^2} \cdot \frac{dx'}{dt'} \right) = \alpha \left(1 + \frac{v}{c^2} \cdot u' \right)$$

Nach § 38 L.S. 2 ist dann

$$\frac{dt'}{dt} = \frac{1}{\frac{dt}{dt'}} = \frac{1}{\alpha \left(1 + \frac{v}{c^2} u' \right)}$$

Eingesetzt in (3) ergibt sich:

$$u = \frac{dx}{dt'} \cdot \frac{dt'}{dt} = \alpha (u' + v) \cdot \frac{1}{\alpha \left(1 + \frac{v}{c^2} \cdot u' \right)}$$

oder:

$$u = \frac{u' + v}{1 + \frac{v}{c^2} \cdot u'} \tag{4}$$

Die letzte Formel (4) zeigt, wie sich die Geschwindigkeiten u' und v in der speziellen Relativitätstheorie addieren. Der Nenner, der im Gegensatz zur klassischen Physik nicht 1 ist, bewirkt, daß dabei die Lichtgeschwindigkeit nicht überschritten werden kann.

Für unser Zahlenbeispiel finden wir mit $v = 0,8\,c$ und $u' = 0,8\,c$:

$$u = \frac{1,6\,c}{1 + 0,64} = \frac{40}{41} c \approx 293\,000 \text{ [km/sec]}$$

§ 39. DIE WURZELFUNKTION

A. Die Umkehrung der Funktion $y = x^n$

a) Wie wurden in der Algebra die Quadratwurzeln und die höheren Wurzeln definiert? Vgl. Titze, Algebra II, §§ 32–35!
b) Schreibe die negativen Lösungen der Gleichungen $x^2 - 5 = 0$ und $x^3 + 7 = 0$ an!

1. Allgemeine Feststellungen

Wie wir bereits wissen, ist die Funktion $y = x^n$ mit $n \in \mathbb{N}$ im Definitionsbereich $\mathfrak{D} = \{x \mid x \geq 0\}$ stetig und echt monoton wachsend. Ihre Wertemenge ist $\mathfrak{W} = \{y \mid y \geq 0\}$. Aus der echten Monotonie der Funktion folgt die Eindeutigkeit der umgekehrten Zuordnung $x = g(y) = \sqrt[n]{y}$. Wir erhalten demnach als Umkehrfunktion von $y = x^n$, falls n eine natürliche Zahl ist:

$$\boxed{y = \sqrt[n]{x} \quad \text{mit} \quad \mathfrak{D} = \{x \mid x \geq 0\} \quad \text{und} \quad \mathfrak{W} = \{y \mid y \geq 0\}}$$

Die Wurzelfunktion § 39

Diese Umkehrfunktion, auch *Wurzelfunktion* genannt, ist also nicht negativ und außerdem wegen L.S. 1 in § 38 echt monoton wachsend und stetig.

Statt $y = \sqrt[n]{x}$ schreibt man auch $y = x^{\frac{1}{n}}$ (Potenzschreibweise der Wurzelfunktion).

2. Sonderfälle
a) $n = 2$

Wir erhalten die quadratische Funktion $y = x^2$, die bekanntlich für alle reellen x definierbar ist. Betrachten wir die beiden Definitionsbereiche $\mathfrak{D}_1 = \{x \mid x \geq 0\}$ und $\mathfrak{D}_2 = \{x \mid x \leq 0\}$ gesondert, so können wir zu jedem eine eigene Umkehrfunktion angeben, da $y = x^2$ in beiden Bereichen echt monoton ist; insbesondere lautet die Umkehrfunktion zu $y = x^2$ mit $x \in \mathfrak{D}_2$:

$$y = -\sqrt{x} \quad \text{mit} \quad \mathfrak{D} = \{x \mid x \geq 0\} \quad \text{und} \quad \mathfrak{W} = \{y \mid y \leq 0\}$$

Abb. 141 zeigt die beiden Umkehrfunktionen zu $y = x^2$ in $-\infty < x < \infty$. Entsprechende Überlegungen lassen sich für jede *gerade* Zahl n anstellen.

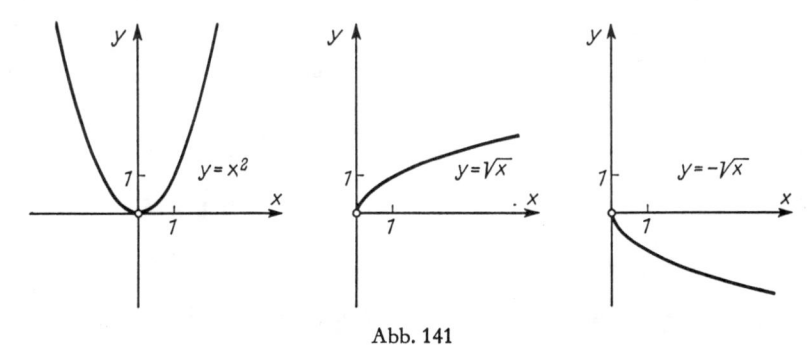

Abb. 141

b) $n = 3$

Die Funktion $y = x^3$ ist in $-\infty < x < \infty$ echt monoton wachsend und stetig und deshalb in diesem ganzen Bereich umkehrbar. Dennoch wird aus Zweckmäßigkeitsüberlegungen die Umkehrfunktion $y = \sqrt[3]{x}$ nur für nicht negative x-Werte definiert, während man sie für $x < 0$ in der Form

$$y = -\sqrt[3]{-x} \quad \text{mit} \quad \mathfrak{D} = \{x \mid x < 0\} \quad \text{und} \quad \mathfrak{W} = \{y \mid y < 0\}$$

schreibt (siehe Abb. 142!). Entsprechendes gilt für jede *ungerade* Zahl n.

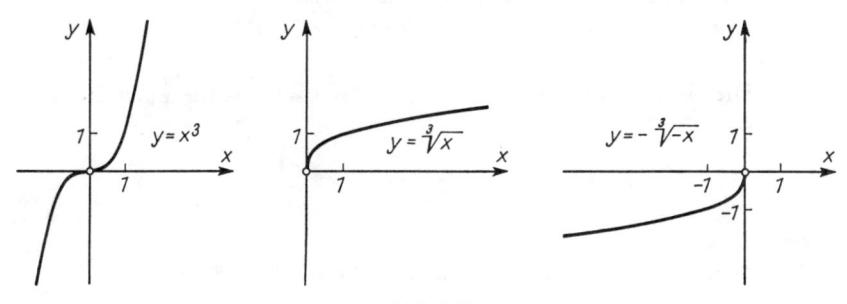

Abb. 142

§ 39 Die Wurzelfunktion

Allgemein setzen wir fest:
Eine Wurzel ist stets eine nichtnegative Zahl und nur für nichtnegative Radikanden definiert.

AUFGABEN

1. Wie lauten die Lösungen der folgenden Gleichungen in Wurzelschreibweise:
    a) $x^2 = 8$; b) $x^3 = 16$; c) $x^3 = -10$; d) $x^4 = 7$; e) $x^4 - 9 = 0$;
    f) $x^5 = 625$; g) $x^5 + 64 = 0$; h) $x^{2n-1} + a^{2n} = 0$ mit $a > 0$.

2. Bilde die Umkehrfunktion zu folgenden Funktionen:
    a) $y = x^5$ für $x > 0$; b) $y = x^5$ für $x \leq -1$; c) $y = x^6$ für $x \geq 2$.
    Wie lautet jeweils die Wertemenge der Umkehrfunktion?

3. Wie ist in den folgenden Relationen die Definitionsmenge festzulegen, damit die so bestimmten Funktionen umkehrbar sind? Gib jeweils Definitions- und Wertebereich der Umkehrfunktion an!
    a) $y - x^2 + 4 = 0$; b) $y = (2-x)^2$; c) $3y = 1 - (x+2)^2$.

4. Gib für die folgenden Funktionen die größtmögliche Definitions- und Wertemenge an und zeichne ihre Bilder:
    a) $y = \sqrt{x}$; b) $y = \sqrt{x+2}$; c) $y = \sqrt{x-3}$; d) $y = \sqrt{x} + 3$;
    e) $y = 2\sqrt{x}$; f) $y = \frac{1}{2}\sqrt{x}$; g) $y = \sqrt{2x}$; h) $y = \sqrt{\frac{1}{2}x}$;
    i) $y = -\sqrt{x+4}$; k) $y = 2 - \sqrt{x}$; l) $y = -2 \cdot (2 + \sqrt{x-4})$;
    m) $y = \sqrt{x-5} + 3$; n) $y = 4 - \sqrt{x+3}$; o) $y = \sqrt[3]{x+3}$; p) $y = \sqrt[3]{8-x}$;
    q) $y = -2(3 + \sqrt[3]{-1-x})$.

B. Die Differentiation der Wurzelfunktion

a) Gegeben sei $y = \sqrt{x} = x^{\frac{1}{2}}$. Wenden wir die Differentiationsregel der Potenz an, erhalten wir:

$$y' = \frac{1}{2} \cdot x^{\frac{1}{2} - 1} = \frac{1}{2} \cdot x^{-\frac{1}{2}} = \frac{1}{2\sqrt{x}}$$

Warum ist diese Schlußweise unzulässig, obwohl das Ergebnis stimmt?
b) Welche anderen Möglichkeiten haben wir, die Ableitung der Funktion $y = \sqrt{x}$ zu gewinnen?

Lehrsatz 1: Die Wurzelfunktion $y = \sqrt[n]{x} = x^{\frac{1}{n}}$ mit $n \in \mathbb{N}$ ist für $x > 0$ differenzierbar und hat die Ableitung:

$$y' = \frac{1}{n} \cdot x^{\frac{1}{n} - 1}$$

Beweis:
Die Funktion $y = f(x) = x^n$ hat die Ableitung $y' = n \cdot x^{n-1}$, die für $\mathfrak{D} = \{x \mid x > 0\}$ und $\mathfrak{W} = \{y \mid y > 0\}$ von Null verschieden ist. Nach L.S. 2, § 38, ist damit $x = g(y) = \sqrt[n]{y} = y^{\frac{1}{n}}$ für

$y > 0$ differenzierbar, und es gilt:

$$\frac{dg(y)}{dy} = \frac{1}{\frac{df(x)}{dx}} = \frac{1}{n \cdot x^{n-1}} = \frac{1}{n \cdot y^{\frac{n-1}{n}}} = \frac{1}{n} \cdot y^{\frac{1}{n}-1}$$

Durch Vertauschung von x und y erhalten wir aus $x = g(y)$ die Umkehrfunktion $y = g(x)$ mit der Ableitung

$$\frac{dg(x)}{dx} = \frac{1}{n} \cdot x^{\frac{1}{n}-1}$$

Die Kettenregel gestattet auch die Differentiation von $y = \sqrt[n]{x^m} = x^{\frac{m}{n}}$ mit $m \in \mathbb{Z}$ und $n \in \mathbb{N}$. Wir setzen $y = \sqrt[n]{u} = u^{\frac{1}{n}}$, $u = x^m$ [> 0].

Beide Funktionen sind differenzierbar, die Kettenregel ist also anwendbar:

$$\frac{dy}{dx} = \frac{1}{n} \cdot u^{\frac{1}{n}-1} \cdot m \cdot x^{m-1} = \frac{1}{n} \cdot x^{m\left(\frac{1}{n}-1\right)} \cdot m \cdot x^{m-1} = \frac{m}{n} \cdot x^{\frac{m}{n}-m+m-1}$$

oder

$$\frac{dy}{dx} = \frac{m}{n} \cdot x^{\frac{m}{n}-1}$$

Damit ist die Differentiationsregel der Potenz x^n auf beliebige rationale Exponenten ausgedehnt. Es gilt:

Lehrsatz 2: Die Funktion $y = x^n$ mit beliebigem rationalem Exponenten n und $x > 0$ ist differenzierbar und hat die Ableitung: $y' = n \cdot x^{n-1}$.

Aufgrund von L.S. 2 können wir nunmehr *jede* Wurzelfunktion differenzieren.

Beispiel:
$y = f(x) = \sqrt[3]{x^3 + 6x} + \sqrt[4]{(1-x)^3}$ mit $\mathfrak{D} = \{x \mid 0 < x < 1\}$

In der Potenzschreibweise erhalten wir: $y = (x^3 + 6x)^{\frac{1}{3}} + (1-x)^{\frac{3}{4}}$

Mit der Kettenregel ist:

$$y' = \frac{1}{3}(x^3 + 6x)^{-\frac{2}{3}} \cdot (3x^2 + 6) + \frac{3}{4}(1-x)^{-\frac{1}{4}} \cdot (-1) = \frac{x^2 + 2}{\sqrt[3]{(x^3 + 6x)^2}} - \frac{3}{4 \cdot \sqrt[4]{1-x}}$$

AUFGABEN

5. Differenziere folgende Funktionen im zulässigen Definitionsbereich! Gib jeweils den Gültigkeitsbereich der Ableitung an! (Bei den trigonometrischen Funktionen genügt der Teilbereich in einer Periode.)

a) $y = \sqrt[5]{x^2}$; b) $y = \sqrt{x+1}$; c) $y = \sqrt{-x}$; d) $y = (2-x)^{\frac{1}{3}}$;

e) $y = \sqrt{x^2 - 1}$; f) $y = \sqrt[3]{(x-1)^2}$; g) $y = \sqrt{\sin x}$; h) $y = \sqrt{\sin\left(2x + \frac{\pi}{4}\right)}$;

i) $y = \sqrt[3]{\frac{x}{x-1}}$; k) $y = \sqrt{x \cdot \cos x}$; l) $y = \sqrt{(x-1)(x+2)}$;

§ 39 Die Wurzelfunktion

m) $y = \sqrt{(1-x)(x+2)}$; n) $y = \left(\dfrac{1-x}{x+2}\right)^{\frac{1}{2}}$; o) $y = \dfrac{1}{\sqrt{x}}$;

p) $y = (x+1)^{-\frac{2}{3}}$; q) $y = \dfrac{x-1}{\sqrt{x+1}}$; r) $y = (1-x^2)^{-\frac{3}{2}}$.

6. Differenziere $y = \sqrt[3]{x}$ durch Grenzübergang beim Differenzenquotienten!
   Hinweis: Erweitere den Differenzenquotienten gemäß $(a-b)(a^2 + ab + b^2) = a^3 - b^3$.

7. Differenziere $y = \sqrt{x} \cdot \sqrt[3]{x^2}$ a) mit der Produktregel und b) nach vorheriger Zusammenfassung mit Hilfe der Potenzgesetze!

8. Berechne die Fläche F zwischen den Kurven $y = \dfrac{x^2}{a}$ und $y = -ax^2 + 1$! Die Fläche F ist eine Funktion des Parameters a. Diskutiere diese Funktion (Definitionsbereich, Extremwert, Verhalten am Rand)!

9. Punkt B ist der rechte Scheitelpunkt der Ellipse $\dfrac{x^2}{9} + \dfrac{y^2}{4} = 1$, Punkt A ein beliebiger Ellipsenpunkt und C sein in bezug auf die x-Achse symmetrischer Punkt. Für welchen Punkt A hat die Fläche des Dreiecks ABC einen Extremwert?

10. Ein Erdsatellit S umfliegt die Erde auf einer Kreisbahn in h km Höhe; der Erdradius sei r km.
    a) Berechne die Entfernung y des Satelliten S vom Beobachter B auf der Erdoberfläche als Funktion des Winkels $x = \sphericalangle SMB$ (M Erdmittelpunkt).
    b) Die Umlaufzeit beträgt U sec. Gib damit x als Funktion der Zeit t an!
    c) Berechne die Radialgeschwindigkeit des Satelliten in bezug auf den Beobachter, d. h. die Ableitung $\dot{y}$!
    Anmerkung: Die Radialgeschwindigkeit wird durch den Dopplereffekt der Funksignale gemessen.

11. *Tangente, Normale, Subtangente, Subnormale*
    Unter der „Länge" t der Tangente und unter der „Länge" n der Normale in einem Kurvenpunkt versteht man die zwischen Berührpunkt und Schnittpunkt der Tangente bzw. Normale mit der x-Achse gelegene Strecke. Die Projektion von t auf die x-Achse heißt Subtangente t_s, die Projektion von n auf die x-Achse Subnormale n_s.

    a) Beweise folgende Formeln:

    $$t = \frac{y}{y'}\sqrt{1+y'^2}; \quad n = y\sqrt{1+y'^2}; \quad t_s = \frac{y}{y'}; \quad n_s = y\,y'$$

    b) Beweise folgende Parabeleigenschaften:
    Die Subtangente der Parabel $y^2 = 2px$ wird durch den Scheitel halbiert.
    Die Subnormale der Parabel $y^2 = 2px$ ist konstant gleich dem Parameter p.
    Wie lassen sich beide Eigenschaften für die Konstruktion der Tangente in einem Parabelpunkt verwenden?

    c) Berechne die Länge der Subtangente und Subnormale der Ellipse $b^2 x^2 + a^2 y^2 - a^2 b^2 = 0$ im Punkt $P(x = x_0)$! Welchem Grenzwert strebt n_s für $x_0 \to a$ zu?

d) Zeige: Die Subnormale der Hyperbel $b^2 x^2 - a^2 y^2 - a^2 b^2 = 0$ ist der Abszisse proportional.

e) Zeige: Für die Neilsche Parabel $y^2 = \frac{2}{3} x^3$ ist die Subnormale gleich dem Quadrat der Abszisse. Entwickle hieraus eine Tangentenkonstruktion!

C. Integration der Wurzelfunktion

Da wir die Differentiationsregel der Potenz für beliebige rationale Exponenten bewiesen haben, können wir jetzt auch die zugehörige Integrationsregel erweitern.

Aus $\frac{dx^m}{dx} = m \cdot x^{m-1}$ folgt für $m = n + 1$:

$$\frac{d}{dx}\left(\frac{x^{n+1}}{n+1}\right) = \frac{n+1}{n+1} x^{n+1-1} = x^n$$

Also gilt:

$$\int x^n \, dx = \frac{x^{n+1}}{n+1} + C, \text{ falls } n \text{ eine von } -1 \text{ verschiedene rationale Zahl und } x > 0 \text{ ist}$$

1. Beispiel: $\int \sqrt{x} \, dx = \int x^{\frac{1}{2}} \, dx = \frac{1}{\frac{3}{2}} \cdot x^{\frac{3}{2}} + C = \frac{2}{3} \cdot \sqrt{x^3} + C$

2. Beispiel: $\int_a^1 \frac{dx}{\sqrt{x}} = \int_a^1 x^{-\frac{1}{2}} \, dx = \left[2 \cdot x^{\frac{1}{2}}\right]_a^1 = 2 - 2\sqrt{a}$, falls $0 < a < 1$ gilt.

Anmerkung: Der Anwendungsbereich der Formel ist offenbar begrenzt. Man kann mit ihr keineswegs jede Wurzelfunktion integrieren, wie das Beispiel $\int \sqrt{x^3 + 1} \, dx$ zeigt. Es gibt nämlich in der Integralrechnung keine Formel, die der Kettenregel entspricht, die es also allgemein gestatten würde, eine zusammengesetzte Funktion zu integrieren, wenn die Einzelfunktionen integriert werden können.

D. Uneigentliche Integrale 2. Art

Wir betrachten die Funktion $y = \frac{1}{\sqrt{x}}$. Sie ist für $x = 0$ nicht definiert, da $\frac{1}{\sqrt{x}} \to \infty$ mit $x \to 0$ geht. Trotzdem existiert offenbar der Grenzwert

$$\lim_{a \to 0} \int_a^1 \frac{dx}{\sqrt{x}} = \lim_{a \to 0} (2 - 2\sqrt{a}) = 2. \quad \text{Man schreibt kurz} \quad \int_0^1 \frac{dx}{\sqrt{x}} = 2.$$

In § 33 lernten wir uneigentliche Integrale mit der Integrationsgrenze ∞ kennen. Hier dagegen sind zwar die Integrationsgrenzen endlich, aber die Funktion ist nicht beschränkt. Ist die Funktion $y = f(x)$ im Intervall $\mathfrak{D} = \{x \mid a \leq x \leq b\}$ mit Ausnahme der Stelle $x_0 \in \mathfrak{D}$ definiert und integrierbar, dann setzt man fest:

$$\int_a^{x_0} f(t) \, dt = \lim_{x \to x_0} \int_a^x f(t) \, dt; \quad \int_{x_0}^b f(t) \, dt = \lim_{x \to x_0} \int_x^b f(t) \, dt$$

§ 39 Die Wurzelfunktion

Voraussetzung ist, daß der Grenzwert existiert. Derartige Integrale heißen *uneigentliche Integrale zweiter Art*.

AUFGABEN

12. Berechne die unbestimmten Integrale:

    a) $\int \sqrt[3]{x}\, dx$; b) $\int \left(x\sqrt{x} - \dfrac{x}{\sqrt{x}}\right) dx$; c) $\int x^{-\frac{3}{5}}\, dx$.

13. Berechne die bestimmten Integrale:

    a) $\int_0^1 \sqrt{x^3}\, dx$; b) $\int_1^8 \dfrac{x^2}{\sqrt[3]{x^2}}\, dx$; c) $\int_4^9 \dfrac{1-x}{\sqrt{x}}\, dx$; d) $\int_4^0 (1 + \sqrt{x})^2\, dx$.

14. Berechne die folgenden uneigentlichen Integrale, soweit sie existieren:

    a) $\int_0^8 x^{-\frac{2}{3}}\, dx$; b) $\int_0^4 x^{-\frac{3}{2}}\, dx$; c) $\int_{-1}^1 \dfrac{dx}{\sqrt{|x|}}$; d) $\int_{-1}^1 \dfrac{dx}{\sqrt[3]{x^4}}$; e) $\int_1^\infty x^{-\frac{2}{3}}\, dx$.

15. Für welche Werte von a existieren die folgenden uneigentlichen Integrale:

    a) $\int_0^1 \dfrac{1}{x^a}\, dx$; b) $\int_1^\infty \dfrac{1}{x^a}\, dx$; c) $\int_5^\infty x^a\, dx$; d) $\int_0^2 \dfrac{x^{2a}+1}{x^a}\, dx$.

16. Gegeben ist $y = 2\sqrt{x} - x$. Bestimme Definitions- und Wertemenge sowie vom Graphen die Nullstellen, Extremwerte und die mit der x-Achse eingeschlossene Fläche! Wie lauten die Tangentengleichungen in den Schnittpunkten mit der x-Achse? Zeichnung!

17. Diskutiere die Funktion $y = 2\sqrt{x} + x$!

18. Zeichne die Bilder der Funktion $y = \sqrt{x}$ und ihrer ersten und zweiten Ableitung (1 L.E. = 2 cm)!

19. – 22. Extremwertaufgaben

19. In einem gleichschenkligen Trapez haben eine Grundlinie und die Schenkel die Länge a. Für welche Höhe h ist die Fläche am größten?

20. Einem gleichschenkligen Dreieck (Basis 2 cm, Basishöhe 3 cm) wird ein anderes Dreieck einbeschrieben: Eine Ecke ist der Mittelpunkt der Basis, die anderen liegen auf einer Parallelen zur Basis im Abstand h. Wie groß muß h gewählt werden, damit der Umfang des einbeschriebenen Dreiecks einen Extremwert annimmt?

21. Dem Kreis $x^2 + y^2 = r^2$ ist ein Sechseck einzubeschreiben; $(r; 0)$ und $(-r; 0)$ sind Eckpunkte. Die übrigen Eckpunkte liegen auf den Geraden $y = v$ bzw. $y = -v$. Für welchen Wert von v hat das Sechseck den größten Umfang?

22. Dem Halbkreis $y = \sqrt{r^2 - x^2}$ ist ein Rechteck einzubeschreiben mit a) maximalem Umfang; b) maximaler Fläche.

AUS DER PHYSIK

Das Brechungsgesetz

In der Wissenschaft zeigt sich oft, daß die günstigsten Bedingungen in der Natur realisiert sind. Die Ableitung eines Gesetzes läuft damit auf eine Extremwertaufgabe hinaus.
Wir betrachten das Brechungsgesetz der Optik: Ein Lichtstrahl kommt vom Punkt A und geht über Punkt C auf der Wasseroberfläche zum Punkt B (Abb. 143). Wo liegt C, wenn die Zeit t für den Weg ACB ein Minimum werden soll (Lichtgeschwindigkeit in Luft c_1, in Wasser c_2)?

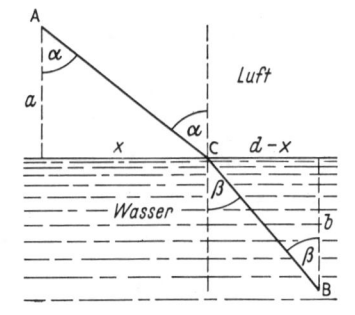

Abb. 143

Lösung:

$$t = \frac{s_1}{c_1} + \frac{s_2}{c_2} = \frac{1}{c_1}\sqrt{a^2 + x^2} + \frac{1}{c_2}\sqrt{b^2 + (d-x)^2}$$

$$\frac{dt}{dx} = \frac{2x}{c_1 \cdot 2\sqrt{a^2 + x^2}} + \frac{-2(d-x)}{c_2 \cdot 2\sqrt{b^2 + (d-x)^2}}$$

$$\frac{dt}{dx} = 0: \quad \frac{1}{c_1} \cdot \frac{x}{\sqrt{a^2 + x^2}} = \frac{1}{c_2} \cdot \frac{d-x}{\sqrt{b^2 + (d-x)^2}}$$

d.h.

$$\frac{1}{c_1} \cdot \sin\alpha = \frac{1}{c_2} \cdot \sin\beta$$

oder:

$$\boxed{\frac{\sin\alpha}{\sin\beta} = \frac{c_1}{c_2}} \quad \text{(Brechungsgesetz)}$$

Kontrolle:

$$\frac{d^2 t}{dx^2} = \frac{a^2}{(a^2 + x^2)\sqrt{a^2 + x^2}} + \frac{b^2}{[b^2 + (d-x)^2] \cdot \sqrt{b^2 + (d-x)^2}} > 0, \quad \text{also Minimum!}$$

Aufgabe: Leite ebenso das Reflexionsgesetz ab!

§ 40. ALGEBRAISCHE FUNKTIONEN

a) Löse die Kreisgleichung nach y auf! Welche Funktionen ergeben sich?
b) Welche Funktionen erfüllen die Relation $y^3 - y x^2 = 0$?

A. Begriff der algebraischen Funktion

Wenn man die Relation $x = y^n$ nach y auflöst, ergibt sich die Wurzelfunktion $y = \sqrt[n]{x}$. Sie ist also durch die Gleichung $x - y^n = 0$ implizit definiert. Zu allgemeineren Funktionen kommt man, wenn man von einem beliebigen Polynom der Variablen x und y ausgeht.

§ 40 Algebraische Funktionen

Definition: Eine Funktion heißt *algebraisch*, wenn ihre Wertepaare $(x; y)$ eine Relation der Form

$$P_n(x)\, y^n + P_{n-1}(x)\, y^{n-1} + \ldots + P_1(x)\, y^1 + P_0(x) = 0, \quad n \in \mathfrak{N} \quad (1)$$

erfüllen. Dabei sind die $P_\nu(x)$ für $\nu = 0, 1, \ldots, n$ Polynome der Veränderlichen x mit reellen Koeffizienten.

Beispiele algebraischer Funktionen:

a) $3x + 5y - 10 = 0$ mit der expliziten Form $y = -\dfrac{3}{5}x + 2$

b) $(x^2 + 2x - 3)\, y - 4x + 1 = 0;\quad y = \dfrac{4x-1}{x^2 + 2x - 3}$

c) $y^2 - x^2 = 0$ (Abb. 144); $\quad y = x$ und $y = -x$

d) $y^4 - x^3 = 0;\quad y = \sqrt[4]{x^3}$ und $y = -\sqrt[4]{x^3}$

e) $y^2 - 2xy + 2x^2 - 1 = 0$ (Abb. 145); $\quad y = x + \sqrt{1 - x^2}$ und $y = x - \sqrt{1 - x^2}$

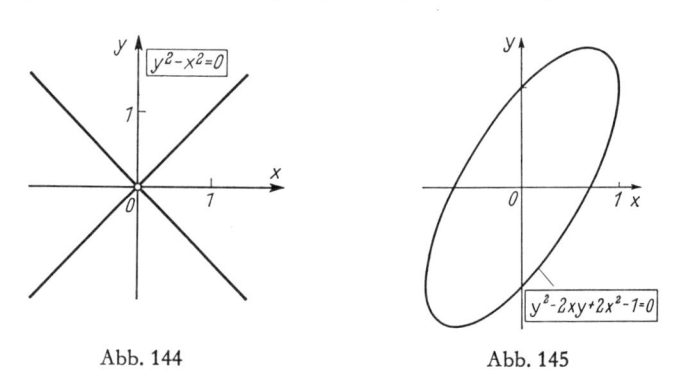

Abb. 144   Abb. 145

f) $x^2 + y^2 + 1 = 0$; kein Wertepaar erfüllt die Gleichung; die Erfüllungsmenge ist leer.

g) $y^5 + xy - 2 = 0$; die durch die Relation definierten Funktionen sind nicht explizit darstellbar.

Aus den Beispielen c, d und e geht hervor, daß durch eine algebraische Relation (1) mehrere Funktionen gegeben sein können. Anderseits braucht eine solche Gleichung nicht immer eine Funktion zu definieren, wie das Beispiel f) zeigt.

Definition: Die Gesamtheit aller Punkte, deren Koordinaten $x; y$ die algebraische Relation (1) erfüllen, nennt man eine *algebraische Kurve*. Sie kann das Bild mehrerer algebraischer Funktionen sein.

Beispiele algebraischer Kurven zeigen die Abbildungen 144 und 145. Bemerkenswert ist der Fall, daß eine algebraische Relation zwar eine algebraische Kurve, aber keine Funktion definiert. Als Beispiel betrachten wir die Relation $x^2 - 4 = 0$. Hier bildet das Parallelenpaar zur y-Achse mit den Gleichungen $x = 2$ und $x = -2$ das zugehörige Kurvenbild, ohne daß eine Funktion $y = f(x)$ die Relation erfüllt.

Die höchste Exponentensumme von x und y, die in den Gliedern einer algebraischen Relation (1) auftritt, heißt die *Ordnung* der algebraischen Kurve.

In Beispiel b) ist die Ordnung der algebraischen Kurve durch das Glied $x^2 y$, in Beispiel g) durch das Glied y^5 bestimmt. Folglich ist 3 die Ordnung der Kurve zu b), während die Kurve in Beispiel g) die Ordnung 5 hat.

Sonderfälle algebraischer Funktionen

Setzen wir in der algebraischen Relation (1) $n = 1$ und $P_1(x) = $ konst., dann wird dadurch eine *ganze rationale Funktion* $y = f(x)$ definiert. Entsprechend erhalten wir allgemein für $n = 1$ die Menge der *gebrochenen rationalen* Funktionen. Die rationalen Funktionen bilden demnach eine Teilmenge der algebraischen Funktionen. Dies gilt auch für die Gesamtheit der *Wurzelfunktionen*. Dagegen gehören die trigonometrischen Funktionen nicht zu den algebraischen Funktionen, denn diese haben unendlich viele Nullstellen, während die algebraischen Funktionen nach § 14 L.S. 6 nur an endlich vielen Stellen den Wert Null annehmen. Die Einteilung der algebraischen Funktionen zeigt die folgende Übersicht:

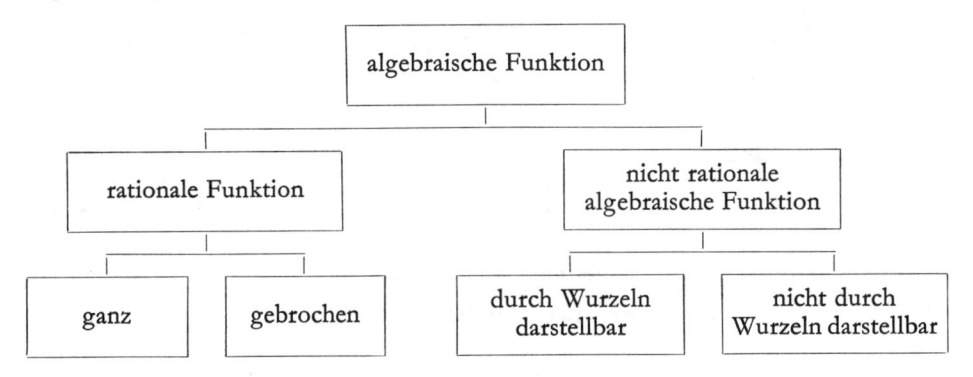

```
                    algebraische Funktion
                   /                    \
          rationale Funktion      nicht rationale
                                  algebraische Funktion
            /         \            /              \
         ganz      gebrochen   durch Wurzeln    nicht durch
                                darstellbar    Wurzeln darstellbar
```

AUFGABEN

1. Von welcher Ordnung sind die algebraischen Kurven, die durch folgende Gleichungen gegeben sind:

   a) $x^2 y^3 + x^3 y - 2 = 0$;   b) $y^2 + (x^3 + x) y - x^3 = 0$;

   c) $(x^2 - y)(x + y^2) = 0$;   d) $(x^2 + y^2)^3 = 9 x^2 y^2$.

2. Gib die explizite Darstellung der algebraischen Funktionen an, die durch folgende Relationen gegeben sind:

   a) $y^2 - x^4 = 0$;   b) $x^2 + y^2 - 2x - 2y + 1 = 0$;   c) $x y^4 - 3 x^2 + 1 = 0$;

   d) $x y^2 - y - x^3 = 0$;   e) $x(y^2 - 2xy + x^2 - 1) - y(y - 1) = 0$.

3. Zeichne die durch 1c, 2a und 2b gegebenen algebraischen Kurven!

4. Wie muß eine Relation beschaffen sein, damit durch sie eine rationale bzw. ganze rationale Funktion definiert wird?

5. Die Funktionskurve von $y = \dfrac{1}{x}$ soll mit den Bildern folgender Relationen verglichen werden:

   a) $x^2 y = x$;   b) $\dfrac{x^2 y}{x} = 1$;   c) $\dfrac{x^2 y + x y}{x + 1} = 1$;   d) $x^2 y^2 = x y$;

   e) $|x y| = 1$;   f) $|x| \cdot y = 1$;   g) $(x y - 1)(x^2 + y^2 - 1) = 0$;

   h) $\sqrt{x} \cdot \sqrt{y} = 1$.

§ 40 Algebraische Funktionen

B. Implizite Differentiation

1. Ein neuer Weg zur Differentiation der Wurzelfunktion

Aus $y = \sqrt{x}$ ergibt sich $y^2 - x = 0$. Da y eine Funktion von x ist, ist auch die ganze linke Seite $y^2 - x = f(x)$ eine Funktion von x, die aber identisch Null ist. Daher ist auch ihre Ableitung $f'(x)$ identisch Null. Nach der Kettenregel gilt:

$$f'(x) = 2\,y \cdot y' - 1 = 0 \quad \text{also} \quad y' = \frac{1}{2\,y} = \frac{1}{2\sqrt{x}}$$

Dieses Verfahren, das als *implizites Differenzieren* bezeichnet wird, läßt sich folgendermaßen verallgemeinern:

Ist eine Funktion $y = f(x)$ durch die Relation $F(x; y) = 0$ gegeben, dann stellt $z = F(x; f(x))$ eine Funktion von x dar, die für alle x-Werte des Definitionsbereichs den konstanten Wert 0 hat. Es gilt daher $\frac{dz}{dx} = 0$ (vgl. § 13 B 1!). Durch gliedweises Differenzieren der rechten Seite der Gleichung $z = F(x; f(x))$ nach x erhalten wir demnach einen Rechenausdruck $F^*(x; f(x); f'(x)) = 0$, der $y' = f'(x)$ nur linear enthält (warum?) und daher im allgemeinen nach y' aufgelöst werden kann (vgl. Ziffer 3c).

2. Differentiationsbeispiele algebraischer Funktionen

a) Wir gehen zunächst von der Relation unseres Beispiels e aus:

$$y^2 - 2\,x\,y + 2\,x^2 - 1 = 0$$

Weil dadurch y als differenzierbare Funktion von x definiert wird, kann man die linke Seite als Funktion von x auffassen, die für alle x-Werte gleich Null ist. Die Ketten- und die Produktregel liefern:

$$2\,y \cdot y' - (2\,y \cdot 1 + 2\,x \cdot y') + 4\,x - 0 = 0$$

daraus:

$$y' = \frac{2\,y - 4\,x}{2\,y - 2\,x} = \frac{y - 2\,x}{y - x}$$

Setzen wir $y = x + \sqrt{1-x^2}$ ein (siehe Beispiel e), so erhalten wir:

$$y' = \frac{x + \sqrt{1-x^2} - 2\,x}{x + \sqrt{1-x^2} - x} = \frac{\sqrt{1-x^2} - x}{\sqrt{1-x^2}} = \underline{\underline{1 - \frac{x}{\sqrt{1-x^2}}}}$$

Differenzieren wir die Funktion $y = x + \sqrt{1-x^2}$ nach § 39 B, Satz 1, finden wir das gleiche Ergebnis.

b) Nunmehr differenzieren wir die im Beispiel g) gegebene Relation $y^5 + x\,y - 2 = 0$ implizit:

$$5\,y^4\,y' + x\,y' + 1 \cdot y - 0 = 0$$

Hieraus folgt:

$$\underline{\underline{y' = -\frac{y}{x + 5\,y^4}}}$$

Man erhält auf diese Weise die Ableitung der Funktion, obwohl man y gar nicht explizit als Funktion von x schreiben kann. Allerdings ist es auch nicht möglich auf der rechten Seite y noch durch x auszudrücken. Immerhin kann man für spezielle Wertepaare $(x; y)$ die Ableitung angeben. So ist z. B. $x = 1$, $y = 1$ ein Wertepaar der Funktion. Für diese Stelle gilt: $y' = \frac{-1}{1 + 5 \cdot 1} = -\frac{1}{6}$.

c) Schließlich wollen wir das Verfahren der impliziten Differentiation noch an Beispiel f) erproben:
$$x^2 + y^2 + 1 = 0$$
Die implizite Differentiation ergibt: $2x + 2yy' = 0$, hieraus folgt: $y' = -\dfrac{x}{y}$

Das Ergebnis ist aber offenbar sinnlos; denn unsere Relation ist für kein Wertepaar $(x; y)$ erfüllt. Es wird gar keine Funktion definiert.

3. Allgemeines zur impliziten Differentiation

Das letzte Beispiel zeigt schon, daß bei der impliziten Differentiation Vorsicht am Platz ist. Wir fragen daher, welche Voraussetzungen beim impliziten Differenzieren erfüllt sein müssen, damit das Ergebnis der Rechnung sinnvoll ist. Hierzu ist folgendes festzustellen:

a) *Durch die Relation $F(x; y) = 0$ muß y als Funktion von x definiert sein.*

Andernfalls kann nämlich $z = F(x; y)$ nicht als Funktion von x aufgefaßt werden.

b) *Alle auftretenden Einzelfunktionen müssen differenzierbar sein.*

Dies ist notwendig, damit die Kettenregel (vgl. § 36 B) angewandt werden kann. Um y' durch implizites Differenzieren erhalten zu können, muß also bereits feststehen, daß y' auch wirklich existiert.

c) *Der Faktor von y' in der durch implizite Differentiation gewonnenen Relation $F^*(x; y; y') = 0$ muß für jedes in Betracht gezogene Wertepaar $(x_0; y_0)$ von Null verschieden sein.*

Wie wir aus § 39 wissen, sind die hier genannten Voraussetzungen bei den Wurzelfunktionen für $x > 0$ erfüllt. Inwieweit das auch für beliebige algebraische Funktionen zutrifft, ist dagegen noch ungewiß, so daß z. B. die Differentiation von Beispiel g) noch nicht als richtig erwiesen ist. Vor allem brauchen wir ein einfaches Kriterium für das Bestehen der Voraussetzung b). Es ergibt sich aus folgendem Satz, den wir hier ohne Beweis angeben:

Lehrsatz: Wenn eine Relation $F(x; y) = 0$ für ein Wertepaar $(x_0; y_0)$ erfüllt ist, die implizite Differentiation durchgeführt und die entstehende Relation $F^*(x; y; y') = 0$ für $(x_0; y_0)$ nach y' aufgelöst werden kann, dann ist durch $F(x; y) = 0$ in der Umgebung von $(x_0; y_0)$ eine differenzierbare Funktion $y = f(x)$ definiert, deren Ableitung an der Stelle $(x_0; y_0)$ durch y' gegeben ist.

AUFGABEN

6. Differenziere implizit, wobei das Ergebnis x und y enthalten darf:
   a) $y^2 - xy + 2x = 0$;   b) $x^2 y^3 - x^3 + 4 = 0$;
   c) $x y^6 - 2 y^2 + xy + 2 = 0$;   d) $x + y + x^3 + y^3 = 0$.

7. Löse folgende Relationen nach y auf und differenziere! Bilde die Ableitung außerdem durch implizite Differentiation!
   a) $2y - x^2 y + x - 1 = 0$;   b) $x^2 y^2 + y^2 - 4 = 0$;
   c) $y^2 - 3xy - 4x^2 = 0$;   d) $y^2 - 4y - x = 0$.

8. Ist aufgrund des Lehrsatzes in B 3 durch folgende Relation eine differenzierbare Funktion $y = f(x)$ in der Umgebung einer Stelle x_0; y_0 definiert? Gib, falls es

§ 41 Diskussion der algebraischen Kurven

möglich ist, eine derartige Stelle und die Ableitung y' dort an!
a) $y + y^2 - x = 0$; **b)** $x^2 + y^2 = 0$;
c) $x^2 + y^2 - 2x + 2 = 0$; **d)** $y + y^4 + 3x - x^2 = 0$.

9. Berechne durch implizite Differentiation die Ableitung der Hyperbel $x^2 - y^2 = a^2$ im Punkt $(x_0; y_0)$ und stelle die Tangentengleichung in diesem Punkt auf!

10. Beweise analog zu Aufgabe 9 die Richtigkeit folgender Tangentengleichungen:
   a) $x^3 + y^3 = 1$ Tangente: $x x_0^2 + y y_0^2 = 1$;
   b) $a x^2 + b y^2 + 2 c x y = d^2$ Tangente: $a x x_0 + b y y_0 + c (x y_0 + x_0 y) = d^2$;
   c) $x^2 - y^3 = 0$ Tangente: $2 x_0 x - 3 y_0^2 y + x_0^2 = 0$.

11. *Die Kissoide*[1])
    Gegeben ist der Kreis $(x-a)^2 + y^2 - a^2 = 0$. A sei ein Punkt des Umfangs. Die Parallele durch A zur x-Achse schneide den Kreis zum zweiten Male in B. Der Schnittpunkt des Lotes von B auf die x-Achse treffe OA in P.
    a) Zeige: Wenn A den Kreis durchläuft, beschreibt P eine Kurve (Kissoide), die gegeben ist durch die algebraische Relation:
    $$x^3 + x y^2 - 2 a y^2 = 0 \qquad (x \neq 2a)$$
    Zeichnung mit $a = 2$ (1 L.E. = 1 cm)!
    b) In den beiden Kissoidenpunkten mit der Abszisse $x = a$ sind die Tangenten und Normalen gezeichnet. Berechne ihre Längen (§ 39, Aufg. 11!) sowie die Fläche des von ihnen gebildeten Drachenvierecks!

§ 41. DISKUSSION DER ALGEBRAISCHEN KURVEN

a) Welche Besonderheiten können bei den Bildern gebrochener rationaler Funktionen auftreten, die bei den ganzen rationalen Funktionen nicht möglich sind?

b) Inwiefern unterscheidet sich das Bild der Funktion $y = \sqrt{x}$ mit $x \geq 0$ von den Kurvenbildern rationaler Funktionen?

Gegenüber den rationalen Funktionen zeichnen sich die Bilder algebraischer Funktionen durch eine wesentlich größere Vielgestaltigkeit des Kurvenverlaufs aus. Das hat zur Folge, daß zu den bisherigen Verfahren der Kurvendiskussion neue hinzukommen. Wir wollen nun an einigen Beispielen die Besonderheiten algebraischer Kurven und die Methoden zu ihrer Untersuchung näher kennenlernen.

A. Einführungsbeispiel

Gegeben ist die Relation $y^2 - x^3 + a x^2 = 0$ oder $y^2 = x^2 \cdot (x - a)$.   (1)

1. *Definitionsbereich:*
Da die linke Seite von (1) nicht negativ werden kann, muß $x - a \geq 0$ oder $x = 0$ gelten. Daraus folgt $\mathfrak{D} = \{x \mid x \geq a \lor x = 0\}$ als maximal zulässiger Definitionsbereich.

---
[1]) Vom griech. Wort κισσός (*kissos*), Efeu, Efeublattkurve des Diokles, um 180 v.Chr.

Diskussion der algebraischen Kurven § 41

2. Symmetrieeigenschaften:
Da mit dem Wertepaar $(x_0; y_0)$ auch das Wertepaar $(x_0; -y_0)$ die Relation (1) erfüllt, ist die algebraische Kurve zur x-Achse symmetrisch.

3. Nullstellen: Aus $y = 0$ folgt $x_1 = 0$, $x_2 = a$.

4. Explizite Darstellung der definierten Funktionen:
$$y = + x \cdot \sqrt{x-a} \quad (\text{1. Funktion}); \qquad y = - x \sqrt{x-a} \quad (\text{2. Funktion}) \tag{2}$$

5. Bestimmung von y' und y'' innerhalb des Differenzierbarkeitsbereichs:
Durch implizites Differenzieren erhalten wir
$$2y \cdot y' - 3x^2 + 2ax = 0 \quad \text{und damit} \quad y' = \frac{x \cdot (3x - 2a)}{2y} \tag{3}$$

Diese Ableitung gilt für alle Wertepaare $(x; y)$ der Erfüllungsmenge mit Ausnahme von $(0; 0)$ und $(a; 0)$. Drücken wir y nach (2) durch x aus, erhalten wir

$$y' = \pm \frac{3x - 2a}{2\sqrt{x-a}} \quad \text{mit} \quad x > a \quad \text{und} \quad x \neq 0 \tag{3a}$$

Hierbei gilt das positive Vorzeichen für die 1., das negative für die 2. Funktion. Aus (3) folgt:

$$y'' = \pm \frac{3x - 4a}{4(x-a)\sqrt{x-a}} \quad \text{für} \quad x > a \quad \text{und} \quad x \neq 0 \tag{4}$$

6. Asymptoten:
Aus (3a) folgt: $y' \to \pm \infty$ für $x \to \infty$. Folglich gibt es keine Asymptoten, denen sich die Kurve mit unbegrenzt wachsenden x-Werten anschmiegt.

7. Fallunterscheidungen hinsichtlich des Kurvenverlaufs:
1. Fall: $a = 0$ (Abb. 146) *(Neilsche Parabel)*[1]
Es gilt $y^2 - x^3 = 0$ und damit $y = \pm x \sqrt{x}$ mit $\mathfrak{D} = \{x \mid x \geq 0\}$. Daraus folgt

$$y' = \frac{3x^2}{2y} = \pm \frac{3}{2}\sqrt{x} \quad \text{und} \quad y'' = \pm \frac{3}{4\sqrt{x}} \quad \text{für} \quad x > 0.$$

Die Ableitung hat das gleiche Vorzeichen wie der Funktionswert y. Die Kurve steigt im I. Quadranten und fällt im IV. Ein Wendepunkt ist nicht vorhanden.
Da die Ableitungsfunktion nur für $x > 0$ durch implizites Differenzieren gewonnen werden darf, können wir über den Grenzwert der Kurvensteigung für $x \to 0$ nur durch eine gesonderte Grenzbetrachtung Aufschluß erhalten:
Definitionsgemäß gilt für die rechtsseitige Ableitung der Funktion $f(x) = x\sqrt{x}$ an der Stelle $x = 0$:

$$\lim_{h \to 0} \frac{f(0+h) - f(0)}{h} = \lim_{h \to 0} \frac{h\sqrt{h}}{h} = \lim_{h \to 0} \sqrt{h} = 0 \quad (h > 0)$$

Entsprechendes ergibt sich für die Funktion $y = -x\sqrt{x}$.
Für beide Kurvenäste existiert also die rechtsseitige Ableitung für $x = 0$. Damit ist das Verhalten der Kurve im wesentlichen bekannt. Als Wertetabelle erhalten wir:

x	0	1	4	$\to +\infty$
y	0	± 1	± 8	$\to \pm \infty$

Besonderheit: $x = 0$ ist linker Rand der Definitionsmenge. Die Neilsche Parabel hat dort eine *Spitze*, die Funktion ist an dieser Stelle rechtsseitig differenzierbar.

---
[1] Siehe Titze, Algebra II, § 34, Aufgabe 24!

§ 41 Diskussion der algebraischen Kurven

2. Fall: $a > 0$ (Abb. 147)

Die Ableitung hat für $x > a$ das gleiche Vorzeichen wie die jeweilige Funktion. Eine horizontale Tangente gibt es nicht, da die Nullstelle $x = \frac{2}{3}a$ von (3) nicht dem Definitionsbereich angehört. Untersuchen wir den rechtsseitigen Grenzwert des Differenzenquotienten für $x = a$, so ergibt sich:

$$\frac{f(a+h)-f(a)}{h} = \pm \frac{(a+h)\sqrt{h}-0}{h} = \pm \frac{a+h}{\sqrt{h}} \to \pm \infty \quad \text{für} \quad h \to 0$$

Die Kurve hat also an der Stelle $x = a$ eine vertikale Tangente.
Auch für $x = 0$ existiert keine Ableitung, da beide Funktionen in keiner noch so kleinen Umgebung von $x = 0$ definiert sind.
Für $x = \frac{4}{3}a$ schließlich ist $y'' = 0$. Wie man sich leicht überzeugen kann, liegen an dieser Stelle Wendepunkte der Kurve.
Besonderheit: Die algebraische Kurve besteht aus einem zusammenhängenden Kurvenzug und einem *isolierten Punkt* (Einsiedlerpunkt), dem Punkt 0 (0; 0).

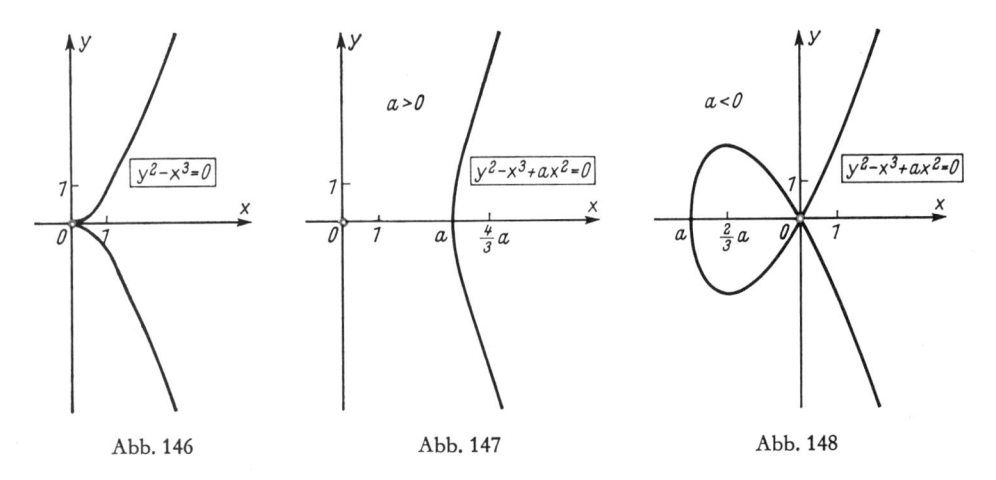

Abb. 146   Abb. 147   Abb. 148

3. Fall: $a < 0$ (Abb. 148)

Nach (3) hat die Kurve für $x = \frac{2}{3}a$ horizontale Tangenten. Dies bedeutet für die 1. Funktion ein Minimum, für die 2. Funktion ein Maximum. Um die Kurvensteigungen in $x = 0$ zu bestimmen, bilden wir wieder den Grenzwert des Differenzenquotienten:

$$\lim_{h \to 0} \frac{f(0+h)-f(0)}{h} = \lim_{h \to 0} \pm \frac{h\sqrt{h-a}}{h} = \pm \lim_{h \to 0} \sqrt{h-a} = \pm \lim_{h \to 0} \sqrt{h+|a|} = \pm \sqrt{|a|}$$

Der Schnittwinkel φ der beiden Kurvenäste in 0 errechnet sich demnach aus

$$\tan \frac{\varphi}{2} = \sqrt{|a|} \quad \text{zu} \quad \tan \varphi = \frac{2\sqrt{|a|}}{1-|a|}.$$

Ebenso wie im 2. Fall hat die Kurve an der Stelle $x = a$ eine vertikale Tangente.
Wendepunkte sind nicht vorhanden, weil die Nullstelle des Zählers von (4) nicht zur Definitionsmenge gehört.
Besonderheit: Die beiden Zweige der algebraischen Kurve schneiden sich im Ursprung des Koordinatensystems.
Der Punkt 0 (0; 0), der in allen drei Fällen eine besondere Rolle spielt, wird als *singulärer Punkt* der algebraischen Kurve bezeichnet. Für ihn sind die Bedingungen des Satzes in § 40 B nicht erfüllt, weil die Auflösung nach y' in der durch implizites Differenzieren entstandenen Relation nicht möglich ist.

Diskussion der algebraischen Kurven § 41

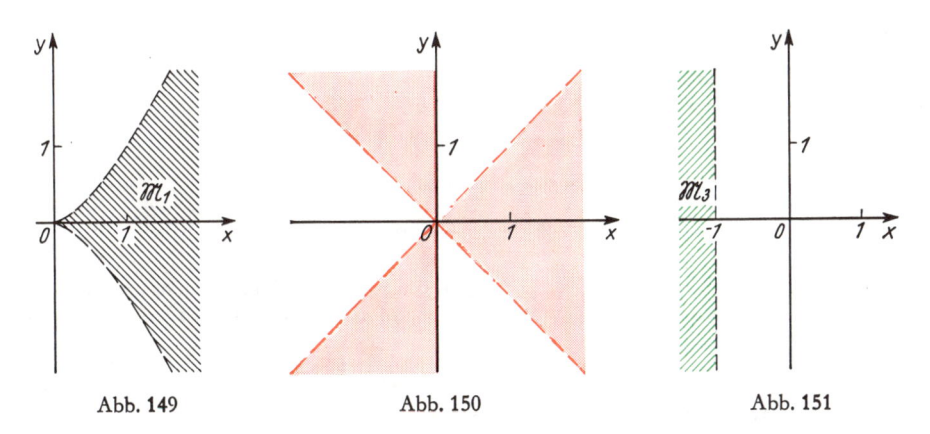

Abb. 149   Abb. 150   Abb. 151

B. Signierungsverfahren¹):

Das Felderabstreichen oder Signieren kann beim Zeichnen algebraischer Kurven eine besondere Hilfe sein. Wir betrachten dazu nochmals den 3. Fall für $a = -1$:
$$y^2 - x^3 - x^2 = 0$$

1. Zerlegung (Abb. 149):
$$y^2 - x^3 = x^2$$

Die rechte Seite dieser Gleichung ist nie negativ, also kann für einen Kurvenpunkt auch die linke Seite nicht negativ sein; $y^2 < x^3$ ist ausgeschlossen. Wir können daher die Punktmenge $\mathfrak{M}_1 = \{(x, y) \mid y^2 < x^3\}$ abstreichen.

2. Zerlegung (Abb. 150):
$$y^2 - x^2 = x^3 \quad \text{oder} \quad (y - x)(y + x) = x^3$$

Die linke Seite wechselt beim Überschreiten einer der beiden Geraden $y - x = 0$ oder $y + x = 0$ das Vorzeichen. Die rechte Seite wechselt es bei $x = 0$. Da für Kurvenpunkte beide Seiten gleich sein, also vor allem gleiche Vorzeichen haben müssen, erhält man weitere gesperrte Felder, die wir als Punktmenge $\mathfrak{M}_2$ bezeichnen.

3. Zerlegung (Abb. 151):
$$y^2 = x^2(x + 1)$$

Die Vorzeichenüberlegung zeigt, daß kein Punkt links von $x + 1 = 0$ liegen kann. Die Kurvenpunkte können also nicht zur Punktmenge $\mathfrak{M}_3 = \{(x, y) \mid x < -1\}$ gehören.
Die *Vereinigungsmenge* von $\mathfrak{M}_1, \mathfrak{M}_2$ und $\mathfrak{M}_3$ kennzeichnet dann diejenigen Gebiete, in denen *keine* Kurvenpunkte liegen können. Bezeichnen wir die nicht abgestrichenen Punktmengen (die sogenannten Komplementärmengen zu $\mathfrak{M}_1, \mathfrak{M}_2, \mathfrak{M}_3$) mit $\mathfrak{G}_1, \mathfrak{G}_2, \mathfrak{G}_3$, dann ergibt der *Durchschnitt* von $\mathfrak{G}_1, \mathfrak{G}_2$ und $\mathfrak{G}_3$ den Bereich, in dem *alle* Kurvenpunkte liegen müssen (Abb. 152).

¹) Die Abschnitte B und C können bei Zeitnot ohne Schaden für das Folgende übergangen werden.

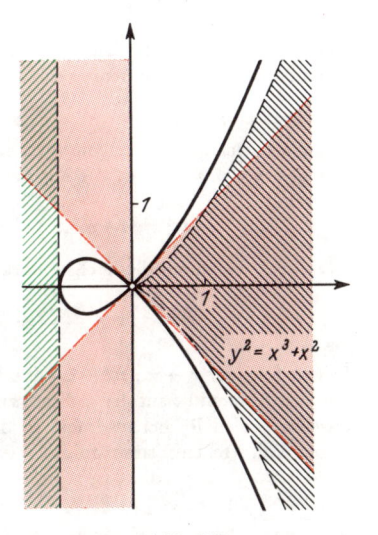

Abb. 152

§ 41 Diskussion der algebraischen Kurven

C. Weiteres Beispiel einer Kurvendiskussion

Gegeben ist die Relation $y^4 - (x^2 - 1)(x^2 - 4) = 0$. Es soll das Bild der durch sie bestimmten algebraischen Kurve diskutiert werden.

1. *Definitionsbereich*:
Da y^4 nicht negativ werden kann, ergibt sich als Definitionsmenge
$$\mathfrak{D} = \{x \mid |x| \geq 2 \vee |x| \leq 1\}.$$

2. *Symmetrieeigenschaften*:
Da mit $(x_0; y_0)$ auch die Wertepaare $(x_0; -y_0)$, $(-x_0; y_0)$ und $(-x_0; -y_0)$ zur Erfüllungsmenge gehören, ist die algebraische Kurve zu beiden Koordinatenachsen symmetrisch und hat den Ursprung als Symmetriezentrum.

3. *Nullstellen*:
Aus $y = 0$ folgt $x_1 = 1$, $x_2 = -1$, $x_3 = 2$, $x_4 = -2$.

4. *Explizite Darstellung der definierten Funktionen*:
$$y = \sqrt[4]{(x^2-1)(x^2-4)} \quad (1.\text{ Funktion}); \qquad y = -\sqrt[4]{(x^2-1)(x^2-4)} \quad (2.\text{ Funktion}).$$

5. *Bestimmung von y' innerhalb des Differenzierbarkeitsbereichs*[1]:
Durch implizite Differentiation erhält man $4y^3 y' = 4x^3 - 10x$ und damit
$$y' = \frac{x(2x^2-5)}{2y^3}$$

Diese Ableitung gilt für alle Wertepaare der Erfüllungsmenge mit $y \neq 0$. Für $|x| = 1$ und $|x| = 2$ ist eine besondere Grenzwertbetrachtung erforderlich.

Horizontale Tangenten ergeben sich rechnerisch für $x = 0$ und $x = \pm\sqrt{\frac{5}{2}}$. Doch scheidet der 2. Wert aus, da er nicht zu $\mathfrak{D}$ gehört.

Untersuchen wir den Differenzenquotienten der beiden Funktionen an ihren Nullstellen, dann ergibt sich z. B. für $x = 1$ und $h < 0$:
$$\frac{f(1+h) - f(1)}{h} = \pm \frac{\sqrt[4]{[(1+h)^2-1][(1+h)^2-4]}}{h} \to \pm\infty \quad \text{mit} \quad h \to 0$$

wie man durch einfache Umformung zeigen kann. Das gleiche gilt für die übrigen Randstellen des Definitionsbereichs. Die Kurve schneidet demnach die x-Achse an allen Stellen orthogonal.

6. *Asymptoten*:
Um die Gleichung der Asymptoten zu finden, suchen wir die zusammenfallenden Schnittpunkte der Geraden $y = mx + t$ mit der algebraischen Kurve für $x \to \infty$. Wir erhalten durch Einsetzen in die Relation:
$$m^4 x^4 + 4m^3 x^3 t + 6m^2 x^2 t^2 + 4mxt^3 + t^4 - x^4 + 5x^2 - 4 = 0 \tag{1}$$

Dividieren wir durch die höchste vorkommende Potenz von x, nämlich durch x^4, ergibt sich:
$$m^4 + \frac{4m^3 t}{x} + \frac{6m^2 t^2}{x^2} + \frac{4mt^3}{x^3} + \left(\frac{t}{x}\right)^4 - 1 + \frac{5}{x^2} - \frac{4}{x^4} = 0 \tag{2}$$

Daraus folgt für $x \to \infty$: $m^4 - 1 = 0$ oder $m_1 = 1$; $m_2 = -1$ als Richtungsfaktoren der Asymptoten. Um den Abschnitt t auf der y-Achse zu finden, setzen wir in (1) $m^4 = 1$ ein und erhalten nach Division durch x^3 einen Rechenausdruck, in dem für $x \to \infty$ alle Glieder mit Ausnahme von $4m^3 t = \pm 4t$ gegen Null streben. Daraus folgt $t = 0$. Die Gleichungen der Asymptoten lauten demnach:
$$y = x \quad \text{und} \quad y = -x$$

---
[1] Die Bildung von y'' kann entfallen.

Diskussion der algebraischen Kurven § 41

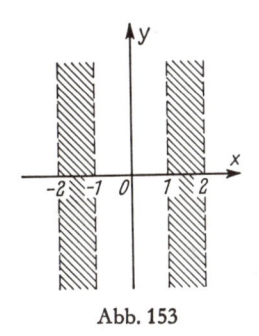

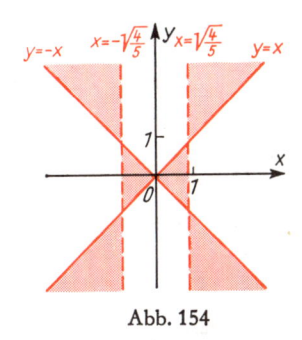

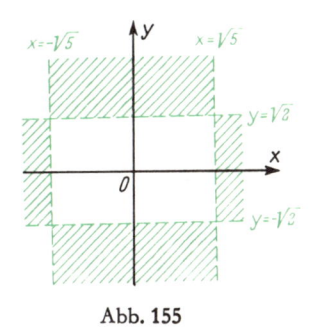

Abb. 153   Abb. 154   Abb. 155

7. *Signierung:*

1. Zerlegung (Abb. 153): $\qquad y^4 = (x-1)(x+1)(x-2)(x+2)$

Für die Punkte der x-Achse wird die linke Seite Null; für die vier Parallelen zur y-Achse, die unsere Felder trennen, wird die rechte Seite Null. Für die Schnittpunkte der Parallelen mit der x-Achse sind also beide Seiten der Gleichung Null; diese Punkte gehören zur algebraischen Kurve.

2. Zerlegung (Abb. 154):

$$x^4 - y^4 = 5x^2 - 4 \quad \text{oder} \quad (x-y)(x+y)(x^2+y^2) = 5\left(x - \sqrt{\tfrac{4}{5}}\right)\left(x + \sqrt{\tfrac{4}{5}}\right)$$

Die Schnittpunkte einer der Linien $x - y = 0$ und $x + y = 0$ mit den Linien $x - \sqrt{\tfrac{4}{5}} = 0$ und $x + \sqrt{\tfrac{4}{5}} = 0$ liefern Kurvenpunkte, da dort beide Seiten der 2. Zerlegung Null werden. Beim Überschreiten einer dieser Linien wechselt eine der Seiten das Vorzeichen; man kommt also von einem gesperrten Gebiet in ein nicht gesperrtes oder umgekehrt. Man muß daher nur für *ein* Gebiet das Vorzeichen der beiden Seiten feststellen, um die ganze Signierung zu erhalten.

3. Zerlegung (Abb. 155): $\quad x^4 - 5x^2 = y^4 - 4 \quad \text{oder} \quad x^2(x - \sqrt{5})(x + \sqrt{5}) = (y + \sqrt{2})(y - \sqrt{2})(y^2 + 2)$

Außer einer Feldereinteilung bekommen wir 6 Kurvenpunkte als Schnittpunkte der Geraden $x = 0$,

$x - \sqrt{5} = 0$ und $x + \sqrt{5} = 0$

mit $y + \sqrt{2} = 0$ und $y - \sqrt{2} = 0$.

Die *Vereinigungsmenge* aller gesperrten Punktmengen liefert die endgültige Signierung. Die Kurve kann nur im *Durchschnitt* aller nicht gesperrten Punktmengen verlaufen. Außerdem haben wir insgesamt 14 Kurvenpunkte durch die Signierung erhalten.

Für $x = 0$ fanden wir horizontale Tangenten. Jetzt erkennt man, daß bei $(0; \sqrt{2})$ ein Maximum, bei $(0; -\sqrt{2})$ ein Minimum vorliegt (Abb. 156).

Anmerkung: Ist nicht die Relation $y^4 - x^4 + 5x^2 - 4 = 0$ sondern etwa die Funktion $y = \sqrt[4]{x^4 - 5x^2 + 4}$ zur Untersuchung vorgelegt, dann empfiehlt es sich trotzdem, die ursprüngliche Relation heranzuziehen.

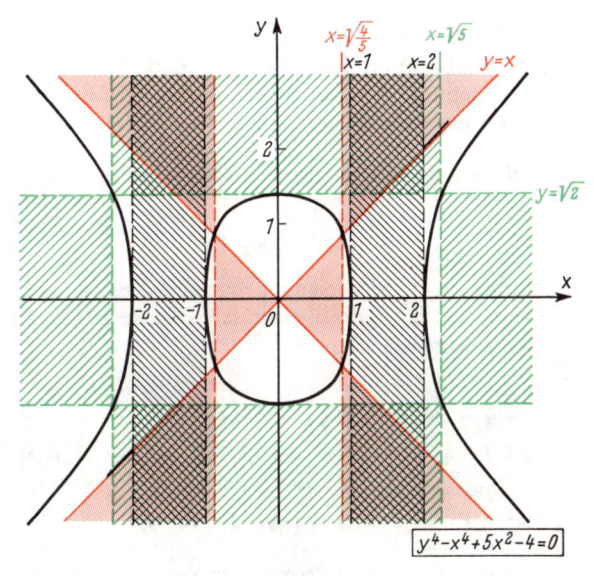

Abb. 156

253

§ 41 Diskussion der algebraischen Kurven

AUFGABEN

1. Bestimme die Definitionsmenge $\mathfrak{D}$ folgender Funktionen:
   a) $y = \sqrt{9 - x^2}$; b) $y = \sqrt{x^2 - 1}$; c) $y = \sqrt{x^3 - x}$;
   d) $y = \sqrt{x^4 - x^2}$; e) $y = \sqrt{-x^4 + 13x^2 - 36}$; f) $y = \sqrt[3]{1 - x^3}$.

2. In welcher Menge $\mathfrak{D}$ von x-Werten definieren folgende Relationen Funktionen $y = f(x)$?
   a) $x^2 + y^2 + 2x = 0$; b) $x^2 - y^2 - 4x + 6y - 6 = 0$; c) $x^2 y^2 + x^2 - 4 = 0$;
   d) $x^3 - 3xy^2 - 3x^2 - 3y^2 = 0$; e) $y^2 x - x^2 - y^2 + 2x = 0$.

3. Welche Symmetrieeigenschaften haben die Kurven, die durch folgende Relationen gegeben sind:
   a) $x^4 - (x^2 + y^2) = 0$: b) $x^3 - x^2 - y^2 = 0$;
   c) $x(x^2 + 1) - y = 0$; d) $xy + x + y = 0$;
   e) $x^2 y - 1 = 0$; f) $y + x(1 + y^2 + xy) = 0$;
   g) $y + x^2 - \cos x = 0$; h) $y - x + \sin x = 0$.

4. a) Einer Halbkugel vom Radius 5 cm ist ein gerader Kreiszylinder so einzubeschreiben, daß seine Mantelfläche ein Maximum ist.
   b) Die Mantelfläche ist eine Funktion des Zylinderradius x. Diese Funktion ist im Bereich von $x = 0$ bis $x = 5$ darzustellen; dabei ist die Lage des Maximums einzuzeichnen und auch das Verhalten der Funktion in den beiden Endpunkten zu besprechen Für die Zeichnung ist auf der x-Achse als Einheit 2 cm zu nehmen, die Einheit auf der y-Achse ist nach Belieben zu wählen.

5. Für die Extremwerte und Nullstellen des Graphen der Funktion $y = x \cdot \sqrt{6 - x}$ sind die Tangentengleichungen aufzustellen. Zeichne den Graphen für $-7 \leq x \leq 6$ (1 L.E. = 0,5 cm)!

6. Bestimme die Punkte, in denen die Kurve $y = (1 + x) \cdot \sqrt{1 - x^2}$ ein Maximum oder Minimum hat. Beweise, daß der Punkt mit der Abszisse $\frac{1}{2}(1 - \sqrt{3})$ ein Wendepunkt ist und berechne seine Ordinate! Unter welchen Winkeln schneidet die Kurve die Koordinatenachsen? Zeichne die Kurve (1 L.E. = 2 cm)!

7. Diskutiere und zeichne die algebraische Kurve
$$y^2 = \frac{4x^2}{x^2 - 4x + a} \quad \text{für} \quad a = 3 \quad \text{und für} \quad a = 8!$$

8. Führe an Hand der angegebenen Zerlegungen das Signierverfahren durch und versuche dann, die algebraische Kurve zu skizzieren! Beachte dabei auch die Symmetrieeigenschaften.
   a) $x^3 + y^3 - 3xy = 0$ (*Cartesisches Blatt*)[1]
   Zerlegungshinweise: $x(3y - x^2) = y^3$; $y(3x - y^2) = x^3$; $x(x^2 - 2y) = y(x - y^2)$.
   b) $(x^2 + y^2)^2 - 4x^2 + 4y^2 = 0$ (*Lemniskate*)[2]
   Zerlegungshinweise: $(x^2 + y^2)^2 = 4(x - y)(x + y)$; $x^2(x^2 + y^2 - 4) = -y^2(x^2 + y^2 + 4)$;
   $(x^2 + y^2 - 2)^2 = 4(1 - \sqrt{2} \cdot y)(1 + \sqrt{2} \cdot y)$.

---

[1] Descartes (Cartesius), franz. Philosoph und Mathematiker, Schöpfer der analytischen Geometrie (1596—1650).
[2] Vom griech. Wort λημνίσκος (*lemniskos*), Schleife, Jakob Bernoulli, 1694.

Diskussion der algebraischen Kurven § 41

9. Verfahre ähnlich wie in Aufgabe 8 mit der Relation $x^3 + x y^2 - x y + y^2 = 0$!
Bestimme die Definitionsmenge! Hat die Kurve Asymptoten? Untersuche auch den reziproken Richtungsfaktor $\frac{1}{m}$ für $y \to \pm \infty$!

Zerlegungshinweise: $x(x^2 + y^2) = y(x-y);\quad y^2(1+x) = x(y-x^2);$

$$x\left[x^2 + \left(y - \frac{1}{2}\right)^2 - \frac{1}{4}\right] = -y^2.$$

10. a) Suche zur Relation $y^2 x - 2xy - x + y = 0$ geeignete Zerlegungen und führe das Signierungsverfahren durch!
    b) Diskutiere das Kurvenbild, nachdem die Relation zuerst auf die Form $x = g(y)$ gebracht wurde.

11. Bestimme die Asymptoten folgender Kurven:
    a) $x^3 + y^3 - 6xy = 0$; b) $y^2 - 2xy - 3x^2 + 4x - 1 = 0$.

12. In Abschnitt C bestimmten wir die Richtungsfaktoren der Asymptoten durch Einsetzen der Geradengleichung $y = mx + t$ und Grenzübergang für $x \to \infty$. Berechne in ähnlicher Weise die Richtungsfaktoren der Tangenten im Nullpunkt für folgende Kurven:
    a) $x^4 + y^4 + 9x^2 y - 4y^3 = 0$;

    Hinweis: Da wir die Tangente im Nullpunkt suchen, ist $t = 0$. Setze also $y = mx$ ein und dividiere sodann die Gleichung durch x^3!

    b) $x^4 + y^2 - 4x^2 = 0$; c) $x^2 y^2 = a^2 x^2 - b^2 y^2$;
    d) $3x^4 + 4x^2 y^2 + 2x^2 y - 6x^2 + 6y^4 - 12y^3 + 6y^2 = 0$.

13. Gegeben ist die Relation $x^4 - 4yx^2 + y^4 = 0$.
    a) Zeige, daß die Kurve an den Punkten $(2;2)$, $(-2;2)$ horizontale Tangenten hat!
    b) Untersuche die Tangente im Nullpunkt! (Vgl. Aufg. 12)
    c) Gibt es Asymptoten?
    d) Wie lautet der Wertebereich für die y-Werte?
    e) Führe das Signierungsverfahren durch und zeichne die Kurve!

14. Gegeben ist die Relation: $y^2 - x^4 + \lambda x^2 = 0$.
    a) Diskutiere und zeichne die algebraische Kurve für $\lambda = 4$!
    b) Untersuche die Kurve am Nullpunkt und in seiner Umgebung für $\lambda > 0$, $\lambda = 0$ und $\lambda < 0$!

15. Gegeben ist die Relation $x^3 + y^3 - \lambda x^2 = 0$.
    a) Bestimme für $\lambda > 0$ die Schnittpunkte mit den Achsen, die Asymptoten, die Extremwerte und die Menge $\mathfrak{M} = \{x \mid y' > 0\}$!
    b) Zeichne die Kurve für $\lambda = 3$!
    c) Was ergibt sich für $\lambda \to 0$?
    d) Vergleiche die Kurven $x^3 + y^3 - \lambda x^2 = 0$ und $x^3 + y^3 + \lambda x^2 = 0$!

16. Diskutiere folgende algebraische Kurven:
    a) $x^2 y^2 = x^2 + y^2$ (*Kreuzkurve*) b) $x^2 y^2 = x^2 - y^2$ (*Kohlenspitzenkurve*)
    Bestimme Definitionsmenge, Wertemenge, Verhalten am Nullpunkt, Asymptoten! Zeichne die Kurve!

§ 42 Die Umkehrfunktionen der trigonometrischen Funktionen

17. Gegeben ist die Funktion (A): $y = 2\sqrt{\dfrac{a-x}{x}}$ mit $a > 0$.

a) Gib den maximalen Definitionsbereich an!
b) Entwirf eine Skizze der durch (A) dargestellten Kurve!
c) Zeige ohne Benützung der zweiten Ableitung, daß die durch (A) dargestellte Kurve mindestens einen Wendepunkt hat!
d) Wie lautet die Gleichung derjenigen Kurventangente t, die die x-Achse am weitesten rechts schneidet?
e) Wie lautet die umgekehrte Zuordnung $x = \varphi(y)$ von (A)? Welches ist ihr Definitionsbereich?

18. Diskutiere folgende algebraische Kurven:

a) $y^2 = x^2 \cdot \dfrac{a-x}{a+x}$ (Strophoide)   Zeichnung für $a = 4$, 1 L.E. = 1 cm!

b) $x^2 = \dfrac{y^4}{a^2 - y^2}$ (Kappa-Kurve)   Zeichnung für $a = 3$, 1 L.E. = 1 cm!

c) $y^2 = \dfrac{x^3}{2a - x}$ (Kissoide)   Zeichnung für $a = 2$, 1 L.E. = 1 cm!
(Vgl. § 40, Aufgabe 11.)

§ 42. DIE UMKEHRFUNKTIONEN DER TRIGONOMETRISCHEN FUNKTIONEN

A. Definition der Arcusfunktionen

a) Welchen Wert y_0 ordnet die Funktion $y = \sin x$ dem Wert $x_0 = \dfrac{\pi}{6}$ zu? Welche weiteren x-Werte haben denselben Zahlenwert y_0 als Funktionswert?

b) In welchem maximalen x-Intervall um den Ursprung 0 ist die Funktion $y = \sin x$ monoton und damit umkehrbar?

1. Die Umkehrfunktion von $y = \sin x$

In der Relation $y = \sin x$ gehören zu einem y-Wert unendlich viele x-Werte, sofern die Definitionsmenge $\mathfrak{D} = \{x \mid -\infty < x < \infty\}$ zugrundegelegt wird. Die Funktion $y = \sin x$ hat erst dann eine Umkehrfunktion, wenn der Bereich der x-Werte eingeschränkt wird. So ist z. B. $y = \sin x$ in $-\dfrac{\pi}{2} \leq x \leq \dfrac{\pi}{2}$ echt monoton und stetig mit dem Wertebereich $\mathfrak{W} = \{y \mid |y| \leq 1\}$. Nach § 38 existiert dort eine stetige Umkehrfunktion; man nennt sie

$$y = \arcsin x \;\; ^1)$$

Sie hat die Definitionsmenge $\mathfrak{D} = \{x \mid |x| \leq 1\}$ und die Wertemenge

$$\mathfrak{W} = \left\{y \;\middle|\; -\dfrac{\pi}{2} \leq y \leq \dfrac{\pi}{2}\right\}.$$

Erklärung: *arc sin x* bedeutet den *arcus* zwischen $-\dfrac{\pi}{2}$ und $\dfrac{\pi}{2}$, dessen *sinus* gleich x ist.

---
[1] Lies: Arkus-sinus-x.

Die Umkehrfunktionen der trigonometrischen Funktionen § 42

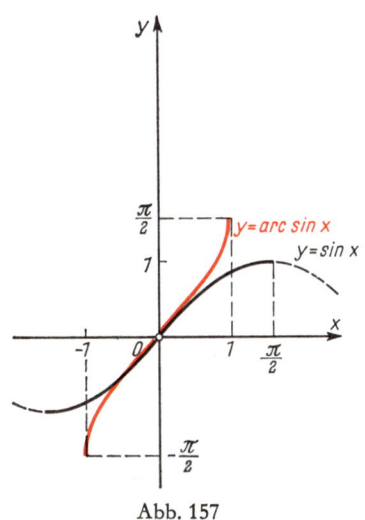

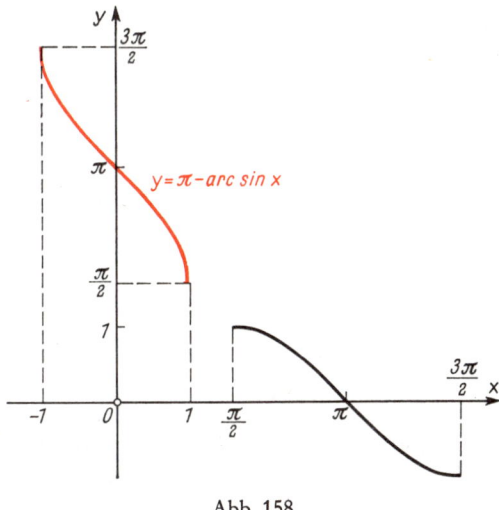

Abb. 157

Abb. 158

Beispiele:

1. arc sin $0{,}5 = \frac{\pi}{6}$, weil sin $\frac{\pi}{6} = 0{,}5$;

2. arc sin $(-0{,}66) = -0{,}7208$, weil sin $(-0{,}7208) = -0{,}66$; (TW S. 22)

Den Graphen der Funktion $y = \arcsin x$ erhalten wir durch Spiegelung des Graphen von $y = \sin x$ für $-\frac{\pi}{2} \leqq x \leqq \frac{\pi}{2}$ an der Geraden $y = x$ (Abb. 157).

Anmerkung: Da die Funktion $y = \sin x$ in jedem Intervall $-\frac{\pi}{2} + n\pi \leqq x \leqq \frac{\pi}{2} + n\pi$, wobei n die Menge der ganzen Zahlen durchläuft, echt monoton und stetig ist, gibt es zwei Mengen unendlich vieler Umkehrfunktionen. Sie lauten

$$y = 2n\pi + \arcsin x \quad \text{und} \quad y = (2n+1)\pi - \arcsin x \quad (n \in \mathbb{Z})$$

Die zur zweiten Menge für $n = 0$ gehörige Kurve zeigt Abb. 158. Wir wollen jedoch künftig *nur* $y = \arcsin x$ als Umkehrfunktion von $y = \sin x$ betrachten. Sie gilt als der *Hauptwert* aller möglichen Umkehrfunktionen und ist dadurch gekennzeichnet, daß ihr Graph den Ursprung enthält.

2. Die Umkehrfunktionen der übrigen trigonometrischen Funktionen

a) Um die Umkehrfunktion zu $y = \cos x$ zu finden, können wir entsprechende Überlegungen wie oben anstellen. Wir betrachten hier das Intervall $0 \leqq x \leqq \pi$, in dem $y = \cos x$ echt monoton und stetig ist. Die zugehörige Umkehrfunktion lautet:

$$y = \arccos x \quad \text{(Abb. 159)}$$

Sie hat die Definitionsmenge $\mathfrak{D} = \{x \mid |x| \leqq 1\}$ und die Wertemenge $\mathfrak{W} = \{y \mid 0 \leqq y \leqq \pi\}$.

Erklärung: *arc cos x* bedeutet den *arcus* zwischen 0 und π, dessen *cosinus* gleich x ist.

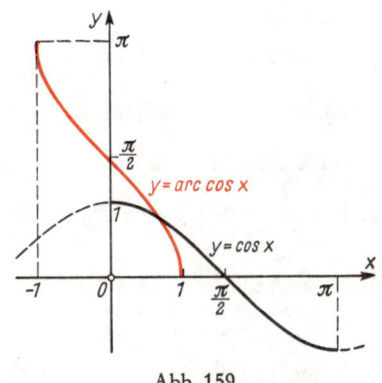

Abb. 159

§ 42 Die Umkehrfunktionen der trigonometrischen Funktionen

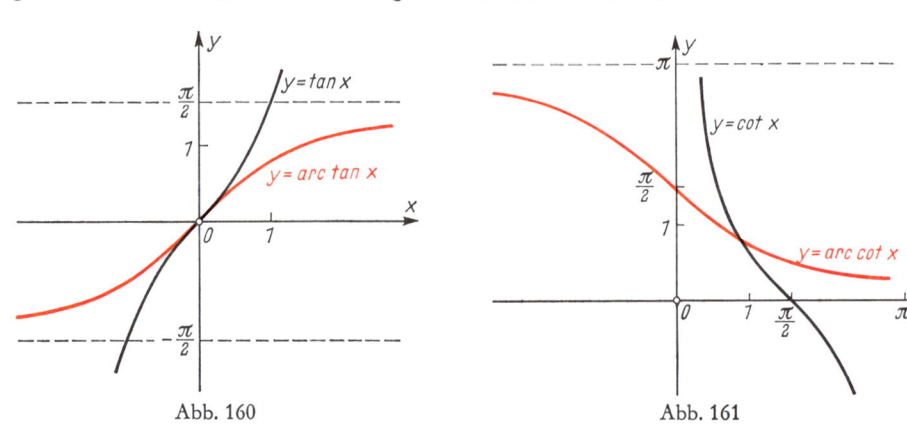

Abb. 160

Abb. 161

b) Ebenso nennen wir die Umkehrfunktion von $y = \tan x$ im Intervall $-\frac{\pi}{2} < x < \frac{\pi}{2}$:

$$y = \arctan x \quad \text{(Abb. 160)}$$

mit $\mathfrak{D} = \{x \mid -\infty < x < \infty\}$ und $\mathfrak{W} = \left\{y \mid |y| < \frac{\pi}{2}\right\}$.

Erklärung: $\arctan x$ bedeutet den *arc*us zwischen $-\frac{\pi}{2}$ und $\frac{\pi}{2}$, dessen *tan*gens gleich x ist.

c) Die Umkehrfunktion von $y = \cot x$ im Intervall $0 < x < \pi$ lautet:

$$y = \text{arc} \cot x \quad \text{(Abb. 161)}$$

mit $\mathfrak{D} = \{x \mid -\infty < x < \infty\}$ und $\mathfrak{W} = \{y \mid 0 < y < \pi\}$.

Erklärung: $\text{arc} \cot x$ bedeutet den *arc*us zwischen 0 und π, dessen *cot*angens gleich x ist.

Anmerkung: Auch zu den Funktionen $\cos x$, $\tan x$ und $\cot x$ gibt es unendlich viele Intervalle, in denen die betreffenden Funktionen echt monoton und stetig sind. Aus diesem Grunde lassen sich auch hier beliebig viele Umkehrfunktionen angeben. Die oben genannten stellen jeweils den *Hauptwert* dar. Ihr Bild enthält entweder den Ursprung oder liegt ihm in der positiven Halbebene am nächsten. Bei allen künftigen Berechnungen ist stets dieser Hauptwert zugrundegelegt.

Die Umkehrfunktionen der trigonometrischen Funktionen werden auch *zyklometrische Funktionen* genannt, weil sie für die Kreismessung von Bedeutung sind.

AUFGABEN

1. Berechne:

   a) $\arcsin 1$;   b) $\arcsin \frac{1}{2}\sqrt{2}$;   c) $\arcsin \left(-\frac{1}{2}\sqrt{3}\right)$;   d) $\arcsin 0{,}4810$;

   e) $\arccos \frac{1}{2}$;   f) $\arccos \frac{1}{2}\sqrt{3}$;   g) $\arccos (-1)$;   h) $\arccos 0{,}8531$;

   i) $\arctan 1$;   k) $\arctan \left(-\sqrt{3}\right)$;   l) $\arctan (-0{,}7536)$;   m) $\text{arc} \cot \frac{1}{3}\sqrt{3}$.

2. Die folgenden Werte sind durch Interpolation zu bestimmen.

   Beispiel:

   $\arctan 0{,}5 = ?$ Gemäß TW S. 17 ist

   $\arctan 0{,}4997 = 0{,}4634$

   $\arctan 0{,}5008 = 0{,}4643$

   $\arctan 0{,}5000 = 0{,}4634 + \frac{3}{11} \cdot 0{,}0009 = \underline{\underline{0{,}4636}}$

Die Umkehrfunktionen der trigonometrischen Funktionen § 42

a) arc sin 0,2303;   **b)** arc tan 0,9596;   **c)** arc cot 1,4397;   **d)** arc sin 0,5333;

e) arc tan 0,6992;   **f)** arc sin (−0,7860);   **g)** arc cos (−0,9049);   **h)** arc tan $\left(-\sqrt{2}\right)$.

3. Zyklometrische Gleichungen und Ungleichungen

   a) $\arcsin x = \dfrac{\pi}{4}$;   **b)** $\arcsin x = \dfrac{\pi}{6}$;   **c)** arc sin x = 0,4520;

   d) arc tan x = 0,7749;   **e)** arc cos x = 1,0210;   **f)** arc cot x = 2,9208;

   g) arc sin x = −0,5576;   **h)** $(\arccos x)^2 = 0{,}25$;   **i)** arc sin x = 1,1218;

   k) arc tan x = 1,1407;   **l)** $(\arcsin x)^2 = 2$;   **m)** $0 < \arcsin x < \dfrac{\pi}{8}$;

   n) $0 < \arctan x \leq \dfrac{\pi}{4}$;   **o)** $|\arcsin x| < \dfrac{\pi}{3}$;   **p)** $|\arctan 2x| < \dfrac{3\pi}{8}$.

4. Zeige: Für positive a innerhalb des Definitionsbereiches gilt:

   a) $\arcsin a = \arccos \sqrt{1-a^2}$;   **b)** $\arccos a = \arcsin \sqrt{1-a^2}$;

   c) $\operatorname{arc\,cot} a = \arctan \dfrac{1}{a}$;   **d)** $\arcsin a = \arctan \dfrac{a}{\sqrt{1-a^2}}$.

5. Vereinfache:

   a) sin (arc sin x);   **b)** cos (arc cos x);   **c)** sin (arc cos x);

   d) cos (arc sin x);   **e)** sin (arc tan x);   **f)** tan (arc cos x).

6. Beweise folgende zyklometrische Beziehungen:

   a) $\arcsin a + \arccos a = \dfrac{\pi}{2}$;   **b)** $\arctan a + \operatorname{arc\,cot} a = \dfrac{\pi}{2}$;

   c) $\arcsin a \pm \arcsin b = \arcsin \left(a\sqrt{1-b^2} \pm b\sqrt{1-a^2}\right)$; [1])

   d) $\arctan a \pm \arctan b = \arctan \dfrac{a \pm b}{1 \mp ab}$. [1])

7. Beweise:

   a) Die Funktion $f(x) = \arcsin(2x-1) + 2\arccos\sqrt{x}$ ist eine Konstante.

   b) Der Ausdruck $2\arcsin\sqrt{x} - \arcsin(2x-1)$ ist von x unabhängig

8. Gib Definitions- und Wertemenge an und zeichne durch Überlagerung:

   a) $y = x + \arccos x$;   **b)** $y = \sqrt{x} + \arcsin x$;   **c)** $y = \dfrac{\pi}{2} + \arcsin(x-1)$.

9. Untersuche das Verhalten der Funktion $f(x) = \dfrac{1}{\dfrac{\pi}{2} + \arctan \dfrac{1}{x}}$ in der Umgebung von $x = 0$! Existiert der rechtsseitige bzw. linksseitige Grenzwert von $f(x)$ für $x \to 0$?

---

[1]) Gilt nur für: $-\dfrac{\pi}{2} \leq \arcsin a \pm \arcsin b \leq \dfrac{\pi}{2}$ bzw. $-\dfrac{\pi}{2} < \arctan a \pm \arctan b < \dfrac{\pi}{2}$.

§ 42 Die Umkehrfunktionen der trigonometrischen Funktionen

B. Differentiationsregeln der Arcusfunktionen und neue Integrationsregeln

a) Welche Voraussetzungen muß eine Funktion erfüllen, damit ihre Umkehrfunktion differenzierbar ist?
b) Wie erhält man den Differentialquotienten der Umkehrfunktion (§ 38 B)?
c) Berechne auf diese Weise die Ableitung von $y = \arcsin x$!

1. Die Ableitung der Arcusfunktionen

Außer nach § 38 B können wir die Ableitung der Funktion $y = \arcsin x$ auch durch implizites Differenzieren der Relation $x - \sin y = 0$ berechnen. Schlagen wir diesen Weg ein, so erhalten wir:

$$1 - (\cos y)\, y' = 0 \quad \text{und damit} \quad y' = \frac{1}{\cos y} = \frac{1}{\sqrt{1-\sin^2 y}} = \frac{1}{\sqrt{1-x^2}}$$

Anmerkung: Dieses Verfahren ist berechtigt, da die Voraussetzungen des Lehrsatzes in § 40 B 3 erfüllt sind. Man beachte, daß die Wurzel das positive Vorzeichen trägt, weil $\cos y > 0$ für $-\frac{\pi}{2} < y < +\frac{\pi}{2}$ gilt.

Damit ergibt sich folgende Differentiationsregel:

$$\boxed{\frac{d \arcsin x}{dx} = \frac{1}{\sqrt{1-x^2}}} \tag{1}$$

Entsprechend erhält man:

$$\boxed{\frac{d \arccos x}{dx} = -\frac{1}{\sqrt{1-x^2}}} \tag{2}$$

Auch für $y = \arctan x$ sind die Voraussetzungen für eine implizite Differentiation erfüllt. Aus $x - \tan y = 0$ folgt $1 - \frac{1}{\cos^2 y}\, y' = 0$ und damit

$$y' = \cos^2 y = \frac{1}{1+\tan^2 y} = \frac{1}{1+x^2}.$$

Es gilt demnach:

$$\boxed{\frac{d \arctan x}{dx} = \frac{1}{1+x^2}} \tag{3}$$

Ebenso ergibt sich für $y = \text{arc}\cot x$:

$$\boxed{\frac{d \,\text{arc}\cot x}{dx} = -\frac{1}{1+x^2}} \tag{4}$$

2. Integrationsregeln

Aus den Differentiationsregeln erkennen wir, daß die zyklometrischen Funktionen Stammfunktionen anderer Funktionen sind, die wir bisher noch nicht integrieren konnten. Wir erhalten unmittelbar folgende *Grundintegrale*:

$$\boxed{\begin{aligned}\int \frac{dx}{\sqrt{1-x^2}} &= \arcsin x + C = -\arccos x + C_1 \\ \int \frac{dx}{1+x^2} &= \arctan x + C = -\text{arc}\cot x + C_1\end{aligned}} \tag{5}$$

Die Umkehrfunktionen der trigonometrischen Funktionen § 42

AUFGABEN

10. Leite die Differentiationsregeln der Funktionen $y = \arccos x$ und $y = \operatorname{arccot} x$ ab!

11. Für folgende Funktionen sind Definitionsbereich und Ableitung anzugeben:
    a) $y = \arcsin(1-x)$;   b) $y = \arccos(2x-1)$;
    c) $y = \arctan \dfrac{x}{2}$;   d) $y = \operatorname{arccot} \sqrt{x}$.

12. Gib die Wertemenge und den Differentialquotienten folgender Funktionen an:
    a) $y = 2 \cdot \operatorname{arccot} 2x$.   b) $y = x \cdot \arcsin x$;
    c) $y = \dfrac{\arccos x}{x}$ $(0 < x \leq 1)$;   d) $y = \dfrac{1}{\arctan x}$.

13. Berechne den Neigungswinkel der Tangenten der Graphen folgender Funktionen in den angegebenen Punkten auf Minuten genau:
    a) $y = x \arcsin x$ in $P(x=0{,}5)$;   b) $y = x^2 \arccos x$ in $P(x=0{,}6)$;
    c) $y = \sqrt{x} \arctan x$ in $P(x=0{,}25)$;   d) $y = \dfrac{\operatorname{arccot} x}{x}$ in $P(x=3)$.

14. Berechne den zweiten Differentialquotienten von
    a) $y = a \arcsin \dfrac{x}{a} - \sqrt{a^2 - x^2}$;   b) $y = \dfrac{a^2}{2} \arcsin \dfrac{x}{a} + \dfrac{x}{2}\sqrt{a^2 - x^2}$;
    c) $y = \arccos(1-x) - \sqrt{2x - x^2}$;   d) $y = \arcsin \dfrac{x}{\sqrt{x^2 + a^2}}$;
    e) $y = \dfrac{1}{2} \arctan \dfrac{2x}{1 - x^2}$;   f) $y = \sqrt{x - x^2} - \arctan \sqrt{\dfrac{1-x}{x}}$.

15. Bestimme anhand der Differentationsformeln die flachsten und steilsten Stellen der Graphen der Arcusfunktionen (soweit vorhanden)!

16. Bestimme die einfachste ganze rationale Funktion, deren Werte mit den Funktionswerten von $y = \arcsin x$ an den Stellen $x = 0$, $x = 1$, $x = -1$ übereinstimmen und die für $x = 0$ die gleiche Ableitung hat!
    Gibt es eine ganze rationale Funktion, deren Ableitung sich für $x \to \pm 1$ auch noch ebenso verhält wie die Ableitung von $y = \arcsin x$?

17. Bestimme die Wendetangente der Graphen folgender Funktionen:
    a) $y = \arctan \dfrac{x-1}{2}$;   b) $y = \arcsin \sqrt{x+1}$.

18. Auch ohne Kenntnis der unbestimmten Integrale der Arcusfunktionen lassen sich folgende bestimmte Integrale (Skizzen!) berechnen:
    a) $\displaystyle\int_{-1}^{1} \arcsin x\, dx$;   b) $\displaystyle\int_{0}^{1} \arcsin x\, dx$;   c) $\displaystyle\int_{0}^{1} \arccos x\, dx$;   d) $\displaystyle\int_{0{,}5}^{1} \arccos x\, dx$.

§ 42 Die Umkehrfunktionen der trigonometrischen Funktionen

19. Gegeben das rechtwinklige Dreieck mit $AB = BC = 1$ L.E. BC wird um sich selbst verlängert bis D und in D das Lot zu BD errichtet. Auf diesem Lot ist ein Punkt P so zu bestimmen, daß

   a) die Kathete AB, **b)** die Kathete BC, **c)** die Hypotenuse AC

   unter dem größten Winkel erscheint.

   Hinweis zu a): $\varphi = \sphericalangle APD - \sphericalangle BPD = \arctan \frac{AE}{EP} - \arctan \frac{BD}{EP+DE}$. E ist der 4. Punkt des Rechtecks $ABDE$.

20. Diskutiere die durch die Relation $y^2 - x^2 y^2 - 1 = 0$ dargestellte algebraische Kurve und berechne die Fläche, die von den beiden Zweigen der Kurve und den Ordinaten zu $x = \pm 0{,}5$ eingeschlossen wird!

21. Berechne:

    a) $\displaystyle\int_0^1 \frac{dx}{x^2+1}$; **b)** $\displaystyle\int_0^2 \left(x + \frac{2}{x^2+1}\right) dx$; **c)** $\displaystyle\int_0^{\frac{1}{2}\sqrt{2}} \frac{dx}{\sqrt{1-x^2}}$; **d)** $\displaystyle\int_0^{0{,}8} \frac{1-x^2-x^4}{1+x^2}\, dx$;

    e) $\displaystyle\int_2^3 \frac{1}{x^2+x^4}\, dx$. *Hinweis:* Schreibe im Zähler $1 + x^2 - x^2$!

22. **a)** $\displaystyle\int \frac{x^3 - 2x^2 + x - 1}{x^2 + 1}\, dx$; **b)** $\displaystyle\int_{-1}^{1} \frac{3 + x - 2x^2 + x^3 - x^4}{1+x^2}\, dx$.

23. Wie ist die Grenze zu wählen, damit die Integrale die angegebenen Werte erhalten?

    a) $\displaystyle\int_0^x \frac{dt}{\sqrt{1-t^2}} = 0{,}3$; **b)** $\displaystyle\int_1^x \frac{dt}{1+t^2} = 1$; **c)** $\displaystyle\int_x^2 \frac{dt}{1+t^2} = 0{,}2$.

24. Existieren folgende Integrale? Berechne sie, soweit das möglich ist!

    a) $\displaystyle\int_0^\infty \frac{dx}{x^2+1}$; **b)** $\displaystyle\int_0^1 \frac{dx}{\sqrt{1-x^2}}$; **c)** $\displaystyle\int_{-\infty}^{+\infty} \frac{2}{1+x^2}\, dx$; **d)** $\displaystyle\int_0^\infty \frac{dx}{\sqrt{1-x^2}}$.

25. Welche Beziehung besteht zwischen den Konstanten C und C_1 in der Integrationsformel

    $$\int \frac{dx}{\sqrt{1-x^2}} = \arcsin x + C = -\arccos x + C_1$$

26. Bestimme die Fläche, die der Graph der Funktion $y = \dfrac{x^2}{4} + \dfrac{4}{1+x^2}$ mit den positiven Koordinatenachsen und der zum Minimum im 1. Quadranten gehörigen Ordinate einschließt!

27. Gegeben ist die Funktion $f(x) = \arctan \dfrac{1}{x}$ für $x \neq 0$.

    a) Berechne den links- und rechtsseitigen Grenzwert der Funktion bei Annäherung an $x = 0$!

b) Zeichne den Graphen der Funktion!

c) Beweise die Gültigkeit der Beziehung: $f(x) = \arcsin \dfrac{1}{\sqrt{1+x^2}}$ für alle positiven x-Werte!

d) Berechne $\lim\limits_{x\to 0} \dfrac{\arctan x}{x}$ nach dem Mittelwertsatz!

ERGÄNZUNGEN UND AUSBLICKE

A. Merkwürdige Mathematik

1. Welche der folgenden Beziehungen ist richtig, welche falsch?

   a) $\arcsin x = \arccos\left(\dfrac{\pi}{2} - x\right)$;   b) $\arcsin x = \arcsin(\pi - x)$;

   c) $\arcsin x = -\arcsin(-x)$;   d) $\arccos x = \arccos(-x)$.

2. Eine sonderbare Funktion: $y = \cos\{\arccos[\sin(\arcsin x)]\}$; $y' = ?$

3. Eine mühsame Angelegenheit

   Zeige:
   $$\frac{d}{dx} \arctan \frac{\sqrt{1+x^2} + \sqrt{1-x^2}}{\sqrt{1+x^2} - \sqrt{1-x^2}} = -\frac{x}{\sqrt{1-x^4}}$$

4. Zeige: Für jeden zulässigen Wert a hat der Ausdruck $\arctan\sqrt{\dfrac{1-a}{1+a}} + \dfrac{1}{2}\arcsin a$ den gleichen Wert.

B. Die arc tan-Reihe

Dividiert man im nachstehenden Bruch den Zähler durch den Nenner, so ergibt sich

$$\frac{1}{1+z^2} = 1 - z^2 + z^4 - \ldots + (-1)^{n-1} z^{2n-2} + (-1)^n \frac{z^{2n}}{1+z^2}$$

und durch beiderseitige Integration zwischen den Grenzen 0 und x

$$\arctan x = x - \frac{x^3}{3} + \frac{x^5}{5} - \ldots + (-1)^{n-1}\frac{x^{2n-1}}{2n-1} + \int_0^x (-1)^n \frac{z^{2n}}{1+z^2}\, dz$$

Zur Abschätzung des Integrals beachten wir, daß für alle z gilt:

$$\frac{z^{2n}}{1+z^2} \leq z^{2n}$$

Daher ist nach L.S. 6 § 24

$$\left| \int_0^x (-1)^n \frac{z^{2n}}{1+z^2}\, dz \right| \leq \left| \int_0^x z^{2n}\, dz \right| \leq \left| \frac{x^{2n+1}}{2n+1} \right|$$

Der letzte Bruch, und daher erst recht der Integralwert, geht für $|x| \leq 1$ mit $n \to \infty$ gegen Null. Unter der Voraussetzung der Existenz des Grenzwertes ist also für $|x| \leq 1$

$$\arctan x = \lim_{n\to\infty} \left(x - \frac{x^3}{3} + \frac{x^5}{5} - \frac{x^7}{7} + \ldots (-1)^n \frac{x^{2n+1}}{2n+1} \right)$$

§ 42 Die Umkehrfunktionen der trigonometrischen Funktionen

Tatsächlich existiert der Grenzwert. Um dies einzusehen betrachten wir die beiden Teilsummenfolgen

$$x; \quad x - \frac{x^3}{3} + \frac{x^5}{5}; \quad x - \frac{x^3}{3} + \frac{x^5}{5} - \frac{x^7}{7} + \frac{x^9}{9}; \quad \ldots$$

$$x - \frac{x^3}{3}; \quad x - \frac{x^3}{3} + \frac{x^5}{5} - \frac{x^7}{7}; \quad x - \frac{x^3}{3} + \frac{x^5}{5} - \frac{x^7}{7} + \frac{x^9}{9} - \frac{x^{11}}{11}; \quad \ldots$$

Für $0 < x \leq 1$ ist die erste monoton fallend, die zweite monoton wachsend, für $-1 \leq x < 0$ ist die erste monoton wachsend und die zweite monoton fallend. In jedem Fall geht die Differenz zweier entsprechender Glieder gegen Null. Damit legen die beiden Teilsummenfolgen für $|x| \leq 1$ nach § 7 B 4 eine Intervallschachtelung fest. Durch sie ist eine ganz bestimmte Zahl definiert, die mit dem Funktionswert arc tan x identisch ist. Es gilt also:

$$\boxed{\text{arc tan } x = x - \frac{x^3}{3} + \frac{x^5}{5} - \frac{x^7}{7} + \ldots \quad \text{für} \quad |x| \leq 1}$$

Setzt man $x = 1$, so erhält man die *Leibnizsche Reihe*

$$\frac{\pi}{4} = 1 - \frac{1}{3} + \frac{1}{5} - \frac{1}{7} + \ldots$$

Sie ist zur Berechnung von π wegen ihrer langsamen Konvergenz jedoch schlecht geeignet. Für $x = \frac{1}{\sqrt{3}}$ ergibt sich die etwas schneller konvergierende Reihe

$$\pi = 2\sqrt{3}\left(1 - \frac{1}{3 \cdot 3} + \frac{1}{5 \cdot 3^2} - \frac{1}{7 \cdot 3^3} + \ldots\right)$$

Aufgaben:

1. Berechne π auf 4 Dezimalen genau!

   Beachte zur Fehlerabschätzung: Bricht man bei einer alternierenden Reihe nach dem n-ten Glied ab, so ist der Fehler stets kleiner als der Betrag des $(n + 1)$-ten Gliedes.

2. Wie groß ist der Fehler, den man begeht, wenn man bei der Berechnung von arc tan 0,3 die Reihe nach dem 4. Glied abbricht? Auf wie viele Stellen genau ergibt sich damit arc tan 0,3? Wie groß ist der Funktionswert?

3. Veranschauliche die zur Leibnizschen Reihe gehörigen Teilsummenfolgen

$$1; \quad 1 - \frac{1}{3} + \frac{1}{5}; \quad 1 - \frac{1}{3} + \frac{1}{5} - \frac{1}{7} + \frac{1}{9}; \quad \ldots$$

$$1 - \frac{1}{3}; \quad 1 - \frac{1}{3} + \frac{1}{5} - \frac{1}{7}; \quad 1 - \frac{1}{3} + \frac{1}{5} - \frac{1}{7} + \frac{1}{9} - \frac{1}{11}; \quad \ldots$$

   und die durch sie festgelegte Intervallschachtelung auf dem Zahlenstrahl durch Zeichnung des Intervalls zwischen 0,5 und 1 mit 1 L.E. = 20 cm!

4. **Näherungspolynome und Schmiegungsparabeln**

   Wenn man die arc tan-Reihe nach dem 1., 2., 3., ... Glied abbricht, erhält man die Näherungspolynome 1., 2., 3., ... Ordnung der Funktion $y = \text{arc tan } x$. Die Bilder der zugehörigen ganzen rationalen Funktionen heißen Schmiegungsparabeln 1., 2., 3. ... Ordnung.

   Zeichne das Bild der Funktion $y = \text{arc tan } x$ sowie ihre Schmiegungsparabeln 1. bis 5. Ordnung im Bereich $-1 \leq x \leq +1$ mit 1 L.E. = 5 cm! Wertetabelle für $x = 0; \pm 0,2; \pm 0,4; \ldots \pm 1$ unter Benutzung der Potenztafel, TW S. 8!

Logarithmus- und Exponentialfunktion

§ 43. DAS INTEGRAL $\int \frac{dx}{x}$

In § 8 wurde die Monotonie und Beschränktheit der Zahlenfolge $\left(1+\frac{1}{n}\right)^n$ nachgewiesen. Was folgt hieraus? Wie groß ist $\lim\limits_{n\to\infty}\left(1+\frac{1}{n}\right)^n$?

Eines der wichtigsten Grundintegrale ist das Integral der Potenzfunktion. Es gilt:

$$\int x^n \, dx = \frac{x^{n+1}}{n+1} + C$$

wobei n jede beliebige rationale Zahl sein darf, *ausgenommen* $n = -1$. Mit diesem Ausnahmefall wollen wir uns nun näher befassen und das Integral

$$\int \frac{dx}{x} \tag{1}$$

untersuchen. Nach § 27 stellt es die Menge aller Funktionen dar, deren Ableitung $\frac{1}{x}$ ist. Von den zu dieser Menge gehörenden Integralfunktionen

$$\int_a^x \frac{dt}{t}$$

mit $a > 0$ als Parameter wählen wir die zu $a = 1$ gehörige, für unsere Zwecke besonders geeignete Funktion aus und bezeichnen sie mit $L(x)$. Es ist also

$$\underline{\underline{L(x) = \int_1^x \frac{dt}{t}}} \tag{2}$$

A. Untersuchung der Funktion $L(x)$

1. *Geometrische Bedeutung*

$L(x)$ stellt den Flächeninhalt zwischen der gleichseitigen Hyperbel $y = \frac{1}{x}$, der x-Achse, der festen Ordinate zu $x_0 = 1$ und der variablen Ordinate zu x dar (Abb. 162).

2. *Definitionsbereich*

Da $f(t) = \frac{1}{t}$ für $t = 0$ nicht definiert ist, kann die obere Integrationsgrenze x nur positive Werte annehmen. Der Definitionsbereich von $L(x)$ ist also $0 < x < \infty$; insbesondere ist

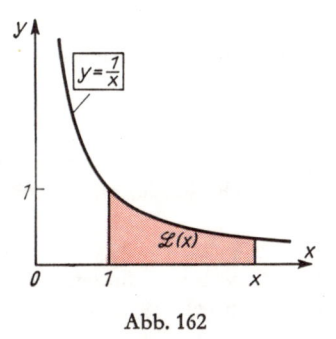

$L(x) > 0$ für $x > 1$, $L(x) < 0$ für $0 < x < 1$ und $L(x) = 0$ für $x = 1$.

Es gilt:

$$\underline{\underline{L(1) = 0}} \tag{3}$$

Abb. 162

§ 43 Das Integral $\int \frac{dx}{x}$

3. *Die Ableitung von $L(x)$*

Nach § 25 ist
$$\frac{dL}{dx} = \frac{1}{x} \tag{4}$$

Da $\frac{1}{x}$ im Definitionsbereich stetig und positiv ist, folgt: *Die Funktion $L(x)$ ist stetig und echt monoton zunehmend.*

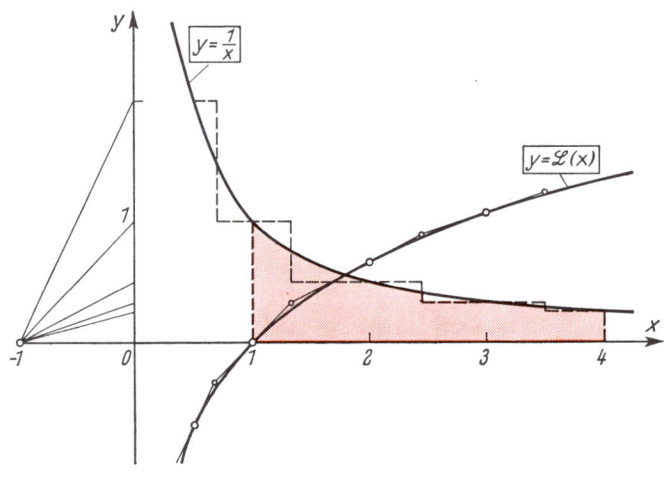

Abb. 163

4. *Der Graph von $L(x)$*

Das Bild der Funktion $y = L(x)$ finden wir durch graphische Integration nach dem in § 29 entwickelten Verfahren (Abb. 163).

5. *Charakteristische Gleichung der Funktion $L(x)$*

a) Ersetzen wir das Argument x durch $a\,x$, erhalten wir die neue Funktion
$$z = L(a\,x)$$

Ihre Ableitung ist nach (4) und mit Beachtung der Kettenregel
$$\frac{dz}{dx} = \frac{1}{a\,x} \cdot a = \frac{1}{x}$$

Die Funktionen $L(a\,x)$ und $L(x)$ haben also die gleiche Ableitung. Sie können sich daher nur durch eine additive Konstante unterscheiden:
$$L(a\,x) = L(x) + C$$

Die Konstante C finden wir durch Einsetzen des speziellen Wertes $x = 1$ unter Beachtung von (3):
$$L(a) = 0 + C$$

Hieraus:
$$C = L(a)$$

und damit
$$L(a\,x) = L(a) + L(x)$$

Für $x = b$ folgt:
$$\underline{\underline{L(a\,b) = L(a) + L(b)}} \tag{5}$$

Setzt man in (5) $a = \dfrac{c}{d}$ und $b = d$, erhält man:

$$L(c) = L\left(\dfrac{c}{d}\right) + L(d)$$

Somit ist
$$\underline{\underline{L\left(\dfrac{c}{d}\right) = L(c) - L(d)}} \qquad (6)$$

b) Aus (5) folgt weiter:

$$L(a_1 \cdot a_2 \cdot a_3 \cdot \ldots \cdot a_n) = L(a_1) + L(a_2) + L(a_3) + \ldots + L(a_n) \qquad (a_\nu > 0)$$

und
$$L(a^n) = n \cdot L(a) \qquad (n \in \mathbb{N}) \qquad (7)$$

Diese wichtige Eigenschaft von $L(x)$ gilt, wie wir gleich zeigen werden, auch für negative und gebrochene Exponenten. Ist nämlich $n = -m$ ($m > 0$), dann ist nach (5) und (3)

$$L(a^m) + L(a^{-m}) = L(a^m\, a^{-m}) = L(1) = 0$$

Also ist mit (7)
$$L(a^{-m}) = -m\, L(a)$$

Für den Fall, daß der Exponent gleich $\dfrac{p}{q}$ ist (p ganz, q positiv), folgt aus (7):

$$q \cdot L(a^{\frac{p}{q}}) = L[(a^{\frac{p}{q}})^q] = L(a^p) = p \cdot L(a)$$

und hieraus
$$L(a^{\frac{p}{q}}) = \dfrac{p}{q}\, L(a)$$

Da jede irrationale Zahl durch eine Intervallschachtelung rationaler Zahlen dargestellt werden kann und $L(x)$ stetig ist, gilt (7) schließlich für jeden beliebigen reellen Exponenten r. Für $a = x$ folgt aus (7)

$$\underline{\underline{L(x^r) = r \cdot L(x)}} \qquad (r \text{ reell}) \qquad (8)$$

Diese Beziehung heißt die *charakteristische Gleichung* der Funktion $L(x)$.

6. *Wertebereich von $L(x)$*

Lassen wir x gegen unendlich streben und dabei die Folge der Zweierpotenzen 2^n mit $n \to \infty$ durchlaufen, dann folgt aus (7)

$$L(2^n) = n \cdot L(2)$$

Da $L(2)$ positiv ist, wächst $L(2^n)$ mit immer größer werdenden n *über jede Schranke*. Lassen wir x gegen Null gehen und dabei die Folge 2^{-n} durchlaufen mit $n \to \infty$, dann wird

$$L(2^{-n}) = -n \cdot L(2)$$

Da $L(2)$ positiv ist, sinkt $L(2^{-n})$ mit immer größer werdendem n *unter jede Schranke*. Die Funktion $L(x)$ hat daher wegen der Stetigkeit den Wertebereich $-\infty < L(x) < +\infty$.

Erkenntnis I: Die Funktion $L(x)$ ist eine stetige, echt monoton zunehmende Funktion, die innerhalb des Definitionsbereiches $0 < x < \infty$ jeden Wert zwischen $-\infty$ und $+\infty$ annimmt. Sie hat die charakteristische Eigenschaft, daß der Funktionswert der r-ten Potenz einer Zahl gleich ist dem r-fachen Funktionswert dieser Zahl.

§ 43 Das Integral $\int \frac{dx}{x}$

7. *Identifizierung von L(x)*

Die Gesetze (5) bis (8) erinnern uns sehr an die logarithmischen Rechengesetze. Wir vermuten daher einen Zusammenhang zwischen der Funktion $L(x)$ und der logarithmischen Funktion $y = {}^b\!\log x$. Auch der Verlauf der Bildkurve deutet auf einen solchen hin. Um ihn aufzudecken, liegt es nahe, das Argument x als Potenz mit der Basis $b > 0$ darzustellen. Dann ist nach der Definition des Logarithmus:

$$x = b^{{}^b\!\log x} \quad {}^1)$$

und nach (8)

$$\underline{\underline{L(x) = {}^b\!\log x \cdot L(b)}}$$

Zwischen der Funktion $L(x)$ und dem zu einer beliebigen Basis $b > 0$ (jedoch $\neq 1$) genommenen $\log x$ besteht demnach Proportionalität! Durch geeignete Wahl der Basis können wir den Proportionalitätsfaktor $L(b)$ gleich 1 machen. Dazu brauchen wir die Basis $b = \varepsilon$ nur so zu wählen, daß

$$L(\varepsilon) = 1$$

wird. Dies ist sicher möglich, da 1 zum Wertebereich von $L(x)$ gehört. Somit gilt:

$$\underline{\underline{L(x) = {}^\varepsilon\!\log x}}$$

Erkenntnis II: Die Funktion $L(x)$ ist identisch mit dem zur Basis ε genommenen Logarithmus, wobei ε durch die Nebenbedingung $L(\varepsilon) = 1$ festgelegt ist.

8. *Identifizierung der Basis* ε

Wie Abb. 164 zeigt, ist $\varepsilon \approx 2{,}7$. Um genaueres über diese Basis zu erfahren, bilden wir die Ableitung von $L(x)$, indem wir auf die Definition zurückgehen. Es ist nach (6)

$$L(x + \Delta x) - L(x) = L\left(\frac{x + \Delta x}{x}\right) = L\left(1 + \frac{\Delta x}{x}\right)$$

und somit der Differenzenquotient

$$\frac{L(x + \Delta x) - L(x)}{\Delta x} = \frac{1}{\Delta x} L\left(1 + \frac{\Delta x}{x}\right)$$

Machen wir den Grenzübergang $\Delta x \to 0$, indem wir $\Delta x = \frac{1}{n} \cdot x$ setzen (x fest) und $n \to \infty$ streben lassen, so folgt mit Beachtung von (8) zunächst

$$\frac{L(x + \Delta x) - L(x)}{\Delta x} = \frac{n}{x} L\left(1 + \frac{1}{n}\right) = \frac{1}{x} L\left(1 + \frac{1}{n}\right)^n$$

also

$$\lim_{\Delta x \to 0} \frac{L(x + \Delta x) - L(x)}{\Delta x} = \lim_{n \to \infty} \frac{1}{x} L\left(1 + \frac{1}{n}\right)^n$$

Die linke Seite ist definitionsgemäß die Ableitung von $L(x)$, also $\frac{1}{x}$. Auf der rechten Seite strebt $\left(1 + \frac{1}{n}\right)^n$ nach § 8 mit $n \to \infty$ gegen die Eulersche Zahl e.

---

[1]) Diese Schreibweise ist nach Titze, Algebra II, § 38 A und B, 2 in *eindeutiger* Weise für *jeden reellen* Wert $x > 0$ möglich, sofern $b \neq 1$ ist.

Damit wird
$$\frac{1}{x} = \frac{1}{x} L(\varepsilon)$$
und
$$L(\varepsilon) = 1$$

Beachten wir, daß die Basis ε durch die Gleichung $L(\varepsilon) = 1$ festgelegt wurde, ergibt sich wegen der Monotonie von $L(x)$

$$\underline{\underline{\varepsilon = e}}$$

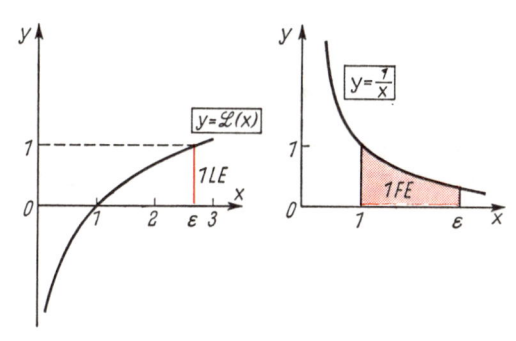

Abb. 164

Erkenntnis III: Die Basis ε ist mit der Eulerschen Zahl e identisch.

B. Der natürliche Logarithmus

1. *Grundformeln*

Wir wissen nun, daß
$$L(x) = {}^e\!\log x$$

Der zur Basis e genommene Logarithmus spielt in der Höheren Mathematik eine dominierende Rolle. Er heißt der natürliche Logarithmus. Wir schreiben für ihn unter Weglassung der Basis
$$L(x) = \ln x \ \ {}^1)$$
Es ist also
$$\int_1^x \frac{dt}{t} = \ln x$$

Hieraus ergibt sich nach A 3 die Differentiationsformel:

$$\boxed{\frac{d}{dx}(\ln x) = \frac{1}{x}} \quad (x > 0)$$

und als neues Grundintegral zunächst für $x > 0$:

$$\int \frac{dx}{x} = \ln x + C \quad (x > 0) \tag{1}$$

Für $x < 0$ ist $\ln(-x)$ erklärt, und es ist:

$$\frac{d}{dx}[\ln(-x)] = \frac{1}{(-x)} \cdot (-1) = \frac{1}{x}$$

Folglich gilt:
$$\int \frac{dx}{x} = \ln(-x) + C \quad (x < 0) \tag{2}$$

---
[1]) Lies: Logarithmus naturalis.

§ 43 Das Integral $\int \frac{dx}{x}$

(1) und (2) können formal zusammengefaßt werden zu der Grundformel

$$\int \frac{dx}{x} = \ln |x| + C \qquad (3)$$

Sie ist gültig für jedes Intervall, das die Stelle $x = 0$ *nicht* enthält.

Beispiel: Es ist (Abb. 165) $a > 0$, $b > 0$

$$\int_{+a}^{+b} \frac{dx}{x} = \left[\ln |x|\right]_{+a}^{+b} = \ln b - \ln a$$

$$\int_{-b}^{-a} \frac{dx}{x} = \left[\ln |x|\right]_{-b}^{-a} = \ln a - \ln b = -\int_{+a}^{+b} \frac{dx}{x}$$

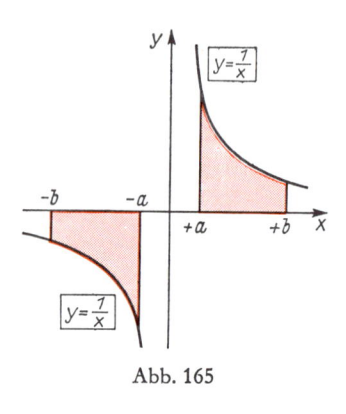

Abb. 165

2. *Funktionsverlauf und Funktionswerte*

Fassen wir die Ergebnisse von A zusammen, so können wir sagen:

Die Funktion $y = \ln x$ ist eine echt monoton zunehmende, stetige Funktion. Sie bildet die Definitionsmenge $\mathfrak{D} = \{x \mid 0 < x < \infty\}$ auf die Wertemenge $\mathfrak{W} = \{y \mid -\infty < y < +\infty\}$ ab. Ihre Ableitung ist $\frac{1}{x}$. Für $x = 1$ nimmt die Funktion den Wert 0 an, für $0 < x < 1$ ist sie negativ, für $1 < x < \infty$ positiv. Besondere Werte sind:

$$\boxed{\ln 1 = 0} \qquad \boxed{\ln e = 1}$$

Für die übrigen Werte stellen wir den Zusammenhang mit dem Zehnerlogarithmus her. Aus

$$\ln a = z \qquad (4)$$

folgt die Exponentialgleichung

$$e^z = a$$

und hieraus durch Logarithmierung zur Basis 10

$$z \cdot \lg e = \lg a$$

Lösen wir diese Gleichung nach z auf, ergibt sich mit (4)

$$\boxed{\ln a = \frac{\lg a}{\lg e}}$$

Es ist $e = 2{,}71828\ldots$, $\lg e = 0{,}4343$ und $\frac{1}{\lg e} = 2{,}303$. Somit gilt

$$\boxed{\ln a \approx 2{,}303 \cdot \lg a}$$

Für die wichtigsten Numeri sind die natürlichen Logarithmen im TW S. 24 zusammengestellt. Die Tabelle enthält alle Logarithmen von 1 bis 109 und die der Primzahlen von 113 bis 593. Damit können die Werte der meisten, praktisch vorkommenden natürlichen Logarithmen aus der Tafel entnommen oder auf einfache Weise additiv berechnet werden.

Beispiele:
a) ln 94 = 4,5433
b) ln 218 = ln (2 · 109) = ln 2 + ln 109 = 0,6931 + 4,6913 = 5,3844
c) ln 0,173 = ln 173 − ln 1000 = 5,1533 − 6,9078 = − 1,7545

AUFGABEN

1. Gib die Werte an von:
   a) ln 9;   b) ln 90;   c) ln 443;   d) ln 339;   e) ln 299[1]);
   f) ln 901;   g) ln 0,1;   h) ln 0,01;   i) ln $\sqrt{0,83}$;   k) ln $\sqrt[3]{\frac{2}{3}}$.

2. Berechne:
   a) ln 2e;   b) ln e^2;   c) ln $\sqrt{e}$;   d) ln $\frac{1}{e}$;   e) ln $\frac{1}{\sqrt{e}}$.

3. Welches ist der Neigungswinkel α der Tangente an die Kurve $y = \ln x$ in
   a) $P_1 (x = 1)$;   b) $P_2 (x = 2)$;   c) $P_3 (x = 5)$;   d) $P_4 \left(x = \frac{2}{3}\sqrt{3}\right)$?

4. In welchem Punkt der Kurve $y = \ln x$ hat die Tangente die Neigung
   a) $\alpha_1 = 7°24'$;   b) $\alpha_2 = 36°34'$;   c) $\alpha_3 = 53°8'$;   d) $\alpha_4 = 63°26'$?

5. Für welchen Punkt der Kurve $y = \ln x$ geht die Tangente durch den Ursprung?

6. Berechne und deute geometrisch:
   a) $\int_1^5 \frac{dx}{x}$;   b) $\int_2^5 \frac{dx}{x}$;   c) $\int_8^1 \frac{dx}{x}$;   d) $\int_{-1}^{-3} \frac{dx}{x}$.

7. Beweise: $\int_a^b \frac{dx}{x}$ behält seinen Wert, wenn die Integrationsgrenzen mit der gleichen Zahl multipliziert oder dividiert werden. („Erweitern" bzw. „Kürzen" der Grenzen).

8. Erläutere, wieso die Funktion $y = \ln x^2$ mit der Funktion $y = 2 \ln |x|$, aber *nicht* mit der Funktion $y = 2 \ln x$ identisch ist!

C. Der allgemeine Logarithmus

Um die Ableitung der Funktion

$$y = {}^a\!\log x \quad (0 < a \neq 1) \tag{1}$$

zu finden, gehen wir zur exponentiellen Schreibweise über

$$a^y = x$$

---
[1]) Allgemeine Zahlentafel S. 60!

§ 43 Das Integral $\int \frac{dx}{x}$

und nehmen beiderseits den natürlichen Logarithmus:

$$y \ln a = \ln x$$

nach y aufgelöst mit (1):

$$^a\log x = \frac{\ln x}{\ln a}$$

Hieraus folgt:

$$\boxed{\frac{d}{dx}\,(^a\log x) = \frac{1}{x \ln a}} \qquad (2)$$

AUFGABEN

9. Berechne den Neigungswinkel der Tangente an die Kurve $y = \lg x$ in den Kurvenpunkten
   a) $P_1\ (x = 1)$; b) $P_2\ (x = 2)$; c) $P_3\ (x = 0{,}1)$; d) $P_4\ (x = 100)$!

10. In welchem Punkt des Graphen der Funktion $y = \lg x$ ist die Tangente parallel zur Winkelhalbierenden des 1. Quadranten?

D. Die logarithmische Differentiation

Ist die Funktion $y = f(x)$ positiv, dann erhalten wir durch beiderseitige Logarithmierung zur Basis e

$$\ln y = \ln f(x)$$

Differenziert man die linke und die rechte Seite *nach* x, ergibt sich mit Beachtung der Kettenregel

$$\frac{y'}{y} = \frac{d}{d(x)}\,(\ln f(x))$$

Hieraus läßt sich y' berechnen. Das Verfahren heißt logarithmische Differentiation. Es führt bei manchen Funktionstypen rascher zum Ziel, als der übliche Weg zur Berechnung der Ableitung.

Beispiel: Berechne für $y = \sqrt{\dfrac{x-1}{(x-2)(x-3)}}$ den Wert der Ableitung an der Stelle $x = 4$!

Lösung: Durch Logarithmieren zur Basis e erhalten wir:

$$\ln y = \tfrac{1}{2}\,[\ln(x-1) - \ln(x-2) - \ln(x-3)]$$

und hieraus:

$$\frac{y'}{y} = \frac{1}{2}\left[\frac{1}{x-1} - \frac{1}{x-2} - \frac{1}{x-3}\right]$$

aufgelöst nach y':

$$y' = \frac{1}{2}\sqrt{\frac{x-1}{(x-2)(x-3)}}\left[\frac{1}{x-1} - \frac{1}{x-2} - \frac{1}{x-3}\right]$$

$x = 4$ gesetzt:

$$y'(4) = \frac{1}{2}\sqrt{\frac{3}{2}}\left(\frac{1}{3} - \frac{1}{2} - 1\right) = -\frac{7}{24}\sqrt{6}$$

Das Integral $\int \frac{dx}{x}$ §43

Anmerkung: Es läßt sich zeigen, daß das Verfahren der logarithmischen Differentiation auch dann angewendet werden darf, wenn $f(x) < 0$ ist. Wir können hierauf nicht näher eingehen, da wir den Logarithmus nur für positive Argumente definiert haben.

AUFGABEN

11. Berechne für $y = (x+1)(x+2)$ den Wert der Ableitung an der Stelle $x = 3$, zuerst mit der Produktregel und dann mittels logarithmischer Differentiation!

12. Differenziere die Funktion
$$y = \frac{x+1}{x+2}$$
zuerst mit der Quotientenregel und überprüfe das Ergebnis mittels logarithmischer Differentiation! Für welche Teilmenge von $\mathfrak{D}$ ist diese Überprüfung unzulässig?

E. Eine wichtige Integralformel

Die Ableitung von $y = \ln f(x)$ ist $y' = \frac{f'(x)}{f(x)}$. Daher gilt:

$$\boxed{\int \frac{f'(x)}{f(x)} \, dx = \ln |f(x)| + C}$$

Regel: Das Integral eines Bruches, dessen Zähler die Ableitung des Nenners ist, ist gleich dem natürlichen Logarithmus des absolut genommenen Nenners.

Diese Regel findet beim Integrieren häufig Anwendung. Ist der Integrand ein Bruch, so untersucht man zunächst grundsätzlich, ob der Zähler die Ableitung des Nenners ist oder ob man durch eine einfache Umformung den Zähler in die Ableitung des Nenners überführen kann.

1. Beispiel: $\int \frac{2x+3}{x^2+3x-2} \, dx = \ln |x^2 + 3x - 2| + C$

2. Beispiel: $\int \frac{x}{x^2+1} \, dx = \frac{1}{2} \int \frac{2x}{x^2+1} \, dx = \frac{1}{2} \ln |x^2 + 1| + C$

AUFGABEN

13. a) $\int \frac{2}{2x-3} \, dx$; b) $\int \frac{4}{2x-3} \, dx$; c) $\int \frac{1}{2x-3} \, dx$.

14. a) $\int \frac{2ax+b}{ax^2+bx+c} \, dx$; b) $\int \frac{8ax+4b}{ax^2+bx+c} \, dx$; c) $\int \frac{ax+0,5b}{ax^2+bx+c} \, dx$.

Vermischte Aufgaben

15. Gib für die folgenden Funktionen den Definitionsbereich an und bilde die Ableitung $(a > 0; b > 0)$!

§ 43 Das Integral $\int \frac{dx}{x}$

a) $y = \ln(1+x)$; b) $y = \ln(a-x)$; c) $y = \ln(-ax)$;
d) $y = \ln(3+2x)$; e) $y = \ln(a-bx)$; f) $y = \ln(a^2+x^2)$;
g) $y = \ln(x^2-5x+4)$; h) $y = \ln\frac{a}{x}$; i) $y = \ln\frac{a}{b+x}$;
k) $y = \ln\sqrt{1+x}$; l) $y = \ln\sqrt{a^2-x^2}$; m) $y = \ln\sqrt{\frac{a-x}{b-x}}$;
n) $y = \ln(x+\sqrt{1+x^2})$; o) $y = \ln\frac{\sqrt{x^2+1}-x}{\sqrt{x^2+1}+x}$; p) $y = \ln(\ln x)$.

16. Differenziere:

a) $y = \ln \sin x$; b) $y = \ln \cos x$; c) $y = \ln \tan x$;
d) $y = \ln \cos 2x$; e) $y = \ln \sqrt{\sin 2x}$; f) $y = \ln\sqrt{\frac{1+\sin x}{1-\sin x}}$.

17. Gib die Ableitung an von:

a) $y = x \ln x$; b) $y = x^3 \ln x$; c) $y = \sqrt{x} \ln x$; d) $y = \frac{\ln x}{x}$;
e) $y = \frac{1}{\ln x}$; f) $y = \frac{x}{\ln x}$; g) $y = (\ln x)^2$; h) $y = \sqrt{\ln x}$.

18. Gib den Definitionsbereich an, skizziere den Graphen und bilde die Ableitung!

a) $y = |\ln x|$; b) $y = \ln|x|$; c) $y = \ln|x+1|$;
d) $y = \ln|2x-1|$; e) $y = \ln|x^2-4|$; f) $y = \ln|\ln x|$.

19. Wie heißt die 2. Ableitung von:

a) $y = \ln x$; b) $y = x^2 \ln x$; c) $y = \ln\frac{x-1}{x+1}$.

20. Wie lautet die n-te Ableitung der Funktion $y = \ln(x-1)$? Wie groß ist insbesondere $y^{(7)}$ an der Stelle $x = 7$?

21. Skizziere den Kurvenverlauf und berechne den Neigungswinkel der Tangente im Kurvenpunkt P!

a) $y = \ln(x^2+4)$, $P(x=2)$; b) $y = \ln(x+4)$, $P(x=-2)$;
c) $y = \ln[x(x-3)]$, $P(x=4)$; d) $y = \ln(x^2-9)$, $P(x=-4)$.

22. In welchem Punkt der Kurve mit der Gleichung

a) $y = \ln x$ ist die Tangente parallel zur Geraden $x - 3y + 6 = 0$?
b) $y = \ln(ax+b)^2$ ist die Normale parallel zur Geraden $2bx + ay + a = 0$?
c) $y = x^2 + \ln x$ hat die Tangente die Steigung 3?
d) $y = x \ln x$ ist die Tangente unter 63°26′ gegen die x-Achse geneigt?

23. Für die folgenden Kurven soll im Punkt P die Länge der Tangente, der Subtangente, der Normale und der Subnormale berechnet werden:

a) $y = \ln x$, $P(x=e)$; b) $y = \frac{\ln x}{x}$, $P(x=\sqrt{e})$.

24. Unter welchem Winkel schneiden sich die Kurven:
   a) $y = \ln(x+3)$ und $y = \ln(7-x)$;
   b) $y = \ln(2x+3)$ und $y = \ln(6-x^2)$.

25. Bestimme für den Graphen der Funktion
$$y = \frac{x}{\ln x}$$
die Extremwerte sowie den Wendepunkt und skizziere den Kurvenverlauf!

26. *Grenzwerte*
   a) Untersuche die Grenzwerte folgender Ausdrücke für $x \to \infty$:
$$\frac{\ln x}{x^3}, \frac{\ln x}{x^2}, \frac{\ln x}{x}, \frac{\ln x}{\sqrt{x}}, \frac{\ln x}{\sqrt[3]{x}}, \ldots, \frac{\ln x}{\sqrt[n]{x}}$$
   und erkläre die (mathematisch nicht ganz exakte) Ausdrucksweise: *Der Logarithmus wächst mit zunehmendem x schwächer an als jede Potenz von x mit noch so kleinem (positivem) Exponenten.*

   b) $\lim\limits_{x \to 0} \frac{\ln \cos x}{x}$; c) $\lim\limits_{x \to 0} \frac{\ln x}{\ln \sin x}$; d) $\lim\limits_{x \to 0}(x \ln x)$;

   e) Für welche Basis a ist $\lim\limits_{x \to 1} \frac{{}^a\log x^2 - x\,{}^a\log x}{1-x} = 2$?

27. *Logarithmische Differentiation*
   Berechne den Wert der Ableitung von:
   a) $y = \sqrt{(x-1)(x-2)(x-3)}$ an der Stelle $x = 4$;
   b) $y = \sqrt{\dfrac{(x+1)(x-1)}{(x+3)(x+4)}}$ „ „ „ $x = 5$;
   c) $y = \sqrt[4]{\dfrac{x+2}{2x-1}}$ „ „ „ $x = 1$;
   d) $y = \sin x \sin 2x \sin 3x$ „ „ „ $x = \dfrac{\pi}{4}$.

   e) Zeige, daß die Differentiationsformel für die Potenz $y = x^r$ für beliebige reelle r gültig ist!

28. Berechne folgende Integrale
   a) $\int \dfrac{1-x}{x}\,dx$; b) $\int \dfrac{x^2 - 3x + 1}{x}\,dx$; c) $\int \dfrac{\sqrt{x}+a}{ax}\,dx$; d) $\int \dfrac{a+\sqrt{x}}{x\sqrt{x}}\,dx$.

29. Berechne den Wert folgender Integrale auf 4 Stellen genau:
   a) $\int\limits_{e}^{2e} \dfrac{dx}{x}$; b) $\int\limits_{1}^{4} \dfrac{1+x}{x^2}\,dx$; c) $\int\limits_{1}^{4} \dfrac{1+x^{-\frac{1}{2}}}{x^{\frac{1}{2}}}\,dx$; d) $\int\limits_{1}^{e} e^{\ln\frac{e}{x}}\,dx$.

§ 43 Das Integral $\int \frac{dx}{x}$

30. a) $\int \frac{4}{4x+3} dx$; b) $\int \frac{2x}{x^2+1} dx$; c) $\int \frac{2x+1}{x^2+x+1} dx$; d) $\int \cot x\, dx$.

31. a) $\int \frac{x^2}{x^3-1} dx$; b) $\int \frac{1}{ax+b} dx$; c) $\int \frac{3x-1}{3x^2-2x+4} dx$; d) $\int \tan x\, dx$.

32. a) $\int_2^4 \frac{1}{2x-3} dx$; b) $\int_{\sqrt{2}}^3 \frac{x}{x^2-1} dx$; c) $\int_2^5 \frac{x^2}{x^3+1} dx$; d) $\int_0^{\pi/2} \frac{\sin x}{1+2\cos x} dx$.

33. *Unecht gebrochene Integranden*

Bei den folgenden Integralen ist der Integrand durch Ausdividieren oder durch geeignete Zählerergänzungen in die Summe eines Polynoms in x und eines echt gebrochenen Restgliedes zu verwandeln.

Beispiel: $\frac{x^3}{x-1} = \frac{x^3-1+1}{x-1} = \frac{x^3-1}{x-1} + \frac{1}{x-1} = x^2 + x + 1 + \frac{1}{x-1}$

a) $\int \frac{x}{x+1} dx$; b) $\int \frac{5x}{x-1} dx$; c) $\int \frac{x+1}{x-1} dx$;

d) $\int \frac{3x-1}{3x+2} dx$; e) $\int \frac{x^2}{x-2} dx$; f) $\int \frac{x^3}{x+1} dx$.

34. *Zerlegung des Integranden in Teilbrüche*

Bei den folgenden echt gebrochenen Integranden läßt sich der Nenner in ein Produkt aufspalten und der Integrand, wie nachstehendes Beispiel zeigt, als Summe von integrierbaren Teilbrüchen darstellen. Auf eine systematische Behandlung dieser Methode der sogenannten *Partialbruchzerlegung* muß hier verzichtet werden.

Beispiel:

$$\frac{5x+1}{x^2-1} = \frac{5x+1}{(x+1)(x-1)} = \frac{A}{x+1} + \frac{B}{x-1} = \frac{(A+B)x+(B-A)}{(x+1)(x-1)}$$

Um die Unbekannten A und B zu finden, beachten wir, daß die Beziehung

$$\frac{5x+1}{x^2-1} = \frac{(A+B)x+(B-A)}{(x+1)(x-1)}$$

nur dann bestehen kann, wenn die Zählerpolynome beiderseits identisch sind. Damit ergeben sich die Gleichungen

I. $A + B = 5$;
II. $B - A = 1$.

Die Auflösung dieses Gleichungssystems ergibt $A = 2$ und $B = 3$.

Ergebnis: $\frac{5x+1}{x^2-1} = \frac{2}{x+1} + \frac{3}{x-1}$

a) $\int_2^3 \frac{1}{x^2-1} dx$; b) $\int \frac{1}{x^2-a^2} dx$; c) $\int \frac{1}{x^2-x} dx$;

d) $\int_{-1}^{+1} \frac{5x+12}{x^2+5x+6} dx$; e) $\int \frac{1}{x^3-x} dx$; f) $\int_2^3 \frac{4x^2-3x-4}{x^3+x^2-2x} dx$;

g) $\int \frac{2x^2 + 3x - 2}{x^2 - x^3} dx$; *Anleitung:* $\frac{2x^2 + 3x - 2}{x^2(1-x)} = \frac{A}{x} + \frac{B}{x^2} + \frac{C}{1-x}$

h) $\int \frac{2x^3 + 2x^2 - x + 1}{x^2 + x} dx$; i) $\int \frac{x^4 + 3x^3 - x^2 - 2x - 3}{x^2 - 1} dx$.

35. Für die Funktion $y = \ln |\ln x|$ ist anzugeben:
    a) Der Definitionsbereich und der Wertebereich;
    b) Die Schnittpunkte des Graphen mit der x-Achse;
    c) Der Winkel, unter dem der Graph die x-Achse durchschneidet;
    d) Der Wendepunkt

36. Gegeben die Funktion $f(x) = x \left(3 - \ln \frac{\sin x}{x}\right) - 2$.
    a) Gib den Definitionsbereich an!
    b) Definiere die Funktion für $x = 0$ so, daß sie dort stetig wird!
    c) Bestimme die Ableitung dieser nun für $x = 0$ definierten Funktion an der Stelle $x = 0$!
    d) Untersuche die Ableitung an der Stelle $x = 0$ auf Stetigkeit!

ERGÄNZUNGEN UND AUSBLICKE

A. Aus Integraltafeln

Bestätige die Richtigkeit folgender unbestimmter Integrale:

1. $\int \frac{2}{\sin^3 x} dx = \ln \tan \frac{x}{2} - \frac{\cos x}{\sin^2 x} + C$

2. $\int \frac{1}{x} \sqrt{\frac{1-x}{1+x}} dx = \ln \frac{\sqrt{1+x} - \sqrt{1-x}}{\sqrt{1+x} + \sqrt{1-x}} + 2 \arctan \sqrt{\frac{1-x}{1+x}} + C$

3. $\int \frac{x^2 - 2}{x^3 (x+2)^2} dx = \frac{2 - 3x - x^2}{4x^2 (x+2)} + \frac{1}{8} \ln \frac{x+2}{x} + C$

4. $\int (a^2 + x^2)^{\frac{3}{2}} dx = \frac{x}{8} (5a^2 + 2x^2) \sqrt{a^2 + x^2} + \frac{3a^4}{8} \ln (x + \sqrt{a^2 + x^2}) + C$

B. Die logarithmische Reihe

Wie bei der arc tan-Reihe erhalten wir durch Division

$$\frac{1}{1+z} = 1 - z + z^2 - \ldots + (-1)^{n-1} z^{n-1} + (-1)^n \frac{z^n}{1+z}$$

Durch beiderseitige Integration zwischen den Grenzen 0 und x ergibt sich

$$\ln (1+x) = \left(x - \frac{x^2}{2} + \frac{x^3}{3} - \ldots + (-1)^{n-1} \frac{x^n}{n}\right) + \int_0^x (-1)^n \frac{z^n}{1+z} dz$$

§ 44 Die Exponentialfunktion

Analoge Überlegungen wie bei der arc tan-Reihe zeigen, daß das Integral für $0 \leq z$ mit $n \to \infty$ gegen Null geht und daß die in der Klammer stehende Reihe für $0 \leq x < 1$ konvergiert. Es gilt daher:

$$\ln(1+x) = x - \frac{x^2}{2} + \frac{x^3}{3} - \frac{x^4}{4} + \cdots \quad \text{für} \quad 0 \leq x < 1$$

Mit dieser, allerdings etwas langsam konvergierenden Reihe können die Logarithmen berechnet werden. Man kann zeigen, daß diese Reihe auch noch für $x=1$ konvergiert und hier den Zahlenwert von ln 2 liefert. Der maximale Konvergenzbereich ist $-1 < x \leq 1$.

Aufgaben

1. Berechne ln 1,1 und ln 1,2 auf vier Dezimalen genau!
2. Berechne $\ln \frac{3}{2}$ und $\ln \frac{4}{3}$ auf drei Dezimalen! Wie ergibt sich hieraus ln 2, ln 3 und schließlich ln 6?

§ 44. DIE EXPONENTIALFUNKTION

Im vorhergehenden Paragraphen fanden wir, daß die Funktion $L(x)$ für alle $x > 0$ stetig und monoton zunehmend ist. Sie läßt sich daher nach § 39 in eindeutiger Weise umkehren.

A. Die Umkehrfunktion $E(x)$ der Funktion $L(x)$

1. *Charakteristische Gleichung von $E(x)$*

Aus $L(x) = y$ folgt mit Auflösung nach x die umgekehrte Zuordnung: $x = E(y)$
Aus $L(e) = 1$ folgt mit Auflösung nach e die umgekehrte Zuordnung: $e = E(1)$

Setzen wir in der charakteristischen Gleichung der Funktion $L(x)$ für $L(x) = y$, so ergibt sich:
$$L(x^r) = r\, y$$
aufgelöst nach x^r:
$$x^r = E(r\, y)$$
$x = E(y)$ gesetzt:
$$[E(y)]^r = E(r\, y)$$

Gehen wir durch Vertauschen von x und y zur Umkehrfunktion über, so erhalten wir:

$$\underline{[E(x)]^r = E(r\, x)}$$

Dies ist die *charakteristische Gleichung der Umkehrfunktion* $y = E(x)$ *der Funktion* $y = L(x)$. Sie gilt für beliebige reelle x und r.

2. *Identifizierung der Umkehrfunktion*

In der charakteristischen Gleichung für $E(x)$ dürfen offenbar x und r vertauscht werden. Also ist:
$$[E(x)]^r = [E(r)]^x$$

Setzen wir $r = 1$ und beachten wir, daß $E(1) = e$ ist, ergibt sich

$$\underline{\underline{E(x) = e^x}}$$

Erkenntnis I: Die Umkehrfunktion $E(x)$ ist identisch mit der Exponentialfunktion zur Basis e. Sie heißt natürliche Exponentialfunktion oder kurz e-Funktion.

3. *Ableitung der Umkehrfunktion*

Nach § 39 L.S. 2 folgt aus $y = L(x)$ und $x = E(y)$

$$E'(y) = \frac{1}{L'(x)}$$

Da $L'(x) = \frac{1}{x}$ ist, ergibt sich

$$E'(y) = E(y)$$

und durch Vertauschen von y und x für die Umkehrfunktion

$$\underline{\underline{E'(x) = E(x)}}$$

Erkenntnis II: Die Funktion $E(x)$ stimmt mit ihrer eigenen Ableitung überein.

4. *Grundformeln für die Funktion $y = e^x$*

Mit den Ergebnissen von 2. und 3. erhalten wir die folgenden neuen Grundformeln der Differential- und Integralrechnung:

$$\boxed{\frac{d}{dx}(e^x) = e^x} \qquad \boxed{\int e^x \, dx = e^x + C}$$

5. *Zusammenhang mit dem natürlichen Logarithmus. Funktionsverlauf*

a) Die Funktion $y = L(x)$ haben wir als den natürlichen Logarithmus, ihre Umkehrfunktion als die natürliche Exponentialfunktion identifiziert. In der Tat ist

$$y = e^x \quad \text{die Umkehrfunktion von} \quad y = \ln x$$

b) Es hat $y = \ln x$

den Definitionsbereich $\mathfrak{D} = \{x \mid 0 < x < \infty\}$
und den Wertebereich $\mathfrak{W} = \{y \mid -\infty < y < \infty\}$

Also hat $y = e^x$

den Definitionsbereich $\mathfrak{D} = \{x \mid -\infty < x < \infty\}$
und den Wertebereich $\mathfrak{W} = \{y \mid 0 < y < \infty\}$

Die Funktion $y = e^x$ ist für alle x definiert. Sie ist echt monoton zunehmend, stets positiv und stimmt mit allen ihren Ableitungen überein. Ihr Graph geht aus demjenigen von $y = \ln x$ durch Spiegelung an der Winkelhalbierenden des ersten Quadranten hervor (Abb. 166).

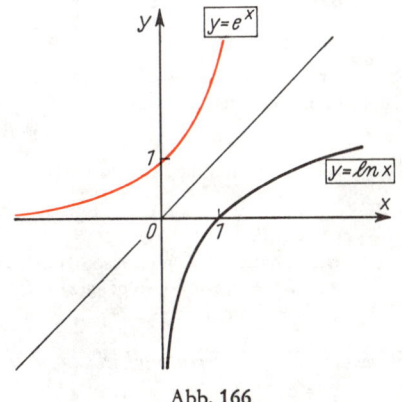

Abb. 166

§ 44 Die Exponentialfunktion

B. Die allgemeine Exponentialfunktion

Die Funktion
$$y = a^x \quad \text{ist die Umkehrfunktion von} \quad y = {}^a\log x.$$

Um ihre Ableitung zu finden, schreiben wir sie in der Form
$$y = e^{x \ln a}$$
Dann ist
$$\frac{dy}{dx} = e^{x \ln a} \ln a = a^x \ln a$$

Damit ergeben sich als weitere Grundformeln der Differential- und Integralrechnung:

$$\boxed{\frac{d}{dx}(a^x) = a^x \ln a} \qquad \boxed{\int a^x \, dx = \frac{a^x}{\ln a} + C}$$

C. Kontinuierliches Wachstum

1. *Die Differentialgleichung der Exponentialfunktion*

Die in A3 gefundene Beziehung $E'(x) = E(x)$ ist eine Differentialgleichung. Wir können sie in der Form schreiben
$$y' = y$$
Die natürliche Exponentialfunktion $y = e^x$ ist eine Lösung dieser Differentialgleichung. Betrachten wir die etwas allgemeinere Funktion
$$y = c \, e^{kx} \quad (k \text{ und } c \text{ sind Konstanten})$$
dann folgt durch Differentiation
$$y' = c \, k \, e^{kx}$$
oder
$$y' = k \, y$$

Die Differentialgleichung $y' = k y$ wird also von der Gesamtheit der Funktionen $y = c \, e^{kx}$ mit c als Parameter erfüllt. Außer diesen Funktionen gibt es keine weiteren Lösungen der Gleichung $y' = k y$.

Beweis:

Angenommen, $y = g(x)$ wäre eine weitere Lösung der Differentialgleichung $y' = k y$. Dann müßte gelten:
$$g'(x) = k \, g(x) \quad \text{oder} \quad g'(x) - k \, g(x) = 0$$
Bilden wir nun die Funktion $h(x) = g(x) \, e^{-kx}$, dann ist
$$h'(x) = -k \, g(x) \, e^{-kx} + g'(x) \, e^{-kx} = e^{-kx}(g'(x) - k \, g(x)) = \underline{0}$$
Die Funktion $h(x)$ muß also, da ihre Ableitung Null ist, identisch sein mit einer Konstanten C^*. Aus $C^* = g(x) \, e^{-kx}$ folgt $g(x) = C^* e^{kx}$. Damit ist gezeigt, daß $g(x)$ der Funktionenmenge $y = c \, e^{kx}$ angehört.

Ergebnis: Die Differentialgleichung $y' = k y$ hat als Lösung die einparametrige Funktionenmenge $y = c \, e^{kx}$ und nur diese.

Beispiel:
Die Gesamtheit aller Lösungen der Differentialgleichung $y' = y$ wird durch

$$y = c\,e^x$$

gegeben. Die Integrationskonstante c tritt hier nicht als additive Konstante, sondern als Faktor der e-Funktion auf. Die Integralkurven lassen sich daher *nicht* durch Parallelverschiebung entlang der y-Achse ineinander überführen. Zeige durch eine Skizze des Richtungsfeldes $y' = y$, daß die Integralkurven durch Parallelverschiebung entlang der x-Achse ineinander übergehen.

2. *Die Exponentialfunktion als Wachstumsfunktion*

Ist die unabhängige Variable die Zeit t und ist y das Maß für eine zeitlich veränderliche Menge, so besteht zwischen beiden Größen die Beziehung

$$y = y(t)$$

wobei $y(t)$ irgendeine stetig differenzierbare Funktion der Zeit ist. Dann bedeutet:

$\Delta y = y\,(t + \Delta t) - y(t)$ die Mengenänderung oder das Wachstum im Zeitraum Δt

$\dfrac{\Delta y}{\Delta t} = \dfrac{y\,(t + \Delta t) - y(t)}{\Delta t}$ die mittlere Wachstumsgeschwindigkeit im Zeitraum Δt

$\dfrac{dy}{dt} = \dot{y}$ die momentane Wachstumsgeschwindigkeit im Zeitpunkt t

Bei vielen Vorgängen in der Natur, wie etwa beim Wachstum einer Bakterienkultur, des Waldes, der Bevölkerung usw. ist der Zuwachs der doppelten Menge doppelt, der der dreifachen Menge dreimal so groß wie der Zuwachs der einfachen Menge. Es besteht daher zwischen der Wachstumsgeschwindigkeit im Zeitpunkt t und der zu diesem Zeitpunkt vorhandenen Menge Proportionalität:

$$\dot{y} = k\,y \quad (k > 0)$$

k ist die auf die Mengeneinheit bezogene Wachstumsgeschwindigkeit, die *Wachstumsquote*[1]). Dann lautet das *Wachstumsgesetz*:

$$y = c\,e^{kt}$$

Für $t = 0$ ergibt sich $y = c$. Die Konstante c stellt den Anfangsbestand $y(0)\,[> 0]$ dar, so daß wir schreiben können

$$y(t) = y(0)\,e^{kt}$$

Die Exponentialfunktion ist also die Funktion des stetigen Wachstums. Damit sind wir in der Lage, die Wachstumsaufgaben von § 4, die wir unter der Annahme eines sprunghaften Wachstums mit Hilfe geometrischer Reihen lösten, mit den Mitteln der Differentialrechnung mathematisch genauer zu erfassen.

Beispiel:
Eine Stadt zählte 1960 350000 Einwohner. 1950 hatte sie 300000 Einwohner. Gib das Wachstumsgesetz an und berechne die für das Jahr 1975 unter gleichen Wachstumsbedingungen zu erwartende Einwohnerzahl!

---
[1]) Bezieht man sie auf je 100 Mengeneinheiten oder Individuen, heißt sie die prozentuale Wachstumsquote.

§ 44 Die Exponentialfunktion

Lösung:

a) Aus $350\,000 = 300\,000\, e^{k \cdot 10}$ folgt $k = 0{,}0154$
Die Wachstumsquote ist also $0{,}0154 = 1{,}54\%$ pro Jahr und das Wachstumsgesetz lautet:
$$\dot{y} = 0{,}0154\, y$$

b) Einwohnerzahl 1975: $y(25) = 300\,000\, e^{0{,}0154 \cdot 25} = 440\,900$

Anmerkung:
Bei Zugrundelegung eines sprunghaften Wachstums hätte sich eine jährliche Wachstumsquote von 1,55% ergeben. Das stetige Wachstum kann also mit sehr guter Annäherung durch ein sprunghaftes Wachstum ersetzt werden.

3. *Ergänzungen*

a) *Stetige Mengenabnahme*

Liegt eine stetige Mengenabnahme vor und ist die Änderungsgeschwindigkeit, wie etwa beim radioaktiven Zerfall, der Stoffmenge proportional, so lautet die Differentialgleichung des *Zerfalls* bzw. das *Zerfallsgesetz*:

$$\dot{y} = -k\,y \quad \text{bzw.} \quad y(t) = y(0)\, e^{-kt} \quad (k > 0)$$

b) *Stetige Verzinsung*

Nehmen wir einen Zinsfuß von 100% an, dann ist $k = 1$, und es ergibt sich in $t = 1$ Jahr das Kapital

$$y(1) = y(0) \cdot e$$

Ist das Anfangskapital $y(0) = 1$ DM, so können wir sagen: 1 DM wächst bei stetiger Verzinsung und einem Zinsfuß von 100% auf 2,71828... DM an. Damit haben wir auf dem Wege der Differentialrechnung den Anschluß an das Ergebnis von § 8 hergestellt.

AUFGABEN

1. Berechne[1]:

   a) $e^{0,05}$; b) $e^{0,89}$; c) $e^{3,1}$; d) $e^{0,035}$; e) $e^{0,472}$;

   f) $e^{0,527}$; g) $e^{-0,41}$; h) e^{-5}; i) $e^{-0,936}$; k) $\sqrt[3]{e}$;

   l) $\sqrt[7]{e}$; m) $\dfrac{1}{\sqrt[4]{e^3}}$; n) $e^{\ln 2}$; o) $21^{0,2}$; p) $2^{\ln 2}$.

2. Für welche x gilt:

   a) $\ln x = 3$; b) $\ln x = e$; c) $\ln x = -0{,}45$;

   d) $\ln x = \dfrac{1}{\pi}$; e) $\sqrt[e]{x} = \dfrac{1}{e}$; f) $x^e = e$;

   g) $e^x = 3$; h) $0{,}5 < e^{-x} < 1{,}5$; i) $x^2 e^x - e^x = 0$;

   k) $(e^{-x} + 1)(x - 1) > 0$; l) $(e^x + 2)(e^{-x} - 2) > 0$; m) $\dfrac{e^{-3x} + \sqrt{5-x}}{x-2} > 0$.

3. Skizziere den Graphen und gib die Ableitung an:

   a) $y = e^x + 2$; b) $y = 2 - e^x$; c) $y = e^{x+2}$; d) $y = 2e^x$; e) $y = 2e^{x-2} - 2$.

---
[1] Wörle-Mühlbauer, Vierstelliges Mathematisches Tafelwerk Seite 24!

Die Exponentialfunktion §44

4. Skizziere den Verlauf des Graphen, gib die Ableitung sowie die eventuelle *sprunghafte Richtungsänderung* der Tangente für die Stelle an, an der die Funktion nicht differenzierbar ist:

a) $y = e^x$; **b)** $y = e^{-x+1}$; **c)** $y = -2e^{-2x}$; **d)** $y = e^{|x|}$; **e)** $y = |e^x - 1|$.

5. Gib die Ableitung an:

a) $y = e^{3x+4}$; **b)** $y = (e^x)^2$; **c)** $y = e^{x^2}$; **d)** $y = e^{\sqrt{x}}$; **e)** $y = \sqrt{e^x}$.

6. Differenziere:

a) $y = x e^x$; **b)** $y = (x-1)e^{-x}$; **c)** $y = x^3 e^{\sin x}$; **d)** $y = e^x \sin 2x$;

e) $y = \dfrac{e^x}{x}$; **f)** $y = \dfrac{e^{-x}}{1+x}$; **g)** $y = \dfrac{1-e^x}{1+e^x}$; **h)** $y = \dfrac{e^x - e^{-x}}{e^x + e^{-x}}$.

7. Berechne $\ddot{y}$:

a) $y = e^{at}$; **b)** $y = \dfrac{t}{e^{at}}$; **c)** $y = e^{at} \cos bt$.

8. Wie heißt die n-te Ableitung von: **a)** $y = e^{ax}$; **b)** $y = x e^x$?

9. Berechne den Neigungswinkel der Tangente im angegebenen Kurvenpunkt:

a) $y = e^{-x}$, $P_1(x = 2)$; **b)** $y = e^{-x+2}$, $P_2(x = 0)$;

c) $y = e^{x^2}$, $P_3(x = 1)$; **d)** $y = e^{-|2x|}$, $P_4(x = -1)$.

10. In welchem Punkt der Kurve

a) $y = e^x$ ist die Tangente parallel zur Geraden $y = 2x$?
b) $y = x + e^{-x}$ ist die Tangente parallel zur Geraden $x - 2y + 4 = 0$?

11. Unter welchem Winkel schneiden sich

a) die Kurven $y = e^{2x}$ und $y = e^{-2x}$;
b) die Kurve $y = e^x$ und diejenige Kurve, die durch Parallelverschiebung um 2 Einheiten in Richtung der positiven x-Achse aus der Kurve $y = e^{-x}$ hervorgeht?

12. Von den folgenden Funktionen ist unter der Voraussetzung positiver Basen die Ableitung zu bilden bzw. der Grenzwert zu berechnen:

a) $y = x^x$; **b)** $y = \sqrt[x]{x}$; **c)** $y = x^{\sqrt{x}}$; **d)** $y = x^{\sin x}$;

e) $y = (\cos x)^x$; **f)** $y = x^{e^x}$; **g)** $y = x^{\ln x}$; **h)** $y = (ax - b)^{\frac{1}{x}}$;

i) $\lim\limits_{x \to 0} x^x$; **k)** $\lim\limits_{n \to \infty} \sqrt[n]{n}$; **l)** $\lim\limits_{x \to 1} x^{\frac{1}{1-x}}$; **m)** $\lim\limits_{x \to \pi/2} (\sin x)^{\tan x}$.

13. *Grenzwerte*

a) $\lim\limits_{x \to \infty} \dfrac{e^x}{x}$; **b)** $\lim\limits_{x \to \infty} \dfrac{e^x}{x^2}$; **c)** $\lim\limits_{x \to \infty} \dfrac{a^x}{x^3}$;

§ 44 Die Exponentialfunktion

d) Erkläre anhand des Grenzwertes $\lim\limits_{x \to \infty} \dfrac{e^x}{x^n}$ die Aussage:

Die Exponentialfunktion wächst mit zunehmendem x stärker an als jede Potenz von x mit noch so hohem Exponenten.

e) $\lim\limits_{x \to 0} \dfrac{e^x - 1}{x}$;   f) $\lim\limits_{x \to 0} \dfrac{e^x - 1}{x - \sin x}$;   g) $\lim\limits_{x \to 0} \dfrac{e^x - e^{-x}}{\sin x}$;

h) $\lim\limits_{x \to 0} \dfrac{x^2(1 - e^{-3x})}{4x - 2\sin 2x}$;   i) $\lim\limits_{x \to 0} \dfrac{6x - \sin 6x}{6x(1 - e^{-16x^2})}$.

14. a) $\int (x + e^x)\, dx$;   b) $\int \left(e^x + \dfrac{1}{x}\right) dx$;   c) $\int (a^x + e^x)\, dx$.

15. a) Die Kurve $y = e^{|x|}$ und die Parabel $y = 2e - ex^2$ begrenzen ein Flächenstück. Berechne seinen Inhalt!

   b) Welches ist der Inhalt des von den drei Kurven

   $$y = |x|, \quad y = \dfrac{e}{|x|}, \quad y = e^{|x|}$$

   begrenzten Flächenstücks?

16. a) Die Funktion $y = x^x$ ist für $x > 0$ definiert. Sie läßt sich in der Gestalt $e^{g(x)}$ darstellen. Bestimme die Funktion $g(x)$!

   b) Aufgrund der in a) für x^x gefundenen Darstellung ist die Ableitung von x^x zu bestimmen!

   c) $y = x^x$ hat im Bereich $x > 0$ genau ein Extremum. Beweise diese Tatsache! Wo liegt dieses Extremum und von welcher Art ist es?

17. *Stetiges Wachstum*

   a) Ein stetiger Wachstumsvorgang gehorche der Differentialgleichung

   $$\dot{y} = 0{,}02\, y$$

   Zur Zeit $t = 0$ war die Anzahl der Individuen 3000. Wie groß ist ihre Zahl $t = 50$ Zeiteinheiten später?

   b) Ein stetiger Wachstumsvorgang vollzieht sich mit einer Wachstumsquote von $k = 4\%$. Nach $t = 100$ Zeiteinheiten waren 8200 Mengeneinheiten vorhanden. Wie groß war der Anfangsbestand?

   c) Eine Bakterienkultur enthielt zu Beginn des Aufgusses um 8 Uhr 2200, um 12 Uhr 23300 Individuen. Stelle die Wachstumsfunktion auf, zeichne ihr Bild und bestimme graphisch den Bakterienbestand um 9 Uhr, 10 Uhr, 11 Uhr und 11.30 Uhr! Welche Individuenzahl ist um 13 Uhr zu erwarten?

   d) Ein Waldbestand beträgt zur Zeit 69000 fm. 12 Jahre lang wurde kein Holz geschlagen, so daß sich in dieser Zeit der Wald um 50% seines damaligen Anfangsbestandes vermehren konnte. Wie groß war der Bestand vor 6 Jahren und wie groß wird er in weiteren 4 Jahren, von jetzt ab gerechnet sein, wenn kein Holz geschlagen wird?

   Hinweis: Die Berechnung der Wachstumsquote läßt sich umgehen.

e) Die Bevölkerung eines Landes betrug 1960 82 950 000 Einwohner. 1950 waren es 80 420 000 Einwohner. Mit welcher Zahl ist, gleiche Wachstumsbedingungen vorausgesetzt, im Jahre 2000 zu rechnen?

18. *Radioaktiver Zerfall*

Radioaktive Stoffe sind instabil. Sie zerfallen unter fortgesetzter Energieabgabe in eine Kette von selbst wieder instabilen Stoffen, an deren Ende die stabilen Stoffe Blei oder Wismut stehen. Nach Rutherford ist die in der Zeiteinheit zerfallende Zahl von Atomen der zur Zeit t vorhandenen Zahl von Atomen N proportional, so daß gilt:

$$\frac{dN}{dt} = -\lambda N \quad (\lambda > 0)$$

Dies ist die *Differentialgleichung des Zerfalls* mit λ als Zerfallskonstante.

a) Zeige, daß das Zerfallsgesetz lautet

$$\boxed{N = N_0 \, e^{-\lambda t}}$$

wobei N_0 die zur Zeit $t = 0$ vorhandene Zahl von Atomen bezeichnet. Begründe, warum auch für die Stoffmengen m und m_0 das gleiche Gesetz gilt!

b) Zeige: Für die *Halbwertszeit* T, d. i. die Zeit, in der die Hälfte der ursprünglich vorhandenen Stoffmenge zerfallen ist, gilt

$$\boxed{T = \frac{\ln 2}{\lambda}}$$

c)* Polonium hat eine Halbwertszeit von 138,5 Tg. Stelle das Zerfallsgesetz auf und gib an, wieviel % (1 Dez.) der ursprünglich vorhandenen Atome in den nach Ablauf der Halbwertszeit sich anschließenden nächsten 10 Tg. zerfallen[1]!

d) Für Radium C ist $T = 19,7$ Min. Stelle das Zerfallsgesetz auf und gib die Zeit an, in der die Strahlungsenergie auf 10% des Anfangswertes abgesunken ist[2]!

19. Gegeben ist die Funktion $f(x) = {}^{e^2}\!\log(e\,x)$.

a) Drücke $f(x)$ durch die Funktion $y = \ln x$ aus und zeichne das Bild der Funktion!
b) Wie lautet die Gleichung der Umkehrfunktion?
c) Berechne allgemein den Schnittpunkt der Tangenten an die Kurven mit den Gleichungen $y_1 = f(x)$ und $y_2 = \ln x$ für den gemeinsamen Abszissenwert x_0!
d) Welches ist der geometrische Ort der Tangentenschnittpunkte von c), wenn x_0 den Durchschnitt der maximal zulässigen Definitionsbereiche beider Funktionen durchläuft?

20. Die beiden Funktionen $y = e^{-\frac{1}{x}}$ und $y = e^{-\frac{1}{x^2}}$ sind für $x = 0$ nicht definiert und daher nicht differenzierbar. Untersuche, ob und gegebenenfalls durch welche Definition sich die Differenzierbarkeitslücke schließen läßt! Skizze!

---

[1] Polonium oder Radium F ist der historische Name für das Nuklid $^{210}_{84}$Po.
[2] Radium C ist der historische Name für das Nuklid $^{214}_{83}$Bi. Vgl. hierzu die Isotopentabelle S. 80/81 des Tafelwerks (3. Auflage)!

§ 44 Die Exponentialfunktion

AUS DER PHYSIK

A. Aus- und Einschalten eines Gleichstroms

1. Das Ausschalten

Liegt ein Widerstand R und eine Selbstinduktion L parallel an einer Gleichspannung U_0 (Abb. 167a) und wird die Spannungsquelle abgeschaltet, so bricht der Strom im Kreis (R, L) nicht sofort zusammen. Die durch die Stromabnahme induzierte Gegenspannung $-L\dot{J}$ ist in jedem Augenblick gleich der Spannungsdifferenz JR zwischen den Enden des Widerstandes. Es gilt:

$$JR = -L\dot{J}$$

Hieraus ergibt sich die Differentialgleichung:

$$\frac{\dot{J}}{J} = -\frac{R}{L}$$

integriert:

$$\ln J = -\frac{R}{L}t + C$$

oder

$$J = e^{-\frac{R}{L}t + C}$$

Herrscht zur Zeit $t = 0$ die Stromstärke J_0, folgt das Gesetz:

$$\boxed{J = J_0\, e^{-\frac{R}{L}t}}$$

Aufgabe:
Zeichne den Verlauf der Stromstärke für $J_0 = 3\,A$, $R = 1\,\Omega$ $(V A^{-1})$, $L = 5\,H$ $(Vsec\,A^{-1})$!

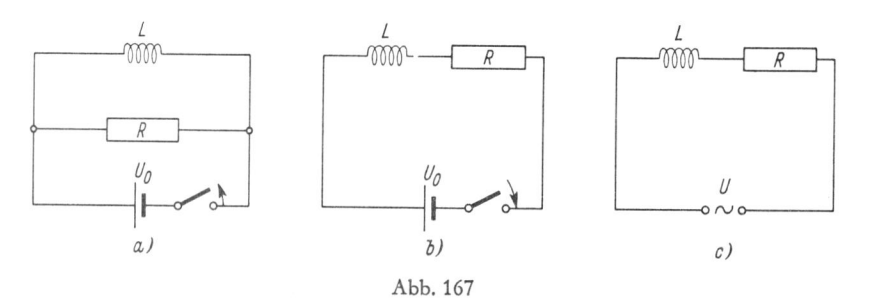

Abb. 167

2. Das Einschalten

Liegen ein Widerstand R, eine Selbstinduktion L und eine Gleichspannungsquelle U_0 hintereinander (Abb. 167b), dann nimmt der Strom nach dem Einschalten nicht sofort seinen vollen Wert an. Es gilt nämlich jetzt:

$$JR = U_0 - L\dot{J}$$

woraus durch Integration folgt:

$$\boxed{J = \frac{U_0}{R}\left(1 - e^{-\frac{R}{L}t}\right)}$$

Aufgabe:
Zeichne den Verlauf der Stromstärke für $U_0 = 12\,V$, $R = 1\,\Omega$ $(V A^{-1})$ und $L = 10\,H$ $(Vsec\,A^{-1})$!

B. Wechselstrom in einem Kreis mit Widerstand und Selbstinduktion (Abb. 167c)

Ist $U = U_0 \sin \omega t$ eine sinusförmige Wechselspannung mit der Kreisfrequenz ω, gilt zu jedem Zeitpunkt t:

$$JR = U - L\dot{J}$$

wobei U jetzt eine Funktion von t ist. Die Lösung der Differentialgleichung

$$JR + L\dot{J} = U_0 \sin \omega t$$

überschreitet den Rahmen dieses Buches. Wir können sie jedoch, ähnlich wie auf S. 224, durch Probieren finden. Dazu überlegen wir folgendes: Die zu suchende Funktion $J = f(t)$ muß so beschaffen sein, daß die Summe aus ihrem R-fachen und dem L-fachen ihrer Ableitung gleich ist $U_0 \sin \omega t$. Eine solche Funktion ist nach S. 216 die allgemeine Sinusfunktion. Wir versuchen daher den Ansatz

$$J = A \sin(\omega t + a)$$

wobei A und a noch zu bestimmende Konstanten sind. Dann ist

$$\dot{J} = A \omega \cos(\omega t + a)$$

und durch Einsetzen in die Differentialgleichung erhält man

$$AR \sin(\omega t + a) + AL\omega \cos(\omega t + a) = U_0 \sin \omega t$$

und mit Anwendung der Additionstheoreme

$$AR(\sin \omega t \cos a + \cos \omega t \sin a) + AL\omega(\cos \omega t \cos a - \sin \omega t \sin a) = U_0 \sin \omega t$$

Diese Gleichung muß zu jedem Zeitpunkt erfüllt sein. Für $t = 0$ und $t = \frac{\pi}{2\omega}$ folgt:

(1) $R \sin a + L \omega \cos a = 0$

(2) $AR \cos a - AL\omega \sin a = U_0$

hieraus ergibt sich

$$\tan a = -\frac{L\omega}{R}; \quad A = \frac{U_0}{\sqrt{R^2 + L^2 \omega^2}}$$

Damit wird

$$J = \frac{U_0}{\sqrt{R^2 + L^2 \omega^2}} \sin(\omega t - a') \quad \text{wobei} \quad a' = \arctan \frac{L\omega}{R}$$

Mit $L = 0$ ist $a' = 0$ und $J = \frac{U_0}{R} \sin \omega t$.

Das Vorhandensein der Selbstinduktion bewirkt also eine Phasennacheilung des Stromes gegenüber der Spannung um den Betrag a' und eine Erhöhung des Widerstandes auf $R' = \sqrt{R^2 + L^2 \omega^2}$.

Integrationsverfahren

§ 45. DIE INTEGRATION DURCH SUBSTITUTION

Alle Integrale, die wir bisher berechneten, waren Grundintegrale, oder sie ließen sich auf Grundintegrale zurückführen. Nunmehr wollen wir ein weiteres Verfahren kennenlernen, das uns gestattet, ein gegebenes Integral in ein Grundintegral zu transformieren.

A. Integrale des Typs $\int f(z)\, z'\, dx$ mit $z = g(x)$

a) Wiederhole die Kettenregel am Beispiel der Differentiation von $y = \sin x^2$!

b) Wieso haben folgende Integrale die Form $\int f(z) \cdot z'\, dx$ und wie heißt die mittelbare Funktion $z = g(x)$?

$$\int \sqrt{x^3 + x^2 + x} \cdot (3x^2 + 2x + 1)\, dx; \quad \int \sin x^2 \cdot 2x\, dx; \quad \int \sin^5 x \cdot \cos x\, dx.$$

c) Läßt sich auch $\int \cos^5 x \cdot \sin x\, dx$ auf die Form $\int f(z) \cdot z'\, dx$ bringen?

Ist $F(z)$ eine Funktion von z und $z = g(x)$, dann ist $F(z)$ eine mittelbare Funktion von x.

Nach der Kettenregel ist
$$\frac{dF(z)}{dx} = F'(z) \cdot z'$$

Also gilt
$$F(z) = \int F'(z)\, z'\, dx \qquad (1)$$

Setzen wir $F'(z) = f(z)$, d.h. $F(z) = \int f(z)\, dz$, ergibt sich, wenn wir (1) von rechts nach links lesen

$$\boxed{\int f[g(x)]\, g'(x)\, dx = \int f(z)\, dz} \qquad (z = g(x)) \qquad (2)$$

Mit Hilfe dieser Integrationsformel lassen sich viele Integrale durch Einführung einer Hilfsvariablen (Substitution) in ein Grundintegral überführen.

1. Beispiel:

$$\int \sin^2 x \cos x\, dx = J; \quad \text{subst.:} \quad \sin x = z; \quad \cos x = z';$$

$$J = \int z^2 \cdot z'\, dx = \int z^2\, dz = \frac{1}{3}z^3 + C = \underline{\underline{\frac{1}{3}\sin^3 x + C}}; \quad \text{Probe!}$$

2. Beispiel:

$$\int \cos^3 x \sin x\, dx = -\int \cos^3 x \cdot (-\sin x)\, dx = J; \quad \text{subst.:} \quad \cos x = z; \quad (-\sin x) = z';$$

$$J = -\int z^3 \cdot z'\, dx = -\int z^3\, dz = -\frac{z^4}{4} + C = \underline{\underline{-\frac{1}{4}\cos^4 x + C}}; \quad \text{Probe!}$$

3. Beispiel:

$$\int \sqrt{a^2 - x^2} \cdot x\, dx = -\frac{1}{2}\int \sqrt{a^2 - x^2}\,(-2x)\, dx = J; \quad \text{subst.:} \quad a^2 - x^2 = z; \quad -2x = z';$$

$$J = -\frac{1}{2}\int \sqrt{z}\, z'\, dx = -\frac{1}{2}\int \sqrt{z}\, dz = -\frac{1}{3}z^{\frac{3}{2}} + C = \underline{\underline{-\frac{1}{3}\sqrt{a^2 - x^2}^3 + C}}; \quad \text{Probe!}$$

Die Integration durch Substitution § 45

B. Umkehrung des Verfahrens

1. Kehren wir (2) um, dann folgt: $\int f(z)\,dz = \int f[g(x)] \cdot g'(x)\,dx$ (subst: $z = g(x)$)
und mit Vertauschung der Variablen z und x:

$$\boxed{\int f(x)\,dx = \int f[g(z)] \cdot g'(z)\,dz \qquad (\text{subst: } x = g(z))} \qquad (3)$$

Formel (3) zeigt, wie $\int f(x)\,dx$ sich transformiert, wenn man die Substitution $x = g(z)$ durchführt. Die Transformation erfolgt in drei Schritten:

(1) Wahl einer geeigneten Hilfsfunktion $x = g(z)$
(2) Einsetzen von $x = g(z)$ in den Integranden
(3) Ersatz des Zeichens dx durch $g'(z)\,dz$

Den Ausdruck $g'(z)\,dz$ erhält man formal, indem man die Ableitung $\frac{dx}{dz} = g'(z)$ bildet und das Zeichen dz „auf die rechte Seite hinübermultipliziert", ganz so, als ob es sich bei der Ableitung um einen echten Quotienten handeln würde. Diese „Eigenschaft" der Symbole dx, dy und dz, die wir schon auf S. 232 feststellen konnten, zeigt die Zweckmäßigkeit der Bezeichnung „Differentialquotient" und seiner kurzen symbolischen Schreibweise.

Die Kunst des Integrierens besteht darin, das gegebene Integral durch eine geeignete Substitution in ein Grundintegral überzuführen. Zur Auffindung der Substitution lassen sich keine allgemeingültigen Regeln angeben. Das Verfahren erfordert daher einige Übung.

4. Beispiel:

$\int \frac{x\,dx}{\sqrt{2x-3}} = J;$ subst: $\sqrt{2x-3} = z;$ $2x - 3 = z^2;$ $x = \frac{z^2 + 3}{2};$ $\frac{dx}{dz} = z;$ $dx = z\,dz$

$J = \frac{1}{2}\int \frac{(z^2+3)z\,dz}{z} = \frac{1}{2}\int (z^2 + 3)\,dz = \frac{1}{2}\left(\frac{z^3}{3} + 3z\right) + C = \underline{\underline{\frac{1}{6}(2x-3)^{\frac{3}{2}} + \frac{3}{2}\sqrt{2x-3} + C}}.$

5. Beispiel:

$\int \frac{x^2\,dx}{\sqrt{1-x^6}} = J;$ subst: $x^3 = z;$ $3x^2 = \frac{dz}{dx};$ $x^2\,dx = \frac{dz}{3};$

$J = \frac{1}{3}\int \frac{dz}{\sqrt{1-z^2}} = \frac{1}{3}\arcsin z + C = \underline{\underline{\frac{1}{3}\arcsin x^3 + C}};$ Probe!

2. *Bestimmte Integrale*

Ihre Berechnung kann nach dem bisherigen Verfahren durchgeführt werden, nämlich durch Einsetzen der Grenzen in das Endergebnis oder aber durch Umrechnen der Grenzen auf die neue Integrationsvariable z, wie folgendes Beispiel zeigt:

6. Beispiel:

$\int_1^5 x\sqrt{5-x}\,dx;$

subst: $\sqrt{5-x} = z;$ $x = 5 - z^2;$ $dx = -2z\,dz;$ $x = 1 \Rightarrow z = 2;$ $x = 5 \Rightarrow z = 0$

$\int_1^5 x\sqrt{5-x}\,dx = -2\int_2^0 (5-z^2)z^2\,dz = -2\left[\frac{5z^3}{3} - \frac{z^5}{5}\right]_2^0 = 2\left[\frac{40}{3} - \frac{32}{5}\right] = \underline{\underline{13\frac{13}{15}}}$

§ 45 Die Integration durch Substitution

AUFGABEN

1. a) $\int (1+x)^3 \, dx$; b) $\int \dfrac{dx}{(x-a)^2}$; c) $\int \sqrt{a+z} \, dz$;

   d) $\int \sqrt[3]{a+x} \, dx$; e) $\int \sqrt[3]{(a+t)^2} \, dt$; f) $\int \sin(t-\pi) \, dt$.

2. a) $\int (2-x)^4 \, dx$; b) $\int \dfrac{dx}{(3+2x)^3}$; c) $\int \sqrt{a+bx} \, dx$;

   d) $\int \dfrac{1}{\sqrt{a-bx}} \, dx$; e) $\int \sqrt[m]{(a-bx)^4} \, dx$; f) $\int \sin \omega t \, dt$;

   g) $\int \sin(\omega t - \varphi) \, dt$; h) $\int \dfrac{dx}{\sin^2 2x}$; i) $\int \dfrac{dz}{\cos^2(2z-3)}$.

3. a) $\int \sin 2x \, dx$; b) $\int \cos 2x \, dx$; c) $\int \sin x \cos x \, dx$;

   d) $\int \sin^2 x \, dx$; e) $\int \cos^2 x \, dx$; f) $\int \sin^4 x \, dx - \int \cos^4 x \, dx$.

4. a) $\int \dfrac{x}{(2-x)^3} \, dx$; b) $\int \dfrac{x^2}{(a+x)^4} \, dx$; c) $\int \dfrac{x}{\sqrt{1-x}} \, dx$;

   d) $\int x \sqrt{a+x} \, dx$; e) $\int x \sqrt[3]{a-x} \, dx$; f) $\int x^2 \sqrt{1-x} \, dx$.

5. a) $\int x(x^2-1)^3 \, dx$; b) $\int x\sqrt{a^2-x^2} \, dx$; c) $\int \dfrac{x}{\sqrt{a^2-x^2}} \, dx$;

   d) $\int \dfrac{x \, dx}{(1-x^2)^2}$; e) $\int x \sin(1-x^2) \, dx$; f) $\int \dfrac{x \, dx}{\cos^2 \pi x^2}$;

   g) $\int x^2(x^3-1)^4 \, dx$; h) $\int x^2 \sqrt{1-x^3} \, dx$; i) $\int x^3 \sqrt{x^4 - a^4} \, dx$.

6. a) $\int \sin^2 x \cos x \, dx$; b) $\int \cos^3 x \sin x \, dx$; c) $\int \sqrt{1-\sin x} \cos x \, dx$;

   d) $\int \sin^n x \cos x \, dx$; e) $\int \dfrac{\sin x}{\cos^n x} \, dx$; f) $\int \sin^3 x \, dx$;

   g) $\int \cos^3 x \, dx$; h) $\int \dfrac{\sqrt{\tan x}}{\cos^2 x} \, dx$; i) $\int \dfrac{(1+\cot x)^2}{\sin^2 x} \, dx$.

   Anleitung zu f): $\sin^3 x = (1 - \cos^2 x) \sin x$

7. a) $\int \dfrac{x}{1+x^4} \, dx$; b) $\int \dfrac{x}{\sqrt{1-x^4}} \, dx$; c) $\int \dfrac{x^2}{1+x^6} \, dx$.

8. a) $\int \dfrac{dx}{1+\left(\frac{x}{3}\right)^2}$; b) $\int \dfrac{dx}{a^2+x^2}$; c) $\int \dfrac{dx}{16+25x^2}$;

Die Integration durch Substitution § 45

d) $\int \dfrac{dx}{1+\left(\frac{3-2x}{5}\right)^2}$; e) $\int \dfrac{dx}{17-8x+x^2}$; f) $\int \dfrac{dx}{5-2x+x^2}$;

g) $\int \dfrac{dx}{20-12x+9x^2}$; h) $\int \dfrac{dx}{p+qx+x^2}\ (q^2<4p)$; i) $\int \dfrac{dx}{a+bx+cx^2}\ (b^2<4ac)$.

9. a) $\int \dfrac{dx}{\sqrt{1-\left(\frac{x}{2}\right)^2}}$; b) $\int \dfrac{dx}{\sqrt{a^2-x^2}}\ (a>0)$; c) $\int \dfrac{dx}{\sqrt{9-4x^2}}$;

d) $\int \dfrac{dx}{\sqrt{1-\left(\frac{2x-5}{3}\right)^2}}$; e) $\int \dfrac{dx}{\sqrt{6x-x^2-8}}$; f) $\int \dfrac{dx}{\sqrt{32-9x^2-12x}}$;

g) $\int \dfrac{dx}{\sqrt{24+8x-16x^2}}$; h) $\int \dfrac{dx}{\sqrt{a+bx-cx^2}}$; i) $\int \dfrac{dx}{\sqrt{a-bx-cx^2}}$.

10. a) $\int \dfrac{\ln x}{x}\,dx$; b) $\int \dfrac{1}{x}\sqrt{\ln x}\,dx$; c) $\int \dfrac{1}{x}\sqrt{1+\ln x}\,dx$;

d) $\int \dfrac{(\ln x)^2}{x}\,dx$; e) $\int \dfrac{(\ln x)^n}{x}\,dx$; f) $\int \tan x \ln \cos x\,dx$;

g) $\int \dfrac{x}{(1-x)^2}\,dx$; h) $\int \dfrac{x^2}{(a-x)^3}\,dx$; i) $\int \dfrac{x^3}{(1-x)^4}\,dx$.

11. a) $\int e^{-x}\,dx$; b) $\int e^{x+a}\,dx$; c) $\int e^{ax}\,dx$; d) $\int e^{ax+b}\,dx$;

e) $\int \dfrac{1}{e^{ax+b}}\,dx$; f) $\int x e^{x^2}\,dx$; g) $\ln a \int x^2 a^{x^3}\,dx$; h) $\int \dfrac{e^{\sqrt{x}}}{\sqrt{x}}\,dx$;

i) $\int e^x \sqrt[3]{(1+e^x)^2}\,dx$; k) $\int e^{\cos x}\sin x\,dx$; l) $\int \dfrac{e^x}{a-e^x}\,dx$; m) $\int \dfrac{e^x-e^{-x}}{e^x+e^{-x}}\,dx$.

12. a) $\int \dfrac{1}{\sin x}\,dx$; b) $\int \dfrac{1}{\cos x}\,dx$.

Anleitung zu a): Schreibe statt $\sin x = 2\sin\frac{x}{2}\cos\frac{x}{2}$ und ersetze im Zähler 1 durch $\sin^2\frac{x}{2}+\cos^2\frac{x}{2}$! Beachte Aufgabe 31d und 30d von § 43!

Anleitung zu b): Führe die Substitution $x = \frac{\pi}{2} - z$ durch!

13. a) $\int_0^4 \sqrt{4+3x}\,dx$; b) $\int_0^1 \dfrac{dx}{\sqrt{16-7x}}$; c) $\int_0^2 x\sqrt{3x^2+4}\,dx$;

d) $\int_0^2 \dfrac{x^2\,dx}{\sqrt{16+x^3}}$; e) $\int_0^a \dfrac{2x+a}{\sqrt{x^2+ax}}\,dx$; f) $\int_{1/a}^{2/a} \cos ax\,dx$;

g) $\int_0^{\sqrt{2}} x\cos x^2\,dx$; h) $\int_0^{\pi/6} \dfrac{\cos x}{\sqrt{1-\sin x}}\,dx$; i) $\int_0^2 \dfrac{dx}{x^2+16}$;

19*

§ 45 Die Integration durch Substitution

k) $\int_{0}^{\sqrt{3}} \dfrac{dx}{\sqrt{4-x^2}}$;

l) $\int_{0}^{\frac{a}{2}\sqrt{2}} \dfrac{x}{\sqrt{a^4-x^4}}\,dx$;

m) $\int_{0}^{\frac{1}{2}\sqrt{2}} \dfrac{dx}{1-2x+2x^2}$;

n) $\int_{0,5}^{1,5} \dfrac{dx}{\sqrt{2x-x^2}}$;

o) $\int_{2}^{3} \dfrac{dx}{x^2-x+1}$;

p) $\int_{0}^{0,5} \dfrac{dx}{\sqrt{1+3x-4x^2}}$.

14. a) $\int_{0}^{0,5} 5e^{2x}\,dx$; b) $\int_{0}^{1} e^x \sqrt{e^x-1}\,dx$ (2 Dez.); c) $\int_{0}^{1} \dfrac{e^x}{2e^x-1}\,dx$ (2 Dez.);

d) Es ist $f(t) = \int_{0}^{1/t} e^{tx}\,dx$. Wie groß ist $f(e)$?

e) Es ist $\varphi(t) = \int_{0}^{t} e^{\sin x}\,dx$. Wie groß ist $\dot{\varphi}\left(\dfrac{\pi}{2}\right)$?

15. Uneigentliche Integrale

a) $\int_{0}^{4} \dfrac{x\,dx}{\sqrt{4-x}}$;

b) $\int_{0}^{a} \dfrac{dx}{\sqrt{a^2-x^2}}$;

c) $\int_{2}^{4} \dfrac{dx}{(x-3)^2}$ (!!);

d) $\int_{0}^{2} \dfrac{x\,dx}{\sqrt[3]{(x^2-1)^2}}$ (!!);

e) $\int_{0}^{+\infty} \dfrac{dx}{a^2+x^2}$;

f) $\int_{0}^{+\infty} \dfrac{dx}{\sqrt{a+x^3}}$;

g) $\int_{2}^{+\infty} \dfrac{x\,dx}{(x^2-1)^3}$;

h) $\int_{-\infty}^{+\infty} \dfrac{dx}{a^4+b^2 x^2}$;

i) $\int_{-\infty}^{+\infty} \dfrac{dx}{1+x+x^2}$.

16. a) $\int \dfrac{dx}{x\sqrt{x^2-1}}$;

b) $\int \dfrac{dx}{x^2\sqrt{1-x^2}}$;

c) $\int_{a}^{2a} \dfrac{dx}{x^2\sqrt{x^2+a^2}}$.

Hinweis: Subst. $x = \dfrac{1}{t}$ bzw. $x = \dfrac{a}{t}$.

17. *Das Kreisintegral* (1. Art der Berechnung)

Das bei der Berechnung der Fläche des Kreises $x^2 + y^2 = a^2$ auftretende Integral heißt Kreisintegral. Es gilt:

$$\int \sqrt{a^2-x^2}\,dx = \dfrac{a^2}{2} \arcsin \dfrac{x}{a} + \dfrac{x}{2}\sqrt{a^2-x^2} + C \qquad (a>0)$$

a) Beweise diese Formel mit Hilfe der Substitution $x = a \sin z$! Probe!
b) Berechne die Fläche der Ellipse $b^2 x^2 + a^2 y^2 - a^2 b^2 = 0$!
c) Welchen prozentualen Anteil an der Ellipsenfläche hat das durch die Gerade $x - a = 0$ aus der Ellipse $x^2 + 4y^2 - 4a^2 = 0$ ausgeschnittene kleinere Segment (1 Dez.)? Schätzung!

Die Integration durch Substitution § 45

18. Gegeben ist die Funktion $f(x) = \dfrac{x}{\sqrt{1-x^2}}$.
   a) Welches ist der Definitionsbereich von $f(x)$? Zeige, daß der Graph punktsymmetrisch ist zum Ursprung und im Definitionsbereich monoton steigt!
   b) Wie lautet die Umkehrfunktion $\varphi(x)$ zu $f(x)$? Für welche x-Werte ist $\varphi(x)$ definiert?
   c) Berechne die Fläche, die der Graph mit der x-Achse zwischen $x=0$ und $x=\tfrac{1}{2}\sqrt{2}$ einschließt!

19. Für die Funktion
$$y = \dfrac{4-x}{\sqrt{8-2x^2}}$$
ist der Definitionsbereich anzugeben und der Inhalt des Flächenstücks zu berechnen, das von der Kurve, den beiden Achsen und der Minimalordinate begrenzt wird. Zeichne die Kurve mit 1 L.E. = 2 cm!

20. Die durch die Relation
$$x^3 - 3x^2 - 9y^2 = 0$$
gegebene Kurve schließt mit der Geraden $x - 7 = 0$ ein Flächenstück ein. Zeichne die Kurve und berechne den Inhalt des Flächenstücks!

21. Gegeben ist die Relation $y^2 - (1+x)^2(1-x^2) = 0$.
   a) Gib den Definitionsbereich und die Lage der Kurve zu den Achsen an!
   b) Untersuche das Verhalten der Kurve am Rande des Definitionsbereichs!
   c) Unter welchem Winkel durchschneidet sie die y-Achse?
   d) Welche Wertemenge gehört zur Relation?
   e) Berechne die Wendepunkte!
   f) Zeichne die Kurve mit 1 L.E. = 4 cm!
   g) Wie groß ist die von der Kurve eingeschlossene Fläche?

22. Die Relation $16y^2 - (5-x)(x^2-4)^2 = 0$ stellt eine Kurve mit 2 geschlossenen Flächenstücken dar. Zeichne die Kurve und berechne den Inhalt jedes Flächenstücks!

23. Gegeben sind der Kreis $x^2 + y^2 - 2ay = 0$ und seine Tangente $y - 2a = 0$. O sei der Ursprung und A ein Punkt des Kreises. Der Strahl OA schneide die Tangente in C. Von C wird das Lot auf die x-Achse gefällt und durch A die Parallele zur x-Achse gezogen. Lot und Parallele schneiden sich in P. P wird als Bild des Kreispunktes A betrachtet.
   a) Welche Bildkurve beschreibt P, wenn A den Kreis durchläuft?
   b) Welche Kreispunkte bilden sich in die Wendepunkte der Bildkurve ab?
   c) Zeige, daß es einen Sinn hat, die Fläche zu definieren, die zwischen der Bildkurve und der x-Achse liegt!

24. Gegeben ist die Funktion $f(x) = \dfrac{1}{3}(3-x)\sqrt{9-x^2}$
   a) Bestimme den maximal zulässigen Definitions- und Wertebereich!
   b) Untersuche die Ableitung an der Stelle $x = 3$ durch Grenzwertbetrachtung!

§ 45 Die Integration durch Substitution

c) Zeichne das Funktionsbild von $f(x)$! Ergänze es zur Erfüllungsmenge der Relation $9y^2 - (3-x)^2(9-x^2) = 0$!

d) Welche Fläche schließt der Graph von $f(x)$ mit der x-Achse ein und wie läßt sich diese Fläche durch bekannte Flächengrößen veranschaulichen?

25. Gegeben ist die Funktion $y = a e^{\frac{x}{a}}$ $(a > 0)$.

a) Zeichne den Graphen für $a = 4$ im Bereich $-6 \leq x \leq +6$ mit 1 L.E. = 1 cm!

b) Stelle die Gleichung der Tangente und Normale im Punkt $P(x = a)$ auf!

c) Zeige, daß die Subtangente konstant ist! Konstruktion der Tangente!

d) Berechne die Länge der Tangente, der Normale und der Subnormale als Funktion der Ordinate y_0 des Kurvenpunktes!

e) Wie groß ist der Inhalt des von der Kurve, der x-Achse und den Ordinaten zu $x = -a$ und $x = +a$ begrenzten Flächenstücks?

26. Die Kettenlinie

Eine zwischen 2 Punkten frei hängende Kette hat die Form der Kurve

$$y = \frac{a}{2}\left(e^{\frac{x}{a}} + e^{-\frac{x}{a}}\right) \quad (a > 0)$$

a) Zeichne die Kurve für $a = 4$ im Bereich $-6 \leq x \leq +6$ mit Hilfe der Einzelkurven $y_1 = a e^{\frac{x}{a}}$ und $y_2 = a e^{-\frac{x}{a}}$ und Bildung des Mittelwertes $y = \frac{y_1 + y_2}{2}$!

b) Zeige, daß für die Länge der Subtangente t_s im Kurvenpunkt P_0 die Proportion gilt:

$$t_s : y_0 = a : \sqrt{y_0^2 - a^2}$$

Entwickle aus dieser Beziehung eine einfache Tangentenkonstruktion! Führe sie durch für $P_0(x_0 = 3)$!

c) Zeige, daß für die Länge n der Normale gilt: $n = \frac{y_0^2}{a}$!

d) Berechne den Inhalt des zwischen den Koordinatenachsen, der Kettenlinie und der Ordinate zu $x = a$ liegenden Flächenstücks!

27. Gegeben ist $f(x) = \frac{1}{2}\ln\left(x + \sqrt{x^2 + 1}\right)$

a) Welchen Definitionsbereich hat $f(x)$?

b) Wie lautet die Gleichung der Umkehrfunktion?

c) Warum ist $f(x)$ im Definitionsbereich monoton? Was folgt daraus für die Umkehrfunktion?

d) Beweise: $f(-x) = -f(x)$.

e) Berechne die Fläche zwischen dem Graphen von $f(x)$, der x-Achse und der zu $x = \frac{1}{2}\left(e - \frac{1}{e}\right)$ gehörigen Ordinate!

§ 46. DIE PARTIELLE INTEGRATION

Zur Berechnung eines Integrals muß dieses im allgemeinen auf ein Grundintegral zurückgeführt werden. Als erstes Verfahren hierzu haben wir in § 45 die Integration durch Substitution kennengelernt. Ein zweites Verfahren ist die Teilintegration oder partielle Integration.

Wir gehen aus von der Formel für die Differentiation des Produkts zweier Funktionen $u(x)$ und $v(x)$, die beide innerhalb des gleichen Intervalls differenzierbar sind. Dann ist

$$\frac{d}{dx}(u\,v) = u\,v' + v\,u'$$

Hieraus folgt durch Integration:

$$u \cdot v = \int u \cdot v'\, dx + \int v \cdot u'\, dx$$

und mit Auflösung nach dem ersten Summanden der rechten Seite:

$$\boxed{\int u\,v'\, dx = u\,v - \int v\,u'\, dx}$$

Mit Hilfe dieser Formel kann ein zu berechnendes Integral $\int u\,v'\, dx$ auf ein anderes, unter Umständen einfacheres Integral $\int v\,u'\, dx$ zurückgeführt werden. Die Integration ist, wie die rechte Seite der Formel zeigt, jedenfalls nur teilweise ausgeführt. Das Verfahren wird daher als partielle Integration bezeichnet.

1. Beispiel: $\int x \sin x\, dx;$

Mit $\quad u = x; \quad v' = \sin x,$
$\qquad u' = 1; \quad v = -\cos x \quad$ wird

$$\int x \sin x\, dx = x(-\cos x) - \int (-\cos x)\, dx = \underline{\underline{-x \cos x + \sin x + C}}$$

2. Beispiel: $\int \sin^2 x\, dx \quad$ (neue Art der Berechnung)

Mit $\quad u = \sin x; \quad v' = \sin x;$
$\qquad u' = \cos x; \quad v = -\cos x \quad$ ergibt sich zunächst:

$$\int \sin^2 x\, dx = -\sin x \cos x + \int \cos^2 x\, dx$$

Ersetzt man $\cos^2 x$ durch $1 - \sin^2 x$, so folgt:

$$\int \sin^2 x\, dx = -\sin x \cos x + \int dx - \int \sin^2 x\, dx$$

und hieraus:

$$2 \int \sin^2 x\, dx = -\sin x \cos x + x + C';$$

also ist

$$\int \sin^2 x\, dx = \underline{\underline{\frac{x}{2} - \frac{1}{4} \sin 2x + C}}$$

§ 46 Die partielle Integration

AUFGABEN

1. a) $\int x \cos x \, dx$;   b) $\int x \sin 2x \, dx$;   c) $\int x \cos ax \, dx$.

2. Bestätige die früheren Ergebnisse durch partielle Integration:
   a) $\int \sin x \cos x \, dx$;   b) $\int \cos^2 x \, dx$.

3. a) $\int \sin^4 x \, dx$;   b) $\int \cos^4 x \, dx$[1]).

4. a) $\int x^2 \sin x \, dx$;   b) $\int x^2 \cos x \, dx$;   c) $\int x^2 \sin a x \, dx$.

5. a) $\int \arcsin x \, dx$;   b) $\int \arccos x \, dx$;   c) $\int \arccos 2x \, dx$.

6. a) $\int \dfrac{x^3}{\sqrt{a^2-x^2}} \, dx$;   b) $\int \dfrac{\sqrt{a^2-x^2}}{x^2} \, dx$;   c) $\int \dfrac{dx}{x^2 \sqrt{a^2-x^2}}$.

   Hinweise: a) $u = x^2$; Aufgabe 5c, § 45;   b) $u = \sqrt{a^2-x^2}$;
   c) $\dfrac{a^2}{x^2 \sqrt{a^2-x^2}} = \dfrac{1}{\sqrt{a^2-x^2}} + \dfrac{\sqrt{a^2-x^2}}{x^2}$.

7. Das Kreisintegral (2. Art der Berechnung)

   a) Beweise die Formel Aufgabe 17, § 45, mittels der Umformung
   $$\sqrt{a^2-x^2} = \dfrac{a^2-x^2}{\sqrt{a^2-x^2}} = \dfrac{a^2}{\sqrt{a^2-x^2}} - \dfrac{x^2}{\sqrt{a^2-x^2}}$$
   und partieller Integration des Subtrahenden mit $u = x$!

   b) Berechne: $\int \dfrac{x^2}{\sqrt{a^2-x^2}} \, dx$;

   c) Berechne: $\int x^2 \sqrt{a^2-x^2} \, dx$ *Hinweis:* $u = x$!

8. a) $\int x \arcsin x \, dx$;   b) $\int x \arctan x \, dx$;   c) $\int x^2 \arcsin x \, dx$.

9. a) $\int \arctan \sqrt{x} \, dx$;   b) $\int \dfrac{x^2}{(1+x^2)^2} \, dx$;   *Hinweis zu b):* $u = x$.

   c) $\int \dfrac{x \arcsin x}{\sqrt{1-x^2}} \, dx$;   d) $\int x \arccos(1-x^2) \, dx$.

---

[1]) Wegen $\int \sin^3 x \, dx$ und $\int \cos^3 x \, dx$ vgl. Aufgaben 6f und 6g, § 45!

10. a) $\int x e^x \, dx$; b) $\int x e^{-x} \, dx$; c) $\int x^2 e^x \, dx$;

d) $\int x a^{bx} \, dx$; e) $\int e^x \sin x \, dx$; f) $\int e^x \cos x \, dx$.

11. Integration des Logarithmus

   a) Zeige mittels partieller Integration, daß

   $$\int \ln x \, dx = x (\ln x - 1) + C$$

   b) Berechne den Inhalt des Flächenstücks, das vom Graphen der Funktion $y = \lg x$, der x-Achse und der Ordinate zu $x = 4$ begrenzt wird!
   c) Durch $y = {}^b\!\log x$ ($b > 0$, Parameter) ist eine Schar logarithmischer Kurven gegeben. Bestimme b so, daß das zwischen der Kurve, der x-Achse und der Ordinate zu $x = e$ liegende Flächenstück 1 cm² Flächeninhalt hat!

12. a) $\int x \ln x \, dx$; b) $\int \frac{\ln x}{x^2} \, dx$; c) $\int x^n \ln x \, dx$ ($n \neq -1$);

d) $\int \frac{\ln x}{(1+x)^2} \, dx$; e) $\int x \ln(1+x^2) \, dx$; f) $\int (\ln x)^2 \, dx$;

g) $\int \arctan x \, dx$; h) $\int_0^{0,5} \operatorname{arc\,cot} 2x \, dx$; i) $\int_1^e \frac{\ln x}{\sqrt{x}} \, dx$ (2 Dez.).

13. a) $\int \frac{dx}{\sqrt{x^2 + a^2}}$; b) $\int \frac{dx}{\sqrt{x^2 - a^2}}$; c) $\int \sqrt{x^2 + a^2} \, dx$; d) $\int \sqrt{x^2 - a^2} \, dx$.

   Hinweise: Zu a) und b): Substitution $z = x + \sqrt{x^2 \pm a^2}$. Zu c) und d): Ähnliche Behandlung des Integrals wie in Aufgabe 7 a).

   e) Wie groß ist der Inhalt des von der Hyperbel $x^2 - 4y^2 - 4 = 0$ und der Geraden $x - 4 = 0$ begrenzten Flächenstücks?

14. Doppelintegrale

   a) $\int_1^e \int_1^x \frac{1}{t} \, dt \, dx$; b) $\int_0^a \int_0^x \frac{1}{a^2 + t^2} \, dt \, dx$; c) $\int_0^{a/2} \int_x^a \frac{t}{\sqrt{a^2 - t^2}} \, dt \, dx$.

15. Uneigentliche Integrale. Untersuche folgende Integrale auf Konvergenz:

   a) $\int_0^{+\infty} x e^{-x} \, dx$; b) $\int_0^{+\infty} x^2 e^{-x} \, dx$; c) $\int_1^{+\infty} x e^{-x^2} \, dx$;

   d) $\int_{0,5}^1 \frac{dx}{x^2 \sqrt{1-x^2}}$; e) $\int_0^1 \frac{x^2}{\sqrt{1-x^2}} \, dx$; f) $\int_1^2 \frac{x^2}{\sqrt{x^2-1}} \, dx$.

§ 46 Die partielle Integration

ERGÄNZUNGEN UND AUSBLICKE

A. Größenabschätzung durch Integration

Die Integration der Logarithmusfunktion $y = \ln x$ gestattet eine einfache Größenabschätzung des Produktes der ersten n natürlichen Zahlen, das wir in §5 mit $n!$ bezeichnet haben. Wir betrachten dazu Abb. 168. Hier sind in das Funktionsbild von $y = \ln x$ zu den Abszissen $x = 2, 3, \ldots, n$ die zugehörigen Ordinaten $y = \ln 2, \ln 3, \ldots, \ln n$ eingezeichnet. Bezeichnen wir die Flächensumme der $n-2$ schraffierten Rechtecke mit F_{n-1}, die der $n-1$ rot umrandeten Rechtecke mit F_n, so gilt:

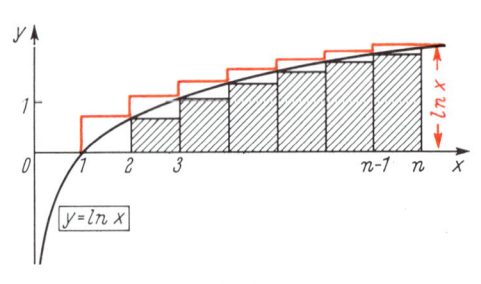

Abb. 168

$$F_{n-1} = \ln 2 + \ln 3 + \ldots + \ln(n-1) = \ln(2 \cdot 3 \cdot \ldots \cdot (n-1)) = \ln(n-1)!$$
$$F_n = \ln 2 + \ln 3 + \ldots + \ln n = \ln n! \qquad (1)$$

Zwischen diesen beiden Flächensummen liegt die von der Kurve mit der x-Achse im Intervall $1 \leq x \leq n$ eingeschlossene Fläche, so daß wir folgende Ungleichung erhalten:

$$F_{n-1} < \int_1^n \ln x \, dx < F_n \qquad (2)$$

Setzen wir (1) ein und berechnen das Integral, so ergibt sich wegen $\int_1^n \ln x \, dx = n(\ln n) - n + 1$:

$$\ln(n-1)! < n(\ln n) - n + 1 < \ln n! \qquad (3)$$

Aus den logarithmischen Rechengesetzen folgt:

$$n(\ln n) - n + 1 = \ln(n^n) - \ln e^n + \ln e = \ln e \left(\frac{n}{e}\right)^n \qquad (4)$$

Da $y = \ln x$ eine echt monotone Funktion ist, erhalten wir aus (3) unter Beachtung von (4) die Ungleichung:

$$(n-1)! < e \left(\frac{n}{e}\right)^n < n! \qquad (5)$$

Nach der zweiten Teilungleichung ist $n! > e \left(\frac{n}{e}\right)^n$, während aus der ersten Teilungleichung nach Multiplikation mit n die Beziehung $n! < n e \left(\frac{n}{e}\right)^n$ entsteht. Zusammenfassend stellen wir fest:

$$\boxed{e \left(\frac{n}{e}\right)^n < n! < n e \left(\frac{n}{e}\right)^n} \qquad (6)$$

Daß diese Abschätzung von $n!$ freilich noch recht grob ist, zeigt folgendes

Zahlenbeispiel:
Für $n = 10$ gilt $10! = 3628800$, $e \left(\frac{10}{e}\right)^{10} \approx 1234000$ und damit

$$1234000 < 10! < 12340000$$

B. Zwei bemerkenswerte Grenzwerte

1. Auf Grund des 1. Monotoniegesetzes für Potenzen[1]) folgt aus (6)

$$\frac{n}{e}\sqrt[n]{e} < \sqrt[n]{n!} < \frac{n}{e}\sqrt[n]{n}\cdot\sqrt[n]{e} \tag{7}$$

oder nach Division durch n:

$$\frac{1}{e}\sqrt[n]{e} < \frac{\sqrt[n]{n!}}{n} < \frac{1}{e}\cdot\sqrt[n]{e}\cdot\sqrt[n]{n} \tag{8}$$

Zahlenbeispiel:

Für $n = 10$ gilt: $\frac{\sqrt[n]{n!}}{n} \approx 0{,}4529$ sowie $0{,}4066 < \frac{\sqrt[n]{n!}}{n} < 0{,}5118$

Wir wollen nun die beiden Schranken der Ungleichung (8) hinsichtlich ihres Verhaltens für $n \to \infty$ näher untersuchen und betrachten dazu die folgende Abschätzung für $\sqrt[n]{n}$, die für alle natürlichen Zahlen $n \geqq 2$ gilt:

$$1 < \sqrt[n]{n} < 1 + \sqrt{\frac{2}{n-1}}$$

Beweis:

Aus $1 < n < 1 + n\sqrt{\frac{2}{n-1}} + n$ für $n \geqq 2$ folgt $1 < n < \left(1 + \sqrt{\frac{2}{n-1}}\right)^n$, weil

$$\left(1 + \sqrt{\frac{2}{n-1}}\right)^n = 1 + n\sqrt{\frac{2}{n-1}} + \frac{n(n-1)}{2}\cdot\frac{2}{n-1} + \ldots \geqq 1 + n\sqrt{\frac{2}{n-1}} + n.$$

Nach dem 1. Monotoniegesetz für Potenzen ergibt sich damit sofort die behauptete Abschätzung.

Aus der Abschätzung für $\sqrt[n]{n}$ folgt $\sqrt[n]{n} \to 1$ mit $n \to \infty$ und damit erst recht $\sqrt[n]{e} \to 1$ mit $n \to \infty$ (warum?). Die beiden Schranken der Ungleichung (8) streben also mit $n \to \infty$ gegen den gemeinsamen Wert $\frac{1}{e}$, und wir erhalten:

$$\boxed{\lim_{n\to\infty} \frac{\sqrt[n]{n!}}{n} = \frac{1}{e} = 0{,}367879\ldots} \tag{9}$$

2. Aus (6) können wir noch eine weitere wichtige Folgerung ziehen. Durch Kehrwertbildung finden wir:

$$\frac{1}{e}\left(\frac{e}{n}\right)^n > \frac{1}{n!} > \frac{1}{ne}\left(\frac{e}{n}\right)^n$$

und nach Multiplikation mit der positiven Zahl $|x^n|$

$$\left|\frac{1}{e}\left(\frac{ex}{n}\right)^n\right| > \left|\frac{x^n}{n!}\right| > \left|\frac{1}{ne}\left(\frac{ex}{n}\right)^n\right|$$

Da für jede reelle Zahl x der Quotient $\frac{ex}{n}$ dem Betrag nach kleiner wird als 1, sobald $n > |ex|$ ist, ergibt sich nach § 6 A 2, $\lim_{n\to\infty}\left(\frac{ex}{n}\right)^n = 0$ und somit für jedes reelle x

$$\boxed{\lim_{n\to\infty} \frac{x^n}{n!} = 0} \tag{10}$$

Zahlenbeispiel:

Für $x = 1000$ und $n = 3000$ gilt angenähert $4\cdot 10^{-133} < \frac{x^n}{n!} < 4\cdot 10^{-132}$

---

[1]) Vgl. Titze, Algebra II, § 26 E!

§ 46 Die partielle Integration

C. Die Reihenentwicklung der Exponentialfunktion

Die vorausgegangenen Überlegungen ermöglichen eine Abschätzung von e^x, die eine Berechnung der Funktionswerte mit jeder gewünschten Genauigkeit gestattet. Wir betrachten zu diesem Zweck die Funktion

$$y = e^t \quad \text{in} \quad 0 \leq t \leq x$$

Sie hat in diesem Bereich ein Minimum $m = e^0 = 1$ und ein Maximum $M = e^x$. Daher ist nach L.S. 6 § 24:

$$1 \cdot x < \int_0^x e^t \, dt < e^x \cdot x$$

Hieraus folgt:

$$x < e^x - 1 < x \cdot e^x \tag{11}$$

Die linke Teilungleichung liefert, wenn wir x wieder durch t ersetzen

$$e^t > 1 + t \quad \text{für} \quad t \neq 0 \tag{12}$$

Die Integration beider Seiten von (12) zwischen den Grenzen 0 und $x > 0$ ergibt nach L.S. 6 § 24:

$$e^x > 1 + x + \frac{x^2}{2!}$$

Setzen wir den Integrationsprozeß nach erneuter Einführung der Integrationsvariablen t fort, so folgt nach n Schritten als untere Schranke für e^x:

$$e^x > 1 + x + \frac{x^2}{2!} + \frac{x^3}{3!} + \ldots + \frac{x^n}{n!} \tag{13}$$

Um eine obere Schranke für e^x zu finden, gehen wir von der rechten Teilungleichung (11) aus. Sie liefert nach Ersatz von x durch t

$$e^t < 1 + t\, e^t \quad \text{für} \quad t \neq 0 \tag{14}$$

Durch Integration beider Seiten zwischen 0 und $x > 0$ finden wir nach L.S. 6 § 24:

$$e^x < 1 + x + \frac{x^2}{2!} e^x \text{ }^1)$$

Durch Fortsetzung des Integrationsprozesses erhalten wir nach n Schritten:

$$e^x < 1 + x + \frac{x^2}{2!} + \frac{x^3}{3!} + \ldots + \frac{x^n}{n!} e^x \tag{15}$$

Aus (13) und (15) folgt:

$$\sum_{\nu=0}^{n} \frac{x^\nu}{\nu!} < e^x < \sum_{\nu=0}^{n-1} \frac{x^\nu}{\nu!} + \frac{x^n}{n!} e^x$$

Die Differenz zwischen den Näherungspolynomen der rechten und linken Seite ist $\frac{x^n}{n!}(e^x - 1)$. Sie geht nach (10) mit $n \to \infty$ gegen Null. Damit ergibt sich die Reihe:

$$\boxed{e^x = 1 + x + \frac{x^2}{2!} + \frac{x^3}{3!} + \ldots \quad \text{für} \quad x \geq 0\, ^2)}$$

---

[1]) Es ist $\int_0^x t\, e^t\, dt < e^x \int_0^x t\, dt$ und allgemein $\int_0^x t^n\, e^t < e^x \int_0^x t^n\, dt$, wenn man den veränderlichen Faktor e^t durch seinen Maximalwert e^x im Intervall $0 \leq t \leq x$ ersetzt und L.S. 6 § 24 beachtet.

[2]) Die Reihe konvergiert, was hier nicht weiter interessiert, auch für $x < 0$.

insbesondere folgt für $x = 1$:

$$e = 1 + 1 + \frac{1}{2!} + \frac{1}{3!} + \cdots$$

womit die Behauptung § 8 B 2 bewiesen ist.

Aufgaben:
1. Berechne e auf drei und $\sqrt{e}$ auf vier Dezimalen genau!
2. Zeichne für $y = e^x$ die Schmiegungsparabeln 1. bis 4. Ordnung!

D. Die Sinus- und Kosinusreihe

Wir gehen aus von der für alle $t \neq 2n\pi$, $n \in \mathbb{Z}$, gültigen Ungleichung

$$\cos t < 1$$

Mit Benutzung von Lehrsatz 6 § 24 und Integration zwischen den Grenzen 0 und $x > 0$ folgt:

$$\sin x < x$$

Denken wir uns x durch t ersetzt und integrieren nochmals zwischen 0 und $x > 0$, ergibt sich:

$$1 - \cos x < \frac{1}{2} x^2$$

Hieraus folgt mit Auflösung nach $\cos x$ und Ersatz von x durch t:

$$\cos t > 1 - \frac{t^2}{2!}$$

Erneute Integration zwischen den Grenzen 0 und $x > 0$ ergibt:

$$\sin x > x - \frac{x^3}{3!}$$

Hieraus folgt:

$$1 - \cos x > \frac{x^2}{2!} - \frac{x^4}{4!} \quad \text{usw.}$$

Durch Fortsetzung des Verfahrens gewinnen wir folgende Erkenntnisse:

I. Für $\sin x$ gilt für $x > 0$:

$$x - \frac{x^3}{3!} < \sin x < x$$

$$x - \frac{x^3}{3!} + \frac{x^5}{5!} - \frac{x^7}{7!} < \sin x < x - \frac{x^3}{3!} + \frac{x^5}{5!}$$

$$\cdots\cdots\cdots\cdots\cdots\cdots\cdots\cdots\cdots\cdots\cdots\cdots\cdots\cdots\cdots$$

Die Differenz zwischen den Näherungspolynomen rechts und links ist $\frac{x^{2n+1}}{(2n+1)!}$. Sie geht nach (10) für jedes x mit $n \to \infty$ gegen 0. Hieraus folgt:

$$\sin x = \lim_{n \to \infty} \sum_{\nu=0}^{n} (-1)^\nu \frac{x^{2\nu+1}}{(2\nu+1)!}$$

oder

$$\sin x = x - \frac{x^3}{3!} + \frac{x^5}{5!} - \frac{x^7}{7!} + \cdots \quad \text{für} \quad 0 \leq x < \infty\ [1])$$

---

[1]) Nachträglich ist zu erkennen, daß die Reihe auch für negative x-Werte konvergiert, denn $y = \sin x$ ist eine ungerade Funktion.

§ 46 Die partielle Integration

II. Eine analoge Betrachtung für $\cos x$ ergibt die Kosinusreihe:

$$\cos x = 1 - \frac{x^2}{2!} + \frac{x^4}{4!} - \frac{x^6}{6!} + \ldots \quad \text{für} \quad 0 \leqq x < \infty \,^{1})$$

Abb. 169 zeigt für $y = \cos x$ die Schmiegungsparabeln 1. bis 5. Ordnung.
Mit der Sinus- und Kosinusreihe sind die in den Tafelwerken stehenden Werte der beiden Funktionen berechnet.

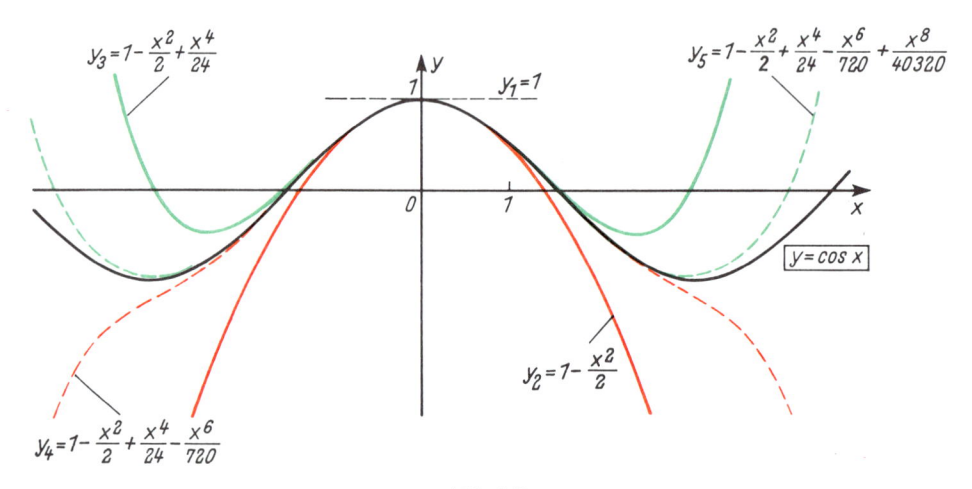

Abb. 169

Aufgaben

1. Setze mit Benutzung von $\pi = 3{,}1416$ die beiden Reihen für $\sin 9°$ und $\cos 9°$ an und brich nach dem 2. Glied ab! Zeige durch Berechnung des Fehlers, daß sich auf diese Weise die Funktionswerte bereits auf 4 Dezimalen ergeben!
   Hinweis: Beachte für die Fehlerberechnung den Hinweis zu Aufgabe 1 S. 264!
2. Berechne $\sin 1$ auf 4 Dezimalen genau!
3. Zeichne für $y = \sin x$ die Schmiegungsparabeln 1. bis 4. Ordnung!

---

[1]) Nachträglich ist zu erkennen, daß die Reihe auch für negative x-Werte konvergiert.

Anwendung der Infinitesimalrechnung auf die Geometrie

§ 47. RAUMMESSUNG DURCH INTEGRATION

In der Geometrie lernten wir die Volumina verschiedener Körper berechnen.

> a) Zähle alle aus dem Geometrieunterricht bekannten Körper auf, deren Rauminhalt berechenbar ist! Gib die zugehörigen Formeln an und erläutere kurz den Weg, auf dem sie gefunden wurden!
> b) Was versteht man unter einem Rotationskörper? Welche der in a) genannten Körper sind Rotationskörper? Gib jeweils die Drehachse und das den Körper erzeugende Flächenstück an!

Mit Hilfe der Integralrechnung läßt sich das Volumen einiger weiterer Körper definieren und berechnen.

A. Rauminhalt eines Rotationskörpers

Dreht man das zwischen dem Graphen der Funktion $y = f(x)$, der x-Achse und den beiden Ordinaten zu $x = a$ und $x = b$ liegende Flächenstück um die x-Achse, entsteht ein von zwei parallelen Ebenen begrenzter *Rotationskörper* (Abb. 170).

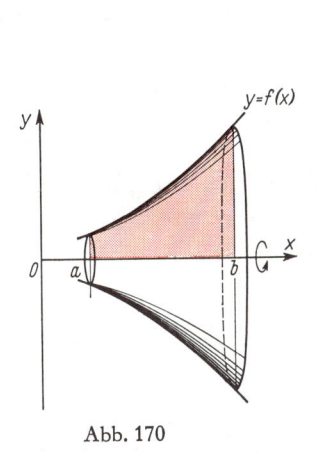

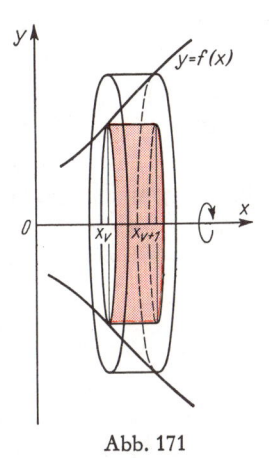

Abb. 170

Abb. 171

Um zu einer Definition seines Volumens zu gelangen, setzen wir voraus, daß $f(x)$ in $a \leq x \leq b$ stetig, monoton steigend und positiv ist und denken uns wie in § 23 das Flächenstück durch fortgesetzte Intervallhalbierung in $n = 2^k$ Teilabschnitte der Breite $\Delta x = (b-a) : n$ zerlegt.

Dann erzeugt jedes Flächenelement der unteren bzw. oberen Treppe bei der Rotation jeweils das *Volumenelement* eines inneren bzw. äußeren Treppenkörpers. Alle Volumenelemente haben die Form von zylindrischen Scheibchen mit der Dicke Δx und den Radien $f(x_\nu)$ bzw. $f(x_{\nu+1})$ (Abb. 171).

Ähnlich wie in § 23 gilt:

Abszisse des ν-ten Teilpunktes: $x_\nu = a + \nu \Delta x$, $\nu = 1, \ldots, n$

ν-tes Volumenelement des inneren Treppenkörpers: $\pi f^2 [a + (\nu-1) \Delta x] \Delta x$, $\nu = 1, \ldots, n$

Untersumme $\underline{V}_n$: $\pi \sum_{\nu=0}^{n-1} f^2 (a + \nu \Delta x) \Delta x$,

§ 47 Raummessung durch Integration

v-tes Volumenelement des äußeren Treppenkörpers: $\pi f^2 [a + v \Delta x] \Delta x$, $v = 1, \ldots, n$

Obersumme $\overline{V}_n$: $\pi \sum_{v=1}^{n} f^2 (a + v \Delta x) \Delta x$

Über die Folgen $\underline{V}_n$ und $\overline{V}_n$ lassen sich nachstehende Aussagen machen:

I. Die Folge $\underline{V}_n$ ist monoton steigend. Denn das in Abb. 85a S. 152 rot schraffierte Flächenstück erzeugt bei der Drehung einen zylindrischen Ring, der beim Übergang von der Teilung n zur Teilung $2n$ *hinzukommt*.

II. Die Folge $\overline{V}_n$ ist monoton fallend. Denn das in Abb. 85b S. 152 schwarz schraffierte Flächenstück erzeugt bei der Drehung einen zylindrischen Ring, der beim Übergang von der Teilung n zur Teilung $2n$ *wegfällt*.

III. Die Folge $(\overline{V}_n - \underline{V}_n)$ ist eine Nullfolge; denn mit $\Delta x = (b-a) : n$ ist

$$\overline{V}_n - \underline{V}_n = \pi [f^2(a + n \Delta x) \Delta x - f^2(a) \Delta x] = \frac{\pi (b-a)}{n} [f^2(b) - f^2(a)]$$

und mithin

$$\lim_{n \to \infty} (\overline{V}_n - \underline{V}_n) = 0.$$

Die Folgen $\underline{V}_n$ und $\overline{V}_n$ bilden daher eine Intervallschachtelung. Nach der Erklärung des bestimmten Integrals ist also

$$\lim_{n \to \infty} \pi \sum_{v=0}^{n-1} f^2 (a + v \Delta x) \Delta x = \lim_{n \to \infty} \pi \sum_{v=1}^{n} f^2 (a + v \Delta x) \Delta x = \pi \int_{a}^{b} f^2(x) \, dx$$

In Übereinstimmung mit der Anschauung definieren wir diesen gemeinsamen Grenzwert als die Maßzahl $[V]_a^b$ des Volumens des Rotationskörpers zwischen den Ebenen $x = a$ und $x = b$. Setzen wir $f(x) = y$, so können wir schreiben:

$$\boxed{[V]_a^b = \pi \int_{a}^{b} y^2 \, dx}$$

Beispiel:

Das von der Kurve $y = 0{,}1 (x^2 + 1)$, der x-Achse und den Ordinaten zu $x = 2$ und $x = 5$ begrenzte Flächenstück rotiert um die x-Achse. Wie groß ist das Volumen des entstehenden Trichters?

Lösung:

$$[V]_2^5 = \pi \int_{2}^{5} [0{,}1 \, (x^2 + 1)]^2 \, dx = \frac{\pi}{100} \left[\frac{x^5}{5} + \frac{2 x^3}{3} + x \right]_2^5 = 6{,}996\,\pi = 22{,}0 \quad \text{mit 3 g. Z.}$$

Bemerkung: Ähnlich wie dies in § 23 B für die Fläche gezeigt wurde, kann auch für das Rotationsvolumen die Definition des Integrals allgemeiner gefaßt werden; ebenso können die Beschränkungen teilweise aufgehoben werden, so daß gilt: Ist die Funktion $y = f(x)$ in $a \leq x \leq b$ stetig und abschnittsweise monoton, dann existiert eindeutig der Grenzwert

$$\lim_{n \to \infty} \pi \sum_{v=1}^{n} f^2(\xi_v) \, \Delta x_v = \pi \int_{a}^{b} f^2(x) \, dx$$

mit $x_{\nu-1} \leq \xi_\nu \leq x_\nu$, ganz gleich wie die Teilung gewählt wurde und auf welche Weise n gegen unendlich strebt, sofern nur die Breite des breitesten Teilintervalls gegen Null geht.

B. Rauminhalt eines Körpers mit bekannter Querschnittsfunktion

Schneidet man die eben betrachteten Rotationskörper mit Lotebenen zur x-Achse, so erhält man als Querschnitte Kreise, deren Fläche von der Abszisse x abhängt. Das Verfahren der Volumenberechnung durch Integration kann nun verallgemeinert und auf jene Körper übertragen werden, deren Querschnitte beliebige Polygone oder krummlinig begrenzte Flächenstücke sind, sofern die funktionale Abhängigkeit der Querschnittsfläche von der zugehörigen Abszisse bekannt ist.

Ist die Querschnittsfunktion $y = q(x)$ in $a \leq x \leq b$ stetig, positiv und monoton zunehmend, so läßt sich, ähnlich wie in A, der Körper zwischen einen inneren und äußeren Treppenkörper einschließen. Es liegt nahe, das sicher existierende Integral

$$V = \int_a^b q(x)\, dx \qquad (1)$$

als die Volumenmaßzahl des Körpers zu definieren. Erläutere dies näher!

Beispiel:

Die x-Achse, die y-Achse und die z-Achse stehen paarweise aufeinander senkrecht. In der xy-Ebene liegt die Parabel $y^2 = 4x$, in der xz-Ebene die Parabel $z = 8x - x^2$. Über allen Sehnen der ersten Parabel, die zur x-Achse senkrecht sind, werden gleichschenklige Dreiecke errichtet, die ihre Spitze auf der 2. Parabel haben. Auf diese Weise wird ein Körper erzeugt, dessen Volumen zwischen $x = 0$ und $x = 4$ berechnet werden soll (Abb. 172).

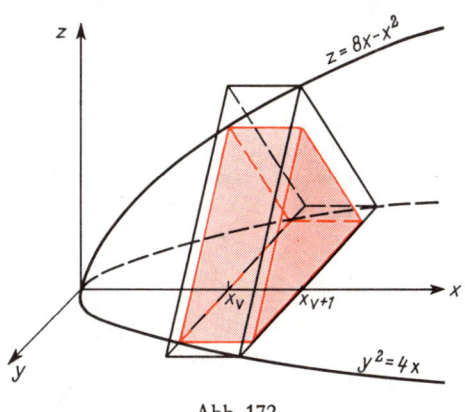

Abb. 172

Lösung:

Basis des gleichschenkligen Dreiecks: $4\sqrt{x}$

Höhe des gleichschenkligen Dreiecks: $8x - x^2$

Querschnittsfunktion: $q(x) = 0{,}5 \cdot 4\sqrt{x}\,(8x - x^2)$

Volumenmaßzahl: $V = \int_0^4 q(x)\, dx = 2\int_0^4 (8x^{\frac{3}{2}} - x^{\frac{5}{2}})\, dx \approx 132$

Anmerkung: Die Beschränkung auf monoton zunehmende Querschnittsfunktionen kann auch hier fallen gelassen und durch die Forderung der abschnittsweisen Monotonie ersetzt werden.

C. Das Cavalierische Prinzip

Können zwei Körper so zwischen zwei Ebenen gestellt werden, daß beide Körper von jeder Parallelebene nach flächengleichen Figuren geschnitten werden, dann sind die

§ 47 Raummessung durch Integration

Querschnittsfunktionen und damit nach B die Rauminhalte gleich. Das Integral (1) ist daher in seiner Aussage mathematisch äquivalent mit dem Cavalierischen Prinzip, das wir in der Raumgeometrie zur Berechnung von Körperinhalten verwendet haben (Kratz-Wörle, Geometrie II, § 10).

AUFGABEN

1. Das zwischen der Kurve $y = f(x)$, der x-Achse und den Ordinaten zu $x = a$ und $x = b$ liegende Flächenstück rotiert um die x-Achse. Berechne das Volumen des entstehenden Rotationskörpers und überprüfe das Ergebnis mit einer elementar-geometrischen Volumenformel!
   a) $y - r = 0$, $a = 0$, $b = h$; b) $y = x$, $a = 0$, $b = 3$;
   c) $y = x$, $a = 1$, $b = 6$; d) $y = 2 + x$, $a = 0$, $b = 4$;
   e) $y = \sqrt{r^2 - x^2}$, $a = 0$, $b = r$; f) $y = \dfrac{R-r}{h} x + r$, $a = 0$, $b = h$.

2. a) Durch Drehung einer Parabel um ihre Achse entsteht ein *Rotationsparaboloid*. Zeige: Das Volumen eines über einem Kreis vom Radius r stehenden Rotationsparaboloides ist halb so groß wie das Volumen des ihm umschriebenen Zylinders.
   b) Durch Rotation der Ellipse $b^2 x^2 + a^2 y^2 - a^2 b^2 = 0$ um die x-Achse entsteht ein *Rotationsellipsoid*. Berechne sein Volumen! Spezieller Fall: $a = b = r$.
   c) Die Hyperbel $x^2 - y^2 = 1$ rotiert um die x-Achse. Es entsteht ein sogenanntes *zweischaliges Rotationshyperboloid*. Berechne das Volumen einer Schale zwischen den Ebenen $x = 2$ und $x = 5$!

3. a) Die durch die Relation $x^3 - a x^2 - b y^2 = 0$ gegebene Kurve rotiert zwischen $x = a$ und $x = 2a$ um die x-Achse. Es entsteht eine *Glocke*. Berechne ihren Rauminhalt! Zeichnung für $a = 4$; $b = 25$.
   b) Der Achsenschnitt eines *Stromlinienkörpers* ist begrenzt durch eine Halbellipse und zwei Parabelbögen, deren Scheitel mit den Nebenscheiteln und deren Achsen mit der Nebenachse der Ellipse zusammenfallen. a große Halbachse, b kleine Halbachse, $a + c$ Gesamtlänge des Körpers.
   1. Zeichne den Achsenschnitt für $a = 3$ cm, $b = 2$ cm, $c = 7$ cm!
   2. Berechne das Volumen allgemein und speziell für die angegebenen Werte!

4. a) Die Kurve $y = \dfrac{a^2}{a - 2x}$ rotiert zwischen $x = 0$ und $x = \dfrac{a}{4}$ um die x-Achse. Berechne das Volumen des entstehenden Körpers!
   b) Durch Drehung der Sinuslinie $y = \sin x$ zwischen $x = 0$ und $x = \pi$ um die x-Achse entsteht ein *spindelartiger Körper*. Berechne sein Volumen!
   c) Die Kurve $y = 1 + \sin x$ schließt mit den Koordinatenachsen ein Flächenstück ein, das um die x-Achse gedreht wird. Berechne das Volumen der entstehenden *Zwiebelhaube*!
   d) Berechne das Volumen des Körpers, der durch Drehung der Kurve $y = 1 - \cos x$ um die x-Achse zwischen den Ebenen $x = 0$ und $x = 2\pi$ entsteht!

5. Extremalprobleme
   a) Gegeben sind die Gerade $x - 2a = 0$ und der Punkt $P(a; b)$. Durch P soll eine nach rechts sich öffnende Parabel, deren Achse die x-Achse ist, so gelegt werden, daß das von der Geraden und der Parabel begrenzte Segment bei der Drehung um die x-Achse einen Körper von kleinstem Rauminhalt ergibt. Wie lautet die Gleichung der Parabel und wie groß ist $V_{\min}$?

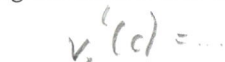

Raummessung durch Integration § 47

b) Die von der Kurve
$$y = \frac{a}{(a+2)^2} x(2-x) \quad (a \text{ Parameter})$$
und der x-Achse begrenzte Fläche rotiert um die x-Achse. Für welchen Wert von $a > 0$ nimmt das Volumen dieses Körpers einen größten Wert an? Wie lautet in diesem Fall die Funktion? Skizziere ihren Verlauf mit 1 L.E. = 2 cm und gib den Wert von V_{max} an!

6. Rotation um die y-Achse

a) Die Parabel $y = \frac{1}{c} x^2$ rotiert um die y-Achse. Berechne das Volumen des zwischen den Ebenen $y = c$ und $y = 2c$ gelegenen Paraboloids!

b) Die Hyperbel $x^2 - y^2 = a^2$ dreht sich um die y-Achse. Es entsteht ein *einschaliges Rotationshyperboloid*. Berechne sein Volumen zwischen den Ebenen $y = -a$ und $y = +a$!

c) Das Flächenstück zwischen der Kurve mit der Gleichung $y = \ln(x^2 + c)$ und der Verbindungsgeraden ihrer Wendepunkte rotiert um die y-Achse. Berechne das Volumen des Drehkörpers! Zeichnung mit $c = 4$!

7. Der Torus

Durch Drehung eines Kreises um eine in der Kreisebene liegende, den Kreis aber nicht treffende Gerade entsteht ein Kreisringkörper (Torus). Abb. 173.

a) Zeige: Für die Volumenmaßzahl V des Torus, der durch Rotation eines Kreises vom Radius r um eine Gerade entsteht, deren Abstand vom Kreismittelpunkt gleich $a\,[>r]$ ist, gilt:
$$\boxed{V = 2\pi^2 r^2 a}$$

b) Bestätige: Das Volumen des Torus ist gleich dem Produkt aus der Kreisfläche und dem Weg ihres Schwerpunktes.

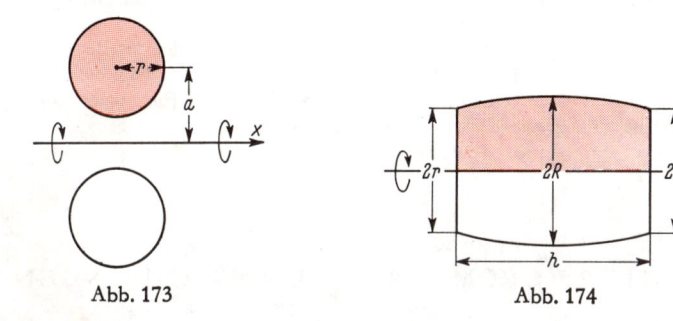

Abb. 173   Abb. 174

8. Die Faßregel

Abb 174 zeigt den Längsschnitt durch ein *Faß*, dessen Boden- und Deckfläche Kreise mit dem Durchmesser $2r$ sind. Der Spunddurchmesser ist $2R$, die Faßhöhe h. Die Dauben sind Parabelbögen. Zeige, daß für die Maßzahl V des Volumens des Fasses gilt:
$$\boxed{V = \frac{h\pi}{15}(8R^2 + 4Rr + 3r^2)} \qquad \text{Spezieller Fall: } R = r!$$

§ 48   Weitere geometrische Anwendungen

9. Eine Pyramide hat die Grundfläche G und die Höhe h. Eine Parallelebene zur Grundfläche im Abstand x von der Spitze schneidet die Pyramide nach einer Figur von der Fläche q. Stelle die Querschnittsfunktion $q(x)$ auf und berechne den Pyramideninhalt durch Integration!

10. Berechne das Volumen einer Kugel vom Radius r auf 2 Arten:
    a) Durch Einbau und Umbau von zylindrischen Scheiben der Dicke $\dfrac{r}{n}$ in bzw. um die Halbkugel, Aufsummierung deren Volumina und anschließenden Grenzübergang mit $n \to \infty$!
    b) Mit Hilfe der Querschnittsfunktion und Integration!

11. a) Gegeben ein Kreis vom Radius r mit einem Durchmesser AB. Denkt man sich alle Sehnen senkrecht zu AB eingezeichnet und über jeder Sehne als Seite ein gleichseitiges Dreieck errichtet, dessen Ebene Lotebene zur Kreisebene ist, so entsteht ein Körper. Berechne sein Volumen!
    b) Gegeben eine Ellipse mit der großen Halbachse a und der kleinen Halbachse b. Über allen Sehnen senkrecht zur großen Achse sind gleichschenklige Dreiecke mit der Höhe h errichtet, deren Ebenen auf der großen Ellipsenachse senkrecht stehen. Wie groß ist das Volumen des auf diese Weise erzeugten Körpers?
    c) Ein Flächenstück ist begrenzt von der Parabel $y^2 = 2px$ und der Sehne $x - 2p = 0$. Über allen, zu dieser parallelen Parabelsehnen werden Quadrate errichtet, deren Ebenen auf der Parabelachse senkrecht stehen. Berechne das Volumen des so erzeugten Körpers!
    d) In der xy-Ebene liegt die Parabel $y^2 = x$, in der dazu lotrechten xz-Ebene die Gerade $z = x + 2$. Punkt A gleitet auf der Geraden, Punkt B und C auf der Parabel so, daß die Ebene des Dreiecks ABC stets zur x-Achse lotrecht ist. Auf diese Weise wird ein Körper erzeugt, dessen Volumen zwischen der yz-Ebene und der dazu parallelen Ebene $x = 4$ zu berechnen ist.

Anmerkung: Der zu berechnende Körper gehört, ebenso wie der im Beispiel S. 305 zur Klasse der *Konoide*. Konoidflächen entstehen, wenn eine Gerade entlang einer Führungslinie so gleitet, daß sie zu einer festen Ebene beständig parallel bleibt. Ein bekanntes Beispiel einer Konoidfläche ist die *Schraubenfläche*. Erkläre ihre Entstehung!

§ 48. WEITERE GEOMETRISCHE ANWENDUNGEN

A. Die Länge eines Kurvenbogens

Wie wurde im Geometrieunterricht die Maßzahl des Kreisumfangs definiert?

1. *Definition und Formel*
Um zu einer Definition der Längenmaßzahl s eines Kurvenbogens AB (Abb. 175) zu gelangen, teilen wir das Intervall $a \leq x \leq b$ durch die Punkte $x_1, x_2, \ldots, x_{n-1}$ in n, nicht notwendig gleiche Teile. Die zu diesen Abszissen gehörigen, auf dem Kurven-

Abb. 175

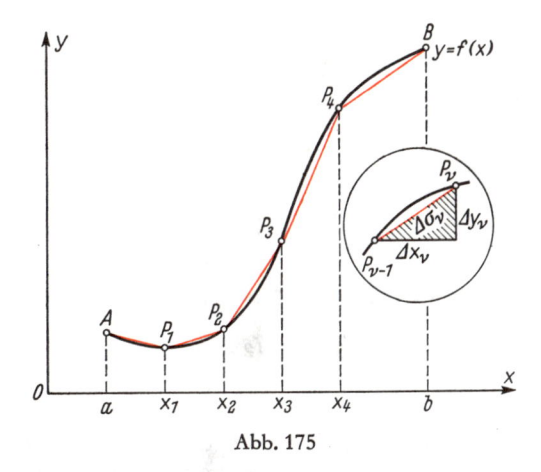

bogen liegenden Punkte seien $P_1, P_2, \ldots, P_{n-1}$. Verbinden wir sie geradlinig, erhalten wir einen Sehnenzug. Setzen wir

$$x_\nu - x_{\nu-1} = \Delta x_\nu \quad \text{und} \quad y_\nu - y_{\nu-1} = \Delta y_\nu$$

dann ist nach dem pythagoreischen Lehrsatz die Länge $\Delta \sigma_\nu$ der Sehne $P_{\nu-1} P_\nu$:

$$\Delta \sigma_\nu = \sqrt{(\Delta x_\nu)^2 + (\Delta y_\nu)^2} = \sqrt{1 + \left(\frac{\Delta y_\nu}{\Delta x_\nu}\right)^2}\, \Delta x_\nu$$

Und für die Länge σ_n des Sehnenzuges gilt:

$$\sigma_n = \sum_{\nu=1}^{n} \sqrt{1 + \left(\frac{\Delta y_\nu}{\Delta x_\nu}\right)^2}\, \Delta x_\nu \quad (x_0 = a;\; x_n = b)$$

Machen wir nun die Teilung immer feiner und lassen n gegen ∞ streben, wobei die Länge des längsten Teilintervalls Δx_ν gegen 0 geht, dann kann σ_n unter gewissen Bedingungen einem Grenzwert zustreben. Ist dies der Fall, so nennen wir den Kurvenbogen AB *streckbar* und definieren in Übereinstimmung mit der Anschauung den Grenzwert als die *Länge* des Bogens AB.

Setzen wir voraus, daß $f(x)$ im Intervall $a \leq x \leq b$ *stetig differenzierbar* ist, so gibt es nach dem Mittelwertsatz der Differentialrechnung § 20 für jedes Intervall $x_{\nu-1} \leq x \leq x_\nu$ ein ξ_ν, das so beschaffen ist, daß gilt:

$$f'(\xi_\nu) = \frac{\Delta y_\nu}{\Delta x_\nu} \quad \text{mit} \quad x_{\nu-1} \leq \xi_\nu \leq x_\nu$$

Strebt n gegen ∞, dann ist, unabhängig wie die Teilung gewählt wurde, gemäß § 23 B 3

$$\lim_{n \to \infty} \sigma_n = \lim_{n \to \infty} \sum_{\nu=1}^{n} \sqrt{1 + [f'(\xi_\nu)]^2}\, \Delta x_\nu = \int_a^b \sqrt{1 + [f'(x)]^2}\, dx$$

Für die Maßzahl s des Bogens AB gilt also:

$$\boxed{s = \int_a^b \sqrt{1 + y'^2}\, dx} \tag{1}$$

§ 48 Weitere geometrische Anwendungen

Beispiel:
Es soll die Länge des Bogens der Parabel $y = x^2$ zwischen $x = 0$ und $x = 1$ auf 2 Dez. genau berechnet werden.

Lösung:
Aus $y = x^2$ folgt mit $y' = 2x$

$$s = \int_0^1 \sqrt{1 + 4x^2}\, dx$$

Integration mit Substitution $2x = z$ und Beachtung von Aufgabe 13 c, § 46 ergibt:

$$s = \tfrac{1}{2}\sqrt{5} + \tfrac{1}{4}\ln(2 + \sqrt{5}) \approx \underline{\underline{1{,}48}}$$

2. Bemerkungen

a) Die Bestimmung der Länge eines Kurvenbogens heißt Rektifikation[1]). Wir können also sagen: Hat $y = f(x)$ in $a \leq x \leq b$ einen stetigen Differentialquotienten, dann ist der zwischen $x = a$ und $x = b$ liegende Bogen der Kurve rektifizierbar und seine Länge berechnet sich nach (1).

b) Betrachtet man die obere Grenze in dem Integral (1) als variabel, die untere als fest, so wird $s = s(x)$ eine Funktion der Abszisse x. Dann folgt aus (1):

$$\frac{ds}{dx} = \sqrt{1 + y'^2}$$

c) Die Auswertung des Integrals (1) gelingt nur in wenigen Fällen in geschlossener Form. Es läßt sich daher lediglich für eine kleine Gruppe von Kurven die Bogenlänge als abgeschlossene Formel angeben. Schon für die Ellipse ist dies nicht mehr möglich.

AUFGABEN

1. Berechne mit Hilfe von (1) die Länge der Strecke $P_1 P_2$ mit $P_1(1; 3)$ und $P_2(4; 7)$!
2. Berechne den Umfang des Kreises $x^2 + y^2 - r^2 = 0$!
3. Es soll die Länge des Bogens der Neilschen Parabel $y^2 = x^3$ zwischen $x = 0$ und $x = a$ berechnet werden.
4. Berechne den Bogen der Parabel $y^2 = 2px$ zwischen $x = 0$ und $x = a$!
5. Welche Länge hat der Bogen der Kurve $y = \tfrac{1}{4}x^2 - \tfrac{1}{2}\ln x$ zwischen $x = 1$ und $x = e$?
6. Berechne die Länge des Bogens, der durch die Ordinaten zu $x = \dfrac{\pi}{6}$ und $x = \dfrac{\pi}{2}$ aus der Kurve $y = \ln \sin x$ ausgeschnitten wird!
7. Es ist die Länge des Bogens der Kurve $y = 3 - \sqrt{2x - x^2 + 3}$ zwischen $P_1(x = 1)$ und $P_2(x = 3)$ durch Integration zu berechnen.
8. Zeige, daß die Länge des Bogens der Kettenlinie

$$y = \frac{a}{2}\left(e^{\frac{x}{a}} + e^{-\frac{x}{a}}\right)$$

---

[1]) Von den lat. Wörtern *rectus*, gerade und *facere*, machen.

zwischen den Punkten $P_1 (x=-b)$ und $P_2 (x=+b)$ nach folgender Formel berechnet werden kann:

$$s = a \left(e^{\frac{b}{a}} - e^{-\frac{b}{a}} \right)$$

B. Die Krümmung

In § 17 haben wir uns mit dem *Krümmungsverhalten* einer Kurve beschäftigt. Nunmehr wollen wir ein Maß für die *Größe der Krümmung* definieren. Dabei setzen wir voraus, daß die Kurve das Bild einer zweimal stetig differenzierbaren Funktion ist.

1. *Mittlere Krümmung eines Bogenstücks*

Von 2 Bogenstücken mit der gleichen Länge Δs erscheint dasjenige *stärker* gekrümmt, bei dem die Tangente die *größere* Richtungsänderung erfährt, wenn sie aus der Anfangslage t_P in die Endlage t_Q übergeführt wird. Die Richtungsänderung wird gemessen durch $\alpha_Q - \alpha_P = \Delta \alpha$ (Abb. 176a).
Von 2 Bogenstücken mit dem gleichen $\Delta \alpha$ erscheint dasjenige *stärker* gekrümmt, das die *kleinere* Bogenlänge Δs hat (Abb. 176b).

Es ist daher naheliegend, als Maß $\bar{k}$ für die mittlere Krümmung des Bogenstücks PQ den Quotienten zu definieren:

$$\bar{k} = \frac{\Delta \alpha}{\Delta s}$$

Nach dieser Definition wird die mittlere Krümmung eines Bogenstücks gemessen durch die auf die Bogenlängeneinheit bezogene Tangentenrichtungsänderung.

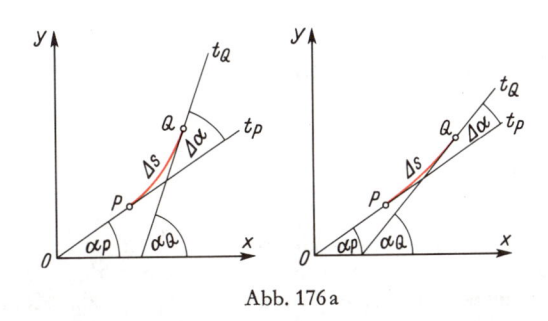

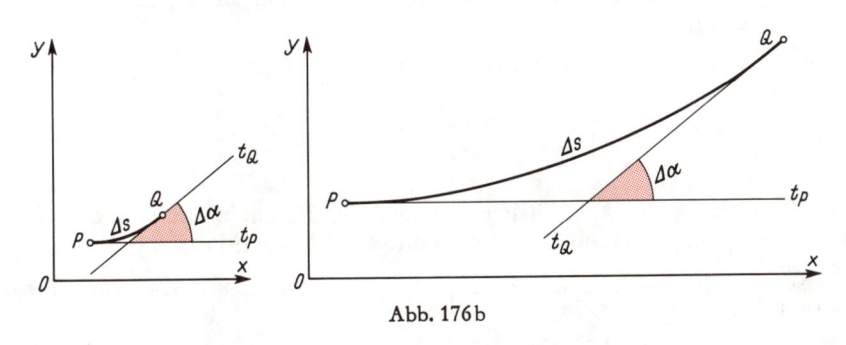

Abb. 176a

Abb. 176b

§ 48 Weitere geometrische Anwendungen

2. *Die Krümmung in einem Kurvenpunkt*

Denken wir uns P fest und Q gegen P wandernd, so strebt Δs gegen 0. Dann verstehen wir unter dem Maß der Krümmung k im Kurvenpunkt P den allenfalls existierenden Grenzwert

$$k = \lim_{\Delta s \to 0} \bar{k} = \lim_{\Delta s \to 0} \frac{\Delta \alpha}{\Delta s} \text{ }^{1)}$$

Nun ist $\frac{\Delta \alpha}{\Delta s} = \frac{\Delta \alpha}{\Delta x} \cdot \frac{\Delta x}{\Delta s}$ und somit $\lim\limits_{\Delta s \to 0} \frac{\Delta \alpha}{\Delta s} = \frac{d\alpha}{dx} : \frac{ds}{dx}$.

Aus $\tan \alpha = y'$ folgt $\alpha = \arctan y'$ und hieraus $\frac{d\alpha}{dx} = \frac{y''}{1 + y'^2}$. Nach A 2 ist $\frac{ds}{dx} = \sqrt{1 + y'^2}$; folglich ergibt sich:

$$\boxed{k = \frac{y''}{(1 + y'^2)^{\frac{3}{2}}}}$$

Da die Wurzel positiv definiert ist, hat k das Vorzeichen von y''. Also gilt:
Wendepunkt ⇒ $k = 0$ Linkskrümmung ⇐ $k > 0$ Rechtskrümmung ⇐ $k < 0$

3. *Die Kreiskrümmung*

Wir berechnen die Krümmung des Kreises $x^2 + y^2 - r^2 = 0$. Für den oberen Halbkreis ist:

$$y = \sqrt{r^2 - x^2}; \quad y' = -\frac{x}{\sqrt{r^2 - x^2}}; \quad 1 + y'^2 = \frac{r^2}{r^2 - x^2}; \quad y'' = -\frac{r^2}{(r^2 - x^2)^{\frac{3}{2}}}.$$

Durch Einsetzen in die Krümmungsformel erhält man $k = -\frac{1}{r}$.

Für den unteren Halbkreis ergibt sich $k = \frac{1}{r}$. Für jeden Kreispunkt ist daher der absolute Wert der Krümmung in Übereinstimmung mit der Anschauung konstant. Es gilt:

$$\underline{\underline{|k| = \frac{1}{r}}}$$

4. *Der Krümmungskreis*

Definition: Unter dem Krümmungskreis in einem Kurvenpunkt P verstehen wir jenen Kreis, der die Kurve in P berührt und dort dem Werte und dem Vorzeichen nach dieselbe Krümmung hat wie die Kurve. Der Radius ϱ dieses Kreises heißt Krümmungsradius, sein Mittelpunkt $M(\mu; \nu)$ der Krümmungsmittelpunkt.

Mit Benutzung des Ergebnisses von 3. folgt:

$$\boxed{\varrho = \left| \frac{(1 + y'^2)^{\frac{3}{2}}}{y''} \right|} \quad (y'' \neq 0)$$

Für die Berechnung der Koordinaten μ und ν des Krümmungsmittelpunktes M ist zu berücksichtigen, daß er auf der Kurvennormalen durch P liegt und daß

---
[1]) Vergleiche hiermit die Begriffe mittlere Geschwindigkeit in einem Zeitraum und momentane Geschwindigkeit in einem Zeitpunkt!

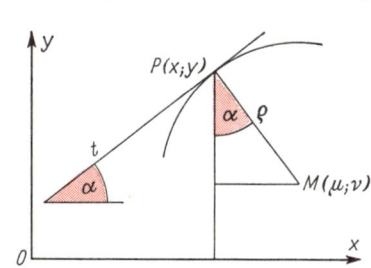

Abb. 177

$\varrho = +\dfrac{(1+y'^2)^{3/2}}{y''}$ bei Linkskrümmung und $\varrho = -\dfrac{(1+y'^2)^{3/2}}{y''}$ bei Rechtskrümmung ist.

Dann ergeben sich aus Abb. 177 a) und b) mit Beachtung der Beziehungen

$$\sin\alpha = \frac{\tan\alpha}{\sqrt{1+\tan^2\alpha}}; \quad \cos\alpha = \frac{1}{\sqrt{1+\tan^2\alpha}}; \quad \tan\alpha = y'$$

die für beide Fälle und $y'' \neq 0$ gültigen Formeln:

$$\boxed{\begin{aligned} \mu &= x - \frac{y'(1+y'^2)}{y''} \\ \nu &= y + \frac{1+y'^2}{y''} \end{aligned}}$$

Der Krümmungskreis durchsetzt im allgemeinen die Kurve in der Nachbarschaft des gemeinsamen Berührpunktes. Lediglich in den Punkten maximaler und minimaler Krümmung wird er von der Kurve einseitig umschlossen bzw. umschließt diese.

5. *Evolute und Evolvente*

Der geometrische Ort aller Krümmungsmittelpunkte einer Kurve $y = f(x)$ heißt *Evolute* (Abb. 178). Ihre Gleichung $\psi(\xi;\eta) = 0$ ergibt sich durch Elimination von x und y aus den 3 Beziehungen:

(1) $\xi = x - \dfrac{y'(1+y'^2)}{y''}$; (2) $\eta = y + \dfrac{1+y'^2}{y''}$; (3) $y = f(x)$

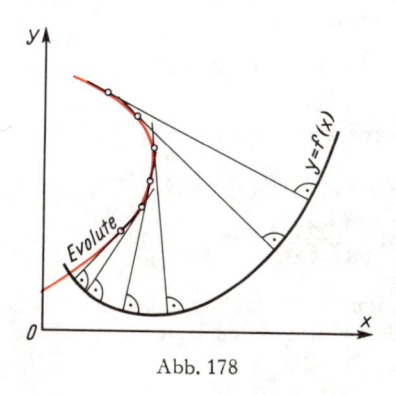

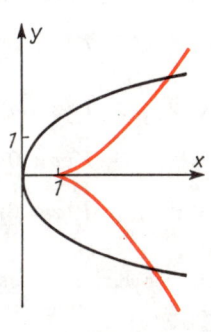

Abb. 178   Abb. 179

§ 48 Weitere geometrische Anwendungen

Beispiel:
Es soll die Evolute der Parabel $y^2 = 2x$ bestimmt werden.

Lösung:
Es ist $yy' = 1$; $y' = \dfrac{1}{y}$; $y'' = -\dfrac{y'}{y^2} = -\dfrac{1}{y^3}$; $1 + y'^2 = \dfrac{1+y^2}{y^2}$;

hieraus folgt:
$$\left.\begin{array}{l}\xi = 3x + 1 \\ \eta = -y^3\end{array}\right\} \eta^2 = \dfrac{8}{27}(\xi - 1)^3$$

Ergebnis:
Die Evolute ist eine Neilsche Parabel mit der x-Achse als Achse und der Spitze in $S(1;0)$ (Abb. 179).

Die Evolute berührt, wie sich zeigen läßt, die Kurvennormale im Krümmungsmittelpunkt. Sie wird daher von der Gesamtheit der Normalen eingehüllt. Die Länge des Bogens zwischen 2 Punkten der Evolute ist gleich der Differenz der zu diesen Punkten gehörigen Krümmungsradien.

Geht man umgekehrt von der Evolute als der gegebenen Kurve $y = f(x)$ aus und denkt man sich um sie einen in einem Kurvenpunkt befestigten Faden gelegt, den man so abzieht, daß der abgelöste und gestraffte Teil die Richtung der Tangente hat, so beschreibt jeder Punkt des Fadens eine Kurve, die als *Evolvente* der Kurve $y = f(x)$ bezeichnet wird (Abb. 180).
Je zwei Evolventen schneiden aus dem System der Kurventangenten gleiche Strecken aus. Jede Kurve kann als Evolute jeder ihrer Evolventen betrachtet werden.

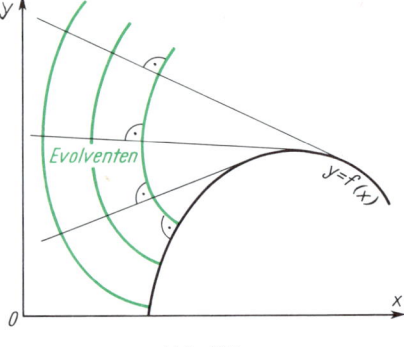

Abb. 180

AUFGABEN

9. Wie vereinfachen sich die Formeln für ϱ, μ, ν im höchsten und tiefsten Punkt einer Kurve?

10. Für die folgenden Kurven ist im angegebenen Punkt der Krümmungsradius sowie der Krümmungsmittelpunkt zu berechnen:

   a) $y = \dfrac{1}{2}x^2$, $P(x=0)$; b) $y = \dfrac{1}{10}x^3$, $P(x=2)$;

   c) $xy = \dfrac{a^2}{2}$, $P(x=a)$; d) $y = \cos x$, $P(x=0)$;

   e) $y = e^x$, $P(x=0)$; f) $y = \ln x$, $P(x=1)$;

   g) $y = e^{-x^2}$, $P(x=0)$; h) $y = \dfrac{4-x}{\sqrt{8-2x^2}}$ (im Minimum).

11. Zeige: Der Krümmungsradius der gleichseitigen Hyperbel $xy = 1$ in $P(1;1)$ ist halb so groß wie das zwischen den Kurvenästen liegende Stück der Normale in P!

Weitere geometrische Anwendungen § 48

12. Krümmung der Ellipse $b^2 x^2 + a^2 y^2 - a^2 b^2 = 0$
  a) Berechne den Krümmungsradius in $P(x = x_0)$!
  b) Zeige, daß für die Krümmungsradien in den Scheiteln A und B gilt:

$$r_1 = \frac{b^2}{a}; \quad r_2 = \frac{a^2}{b};$$

  c) Begründe die hieraus sich ergebende, aus Abb. 181 ersichtliche Konstruktion der Krümmungsmittelpunkte M_1 und M_2! Zeichne mit Hilfe der Krümmungskreise die Ellipse $4x^2 + 16 y^2 - 64 = 0$!

13. Extremalprobleme
  Für folgende Kurven ist die Stelle der stärksten Krümmung zu ermitteln:
  a) $y = ax^2 + bx + c$; **b)** $y = 0{,}1\, x^3$ (2 Dez.); **c)** $xy = \dfrac{a^2}{2}$; **d)** $y = e^x$;
  e) Zeige am Beispiel $y = x^3 - 3x + 5$, daß die Annahme *falsch* ist, die Parabel 3. Grades habe im Maximum die maximale Krümmung!

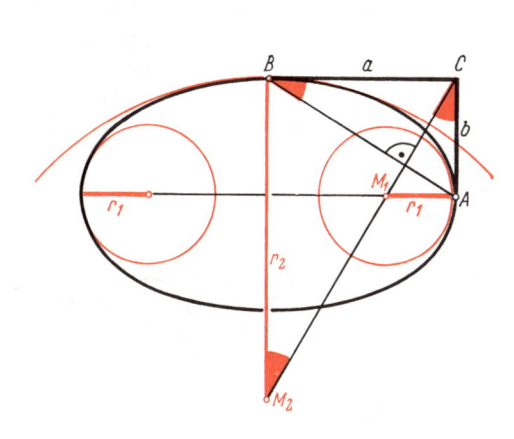

Abb. 181 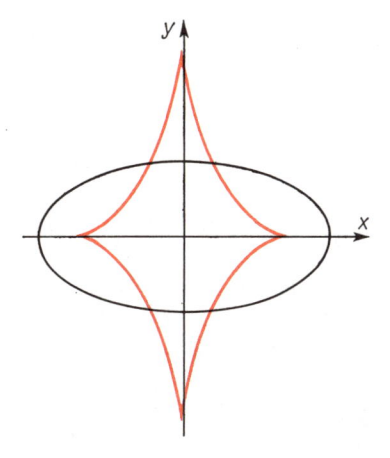   Abb. 182

14. Aus der Physik
  Eine Kugel gleitet reibungslos nur unter dem Einfluß der Schwere auf der Bahnkurve $y = e^{x^2}$ von der Ausgangslage $x = 2$ m (Anfangsgeschwindigkeit $v_0 = 0$) in die tiefste Lage. Mit welcher Geschwindigkeit kommt sie unten an und mit welcher Kraft wird sie im tiefsten Punkt gegen die Bahn gepreßt, wenn ihr Gewicht 5 kp beträgt?

15. Die Evolute der Ellipse (Abb. 182)
  Zeige: Die Ellipse $b^2 x^2 + a^2 y^2 - a^2 b^2 = 0$ hat als Evolute die Kurve

$$(a\,\xi)^{\frac{2}{3}} + (b\,\eta)^{\frac{2}{3}} - e^{\frac{4}{3}} = 0 \quad (e^2 = a^2 - b^2)$$

Anleitung: Drücke in den Formeln für die Evolute auf S. 313 unter Verwendung der Ellipsengleichung ξ durch x und η durch y aus.

§ 48 Weitere geometrische Anwendungen

C. Die Mantelfläche eines Rotationskörpers

Eine Hohlkugel hat den Innenradius r und die Dicke d. Berechne die Differenz $V_a - V_i$ des Außen- und Innenvolumens! Welchem Grenzwert strebt der Quotient $\dfrac{V_a - V_i}{d}$ zu, wenn d gegen 0 geht und welche geometrische Bedeutung hat dieser Grenzwert?

Bei der Berechnung der Mantelfläche eines Rotationskörpers gehen wir von folgender Überlegung aus: Ein Hohlkörper mit überall gleicher Wanddicke d habe das Außen- bzw. Innenvolumen V_a bzw. V_i. Ist nun M die innere Mantelfläche des Körpers, so stellt $M \cdot d$ einen um so besseren Näherungswert für das Materialvolumen $V_a - V_i$ dar, je kleiner d gewählt wird. Wir können daher den Grenzwert $\lim\limits_{d \to 0} \dfrac{V_a - V_i}{d}$, sofern er existiert, in anschaulicher Weise als die Maßzahl M der Mantelfläche definieren, die den Innenraum des Hohlkörpers umschließt. Bei Rotationskörpern gewinnen wir einen solchen Hohlkörper mit konstanter Wanddicke d, indem wir zwei *Evolventen* zu ein und derselben Kurve mit dem gegenseitigen Abstand d und den Gleichungen $y = f(x)$ und $y = \varphi(x)$ gemeinsam um die x-Achse rotieren lassen. Es gilt dann in Abb. 183:

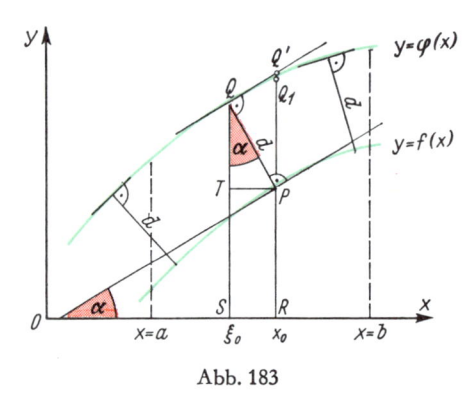

Abb. 183

$$PR = f(x_0), \quad QS = \varphi(\xi_0), \quad Q_1 R = \varphi(x_0) \quad \text{und} \quad Q'R = f(x_0) + \frac{d}{\cos \alpha}$$

Setzen wir $\varphi(x)$ in dem betrachteten Intervall als zweimal stetig differenzierbar voraus, so kann auf $\varphi(x)$ und die Ableitung $\varphi'(x)$ sicher der Mittelwertsatz angewandt werden. Er zeigt, daß $\varphi(x_0)$ in guter Annäherung durch $Q'R$ ersetzt werden kann, da der Fehler von der Größenordnung $[d^2]$ mit d gegen Null geht. Daraus folgt aber:

$$\varphi(x_0) = f(x_0) + \frac{d}{\cos \alpha} + [d^2]$$

und mit Benutzung von $\tan \alpha = f'(x)$ allgemein:

$$\varphi(x) = f(x) + d \sqrt{1 + [f'(x)]^2} + [d^2]$$

Rotieren die zwischen jeder der beiden Kurven, der x-Achse und den Ordinaten zu $x = a$ und $x = b$ liegenden Flächenstücke um die x-Achse, dann sind die zugehörigen Rotationsvolumina:

$$V_f = \pi \int_a^b f^2(x)\, dx \quad \text{und} \quad V_\varphi = \pi \int_a^b \varphi^2(x)\, dx$$

Für ihre Differenz folgt:

$$V_\varphi - V_f = 2\pi d \int_a^b f(x) \sqrt{1 + [f'(x)]^2}\, dx + d^2 \cdot \left[\pi \int_a^b (1 + [f'(x)]^2)\, dx + \ldots \right]$$

Dann ist: $\dfrac{V_\varphi - V_f}{d} = 2\pi \int_a^b f(x)\sqrt{1+[f'(x)]^2}\,dx + d\cdot\left[\pi \int_a^b (1+[f'(x)]^2)\,dx + \ldots\right]$

Nunmehr erhalten wir für die Maßzahl der Mantelfläche des Rotationskörpers, der durch Drehung des zwischen $x=a$ und $x=b$ gelegenen Bogens der Kurve $y=f(x)$ um die x-Achse entsteht:

$$M = \lim_{d\to 0} \frac{V_\varphi - V_f}{d} = 2\pi \int_a^b f(x)\sqrt{1+[f'(x)]^2}\,dx$$

Ergebnis: Der zwischen $x=a$ und $x=b$ liegende Bogen der Kurve $y=f(x)$ erzeugt bei Drehung um die x-Achse eine Mantelfläche, für deren Maßzahl M gilt:

$$\boxed{M = 2\pi \int_a^b y\sqrt{1+y'^2}\,dx}$$

Dabei ist $y>0$ in $a \leq x \leq b$ vorausgesetzt. Läßt man diese Beschränkung fallen, so gilt allgemein: $M = 2\pi \int |y|\sqrt{1+y'^2}\,dx$.

Beispiel:
Der Bogen der Parabel $y=x^3$ rotiert zwischen $x=0$ und $x=1$ um die x-Achse. Welche Fläche erzeugt er?

Lösung: $\quad y' = 3x^2;\quad 1+y'^2 = 1+9x^4,\quad$ also $\quad M = 2\pi \int_0^1 x^3\sqrt{1+9x^4}\,dx$

mit der Substitution $1+9x^4 = z;\ 36x^3\,dx = dz$ folgt:

$$M = \frac{\pi}{18}\int_1^{10}\sqrt{z}\,dz = \frac{\pi}{27}\left[\sqrt{z^3}\right]_1^{10} = \underline{\underline{\frac{\pi}{27}(10\sqrt{10}-1)}}$$

AUFGABEN

16. Gegeben ist der Punkt $P(h;r)$. Die Strecke OP rotiert um die x-Achse. Berechne die Fläche, die sie erzeugt, mittels Integralrechnung!

17. Gegeben sind die Punkte $A(0;r)$ und $B(h;R)$. Ermittle durch Integration die Fläche, die die Strecke AB bei der Rotation um die x-Achse erzeugt!

18. Berechne die Oberfläche einer Kugel vom Radius r durch Integration!

19. Berechne ebenso die Kugelzone, die entsteht, wenn der Kreis $x^2+y^2-r^2=0$ zwischen $x=a$ und $x=b$ um die x-Achse rotiert!

20. Berechne die Oberfläche des Rotationsparaboloids, das durch Drehung der Parabel $y^2=4x$ um die x-Achse zwischen $x=0$ und $x=4$ entsteht!

21. Welche Oberfläche hat ein Rotationsparaboloid von der Höhe 4 cm, dessen Grundfläche ein Kreis ist vom Radius 6 cm?

22. Welche Oberfläche hat der spindelförmige Körper, der durch Rotation von $y=\sin x$ zwischen $x=0$ und $x=\pi$ um die x-Achse entsteht?

§ 49. KURVENGLEICHUNGEN IN PARAMETERDARSTELLUNG

A. Begriff der Parameterdarstellung

Bisher begegneten uns Kurven als Bilder von Funktionen und in § 41 als Bilder der Erfüllungsmenge einer Relation $f(x, y) = 0$. Eine dritte Darstellungsart ist oft vorteilhaft; sie tritt in den Anwendungen der Mathematik häufig auf.

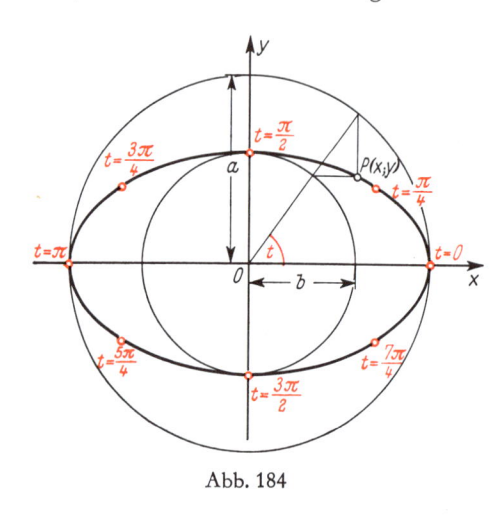

Beispiel:

$$x = a \cdot \cos t, \quad y = b \cdot \sin t,$$

$$\mathfrak{D} = \{t \mid 0 \leq t < 2\pi\} \quad \text{(Abb. 184)} \quad (1)$$

Hier sind x und y stetige Funktionen des Parameters t mit den Wertebereichen $\mathfrak{W}_1 = \{x \mid |x| \leq a\}$ und $\mathfrak{W}_2 = \{y \mid |y| \leq b\}$. Jedem t-Wert entspricht ein Wertepaar $(x; y)$ oder geometrisch ein Punkt P der xy-Ebene. Die Gesamtheit dieser Punkte ergibt eine uns bekannte Kurve, deren Relation wir aus (1) durch Elimination von t erhalten. Aus

$$\frac{x^2}{a^2} = \cos^2 t, \quad \frac{y^2}{b^2} = \sin^2 t,$$

folgt durch Addition

$$\frac{x^2}{a^2} + \frac{y^2}{b^2} = 1 \quad \text{(Ellipse).} \quad (2)$$

Abb. 184

Wenn man den Parameter t als die Zeit interpretiert, wie es oft geschieht, dann durchläuft der Punkt P in der Zeit von $t = 0$ bis $t = 2\pi$ einmal die Ellipse im positiven Drehsinn. Man nennt (1) eine Parameterdarstellung der Ellipse.

Eine andere Parameterdarstellung derselben Ellipse ist:

$$x = -a \cdot \cos\left(t^2 \cdot \frac{\pi}{2}\right), \quad y = b \cdot \sin\left(t^2 \cdot \frac{\pi}{2}\right), \quad \mathfrak{D} = \{t \mid 0 \leq t < 2\} \quad (3)$$

Das Durchlaufen der Kurve in Abhängigkeit von der Zeit t ist aber bei (3) anders als bei (1). Der Drehsinn ist jetzt umgekehrt, zu $t = 0$ gehört der Scheitel $(-a; 0)$. Bei (1) wird jeder Quadrant in der gleichen Zeit durchlaufen, bei (3) dagegen wird in der Zeit von $t = 0$ bis $t = 1$ ein Quadrant durchwandert, von $t = 1$ bis $t = 2$ drei Quadranten, von $t = 2$ bis $t = 3$ sogar 5 Quadranten, usw.

Definition: $x = \varphi(t)$, $y = \psi(t)$ nennt man die Parameterdarstellung einer Kurve, wenn $\varphi(t)$ und $\psi(t)$ in einem gemeinsamen t-Intervall definiert und stetig sind.

AUFGABEN[1])

1. Warum ist $x = \sqrt{t-2}$, $y = \sqrt{1-t}$ keine Parameterdarstellung einer Kurve? Welche notwendige Bedingung ist nicht erfüllt?

2. Die Gleichungen $x = t^2$, $y = t$ sind die Parameterdarstellung einer algebraischen Kurve, nicht aber einer Funktion $y = f(x)$. Warum? Welche notwendige Bedingung muß daher die Parameterdarstellung einer Funktion $y = f(x)$ erfüllen?

---
[1]) Ist $\mathfrak{D}$ nicht angegeben, dann ist auch hier stets der maximal zulässige Definitionsbereich, bei periodischen Funktionen $0 \leq t < 2\pi$, gemeint.

Kurvengleichungen in Parameterdarstellung   § 49

3. Stellen die Gleichungen

$$x = t,\ y = t;\quad x = t^2,\ y = t^2;\quad x = -t,\ y = -t;\quad x = \frac{1}{t},\ y = \frac{1}{t};$$

dieselbe Kurve dar? Wie wird sie jeweils bei wachsendem t durchlaufen? Welche Bedingung muß erfüllt sein, damit sich an der Kurve nichts ändert, wenn man in ihrer Parameterdarstellung t durch eine Funktion $f(t)$ ersetzt?

4. Gegeben ist die Parameterdarstellung $x = \sqrt{t+8},\ y = \sqrt{8-t}$.
Gib den maximal zulässigen Definitionsbereich an! Eliminiere t! Stellt die sich ergebende Relation dieselbe Kurve dar?

5. Ersetze folgende Parameterdarstellungen durch eine Relation $f(x, y) = 0$!

  a) $x = t^3,\ y = t^4$;   **b)** $x = \dfrac{a}{\cos t},\ y = \dfrac{b}{\sin t}$ (*Kreuzkurve*);

  c) $x = \dfrac{1}{t^2},\ y = 1-t$;

  d) $x = a\cos^3 t,\ y = a\sin^3 t$ (*Astroide*).

6. Suche für die Neilsche Parabel $y^2 - x^3 = 0$ eine Parameterdarstellung $x = \varphi(t)$, $y = \psi(t)$ mit ganzen rationalen Funktionen $\varphi(t)$ und $\psi(t)$!

7. Durch die Parameterdarstellung

$$x = t^3 - 6t^2 + 9t,\quad y = 4t - t^2,\quad \mathfrak{D} = \{t \mid 0 \leq t \leq 4\}$$

werden drei Funktionen $y = f(x)$ über dem gleichen Definitionsbereich gegeben. Gib die zugehörigen t-Intervalle, sowie Definitions- und Wertemenge dieser Funktionen an!

B. Differentiation von Funktionen in Parameterdarstellung

1. Die Funktionen

$$x = \varphi(t),\quad y = \psi(t) \tag{1}$$

seien beide in einem Intervall $\mathfrak{D}$ definiert, und $x = \varphi(t)$ sei dort echt monoton. Durchläuft t das Intervall $\mathfrak{D}$, so erhält man zu jedem t-Wert ein Wertepaar $(x; y)$, wobei jeder x-Wert wegen der Monotonie nur einmal auftritt. Durch (1) wird daher eine Funktion $y = f(x)$ erklärt. Der Definitionsbereich dieser Funktion ist der Wertebereich von $x = \varphi(t)$.

Lehrsatz: Sind die Funktionen $x = \varphi(t),\ y = \psi(t)$ in einem Intervall stetig differenzierbar und gilt dort $\dfrac{dx}{dt} \neq 0$, dann wird durch sie eine differenzierbare Funktion $y = f(x)$ definiert mit der Ableitung [1]

$$\boxed{\dfrac{dy}{dx} = \dfrac{\dfrac{dy}{dt}}{\dfrac{dx}{dt}} = \dfrac{\dot{y}}{\dot{x}}}$$

Beweis:
Da $\dot{x}$ stetig und von Null verschieden ist, folgt die echte Monotonie von $x = \varphi(t)$. Es wird also eine Funktion $y = f(x)$ definiert.

---

[1] Es ist üblich, die Ableitungen nach dem Parameter t statt durch einen Strich durch einen Punkt zu kennzeichnen.

§ 49 Kurvengleichungen in Parameterdarstellung

Für die Funktion $x = \varphi(t)$ sind die Voraussetzungen von § 38, Satz 1 erfüllt, so daß eine eindeutige Auflösung $t = \bar{\varphi}(x)$ möglich ist. Nach der Kettenregel und § 38, Satz 2 ergibt sich damit:

$$\frac{dy}{dx} = \frac{d\psi(t)}{dt} \cdot \frac{dt}{dx} = \frac{\frac{d\psi(t)}{dt}}{\frac{dx}{dt}} = \frac{\frac{d\psi}{dt}}{\frac{d\varphi}{dt}} = \frac{\dot{\psi}}{\dot{\varphi}} = \frac{\dot{y}}{\dot{x}} \; ; \quad \text{w.z.b.w.}$$

2. Sind $\varphi(t)$ und $\psi(t)$ zweimal differenzierbar, dann können wir auch die 2. Ableitung y'' mit Hilfe von Kettenregel, Quotientenregel und Umkehrfunktion bilden:

$$y'' = \frac{dy'}{dx} = \frac{d}{dx}\left(\frac{\dot{y}}{\dot{x}}\right) = \frac{d}{dt}\left(\frac{\dot{y}}{\dot{x}}\right) \cdot \frac{dt}{dx} = \frac{\dot{x}\ddot{y} - \dot{y}\ddot{x}}{\dot{x}^2} \cdot \frac{1}{\dot{x}} = \frac{\dot{x}\ddot{y} - \dot{y}\ddot{x}}{\dot{x}^3}$$

3. Der Ausdruck für y' liefert sofort hinreichende Bedingungen für *achsenparallele Tangenten*:

$\dot{y} = 0, \; \dot{x} \neq 0 \;\Rightarrow\;$ Tangente parallel zur x-Achse
$\dot{x} = 0, \; \dot{y} \neq 0 \;\Rightarrow\;$ Tangente parallel zur y-Achse

Beispiel: *Die Zykloide*

1. Entstehung und Gleichung

Lassen wir einen Kreis K gemäß Abb. 185 vom Nullpunkt aus auf der x-Achse abrollen, so beschreibt der Kreispunkt A eine Zykloide. Sie gehört zur Klasse der Rollkurven.
Der Kreisradius sei r, der (im Bogenmaß gemessene) Rollwinkel t. Dann ist die Strecke AB gleich dem Bogen BA' des Kreises, und es ergibt sich $M'(rt; r)$. Für die Koordinaten des Kreispunktes A' folgt:

$$x = r(t - \sin t), \quad y = r(1 - \cos t)$$
$$\dot{x} = r(1 - \cos t), \quad \dot{y} = r \sin t$$

Die Elimination von t ist hier nicht zweckmäßig. Da $\dot{x}$ an den Stellen $t = 2n\pi$, $n \in \mathfrak{Z}$ Null ist und sonst stets $\dot{x} > 0$ gilt, ist $x = \varphi(t)$ echt monoton wachsend. Es handelt sich daher um die Parameterdarstellung einer Funktion $y = f(x)$.

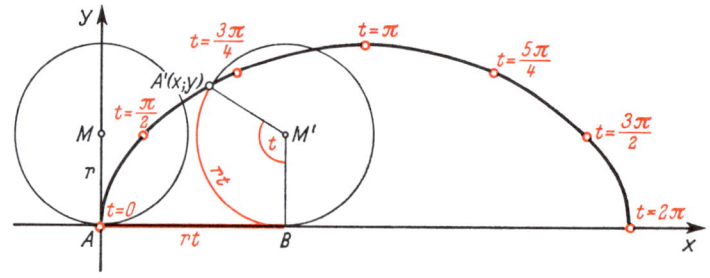

Abb. 185

2. Für $t \neq 2n\pi$ sind die Voraussetzungen des Lehrsatzes erfüllt. Es ist:

$$y' = \frac{\sin t}{1 - \cos t} = \frac{2 \cdot \sin \frac{t}{2} \cdot \cos \frac{t}{2}}{2 \cdot \sin^2 \frac{t}{2}} = \cot \frac{t}{2}$$

Tangenten parallel zur x-Achse findet man für $t = (2n+1)\pi$. Dort hat die Kurve Maxima, wie man aus $y = r(1 - \cos t)$ erkennt. Die Prüfung mit Hilfe der zweiten Ableitung wäre umständlicher.
Für $t \to 2n\pi$ ergibt sich $y' \to \pm\infty$. Die Kurve hat für $t = 2n\pi$ Spitzen.

Kurvengleichungen in Parameterdarstellung § 49

3. Für die zweite Ableitung erhält man

$$y'' = -\frac{1}{r(1-\cos t)^2}$$

Sie zeigt, daß die Kurve für alle $t \neq 2n\pi$ konvex (rechtsgekrümmt) ist. Für den Krümmungsradius ϱ ergibt sich:

$$|\varrho| = 4r \sin \frac{t}{2}$$

und speziell für den Scheitel der Zykloide $|\varrho| = 4r$.

AUFGABEN

8. Wie lang ist die Subnormale und die Subtangente der Kurve

$$x = t^3, \quad y = 2t, \quad \text{im Punkt} \quad t = 2?$$

9. Zeige, daß die Schleppkurve oder *Traktrix* mit der Parametergleichung

$$x = a \cos t + a \ln \tan \frac{t}{2}, \quad y = a \sin t, \quad \mathfrak{D} = \{t \mid 0 < t < \pi\}$$

eine Tangente von konstanter Länge hat!

10. Berechne den Krümmungsradius folgender Kurven im angegebenen Punkt:

   a) $x = t^2 + 1$, $y = t^4 - t$; $t = -1$; **b)** $x = \sin^2 t$, $y = \cos^3 t$, $t = \frac{\pi}{6}$.

11. Die *Kreisevolvente* (Abb. 186)

Denkt man sich um einen Kreis vom Radius r einen Faden gelegt und zieht diesen wie in Abb. 186 ab, dann beschreibt der Endpunkt P die sogenannte Kreisevolvente.

   a) Zeige, daß die Parameterdarstellung der Kreisevolvente lautet:

   $x = r(\cos t + t \sin t)$, $y = r(\sin t - t \cos t)$.

   b) Wo hat die Kurve achsenparallele Tangenten?

   c) Gib die Koordinaten desjenigen Evolventenpunktes an, in dem die Tangente zur Winkelhalbierenden des 1. Quadranten parallel ist!

   d) Berechne den Schnittwinkel α der Evolvente mit der y-Achse auf $0,1°$ genau!

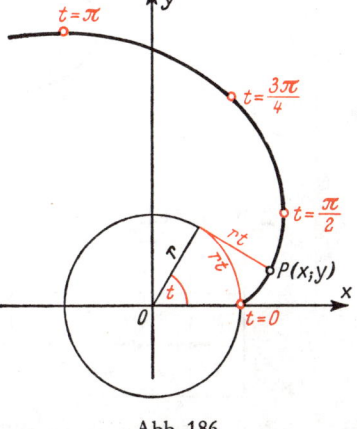

   Abb. 186

   Hinweis: Der zugehörige Wert von t ergibt sich auf S. 15 des Tafelwerkes durch Vergleich der Werte von $\cot \varphi$ und des Bogenmaßes von φ.

   e) Beweise, daß der Krümmungsradius dem Parameter t proportional ist und berechne ϱ speziell im Schnittpunkt der Evolvente mit der Geraden $y - r = 0$!

12. Eine Tangente der Ellipse $x = a \cos t$, $y = b \sin t$ schneide die x-Achse in A und die y-Achse in B. In A wird die Parallele zur y-Achse, in B die Parallele zur x-Achse gezeichnet. Der Schnittpunkt beider Parallelen sei P. Gleitet die Tangente an der Ellipse entlang, so beschreibt P eine Ortslinie. Stelle ihre Gleichung in Parameterform auf, gib den Definitionsbereich an und diskutiere die Kurve! Vgl. Aufgabe 5b!

§ 49 Kurvengleichungen in Parameterdarstellung

C. Die Integration von Funktionen in Parameterdarstellung

Ersetzen wir in der Substitutionsregel § 45 (3) z durch t und $x = g(z)$ durch $x = \varphi(t)$, erhalten wir unmittelbar die Integrationsregel für eine Funktion $y = f(x)$ in Parameterdarstellung:

$$\int f(x)\, dx = \int f[\varphi(t)] \cdot \dot\varphi(t)\, dt = \int \psi(t) \cdot \dot\varphi(t)\, dt$$

oder kurz

$$\boxed{\int y\, dx = \int y \cdot \dot x\, dt} \qquad (y = \psi(t),\ x = \varphi(t))$$

Bestimmte Integrale lassen sich entsprechend der Substitutionsregel behandeln. Besonders wichtig ist der Fall, daß durch eine Parameterdarstellung eine geschlossene Kurve gegeben ist.

Beispiel (Abb. 187):

Wir betrachten die Kurve mit der Parameterdarstellung

$$x = t^2,\quad y = \frac{t}{4}(4 - t^2),\quad \mathfrak{D} = \{t \mid -\infty < t < +\infty\} \quad \text{(\textit{Parabola nodata})}[1]$$

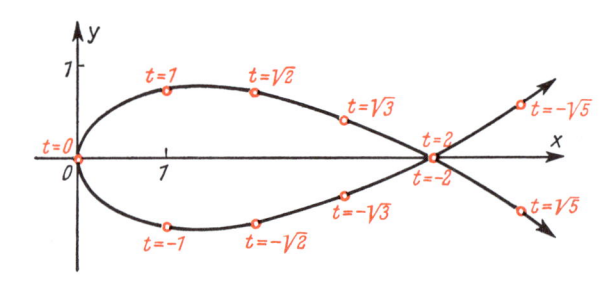

Abb. 187

1. Wertetabelle

t	0	± 1	$\pm\sqrt{2}$	$\pm\sqrt{3}$	± 2	$\pm\sqrt{5}$	$\pm\sqrt{6}$	$\pm\sqrt{7}$	$\pm\sqrt{8}$
x	0	1	2	3	4	5	6	7	8
y	0	$\pm 0{,}75$	$\pm 0{,}71$	$\pm 0{,}43$	0	$\mp 0{,}56$	$\mp 1{,}22$	$\mp 1{,}99$	$\mp 2{,}83$

2. Es ist stets $x > 0$, die Kurve verläuft in der rechten Halbebene.
3. Für $t_1 = -t_2$ ergibt sich $x_1 = x_2$, $y_1 = -y_2$, also Symmetrie zur x-Achse.
4. Nullstellen für $t = 0$, $t = \pm 2$, also $x_1 = 0$, $x_2 = 4$.
5. Für sehr kleine t kann t^2 vernachlässigt werden. Die Kurve wird im Nullpunkt durch die Parabel $x = t^2$, $y = t$ angenähert.
6. $t \to +\infty \Rightarrow x \to +\infty,\ y \to -\infty;\ t \to -\infty \Rightarrow x \to +\infty,\ y \to +\infty$.
7. $\dot x = 2t,\ \dot y = 1 - \frac{3}{4}t^2,\ y' = \frac{4 - 3t^2}{8t}$.
8. Tangente parallel zur x-Achse: ($\dot y = 0,\ \dot x \neq 0$) für $t = \frac{2}{3}\sqrt{3}$, $x = \frac{4}{3}$, $y = \pm\frac{4}{9}\sqrt{3}$.
   Da y' das Vorzeichen wechselt, liegt ein Maximum bzw. Minimum vor.

---
[1] Vom lat. Wort *nodus*, Knoten; Knotenparabel.

Kurvengleichungen in Parameterdarstellung § 49

9. Tangente parallel zur y-Achse: ($\dot{x} = 0$, $\dot{y} \neq 0$) für $t = 0$.
10. $t \to +\infty \Rightarrow y' \to -\infty$; $t \to -\infty \Rightarrow y' \to +\infty$.
11. Fläche, die von der Schleife umschlossen wird:

$\int\limits_{-2}^{0} y \cdot \dot{x}\, dt$ ergibt die Fläche unterhalb der x-Achse mit positivem Vorzeichen, da die y-Werte für dieses t-Intervall einerseits negativ sind, andererseits die x-Werte aber von rechts nach links durchlaufen werden.

$\int\limits_{0}^{2} y \cdot \dot{x}\, dt$ ergibt die kongruente Fläche über der x-Achse ebenfalls positiv. Also ist

$$F = \int\limits_{-2}^{+2} y \cdot \dot{x}\, dt = \frac{1}{4} \int\limits_{-2}^{+2} (4t - t^3) \cdot 2t\, dt = \frac{1}{2} \int\limits_{-2}^{+2} (4t - t^3)\, t\, dt = 4\frac{4}{15}$$

AUFGABEN

13. **Flächen**
    a) Berechne die Fläche der Ellipse aus ihrer Parameterdarstellung!
    b) Zeige: Die Zykloide begrenzt mit der x-Achse eine Fläche, die dreimal so groß ist wie die Fläche des Rollkreises.
    c) Auf einem festen Kreis vom Radius r rollt gemäß Abb. 188 ein zweiter Kreis, ebenfalls vom Radius r, ab. Es entsteht eine *Kardioide*[1]. Bestätige, daß ihre Parameterdarstellung

    $$x = r(2\cos t - \cos 2t),$$
    $$y = r(2\sin t - \sin 2t),$$

    lautet und zeige, daß die von ihr umschlossene Fläche sechsmal so groß ist wie die Fläche des festen Kreises!

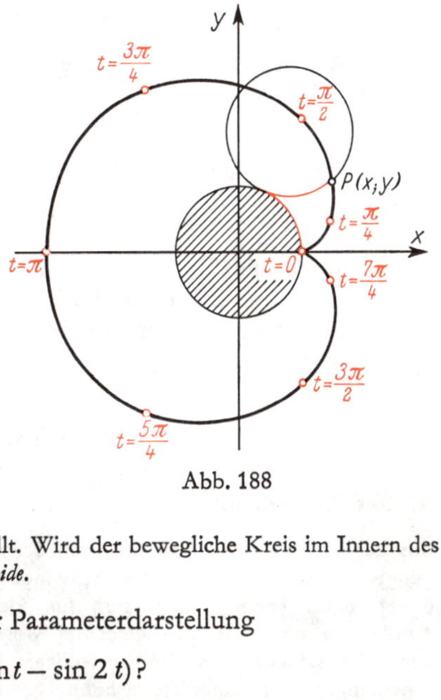

    Anmerkung: Die Kardioide gehört zu den sogenannten *Epizykloiden*. Sie werden durch einen Punkt eines Kreises beschrieben, der außen auf dem Umfang eines festen Kreises abrollt. Wird der bewegliche Kreis im Innern des festen Kreises abgerollt, entsteht eine *Hypozykloide*.

    Abb. 188

    d) Welche Relation in x und y entspricht der Parameterdarstellung

    $$x = a\cos t, \quad y = a(\sin t - \sin 2t)?$$

    Welche beiden Funktionen erfüllen sie? Zeichne das Bild der Erfüllungsmenge der Relation für $a = 2{,}5$ cm! Berechne den Flächeninhalt der beiden Kurvenschleifen!

14. **Rotationsvolumina**
    a) Die durch $x = t^2$, $y = 4t - t^3$, $\mathfrak{D} = \{t \mid -2 \leq t \leq +2\}$ gegebene Schleife rotiert um die x-Achse. Berechne das Volumen des Drehkörpers!

---
[1] Vom griech. Wort καρδία (*kardia*), Herz; Herzkurve.

§ 49 Kurvengleichungen in Parameterdarstellung

b) Zeige: Bei der Rotation des Zykloidenbogens zwischen $t = 0$ und $t = 2\pi$ entsteht ein Körper, dessen Volumen gleich ist dem eines Zylinders mit dem Rollkreis als Grundfläche und seinem zweieinhalbfachen Umfang als Höhe.

15. Bogenlängen

a) Zeige: Der Zykloidenbogen zwischen $t = 0$ und $t = 2\pi$ ist viermal so lang wie der Durchmesser des Rollkreises.

b) Wie lang ist der Bogen der Kreisevolvente von Aufgabe 11 zwischen $t = 0$ und $t = a$?

c) Berechne die Länge des durch $x = t^3$, $y = t^2$, $\mathfrak{D} = \{t \mid 0 \leq t \leq a\}$ gegebenen Bogenstücks einer Neilschen Parabel!

16. Mantelflächen

Übertrage die Formel für die Mantelfläche eines Rotationskörpers auf eine Kurve in Parameterdarstellung und berechne damit die Oberfläche des Körpers, der durch Drehung des Zykloidenbogens zwischen $t = 0$ und $t = 2\pi$ um die x-Achse entsteht!

17. Die Evolute in Parameterdarstellung

a) Wie lautet die Parametergleichung der Evolute der Kurve:

$$x = t \sin t + \cos t, \quad y = \sin t - t \cos t.$$

b) Bestätige zunächst, daß die Evolute der Zykloide

$$x = r(t - \sin t), \quad y = r(1 - \cos t)$$

durch die Gleichungen $x = r(t + \sin t)$, $y = -r(1 - \cos t)$ dargestellt wird und zeige mit Hilfe der Transformation $t = \pi + \tau$, $x = \xi + r\pi$, $y = \eta - 2r$ daß es sich wieder um eine Zykloide handelt!

AUS PHYSIK UND ASTRONOMIE

A. Das Zykloidenpendel

Aus der Theorie der mechanischen Schwingungen wissen wir, daß die Schwingungsdauer eines Fadenpendels nur für kleine Amplituden als konstant betrachtet werden kann. Da sich die Pendelmasse während der Schwingung auf einer Kreisbahn bewegt, stimmt die Pendelschwingung mit der Bewegung einer Kugel auf einer kreisförmigen, in einer vertikalen Ebene aufgestellten Schiene (Abb. 189) überein, sofern die Reibung vernachlässigt werden darf. Dabei erhebt sich nun die Frage, bei welcher Kurvengestalt der Schiene die Dauer einer vollen Hin- und Herbewegung von der Amplitude unabhängig ist.

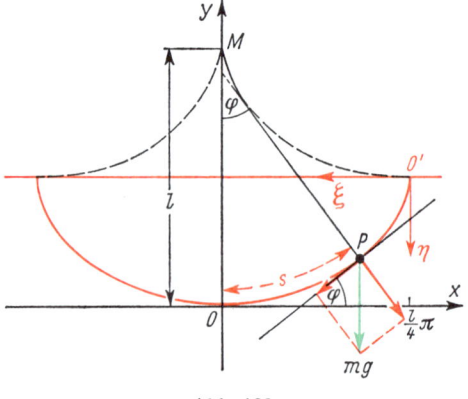

Abb. 189

Kurvengleichungen in Parameterdarstellung § 49

Für die Beantwortung dieser Frage wählen wir als Elongation die Bogenlänge s auf der Bahnkurve zwischen der Ruhelage 0 und dem jeweiligen Kurvenpunkt P, an dem sich die Kugel zur Zeit t befindet. Ist φ der Neigungswinkel der Kurventangente durch P gegen die x-Achse, so errechnet sich die rücktreibende Kraft in P zu

$$m \frac{d^2s}{dt^2} = -m \cdot g \cdot \sin\varphi \tag{1}$$

Damit die Schwingungsdauer eine Konstante ist, muß (1) die Differentialgleichung der harmonischen Schwingung darstellen. Das ist der Fall, wenn für die Bogenlänge s gilt:

$$s = l \cdot \sin\varphi \tag{2}$$

Dann erhält (1) die Form:

$$m \frac{d^2s}{dt^2} = -\frac{m \cdot g}{l} \cdot s \quad \text{bzw.} \quad \ddot{s} = -\frac{g}{l} s \tag{1a}$$

Aufgrund der Bedingung (2) können wir nun die Gleichung der Bahnkurve in Parameterdarstellung leicht finden; denn es gilt für ein kleines Bogenelement Δs:

$$(\Delta s)^2 = (\Delta x)^2 + (\Delta y)^2 \quad \text{und damit} \quad \left(\frac{\Delta s}{\Delta \varphi}\right)^2 = \left(\frac{\Delta x}{\Delta \varphi}\right)^2 + \left(\frac{\Delta y}{\Delta \varphi}\right)^2 \tag{3}$$

Lassen wir $\Delta\varphi$ gegen Null gehen, ergibt sich aus (3):

$$\left(\frac{ds}{d\varphi}\right)^2 = \left(\frac{dx}{d\varphi}\right)^2 + \left(\frac{dy}{d\varphi}\right)^2$$

Klammern wir auf der rechten Seite $\left(\frac{dx}{d\varphi}\right)^2$ aus und beachten, daß $\frac{dy}{dx} = \tan\varphi$ ist, so erhalten wir

$$\left(\frac{ds}{d\varphi}\right)^2 = \left(\frac{dx}{d\varphi}\right)^2 (1 + \tan^2\varphi)$$

Durch Auflösen dieser Beziehung nach $\frac{dx}{d\varphi}$ folgt mit Benutzung von (2):

$$\frac{dx}{d\varphi} = l \cos^2\varphi = \frac{l}{2}(1 + \cos 2\varphi) \tag{4}$$

Für $\frac{dy}{d\varphi}$ ergibt sich, wenn wir berücksichtigen, daß $\frac{dy}{d\varphi} = \frac{dy}{dx}\frac{dx}{d\varphi}$ ist:

$$\frac{dy}{d\varphi} = l \sin\varphi \cos\varphi = \frac{l}{2} \sin 2\varphi \tag{5}$$

Durch Integration der Gleichungen (4) und (5) folgt für den Fall, daß für $\varphi = 0$ auch $x = 0$ und $y = 0$ gelten soll:

$$x = \frac{l}{4}(2\varphi + \sin 2\varphi), \quad y = \frac{l}{4}(1 - \cos 2\varphi)$$

Dies ist die Parameterdarstellung einer Zykloide (§ 49 B) mit dem Rollwinkel $\pi - 2\varphi$, wobei wir noch die Koordinatentransformation

$$\xi = -x + \frac{l}{4}\pi; \quad \eta = -y + \frac{l}{2}$$

vornehmen müssen. Führe die Rechnung selbst durch!

Da die Evolute einer Zykloide wieder eine Zykloide ist (Aufg. 17b), läßt sich das Zykloidenpendel in einfacher Weise als Fadenpendel gemäß Abb. 189 herstellen.

§ 49 Kurvengleichungen in Parameterdarstellung

B. Das zweite Keplersche Gesetz

Beim Lauf der Planeten, Planetoiden, Kometen, Meteore und künstlichen Raumsonden um die Sonne wirkt die Anziehungskraft in Richtung zum Sonnenmittelpunkt, im Falle der Bewegung des Mondes und der künstlichen Erdsatelliten um die Erde in Richtung zum Erdmittelpunkt. In beiden Fällen ist der Beschleunigungsvektor auf das Zentrum der Anziehung gerichtet. Eine solche Bewegung heißt eine Zentralbewegung.
Wir wählen das Anziehungszentrum als Mittelpunkt O eines rechtwinkligen Koordinatensystems. Der Körper P habe zur Zeit t die Koordinaten $(x; y)$. Dann ist $x = x(t)$, $y = y(t)$ die Bahngleichung in Parameterdarstellung. Der Radiusvektor OP (Leitstrahl) hat den Richtungsfaktor $\frac{y}{x}$, während Geschwindigkeits- und Beschleunigungsvektor die Richtungsfaktoren $\frac{\dot y}{\dot x}$ bzw. $\frac{\ddot y}{\ddot x}$ haben (Skizze!). Für die Zentralbewegung gilt dann:

$$\frac{y}{x} = \frac{\ddot y}{\ddot x} \quad \text{oder} \quad x\ddot y - y\ddot x = 0$$

Betrachten wir den von t abhängigen Ausdruck $x\ddot y - y\ddot x$ als Ableitung $\dot\varphi(t)$ einer Funktion $\varphi(t)$, so folgt aus

$$\dot\varphi(t) = 0 \;\Rightarrow\; \varphi(t) = c \text{ (konstant)}.$$

Andererseits ist aber

$$\varphi(t) = x\dot y - y\dot x$$

wie man durch Differentiation von $\varphi(t)$ mit Hilfe der Produktregel sofort bestätigt. Also ist

$$x\dot y - y\dot x = c.$$

Zur geometrischen Deutung dieses Ergebnisses nehmen wir an, daß sich der Körper zur Zeit $t + \Delta t$ im Punkt P' befinde und die Koordinaten $(x + \Delta x; y + \Delta y)$ habe. Dann gilt für die Fläche ΔF von $\Delta\,OPP'$:

$$\Delta F = \tfrac{1}{2}[x(y + \Delta y) - (x + \Delta x)y] = \tfrac{1}{2}(x\,\Delta y - y\,\Delta x)$$

und es ist:

$$\frac{\Delta F}{\Delta t} = \frac{1}{2}\left(x\,\frac{\Delta y}{\Delta t} - y\,\frac{\Delta x}{\Delta t}\right).$$

Sind $x(t)$ und $y(t)$ differenzierbare Funktionen, so folgt

$$\frac{dF}{dt} = \lim_{\Delta t \to 0}\frac{\Delta F}{\Delta t} = \lim_{\Delta t \to 0}\frac{1}{2}\left(x\,\frac{\Delta y}{\Delta t} - y\,\frac{\Delta x}{\Delta t}\right) = \frac{1}{2}(x\dot y - y\dot x).$$

Für die vom Leitstrahl OP zwischen den Zeitpunkten $t = t_1$ und $t = t_2$ überstrichene Fläche ergibt sich demnach:

$$F = \int_{t_1}^{t_2} \tfrac{1}{2}(x\dot y - y\dot x)\,dt = \tfrac{1}{2}\int_{t_1}^{t_2} c\,dt = \tfrac{c}{2}(t_2 - t_1).$$

Bei der Zentralbewegung ist also die vom Leitstrahl überstrichene Fläche der hierzu benötigten Zeit proportional. Anders ausgedrückt:

In gleichen Zeiten überstreicht der Leitstrahl gleiche Flächen.

Dies ist das zweite Gesetz von *Kepler* (1571—1630), das dieser in seiner Astronomia nova 1609 als erster aufgestellt hat. Er fand es anhand der Beobachtungen, die der dänische Astronom *Tycho Brahe* am Planeten Mars angestellt hatte. In der 2. Hälfte des 17. Jahrhunderts konnte dann *Newton* zeigen, daß die Keplerschen Gesetze aus dem Gravitationsgesetz folgen. Wie jedoch unsere Rechnung zeigt, gilt das zweite Keplersche Gesetz unabhängig vom Gravitationsgesetz für jede beliebige Zentralbewegung, z. B. auch für zwei sich abstoßende, elektrisch gleichnamig geladene Körper.

§ 50. AUSBLICK AUF DIE MATHEMATIK DER GEGENWART

A. Probleme und Zielsetzungen der modernen Mathematik

In fast allen Bereichen der Mathematik gibt es zahllose Probleme, die bis heute nicht gelöst werden konnten. Einige der bekanntesten, wie die Verteilung der Primzahlzwillinge[1]), der große Fermatsche Satz[2]) oder das Vierfarbenproblem[3]), wurden bereits in anderen Bänden unseres Unterrichtswerkes erwähnt. Die überwiegende Mehrzahl noch ungelöster mathematischer Probleme setzt jedoch bereits in der Fragestellung so tiefreichende Kenntnisse voraus, daß sie erst nach einem gründlichen Mathematikstudium in ihrer Bedeutung erfaßt werden kann. Zudem erwachsen aus der Mathematik selbst und aus den Wissenschaften, die sich der Mathematik als Hilfe bedienen, ständig neue Fragestellungen. Sogar vollkommen neue Teilgebiete entstehen immer wieder. Um sich eine kleine Vorstellung von dem Ausmaß mathematischer Forschungstätigkeit zu verschaffen, sei hier nur kurz angemerkt, daß das in Deutschland erscheinende „Zentralblatt der Mathematik" im Jahre 1963 auf 2400 Seiten etwa 6000 neue mathematische Veröffentlichungen bespricht. Man erkennt leicht, daß ein Jahr nicht ausreichen würde, um diese Arbeiten nur zu lesen, geschweige denn sie durchzuarbeiten. Für den einzelnen Mathematiker ist es daher unmöglich, sich über alle neuen Ergebnisse zu unterrichten.

Aus diesem Grunde ist es nicht verwunderlich, daß in der modernen Mathematik die Tendenz zu immer größerer Spezialisierung wächst. Der einzelne Mathematiker kommt dabei in die Gefahr, nur noch einen sehr eng begrenzten Bereich seiner Wissenschaft zu beherrschen und den großen Überblick zu verlieren. Dieser Entwicklung wirkt nun gerade die Hauptforschungsrichtung in der angewandten und in der reinen Mathematik entgegen. Einige Hinweise mögen dies deutlich machen.

1. Die angewandte Mathematik

Die Arbeitsweise der angewandten Mathematik wird heute in erster Linie durch die modernen elektronischen Rechenanlagen bestimmt. Mit ihrer Hilfe können viele Probleme bearbeitet werden, die bisher allein wegen ihres Umfangs nicht zu bewältigen waren. Solche Probleme liegen nicht nur im Bereich der Physik, sondern unter anderem auch in immer größer werdendem Maße auf wirtschaftlichem Gebiet. Als Beispiel wollen wir hier das sogenannte „Ernährungsproblem" kurz betrachten:

> Es soll aus m Nahrungsmitteln, die insgesamt n Nährstoffe enthalten, eine ausreichende Ernährungsgrundlage so zusammengestellt werden, daß die Gesamtkosten ein Minimum werden.
>
> **Lösungsansatz:**
>
> Lassen wir μ die natürlichen Zahlen von 1 bis m und ν die natürlichen Zahlen von 1 bis n durchlaufen, so können wir die im μ-ten Nahrungsmittel je Kilogramm enthaltene ν-te Nährstoffmenge mit $b_{\mu\nu}$ kg bezeichnen. Ist ferner x_μ die gesuchte Menge des μ-ten Nahrungsmittels in kg mit einem Kilopreis von a_μ DM, so gilt, falls die für die Ernährung notwendige Min-

---
[1]) Vgl. Wörle, Arithmetik I, S. 106.
[2]) Vgl. Titze, Algebra II § 27.
[3]) Vgl. Kratz, Geometrie I § 19.

§ 50 Ausblick auf die Mathematik der Gegenwart

destmenge des ν-ten Nährstoffs c_ν kg beträgt:

$$x_1 \geqq 0; \quad x_2 \geqq 0; \quad \ldots; \quad x_m \geqq 0 \tag{1}$$

$$b_{1\nu} x_1 + b_{2\nu} x_2 + \ldots + b_{m\nu} x_m \geqq c_\nu \quad \text{für} \quad \nu = 1, 2, \ldots, n, \tag{2}$$

wobei für die Gesamtkosten gelten soll:

$$a_1 x_1 + a_2 x_2 + \ldots + a_m x_m \; \text{Minimum} \tag{3}$$

Die Lösung der linearen Ungleichung (2) mit m Unbekannten unter Berücksichtigung der Nebenbedingungen (1) und (3) erweist sich als äußerst kompliziert. Sie wäre ohne Rechenautomaten undurchführbar.

Es liegt nahe, daß der Einsatz elektronischer Rechenanlagen bei der Bearbeitung solcher Anwendungsaufgaben neue Lösungsverfahren erforderlich macht, die der Arbeitsweise der Maschine angepaßt sind. Die damit zusammenhängenden Fragen fallen in das Arbeitsgebiet der Programmierung, das in der Gegenwart immer mehr an Bedeutung gewinnt. Mathematiker, Physiker und Techniker arbeiten hier aufs engste zusammen.

Darüber hinaus ist man heute in steigendem Maße bemüht, auch noch weitere Wissenschaftsgebiete wie Biologie, Sprachforschung oder Psychologie in den Anwendungsbereich der elektronischen Rechenmaschinen mit einzubeziehen. Hier ist eine neue übergeordnete Wissenschaft im Entstehen, die als *Kybernetik*[1]) bezeichnet wird. Als ihr Begründer gilt der amerikanische Mathematiker Norbert *Wiener* (1894—1964). Die Kybernetik stellt verschiedene Einzelwissenschaften, in denen Vorgänge der Steuerung und Regulierung behandelt werden, unter eine einheitliche mathematische Theorie. Man hofft dabei, aus analogen Verhaltensweisen von technischen Steuerungsapparaturen und Regelungsvorgängen im lebenden Organismus auf eine Ähnlichkeit im Aufbau und in der Arbeitsweise schließen zu dürfen. Da jeder Steuerung eine Nachrichtenübermittlung und -verarbeitung im weitesten Sinne des Wortes zugrunde liegt, kommt der sogenannten „*Informationstheorie*" in der Kybernetik eine besondere Bedeutung zu.

2. Die reine Mathematik

Das Hauptziel der Forschungen auf dem Gebiet der reinen Mathematik ist das Aufsuchen gemeinsamer *Strukturen*, die den verschiedenen Einzelgebieten zugrunde liegen. Ein solches Bemühen darf als sinnvoll betrachtet werden, seitdem man erkannt hat, daß unter den Axiomen in den einzelnen Teilbereichen der Mathematik Gesetzmäßigkeiten von gleicher Art zu finden sind. Ein einfaches Beispiel bildet die Addition von Vektoren in der analytischen Geometrie, die sich nach denselben Gesetzen wie die Zahlenaddition vollzieht.

Als besonders fruchtbar hat sich dabei der *Gruppenbegriff* erwiesen, der auf die von Null verschiedenen rationalen Zahlen in gleicher Weise wie z. B. auf die Kongruenz- oder Ähnlichkeitsabbildungen in der Ebene anwendbar ist. Die jeweils definierte Verknüpfung der einzelnen Elemente wird zwar in den verschiedenen Teilgebieten unterschiedlich bezeichnet, so z. B. in der Algebra als Addition bzw. Multiplikation, in der Geometrie als Aufeinanderfolge von Abbildungen, gehorcht aber den gleichen Gesetzen (Gruppenaxiome). In der Gruppentheorie wird daher von allen individuellen Eigenschaften der Gruppenelemente abgesehen, um allgemeingültige Aussagen machen zu können. Entsprechendes gilt auch für andere mathematische Strukturen wie z. B. den Zahlenkörper oder den linearen Vektorraum; denn das strukturbestimmende Axiomensystem

---
[1]) Der Name leitet sich vom griechischen Wort κυβερνητική (*kybernetiké*), Steuermannskunst her.

sagt nichts über die Natur der Elemente aus, auf die es sich bezieht. Dieses Denken in Strukturen gab in den letzten Jahrzehnten den Anstoß zu einer völligen Neubesinnung und Neuorientierung in der Mathematik. Hier ist vor allem das bahnbrechende Werk des sogenannten *Bourbakikreises*[1]) zu nennen, das sich um eine streng axiomatische Grundlegung der heutigen Mathematik unter dem Gesichtspunkt größtmöglicher Verallgemeinerung bemüht.

Da der Begriff der Struktur aufs engste mit dem Begriff der *Menge* verbunden ist, deren Elemente dieser Struktur unterworfen werden, kommt der Mengenlehre und ihren Operationen in der modernen Mathematik grundlegende Bedeutung zu. Sie gestattet eine einheitliche Betrachtungsweise vieler Teilgebiete und ermöglicht so die Zusammenschau ganz verschiedenartiger mathematischer Bereiche. Die Theorie der Zuordnungsbeziehungen zwischen den Elementen zweier Mengen macht schließlich den Begriff der *Abbildung* zu einem universalen mathematischen Grundbegriff.

B. Philosophische Ausblicke

Die Leistungen der modernen Mathematik, ihr ständig wachsender Aufgabenbereich sowie ihre gegenwärtige Neuorientierung rücken die Frage nach dem Wesen der Mathematik, ihren Möglichkeiten und Grenzen in ein neues Licht. Da es unmöglich ist, im Rahmen dieser kurzen Einführung den ganzen Problemkreis auch nur andeutungsweise zu behandeln, müssen wir uns darauf beschränken, einige Grundfragen, die im Laufe der Geistesgeschichte immer wieder gestellt wurden, aufzuzeigen.

1. *Von welcher Art sind die Gegenstände der Mathematik (Seinsproblem)?*

Wir denken hier vor allem an die einfachen geometrischen Gebilde, wie Punkt, Gerade, Viereck oder Pyramide. Kommt diesen Gegenständen eine den physikalischen Objekten vergleichbare Wirklichkeit zu oder sind sie etwa nur willkürliche Erfindungen des Menschen? Schon in der Antike stehen sich zwei verschiedene Ansichten gegenüber. Während *Platon* (427–347) den mathematischen Gebilden als ideelle Wesenheiten ein vom menschlichen Denken unabhängiges Sein zuschreibt, hält *Aristoteles* (384–322) sie für Abstraktionen von sinnlich wahrnehmbaren Dingen, die nur in der menschlichen Vorstellung vorhanden sind. So wäre z. B. im aristotelischen Sinne der Kreis ein Begriff, den der Mensch dadurch gewinnt, daß er von allen materiellen Eigenschaften und Unvollkommenheiten absieht, die kreisförmigen Gegenständen des täglichen Lebens anhaften. Heute ist man sich ziemlich einhellig darüber im klaren, daß die Gegenstände der Mathematik mehr oder weniger willkürliche Konstruktionen unseres Denkens sind, die nur in der Vorstellung existieren, dort aber eine gewisse objektive Selbständigkeit beanspruchen. Aus diesem Grunde kommt den mathematischen Begriffen das Merkmal der Zeitlosigkeit zu.

2. *Was läßt sich über die Grundbegriffe der Mathematik aussagen (Definitionsproblem)?*

Während sich noch *Euklid* (um 300 v. Chr.) vergeblich bemühte, Begriffe wie „Punkt", „Linie", „Ebene" zu erklären, erkannten spätere Mathematiker, daß es gewisse Grundbegriffe (Urwörter) gibt, die so klar sind, daß sie einer Definition durch noch Klareres weder fähig noch bedürftig sind. So schreibt z. B. Blaise *Pascal* (1623–1662) über die Geometrie:

---

[1]) Nicolas *Bourbaki* ist ein Deckname, unter dem durch eine Reihe hervorragender franz. Mathematiker eine zusammenfassende mathematische Enzyklopädie im Entstehen ist.

§ 50 Ausblick auf die Mathematik der Gegenwart

„Sie definiert keines von den Dingen wie Raum, Zeit, Bewegung, Zahl, Gleichheit und ähnliche, die es in großer Zahl gibt, weil diese Begriffe für die, welche die Sprache verstehen, die Dinge, die mit ihnen gemeint sind, so natürlich bezeichnen, daß die Aufklärung, die man darüber geben wollte, mehr Dunkelheit als Belehrung bringen würde."

Diese Auffassung, so einleuchtend sie auch erscheinen mag, kann letztlich nicht befriedigen, da kein objektives Merkmal zur Verfügung steht, das über die völlige Klarheit und damit Undefinierbarkeit eines Begriffes entscheiden könnte. Aus diesem Grunde setzt sich heute immer mehr die formalistische Meinung durch, daß über mathematische Dinge nur insoweit etwas ausgesagt werden kann, als die „Spielregeln" angegeben werden, nach denen mit ihnen zu verfahren ist. Wir sprechen dann von *impliziten Definitionen*, wie sie z. B. die Peanoschen Axiome in § 1 für die natürlichen Zahlen darstellen.

„Der formalistische Charakter der Mathematik läßt sich am besten an einem Spiel wie dem Schachspiel anschaulich machen. ‚Turm' oder ‚Läufer' brauchen durch keine anschauliche Vorstellung bestimmt zu sein. Sie müssen nur als bestimmte Zeichen fixiert sein, und es muß definiert werden, wie gespielt werden soll, welche Züge mit ‚Turm' und ‚Läufer' gemacht werden dürfen. Nur die Bestimmungen, wie man innerhalb der gesamten Regeln des Spiels mit dem ‚Turm' zu ziehen hat, definieren, was wir unter ‚Turm' zu verstehen haben[1]."

3. *Welchen Wahrheitsanspruch haben mathematische Aussagen (Begründungsproblem)?*

Aus dem bisher Gesagten geht hervor, daß die Sätze der Mathematik keinen Anspruch auf Wahrheit im Sinne einer Übereinstimmung mit der Wirklichkeit (aristotelischer Wahrheitsbegriff) erheben können; denn sie sagen nichts über die Wirklichkeit aus. Andererseits wird von keinem mathematisch denkenden Menschen die Gültigkeit des pythagoreischen Lehrsatzes oder der Satz von der Unendlichkeit der Primzahlmenge bezweifelt, um nur zwei Beispiele mathematischer Erkenntnisse zu nennen. Wir fragen daher: Worauf gründet sich die Gewißheit mathematischer Aussagen und wie weit erstreckt sich ihr Geltungsbereich?

Wir stellen zunächst fest, daß mathematische Einsichten immer auf deduktivem Wege aus schon gesicherten und als richtig erwiesenen Sätzen gefolgert werden[2]. Letztere lassen sich auf noch einfachere Aussagen und damit schließlich auf eine Reihe von unbewiesenen Axiomen und Fundamentalsätzen zurückführen. Aus diesem Grunde reicht die Gültigkeit eines Satzes nur so weit wie die der Axiome, auf die er sich gründet. Damit ergeben sich eine Reihe weiterer Fragen und Probleme, von denen wir nur einige kurz andeuten können:

a) Was spricht für die Gültigkeit der Axiome? Nach welchen Gesichtspunkten erfolgt ihre Auswahl?

b) Nach welchen Kriterien wird die Richtigkeit eines mathematischen Gedankengangs beurteilt?

Die Beantwortung dieser Fragen ist mit dem Seins- und Definitionsproblem eng verbunden. Sie läßt verschiedene Deutungsmöglichkeiten zu. Unter ihnen haben in der Gegenwart vor allem zwei Auffassungen Bedeutung gewonnen.

Die eine davon sucht alle Aussagen auf die Grundgesetze der natürlichen Zahlenmenge, deren Gültigkeit als unmittelbar gewiß (evident) empfunden wird, zurückzuführen. Die Folge der natürlichen Zahlen nimmt damit in der Gesamtheit mathematischer Gegenstände eine außerordentliche Sonderstellung ein, die den berühmten Ausspruch des Mathematikers Leopold *Kronecker* (1823–1891) verständlich macht.

„Die natürlichen Zahlen hat der liebe Gott gemacht, alles andere ist Menschenwerk."

---
[1] G. Frey im „Handbuch der Schulmathematik", Band V.
[2] Auch die Begründung durch vollständige Induktion ist deduktiv (siehe § 1!).

Ausblick auf die Mathematik der Gegenwart § 50

Alle Sätze und Gegenstände der Mathematik, sofern sie richtig bzw. existent sind, müssen sich aus den Relationen und Gesetzen der natürlichen Zahlenmenge nach logischen Prinzipien in eindeutiger Weise „*konstruieren*" lassen. Sie sind dann ebenfalls evident. Der geistige Akt, in dem uns diese Evidenz einsichtig wird, heißt Intuition. Man bezeichnet deshalb die soeben geschilderte Lösung des Begründungsproblems als Intuitionismus. Da die Forderung der eindeutigen „Konstruierbarkeit" für unendliche Mengen nicht mehr allgemein erfüllbar ist, gibt es mathematische Probleme, die nicht entschieden werden können. Für die noch ungelösten Fragen der Mathematik sind demnach drei verschiedene Antworten denkbar, nämlich „ja", „nein" und „unentscheidbar". Dies hat zur Folge, daß der Satz vom ausgeschlossenen Dritten[1] für den Intuitionisten nur mit Einschränkungen gilt.

Demgegenüber vertritt der Formalismus die Ansicht, daß die Axiome der Mathematik mehr oder weniger willkürliche Denkvereinbarungen sind, denen keine inhaltliche Bedeutung zukommt. So äußerte sich einmal der französische Mathematiker Henry *Poincaré* (1854–1912) über das geometrische Axiomensystem:

> „Die geometrischen Axiome sind ... auf Übereinkommen beruhende Festsetzungen. Unter allen möglichen Festsetzungen wird unsere Wahl von experimentellen Tatsachen geleitet. Aber sie bleibt frei und ist nur durch die Notwendigkeit begrenzt, jeden Widerspruch zu vermeiden."

	Intuitionismus	Formalismus
Bedeutung der Axiomatik:	Die Axiome haben neben ihrer formalen Bedeutung auch einen inhaltlichen Sinn. Insbesondere leuchtet das Bildungsgesetz für die Menge der natürlichen Zahlen unmittelbar ein (Ur-Intuition).	Die Axiome sind willkürliche Vereinbarungen über mathematische Begriffe, die durch sie implizit definiert werden. Das Axiomensystem muß widerspruchsfrei und vollständig sein.
Wahrheitskriterien:	Alles, was sich, aufbauend auf der natürlichen Zahlenmenge und ihren Relationen, nach logischen Konstruktionsprinzipien entwickeln läßt, trägt den Charakter der Evidenz. Mathematische Gegenstände, wie z.B. die Kreiszahl π, existieren aufgrund ihrer logischen „Konstruierbarkeit" (Intervallschachtelung für π).	Die aus einem widerspruchsfreien Axiomensystem widerspruchsfrei gefolgerten Sätze haben bezüglich dieses Systems objektive Gültigkeit. Mathematische Gegenstände, wie z.B. die Kreiszahl π, existieren, sofern sie nicht mit dem zugrundeliegenden Lehrsatzsystem (z.B. bei π den Sätzen über die Intervallschachtelung) in Widerspruch stehen.
Mögliche Wahrheitswerte:	Ein Satz kann wahr, falsch oder unentscheidbar sein.	Eine Aussage ist entweder richtig oder falsch.
Folgerungen:	Der Satz vom ausgeschlossenen Dritten gilt nur für endliche Systeme. Nicht jedes mathematische Problem ist entscheidbar. Der indirekte Beweis ist nur begrenzt anwendbar.	Der Satz vom ausgeschlossenen Dritten gilt unbeschränkt. Jedes mathematische Problem ist entscheidbar. Das indirekte Beweisverfahren ist allgemein zulässig.

---

[1] Der Satz besagt: Zwei kontradiktorische Aussagen können nicht beide falsch sein. Dagegen behauptet der Satz vom Widerspruch: Zwei einander widersprechende Aussagen können nicht beide richtig sein (vgl. Geometrie I, § 9!).

§ 50 Ausblick auf die Mathematik der Gegenwart

Damit erschöpft sich der Nachweis der Richtigkeit einer mathematischen Aussage im Nachweis seiner *Widerspruchsfreiheit* in bezug auf ein widerspruchsfreies Axiomensystem. Da aber in einem solchen System jedes sinnvolle Problem entscheidbar ist, gilt hier der Satz vom ausgeschlossenen Dritten ohne Einschränkung.

Um sich die Unterschiede beider Auffassungen noch einmal vor Augen zu führen, betrachten wir die schematische Übersicht (S. 331).

Zwischen diesen beiden Auffassungen versucht in der Gegenwart der sogenannte *Operativismus* zu vermitteln. Wir müssen jedoch hier auf die angeführte Fachliteratur verweisen.

4. *Inwieweit ist die Mathematik in der realen Wirklichkeit anwendbar (Anwendungsproblem)?*

Die vorausgegangenen Überlegungen zeigen, daß die Anwendbarkeit der Mathematik in der gegenständlichen Welt keine Selbstverständlichkeit ist, sondern ein Problem darstellt, das aufs engste mit der Auffassung vom Wesen der Mathematik und ihrer Gegenstände verknüpft ist. Die Erfahrungen in Naturwissenschaft und Technik zeigen uns zwar immer wieder, welche Bedeutung die Mathematik in der Wirklichkeit unseres Daseins hat (vgl. auch Abschnitt A!), doch steht keineswegs fest, welcher Wahrheitswert ihr dort im erkenntnistheoretischen Sinne zukommt. Albert *Einstein* (1879–1955) kann daher sagen:

> „Insofern sich die Sätze der Mathematik auf die Wirklichkeit beziehen, sind sie nicht sicher, und insofern sie sicher sind, beziehen sie sich nicht auf die Wirklichkeit."

Einführende Literatur zum philosophischen Problemkreis:

Becker, Oskar: Größe und Grenze der mathematischen Denkweise. Verlag K. Alber, Freiburg i. Br.

Becker, Oskar: Grundlagen der Mathematik in geschichtlicher Entwicklung. Verlag K. Alber, Freiburg i. Br.

Lietzmann, Walter: Das Wesen der Mathematik. Verlag Fr. Vieweg & Sohn, Braunschweig.

Meschkowski, Herbert: Wandlungen des mathematischen Denkens. Verlag Fr. Vieweg & Sohn, Braunschweig.

Sauer, Friedrich: Mathematisches Denken auf dem Weg zur Philosophie, Bayer. Schulbuch-Verlag, München.

Tarski, Alfred: Einführung in die mathematische Logik, Vandenhoeck & Ruprecht, Göttingen.

Sach- und Namenverzeichnis

Abbildung 66
Abhängige Veränderliche 66
Ableitung 91
  linksseitige 91
  rechtsseitige 91
Ableitungsfunktion 96
Ableitungsregeln 99
Algebraische Kurve 244
Analogrechenmaschine 210
Anwendungsproblem 332
Arbeitsintegral 168
Archimedes 17, 185
Arcusfunktion 256
Argument 66
Aristoteles 185, 329
Asymptote 200
Aufzinsungsfaktor 34

Barrow 186
Begründungsproblem 330
Bernoulli 41, 187
Bernoullische Ungleichung 41
Binomialkoeffizient 39
Binomischer Lehrsatz 40
Bogenlänge 309
Bourbakikreis 329
Brechungsgesetz 243
Bryson von Herakleia 185

Cantor 56, 73
Cantor-Dedekindsches Axiom 56
Cauchy 187
Cavalieri 186
Cavalierisches Prinzip 305

Dedekind 56, 187
Deduktion 12
Definitionsbereich 66
Definitionslücke, stetig behebbare 79 194
Definitionsmenge 66
Definitionsproblem 329
Demokrit 185
Descartes 186
Differentialgleichung 188
Differentialquotient 96
Differentiation
  graphische 98
  implizite 246
  logarithmische 272
Differenzenquotient 91
Differenzierbarkeit 91

Differenzierbarkeitsbereich 96
Dirichlet 187
Durchschnitt 72

Eineindeutig 67
Einstein 235, 332
Elektronische Rechenanlagen 134
Erfahrungsfunktion 64
Erfüllungsmenge 10, 66
Eudoxus (Eudoxos) 17, 185
Euklid 329
Euler 11, 40, 61, 187
Euler-Diagramm 72
Eulersche Zahl 61
Evolute 313
Evolvente 314
Exponentialfunktion 279
Extremwerte 123
Extremwertsatz 81

Fadenpendel 226
Faßregel 307
Fermat 186
Folge
  allgemeine 14
  alternierende 26
  arithmetische 19
  beschränkte 55
  divergente 63
  endliche 14
  geometrische 26
  konstante 55
  konvergente 53
  monotone 55
  unendliche 14
Formalismus 331
Funktion
  algebraische 244
  Definition 66
  ganze rationale 105
  gebrochene rationale 193
  gerade 121
  mittelbare 219
  transzendente 214
  trigonometrische 213
  umkehrbare 230
  ungerade 121
  zusammengesetzte 219
  zyklometrische 258
Funktionsbegriff 66
Funktionswert 66

Sach- und Namenverzeichnis

Gauß 109, 187
Graph 66
Gregory 186
Grenzwert
  von Folgen 53
  von Funktionen 75
Grenzwertrechenregeln 85
Gruppenbegriff 328

Häufungspunkt 63
Häufungswert 63
Hauptsatz der Algebra 109
Hauptsatz der Differential- und Integralrechnung 171
Hilbert 50
Hornersches Schema 116
Hospital 187
Hospitalsche Regeln 145
Huygens 186
Hypothek 38

Implizite Definition 330
Indexfunktion 69
Induktion 12
Integral
  bestimmtes 158
  unbestimmtes 176
  uneigentliches 1. Art 209, 2. Art 241
Integralfunktion 170
Integralkurven 188
Integration durch Substitution 288
Integrierbarkeit 162
Intervall
  abgeschlossenes 76
  halboffenes 76
  offenes 76
Intervallschachtelung 56
Intuitionismus 331

Kepler 186, 326
Kettenregel 221
Konoide 308
Kreisintegral 292, 296
Kronecker 330
Krümmung 311
Krümmungskreis 312
Kurven
  Astroide 319
  Cartesisches Blatt 254
  Kappakurve 256
  Kardioide 323
  Kettenlinie 294
  Kissoide 248, 256
  Kohlenspitzenkurve 255
  Kreisevolvente 321
  Kreuzkurve 255, 319

Kurven
  Lemniskate 254
  Neilsche Parabel 249
  Parabola nodata 322
  Schneeflockenkurve 48
  Serpentine 206
  Strophoide 256
  Traktrix 321
  Versiera 206
  Zykloide 320
Kybernetik 328

Lagrange 187
Laplace 187
Leibniz 186
Linkskrümmung 124
Logarithmus
  allgemeiner 271
  natürlicher 269
Logarithmusfunktion 268
Lorentztransformation 235

Mantelfläche eines Rotationskörpers 316
Maximum 123
Mehrtafelverfahren 220
Menge 71
Minimum 123
Mittelwertsatz der Differentialrechnung 144
Mittelwertsatz der Integralrechnung 165
Momentanbeschleunigung 103
Momentangeschwindigkeit 103
Monotone Funktion 122
Monotone Zahlenfolge 55
Monoton fallend 55
Monoton wachsend 55

Näherungspolynome 264
Natürliche Zahlenmenge 9
Newton 186
Normale, Definition 89, „Länge" 240
Nullfolge 52
Nullstellensatz 81

Oberfläche
  einer rotierenden Flüssigkeit 191

Parameterdarstellung 318
Partialbruchzerlegung 276
Partielle Integration 295
Pascal 39, 186, 329
Pascalsches Zahlendreieck 39
Peanosche Axiome 9
Platon 329
Poincaré 331
Pol 194
Produktregel 113

Sach- und Namenverzeichnis

Programmieren 134
Punktfolge
  arithmetische 19
  geometrische 27
Punktsymmetrie zum Ursprung 121

Quotientenregel 198

Radioaktiver Zerfall 285
Rauminhalt
  eines Rotationskörpers 303
  eines Körpers mit bekannter Querschnittsfunktion 305
Rechtskrümmung 124
Reelle Zahlen
  Anordnungseigenschaften 15
  Archimedische Eigenschaft 18
  Körpereigenschaften 15
  Vollständigkeitseigenschaft 17
Reihen
  arctan-Reihe 263
  arithmetische 20
  arithmetische höherer Ordnung 23
  Kosinusreihe 301
  Exponentialreihe 300
  geometrische 29
  Leibnizsche Reihe 264
  log. Reihe 277
  Sinusreihe 301
Rektifikation 310
Relation 67
Relativer Zinsfuß 36
Relatives Maximum 123
Relatives Minimum 123
Relativitätstheorie 235
Richtungsfeld 188
Riemann 187
Roberval 186
Rotationskörper
  Mantelfläche 316
  Rauminhalt 303

Satz von Rolle 143
Schmidtspiegel 132
Schmiegungsparabeln 264
Schwingungen
  einer Flüssigkeitssäule 226
  elektrische 226
  gedämpfte 49
  harmonische 224
Seinsproblem 329
Signierungsverfahren 251
Spiegellineal 90
Stammfunktion 172
Steigung 88

Stetig behebbare Definitionslücke 79, 194
Stetige Funktion 80
Stetige Verzinsung 60
Stetigkeit 78
  einseitige 79
Struktur 328
Strukturdiagramm 134
Subnormale 240
Subtangente 240
Superposition 216
Symmetrie zur y-Achse 121

Tangente, Definition 88, „Länge" 240
Tartaglia 39
Taylor 187
Teilmenge 72
Teilsummenfolge einer geometrischen Reihe 42
Terrassenpunkt 125
Torricelli 186
Torus 307

Umgebung 76
Umkehrbar eindeutig 67
Umkehrfunktion 67, 232
Unabhängige Veränderliche 66
Uneigentliches Integral
  1. Art 209
  2. Art 241
Ungleichungen 15
Unstetigkeitsstelle 79
Unterfunktion 219
Unterjährliche Zinsverrechnung 35
Unvollständige Induktion 11

Vereinigungsmenge 72
Viète 186
Vollständige Induktion 10
Vollständigkeitseigenschaft 17

Wachstumsgesetz 281
Widerspruchsfreiheit 332
Weg-Zeit-Funktion 102
Wendepunkt 124
Wertebereich 66
Wertemenge 66
Wertevorrat 66
Wurzelfunktion 236

Zenon 50
Zerfallsgesetz 282
Zinseszinsen 33
Zinseszinsformel 34
Zinsfaktor 34
Zwickelabgleich 190
Zwischenwertsatz 81
Zykloidenpendel 324